国家科学技术学术著作出版基金资助出版



# 计算社会科学

## COMPUTATIONAL SOCIAL SCIENCE

魏小鹏　主　编
杨　鑫　副主编

大连理工大学出版社

**图书在版编目(CIP)数据**

计算社会科学 / 魏小鹏主编. -- 大连 ：大连理工大学出版社，2025.6

ISBN 978-7-5685-3914-2

Ⅰ. ①计… Ⅱ. ①魏… Ⅲ. ①计算机科学－社会科学－研究 Ⅳ. ①TP3②C

中国版本图书馆 CIP 数据核字(2022)第 151644 号

**计算社会科学** JISUAN SHEHUI KEXUE

策划编辑：苏克治
责任编辑：王晓历　齐　欣
责任校对：孙兴乐
封面设计：张　莹

出版发行：大连理工大学出版社
（地址：大连市软件园路 80 号，邮编：116023）
电　　话：0411-84707410　0411-84708842(营销中心)
0411-84706041(邮购及零售)
邮　　箱：dutp@dutp.cn
网　　址：URL：https://www.dutp.cn

印　　刷：大连永盛印业有限公司印刷
幅面尺寸：185mm×260mm
印　　张：26.75
字　　数：682 千字
版　　次：2025 年 6 月第 1 版
印　　次：2025 年 6 月第 1 次印刷
书　　号：ISBN 978-7-5685-3914-2
定　　价：99.00 元

# 《计算社会科学》编写组

**主　编**　魏小鹏

**副主编**　杨　鑫

**参编人员**

**教　师：**张　亮　候亚庆
王鹏飞　金　博
刘　越

**研究生：**武志超　王浩桐
张海薇　刘伯凯
房友江　孙迪龙
姜传路　吴文玮
张述伟　尹子涛
段辰明

# 序言

Preface

我们一直在思考，如何在当今这个复杂多变的世界中，更好地理解和解决所面临的各种社会问题。传统的社会科学方法，虽然曾经为我们提供了许多解决方案，但在面对如今的复杂性和快速变化时，往往显得力不从心。在这个数据爆炸、信息瞬息万变的时代，我们所面临的挑战前所未有——从全球性的气候变化、经济动荡，到公众健康危机，这些问题都需要我们采用更为精细和系统的分析方法。

几年前，我们在研究过程中逐渐意识到，单纯依赖传统的社会科学工具已经难以有效应对这些日益复杂的挑战。然而，随着计算算力的迅猛发展和海量数据的日益积累，我们终于看到了将计算技术的潜力应用于社会科学的契机。计算机的强大数据处理能力和先进算法，使我们能够以更加智能的方式来深入分析复杂的社会现象，识别其中隐藏的问题、模式、规律等，并预测未来的发展趋势及可能性。这一发展现状促使我们进一步探讨如何将计算科学有效地应用于社会科学，以应对新型社会发展所出现的大量新问题、新形势、新需求。

2012 年，我们亲历了一场洪水灾害处置。这次灾害处置让我们深刻认识到，传统的救援策略虽然在某些情况下有效，但面对如此规模、如此严峻的突发事件时，依赖于过往经验和有限的数据支持，难以提供科学、精准、有效和及时的应对策略。灾害的突发性和复杂性，要求我们在极短时间内迅速响应，否则救援工作容易因信息不对称或资源调度不当而延误宝贵的救援时机。如果当时我们能够充分利用计算机技术，特别是大数据分析的能力，情况或许会大不相同。通过整合和分析灾区的地理信息、实时天气数据，以及社交媒体上的求助信息等，我们能够迅速、准确地掌握灾情的全貌及发展可能性，并有效监控各种形式的动态信息。大数据技术不仅能够帮助我们精准定位受灾区域，还能实时评估各地的需求强度，从而科学优化群众的疏散和安置，以及资源的调度。另外，通过舆情监控和分析，我们能够迅速回应公众关切，积极引导舆论，让民众了解救援工作的进展，增强他们的信心，防止恐慌的蔓延。这种科技手段的引入，能够大幅提高救援工作的效率和精准度，确保在灾难发生的最初时刻，就能够最大限度地利用现有资源进行合理救援，降低灾害损失；同时，通过及时、有效的舆情引导，能够稳定社会情绪，让民众感到放心，进一步提升应急管理的现代化水平。

这些例子只是计算社会科学潜力的冰山一角，除了灾害应对，计算社会科学还具备广泛的应用潜力。例如，在社会情感认知、社会安全管理、公共卫生管理、经济政策制定、社会行为预测等领域，它能够揭示出传统方法难以捕捉的深层次规律和模式。我们在工作和研究中发现，计算技术不仅能显著提升社会问题分析的效率，还能为我们提供全新的研究方法和视角。这种跨学科的融合，不仅推动了社会科学的发展，也为我们解决当今社会的复杂问题提供了新的思路。面向人类社会发展的各种计算模型的建立，旨在重建不同的文化模式、情感认知、管控方法和行为变化等，并更好地理解和重建社会系统。这些模型可以对社会趋势进行有效预测、定性评估等，并提供有关事件和干预措施的重要见解，这些事件和干预措施可以引导社会系统朝着正确的方向发展。

“计算社会科学”作为由计算驱动的新型社会发展研究的新范式，集成多学科的研究理论、方法和工具，实现用人工智能技术和方法解决新型社会问题复杂系统的共性本质问题。正是出于对这一学科前景的深刻认识，我们组织社会计算与认知智能教育部重点实验室和多模态医疗健康信息智能计算学科创新引智基地的相关一线科研人员，成立了大连理工大学《计算社会科学》编写组，聚焦“计算社会科学”这一新兴交叉研究领域，整理这些年的工作思考和团队的研究工作，以及业内专家的部分前沿研究成果，编写了《计算社会科学》一书。本书从学科交叉研究的角度出发，全面探讨一系列社会问题，包括社会舆情、社会文化、社会人情感与认知、社会生产与运作、社会行为感知与心理认知、生态环境、文化历史计算等。它的特色主要体现在两个方面：第一，这本书从多学科交叉研究角度出发，关注社会问题的发展脉络和目标，将计算科学和社会科学有机结合，构建了面向多种社会问题的“智理”新范式；第二，这本书通过大量丰富的应用案例，引导读者逐步形成和实践计算思维，培养他们的计算逻辑，以计算的方式来思考和重构社会问题。

通过这本书，我们希望能与更多的学者和研究者分享计算社会科学的价值和意义，从“社会认知域”的视角出发，以问题为导向，聚焦知识体系中不同知识范畴的复杂性共性原理，研究多尺度的个体行为和复杂的人类群体涌现行为的规律；希望通过这些探讨，显著提升理解、分析和预测社会规律的能力，探索人类认知学习的机制，以解释社会现象，优化社会生产方式，并挖掘社会主导价值标准和规范标准的形成因果等一系列科学问题；通过结合计算科学的强大预测能力和社会科学的认知解释机制，希望释放社会多领域全方位“可计算”属性的内生驱动力，以“计算＋社会”双轮驱动，推动社会治理迈向更高级的智能化阶段。

我们深知，这本书仅仅是一个起点。未来，我们希望能够激发更多的研究者去探索计算与社会科学的交叉领域，推动多学科融合的发展，提出新的研究问题，推动人文社会科学与自然科学的研究理念和思维方式的深刻变革，构建应对未来社会复杂挑战的新范式，创造出更高效的资源配置方式、更精准的风险预测模型和更智能的决策支持系统，为政府和企业在面对不确定性和复杂性日益加剧的突发环境时提供战略支撑，并为研究者提供前瞻性的理论支持和实用工具。本书可供高等院校信息类、社科类、传统工科类等相关专业高年级本科生和研究生使用，也可为相关研究者、技术人员、工程师进行理论方法研究和技术提供参考。

本书的部分研究工作依托于社会计算与生物智能教育部重点实验室和多模态医疗健康信息智能计算教育部学科创新引智基地进行建设，感谢国家自然科学基金重点项目“基于知识图谱的环氧乙烷衍生精细化学品生产安全智能监控与决策关键技术研究”、科技部“脑科学与类脑研究”重大项目“多模态多尺度协同的神经可塑性类脑强化学习网络模型设计与应用研究”，以及大连市杰青项目“仿生机器人智能感知与决策系统”等项目对本书相关工作成果的支持。

在编写本书的过程中，编者参考、引用和改编了国内外出版物中的相关资料及网络资源，在此表示深深的谢意，同时也感谢所有为本书做出贡献的人员和单位。相关著作权人看到本书后，请与出版社联系，出版社将按照相关法律的规定支付稿酬。我们还要感谢出版社在本书出版过程中所付出的辛勤努力，他们的帮助和指导为本书的完成提供了重要支持。

限于水平，书中仍有疏漏和不妥之处，敬请专家和读者批评指正，以使本书日臻完善。

编 者

2025 年 6 月

所有意见和建议请发往：dutpbk@163.com
欢迎访问高教数字化服务平台：https://www.dutp.cn/hep/
联系电话：0411-84708445 84708462

Contents

# 目录

## 第 1 篇　新型社会的计算问题



## 第 2 篇　基础算法与技术工具

## 第4篇　民生与社会发展应用

# 第 1 篇

## 新型社会的计算问题

# 第1章 引 言

**本章学习目标**

通过本章的学习，深入分析新型社会问题的复杂性和动态特征，探讨如何从"计算社会科学"的多学科交叉范式出发，构建"多层次""多视角""多维度"的研究模型。学习内容将引导读者挖掘社会问题潜在的风险机制，预测社会系统在面对不同干预措施时的反应。例如，分析病人对疫苗、抗生素等新研发药物的使用反馈，民众对新税收政策的反应，以及群众对政府和企业处理突发事件的态度。通过这些内容，激发读者对多学科交叉融合方法在解决新型社会问题中的应用进行深入思考与理解。

## 1.1 新型社会问题概述

在我国迈向高质量发展的新阶段，经济和社会领域发生了深刻变化，这既为我们带来了发展优势，也暴露了诸多新的挑战。当前，我们不仅面临传统经济增长模式的不可持续性，还要应对发展不平衡、不充分问题所带来的复杂局面。这种不平衡不仅体现在经济层面，也深刻影响着社会的各个方面，包括城乡区域发展的差距、收入分配的不均、创新能力的不足，以及生态环境保护的压力。如图 1-1 所示，这些问题不仅包括长期未能解决的顽疾，还涵盖新出现的社会矛盾和挑战，给社会治理带来了新的压力。面对社会经济转型带来的多重压力，传统的社会治理模式已难以应对各种突发事件和新兴问题，为应对这一局面，亟须创新管理模式，结合科学决策工具和技术手段，提升社会治理的有效性和前瞻性。

社会作为一个复杂系统，包含了众多个体及其相互作用，人类行为是一个多层次的概念，通常需要在个人层面上进行测量，以推断集体层面上的行为、态度和属性的分布。社会科学一直关注于研究个人和社会层面的现象，包括社会结构、社会关系和动态，以及社会规范和价值观的出现和影响。因此，社会科学家们开发了丰富的方法来支持理论构建。他们建立了测量理论（如心理测量学）和调查方法，致力于开发新的测量模型及其质量保证。在面对新型社会问题时，人的认知和集体行为的研究变得尤为重要。通过系统理论的视角，我们能够更全面地理解这些社会问题，并为其解决提供新的思路。

**➢复杂系统与人的认知**

复杂系统理论强调个体之间的相互依赖性。在社会这一复杂系统中，个体的认知过程不仅受自身经验和知识的影响，还受到环境、社会文化和其他个体行为的影响。理解这些影响因素对于解决新型社会问题至关重要，具体体现在以下几个方面：

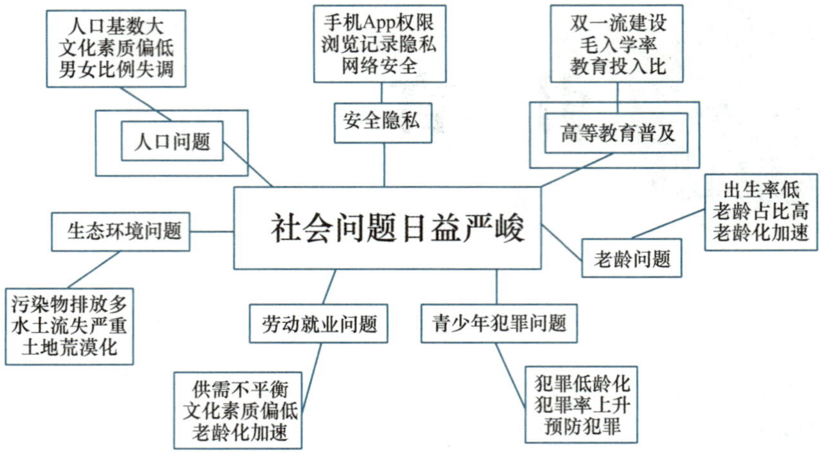


图 1-1　日益严峻的社会问题

(1)信息的非线性处理:人们在面对复杂社会问题时,处理信息的方式往往是非线性的。比如,在公共卫生危机中,个体在接收到有关疫情的信息时,可能根据自己的经验和情感做出判断。这种非理性的决策可能导致对疫情严重性的不准确评估,从而影响防疫措施的有效性。因此,在设计应对措施时,理解个体在信息处理中的偏差尤为重要。

(2)情境依赖性:个体的认知与社会情境密切相关。需要研究基于情境的行为干预(或推动)对决策的影响,对其行为后果、认知和神经生物学机制,以及统计解释提供系统的解释,根据潜在的决策机制及其特性解释这些偏差,量化干预之间的相似性,并预测不同的干预如何改变关键的选择结果。例如,在经济危机期间,个体的决策可能受到恐慌情绪的驱动,导致不理性的消费行为。针对这种情况,政策制定者可以通过提供清晰的信息和支持措施来缓解恐慌情绪,从而促进更理性的决策。

(3)文化背景与集体记忆:个体的认知还受集体记忆和文化传承的影响。在面临新型社会问题时,文化因素可能影响个体对问题的感知与反应,吸毒、肥胖、可持续性和气候变化、社会政治话语中技术驱动的变化、假新闻,以及人工智能将如何改变我们的世界,这些问题永远不会被任何一门学科单独理解。相反,要在这些挑战上取得进展,就需要理解产生和维持这些现象的制度激励、文化规范和社会网络效应。

### ➢集体行为与系统互动

集体行为是复杂系统中个体之间相互作用的结果,反映了群体在共同目标下的决策与行动。在面对新型社会问题时,集体行为的研究为我们提供了理解群体反应和制订解决方案的工具,其反映到以下几方面:

(1)集体决策的协同效应:在社会问题的应对中,群体的决策往往比个体决策更为有效。例如,在应对环境污染时,社区的集体行动可以通过动员公众参与清理活动,提高环保意识。通过分析集体决策的协同效应,我们可以识别出最佳实践,并鼓励更多的社区合作。

(2)网络结构与信息传播:集体行为的形成与社会网络结构密切相关。在信息传播迅速的社交媒体时代,信息可以迅速传播并影响群体行为。在应对公共卫生危机时,及时有效的信息传播可以促进公众遵循健康指导。例如,通过社交媒体的有效传播,可以鼓励人们接种疫苗,从而提高整体免疫水平。

(3)群体动态与反馈循环:集体行为还受到反馈循环的影响。在新型社会问题的应对中,初期个体的积极行动可以激励其他人参与，形成良性循环。例如，在社区中，少数人积极参与环保行动可以影响其他人的态度和行为，逐渐形成一个支持可持续发展的社区文化。

当前，电子邮件、移动通信、信用卡、电子购物清单、网络诊疗记录、社交软件等工具的广泛使用，为我们积累了大量长时间、连续性、大规模的人类行为与互动数据。这些数据蕴含着关于个人和群体行为的重要规律，可能彻底改变我们对个人生活、组织机构乃至整个社会的认知。大模型生成AI和其他新型计算方法为研究复杂社会系统提供了前所未有的机会。这些先进的计算技术不仅能够处理海量数据，还能有效地模拟社会动态系统中的个体行为与集体行为之间的交互作用，从而为我们理解和应对新型社会问题提供了重要价值。具体体现在几方面：

①通过构建基于大模型的社会动态模拟，我们能够实时捕捉个体在不同情境下的行为反应。这种模拟不仅帮助我们理解单个个体如何在特定环境和社会网络中做出决策，还能够揭示个体行为与集体行为之间的复杂交互。这种交互性对于理解社会现象的动态变化至关重要。例如，在公共卫生危机中，通过大模型的模拟，我们可以预测个体在疫情信息传播过程中的反应，以及如何在群体中形成遵循或抵制卫生政策的行为。这使得政策制定者能够根据模拟结果调整应对策略，从而提高公共卫生干预的有效性。

②大模型能够提供对社会动态系统的深入洞察，集体行为的形成过程在大模型的帮助下变得更加可视化和可分析。研究者可以通过模拟集体决策的动态，揭示个体之间的互动如何导致群体行为的演变。例如，利用生成式AI模拟的集体行动，可以帮助研究者理解在特定社会背景下，如何通过有效的信息传播和互动机制促进集体合作。通过模拟不同政策实施后的公众反应，决策者可以评估政策的短期与长期影响。在这种情境下，大模型不仅展示了不同群体如何响应政策变化，还揭示了潜在的反馈循环和群体行为的动态演变。这一能力使得政策制定者能够在设计和调整政策时，考虑到个体与集体行为的相互作用，以实现更为有效的社会干预。

③在研究人类行为时，生成式AI可以帮助研究者设计出符合特定文化和情境的实验，使得结果更具普遍性。此外，通过大模型的实时数据分析，研究者可以监测参与者的行为变化，从而更深入地识别和理解社会动态系统中的关键因素与机制。通过分析模型的输出，我们可以识别出影响社会行为的重要变量，如情感、信任、社交影响等。这种洞察力为制定针对性干预策略提供了基础，例如，在面对气候变化时，利用大模型的预测能力，决策者可以识别最有效的公众激励措施，以促进集体行动和行为改变。

从系统的角度深入研究人的认知与集体行为，为解决新型社会问题提供了新的视野与思路。复杂系统理论强调了个体与群体之间的相互作用，而大模型等新型计算技术为我们分析和应对这些问题提供了强有力的工具。在未来的研究中，我们需要继续探索这一领域，以推动社会计算科学的发展，为应对复杂的社会问题提供科学依据和实践指导。通过整合认知与集体行为的研究，我们将能够更有效地设计政策与干预措施，促进社会的可持续发展与和谐。

## 1.2 社会学研究的历史和发展

### 1.2.1 社会问题的特征与演变

当前，我国正处于经济体制深刻变革、社会结构深刻变动、利益格局深刻调整、思想观念深刻变化的历史时期。在这一背景下,各种社会矛盾逐渐凸显,形成了许多新型的社会问题。这些问题不仅表现出海量化、虚拟化、交互化、复杂化和真相化等特点,如图 1-2 所示,而且在社会动态系统中呈现出独有的特征。

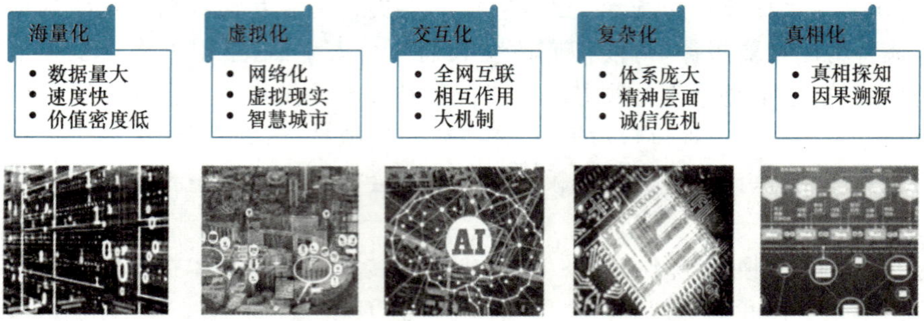


图 1-2　社会问题的五个特点

### ➢海量化

在数字时代,人类社会的各类活动正以前所未有的规模被数字化并系统性地记录和存储下来。无论是日常通信、消费行为,还是复杂的社会互动与经济活动,都通过电子邮件、移动通信、网络购物、在线服务等技术手段留下了丰富的数据痕迹。这些数据不仅仅是行为的记录,它们更是蕴含着深刻的个人和群体行为规律,可能彻底改变我们对个人生活、组织运作乃至整个社会体系的认知。

社会科学研究正在逐步超越传统的简单数据可视化方法,将大数据视为研究工具箱中的关键组成部分。与传统的社会科学研究依赖小规模、模拟实验数据不同,现代社会科学研究基于多源异构的大规模数据进行智能化分析。这些数据不仅量大,而且类型复杂多样,更新速度更是前所未有。这种数据的海量性、持续性和非反应性为社会科学研究开辟了新的路径,使得研究者能够研究稀有事件、分析更广泛的样本,并发现数据中细微变化带来的影响。

在过去的"小数据"时代,数据的用途较为单一。例如,账单数据用于付款,市场数据用于推销新产品,生产数据用于提高生产力。然而,这种模式无法充分挖掘出数据背后的深层次信息。数据一旦完成了它们的直接用途,往往被弃用。同时,由于企业信息的封闭性,研究者可获得的数据资源非常有限,大多来自政府部门或国际组织发布的高度统计化和标准化的数据。

随着大数据的渗透,数据来源渠道得到了空前的扩展,多元化的数据成为了重要的资源。这些数据包括互联网新媒体数据(如在线论坛、博客、微信和社交软件)、经济数据(如公司交易、股票、移动支付等)、GIS 数据(如卫星、GPS 记录仪、激光扫描车等)、传感器数据(如视频监控、智能手机、可穿戴设备等),以及个人行为数据(如电商购物、运动记录、手机通话、驾驶记录等)。

对这些数据潜在关联关系的分析,可以创造巨大的社会和经济价值。例如,谷歌通过分析用户的搜索请求数据,不仅改进了搜索引擎的拼写检查和关联搜索功能,还进一步挖掘出用户行为和需求背后的信息,极大提升了用户体验。同样,在医疗保健领域,大数据可以帮助医生为每位病人制订个性化的治疗方案,提高治疗的效率和效果。在教育方面,大数据能够实时反馈学生的学习进展,使得教学效果更为显著。在商业中,大数据提升了市场透明度,为商家带来了巨大的利益,同时改善了低效率的经营模式,增强了对商业运作机制的理解。

从社会层面来看,大规模的数据存储和计算模式不仅提升了人类生活的质量和和谐程度,还能有效降低个体在社会群体中面临的风险。因此,海量数据的存储和分析已经成为现代社会治理和科学研究不可或缺的一部分，为我们应对新型社会问题提供了全新的视角和工具。

➢虚拟化

在信息技术的强力推动下，现代社会的运行模式经历了前所未有的变革。计算机、互联网、云计算、物联网、移动通信和大数据分析等技术，以前所未有的速度改变着人类的生产方式和生活模式。这种变革不仅仅是外在形式的变化，更从根本上重塑了社会生产的效率和行为模式。社交网络的兴起使得人们在虚拟空间中建立联系、形成观点，并在某种程度上影响现实生活中的决策与行为。

如今，互联网已经渗透到人类生活的各个层面，虚拟空间成为人们交流、学习、购物和娱乐的主要场所。服务化社会的显著特征是以满足人类精神需求为中心，服务的无形性、动态性和虚拟化特征日益显现。教育、医疗、文化创意和电信服务越来越依赖于虚拟平台和数字化手段。通过这些平台，人们可以在虚拟环境中实现信息和数据的互动，从而更精准地满足日益增长的精神需求和社会管理需求。互联网用户的持续增长和普及，显著降低了服务社会的复杂性和不确定性。

在虚拟化趋势的推动下，现代社会逐渐进入了虚实融合的时代。互联网精准服务已经成为社会发展的新热点。通过对海量数据的分析，不仅提升了服务的效率和质量，还挖掘出用户的潜在需求，从而带来了前所未有的服务体验。例如，谷歌通过用户搜索请求，不仅改进了搜索功能，还进一步发掘了用户的潜在需求，极大地提升了整体服务水平。这种虚实结合的社会形态，不仅推动了人类生产生活方式的转型，还引导人们在精神需求上进入了一个全新的阶段。

社会虚拟化进程的加速使得传统的社会治理模式面临新的挑战。虚拟化社会中群体行为和个体互动方式的变化，要求我们重新审视社会问题的形成机制，并探索更加智能化和系统化的治理手段。大规模数据的收集与分析，为社会研究带来了前所未有的广度和深度，同时也对数据隐私和伦理提出了新的要求。在这一背景下，如何有效利用虚拟化带来的机遇，同时应对其潜在挑战，将成为社会科学研究的重要议题。

➢交互化

交互化是当今社会动态系统的一个重要特征，它反映了个体之间、个体与社会之间的复杂互动关系。在现代社会中，个体的行为不再是孤立的，而是与周围环境和其他个体紧密相连的。个体的决策、行为和情感状态常常受到社会网络、文化背景和历史环境的深刻影响。因此，理解交互化的特征对于揭示社会问题的本质及其解决方案至关重要。

在现代社会中，社交网络和数字化平台的兴起使得个体之间的互动变得更加频繁和复杂。人们在社交媒体上分享信息、观点和情感，这种信息的流动可以迅速传播，影响他人的认知和行为。正如社会学家曼纽尔·卡斯特尔斯(Manuel Castells)所指出，网络社会中的信息流动和社会互动方式已经发生了革命性的变化。个体不仅是信息的接收者，也是信息的生产者和传播者。在这个过程中，个体的行为不再是单向的，而是通过网络形成了复杂的互动关系。

交互化的特征还体现在个体决策的连锁反应上。一个个体的选择不仅影响自身的行为，还可能引发周围人群的反应。例如，在环保问题上，一个人参与公益活动的行为可能会激励身边的朋友或家人也参与进来，形成集体行动。这种连锁反应的产生，强调了集体行为的形成与个体行为之间的密切关系。此外，还体现在信息传播的模式和速度上。在社交网络上，信息的迅速传播和分享使得某些事件或观点迅速引发公众的关注。例如，社交媒体在“阿拉伯之春”中的作用，就是通过交互化的信息传播促使公众集结，发起集体行动。这种信息的交互不仅增强了个体之间的联系，也改变了传统的社会动员方式，使得个体可以更迅速地形成共识，推动社会变革。

然而，交互化也带来了新的挑战。当信息流动速度加快时，个体在判断信息真伪时面临更大的困难。在虚假信息和偏见的信息不断扩散的背景下，社会动态系统中的个体行为可能会偏离理性，导致群体决策的失误。这种现象在社会学中被称为“群体极化”(Group Polarization)，即在群体讨论中，个体的态度和观点可能变得更加极端。这一现象的出现使得社会问题的解决变得更加复杂，个体之间的互动不仅可能形成合作，也可能导致冲突和对立。

总的来说，交互化在社会动态系统中体现了个体行为与集体行为之间的复杂关系。这种复杂的互动特性使得社会问题的解决需要更多的协作与共识。个体的决策不仅受自身经验的影响，还受社会网络和环境因素的影响。因此，深入理解交互化的特征对于推动社会的和谐与发展至关重要。在现代社会中，研究者和政策制定者应关注如何通过促进个体间的互动与合作，推动社会的可持续发展与和谐共处。

➢复杂化

随着全球化、信息化和技术进步的不断深入，现代社会问题的复杂性愈加突出。这些新型社会问题不再局限于传统的社会结构与经济矛盾，而是逐渐演变为涉及多层次、多维度、多因素交织的复杂现象。现代社会本质上是一个高度复杂的系统，其复杂性主要体现在社会结构的精细化、专业化及多样性整合等方面。随着社会的不断发展，专业分工日趋精细化，每个个体或单位在社会大系统中的角色愈加专门化，成为这一复杂体系中的重要组成部分。尽管这种专业化大大提升了社会运行的效率，但也不可避免地增强了系统的多样性和复杂性。正如精密的机械容易因微小的缺陷而失效一样，现代社会高度依赖于有机的交易体系，一旦物流、信息、信任或金融等关键机制受到破坏，整个社会系统就可能陷入严重的危机。

社会的进步与人口的急剧增长也进一步加剧了复杂社会的脆弱性。在物质匮乏的时代，社会问题相对简单，人们的需求集中在生存层面，低层次的物质需求易于满足。然而，随着科技和经济的不断发展，虽然生活条件得到了极大改善，但同时也催生了新的复杂社会问题。例如，资源浪费、生态环境破坏及诚信道德的滑坡等现象，都是因人口增长和资源需求急剧增加而导致的日益突出的社会问题。据世界人口机构的调查，20 世纪全球人口增长了四倍，这种急剧增长对自然环境和社会结构造成了深远的影响。这种人口问题所带来的不仅仅是对物质资源的巨大压力，还对社会的道德规范产生了深刻的影响。诚信缺失已成为当代社会的一大顽疾，尤其在虚拟的网络世界中，现实生活中的诚信问题被进一步放大，严重影响了社会的整体健康与秩序。在这样的社会背景下，传统的治理模式已无法有效应对现代社会的复杂问题。社会治理方式必须随之升级，依靠新兴的技术手段和跨学科的综合研究，才能在复杂的社会环境中实现有效的治理。

信息技术的飞速发展，尤其是互联网的普及，使得社会进入了一个虚实结合的阶段。信息交流的复杂性和动态性随之大大增强，人类社会的信息交流正逐步从物理空间转移至虚拟空间。这种转移不仅带来了信息传播速度的飞跃，同时也加剧了信息冗余和污染的现象。在这一背景下，如何提高信息交流的效率和有效性，已经成为现代社会治理中的一大挑战。

综上所述，现代社会问题的复杂化不仅表现在其多层次、多维度的特性上，更体现在社会结构的转型与治理方式的变革中。面对日益复杂的社会问题，传统的集中式治理模式已难以为继，迫切需要依赖新的技术手段和跨学科的综合研究，以提高社会治理的效率和应对能力，从而在复杂的社会环境中确保社会的稳定与可持续发展。

### ➢真相化

随着信息技术的飞速发展和数据获取手段的不断完善，现代社会逐渐进入了一个“真相化”的时代。人们对社会现象的认知，不再仅仅停留在表面的信息层面，而是越来越关注事件和现象背后的真相。真相化特征要求研究者和社会决策者不仅要洞悉数据的相关性，还要挖掘出隐藏在数据背后的因果关系，以避免被虚假信息或误导性关联所蒙蔽。

“第四研究范式”的提出为真相化特征提供了理论基础。所谓“第四研究范式”，是指数据密集型科学发现(Data－Intensive Scientific Discovery)，由吉姆·格雷(Jim Gray)在 2007 年提出。这一范式强调，随着大数据的普及，传统的研究范式已经不能完全适应当前的数据量级和复杂性。现代社会问题的研究需要在海量数据中寻找真相，而不仅仅是简单的关联性分析。正如库恩的“范式”理论所指出的，新的研究范式往往伴随着对世界观的重新定义和对旧有研究方法的颠覆。因此，第四范式不仅要求数据的表面关联，还要求深刻的因果分析和真相追寻。

然而，在大数据的应用中，存在着容易将关联误认为因果关系的陷阱。正如《大数据时代》一书中所提到的，“放弃对因果的渴求，只需关注相关”的观点曾引发广泛争议。尽管在庞大的数据集下，统计显著性往往可以轻易得到，但这并不意味着这些变量之间存在真正的因果关系。例如，两个看似相关的现象，可能实际上并没有直接的因果关联，而只是因为某种外部因素同时影响了这两个现象。依据大数据很难进行传统意义上的回归分析和因果推断，但由于数据的海量性甚至全样本的性质，一旦把基于大数据的简单关联分析或时间序列分析结果与文献中的传统回归分析进行比对，就能形成非常具有说服力的证据链，原因是指引起一定现象的现象，结果是指由于原因的作用，随之串联而引起的现象。因果联系的特征就是，原因在先，结果在后，前者导致后者。这个问题在社会科学研究中尤为突出，特别是在试图解释复杂社会现象时，简单的相关分析往往难以揭示现象背后的真实原因。因此，只有通过进一步的因果分析，才能找出迟到的根本原因，而不仅仅是与迟到相关的表面现象。

总之，真相化特征要求我们在面对复杂社会问题时，不仅要看到表面的数据关联，更要深入挖掘其背后的因果关系。大数据研究不仅需要关注相关性，还需要发展新的因果理论，以更好地理解和解释社会现象的本质。这种对真相的追求，对于社会科学的研究和社会决策的制定具有重要意义，是应对现代社会复杂问题的关键。

## 1.2.2 社会学研究手段

### 1.2.2.1 社会学经典范式研究

社会学是一门研究社会事实的拥有多重范式的学科，起源于 19 世纪末。社会学是从社会哲学演化出来的现代学科。社会学是一门具有多重研究方式的学科。主要的研究方式有科学主义的实证论的定量方法和人文主义的理解方法，它们相互对立、相互联系，发展及完善一套有关人类社会结构及活动的知识体系，并以运用这些知识去寻求或改善社会福利为主要目标。社会学的研究范围广泛，包括由微观层级的社会行动或人际互动，至宏观层级的社会系统或结构，因此，社会学通常和经济学、政治学、人类学、心理学、历史学等学科并列于社会科学领域之中。

社会学的研究方法主要有：统计调查法、实地研究法、实验法、文献法等。其中，统计调查法和实验法属于定量研究，实地研究法和文献法属于定性研究。

(1)统计调查法适用于对集体的态度、行为倾向和社会舆论的研究，如民意测验，群众对某事物的态度，对一些社会公认的问题的民意考察等。

(2)实地研究法最早由人类学和民族学方法发展而来，它适用于对少数有代表性的或独特的社会单位进行详细、深入的考察，特别是对那些只有在现场才能很好理解的事件、过程和行为进行研究，如费孝通的“江村研究”。

(3)实验法适用于解释现象之间的因果关系，主要用于社会心理学和小群体研究。

(4)文献法是历史的主要研究方法，它利用现存的第二手资料，侧重从历史资料中发掘事实和证据，主要借助历史文献研究过去的一些社会问题，也可以是综述性的研究。

基于哲学、心理学、经济学、伦理学等学科，以概念抽象、学理思辨及逻辑演绎为主要特征的规范性研究；基于社会学、行为科学等学科，以实验研究、预测研究、案例研究、经验分析、田野调查、随机实地实验等为主要特征的实证研究。但传统手段以定性研究为主，也会采用简单的定量描述，在验证假设阶段，不足以令人信服(图 1-3)，不能满足当前复杂的社会特点。根据图灵奖得主 Jim Gray 的观点，科学研究经历了从“实验归纳”到“模型推演”，再到“仿真模拟”的三次范式革命，现在方兴未艾的“数据密集型科学发现”正是演进中的第四次范式革命。第四次范式革命的“数据密集型科学发现”由传统的假设驱动向基于科学数据进行探索的科学方法进行转变，通过借助“计算”的学习及推理能力，以大数据为驱动，破解传统方法的困境，解决当前复杂的社会问题(图 1-4)。

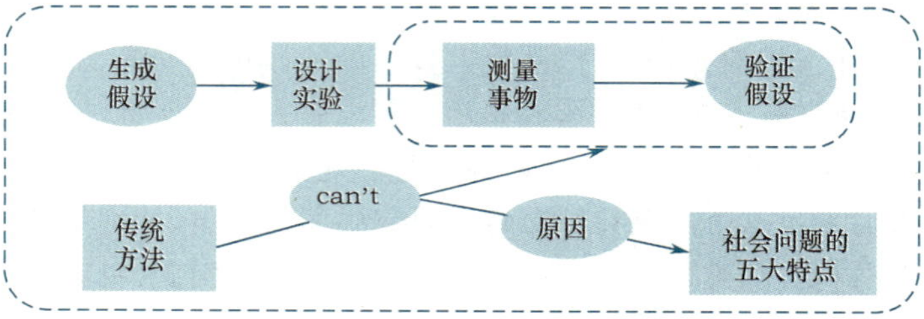


图 1-3　科学传统研究手段

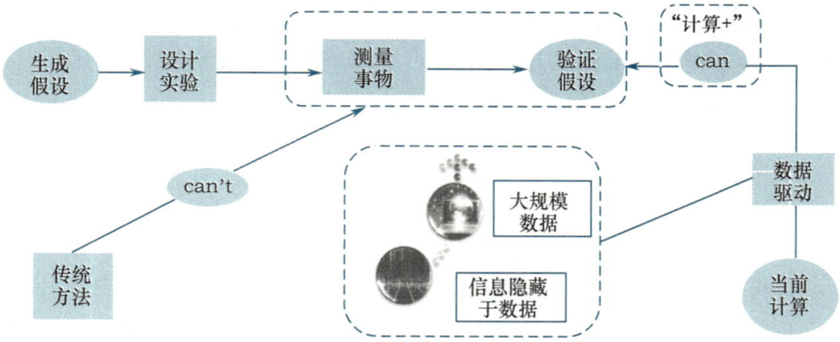


图 1-4　大数据驱动解决社会难点

#### 1.2.2.2　交叉科学融合范式

在当前学术界，“智能科学范式”(AI for Science，AI4S)正逐渐成为研究的重要方向。这一范式强调以机器学习等人工智能技术为核心，与科学研究的深度融合，为我们提供了全新的思维框架。在社会科学领域，我们也可以看到类似的趋势，逐步倡导“AI for Social Science”。AI for Social Science 的出现标志着一种新的研究范式正在形成。在这一范式下，研究者不仅依赖传统的定量和定性研究方法，更加重视通过智能体仿真模拟(Agent－Based Modeling，ABM)来探讨复杂的社会现象。ABM 能够有效地捕捉个体之间的交互作用，并模拟其对群体行为的影响，从而揭示社会动态的本质。在这一过程中，基于 AI Agents 的研究方法预计将成为主流。这一方法不仅增强了数据分析的深度，还促进了对社会系统的理解。与传统的大数据分析流派相比，智能体仿真模拟更能适应复杂的社会环境，能够解决维度灾难的问题，使研究者能够在更高的抽象层面上进行分析和预测。

计算社会科学的出现，标志着社会科学研究进入了一个全新的阶段。计算科学与社会科学的深度融合展示出巨大的发展动能与美好前景，"数据密集型科学发现"成为探索新型社会问题的重要研究手段，从现代科学技术发展看，人工智能等的迅猛发展，无疑为社会科学开展大规模、精准化的定量分析和模拟仿真实验提供了必要的手段和工具，也为研究者认识和解决社会复杂问题，追求社会科学研究的"科学化"架设了桥梁，计算社会科学破解了社会科学无法进行严谨推理和精确计算的难题，推动社会科学的实证研究实现了从单一的"计量范式"到"计量范式"与"计算范式"并行的转变，计算社会科学将社会科学的定量研究带向了新的高度，结合人工智能相关技术理论方法的问题表达与预测能力和认知科学的解释机制来分析新型的复杂社会系统，完善社会管理系统，服务和促进社会经济与民生的发展。作为社会科学与人文管理、计算机科学、生物科学等多学科相互融合的产物，计算社会科学致力于以大规模、复杂性数据处理为基础，综合运用各种数字化工具与方法，对人类行为、群体互动到社会复杂系统展开研究。结合人工智能相关技术理论方法的问题表达与预测能力和认知科学的解释机制来分析新型的复杂社会系统，完善社会管理系统，服务和促进社会经济与民生的发展。

### 1.2.3　国内外社会学研究的现状与趋势

随着互联网、云计算、信息技术和人工智能技术的迅猛发展，数据正以前所未有的速度增长和积累，对人类社会各领域产生了广泛而深远的影响。大数据时代开启了一个以"数据"为基本元素和战略资产的计算、感知、认知智能新时代，人类社会被赋予了多元化、开放化等更丰富的属性，研究社会感知、动态模拟、建模分析、行为决策等社会问题带来了前所未有的机遇和挑战。同时，信息技术变革的潮流掀起了高等教育改革和科学研究范式转型的浪潮，随着人工智能向各行各业全面渗透，智能科技与社会科学的交叉态势日益显著，融合深度不断加大，如何更好地促进以计算科学、人工智能为代表的信息技术与社会科学、认知科学、数学学科、管理科学相互渗透和融合创新，是当前社会发展所面临的新的历史性命题和研究热点。在众多交叉学科相融碰撞的新时代学科建设中，"社会计算"与"认知智能"交叉领域正快速兴起，融合社会感知与认知决策、复杂社会问题建模与分析、生物认知与计算、脑认知科学、多模态计算等多种新老学科方向，其发展将进一步改变传统社会科学的研究范式，动态调整优化学科体系建设，完善跨学科综合性高素质人才培养模式，推动人类社会重大科学问题和社会问题的破解。

➢国内

学科交叉融合是当前科学技术发展的重大特征，是新学科产生的重要源泉，是培养创新型人才的有效路径，是经济社会发展的内在需求。

随着新一轮科技革命和产业变革加速演进，一些重要科学问题和核心技术已经呈现出革命性突破的先兆，新的学科分支和新增长点不断涌现，学科深度交叉融合势不可挡，经济社会发展对高层次创新型、复合型、应用型人才的需求更为迫切。为健全新时代高等教育学科专业体系，进一步提升对科技创新重大突破和重大理论创新的支撑能力，在充分论证和广泛征求意见基础上，国务院学位委员会决定设置"交叉学科"门类，在学科专业目录上进行直接体现，以增强学术界、行业企业、社会公众对交叉学科的认同度，为交叉学科提供更好的发展通道和平台。

2016 年，全国科技创新大会、两院院士大会、中国科协第九次全国代表大会上提出，厚实学科基础，培育新兴交叉学科生长点。2019 年 5 月 16 日，向第三届世界智能大会所致贺信中指出："当前，由人工智能引领的新一轮科技革命和产业变革方兴未艾。在移动互联网、大数据、超级计算、传感网、脑科学等新理论新技术驱动下，人工智能呈现深度学习、跨界融合、人机协同、群智开放、自主操控等新特征，正在对经济发展、社会进步、全球治理等方面产生重大而深远的影响。""重大原始创新成果往往萌发于深厚的基础研究，产生于学科交叉领域，大学在这两方面具有天然优势。""要用好学科交叉融合的'催化剂'，加强基础学科培养能力，打破学科专业壁垒。"

除此之外，高校建立了社会计算相关的实验室。我国国内社会计算相关的实验室最早建于 20 世纪 70 年代末，清华大学计算机系成立自然语言处理与社会人文计算实验室，围绕以中文为核心的自然语言处理，在语言信息处理、机器翻译、知识图谱、社会计算和智慧教育等方面开展研究；2000 年，哈尔滨工业大学成立社会计算与信息检索研究中心，主要针对人工智能自然语言处理开展研究；2016 年，南京大学和哥廷根大学成立社会计算研究所，以高性能计算、社交网络分析和大数据挖掘等技术为基础，分析和理解个体与社会行为，在个体与群体行为分析、城市规划、社会管理及疾病控制等方面开展工作；2017 年，认知智能国家重点实验室（科大讯飞）成立，主要关注计算智能、感知智能和认知智能的研究；同年，南京理工大学依托工信部成立社会安全信息感知与系统工业和信息化部重点实验室，通过人工智能、计算科学、信息安全等领域研究多源多谱信息获取与传感、高维大数据的表示与理解、网络空间安全与优化控制、社会安全应用技术与系统等方向；随后，复旦大学建设了数据智能与社会计算实验室，主要面向非计算学科，包括社会科学、政治科学、金融、医疗等探索智能化技术应用；除此之外，东南大学知识工程与社会计算实验室、华中科技大学认知计算与智能信息处理实验室、福建省智慧城市感知与计算重点实验室、山东大学社会超网络计算与决策模拟实验室等机构相继成立，致力于社会问题求解。大连理工大学在 2015 年基于在信息、管理、人文、数学及认知等学科领域的长期科研积累和交叉研究基础，积极筹建了计算与社会科学的交叉研究方向，以响应国家和社会发展需要对新型交叉学科的需求。随着在该领域研究的不断深入，逐步确定了多个主要的交叉研究方向，包括社会感知与人机智能、生物计算与社会群智神经计算、心理机制与社会脑认知、数据驱动的智慧决策，以及社会伦理与舆情循证治理等。学校在 2023 年申请获批了社会计算与认知智能教育部重点实验室，旨在进一步整合多学科的研究力量，以促进计算与社会科学研究的快速发展，为国家社会发展及前沿科技的进步做出新的贡献。

➤国外

2002 年美国国立卫生研究院（NIH）建立了多个学科交叉研究中心，不仅设立了"多 学科交叉研究人员培训基金"，还举办了"技术方法创新研讨会"和"生命科学与物质科学交界的机构联席会"，英国等其他发达国家也相继成立了学科交叉研究中心。

2002 年，《自然》杂志设立了一项"交叉学科进步奖"提名。生命科学界权威杂志《细胞》也特设了一个相关交叉学科领域的介绍专栏。

2004 年，美国科学院协会（American Scientific Affiliation）发表了长篇报告，名为《促进交叉科学研究》（Facilitating Interdisciplinary Science）。该报告全面深入地分析了交叉学科研究的发展现状，对如何促进交叉学科发展提出了从科学研究、人才培养到管理体制一揽子富有创见性的改革方案。

2018 年,MIT 有跨系研究中心 28 个,12 个跨学科计划,14 个跨系研究组织。

欧盟"地平线 2020"重点战略:卓越科研、产业领导力与社会挑战,其中"卓越科研"领域非常注重对学科交叉研究项目的资助,"社会挑战"领域和三大领域之外的"变化世界中的欧洲"研究计划中学科交叉研究也占据很重要的地位。

根据国家数学与交叉科学中心发布的消息"诺贝尔奖为何青睐交叉学科"显示,百年诺贝尔奖,有 41.02%的获奖者属于交叉学科,尤其在 20 世纪最后 25 年,95 项自然科学奖中,交叉学科领域有 45 项,占获奖总数的 47.4%。跨学科计划是集中 MIT 在某个学科领域方面的资源优势,进行大跨度合作的计划,而非组织实体。跨学科计划一般分属几个学院或系,具体见表 1-1。

**表 1-1　MIT 跨学科计划**

| 电气工程和计算机科学系,计算机科学和人工智能实验室,数据、系统与社会研究所和 MIT 智能探索计划被"划入"计算学院(2019 年 9 月正式启动) | |
|---|---|
| 研究组织(George Russell Harrison) | 金融工程研究组织 |
| 电磁与电子系统研究组织 | 制造与生产力研究组织 |
| 信息与决策系统研究组织 | 核科学研究组织 |
| 微系统技术研究组织 | 媒介研究组织 |
| 电子学研究组织 | 核反应堆研究组织 |

MIT 跨系研究中心(表 1-2)是一种相对稳定的跨学科组织实体,一般根据跨学科研究任务来确定,同时兼顾跨学科教育。跨系研究中心分为两类,目前 MIT 拥有跨系研究中心 28 个。

**表 1-2　MIT 跨系研究中心**

| | |
|---|---|
| 生物技术处理工程中心 | 高级教育服务中心 |
| 高级形象设计研究中心 | 考古与人种学材料中心 |
| 生物与计算学习中心 | 生物医学工程中心 |
| 经济学与管理科学计算研究中心 | 癌症研究中心 |
| 协同科学研究中心 | 环境健康研究中心 |
| 环境创始中心 | 信息系统研究中心 |
| 创新产品研究中心 | 国际研究中心 |
| 学习和记忆研究中心 | 材料科学与工程研究中心 |
| 房地产中心 | 空间研究中心 |
| 技术政策与工业发展中心 | 运输研究中心 |
| 临床研究中心 | Edgerton 研究中心 |
| 工业性能研究中心 | 管理技术研究国际中心 |
| 材料处理中心 | MIT 创业伙伴中心 |
| 运筹学研究中心 | 等离子科学与聚变中心 |

2020 年,《Science》再次以"Computational social science: obstacles and opportunities"为题,探讨了当前计算社会科学研究的不足,并指出社会计算已不再局限于科学研究命题,其研究成果离不开计算机科学、经济学、心理学、认知学等的嵌入和支撑。

纵观国内外科技发展前沿与趋势,各国政府及其研究机构都已经将社会计算和面向网络化社会的研究提升到了国家战略层次,海量社会媒体信息的获取、建模分析处理与预警、社会感知认知决策、国防安全等复杂社会问题急需成立对应的学科、平台及实验室。社会计算与认知智能等多学科相融合作为一种新的研究范式，已引起了国内外学术界、工业界的普遍关注。作为一个全新的新兴战略交叉方向，尽管国内外已有相近学科平台和实验室，但针对多学科相融合、全面交叉渗透的学科研究与实验室建设则刚刚起步，急需建立一套关于“计算社会科学”研究的完整理论框架。

## 1.3 计算社会科学助力新型社会问题治理

### 1.3.1 新型社会问题应对中的计算技术需求与必要性

我国正面临经济体制深刻变革、社会结构深刻变动、利益格局深刻调整、思想观念深刻变化的历史时期。在此背景下，党的十九届五中全会明确提出，要将安全发展贯穿国家发展各领域和全过程，防范和化解影响我国现代化进程的各种风险，筑牢国家安全屏障。这一战略要求强调了统筹发展与安全两件大事的极端重要性。在“十四五”时期及今后更长时间的发展阶段，实施国家安全战略、建设更高水平的平安中国，才能确保国家经济安全、保障人民生命安全、维护社会稳定，最终实现中国经济行稳致远、社会安定和谐。

研究人类社会一直是社会科学的历史责任，这一研究需要社会理论、测量模型和社会数据的共同支撑。当前，社会科学中许多现有的理论和测量模型并未充分考虑到计算和智能对社会安全发展的短期和长期影响。国家安全不仅要适应新时代的新要求，还需将安全发展理念与创新、协调、绿色、开放、共享的新发展理念紧密结合，同时适应新技术新方法，由算法和人类行为共同塑造可计算的社会安全发展。

面对国家安全的重大挑战，我们需要从战略高度出发，采用计算思维和方法，感知我国社会主要矛盾的发展变化所带来的新特征，认知错综复杂的国内外环境所引发的新矛盾与新挑战。通过社会科学、计算科学、管理科学、认知科学、数学科学等多个领域交叉形成的新型计算范式，我们可以解决社会安全风险预警、防控机制建设的问题，构建源头防控、排查梳理、纠纷化解、应急处置的社会矛盾综合治理机制，并健全社会心理服务体系和危机干预机制等。这将为进一步增强机遇意识和风险意识提供智能且合理的决策，实现维护社会稳定和安全的“智理”。

在当代信息社会条件下，社会问题日益呈现出动态性、快速性、开放性、交互性和数据海量化等特点。“计算注入社会”面临三个关键挑战：测量质量不足、错误测量的复杂后果及现有社会理论的局限性。应对这些挑战需要新的社会理论和处理方法、机制，以解释、评价和约束计算系统对社会现实的影响。“计算社会科学”作为社会科学、计算科学、管理科学、认知科学、数学科学等新兴战略交叉方向，成为应对和处理网络化复杂社会系统建模、分析、管理和控制问题的有力工具。结合计算科学的感知预测能力、认知科学的理解推断能力、数学科学的逻辑建模能力、管理科学的知识系统构建理论及人文科学的解释评价机制，我们可以利用神经机制、语言机制和心理机制等多学科领域知识，应用智能计算、群智计算、生物计算、情感计算和知识计算等新型计算方法，构建新型社会智能，形成新型社会知识系统和智理决策框架。这将帮助我们感知和认知新的社会系统，破解传统社会治理的困境，服务和促进社会经济与民生的智理和安全发展，具有十分重大的必要性。

特别是针对东北老工业基地长期形成的深层次体制性、机制性、结构性问题，结合社会科学、认知智能和智慧制造等新兴领域，可以推动传统重工业和老工业社会的转型。通过建立能够主动感知并响应社会大规模定制需求的智能社会，东北地区能够着力发展新型产业，实时将社会需求与制造能力衔接，有效实现需求与供应的相互转化，促进个性化、实时化、经济化的生产和消费模式。这将不断激发东北老工业基地的发展活力、内生动力和整体竞争力，推动该地区的经济快速发展。

此外，东北老工业基地的转型需要市场化机制与宏观政策调控的双管齐下。在建立可持续的市场机制上，需充分调动市场要素、激励人和政府的积极性，以完善产业环境。通过将计算与社会科学有机结合的平行管理与控制，可为东北地区社会运营和市场化等各种决策提供有效的操作平台，从而提升工业制造的竞争力，加速产业升级和智能化转型。

当前，"计算社会科学"相关学科的交叉融合多限于理念层面探讨，许多问题尚未在深层次上挖掘各学科之间的内在联系与互补。现有研究缺乏完整的理论、方法与实施体系，且在学科建设和实践应用中，缺乏可操作可扩展的平台。因此，进一步挖掘社会科学、计算科学、管理科学、认知科学、数学科学等多学科的交叉优势，构建国家科技创新的重要驱动力体系，促进对复杂社会安全发展问题的综合攻关和智能治理，显得尤为重要。这将有效破解国家安全发展面临的重大科学问题和社会问题，并为国家培养变革性"计算社会科学"复合型交叉科学人才提供强有力的支持。

### 1.3.2 计算驱动的社会问题治理目标与愿景

新一代信息技术驱动的数字时代已经来临，数据要素驱动的数字化与数智化技术成为重要的选型技术并赋能社会治理及各个经济活动，正在重构"人—技术—社会"的关系，与人类的未来息息相关。以"计算社会科学"促进计算机、控制、管理、人文等多学科对社会科学综合性复杂问题的协同攻关，促进社会科学与其他学科相互借力助力，推动人工智能技术同社会科学相关学科的交叉、渗透与合作，解决发展中的重大科学问题，造福人类。拥有有关复杂经济、生物、神经和气候系统的大数据，并不等同于理解错综复杂的因果网络。在拥有大量数据基础上，"计算社会科学"更多的是需要利用人类认知常识(意图、物理形态、功能、价值等)的思维去解开驱动已见事物的成因及发展的面纱。促使"计算社会科学"完成从解决"是什么""在哪里"到"为什么"问题的转变。例如，目标检测主要解决的问题是图像中的物体是什么，以及目标物体在哪里的问题(图 1-5)。在背景及检测的干扰下，结果不稳定。目标检测的思路是依据像素点特征检测目标，假如知道像素点形成的原理，就可以从本质上解决目标检测问题，达到真正的人工智能。

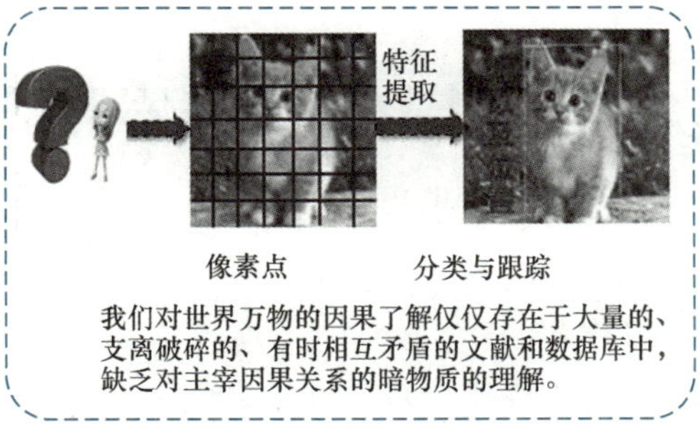


图 1-5 目标识别因果解释

计算社会科学的出现，为我们提供了前所未有的广度、深度和尺度来收集和分析大量的社会传感器数据，并推动对复杂系统演化过程及其规律的深入探索。借助计算机多主体建模技术，我们可以模拟复杂系统中个体的行为，并观察这些个体在虚拟环境中的互动演化，进而揭示整个系统的复杂性行为如何自下而上地“涌现”出来。计算社会科学不仅帮助我们分析和解释复杂系统中子系统的非线性动态交互，还通过量化系统行为和各种外界环境因素，开辟了一条全新的路径，以拓展、深化甚至革新我们对个体行为、群体交往、组织结构乃至整个社会运行规律的认识。这一领域的核心内容包括研究群体性事件的发生机制、集群行为的演化规律，以及社会转型期群体性事件的深层次特征与成因。它通过聚焦人类社会发展的各类信息的自动化处理，结合行为分析、媒体分析、网络分析及数字化手段，如代码、算法、程序、建模和模拟等，更深入地观察和探讨个体行为特征与社会运行规律及其互动关系。通过这些新的理论和方法，我们可以对社会群体行为进行科学描述和有效测量，并对过程和结果进行预测、干预和控制，从而提出更为有效的社会智能管理治理政策和措施。

在新范式的驱动下，使得每一份出版物都成为一个公共的、由计算机维护的和复杂系统的因果模型的一部分，一个庞大的因果网络的每一个方面都将与支持它或与它相矛盾的数据联系在一起。计算社会科学建立的因果模型需要用来预测系统对干预措施的反应，例如病人对药物反应、新税收的反应，以及理解系统为什么会这样运转。强调因果模型和解释，这可能是科学的未来。在上述目标支撑下，希望以“计算社会科学”为驱动力，直面民生问题症结，形成数字乡村、智慧能源、智慧生态、智慧教育等系统，加快数字化中国体系建设的进程，服务于社会发展，如图 1-6 所示。

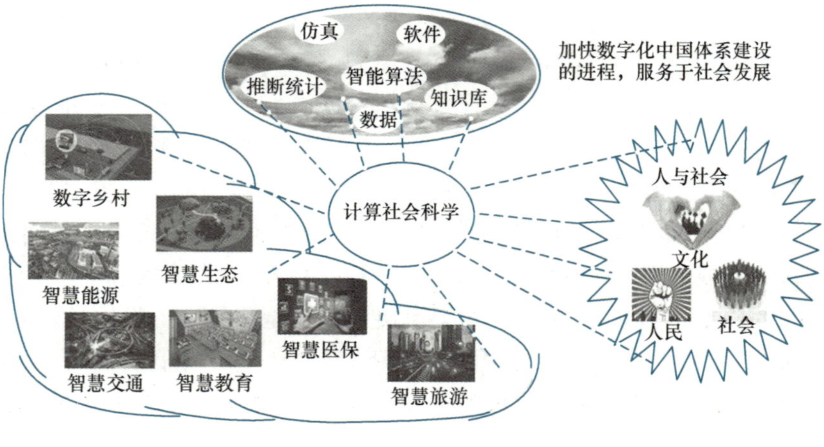


图 1-6　计算社会科学应用场景

# 1.4　计算社会科学的学科发展与任务建设

## 1.4.1　计算社会科学的关键问题与建设框架

计算社会科学的实质在于高新科技与基础科学之间的相互渗透与融合创新，特别是以计算科学、社会科学、管理科学、认知科学为代表的领域与人文社会科学、数学科学等基础学科的结合。通过计算科学和技术，研究者能够深入探讨社会科学领域中的各种问题。在这一背景下，关键在于如何在新型交叉范式和技术的支持下，研究复杂社会系统的各层次内在逻辑关系（图 1-7）。为此，我们需要从社会数据的感知、认知和决策三个层次出发，构建新的理论框架，全面地把握复杂社会系统的运行机制，为解决实际问题提供科学依据和指导。

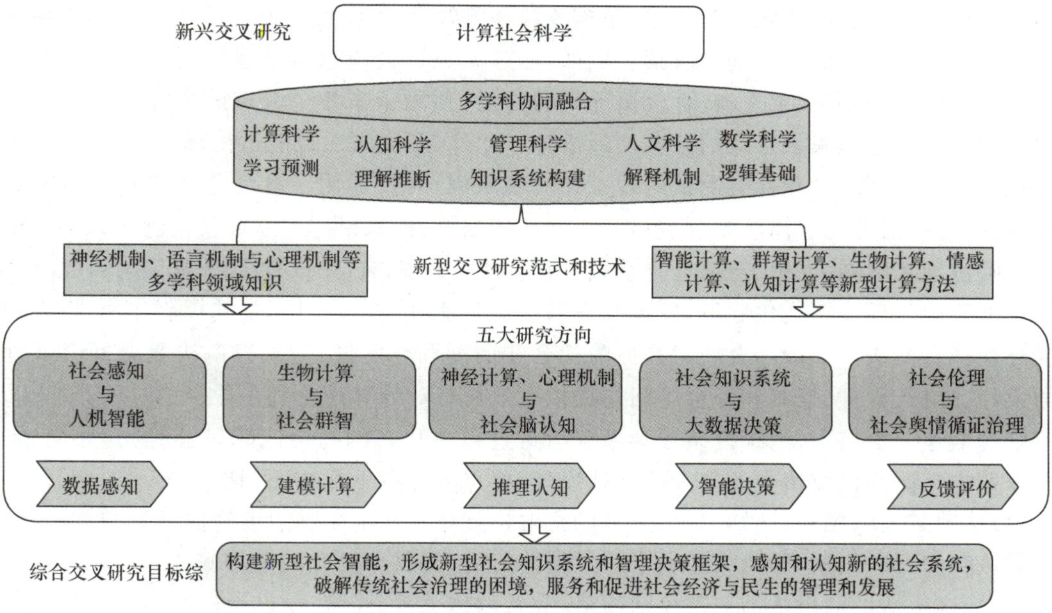


图 1-7　计算社会科学建设框架

### ➢社会传感器数据的感知

人类社会感知是计算社会科学尚未开发的资源。例如，人类社会传感器可以提供有关周围其他人的信仰和行为的有用报告；依靠人类社会传感器的研究可以解决收集社会数据时的一些伦理问题，并且可以使用调查等标准研究工具经济地进行；利用人类社会传感器来描述和预测社会现象，可以缓解与询问敏感问题相关的一些伦理问题。

因此，需要建立以“大跨度、大视角、大信息和大服务”为特征的全维度社会智能感知推理引擎，实现对人、机、物、环境、数据等的多维度、跨时空协同感知和综合推理方法技术，从感知人类如何与社会环境相互作用和人类主观认知等角度建立社会感知与人机智能的感知与虚实融合框架，推进对人、机、物三元空间的社会属性数字捕捉和感知。

### ➢个人和社会行为的认知

人类适应不断变化的社会世界的能力，受到社会环境结构和个体认知过程的共同影响。要理解社会环境如何影响信念和行为，关键在于这些环境在个人心中是如何主观表现的。在个人和社会行为的认知主题中，个体的感知与理解决定了其对环境的反应。社会结构和文化背景塑造了个体的信念系统，进而影响其行为。这表明，认知过程在个人如何与社会互动、适应变化中起着核心作用。

因此，借助生物智能与社会群智启发行为，构建复杂动态社会网络的可感知、可计算模型，形成受人类社会经验约束的社会动力学模型，进而发展可预测、可控制的社会动态演化模型。发展新的神经计算、情感计算、语言认知、心理健康机制认知度量算法，把脑功能信息引入智能系统的计算回路中，推动对社会脑认知的建模、解析，并通过模拟生物神经网络的结构和信息加工方式实现社会类脑计算与脑机智能技术，最终为人与机在神经信息连接基础上的社会融合认知提供基础理论和技术支撑。

➢社会治理决策干预和伦理道德验证

新型社会问题的智理需要构建新型社会系统数据驱动的智慧决策框架，实现社会经济与管理复杂系统的建模与分析，研究数据与知识融合驱动的人机集成智慧决策理论与方法，更好地理解社会动态背后的认知机制，为动态描述和预测社会趋势、引导社会系统向不同方向发展的事件和干预措施提供重要辅助决策。例如，通过人类社会传感器重建不同的信念和行为变化模式，预测人际网络如何影响信念和行为的传播，预测未来各个领域的事件，包括商业、医学、政治和体育，进而采取有效的社会治理措施。此外，开展人工智能道德算法、价值敏感性设计、舆情分析、循证决策和社会测试的理论和应用研究，开发适用于社会伦理审查的道德算法系统，提出创新治理的法律法规、政策规范、标准依据等智力成果，建立社会伦理与社会循证决策与风险治理来解释、评价、约束计算系统对社会现实的影响，完成社会感知与认知智能理论与计算框架的闭环反馈优化验证，权衡政策系统在智能社会治理过程中的规制作用，以人为本地提升社区自治法治德治综合能力并保障社会和谐度和稳定度，为最终解决复杂社会智理系统的设计、分析、管理、控制和综合等问题提供有效可行的计算理论和手段。

结合上述三个层次，围绕复杂社会系统运行过程中存在的社会问题，以问题为导向，聚焦知识体系中不同知识范畴中的复杂性共性原理，重点关注以下几方面问题。

(1)从理解人脑感知、认知、记忆过程的一般性规律和研究生物启发智能计算角度出发，探索人类认知学习的机制，预测人类的个体及群体行为，提供个性化的精神服务。

(2)经济生活中的个体消费与生活质量、利益群体关系、经济运行态势的关系，解决青少年犯罪、分配不公平等问题。

(3)研究社会经济运作的运行、发展的机制，满足社会成员的物质需求。研究社会群智演化与模因理论，探索人类群体与生态环境内在的复杂关联，进而解决生态环境问题。

(4)公共卫生事件中的个体行为方式、社会组织形式、政府统一部署和治理及其关系。

(5)社会主流价值观及其规范，舆论发生、酝酿、传播和效应激变可能引发的社会事端及应对预案。

(6)差异化、鲜活的个体在网络结构和传导机理下如何涌现出纷繁复杂的社会现象和形态，其对微观行为的影响，以及二者间的双向反馈机制等方面的话题。

以关键问题和建设框架为驱动，精准把握社会科学问题到计算科学理论的映射机制，攻克技术难题，推动理论和技术创新，形成若干具有全球影响力的战略性新兴产业发展策源地和技术创新中心。利用数字孪生、多模计算、集成模型、社交计算、情感计算、知识图谱计算等新型方法，建立以人和社会为表征的模型，统一全部认知过程，依托注意、知觉、记忆、思维等交织的认知计算，分析和挖掘社会运作的规律及形成机制，为探索复杂社会行为背后的关联提供理论依据。融合跨时间、跨空间、跨层次的多模态数据，深入落实社区学习检测、社会媒体分析与信息挖掘、情感分析及舆情挖掘、人类认知心理的计算机模拟，人类的行为识别和预测、优化决策管理、数据安全与隐私加密，人机交互信任等技术难题，全面实现面向多领域的关键信息处理和辅助决策支持。布局人才培养体系和战略性新兴产业相辅相成的格局。以解决社会面临的实际问题为驱动，完善评价人才的机制，推动新产业发展和更新，占领科技创新制高点。最终，凝聚一支由来自社会科学、计算科学、人工智能等领域的研究人员所组成的跨学科的、体系结构完整的高水平“计算社会科学”研究队伍为此领域学科方向建设和引领国际、国内创新研究做出实质性贡献，形成若干具有全球影响力的战略性新兴产业发展策源地和技术创新中心。

### 1.4.2 计算社会科学的核心任务与发展方向

基于"计算社会科学"的研究范式，智慧社会可充分利用开放流动的大数据资源，综合协调人、地、事、物和组织等各种要素，形成信息对称、权利对等、扁平化组织的社会结构，推动对社会的全面感知、建模、解析、决策及反馈执行，以"计算社会科学"促进计算机、控制、管理、人文等多学科对社会科学综合性复杂问题的协同攻关，促进社会科学与其他学科相互借力助力，推动人工智能技术同社会科学相关学科的交叉、渗透与合作，解决经济社会发展中的重大科学问题，进而实现集舆情感知、平行管理、移动指挥与控制为一体的闭环反馈组态式的数字中国体系管理，发挥政府数字化转型的先导性作用，撬动经济和社会数字化转型，全面提升社会治理精细化、精准化、智能化水平，持续提高服务经济社会发展能力。针对此目标，具体任务至少应包括四个：

任务一：在深入理解新型社会问题特点的基础上明确研究思路，探索社会问题背后的科学成因。以问题为导向，凝练有价值的科学问题，为复杂社会问题的建模和计算提供科学视角。围绕复杂社会系统运行过程中存在的社会问题，例如，资源开发分配（化工生产、输电优化、器官分配等）、生态文明建设（气候的变化机制、污染物的治理、碳排放等）、民生（某项政策实施后的效果、偏见分析、安全隐私保护、交通拥堵、心理健康、就业等）等，以问题为导向，聚焦知识体系中不同知识范畴中的复杂性共性原理，凝练解决民生问题的关键因素，探索人类认知学习的机制以解释社会现象，研究优化社会生产的方式和可能性，挖掘不同阶段下的社会主导价值标准和规范标准的形成因果，人类对生态环境影响等一系列的科学问题。

任务二：以社会科学基础理论为驱动，精准把握社会科学问题到计算科学理论的映射机制，构建统一的社会问题理论框架，自下而上地为探索"计算社会科学"新科学研究范式提供整套理论支撑。在建立社会科学理论框架基础上，基于大数据、优化理论、计算数学、新一代人工智能、认知心理学等计算理论对实际社会过程的科学问题展开研究。利用数字孪生、多模计算、集成模型、社交计算、情感计算、知识图谱计算等新型方法，建立以人和社会为表征的模型，统一全部认知过程，依托注意、知觉、记忆、思维等交织的认知计算，分析和挖掘社会运作的规律及形成机制，为探索复杂社会行为背后的关联提供理论依据。把握"计算社会科学"研究方向，进一步推动"计算社会科学"研究带动社会生产与运作朝着人性化治理、智能化管理、仿生化理解方向发展，以期为社会问题痛点的解决提供方案，推动社会科学研究从"实验归纳"到"数据密集型科学发现"重大转变的落地生根。

任务三：依托新型的、可执行的"计算社会科学"研究范式，研究相关问题的计算与学习方法，攻克安全与隐私、网络舆情管理、生产优化、人机交互、因果解释等领域面临的技术难题，以新兴问题促进相关研究领域内涵和内容的延拓，推动基础理论和方法的创新与突破，为数字化中国体系构建提供技术支撑。融合跨时间、跨空间、跨层次的多模态数据，深入落实社区学习检测、社会媒体分析与信息挖掘、情感分析及舆情挖掘、人类认知心理的计算机模拟，人类的行为识别和预测、优化决策管理、数据安全与隐私加密，算法的因果解释、人机交互信任等技术攻关，定量推断社会现象背后的因果关系，洞察社会舆论焦点的发展机制，挖掘社会风险点及关键因素，提高社会面对突发事件的应急能力，为社会治理提供理论依据，全面实现面向多领域的关键信息处理和辅助决策支持，完善以数据为驱动的主动感知、研判分析、智慧化预警、综合指挥、高效处置、监督管理与辅助决策支持等功能，形成场景化、智能化决策"驾驶舱"，提供全景式、多粒度、智慧化分析服务，为政府决策提供科学、精准支撑，加快数字化中国体系建设的进程。

任务四：凝聚一支由来自社会科学、计算科学、人工智能等领域的研究人员所组成的跨学科的、体系结构完整的高水平"计算社会科学"研究队伍，为此领域学科方向建设和引领国际、国内创新研究做出实质性贡献，形成若干具有全球影响力的战略性新兴产业发展策源地和技术创新中心。构建"计算社会科学"新趋势的统计指标体系，完善项目审批、招标、采购、实施、验收、绩效评价等环节管理制度，制定科学的考核评价机制，实现项目经费与绩效评价挂钩，建立项目退出机制，加强第三方评估、社会监督评价，实现督查评估工作制度化、规范化、常态化，通过"以评促建""以评促用"，快速打造一批有成效的典型案例。通过完善项目评估的激励机制，加快引进和培养"计算社会科学"新兴学科急需紧缺的技术领军人才、高层次管理人才和创新创业团队，形成若干具有全球影响力的战略性技术创新中心。

## 本章小结

当前，计算社会科学相关学科的交叉融合多限于理念层面的探讨，许多问题尚未在深层次上挖掘出各交叉学科之间的内在联系与互补，不仅缺乏完整的理论体系，在学科建设和实践应用中扮演重要角色的可操作、可扩展的计算实验平台也尚未建立。因此，要发挥社会科学与计算科学各自的优势，布局科技创新的重要驱动力体系，促进多学科对综合性复杂问题的协同攻关，从而有效地破解人类社会面临的重大科学问题和社会问题，为国家培养变革性计算社会科学复合型交叉科学人才。

## 思考题

1. 社会特点与经济、政治具有紧密的联系，请就自己的理解谈谈新型社会问题呈现特点的形成原因。

2. 本章介绍了传统研究范式和现在研究范式的不同，请结合自己的科研方向具体谈谈有何不同，以及转化的难点。

## 参考文献

[1] Lazer, D., Hargittai, E., Freelon, D., Gonzalez-Bailon, S., Munger, K., Ognyanova, K., & Radford, J. Meaningful measures of human society in the twenty-first century. Nature, 2021, 595(7866): 189-196.

[2] Wagner, C., Strohmaier, M., Olteanu, A., Kıcıman, E., Contractor, N., & Eliassi-Rad, T. (2021). Measuring algorithmically infused societies. Nature, 595 (7866), 197-204.

[3] Zhao, W. J., Coady, A., & Bhatia, S. Computational mechanisms for context-based behavioral interventions: A large-scale analysis. Proceedings of the National Academy of Sciences, 2022, 119(15): e2114914119.

[4] Buyalskaya, A., Gallo, M., & Camerer, C. F. The golden age of social science.

Proceedings of the National Academy of Sciences, 2021, 118(5): e2002923118.

[5] Lazer D, Pentland A, Adamic L, et al. Computational social science. Science, 2009, 323(5915): 721-723.

[6] Bail, C. A. Can Generative AI improve social science?. Proceedings of the National Academy of Sciences, 2024, 121(21): e2314021121.

[7] 环球网

[8] Tony H, Stewart T, Kristin T. 第四范式:数据密集型科学发现. 潘教峰, 等 译. 北京: 科学出版社, 2012.

[9] 杜海峰,张楠,蔡萌. 社会计算及其在公共安全集群行为研究中的应用: 进展与展望. 现代财经(天津财经大学学报),2014,34(05):84-92.

[10] Galesic, M., Bruine de Bruin, W., Dalege, J., Feld, S. L., Kreuter, F., Olsson, H., ... & van Der Does, T. Human social sensing is an untapped resource for computational social science. Nature, 2021, 595(7866): 214-222.

[11] 王飞跃,王晓,袁勇,等. 社会计算与计算社会:智慧社会的基础与必然. 科学通报(Z1), 2015, 460-469.

# 第 2 篇

## 基础算法与技术工具

# 第2章 Python基础编程

本章学习目标

通过学习理解本章内容，学会使用 Python 进行初步的编程实验，掌握一些必要的工具和技能来处理、分析和解释社会科学数据；树立使用 Python 进行数据驱动的研究工作思想，从而更好地理解社会现象、进行数据分析和模型建立，以及有效地传达研究成果，更灵活地应对不同类型的数据和问题，提高研究的深度和广度。

## 2.1 基础编程概述

Python 是一种相对易学的编程语言，其语法清晰简单，使得初学者能够快速上手。这对于社会科学研究者来说非常重要，因为他们通常不是专业的程序员，但需要编写代码来处理和分析数据。Python 拥有大量的开源库和框架，尤其适用于社会科学应用。例如，NumPy 和 Pandas 用于数据处理，Matplotlib 和 Seaborn 用于数据可视化，Scikit-Learn 用于机器学习，Statsmodels 用于统计分析等。这些库使研究人员能够快速构建复杂的数据分析和模型。

Python 编程语言在计算社会科学应用中是一种强大的工具，因为它提供了丰富的库、易学易用的语法和强大的数据处理能力，有助于社会科学研究者更好地理解社会现象、分析数据、构建模型和传达研究发现。这使得 Python 成为计算社会科学研究的重要工具之一。

## 2.2 编程环境

Python 是一种面向对象、解释型计算机程序设计语言，语法简洁而清晰，具有丰富和强大的类库。它简单、易学，能够将其他语言制作的各种模块很轻松地联结在一起。Python 最大的优势在于效率。有时候程序员或科研工作者的效率比机器的效率更重要，对于很多复杂性的功能，使用更加清晰的语言能给程序减轻负担，从而大大增强程序的质量。其易学性和扩展性也能让新手很快上手。

在不同的操作系统中，Python 存在细微的差别。当前有两个不同的 Python 版本：Python2 和 Python3。每种编程语言都会随着新概念和新技术的推出而不断发展，Python 的开发者也一直致力于丰富和强化其功能。虽然 Python2 和 Python3 有很大差别，但无论你安装的是哪个 Python 版本，它都能够实现本章节中的案例。

Python 自带了一个在终端窗口中运行的解释器，使得使用者无须保存便可运行整个程序。要使用 Python 来编写这种 Hello World 程序，只需一行代码：

```
print("Hello world!")
```

这种程序虽然简单，却有其用途：如果它能够在系统上正确地运行，那么编写的任何 Python 程序都将如此。Python 是一种跨平台的编程语言，这意味着它能够运行在所有主要的操作系统中。在所有安装了 Python 的现代计算机上，都能够运行编写好的任何 Python 程序。然而，在不同的操作系统中，安装 Python 的方法存在细微的差别。

### ➢ Linux 系统 Python 编程环境搭建

Linux 系统是为编程而设计的，因此在大多数 Linux 计算机中，都默认安装了 Python。在你的系统中运行应用程序 Terminal(如果你使用的是 Ubuntu，可按 Ctrl+Alt+T 键)，打开一个终端窗口。为确定是否安装了 Python，执行命令"python"。如果输出是类似下面这样：

```
$ python3 Python 3.5.0(default, Sep 17 2015, 13:05:18)
[GCC 4.8.4] on linux
Type "help", "copyright", "credits" or "license" for more information.
>>>
```

则证明系统安装了 Python。

### ➢ Windows 系统 Python 编程环境搭建

Windows 系统并非都默认安装了 Python，因此需要下载并安装它，然后还需要下载并安装一个文本编辑器。

首先，检查系统是否安装了 Python，为此，在"开始"菜单中输入"command"并按 Enter 键以打开一个命令窗口；在终端窗口中输入"python"并按 Enter 键；如果出现了 Python 提示符(>>>)，就说明系统安装了 Python。然而，可能会看到一条错误消息，指出"python"是无法识别的命令。如果是这样，就需要下载 Windows Python 安装程序。为此，请访问 Python 官方网站进行下载。

## 2.3 Python 语法简介

### ➢变量

Python 中的变量是用来表示一个值的标识符。变量代表了计算机内存中的一个地址，其定义方式如下：

```
message = "Hello Python Course reader!"
print(message)
```

变量允许在程序中访问其他对象，调用函数或执行其他运算。在 Python 中使用变量时，需要遵守一些规则和指南。违反这些规则将引发错误，而指南旨在让你编写的代码更容易阅读和理解。请务必牢记下述有关变量的规则：

- Python 中的变量合法的字符包括 26 个大小写字母(A～Z 和 a～z)、10 个阿拉伯数字(0～9)，以及下划线(_)。
- Python 中的变量须以字母或下划线开始，不能以数字开头。
- 变量命名不能使用 Python 中的关键字。
- Python 中的变量是大小写敏感的。
- Python 中的变量长度没有限制。

### ➢字符串

字符串就是一系列字符。在 Python 中,用引号括起的都是字符串,其中的引号可以是单引号,也可以是双引号,如下所示:

```
"That is a dog."
'That is not a dog.'
```

字符串有很多使用方式,包括删除、修改、拼接等,大多数的程序都会用字符串定义并收集某种数据,然后使用它们来做些有意义的事情。

### ➢列表

列表由一系列按特定顺序排列的元素组成。你可以创建包含字母表中所有字母、数字 0～9 或整个班级的姓名列表;也可以将任何东西加入列表,其中的元素之间可以没有任何关系。鉴于列表通常包含多个元素,需要给列表指定一个表示复数的名称(如 letters、digits 或 names)。

在 Python 中,用方括号"[]"来表示列表,并用逗号来分隔其中的元素。如下:

```
Numbers = ['Tom', 'Jane', 'David', 'Alisa']
print(Numbers)
```

在明白了如何对列表进行定义之后,下面来学习如何访问列表的元素。列表是有序集合,因此要访问列表的任何元素,只需将该元素的位置或索引告诉 Python 即可。要访问列表元素,可指出列表的名称,再指出元素的索引,并将其放在方括号内。创建的大多数列表都是动态的,这意味着列表创建后,将随着程序的运行增删元素。在想对列表进行修改、添加、删除等操作时,我们可以这样实现:

```
Numbers = ['Tom', 'Jane', 'David', 'Alisa']
#列表修改
Numbers[1] = 'Sam'
print(Numbers)
#列表添加
Numbers.append('Jane')
print(Numbers)
#列表删除
Numbers.pop()
print(Numbers)
```

你可以得到如下所示的输出:

```
['Tom', 'Sam', 'David', 'Alisa']
['Tom', 'Sam', 'David', 'Alisa', 'Jane']
['Tom', 'Sam', 'David', 'Alisa']
```

你经常需要遍历列表的所有元素,对每个元素执行相同的操作。例如,在班级中,可能需要给每位同学添加一次考试成绩;对于包含数字的列表,可能需要对每个元素执行相同的统计运算;在网站中,可能需要显示文章列表中的每个标题。需要对列表中的每个元素都执行相同的操作时,可使用 Python 中的 for 循环:

```
Numbers = ['Tom', 'Jane', 'David', 'Alisa']
for number in Numbers:
print(number)
```

这样,你就可以在 for 循环中实现自己的操作了。

当然，你也可能只想要对班级中的 Tom 来进行成绩录入，那么你可以使用 if 语句来配合 for 语句实现你的想法：

```
Numbers = ['Tom', 'Jane', 'David', 'Alisa']
for number in Numbers:
if number == 'Tom':
print(number)
```

在这个示例中，你可以在 if 语句中实现你想要做的事情。

**➢字典**

在 Python 中，字典是一系列键-值对的集合。每个键都与一个值相关联，你可以使用键来访问与之相关联的值。与键相关联的值可以是数字、字符串、列表乃至字典。事实上，可将任何 Python 对象用作字典中的值。

在 Python 中，字典用放在花括号"{}"中的一系列键-值对表示，如下所示：

```
Person = {'name': 'Tom', 'age': 25}
```

键-值对是两个相关联的值。指定键时，Python 将返回与之相关联的值。键和值之间用冒号分隔，而键-值对之间用逗号分隔。在字典中，你想存储多少个键-值对都可以。

**➢函数**

函数是带有特定名称的代码块，用于完成具体的工作。要执行函数定义的特定任务，可调用该函数。当需要在程序中多次执行同一项任务时，你无须反复编写该任务的代码，而只需调用执行该任务的函数，让 Python 运行其中的代码即可。你将发现，通过使用函数，程序的编写、阅读、测试和修复都将更容易。

下面是一个打印介绍语的简单函数，名为 Intro_user()：

```
def Intro_user():
"""显示简单的介绍语"""
print("My name is Sam!")
Intro_user()
```

这个示例演示了最简单的函数结构。第一行代码行使用关键字 def 来告诉 Python 你要定义一个函数。这是函数定义，向 Python 指出了函数名，还可能在括号内指出函数为完成其任务需要什么样的信息。

只需稍作修改，就可以使函数 Intro_user()将用户的名字用作介绍。为此，可在函数定义 def Intro_user()的括号内添加 username。通过在这里添加 username，就可让函数接受你给 username 指定的任何值。现在，这个函数要求你调用它时给 username 指定一个值。调用 Intro_user()时，可将一个名字传递给它，如下所示：

```
def Intro_user(username):
"""显示简单的介绍语"""
print("My name is " + username + "!")
Intro_user('Tom')
```

这个函数接受你传递给它的名字，并对这个人做出介绍：

```
My name is Tom!
```

在上述函数 Intro_user()的定义中，变量 username 是一个形参——函数完成其工作所需的一项信息。在代码 Intro_user('Tom')中，值'Tom'是一个实参，实参是调用函数时传递给函数的信息。我们调用函数时，将要让函数使用的信息放在括号内。在 Intro_user('Tom')

中，将实参'Tom'传递给了函数 Intro_user()，这个值被存储在形参 username 中。函数并非总是直接显示输出，相反，它可以处理一些数据，并返回一个或一组值。函数返回的值被称为返回值。在函数中，可使用 return 语句将值返回到调用函数的代码行。返回值让你能够将程序的大部分繁重工作移到函数中去完成，从而简化主程序。

➢类

面向对象编程是最有效的软件编写方法之一。在面向对象编程中，你编写表示现实世界中的事物和情景的类，并基于这些类来创建对象。编写类时，你需要定义一大类对象都有的通用行为。基于类创建对象时，每个对象都自动具备这种通用行为，然后可根据需要赋予每个对象独特的个性。使用面向对象编程可模拟现实情景，其逼真程度达到了令你惊讶的地步。根据类来创建对象被称为实例化，这让你能够使用类的实例。你可以编写一些类并创建其实例。你将指定可在实例中存储什么样的信息，定义可对这些实例执行哪些操作。你还将编写一些类来扩展既有类的功能，让相似的类能够高效地共享代码。你还会把自己编写的类存储在模块中，并在自己的程序文件中导入其他程序员编写的类。理解面向对象编程有助于你像程序员那样看世界，还可以帮助你真正明白自己编写的代码：不仅明白各行代码的作用，还明白代码背后更宏大的概念。了解类背后的概念可以培养逻辑思维，让你能够通过编写程序来解决遇到的几乎任何问题。随着面临的挑战日益严峻，类还能让你及与你合作的其他程序员的生活更轻松。如果你与其他程序员基于同样的逻辑来编写代码，你们就能明白对方所做的工作。你编写的程序将能被众多合作者理解，每个人都能事半功倍。

使用类几乎可以模拟任何东西。下面来编写一个表示小狗的简单类 Dog——它表示的不是特定的小狗，而是任何小狗。对于大多数宠物狗，我们都知道些什么呢？它们都有名字和年龄。我们还知道，大多数小狗还会蹲下和打滚。编写这个类后，我们将使用它来创建表示特定小狗的实例。

```
class Dog():
        """一次模拟小狗的简单尝试"""
        def __init__(self, name, age):
                """初始化属性 name 和 age"""
                self.name = name
                self.age = age
        def sit(self):
                """模拟小狗被命令时蹲下"""
                print(self.name.title() + " is now sitting.")
        def roll_over(self):
                """模拟小狗被命令时打滚"""
                print(self.name.title() + " rolled over!")
my_dog = Dog('willie', 6)
```

这里，我们让 Python 创建一条名字为'willie'、年龄为 6 的小狗。在这里，命名约定很有用：我们通常可以认为首字母大写的名称(如 Dog)指的是类，而小写的名称(如 my_dog)指的是根据类创建的实例。

随着不断地给类添加功能，文件可能变得很长，即便你妥善地使用了继承也是如此。为遵循 Python 的总体理念，应让文件尽可能整洁。为在这方面提供帮助，Python 允许将类存储在模块中，然后在主程序中导入所需的模块。

在组织大型项目的代码方面，Python 提供了很多选项。熟悉所有的选项很重要，这样你才能确定哪种项目组织方式是最佳的，并能理解别人开发的项目。一开始应让代码结构尽可能简单。先尽可能在一个文件中完成所有的工作，确定一切都能正确运行后，再将类移到独立的模块中。如果你喜欢模块和文件的交互方式，可在项目开始时就尝试将类存储到模块中。先找出让你能够编写出可行代码的方式，再尝试让代码更为有序。

## 2.4 Python 标准库

Python 标准库是一组模块，安装的 Python 都包含它。你现在对类的工作原理已有大致的了解，可以开始使用其他程序员编写好的模块了。为使用标准库中的任何函数和类，只需在程序开头包含一条简单的 import 语句即可。此外，你必须熟悉有些与类相关的编码风格问题，在编写的程序较复杂时尤其如此。

## 2.5 科学计算的基础包——NumPy

NumPy(Numerical Python)是 Python 中用于科学计算的基础包，它提供了多维数组对象(ndarray)及一系列用于处理这些数组的函数。这些功能使 NumPy 成为数据处理、统计分析、线性代数、傅里叶变换等科学计算任务的理想工具。

➢ NumPy 简介

标准的 Python 可以使用 list(列表)来当作数组使用。list 的元素可以是任何对象，因此 list 中所保存的是对象指针。例如，保存[1,2,3,4]则需要有 4 个指针和 4 个整数对象。这样会导致计算效率低。Python 还可以使用 array 模块的 array 对象作为数组。不同于列表，它可以直接保存数值。但是 array 对象不支持多维数组，且不包含相关的函数，因此它也不适合做数值运算。NumPy 克服了上面的不足，提供了两种基本的对象：ndarray(N 维数组)和 ufunc(通用函数)。ndarray 数组用来存放相同数据类型的多维数组，ufunc 是可以对数组进行运算处理的函数。

➢ NumPy 的安装和使用

NumPy 的安装非常简单，可以在命令行直接使用 Python 包管理器 pip 安装 NumPy：

```
pip install numpy
```

NumPy 数组创建方法包含三种：使用 Python 列表(list)或元组(tuple)生成数组；使用 arange、linspace 等函数生成数组；从文件读取数据到数组。Numpy 数组类型为 numpy. ndarray。

接下来，我们可以使用 NumPy 来进行一些简单的操作。

使用 NumPy 创建一个包含 4 行 3 列的二维数组：

```
import numpy as np
arr = np.array([[0, 1, 2],
                [3, 4, 5],
                [6, 7, 8],
                [9, 10,11]])
print(arr)
```

得到的输出数组如下：

```
array([[0, 1, 2],
       [3, 4, 5],
       [6, 7, 8],
       [9, 10,11]])
```

然后，我们可以使用基本索引来获取数组中的某个数据。NumPy 中的索引操作和 Python 中的原生列表类型相似。索引总是从 0 开始编号，并且书写于一对中括号内。假设想从如上矩阵中访问第三行第二列的元素(7)，应使用如下表达式：

```
arr[2][1]
```

若需要一次性地获取多个数据，则应使用切片操作。在 NumPy 中，需要分别指定行的范围和列的范围。依然以上文矩阵为例，如果需要访问第一行和第二行，第二列和第三列共同构成的数据子集，可使用如下表达式：

```
arr[0:2, 1:3]
```

当使用 a:b 这样的形式表达一个特定范围时，具体的取值范围应该是 a，a+1，…，b−1（数值 b 应该被排除在外）。最终的输出结果如下：

```
array([[1, 2],
       [4, 5]])
```

正如前文提及的，NumPy 内置大量的矩阵运算函数。例如，转置 transpose()直接返回给定矩阵的转置矩阵。

### ➢ NumPy 在投入-产出模型中的应用

投入-产出分析是诺贝尔经济学奖获得者华西里・W. 列昂惕夫(Wassily W. Leontief)在 20 世纪 30 年代首先提出的一种经济计量分析方法。投入-产出模型用来说明下列规划问题：假定 $n$ 个工厂生产 $n$ 种产品(每个工厂仅生产一种产品)，每个工厂的产出是其他 $n-1$ 个工厂的输入。要求 $n$ 个工厂的产量为有效产量。所谓有效产量，是指各个产品既不短缺也不多余。

模型基于下列矩阵：

$$A=\begin{pmatrix} a_{11} & \cdots & a_{1n} \\ \vdots & \ddots & \vdots \\ a_{n1} & \cdots & a_{nn} \end{pmatrix}$$

用 $a_{ij}$ 表示生产单位 $j$ 商品需要商品 $i$ 的数量。

若假设每种产出产品的价格为 1 元，则输入产品的价格不能够超出产出产品的价格。即满足下列公式：

$$\sum_{i=1}^{n} a_{ij} \leqslant 1, j=1,\cdots,n$$

若我们假定产品 $i$ 的需求是外部市场需求，不是内部生产的需求，则最优生产条件是需求等于供应。即满足下列公式：

$$X=\sum_{i=1}^{n} a_{ij}x_j + b_i, i=1,\cdots,n$$

线性代数矩阵的公式为：

$$x=AX+b$$

等价为：

$$(E-A)X=b$$

这样就可以求得 $X$。

**投入产出实例分析** 一个城镇有三个主要企业——煤矿、电厂和地方铁路，作为它的经济系统。已知生产单位产品需要的三种内部原料见表 2-1。其外部需求见最右列。

**表 2-1 生产单位产品需要的三种内部原料**

| $x_{ij}$ | 煤矿 | 电厂 | 地方铁路 | 外部需求 $y_i$ |
|---|---|---|---|---|
| 煤矿 | 0.00 | 0.40 | 0.45 | 50 000 |
| 电厂 | 0.25 | 0.05 | 0.10 | 25 000 |
| 铁路 | 0.35 | 0.10 | 0.10 | 30 000 |

**问**

(1)三个企业各生产多少单位的产品才能够满足内外需求？

(2)如果煤矿需要增加总产量 10 000，它对各个企业的产品或服务的需求分别是多少？

**解** 设煤矿、电厂和地方铁路生产的单位数量分别是 $x_i$、$x_2$ 和 $x_3$，由内部需求＋外部需求＝总产品，得到线性方程：

$$\begin{cases} 0.00x_1+0.40x_2+0.45x_3+50\,000=x_1 \\ 0.25x_1+0.05x_2+0.10x_3+25\,000=x_2 \\ 0.35x_1+0.10x_2+0.10x_3+30\,000=x_3 \end{cases}$$

将之记为矩阵形式，系数矩阵则为：

$$A=\begin{bmatrix} 0.00 & 0.40 & 0.45 \\ 0.25 & 0.05 & 0.10 \\ 0.35 & 0.10 & 0.10 \end{bmatrix}$$

由公式可以得到：

$$X=(I-A)^{-1}Y$$

因此我们可以编辑代码，如下所示：

```
#导入 NumPy 包
from numpy import *
#定义二维数组
A= np.array([[0.00, 0.40, 0.45],
             [0.25, 0.05, 0.10],
             [0.35, 0.10, 0.10]])
#单位矩阵
I = identity(3)
#求逆
B = linalg.inv(I-A)
#定义列向量
Y1 = array([50000, 25000, 30000])
Y = matrix(Y1).T
#最后求解方程，输出结果
print(B * Y)
```

输出结果为：

```
Matrix([[114458.09092868]
```

```
[65395.3889248]
[85110.96746391]])
```

## 2.6 数据处理与分析——Pandas

Pandas 是目前 Python 生态中最常用的数据分析工具库之一。该库以 NumPy 为基础，增加了标签支持，整合了对数据集的读取、清洗、转换、分析、统计、绘图等一系列工作流程，能够高效地处理和分析各类数据。Pandas 提供了两种最基本的数据结构：序列（Series）和数据框（DataFrame），分别用于带标签的一维数组和二维数组的表示。Pandas 为计算社会科学应用提供了一个功能强大、易于使用的工具，使社会科学研究者能够高效地处理、分析和可视化数据。这些功能使得 Pandas 成为社会科学研究中不可或缺的工具，有助于提取有价值的见解和进行深入的数据分析。

### ➢ Pandas 简介

Pandas 是 Python 中用于数据处理和分析的强大库。其在计算社会科学应用中非常有价值，有以下优点和原因：

• 数据结构：Pandas 引入了两种主要的数据结构，DataFrame 和 Series。DataFrame 类似于电子表格或 SQL 数据库表，允许存储和操作二维数据。Series 是一维标记数组，通常用于存储时间序列数据。这些数据结构使得处理和分析社会科学数据更自然和方便。

• 数据清洗：Pandas 提供了强大的数据清洗功能，包括缺失值处理、重复值检测和删除、数据类型转换等。这对于社会科学研究中的数据质量控制非常重要。

• 数据导入和导出：Pandas 支持多种数据格式，包括 CSV、Excel、SQL 数据库、JSON、HTML，以及许多其他数据格式。这使得从各种来源导入数据和将分析结果导出变得容易。

• 数据选择和切片：Pandas 允许按行、列或条件选择和切片数据，使使用者能够快速提取感兴趣的数据子集进行分析。

• 数据分组和聚合：Pandas 具有强大的分组和聚合功能，允许对数据进行分组汇总、统计和汇总分析。这对于研究社会科学现象中的群体行为非常有用。

• 时间序列分析：Pandas 提供了丰富的时间序列功能，包括日期范围生成、重采样、移动窗口统计等。这对于分析与时间相关的社会科学数据非常重要，如经济数据、社交媒体活动数据等。

• 合并和连接：Pandas 允许合并和连接多个数据集，以便在分析中将不同来源的数据整合在一起。

• 可视化集成：Pandas 可以与 Matplotlib、Seaborn 等可视化库无缝集成，帮助创建数据可视化，以便更好地理解数据和传达研究结果。

• 大数据支持：Pandas 能够处理大规模数据，通过使用分块处理、内存映射等技术，使其适合分析大型社会科学数据集。

• 丰富的社区支持：Pandas 拥有庞大的用户社区，有大量在线资源、文档、教程和社区支持，使使用者能够快速解决问题和学习新的技能。

### ➢ Pandas 的安装和使用

与 NumPy 安装相同，可以在命令行直接使用 Python 包管理器 pip 安装 Pandas：

```
pip install pandas
```

在安装了 Pandas 包之后，我们可以使用其中的 Series 和 DataFrame 模块来导入数据。首先创建数据框对象，代码如下：

```
df = DataFrame(arr, index=list('abcd'), columns=list('xyz'))
```

得到的数据框见表 2-2。

表 2-2　得到的数据框

| | x | y | z |
|---|---|---|---|
| a | 0 | 1 | 2 |
| b | 3 | 4 | 5 |
| c | 6 | 7 | 8 |
| d | 9 | 10 | 11 |

接下来我们就可以通过标签访问数据框中的某些数据。依旧以访问第三行第二列的数值 7 为例，其表达式应为：

```
df.loc['c']['y']
#或者 df.loc['c', 'y']
```

与 NumPy 相似，Pandas 中同样支持切片——而且提供基于标签的切片。当使用整数索引切片时，冒号后的数字不被包括在内；如果使用标签切片，冒号前后的标签都应包括在内。在以上数据框中，如欲获取包含第一、二行，第二、三列构成的子数据框，则可使用如下表达式：

```
df.loc['a':'b', 'y':'z']
```

当然，Pandas 提供 iloc 作为基于整数索引的切片访问方式，代码为：

```
df.iloc[0:2, 1:3]
```

获取的子数据框输出见表 2-3。

表 2-3　获取的子数据框

| | y | z |
|---|---|---|
| a | 1 | 2 |
| b | 4 | 5 |

Pandas 中排序可以作用于索引或数据值。对行或列索引排序时使用 sort_index()方法，按数据值排序时使用 sort_values()方法。排序后返回一个有序的新对象，而不直接改变原数据框的排列顺序。使用 sort_index()方法时，有两个常见的可选参数：ascending 和 axis。ascending 默认取值为 True 表示按升序排序，若设为 False 则按降序排列。axis 默认取值为 0 表示对行索引进行排序，若设为 1 则对列索引进行排序。假如对数据框 df 的列索引进行降序排序，则按如下方式调用函数：

```
df.sort_index(ascending=False, axis=1)
```

运行之后结果见表 2-4。

表 2-4　降序排序结果

| | z | y | x |
|---|---|---|---|
| a | 2 | 1 | 0 |
| b | 5 | 4 | 3 |
| c | 8 | 7 | 6 |
| d | 11 | 10 | 9 |

sort_values()同样支持 ascending 和 axis 参数。axis 默认取值为 0 表示对列进行排序，若设为 1 则对行进行排序。此外，数据框存在多行或者多列，因此必须通过 by 参数指定参与

排序的行或列。假如对数据框 df 按 x 列数据降序排列，则应按如下方式进行函数调用：

```
df.sort_values(ascending=False, by='x')
```

运行以上代码输出结果见表 2-5。

表 2-5 输出结果

| | x | y | z |
|---|---|---|---|
| d | 9 | 10 | 11 |
| c | 6 | 7 | 8 |
| b | 3 | 4 | 5 |
| a | 0 | 1 | 2 |

### ➢ Pandas 与 NumPy 的比较

Pandas 基于 NumPy 实现，同时广泛应用于数据科学相关的工作领域，二者之间可谓既有区别又有联系。以下将从基础数据结构、内存占用、数据兼容性、性能表现等方面，逐一对 Pandas 和 NumPy 进行细致的比较。

#### 1. 基础数据结构

Pandas 提供的基础数据结构是序列（Series）和数据框（DataFrame）。序列是带有标签的一维数组；而数据框则可视为由多个具有相同标签的序列构成的二维数组。数据框可同时附带行标签和列标签。NumPy 则以 N 维数组（ndarray）作为基础数据结构。

#### 2. 内存占用

NumPy 的内存占用要小于 Pandas。原因在于：Pandas 依然使用对象指针表示序列和数据框中的数据。此外，Pandas 还需要额外存储数据的标签（索引）。

#### 3. 数据兼容性

Pandas 基于 NumPy 实现，适用于任何扁平（表格）结构数据的处理。而 NumPy 更常见于纯粹的数值或矩阵运算。

#### 4. 性能表现

二者均提供了基于 IRIS 数据集的性能测试报告。测试结果表明，当数据记录条数在 5 万以下时，NumPy 具有更好的运算性能。如果超出 50 万条记录，Pandas 的表现更胜一筹。如果数据规模介于 5 万和 50 万条记录之间，关于二者之间孰优孰劣尚无明确定论。由此可见：当数据集的规模较小时，NumPy 能够提供更好的性能表现；反之，理应优先考虑 Pandas。

#### 5. 数据对象

Pandas 不仅提供序列和数据框作为表达一维和二维数据结构的基础数据类型，甚至还设计了表达三维数据结构的 Panel 数据类型。然而，在 Pandas 的相关实践中鲜少遇见对 Panel 类型的使用。而 NumPy 则可支持 N 维数组。

#### 6. 数据类型

NumPy 中的数组和 Pandas 中的序列/数据框类型均可作为字符串、整数、浮点数、列表等的容器类型。不同之处在于：Pandas 中，数据框的数据元素类型可以是异质的——换言之，每一列均可定义自己的特有类型；而 NumPy 中的数组类型，其全部数据元素拥有相同的数据类型——换言之，所有数据必须同质。

#### 7. 访问方法

无论是在 NumPy 还是 Pandas 中，都能通过整数索引访问某个特定的数据、切片或者数据子集。由于集成了标签特性，Pandas 还可以通过指定行标签或者列标签的方式来访问数据——由于标签本身能够体现数据语义，这一方式对于编程者来说无疑更为友好。

#### 8. 索引功能

NumPy 本质上使用数组实现，因此自带数组的快速索引这一天然优势；而 Pandas 基于 NumPy 实现，且必须在此基础上新增支持行标签和列标签的索引模块，其索引速度必然慢于 NumPy。

#### 9. 可操作性

Pandas 支持分组统计(通过 groupby()方法)、多级排序这样的复杂操作，其操作能力可类比标准查询语言 SQL；而 NumPy 提供的操作函数和方法，全部限于数学和矩阵运算。

#### 10. 文件存储

无论是 Pandas 还是 NumPy，都支持对于外部文件的导入和导出。例如，对于主流的数据文件格式 csv，二者均能提供完美支持。但相较于 NumPy，Pandas 支持的文件类型更为丰富，还包括 xlsx、HDF5，甚至某些数据库格式。

#### 11. 使用场景

Pandas 常见于数据分析、数据管理和数据可视化等使用场景。在众多数据科学相关项目的数据准备阶段，都能见到 Pandas 的广泛使用。而 NumPy 更常见于纯粹的数值计算领域，尤其是其内置的大量矩阵操作相关函数和方法，能够大大简化矩阵运算的编程工作量。

#### 12. 在机器学习和人工智能中的应用

在机器学习的过程中，通常可以分为数据准备和数据建模两个阶段。在先期的数据准备阶段中，常常能够看到 Pandas 大显身手，高效完成数据的清洗和处理。而在人工智能的经典应用中，必须通过 NumPy 数组对图形、视频等对象进行矩阵化表示。只有经过数组化表示后，才能作为输入供 TensorFlow 或 Scikit 后续进一步使用。

## 本章小结

本章节首先对编程语言 Python 进行了简单的介绍，Python 语言是一种高级、通用、易学易用的编程语言，适用于各种领域，包括计算社会科学。它的简洁语法和丰富的生态系统使其成为进行数据分析、科学计算和应用开发的流行工具。随后介绍了 NumPy、Pandas 工具包，Numpy 提供了科学计算的基础，而 Pandas 则为数据处理和分析提供了丰富的工具。这两个库结合起来，使研究人员能够处理和分析复杂的数据，从而更好地理解社会科学现象。

## 思考题

1. 请简述你对 Python 编程语言的认识，并总结你学习到的 Python 知识点。
2. 使用 Python 编程语言为你自己的家庭建立一个类。
3. 什么是计算社会科学？Python 在该领域的作用是什么？
4. Python 中的 Numpy 库有什么作用？它为什么在计算社会科学中如此重要？
5. Pandas 库的主要数据结构是什么？它们在社会科学研究中有什么用途？

## 参考文献


[1] Matthes E. Python crash course: A hands-on, project-based introduction to programming[M]. no starch press, 2019.

[2] Srinath K R. Python—the fastest growing programming language[J]. International Research Journal of Engineering and Technology, 2017, 4(12): 354-357.

[3] Rolon-Mérette D, Ross M, Rolon-Mérette T, et al. Introduction to Anaconda and Python: Installation and setup [J]. Quant. Methods Psychol, 2016, 16(5): S3-S11.

[4] Baek S, Park Y B. Improving Legibility and Understandability of Source Code by Using Korean Naming Convention Tool[J]. JOURNAL OF PLATFORM TECHNOLOGY, 2016, 4(3): 16-21.

[5] Sapre A, Vartak S. Scientific Computing and Data Analysis using NumPy and Pandas[J]. IRJET-V7I12236. pdf, 2020.

[6] Zollanvari A. Three Fundamental Python Packages[M]//Machine Learning with Python: Theory and Implementation. Cham: Springer International Publishing, 2023: 63-109.

[7] Thomassin P J. The Evolution of Input-Output Analysis[J]. Applications of the Input-Output Framework, 2018: 9-36.

[8] Chen D Y. Pandas for everyone: Python data analysis[M]. Addison-Wesley Professional, 2017.

[9] Sapre A, Vartak S. Scientific Computing and Data Analysis using NumPy and Pandas[J]. IRJET-V7I12236. pdf, 2020.

[10] Foufoulas Y. Zacharia E, Dimitropoulos H, et al. DETEXA: declarative extensible text exploration and analysis through SQL[J]. International Journal on Digital Libraries, 2023: 1-13.

[11] 华振宇. 两个 Python 第三方库:Pandas 和 NumPy 的比较[J]. 电脑知识与技术, 2023,19(01):71-73+76.

# 第3章 深度学习框架

本章学习目标

通过学习理解本章内容，深入理解编程框架的概念和优势，学会使用 Python 进行初步的编程实验，了解 TensorFlow、Pytorch、PaddlePaddle、Jittor 等一系列深度学习编程框架的原理、发展和使用，掌握一些基本的深度学习网络结构。感受每一个编程框架良好的生态和丰富的工具链，感受人工智能给我们社会带来的巨大变化。

## 3.1 TensorFlow

TensorFlow 是开源的端到端的机器学习平台，提供了丰富的工具链，推动了机器学习的前沿研究，支撑大规模生产使用，支持多平台灵活部署。TensorFlow 有着庞大的社区，目前全球下载量已经超过 1 亿次，而遍布全球各地的开发者不断为社区做出贡献。

TensorFlow 推动了很多前沿研究，比如 2017 年 Google 提出了 Transformer 模型，可能是过去几年深度学习最有影响力的成果之一；而 2018 年提出了 BERT 模型，带来了 NLP 领域近年来最大的突破，很快在工业界得到广泛使用。TensorFlow 支撑了社区中很多应用，比如环境保护（亚马逊丛林的护林人员使用 TensorFlow 来识别丛林中砍树的声音，判断是否有盗伐者）、农业监测（在非洲，开发者使用 TensorFlow 制作出判断植物是否生病的手机应用，只需对植物进行拍照即可）、文化研究（兰州大学使用 TensorFlow 做基于敦煌壁画的服饰生成）和健康保护（安徽中医药大学使用 TensorFlow 识别中草药）。在科学计算领域，Summit 是全球领先的超算系统，它利用 TensorFlow 来做极端天气的预测。很多常见的应用背后都有 TensorFlow 的支持，比如网易严选用 TensorFlow 做销售数据预测，腾讯医疗使用 TensorFlow 做医疗影像处理，英语流利说用 TensorFlow 帮助用户学习英语。大家常见的推荐、搜索、翻译和语音识别等产品很多也都用了 TensorFlow。图 3-1 为 TensorFlow 的 Logo。

TensorFlow 2 重点关注易用性，同时兼具可扩展性和高性能，降低了机器学习的门槛。一项技术只有低门槛，才更容易促进大规模的普及，这也是 TensorFlow 的重要目标：促进人人可用的机器学习，帮助构建负责的 AI 应用（Responsbile AI）。TensorFlow 2 中默认推荐使用 Keras 作为高阶 API。Keras 受到广大开发者的喜爱，简单易用，里面有大量模块可以复用，数行代码就可以构造一个复杂的神经网络。它兼具灵活性，很多部分可以定制，满足多层次的需求（比如研究人员探索不同的模型结构）。TensorFlow 2 中默认为动态图方式执行，便于调试；同时可以轻松使用 tf. function 把静态图转换为动态图，还可打开 XLA 编译优化功

图 3-1 TensorFlow(图片来源于 TensorFlow 官方网站)

能,提高性能。API 一致性和丰富的文档非常重要,TensorFlow 2 为保持 API 的一致性做了大量工作。TensorFlow 2 中可轻松使用 Distribute Strategy,一行代码就可以实现从单机多卡到多机多卡的切换;提供了 tf. data 实现高性能可扩展性的数据流水线;在 TensorBoard 中提供了丰富的功能来帮助调试和优化性能。

TensorFlow 生态系统还有着丰富的工具链。TFX 支持端到端的复杂的机器学习流程,而其中 TF Serving 是广泛使用的高性能的服务器端部署平台。TF. js 支持使用 Javascript 在浏览器端部署,也与微信小程序有很好的集成,为广大 Javascript 爱好者提供了便利。TensorFlow Hub 提供了丰富的即开即用的上千个预训练模型,覆盖语言、语音、文本等多种应用,方便使用迁移学习,进一步降低机器学习的门槛。众多团队基于 TensorFlow 构建了多元的工具,比如 TF Probability(TF 和概率模型结合)、TF Federated(联邦学习)、TF Graphics(TF 和图形学),甚至 TF Quantum(TF 和量子计算)。

当我们说“我想学习一个深度学习框架”或者“我想学习 TensorFlow”的时候,我们究竟要学到什么呢? TensorFlow 可以针对我们的需求,为我们提供完整的解决方案。具体而言,TensorFlow 包含以下特性:

**➢训练流程**

• 数据的处理:使用 tf. data 和 TFRecord 可以高效地构建和预处理数据集,构建训练数据流。同时可以使用 TensorFlow Datasets 快速载入常用的公开数据集。

• 模型的建立与调试:使用即时执行模式和著名的神经网络高层 API 框架 Keras,结合可视化工具 TensorBoard,简易、快速地建立和调试模型。也可以通过 TensorFlow Hub 方便地载入已有的成熟模型。

• 模型的训练:支持在 CPU、GPU、TPU 上训练模型,支持单机和多机集群并行训练模型,充分利用海量数据和计算资源进行高效训练。

• 模型的导出:将模型打包导出为统一的 SavedModel 格式,方便迁移和部署。

**➢部署流程**

• 服务器部署:使用 TensorFlow Serving 在服务器上为训练完成的模型提供高性能、支持并发、高吞吐量的 API。

• 移动端和嵌入式设备部署:使用 TensorFlow Lite 将模型转换为体积小、高效率的轻量化版本,并在移动端、嵌入式端等功耗低和计算能力受限的设备上运行,支持使用 GPU 代理进行硬件加速,还可以配合 Edge TPU 等外接硬件加速运算。

• 网页端部署：使用 TensorFlow.js，在网页端等支持 JavaScript 运行的环境上也可以运行模型，支持使用 WebGL 进行硬件加速。

### 3.1.1 TensorFlow 的安装

先要安装 Python 环境。它提供了一个完整的科学计算环境，包括 NumPy、SciPy 等常用科学计算库。当然，你可以选择自己喜欢的 Python 环境。而 Anaconda 可以让你按照自己的想法来部署 Python 环境。使用 Anaconda 自带的 conda 包管理器建立一个 conda 虚拟环境，并进入该虚拟环境。在命令行下输入：

```
conda create --name tf2 python=3.7          # "tf2"是你建立的 conda 虚拟环境的名字
conda activate tf2                          # 进入名为"tf2"的 conda 虚拟环境
```

在进入虚拟环境之后，使用 Python 包管理器 pip 安装 TensorFlow：

```
pip install tensorflow
```

等待片刻即安装完毕。

在很多人的刻板印象中，TensorFlow 乃至深度学习是一件非常"吃硬件"的事情，以至于一接触 TensorFlow，第一件事情可能就是思考如何升级自己的电脑硬件。不过，TensorFlow 所需的硬件配置很大程度是依任务和使用环境而定的。

对于 TensorFlow 初学者，无须硬件升级也可以很好地学习和掌握 TensorFlow。本章节的大部分教学示例，大部分当前主流的个人电脑(即使没有 GPU)均可胜任，无须添置其他硬件设备。对于参加数据科学竞赛(比如 Kaggle)或者经常在本机进行训练的个人爱好者或开发者，一块高性能的 NVIDIA GPU 往往是必要的。CUDA 核心数和显存是决定显卡机器学习性能的两个关键参数，前者决定训练速度，后者决定可以训练多大的模型及训练时的最大 Batch Size，对于较大规模的训练而言尤其敏感。对于前沿的机器学习研究(尤其是计算机视觉和自然语言处理领域)，多 GPU 并行训练是标准配置。为了快速迭代实验结果，以及训练更大规模的模型以提升性能，4 卡、8 卡或更高的 GPU 数量是常态。

尽管大部分科研机构或公司使用的计算硬件配置堪称豪华，不过与其他前沿科研领域(如生物)动辄几十上百万的仪器试剂费用相比，依然不算太贵(毕竟一台六七万至二三十万的深度学习服务器就可以供数位研究者使用很长时间)。因此，机器学习相对而言还是十分"平易近人"的。

### 3.1.2 Tensorflow 基础

我们可以先简单地将 TensorFlow 视为一个科学计算库(类似于 Python 下的 NumPy)。TensorFlow 使用张量(Tensor)作为数据的基本单位。TensorFlow 的张量在概念上等同于多维数组，我们可以使用它来描述数学中的标量(零维数组)、向量(一维数组)、矩阵(二维数组)等各种量。张量的重要属性是其形状、类型和值。可以通过张量的 shape、dtype 属性和 numpy()方法获得，如下所示：

```
#定义一个随机数(标量)
random_float = tf.random.uniform(shape=())

# 定义一个有 2 个元素的零向量
zero_vector = tf.zeros(shape=(2))
```

```
# 定义两个 2×2 的常量矩阵
A = tf.constant([[1., 2.], [3., 4.]])
B = tf.constant([[5., 6.], [7., 8.]])

# 查看矩阵 A 的形状、类型和值
print(A.shape)          # 输出(2, 2),即矩阵的长和宽均为 2
print(A.dtype)          # 输出<dtype: 'float32'>
print(A.numpy())        # 输出[[1. 2.]
                        # [3. 4.]]
```

TensorFlow 里有大量的操作(Operation),使得我们可以对已有的张量进行运算后得到新的张量。

在机器学习中,我们经常需要计算函数的导数。TensorFlow 提供了强大的自动求导机制来计算导数。在即时执行模式下,TensorFlow 引入了 tf.GradientTape()这个“求导记录器”来实现自动求导。

例如,在机器学习最简单的线性回归任务时,Tensorflow 可以使用即时执行模式,提供更快速的运算(GPU 支持)、自动求导、优化器等一系列对深度学习非常重要的功能。以下展示了如何使用 TensorFlow 计算线性回归:

```
X = tf.constant(X)
y = tf.constant(y)

a = tf.Variable(initial_value=0.)
b = tf.Variable(initial_value=0.)
variables = [a, b]

num_epoch = 10000
optimizer = tf.keras.optimizers.SGD(learning_rate=5e-4)
for e in range(num_epoch):
        # 使用 tf.GradientTape()记录损失函数的梯度信息
        with tf.GradientTape()as tape:
            y_pred = a * X + b
            loss = tf.reduce_sum(tf.square(y_pred - y))
        # TensorFlow 自动计算损失函数关于自变量(模型参数)的梯度
        grads = tape.gradient(loss, variables)
        # TensorFlow 自动根据梯度更新参数
        optimizer.apply_gradients(grads_and_vars=zip(grads, variables))
```

在这里,我们使用 tf.keras.optimizers.SGD(learning_rate=5e-4)声明了一个梯度下降优化器(Optimizer),其学习率为 5e-4。优化器可以帮助我们根据计算出的求导结果更新模型参数,从而最小化某个特定的损失函数。具体使用方式是调用其 apply_gradients()方法。

### 3.1.3 模型建立与推理

在 TensorFlow 中,推荐使用 Keras(tf.keras)构建模型。Keras 是一个广为流行的高级神经网络 API,简单、快速而不失灵活性,现已得到 TensorFlow 的官方内置和全面支持。Keras 有两个重要的概念:模型(Model)和层(Layer)。层将各种计算流程和变量进行了封装(如基本的全连接层,CNN 的卷积层、池化层等),而模型则将各种层组织和连接,并封装成一个整体,描述了如何将输入数据通过各种层以及运算而得到输出。在需要模型调用的时候,使用 y_pred=model(X)的形式即可。Keras 在 tf. keras. layers 下内置了深度学习中大量常用的预定义层,同时也允许我们自定义层。Keras 模型以类的形式呈现,我们可以通过继承 tf. keras. Model 这个 Python 类来定义自己的模型。在继承类中,我们需要重写__init__()(构造函数,初始化)和 call(input)(模型调用)两个方法,同时也可以根据需要增加自定义的方法。

如图 3-2 所示,在对模型进行训练时,需要定义模型需要的超参数,然后迭代地进行以下步骤:

• 从 DataLoader 中随机取一批训练数据。

• 将这批数据送入模型,计算出模型的预测值。

• 将模型预测值与真实值进行比较,计算损失函数(loss)。这里使用 tf. keras. losses 中的交叉熵函数作为损失函数。

• 计算损失函数关于模型变量的导数。

• 将求出的导数值传入优化器,使用优化器的 apply_gradients 方法更新模型参数以最小化损失函数。

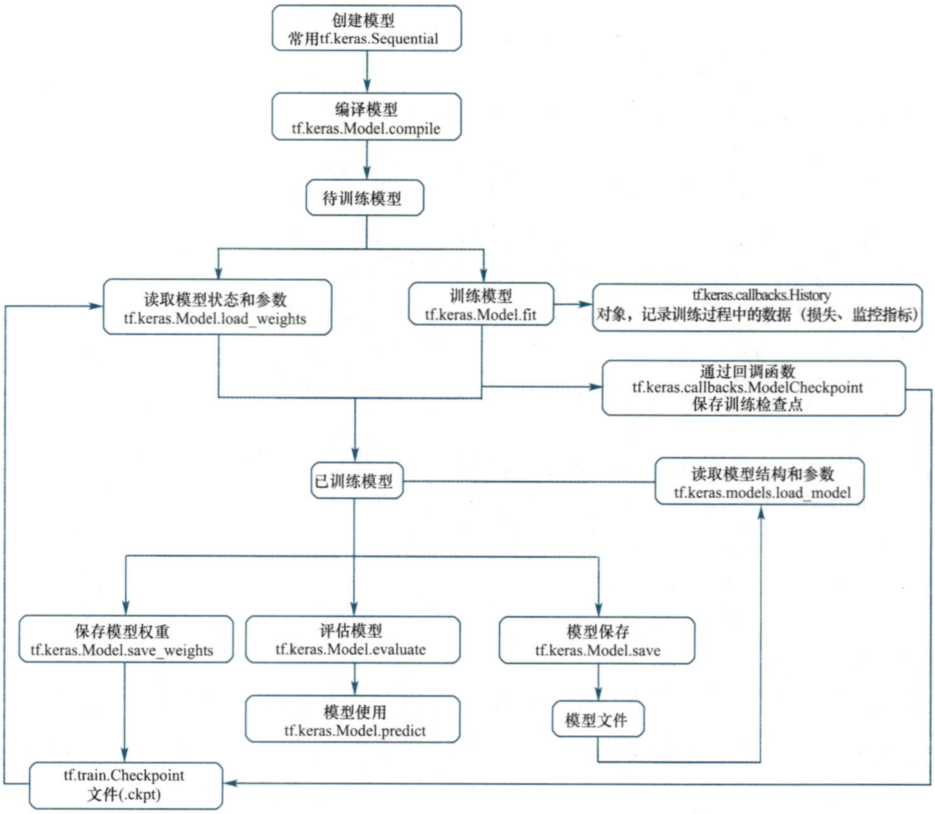


图 3-2　模型训练过程

我们使用测试集评估模型的性能。这里,我们使用 tf. keras. metrics 中的 Sparse Categorical Accuracy 评估器来评估模型在测试集上的性能。该评估器能够对模型预测的结果与真实结果进行比较,并输出预测正确的样本数占总样本数的比例。我们迭代测试数据集,每次通过 update_state()方法向评估器输入两个参数:y_pred 和 y_true,即模型预测出的结果和真实结果。评估器具有内部变量来保存当前评估指标相关的参数数值(如当前已传入的累计样本数和当前预测正确的样本数)。迭代结束后,我们使用 result()方法输出最终的评估指标值(预测正确的样本数占总样本数的比例)。

### 3.1.4 基础示例——手写数字识别

**➢环境准备**

使用的环境为 TensorFlow = 1.13.1。导入数据集:

```
from tensorflow.examples.tutorials.mnist import input_data
mnist = input_data.read_data_sets("MNIST_data",one_hot=True)
```

MNIST 是一个非常有名的手写体数字识别数据集(手写数字灰度图像数据集)。在很多资料中,这个数据集都会被用作深度学习的入门样例,如图 3-3 所示。MNIST 数据集是由 0 到 9 的数字图像构成的。训练图像有 6 万张,测试图像有 1 万张。MNIST 数据集是 NIST 数据集的一个子集,它包含了训练数据和测试数据,由 250 个不同的人手写而成。每一张图片都有对应的标签数字。训练图像一共有 60 000 张,供研究人员训练出合适的模型。测试图像一共有 10 000 张,供研究人员测试训练的模型的性能。这些手写图片都是 28×28 像素的灰度图像。

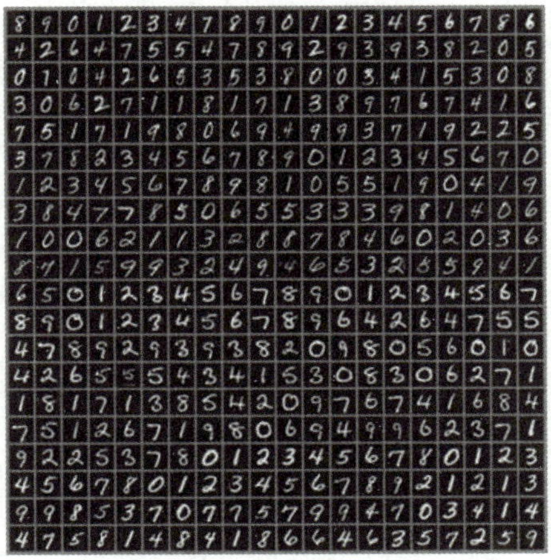

图 3-3 MNIST 手写数字

**➢构建模型和初始化参数**

模型可以表示为:

$$Y = XW^T = b$$

其中的参数只有 $W$ 和 $b$。对于以静态图为依托的 TensorFlow 1 来说,我们需要先构建整个模型的传输体系,然后将其放在会话中,才能真正地开始运行。

现在我们开始构建模型和参数:

对于数据来说,我们需要先指定其尺寸,但是并没有真正的数据,在运行的时候要“喂”进去才行。指定尺寸的方式就是用占位符，如下所示：

```
tf.reset_default_graph()  # reconstruct the static graph
x = tf.placeholder(tf.float32,[None,784])
y = tf.placeholder(tf.float32,[None,10])
x.shape,y.shape
```

对于初始化参数来说，这个模型中的参数无非就是包含 $W$ 和 $b$：

```
W = tf.Variable(tf.random_normal(([784,10])))
b = tf.Variable(tf.zeros([10]))
W,b
```

预测输出为：

```
pred=tf.nn.softmax(tfmatmul(X,W)+b)
```

### ➢定义训练过程

```
cost = tf.reduce_mean(tf.reduce_sum(y * tf.log(pred),reduction_indices=1))
learning_rate = 0.01
optimizer = tf.train.GradientDescentOptimizer(learning_rate).minimize(cost)

training_epochs = 25
batch_size = 100
display_step = 1

with tf.Session()as sess:
        sess.run(tf.global_variables_initializer())  # Init op
        for epoch in range(training_epochs):
            avg_cost = 0
            total_batch = int(mnist.train.num_examples/batch_size)
            for i in range(total_batch):
                batch_xs,batch_ys = mnist.train.next_batch(batch_size)
                _, c =sess.run([optimizer,cost],feed_dict={x:batch_xs,y:batch_ys})
                avg_cost += c/total_batch
        if(epoch + 1)%display_step == 0:
        print(f"Epoch:{epoch+1},cost={avg_cost:.9f}")
print("fnished")

correct_prediction = tf.equal(tf.argmax(pred,1),tf.argmax(y,1))
accuracy = tf.reduce_mean(tf.cast(correct_prediction,tf.float32))
print("Accuracy:",accuracy.eval({x:mnist.test.images,y:mnist.test.labels}))
```

值得注意的是：

- TensorFlow 训练时必须要在 sess 之内，否则不会真实运行。
- TensorFlow 取数据的时候是 x.next_batch(batch_size)。
- Sess.run([优化器，损失函数]，feed_dict={数据字典})。
- 评估方式，method = tf.xx()，method.eval({数据字典})。

最后的执行结果是这样的：

```
Epoch:1,cost=7.546023723
```

```
Epoch:2,cost=4.171652060
Epoch:3,cost=2.972595831
……………………
Epoch:24,cost=0.867424971
Epoch:25,cost=0.862724741
finished
Accuracy: 0.8281
```

## 3.2 PyTorch

PyTorch 是深度学习的一个很好的切入点。PyTorch 的风格与 Python 风格一致性较高。如果有一定的 Python 基础，那么你会发现 PyTorch 有一种直观、高效和启发性的体验感受。PyTorch 的核心优势在于它具有快速原型实验和测试想法的能力，另外，具备将实验转化为生产性、可部署资源的可能性的能力。

PyTorch 是一种理解深度学习概念的相对简单的方式。它只需几行代码即可解决常见的分类问题，如图像分类。虽然 PyTorch 相对简单，但是深度学习本身在很多方面还是比较困难的。因为深度学习涉及一些复杂的数学和一些棘手的逻辑难题。因此，如果希望通过机器学习解决现实世界中的重要问题，那么还是需要投入精力和做一些工作的。

我们为什么选择 PyTorch 呢？PyTorch 是一个基于动态张量的深度学习框架，用于实验、研究和生产。可创建动图、与 Python 紧密集成，使得 PyTorch 在深度学习框架中脱颖而出，用作构建神经网络的灵活、高效的平台。PyTorch 是一个基于 Torch 的 Python 开源机器学习库，用于自然语言处理等应用程序。不仅能够实现强大的 GPU 加速，同时还支持动态神经网络，这一点是现在很多主流框架（如 TensorFlow）都不支持的。PyTorch 提供了两个高级功能：(1)具有强大的 GPU 加速的张量计算（如 Numpy）；(2)包含自动求导系统的深度神经网络。除了 Facebook 之外，Twitter、GMU 和 Salesforce 等机构都采用了 PyTorch。图 3-4 为 PyTorch 的 Logo。

PyTorch

图 3-4　PyTorch（图片来源于 PyTorch 官方网站）

### 3.2.1 PyTorch 的安装

如图 3-5 所示，进入 PyTorch 官网，依次选择你电脑的配置，就可以获得适合自己电脑的 PyTorch 版本。

拷贝得到的命令，在命令行窗口或者自己用 conda 创建的虚拟环境下运行，等待一段时间后，你就可以使用 PyTorch 进行编程了。

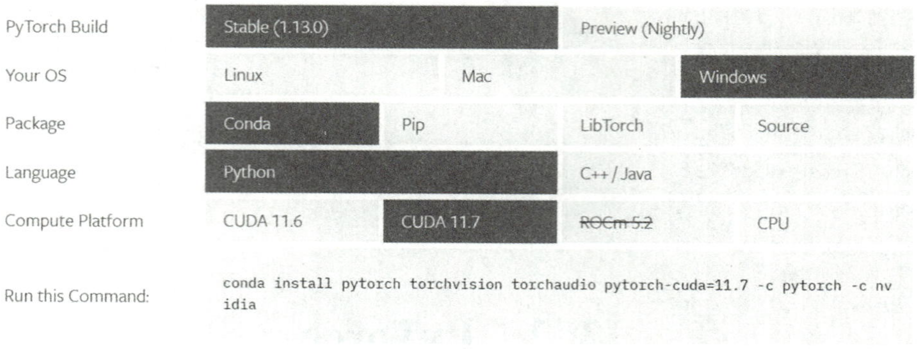


图 3-5 Pytorch 版本安装(图片来源于 PyTorch 官方网站)

### 3.2.2 Pytorch 基础

PyTorch 是一个基于 Python 的科学计算包,主要定位于有以下需求的两类人群:

- 寻找 NumPy 的替代品,可以利用 GPU 的性能进行计算。
- 要求深度学习研究平台拥有足够的灵活性和速度。

➢张量(Tensors)

Tensors 类似于 NumPy 的 ndarrays,同时 Tensors 可以使用 GPU 进行计算。我们可以创建一个 Tensor 基于已经存在的 Tensor:

```
x = x.new_ones(5, 3, dtype=torch.double)
# new_* methods take in sizes
print(x)

x = torch.randn_like(x, dtype=torch.float)
# override dtype!
print(x)
# result has the same size
```

得到的输出为:

```
tensor([[ 1., 1., 1.],
        [ 1., 1., 1.],
        [ 1., 1., 1.],
        [ 1., 1., 1.],
        [ 1., 1., 1.]], dtype=torch.float64)
tensor([[-0.2183, 0.4477, -0.4053],
        [ 1.7353, -0.0048, 1.2177],
        [-1.1111, 1.0878, 0.9722],
        [-0.7771, -0.2174, 0.0412],
        [-2.1750, 1.3609, -0.3322]])
```

➢自动微分

autograd 包是 PyTorch 中所有神经网络的核心。首先让我们简要地介绍它,然后我们将会去训练我们的第一个神经网络。该 autograd 软件包为 Tensors 上的所有操作提供自动微分。它是一个由运行定义的框架,这意味着需要以代码运行方式定义你的后向传播,并且每次迭代都可以不同。

torch. Tensor 是包的核心类。若将其属性. requires_grad 设置为 True,则会开始跟踪针对 Tensor 的所有操作。完成计算后,可以调用. backward()来自动计算所有梯度。该张量的梯度将累积到. grad 属性中。要停止 Tensor 历史记录的跟踪,可以调用. detach(),将其与计算历史记录分离,并防止将来的计算被跟踪。

要停止跟踪历史记录(和使用内存),还可以将代码块使用 with torch. no_grad()包装起来。在评估模型时,这是特别有用的,因为模型在训练阶段具有 requires_grad = True 的可训练参数有利于调参,但在评估阶段我们不需要梯度。还有一个类对于 autograd 实现非常重要,那就是 Function。Tensor 和 Function 互相连接并构建一个非循环图,它保存整个完整计算过程的历史信息。每个张量都有一个. grad_fn 属性保存着创建了张量的 Function 的引用。如果你想计算导数,可以调用 Tensor. backward()。若 Tensor 是标量(它包含一个元素数据),则不需要指定任何参数 backward(),但是若有更多元素,则需要指定一个 gradient 参数来指定张量的形状。

### 3.2.3 模型建立与推理

神经网络可以通过 torch. nn 包来构建。现在对于自动梯度(autograd)有一些了解,神经网络是基于自动梯度定义一些模型。一个 nn. Module 包括层和一个方法 forward(input),它会返回输出(output)。

图 3-6 是一个简单的图像分类的卷积神经网络,它接收输入,让输入一个接着一个地通过一些层,最后给出输出。

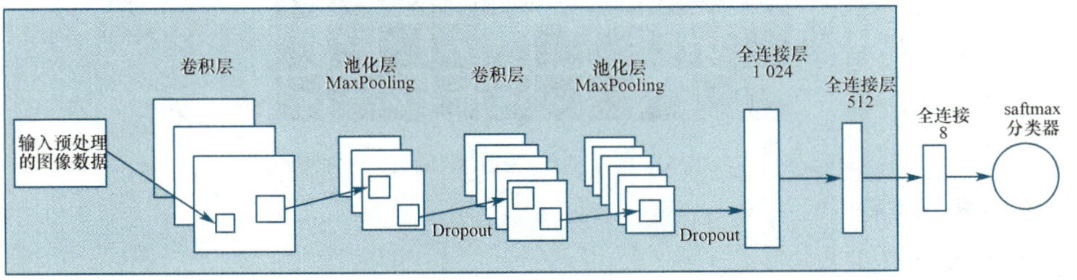


图 3-6 卷积神经网络

一个典型的神经网络训练过程包括以下几点:

- 定义一个包含可训练参数的神经网络。
- 迭代整个输入。
- 通过神经网络处理输入。
- 计算损失(loss)。
- 反向传播梯度到神经网络的参数。
- 更新网络的参数,用一个简单的更新方法:weight=weight−learning_rate * gradient。

### 3.2.4 基础实例——图像分类

通常来说,当处理图像、文本、语音或者视频数据时,你可以使用标准 Python 包将数据加载成 NumPy 数组格式,然后将这个数组转换成 torch. Tensor。

- 对于图像,可以用 Pillow、OpenCV。
- 对于语音,可以用 scipy、librosa。

• 对于文本，可以直接用 Python 或 Cython 基础数据加载模块，或者用 NLTK 和 SpaCy。

• 对于视觉，我们已经创建了一个叫作 torchvision 的包，该包含有支持加载类似 Imagenet、CIFAR10、MNIST 等公共数据集的数据加载模块 torchvision. datasets 和支持加载图像数据数据转换模块 torch. utils. data. DataLoader。这提供了极大的便利，并且避免了编写"样板代码"。

在本章节中，我们介绍一个完整的图像分类任务流程，在任务流程中我们会对 PyTorch 有一个更加深入的理解。

**➢数据准备**

我们将使用 CIFAR-10 数据集，如图 3-7 所示。它包含十个类别：airplane、automobile、bird、cat、deer、dog、frog、horse、ship、truck。CIFAR-10 中的图像尺寸为 32×32，也就是 RGB 的 3 层颜色通道，每层通道内的尺寸为 32×32。

图 3-7　CIFAR-10 数据集(来源于 CIFAR 官方网站)

**➢训练图像分类器**

我们将按次序做如下几步：

• 使用 torchvision 加载并且归一化 CIFAR-10 的训练和测试数据集。
• 定义一个卷积神经网络。
• 定义一个损失函数。
• 在训练样本数据上训练网络。
• 在测试样本数据上测试网络。

使用 torchvision 加载并归一化 CIFAR-10。用它来加载 CIFAR-10 数据非常简单：

```
import torch
import torchvision
import torchvision.transforms as transforms
```

torchvision 数据集的输出是[0,1]的 PILImage，我们将它们转换成归一化范围为[-1,1]的张量 Tensors：

```
transform = transforms.Compose(
        [transforms.ToTensor(),
        transforms.Normalize((0.5, 0.5, 0.5),(0.5, 0.5, 0.5))])
```

```
trainset = torchvision.datasets.CIFAR10(root='./data', train=True,
                                        download=True, transform=transform)
trainloader = torch.utils.data.DataLoader(trainset, batch_size=4,
                                          shuffle=True, num_workers=2)

testset = torchvision.datasets.CIFAR10(root='./data', train=False,
                                       download=True, transform=transform)
testloader = torch.utils.data.DataLoader(testset, batch_size=4,
                                         shuffle=False, num_workers=2)

classes = ('plane', 'car', 'bird', 'cat',
           'deer', 'dog', 'frog', 'horse', 'ship', 'truck')
```

输出为：

```
Downloading https://www.cs.toronto.edu/~kriz/cifar-10-python.tar.gz to ./data/cifar-10-python.tar.gz
Files already downloaded and verified
```

在将数据集成功读入之后，我们就需要定义一个卷积神经网络，如下所示：

```
import torch.nn as nn
import torch.nn.functional as F

class Net(nn.Module):
    def __init__(self):
        super(Net, self).__init__()
        self.conv1 = nn.Conv2d(3, 6, 5)
        self.pool = nn.MaxPool2d(2, 2)
        self.conv2 = nn.Conv2d(6, 16, 5)
        self.fc1 = nn.Linear(16 * 5 * 5, 120)
        self.fc2 = nn.Linear(120, 84)
        self.fc3 = nn.Linear(84, 10)

    def forward(self, x):
        x = self.pool(F.relu(self.conv1(x)))
        x = self.pool(F.relu(self.conv2(x)))
        x = x.view(-1, 16 * 5 * 5)
        x = F.relu(self.fc1(x))
        x = F.relu(self.fc2(x))
        x = self.fc3(x)
        return x

net = Net()
```

然后定义一个损失函数和优化器。让我们使用分类交叉熵 Cross-Entropy 做损失函数，动量 SGD 做优化器：

```
import torch.optim as optim
```

```
criterion = nn.CrossEntropyLoss()
optimizer = optim.SGD(net.parameters(), lr=0.001, momentum=0.9)
```

在把一切都定义好后，就可以开始训练网络了。这里事情开始变得有趣了，我们只需要在数据迭代器上循环传给网络和优化器输入就可以：

```
for epoch in range(2):  # loop over the dataset multiple times
        running_loss = 0.0
        for i, data in enumerate(trainloader, 0):
                # get the inputs
                inputs, labels = data

                # zero the parameter gradients
                optimizer.zero_grad()

                # forward + backward + optimize
                outputs = net(inputs)
                loss = criterion(outputs, labels)
                loss.backward()
                optimizer.step()

                # print statistics
                running_loss += loss.item()
                if i % 2000 == 1999:
                        # print every 2000 mini-batches
                        print('[%d, %5d] loss: %.3f' %(epoch + 1, i + 1, running_loss / 2000))
                running_loss = 0.0
print('Finished Training')
```

得到的输出为：

```
[1, 2000] loss: 2.187
[1, 4000] loss: 1.852
………
[2, 10000] loss: 1.282
[2, 12000] loss: 1.286
Finished Training
```

**➢模型测试**

我们将用神经网络的输出作为预测的类来检查网络的预测性能，用样本的真实类来校对。如果预测是正确的，我们就将样本添加到正确预测的列表里。神经网络的输出是预测与十个类的近似程度，与某一个类的近似程度越高，网络就越认为图像是属于这一类别的。明白了这个原理之后，我们就可以看看网络在整个数据集上面的表现了。

```
correct = 0
total = 0
with torch.no_grad():
        for data in testloader:
                images, labels = data
```

```
        outputs = net(images)
        _, predicted = torch.max(outputs.data, 1)
        total += labels.size(0)
        correct +=(predicted == labels).sum().item()

print('Accuracy of the network on the 10000 test images: %d %%' %(100 * correct / total))
```

你得到的输出可能会是这样：

```
Accuracy of the network on the 10000 test images: 93 %
```

这样我们就完成了一个最简单的图像分类任务。

### ➢数据的并行处理

PyTorch 的一个非常棒的优势就是数据的并行处理十分简单，我们可以使用 DataParallel 来使用多 GPU 训练自己的网络模型，这对大数据时代下的数据量越来越大的模型的训练，有着至关重要的作用。随着数据的发展和增长，很难确保数据保持干净和可用。数据集变得越来越复杂，传统处理可能不是管理大型、非结构化和复杂数据集的最佳方式。

通过并行处理可帮助用户节省时间和成本，可以有效利用计算资源；同时为了解决更多现实世界的问题并找到有效的解决方案，关注动态仿真和建模以确保不同的数据点同时可用变得越来越重要。并行处理提供了并发的好处，从而支持了几个问题的动态特性。在经典的传统处理中，有可能不是整个硬件或软件都在使用，其余的会保持空闲。然而，在并行处理的情况下，任务被解耦并单独运行，因此硬件的利用率更高，从而确保更快的处理时间。

## 3.3 PaddlePaddle

随着深度学习框架的普及和不断发展，越来越多的深度学习编程框架出现在了大众的视野。一提起深度学习框架，首先想到的肯定是 Google 的 TensorFlow 和 Facebook 的 PyTorch。二者排名究竟谁先谁后，还要看使用者是工业界还是学术界的（工业界偏好 TensorFlow，而学术界偏好 PyTorch）。不过，深度学习框架远不止这两款，只不过，有一些前浪已经镶在墙上，而有一些后浪，同样出自名门，但还在为一个奔涌的机会而不断努力。

PaddlePaddle（飞桨）是百度推出的首款国产深度学习通用型框架，不仅可以实现对张量（Tensor）进行的各种操作，包括搭建神经网络所需的卷积、池化等各类单元层、各类激活函数、损失函数等基本套件，而且对国产的硬件支持更加良好，超过了 TensorFlow 和 PyTorch。图 3-8 为 PaddlePaddle 的 Logo。

图 3-8　PaddlePaddle（图片来源于 PaddlePaddle 官方网站）

### 3.3.1 PaddlePaddle 基础命令

在 PaddlePaddle 中，基本的元子运算是张量。我们首先要学习的是使用 PaddlePaddle 进行张量运算。先导入 PaddlePaddle 库，定义两个张量的常量 x1 和 x2，并指定它们的形状是[2,2]，并赋值为 1 铺满整个张量，类型为 int64。接着定义一个操作，该计算是对上面两个张量进行加法计算，并返回一个求和的算子。PaddlePaddle 提供了大量的操作，比如加减乘除、三角函数等，如下所示：

```
import paddle


# 定义两个张量
x1 = paddle.ones([2,2], dtype='int64')
x1 = paddle.ones([2,2], dtype='int64')


# 将两个张量求和
y1 = paddle.add(x1, x2)


# 查看结果
print(y1)
```

得到输出为：

```
Tensor(shape=[2, 2], dtype=int64, place=CUDAPlace(0), stop_gradient=True,[[2, 2],[2, 2]])
```

在了解了 PaddlePaddle 做基本的算子运算之后，接下来就可以学习使用 PaddlePaddle 来做简单的线性回归了，包括从定义网络到使用自定义的数据进行训练，最后验证我们网络的预测能力。使用 NumPy 定义一组数据，这组数据的每一条数据有 13 个，为了做示例，其中除了第一个数外都填充了 0。这组数据符合 $y=2x+1$，但是程序是不知道的。之后使用这组数据进行训练时，我们可以看看强大的神经网络是否能够训练出一个拟合这个函数的模型。最后定义一个预测数据，训练完成。使用这个数据作为 $x$ 输入，看是否能够预测与正确值相近结果：

```
import paddle
import numpy as np


# 定义训练和测试数据
x_data = np.array([[1.0, 0.0, 0.0, 0.0, 0.0, 0.0, 0.0, 0.0, 0.0, 0.0, 0.0, 0.0, 0.0],
                   [2.0, 0.0, 0.0, 0.0, 0.0, 0.0, 0.0, 0.0, 0.0, 0.0, 0.0, 0.0, 0.0],
                   [3.0, 0.0, 0.0, 0.0, 0.0, 0.0, 0.0, 0.0, 0.0, 0.0, 0.0, 0.0, 0.0],
                   [4.0, 0.0, 0.0, 0.0, 0.0, 0.0, 0.0, 0.0, 0.0, 0.0, 0.0, 0.0, 0.0],
                   [5.0, 0.0, 0.0, 0.0, 0.0, 0.0, 0.0, 0.0, 0.0, 0.0, 0.0, 0.0, 0.0]]).astype('
float32')
y_data = np.array([[3.0], [5.0], [7.0], [9.0], [11.0]]).astype('float32')
test_data = np.array([[6.0, 0.0, 0.0, 0.0, 0.0, 0.0, 0.0, 0.0, 0.0, 0.0, 0.0, 0.0, 0.0]]).astype
('float32')
```

定义一个简单的线性网络，结构为"输入层－隐藏层－激活函数－输出层"。一个输出大小为 100 的全连接层，之后接激活函数 ReLU 和一个输出大小为 1 的全连接层，就这样构建了一个非常简单的网络：

```
# 定义一个简单的线性网络
net = paddle.nn.Sequential(
      paddle.nn.Linear(13, 100),
      paddle.nn.ReLU(),
      paddle.nn.Linear(100, 1)
)
```

接着就需要定义训练使用的优化方法。这里使用的是随机梯度下降优化方法。PaddlePaddle 提供了大量的优化函数接口，除了本项目使用的随机梯度下降法（SGD），还有 Momentum、Adagrad、Adagrad 等。读者可以根据自己项目的需求使用不同的优化方法。

```
# 定义优化方法
optimizer = paddle.optimizer.SGD(learning_rate=0.01, parameters=net.parameters())
```

接下来我们就可以使用数据进行训练了。我们这次训练了 50 个 Pass，读者可根据情况设置更多的训练轮数，通常来说训练的次数和模型收敛有一定的关系。因为本项目是一个线性回归任务，所以我们在训练的时候使用的是平方差损失函数。因为 paddle.nn.functional.square_error_cost 求的是一个 Batch 的损失值，所以我们还要对他求一个平均值。PaddlePaddle 提供了很多损失函数的接口，比如交叉熵损失函数 paddle.nn.CrossEntropyLoss。在训练过程中，我们可以看到输出的损失值在不断减小，证明我们的模型在不断收敛。

```
# 将 NumPy 类型数据转换成 Tensor 之后才能用于模型训练
inputs = paddle.to_tensor(x_data)
labels = paddle.to_tensor(y_data)

# 开始训练 100 个 Pass
for pass_id in range(10):
        out = net(inputs)
        loss = paddle.mean(paddle.nn.functional.square_error_cost(out, labels))

        loss.backward()
        optimizer.step()
        optimizer.clear_grad()

print("Pass:%d, Cost:%0.5f" %(pass_id, loss))
```

得到输出结果为：

```
Pass:0, Cost:0.02406
Pass:1, Cost:0.02354
……………
Pass:49, Cost:0.00056
Pass:50, Cost:0.00043
```

训练完成之后，我们使用上面克隆主程序得到的预测程序预测我们刚才定义的预测数据。我们定义数据时，满足规律 $y=2x+1$，所以当 $x$ 为 7 时，$y$ 应该为 15，最后输出的结果也应该是接近 15 的：

```
# 开始预测
predict_inputs = paddle.to_tensor(test_data)
result = net(predict_inputs)

print("当 x 为 7.0 时,y 为:%0.5f" % result)
```

得到结果,验证了我们模型的准确度:

```
当 x 为 7.0 时,y 为:15.03501
```

### 3.3.2 模型训练与推理

在进行了一个简单的线性模型之后,我们对模型的训练和测试有了一个理解。在准备好数据集和模型后,就可以将数据送入模型中启动训练评估了。概括地讲包括如下几步:

• 模型训练:训练包括多轮迭代(epoch),每轮迭代遍历一次训练数据集,并且每次从中获取一小批(mini-batch)样本,送入模型执行前向计算得到预测值,并计算预测值(predict_label)与真实值(true_label)之间的损失函数值(loss)。执行梯度反向传播,并根据设置的优化算法(optimizer)更新模型的参数。观察每轮迭代的 loss 值减小趋势,可判断模型训练效果。

• 模型评估:将测试数据集送入训练好的模型进行评估,得到预测值,计算预测值与真实值之间的损失函数值,并计算评价指标值(metric),从而评估模型效果。

• 模型推理:将待验证的数据(样本)送入训练好的模型执行推理,观察并验证推理结果(标签)是否符合预期。

飞桨框架提供了两种训练、评估与推理的方法:

• 使用飞桨高层 API:先用 paddle.Model 对模型进行封装,然后通过 Model.fit、Model.evaluate、Model.predict 等完成模型的训练、评估与推理。该方式代码量少,适合快速上手。

• 使用飞桨基础 API:提供了损失函数、优化器、评价指标、更新参数、反向传播等基础组件的实现,可以更灵活地应用到模型训练、评估与推理任务中,当然也可以很方便地自定义一些组件用于相关任务。

在开始之前,需要安装 Python 的可视化库 Matplotlib。在训练当中,需要注意的是在模型训练时,要用到 CPU、GPU 等计算处理器资源,由于飞桨框架的安装包是区分处理器类型的,默认情况下飞桨框架会根据所安装的版本自动选择对应硬件,比如安装的是 GPU 版本的飞桨,则自动使用 GPU 训练模型,无须手动指定。因此一般情况下,无须执行此步骤。

但是如果安装了 GPU 版本的飞桨框架,想切换到 CPU 上训练,就可通过 paddle.device.set_device 修改。如果本机有多个 GPU 卡,也可以通过该 API 选择指定的卡进行训练,不指定的情况下则默认使用 'gpu:0'。

在模型开始训练前,需要先完成对数据集的加载和模型组网。以 MNIST 手写数字识别任务为例,代码示例如下:

```
from paddle.vision.transforms import Normalize

transform = Normalize(mean=[127.5], std=[127.5], data_format='CHW')
# 加载 MNIST 训练集和测试集
train_dataset = paddle.vision.datasets.MNIST(mode='train', transform=transform)
test_dataset = paddle.vision.datasets.MNIST(mode='test', transform=transform)
```

```
# 模型组网，构建并初始化一个模型 mnist
mnist = paddle.nn.Sequential(
        paddle.nn.Flatten(1, -1),
        paddle.nn.Linear(784, 512),
        paddle.nn.ReLU(),
        paddle.nn.Dropout(0.2),
        paddle.nn.Linear(512, 10)
)
```

在引入数据之后，我们一般使用 Paddle.Model 来实现模型的封装，方便后续进行训练、评估和推理。使用 Model.perpare 来配置训练准备参数，包括设置优化算法、loss 计算方法、评价指标计算方法。

• 优化器(optimizer)：寻找最优解的方法，可计算和更新梯度，并根据梯度更新模型参数。飞桨框架在 paddle.optimizer 下提供了优化器相关的 API。并且需要为优化器设置合适的学习率，或者指定合适的学习率策略，飞桨框架在 paddle.optimizer.lr 下提供了学习率策略相关的 API。

• 损失函数(loss)：用于评估模型的预测值和真实值的差距，模型训练过程即取得尽可能小的 loss 的过程。飞桨框架在 paddle.nn Loss 层提供了适用不同深度学习任务的损失函数相关 API。

• 评价指标(metrics)：用于评估模型的好坏，不同的任务通常有不同的评价指标。飞桨框架在 paddle.metric 下提供了评价指标相关 API。

```
# 为模型训练做准备，设置优化器及其学习率，并将网络的参数传入优化器，设置损失函数和精度计算方式
model.prepare(optimizer=paddle.optimizer.Adam(learning_rate=0.001,
parameters=model.parameters()), loss=paddle.nn.CrossEntropyLoss(),
metrics=paddle.metric.Accuracy())
```

使用 Model.fit 来训练模型。做好模型训练的前期准备工作后，调用 Model.fit 接口来启动训练。训练过程采用二层循环嵌套方式：内层循环完成整个数据集的一次遍历，采用分批次方式；外层循环根据设置的训练轮次完成数据集的多次遍历。因此需要指定至少三个关键参数：训练数据集、训练轮次和每批次大小。

```
# 启动模型训练，指定训练数据集，设置训练轮次，设置每次数据集计算的批次大小，设置日志格式
model.fit(train_dataset,
          epochs=5,
          batch_size=64,
          verbose=1)
```

训练好模型后，可在事先定义好的测试数据集上，使用 Model.evaluate 接口完成模型评估操作，结束后根据在 Model.prepare 中定义的 loss 和 metric 计算并返回相关评估结果。返回格式是一个字典：

• 只包含 loss：{'loss'：xxx}

• 包含 loss 和一个评估指标：{'loss'：xxx，'metric name'：xxx}

• 包含 loss 和多个评估指标：{'loss'：xxx，'metric name1'：xxx，'metric name2'：xxx}

```
#用 evaluate 在测试集上对模型进行验证
eval_result = model.evaluate(test_dataset, verbose=1)
```

```
print(eval_result)
```

通过上述评估你会得到一个 loss 值和一个 acc 准确率指标的结果，用来验证模型在这个任务上的效果。

高层 API 中提供了 Model.predict 接口，可对训练好的模型进行推理验证。只需传入待执行推理验证的样本数据，即可计算并返回推理结果。返回格式是一个列表：

• 模型是单一输出：[(numpy_ndarray_1, numpy_ndarray_2, …, numpy_ndarray_n)]

• 模型是多输出：[(numpy_ndarray_1, numpy_ndarray_2, …, numpy_ndarray_n), (numpy_ndarray_1, numpy_ndarray_2, …, numpy_ndarray_n), …]

若模型是单一输出，则输出的形状为 $[1,n]$，$n$ 表示数据集的样本数。其中每个 numpy_ndarray_n 都是对应原始数据经过模型计算后得到的预测结果，类型为 numpy 数组。例如，mnist 分类任务中，每个 numpy_ndarray_n 都是长度为 10 的 numpy 数组。若模型是多输出，则输出的形状为$[m,n]$，$m$ 表示标签的种类数。在多标签分类任务中，$m$ 会根据标签的数目而定。

➢ PaddlePaddle 的优势

PaddlePaddle 作为百度公司推出的开源、易学习、易使用的分布式深度学习平台，源于产业实践，在实际中有着优异表现，支持多种机器学习经典模型。PaddlePaddle 的操作简单，API 的设计干净清晰，有丰富的模型知识库，可以非常容易地复现一些经典的方法。而且在使用 PaddlePaddle 时，可以使用 AI Studio 平台提供的 GPU 算力进行模型训练，不仅节约时间而且还是免费的。除此之外，PaddlePaddle 的预训练模型生态做得很好。PaddlePaddle 有一个组件，叫 PaddleHub，是飞桨生态下的预训练模型管理工具。通过 PaddleHub 获取模型非常简单，只要先找到模型的名称，然后安装模型就可以使用了。例如，如果你想使用目标检测模型 YOLOv3，在 PaddleHub 中，采用 COCO2017 数据集训练的 YOLOv3 模型称为 yolov3_coco2017，想要安装这款模型，只需要执行一条命令：

```
Hub install yolov3_coco2017
```

模型安装完成之后，无须额外操作即可以直接使用，对于新手上手深度学习模型的项目非常友好。

2016 年，飞桨框架正式开源，兼备易用性、高效性、灵活性和可扩展性等特点。如今，百度飞桨在中国深度学习平台市场中的综合份额跃居第一，已凝聚 477 万开发者，基于飞桨开源深度学习平台创建 56 万个模型，服务了 18 万家企事业单位。作为国内领先的开源深度学习平台，飞桨致力于让深度学习技术的创新与应用更简单。在飞桨框架建设中，除了来自百度的工程师外，还汇聚了一批热爱飞桨、热爱开源的开发者，他们正在用自己的方式参与飞桨框架建设，与飞桨共同成长。

## 3.4 Jittor

计图(Jittor)是由清华大学开发的一款具有元运算符和统一图形执行的新型深度学习框架，它完全基于动态编译(Just-in-time)，内部使用创新的元算子和统一计算图。元算子和 NumPy 一样易于使用，并且超越 NumPy 能够实现更复杂、更高效的操作。而统一计算图则融合了静态计算图和动态计算图的诸多优点，在易于使用的同时，提供高性能的优化。基于元算子开发的深度学习模型，可以被计图实时地自动优化并且运行在指定的硬件上，如 CPU、GPU、TPU。图 3-9 为计图的 Logo。

图 3-9 Jittor(图片来源于 Jittor 官方网站)

Jittor 在基础命令及网络的搭建、训练、测试方面,与其他的开源深度学习框架(如 TensorFlow、Pytorch、PaddlePaddle 等)相差不多,都非常简单和便于使用。这里不再赘述,我们更想介绍一下计图相比其他深度学习框架而言,有哪些独特的优势,以及我们为什么要使用 Jittor。

Jittor 的设计理念是:

• 易用且可定制:用户只需要数行代码,就可定义新的算子和模型,在易用的同时,不丧失任何可定制性。

• 实现与优化分离:用户可以通过前端接口专注于实现,而实现自动被后端优化,从而提升前端代码的可读性,以及后端优化的鲁棒性和可重用性。

• 所有都是即时的:所有代码都是即时编译并且运行的,包括 Jittor 本身。用户可以随时对 Jittor 的所有代码进行修改,并且动态运行。

提到 Jittor,就不得不提到动态编译(Jit)。它作为深度学习框架中的一个新方向,正逐渐地流行起来。TensorFlow 提供了一个实验性后端 XLA,它利用 Jit 编译来加速。PyTorch 还带有 Jit 套件,用于在没有 Python 环境的情况下进行工业部署和执行。还有很多用于 Jit 编译的编译器和库,可以帮助用户轻松开发快速内核。Jit 编译技术不仅可以提升深度学习框架的性能,还可以使它们更易于使用。Jittor 是完全基于 Jit 编译的:Jittor 的所有源代码都在运行时编译,以获得更好的体验。

计算图是深度学习框架中的基本数据结构。它可以是静态的也可以是动态的。在前一种情况下,图形首先构建,然后执行,而在后一种情况下,图形在执行时动态构建。如图 3-10 所示,TensorFlow 使用静态图执行,高效且易于优化和部署,但在执行或调试过程中需要更改图时不够灵活。PyTorch 改为使用动态图执行,它允许在执行期间进行修改。这对用户来说更方便,但在训练时效率低下,不适合深度学习的推理。在前人的基础上,Jittor 提出了一种新的计算图执行方法,称为统一计算图执行。它结合了静态和动态图形执行的各个方面,从而带来灵活性和效率。具体来说,统一计算图执行将计算图拆分为多个子图。对于每个子图,使用静态图执行,而对于全局图,使用动态图执行。

为了支持各种复杂的深度学习任务,计算图在深度学习框架中得到广泛应用。计算图的每条边代表一个依赖关系,每个节点代表一个算子,不同的任务需要不同的操作员。深度学习框架通常提供广泛的运算符选择来支持各种任务。这使得用户可以轻松地基于算子构建学习模型。但是,从框架开发者的角度来看,大量的算子要保证良好的性能是烦琐和困难的。从用户的角度来看,优化不好的算子会导致性能下降。因此,Jittor 通过元运算符的概念和融合机制提出了一个解决方案。元运算符是通用运算符,可以将其视为专用运算符的类,其共同属性

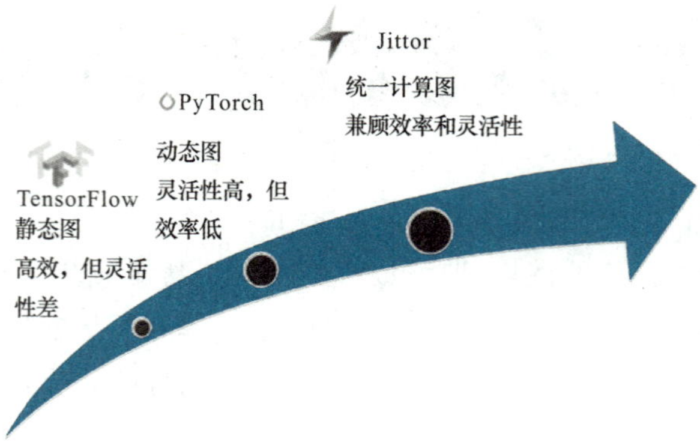


图 3-10　统一计算图的优势(图片来源于 Jittor 官方网站)

允许以类似的方式优化专用运算符。运算符融合允许将多个运算符组合成一个运算符，其优点是中间结果不需要存储在内存中。Jittor 有 3 种类型的元操作符，总共包含 18 个专门的操作符。许多常见的深度学习运算符，如卷积和反卷积，都可以使用这些元运算符来融合。Jittor 只需要优化元算子和融合策略，就可以让所有建立在它们之上的计算统一优化以获得更好的性能。

Jittor 作为清华大学发布的自主可控的深度学习框架，秉承着开源开放、厚德载物的精神，支持着国产芯片的发展。拥有统一计算图和元算子的 Jittor 框架将针对更多不同类型的应用、不同的场景进行更加深度的优化，提供更多易于上手、开箱即用的开源工具包，贡献开源社区，支持更多国产芯片，推动国产 AI 生态的快速发展。

# 3.5　深度学习模型

随着人工智能的普及，深度学习不断发展，越来越多的神经网络模型被提出来，解决各种各样的问题。一些特定的网络结构被封装起来，方便其他程序员使用现成的神经网络模块，为神经网络的编写提供了巨大的便利。在这里，我们向大家介绍深度学习中常见的 3 种网络结构。

## 3.5.1　卷积神经网络(CNN)

卷积神经网络(Convolutional Neural Networks，CNN)是一种前馈神经网络，由输入层、卷积层、取样层、全连接层及输出层构成。在图形图像的处理和预测方面有着统治级别的地位。与常规神经网络不同，卷积神经网络各层中的神经元是三维排列的：宽度、高度和深度。CNN 具有 4 个特点：局部连接、权值共享、池化操作、多层结构。CNN 能够通过多层非线性变换，从大数据中自动学习特征，从而代替手工设计的特征，且深层的结构使它具有很强的表达能力和学习能力。许多研究也证明了 CNN 结构中深度的重要性。从结构上来看，AlexNet、VGG、Resnet 及 Xception 的一个典型发展趋势是它们的深度越来越深。在 CNN 中，通过增加深度从而增加网络的非线性使它能够更好地拟合目标函数，获得更好的分布式特征。图 3-11 为卷积神经网络的一个示例。

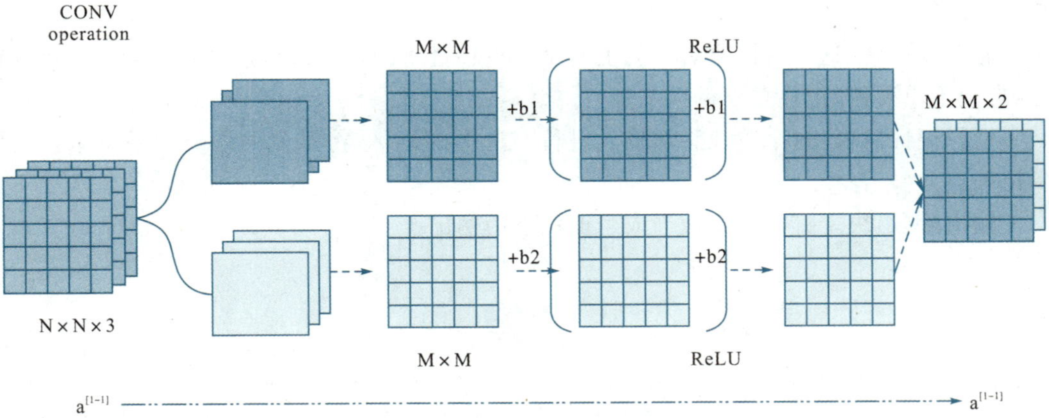


图 3-11 卷积神经网络

卷积神经网络的本质就是每一个卷积层包含一定数量的特征面或者卷积核。与传统 MLP 相比，CNN 中卷积层的权值共享使网络中可训练的参数变少，降低了网络模型复杂度，减少过拟合，从而获得了一个更好的泛化能力。同时，在 CNN 结构中使用池化操作使得模型中的神经元个数大大减少。CNN 结构的可拓展性很强，因此它可以采用很深的层数。

## 3.5.2 循环神经网络(RNN)

如图 3-12 所示，在普通的神经网络中，信息的传递是单向的。这种限制虽然使得网络变得更容易学习，但在一定程度上减弱了神经网络模型的能力。特别是在很多现实任务中，网络的输出不仅和当前时刻的输入相关，也和其过去一段时间的输出相关。此外，普通网络难以处理时序数据，比如视频、语音、文本等。时序数据的长度一般是不固定的，而前馈神经网络要求输入和输出的维数都是固定的，不能任意改变。因此，当处理这一类和时序相关的问题时，就需要一种能力更强的模型。

循环神经网络(Recurrent Neural Network，RNN)是一种以序列数据为输入，在序列的演进方向进行递归并且所有节点按链式连接的递归神经网络。如图 3-13 所示，在循环神经网络中，神经元不但可以接收其他神经元的信息，也可以接收自身的信息，形成具有环路的网络结构。换句话说：神经元的输出可以在下一个时间步直接作用到自身。

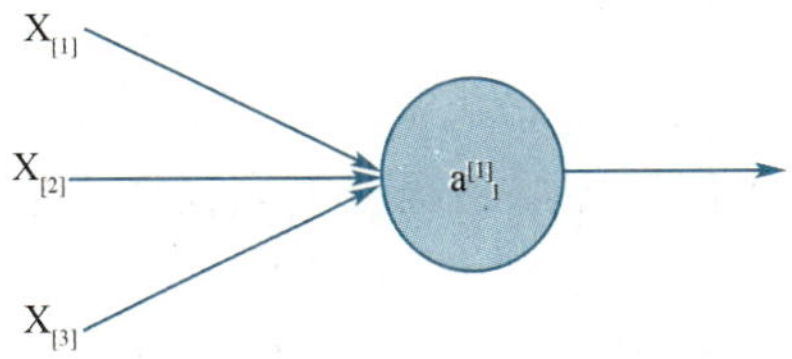

图 3-12 前馈神经网络

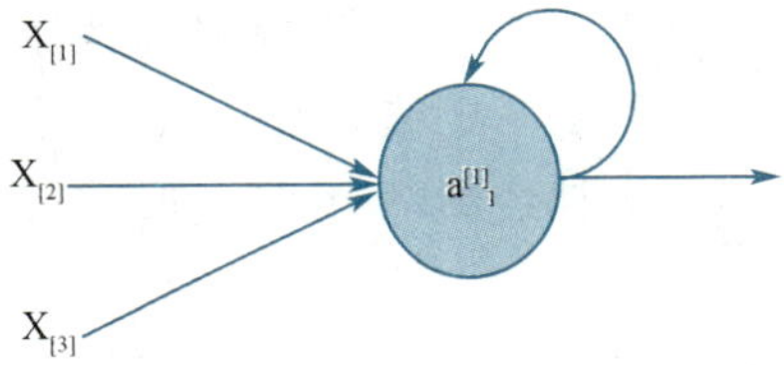

图 3-13 循环神经网络

相比于普通的前馈神经网络，RNN 多了一个指向自己的循环核结构，借助循环核从时间维度提取特征后，与其他的特征信息一起送入后续网络，进行预测任务。

提到RNN，就不得不提一下长短期记忆(Long Short-term Memory，LSTM)。LSTM(图3-14)是一种特殊的RNN，主要是为了解决长序列训练过程中的梯度消失和梯度爆炸问题。简单来说，就是相比普通的RNN，LSTM能够在更长的序列中有更好的表现。LSTM内部主要有三个阶段：

- 忘记阶段：在这个阶段主要是对上一个节点传进来的输入进行选择性忘记。简单来说，就是“忘记不重要的，记住重要的”。
- 选择记忆阶段：这个阶段将对输入进行有选择的记忆，将重要的着重记录下来，不重要的少记一点。
- 输出阶段：决定哪些将会被当成当前状态的输出。

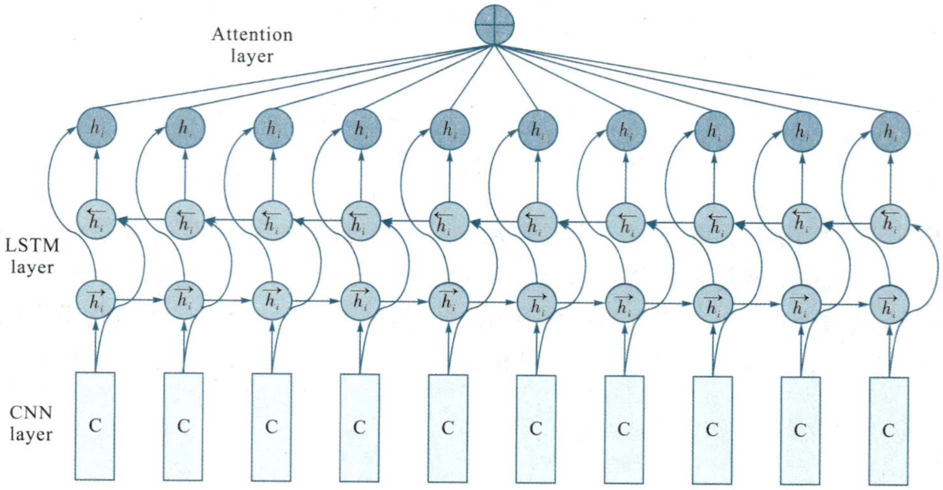


图 3-14 LSTM

长短期记忆网络是RNN的一种变体，其核心概念在于细胞状态及“门”结构。细胞状态相当于信息传输的路径，让信息能在序列链中传递下去。你可以将其看作网络的“记忆”。理论上讲，细胞状态能够将序列处理过程中的相关信息一直传递下去。因此，即使是较早时间步的信息也能携带到较后时间步的细胞中来，这克服了短时记忆的影响。信息的添加和移除可以通过“门”结构来实现，“门”结构在训练过程中会去学习该保存或遗忘哪些信息。

### 3.5.3 图神经网络(GNN)

图神经网络(Graph Neural Network，GNN)是近年来出现的一种利用深度学习直接对图结构数据进行学习的框架，其优异的性能引起了学者高度的关注和深入的探索。通过在图中的节点和边上制定一定的策略，GNN(图3-15)将图结构数据转化为规范而标准的表示，并输入到多种不同的神经网络中进行训练，在节点分类、边信息传播和图聚类等任务上取得了优良的效果。

图神经网络对于非欧几里得数据在深度学习中的应用有着非常重要的地位，尤其是利用图结构在传统贝叶斯因果网络上可解释的特点，在定义深度神经网络关系可推理、因果可解释的问题上有很重要的研究意义。如何利用深度学习方法对图结构的数据进行分析和推理引来了非常多的研究和关注。

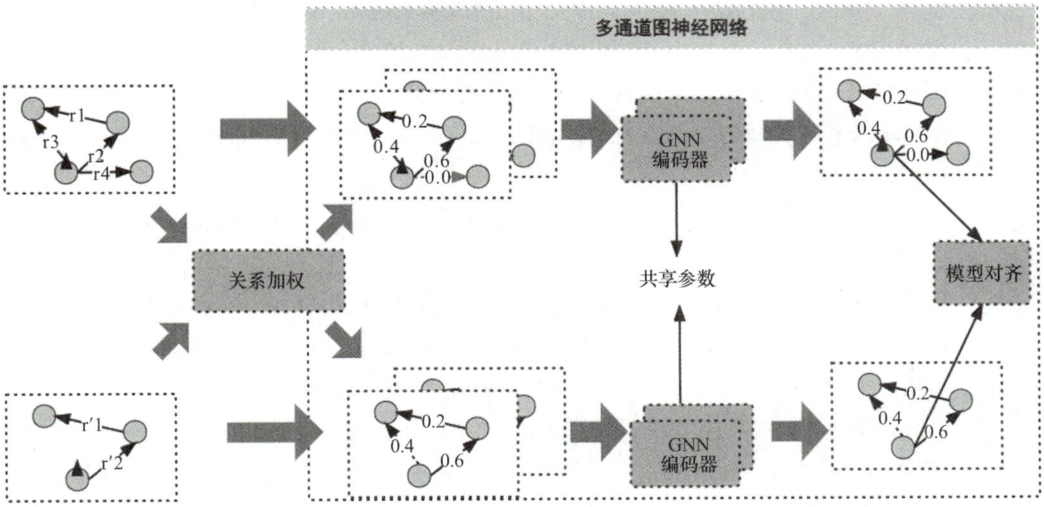


图 3-15 GNN

## 本章小结

本章节针对使用较多的深度学习编程框架：TensorFlow、PyTorch、PaddlePaddle、Jittor进行了知识普及，揭开了深度学习模型框架的神秘面纱，最后简单介绍了一下比较常用的几种神经网络。

## 思考题

1. 请简述 TensorFlow、PyTorch 等编程框架的异同点。

2. 请简述一下你对计图(Jittor)这个编程框架的认识。

3. 请简述一下你对卷积神经网络(CNN)、循环神经网络(RNN)、图神经网络(GNN)的认识。

4. 请简述一下你对人工智能普及的影响与意义的理解。

5. 使用编程框架完成 3.3.2 的手写数字识别任务。

## 参考文献

[1] TensorFlow 官方网站

[2] Chollet F. Deep learning with Python(Deep learning with Python and Keras)(in Japanese). Translated by Quipu and Sugomori, Y[J]. 2018.

[3] Pytorch 官方网站

[4] PaddlePaddle 官方网站

[5] Jittor 官方网站

[6] Hu, SM., Liang, D., Yang, GY. et al. Jittor: a novel deep learning framework

with meta—operators and unified graph execution. Sci. China Inf. Sci. 63，222103 (2020).

[7] Albawi S，Mohammed T A，Al-Zawi S. Understanding of a convolutional neural network [C]//2017 international conference on engineering and technology (ICET). Ieee，2017：1-6.

[8] Medsker L R，Jain L C. Recurrent neural networks[J]. Design and Applications，2001，5：64-67.

[9] Yu Y，Si X，Hu C，et al. A review of recurrent neural networks：LSTM cells and network architectures[J]. Neural computation，2019，31(7)：1 235-1 270.

[10] Zhou J，Cui G，Hu S，et al. Graph neural networks：A review of methods and applications[J]. AI Open，2020，1：57-81.

[11] 华振宇. 两个 Python 第三方库：Pandas 和 NumPy 的比较[J]. 电脑知识与技术，2023,19(01):71—73+76.

# 第4章 知识图谱与知识推理

## 本章学习目标

本章旨在帮助读者深入了解知识图谱和知识推理。在知识图谱技术部分，学习者将学习知识图谱的来源、基本概念、表示方式、构建方法、应用价值和案例。在知识推理部分，学习者将了解知识推理的历史发展、定义、方法，以及知识图谱补全技术。通过达成这些学习目标，学习者将掌握全面的知识图谱和知识推理知识，为深入研究和实践提供必要基础。

## 4.1 知识图谱

### 4.1.1 历史沿革

互联网内容有大规模、异质多元、组织结构松散等特点，给人们有效获取信息和知识带来了挑战。谷歌公司为了利用多源数据构建的知识库来增强语义搜索，提升搜索引擎返回的答案质量和用户查询的效率，于 2012 年 5 月 16 日发布了知识图谱(Knowledge Graph)。

知识图谱是一种互联网环境下的知识表示方法，是融合了认知计算、知识表示与推理、信息检索与抽取、自然语言处理、Web 技术、机器学习与大数据挖掘等方向的交叉学科。知识图谱发展史如图 4-1 所示。

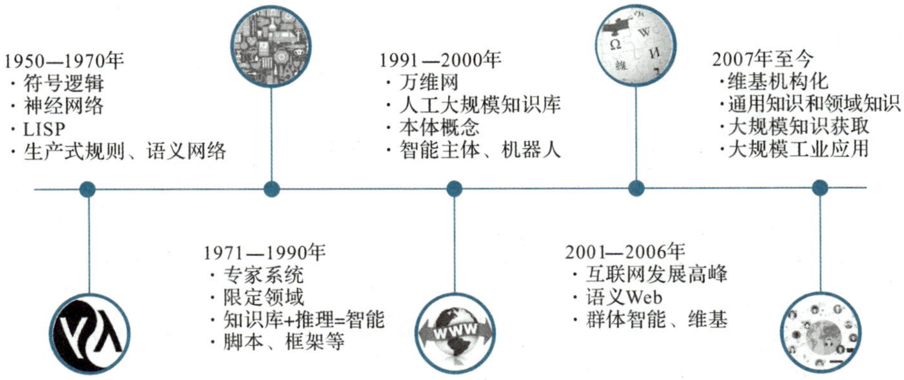


图 4-1 知识图谱发展史

知识图谱的目的是提高搜索引擎的能力，提高用户的搜索质量，改善用户的搜索体验。随着人工智能的技术发展和应用，知识图谱作为关键技术之一，已被广泛应用于智能搜索、智能问答、个性化推荐、内容分发等领域，现在的知识图谱泛指各种大规模的知识库。谷歌、百度和搜狗等搜索引擎公司为了改进搜索质量，纷纷构建知识图谱，分别称为知识图谱、知心和知立方。

### 4.1.2 基本概念

#### 1. 知识图谱作为语义网络的内涵

知识图谱又称科学知识图谱，它通过各种不同的图形等可视化技术描述知识资源及其载体，挖掘、分析、构建、绘制和显示知识及它们之间的相互联系。

知识图谱以结构化的形式描述客观世界中概念、实体间的复杂关系，将互联网的信息表达成更接近人类认知世界的形式，提供了一种更好地组织、管理和理解互联网海量信息的能力。它把复杂的知识领域通过数据挖掘、信息处理、知识计量和图形绘制等方式显示出来，揭示知识领域的动态发展规律。

目前，知识图谱还没有一个标准的定义。简单地说，知识图谱是由一些相互连接的实体及其属性构成的。知识图谱也可以被看作一张图，图中的节点表示实体或概念，而图中的边则由属性或关系构成。

理解知识图谱的概念，要掌握两个要点：第一，知识图谱是语义网络，这是知识图谱的本质；第二，知识图谱是大规模的，这是知识图谱与传统语义网络的根本区别。

语义网络是一种以图形化的(Graphic)形式通过点和边表达知识的方式，其基本组元素是点和边。图 4-2 所示的就是一个典型的语义网络，同时也是一个典型的知识图谱。图中的点可以是实体、概念或属性值。

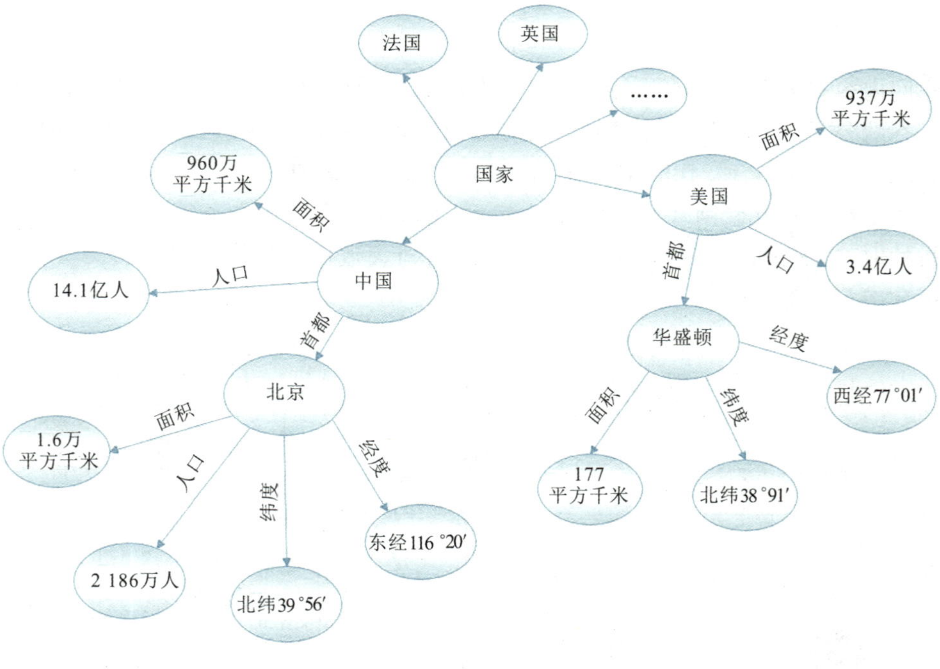


图 4-2 知识图谱示例

(1)实体：具有可区别性且独立存在的某种事物。也就是说，实体是属性依赖存在的基础，并且必须是自在的，如某个国家、某个城市、某个人、某种植物、某种商品等。实体是知识图谱中最基本的元素，不同的实体间存在不同的关系。

(2)概念(语义类)：具有同种特性的实体构成的集合，如国家、民族、书籍、电脑等。概念主要指集合、类别、对象类型、事物的种类，如人物、地理等。

(3)内容：通常作为实体和语义类的名字、描述、解释等，可以由文本、图像、音视频等来表达。

(4)属性(值)：描述资源之间的关系，即知识图谱中的关系。不同的属性类型对应于不同类型属性的边。属性主要指实体具有的性质，如城市的属性包括面积、人口、所在国家、地理位置等。属性值主要指对象指定属性的值，如面积是多少等。

(5)关系：把 $k$ 个图节点(实体、语义类、属性值)映射到布尔值的函数。关系可以认为是一类特殊的属性，当实体的某个属性值也是一个实体时，这个属性实质上就是关系。

**2. 知识图谱与传统语义网络的区别**

知识图谱与传统语义网络有什么区别？这一问题的答案决定了知识图谱的存在价值。知识图谱与传统语义网络最明显的区别体现在规模上：知识图谱规模巨大。此外，还体现在其语义丰富、质量精良、结构友好等特性上。

(1)规模巨大。知识图谱具有巨大的规模，也就是说知识图谱中的点、边的数量巨大。比如，Google 知识图谱在 2012 年发布之初就有近 5 亿个实体和 10 亿多条关系，而如今的规模就更大了。知识图谱的规模之所以如此巨大，是因为它强调对于实体的覆盖。比如，“哲学家”作为一个类别在知识图谱里涵盖了数以万计诸如“柏拉图”这样的实体。知识图谱因为其规模巨大而被认为是大知识(Big Knowledge)的典型代表。

(2)语义丰富。语义丰富体现在两个方面。首先，知识图谱富含各类语义关系。一个典型的知识图谱，比如 DBpedia，就包含了 1 000 多种常见的语义关系。将不同语义关系的知识图谱互联到一起，就基本能涵盖现实世界中常见的语义关系了。其次，语义关系的建模多样。一个语义关系可以被赋予权重或者概率，从而可以更精准地表达语义。比如，同样是柏拉图的作品，《理想国》就比《对话录》更为人们所熟知，从而常被赋予更高的关系权重。

(3)质量精良。知识图谱是典型的大数据时代的产物。大数据的多源特性使得我们可以通过多个来源验证简单事实。比如，《理想国》的作者是不是柏拉图，可以根据互联网上的多个不同来源进行交叉验证。如果大部分来源支持某一事实，基本就可以推断这一事实为真。此外，各类众包平台的出现也有助于实现大规模知识验证。

(4)结构友好。知识图谱通常可以表示为三元组，这是典型的图结构。三元组也可以借助资源描述框架(Resource Description Framework，RDF)进行表示。无论是图数据还是 RDF 数据，均是数据库领域的重要研究对象。数据库领域已经针对这些数据类型发展出了大量有效的管理方法。这使得知识图谱相对于纯文本形式的知识而言，对机器更加友好。因此，知识图谱可以作为机器认知世界所需要的背景知识。

### 4.1.3 知识表示

三元组是知识图谱的一种通用表示方式。三元组的基本形式主要分为两种：

(1)(实体 1—关系—实体 2)

中国—首都—北京是一个(实体 1—关系—实体 2)的三元组样例。

(2)(实体—属性—属性值)

北京是一个实体，人口是一种属性，2 186 万人是属性值。北京—人口—2 186 万人构成一个(实体—属性—属性值)的三元组样例。

知识图谱是由一条条知识组成的，每条知识表示为一个主谓宾 SPO(Subject-Predicate-Object)三元组，如图 4-3 所示。

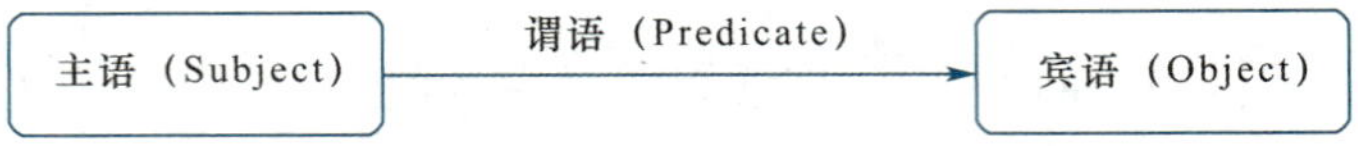


图 4-3 SPO 三元组

主语可以是国际化资源标识符(Internationalized Resource Identifiers，IRI)或空白节点(Blank Node)。

主语是资源，谓语和宾语分别表示其属性和属性值。例如，“人工智能导论的授课教师是张三老师”就可以表示为“人工智能导论授课导师—是—张三”这个三元组。

Blank Node 是没有 IRI 和 literal 的资源，或者说是匿名资源。literal 是字面量，可以看作带有数据类型的纯文本。

在知识图谱中，用 RDF 表示这种三元关系。RDF 是用于描述实体/资源的标准数据模型。RDF 图中一共有三种类型：International Resource Identifier(IRI)、Blank Node 和 literal。

如果将 RDF 的一个三元组中的主语和宾语表示成节点，之间的关系表达成一条从主语到宾语的有向边，所有 RDF 三元组就将互联网的知识结构转化为图结构。合理地使用 RDF 能够对网络上各种繁杂的数据进行统一表示。

知识图谱中的每个实体或概念用一个全局唯一确定的 ID 来标识，称为标识符(Identifier)。每个属性-值对(Attribute-Value Pair，AVP)用来刻画实体的内在特性，而关系用来连接两个实体，刻画它们之间的关联。

## 4.1.4 逻辑结构与体系架构

知识图谱的架构包括自身的逻辑结构，以及构建知识图谱所采用的体系架构。

### 1. 知识图谱的逻辑结构

知识图谱在逻辑上可分为数据层与模式层。

数据层主要是由一系列的事实组成的，而知识以事实为单位进行存储。若用(实体 1—关系—实体 2)、(实体—属性—属性值)这样的三元组来表达事实，则可选择图数据库作为存储介质。

模式层构建在数据层之上，是知识图谱的核心。通常采用本体库来管理知识图谱的模式层。本体是结构化知识库的概念模板，通过本体库而形成的知识库不仅层次结构较强，而且冗余程度较小。

### 2. 知识图谱的体系架构

知识图谱的体系架构是指其构建模式结构，如图 4-4 所示。其中虚线框内的部分为知识图谱的构建过程，也包含知识图谱的更新过程。

获取知识的资源对象大体可分为结构化、半结构化和非结构化三类。

结构化数据是指知识的定义和表示都比较完备的数据，如 DBpedia 和 Freebase 等已有知识图谱、特定领域内的数据库资源等。

半结构化数据是指部分数据是结构化的,但存在大量结构化程度较低的数据。在半结构化数据中,虽然知识的表示和定义并不一定规范统一,其中部分数据(如信息框、列表和表格等)仍然遵循特定表示以较好的结构化程度呈现,但是仍存在大量结构化程度较低的数据。半结构化数据的典型代表是百科类网站,一些领域的介绍和描述类页面往往也都归在此类,如计算机、手机等电子产品的参数性能分析介绍。

非结构化数据则是指没有定义和规范约束的"自由"数据。例如,最广泛存在的自然语言文本、音视频等。

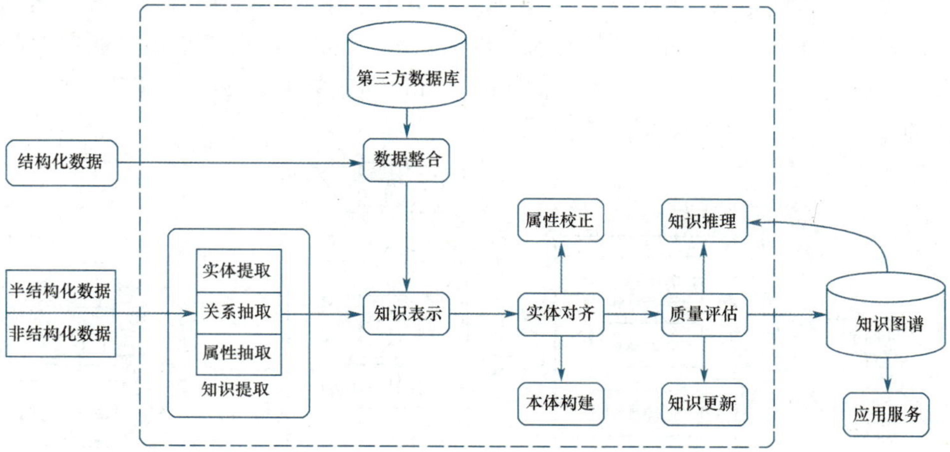


图 4-4 知识图谱的体系架构

### 4.1.5 构建方式

知识图谱经历了由人工和群体智慧构建,到面向互联网利用机器学习和信息抽取技术自动获取的过程。早期知识资源通过人工添加和合作编辑获得,如英文 WordNet、CYC 和中文的 HowNet。自动构建知识图谱的特点是面向互联网的大规模、开放、异构环境,利用机器学习和信息抽取技术自动获取互联网上的信息。例如,华盛顿大学图灵中心的 KnowItAll 和 TextRunner、卡内基梅隆大学的"永不停歇的语言学习者"(Never-Ending Language Learner, NELL)都是这种类型的知识库。目前,大多数通用的知识图谱均是通过对维基百科进行结构化来构建的。

知识图谱构建从最原始的数据(包括结构化、半结构化、非结构化数据)出发,采用一系列自动或者半自动的技术手段,从原始数据库和第三方数据库中提取知识,并将其存入知识库的数据层和模式层。这一过程包含知识提取、知识表示、知识融合、知识推理四个过程,每一次更新迭代均包含这四个阶段。

知识图谱主要有自顶向下(Top-Down)与自底向上(Bottom-Up)两种构建方式。

(1)自顶向下指的是先为知识图谱定义好本体与数据模式,再将实体加入知识库。如图 4-5 所示,该构建方式需要利用一些现有的结构化知识库作为基础知识库。例如,Freebase 项目就是采用这种方式,它的绝大部分数据是从维基百科中得到的。

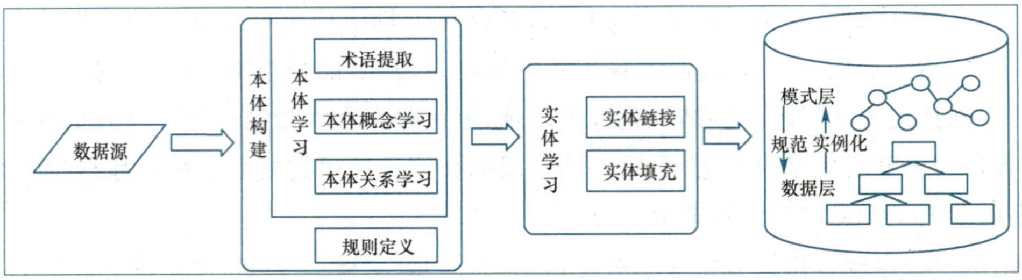


图 4-5　自顶向下构建

(2)自底向上指的是从一些开放链接数据中提取出实体,选择其中置信度较高的加入知识库,再构建顶层的本体模式,如图 4-6 所示。目前,大多数知识图谱都采用自底向上的方式进行构建,其中最典型就是 Google 的 Knowledge Vault 和微软的 Satori 知识库,这也比较符合互联网数据内容知识产生的特点。

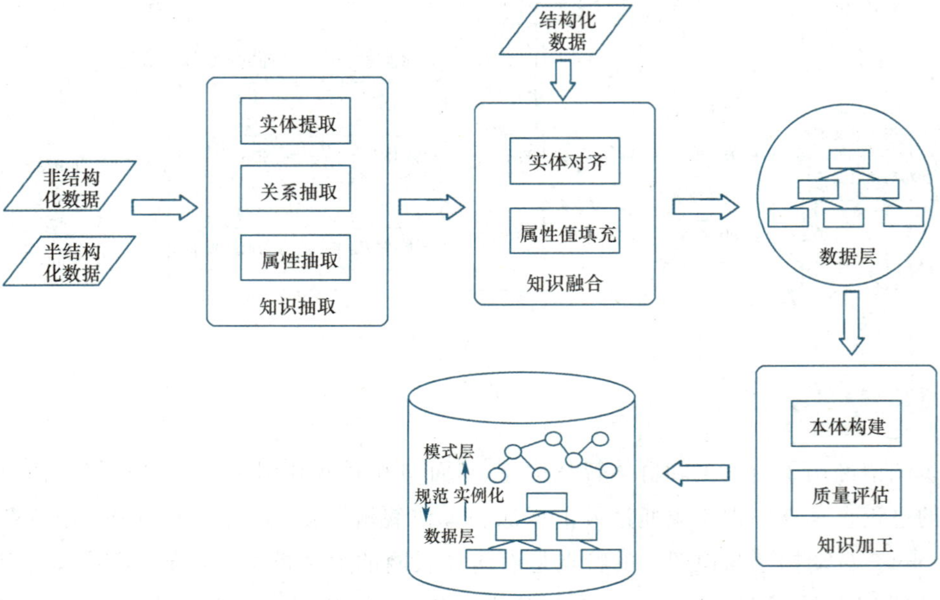


图 4-6　自底向上构建

构建知识图谱需要大规模知识库,然而大规模知识库的构建与应用需要多种技术的支持。可以通过知识提取技术,从一些公开的半结构化、非结构化和第三方结构化数据库的数据中提取出实体、关系、属性等知识要素。

知识表示则通过一定的有效手段对知识要素进行表示,便于进一步处理使用。然后通过知识融合,可消除实体、关系、属性等指称项与事实对象之间的歧义,形成高质量的知识库。知识推理则是在已有的知识库基础上进一步挖掘隐含的知识,从而丰富、扩展知识库。

### 4.1.6　价值与应用

机器认知智能的发展过程本质上是人类脑力不断解放的过程。在工业革命和信息化时代,人类的体力被逐步解放,而随着人工智能技术的发展,尤其是认知智能技术的发展,人类的脑力也将会被逐步解放。越来越多的知识工作将逐步为机器所代替,伴随而来的是机器生产力的进一步提升。基于知识图谱的认知智能的应用广泛而多样。各类应用(包括数据分析、智慧搜索、智能推荐、自然人机交互和决策支持)都对知识图谱提出了需求。

➢数据分析

大数据的精准与精细分析需要知识图谱。例如,图 4-7 用作研究各国家间的合作关系。如今,越来越多的行业或者企业积累了规模可观的大数据,但是这些数据并未发挥应有的价值,很多大数据还需要消耗大量的运维成本。大数据非但没有创造价值,在很多情况下还成为一笔负资产。这一现象的根本原因在于,当前的机器缺乏诸如知识图谱这样的背景知识,无法准确理解数据,限制了大数据的精准与精细分析,制约了大数据的价值变现。例如,在某事件刚刚开始的时候,一些新闻平台的热搜前三位是三个不同的话题,但都属于同一个事件,平台当时还没有能力将三个不同的事件描述归类为同一事件。这是因为当时的机器缺乏背景知识,所以没有办法做到大数据的精准分析。事实上,舆情分析、互联网的商业洞察,还有军事情报分析和商业情报分析,都需要对大数据做精准分析,而这种精准分析必须有强大的背景知识来支撑。

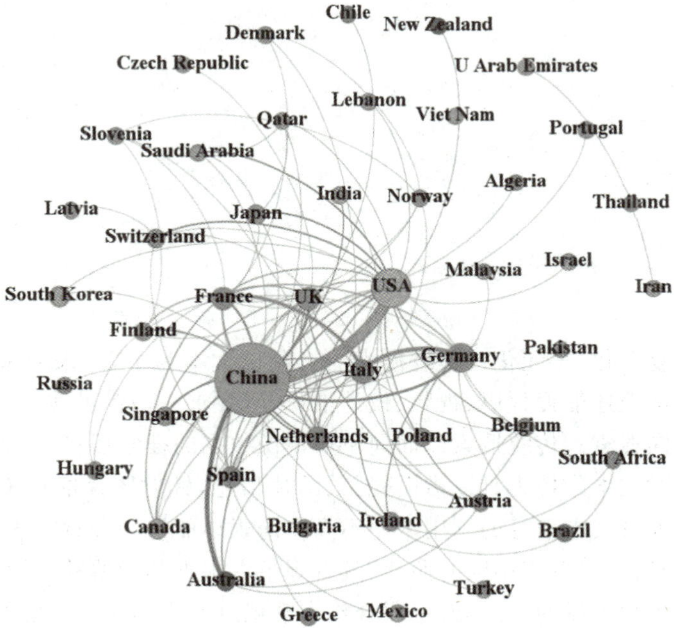


图 4-7 知识图谱在数据分析中的应用

除了大数据的精准分析,数据分析领域的另一个重要趋势——精细分析,也对知识图谱和认知智能提出了诉求。比如,很多汽车制造商都希望实现个性化制造,即希望从互联网上搜集用户对汽车的评价与反馈,并以此为依据实现汽车的按需与个性化定制。为了实现个性化定制,厂商不仅需要知道消费者对汽车的褒贬态度,还需要进一步了解消费者对汽车产品不满意的细节,以及希望如何改进,甚至需要知道消费者提及了哪些竞争品牌。显然,面向互联网数据的精细化数据分析要求机器具备关于汽车评价的背景知识(比如汽车的车型、车饰、动力、能耗等)。

美国 Netflix 公司利用基于其订阅用户的注册信息和观看行为构建的知识图谱,通过分析受众群体、观看偏好、电视剧类型、导演与演员的受欢迎程度等信息,了解到用户很喜欢 Fincher 导演的作品,同时了解到 Spacey 主演的作品总体收视率不错及英剧版的《纸牌屋》很受欢迎这些信息,因此决定拍摄美剧《纸牌屋》,最终在美国及 40 多个国家成为热门的在线剧集。

### ➢智慧搜索

智慧搜索需要知识图谱。智慧搜索体现在很多方面：

首先，精准的搜索意图理解。比如，在淘宝上搜索“iPad 充电器”，用户的意图显然是要搜索一个充电器，而不是一个 iPad，这个时候淘宝应该反馈给用户若干个充电器产品以供选择，而不是 iPad。图 4-8 为使用基于知识图谱的搜索工具搜索 ipad 充电器得到的结果。再比如，在 Google 上搜索“toys kids”或者“kids toys”，不管搜索这两个词中的哪一个，用户的意图都是在搜索给孩子玩的玩具，而不是玩玩具的小孩，因为一般不会有人用搜索引擎搜索孩子。

图 4-8　使用 XLORE 检索 ipad 充电器(数据来源于 XLORE 网)

其次，搜索对象复杂化、多元化。传统搜索的对象以文本为主，未来越来越多的应用希望能搜索图片和声音，甚至还能搜代码、视频、设计素材等，要求一切皆可搜索。

最后，跨媒体协同搜索。传统搜索以面向单质单源数据的搜索居多，难以满足用户的信息检索需求。比如，针对文本的搜索难以借助视频、图片信息，针对图片的搜索主要还是利用图片自身的信息，对于大量文本信息的利用率还不高。跨媒体的协同搜索需求日益增多。比如，曾有明星在微博上晒出一张自家小区的照片，就有好事者根据其微博社交网络、百度地图与图片信息等多个渠道、多种媒体的信息，通过联合检索准确推断出其所在小区的位置。这样一种跨媒体的协同搜索能力将被逐步赋予机器。

所以，未来的趋势是一切皆可搜索，并且搜索必达。为了应对这些挑战，需要建立知识图谱之类的各类知识库。比如，建立 iPad 与充电器之间的配件关系就可以帮助平台识别搜索核心词，从而准确识别搜索意图。复杂对象的搜索需要建立标签图谱(由标签及标签之间的关联关系构成的知识图谱)来增强对象的表示。多粒度搜索需要将文档内的知识进行碎片化，建立多层次、多粒度的知识表示。多模态搜索需要建立不同模态数据之间的语义关联。建立多模态知识图谱对于满足这类需求显得日益必要。

Watson 是 IBM 公司研发团队历经十余年努力开发出的基于知识图谱的智能机器人，最初的目的是参加美国的一档智力游戏节目“Jeopardy!”，并于 2011 年以绝对优势赢得了人机对抗比赛。除去大规模并行化的部分，Watson 工作原理的核心部分是概率化基于证据的答案生成，根据问题线索不断缩小在结构化知识图谱上的搜索空间，并利用非结构化的文本内容寻找证据支持。对于复杂问题，Watson 采用分治策略，递归地将问题分解为更简单的问题来解决。

➢智能推荐

智能推荐需要知识图谱,各智能推荐任务均对知识图谱提出了需求。

第一,场景化推荐。比如,用户在淘宝上搜"沙滩裤""沙滩鞋",可以推测出这个用户很可能要去海边度假。那么,平台就可以推荐泳衣、防晒霜之类的海边度假常用物品。事实上,任何搜索关键词、购物车里的任何一件商品背后,都体现着特定的消费意图,很有可能对应到特定的消费场景。建立场景图谱,实现基于场景图谱的精准推荐,对于电商推荐而言至关重要。

第二,冷启动阶段下的推荐。冷启动阶段的推荐一直是传统基于统计行为的推荐方法难以有效解决的问题。利用来自知识图谱的外部知识,特别是关于用户与物品的知识,增强用户与物品的描述,提升匹配精度,是让系统尽快度过冷启动阶段的重要思路。

第三,跨领域推荐。互联网上存在大量的异质平台,实现平台之间的跨领域推荐有着越来越大的应用需求。比如,如果一个微博用户经常晒九寨沟、黄山、泰山的照片,那么为这位用户推荐一些淘宝上的登山装备十分合适。这是典型的跨领域推荐,其中微博是一个媒体平台,淘宝是一个电商平台。它们的语言体系、用户行为完全不同,实现这种跨领域推荐有着巨大的商业价值,但是需要跨越巨大的表达鸿沟(异质平台的表达方式完全不同)。如果能有效利用知识图谱这类背景知识,不同平台之间的这种表达鸿沟是有可能被跨越的。比如,百科图谱告诉我们,九寨沟是一个风景名胜区,是山区,而去山区旅游需要登山装备,登山装备包括登山杖、登山鞋等,这样就可以实现跨领域推荐。

第四,知识型的内容推荐。如果用户在电商平台上搜索"三段奶粉",那么我们应该能为用户推荐一些喝三段奶粉的婴儿每天的需水量、常见疾病的预防等育儿知识。对这些知识的推荐将显著增强用户对于所推荐内容的信任与接受程度。消费行为背后的内容与知识需求将成为推荐的重要考虑因素。显然,使各类知识片段与商品对象建立关联,是实现这类知识型内容推荐的关键。

➢自然人机交互

智能系统另一个非常重要的表现形式是自然人机交互。人机交互将会变得越来越自然、越来越简单。越是自然、简单的交互方式越要求机器具备强大的智能。自然人机交互包括自然语言问答、对话、体感交互、表情交互等。自然语言交互的实现要求机器能够理解人类的自然语言。对话式交互(Conversational UD)、问答式(QA)交互将逐步代替传统的关键词搜索式交互。另一个非常重要的趋势是一切皆可问答,我们的对话机器人将代替我们阅读文章、新闻,浏览图片、视频,甚至代替我们看电影、电视剧,然后回答我们所关心的问题。自然人机交互的实现需要机器具有较高的认知智能水平,并具备广泛的背景知识。无论是人机交互过程中的语言理解,还是对于各种类型的媒体内容的理解,都要求机器必须具备强大的背景知识,而知识图谱就是这类背景知识的重要形式之一。

➢决策支持

知识图谱为决策支持提供深层关系发现与推理能力。人们越来越不满足于"张三是李四的妻子"这样的简单关联的发现,而是希望发现和挖掘一些深层、潜藏的关系。比如,在王某某离婚的时候,就有人通过人物关联图谱深挖过为什么王某某找张某某当律师。人物关联图谱显示王某某与冯某某关系很好,而冯某某与徐某某和赵某两位演员经常合作,张某某正好是这两位演员的法律顾问。这样的关系链路在一定程度上揭示了王某某与他的律师之间的深层次关联,也解释了王某某为何选择这位律师。更多类似例子发生在金融领域。在金融领域，我们可能十分关注投资关系，比如，为何某个投资人投资某家公司；我们十分关注金融安全，比如，信贷风险评估需要分析一个贷款人的关联人物和关联公司的信用评级。因此，建立包含各种语义关联的知识图谱，挖掘实体之间的深层关系，已经成为决策分析的重要辅助手段。

综上所述，随着互联网应用需求的日益增加，越来越多的知识图谱应运而生。常见的知识图谱可以从以下四个维度进行分类：

- 按照是通用还是专用领域可以分为通用知识图谱、领域知识图谱和企业知识图谱。
- 按照构建方式可以分为全自动、半自动，以及以人工为主构建的知识图谱。
- 按照语言可以分为单语言(比如英语、汉语)和多语言知识图谱。
- 按照知识图谱中的知识类型可以分为概念图谱、百科图谱(涵盖以实体为中心的事实知识)、常识图谱和词汇图谱。

还有一些知识图谱(比如 Google 知识图谱)是这些图谱的混合，归为综合知识图谱。知识图谱的分类体系如图 4-9 所示。此外，OpenIE 的主要目标是抽取基于文本表示的三元组。三元组的每个成分往往是一个短语，因而可以视作词汇图谱在文本上的拓展，我们将其归为文本图谱。

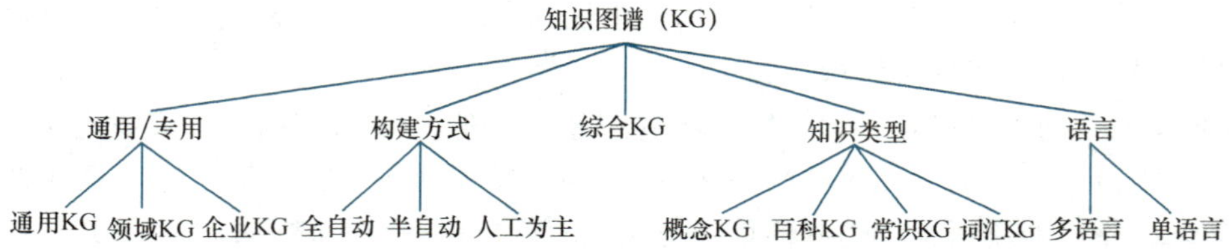


图 4-9 知识图谱的分类体系

下面按照时间顺序介绍一些具有代表性的知识图谱。这些常见的知识图谱的总结见表 4-1。

表 4-1 常见知识图谱列表

| 知识图谱 | 构建团队 | 领域 | 特点 | 构建方式 | 语言 | 类型 |
|---|---|---|---|---|---|---|
| Cyc | Cycorp 公司 | 通用 | 通过人工方法将上百万条人类常识编码成机器可用的形式，用于进行智能推断 | 人工 | 英语 | 常识图谱 |
| WordNet | 普林斯顿大学 | 通用 | 以同义词集合(Synset)作为一个基本单元 | 人工 | 英语 | 词汇图谱 |
| ConceptNet | 麻省理工学院 | 通用 | 多语言常识知识库 | 自动 | 多语言 | 常识图谱 |
| DBpedia | 柏林自由大学、莱比锡大学 | 通用 | 多语言自动构建 | 半自动 | 多语言 | 百科图谱 |
| YAGO | 马克斯·普朗克研究所 | 通用 | 人工校验，时空维度，多语言 | 自动 | 多语言 | 百科图谱 |

（续表）

| 知识图谱 | 构建团队 | 领域 | 特点 | 构建方式 | 语言 | 类型 |
| --- | --- | --- | --- | --- | --- | --- |
| BabelNet | 罗马大学 | 通用 | 271 种语言，自动融合 | 自动 | 多语言 | 词汇图谱 |
| WikiData | 维基媒体基金会 | 通用 | 众包编辑 | 半自动 | 多语言 | 百科图谱 |
| Google 知识图谱 | Google | 通用 | 规模最大 | 自动 | 多语言 | 综合知识图谱 |
| 搜狗知立方 | 搜狗公司 | 通用 | 侧重于娱乐领域 | 自动 | 汉语 | 百科图谱 |
| 百度知心 | 百度公司 | 通用 | 支持百度搜索 | 自动 | 汉语 | 百科图谱 |
| XLORE | 清华大学 | 通用 | 更丰富的语义关系，支持多种查询接口 | 自动 | 汉语 | 百科图谱 |

下面针对典型的知识图谱进行详细的介绍。

**1. ConceptNet**

ConceptNet 始于 2004 年，其目标也是构建一个常识知识库。ConceptNet 最早源于 MIT 媒体实验室的 Open Mind Common Sense（OMCS）项目。目前 ConceptNet 的版本为 Concept5，其转型为一个大型的多语言常识知识库，包含人们经常使用的词语和短语，以及它们之间的常识关系。ConceptNet 的知识来源于多种渠道，包括互联网众包（如 Wiktionary 和 Open Mind Common Sense）、游戏（如 Verbosity 和 nadya. jp），以及专家创建（如 WordNet 和 JMDict）等。ConceptNet 比较侧重于词与词之间的关系。图 4-10 展示了实体“ConceptNet”的一些关系，比如“ConceptNet is used for word embedding”。与 Cyc 相比，ConceptNet 采用了非形式化、更接近自然语言的描述方式。

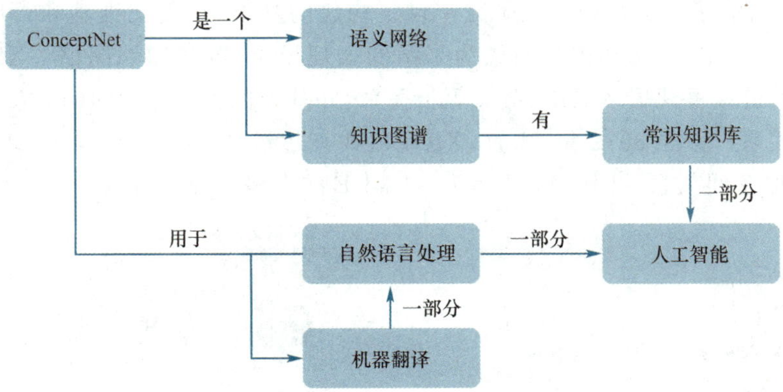


图 4-10 ConceptNet 知识图谱

**2. DBpedia**

DBpedia 作为开放链接数据（LOD）的核心，最早由柏林自由大学及莱比锡大学的研究者 2007 年发起的一项从维基百科里萃取结构化知识的项目开始建立。2016 年 10 月的英文版共包含 660 万实体，其中 550 万被合理分类，包括人物 150 万、地点 84 万、音乐电影游戏等 49.6 万、组织机构 28.6 万、动物 30.6 万和植物 5.8 万等；共包含约 131 亿条三元组，其中 17 亿来源于英文版的维基百科，66 亿来自其他语言版本的维基百科，48 亿来自 Wikipedia Commons 和 WikiDatao。

**3. YAGO**

YAGO 是由马克斯·普朗克研究所(Max Planck Institute，MPI)构建的大型多语言语义知识库，源自维基百科、WordNet 和 GeoNames，从 10 个维基百科以不同语言提取事实和事实的组合。YAGO 拥有超过 1 000 万个实体的知识，并且包含有关这些实体的超过 1.2 亿条事实三元组。

**4. BabelNet**

BabelNet 是最大的多语言百科全书式的字典和语义网络之一，由罗马大学计算机科学系的计算语言学实验室创建。BabelNet 不仅是一个多语言的百科全书式字典，用词典的方式编纂百科词条，同时还是一个大规模的语义网络，概念和实体通过丰富的语义关系连接。BabelNet 由同义词集合构成，一共包含 2 000 万个同义词集合，每个同义词集合表示一个具体的语义，包含不同语言下所有表达这个语义的同义词。BabelNet 5.0 版本包含 500 种语言，6 117 108 个概念，9 671 518 个实体，1 307 706 673 个词汇和语义关系。

**5. WikiData**

维基百科(Wikipedia)是由维基媒体基金会负责运营的一个自由内容、自由编辑的多语言知识库。全球各地的志愿者们通过互联网和 Wiki 技术合作编撰。目前维基百科一共有 285 种语言版本，其中英语、德语、法语、荷兰语、意大利语、波兰语、西班牙语、俄语、日语版本已经有超过 100 万篇条目，而中文版本和葡萄牙语版本也有超过 90 万篇条目。维基百科中每一个词条都包含对应语言的客观实体、概念的文本描述，以及各自丰富的属性、属性值等。

2012 年启动的 WikiData 不仅继承了 Wikipedia 众包协作的机制，而且支持以事实三元组为基础的知识条目编辑，截至 2017 年年底已经包含超过 2 500 万个词条。WikiData 支持标准格式导出，并可链接到网上的其他开放数据集。

**6. XLORE**

XLORE 是由清华大学知识工程研究室自主构建的基于中、英文维基和百度百科的开放知识平台，是第一个中、英文知识规模较为平衡的大规模中、英文知识图谱。XLORE 通过维基内部的跨语言链接发现更多的中、英文等价关系，并基于概念与实例间的 isA 关系验证提供更精确的语义关系。截至 2022 年 11 月，XIORE 共有超过 2 761 万个实体、218 万个概念和 52 万个实例与概念间关系。图 4-11 所示为 XLORE 的发展情况及特点。

图 4-11　XLORE 的发展情况及特点(数据来源于 XLORE 网)

**7. AMiner**

AMiner 是清华大学研发的一个科技情报知识服务引擎，如图 4-12 所示。它集成了来自多个数据源的近亿级的学术文献数据，从海量文献及互联网信息中，通过信息抽取方法自动获取研究者的教育背景、基本介绍等相关信息、论文引用关系、知识实体，以及相关的学术会议和期刊等内容，并利用数据挖掘和社会网络分析与挖掘技术，提供面向话题的专家搜索、权威机构搜索、话题发现和趋势分析、基于话题的社会影响力分析、研究者社会网络关系识别、审稿人推荐、跨领域合作者推荐等功能。

图 4-12 AMiner 系统平台（数据来源于 AMiner 网）

**8. 搜狗知立方**

2012 年年底，搜狗在其搜索引擎中加入了知识图谱模块——知立方，数据主要来源于搜狗百科等。其知识图谱主要是娱乐领域的知识图谱，满足用户对“八卦”的需求，提供了明星、电影、电视剧等方面的深度信息。同时，搜狗还在其搜索引擎中加入了推理的功能以回答一些需要推理的问题。

**9. 百度知心**

2013 年，百度也在其搜索引擎中加入了知识图谱模块——百度知心，数据主要来源于百度百科。百度百科是目前世界上最大的中文百科类网站之一，提供了丰富的知识。它为搜索引擎带来了全新的用户体验。例如，用户在查询某个明星的名字时，搜索引擎不仅可以提供关于他的结构化信息，同时还可以推荐一些他主演的电影、电视剧，以及他唱过的歌曲等。

# 4.2 知识推理

从大规模数据中挖掘有价值的隐藏知识依赖于推理技术的支持。知识图谱作为一种新型的知识表示方式，在自然语言处理领域受到广泛关注。知识图谱可以有效地组织和表示知识，使其能够在高级应用中得到有效利用。近年来，随着大量知识图谱的出现，知识图谱推理已成为研究热点。知识图谱可以对海量数据中的知识进行挖掘、组织和有效管理，提高信息服务质量，为用户提供更加智慧的服务。这些能力都依赖于知识推理对知识图谱的支持。基于知识图谱的知识推理旨在识别错误并从现有数据中推断出新的结论。通过知识推理可以推导出实体之间新的关系，并可以反馈丰富知识图谱，进而支持高级应用。考虑到知识图谱的广泛应用前景，大规模知识图谱上的知识推理研究成为近年来自然语言处理领域的研究热点之一。

## 4.2.1 推理定义

早期的推理研究是由逻辑和知识工程领域的学者进行的。逻辑学者主张用形式化的方法来描述客观世界，认为一切推理都基于现有的逻辑知识，如一阶逻辑、谓词逻辑。与逻辑学领域的学者使用命题或一阶谓词来表示客观世界中的概念不同，知识工程领域的学者使用语义网络来表示更丰富的概念和知识，以描述实体和属性之间的关系。然而，早期的知识图谱完全依赖于专家知识，知识图谱中的实体、属性和关系完全由该领域的专家手工制作，如 CyC。随着互联网数据规模的爆炸式增长，基于人工构建知识库的传统方法已经无法适应大数据时代挖掘大量知识的需要，因此，数据驱动的机器推理方法逐渐成为知识推理研究的主流。

对于知识推理的基本概念，学术界给出了不同的定义。有学者指出，推理是对各种事物进行分析、综合和决策的过程，从收集现有事实、发现事物之间的相互关系，到发展新的洞察力。简而言之，推理就是根据规则从现有事实中得出结论的过程。康普雷迪斯(Kompridis)认为推理是一系列能力的统称，包括理解事物、应用逻辑，以及基于现有知识校准或验证架构的能力。塔里(Tari)将知识推理的概念定义为基于现有事实和逻辑规则推断新知识的机制。一般来说，知识推理是利用已知知识推断新知识的过程。

### 4.2.2 推理方法

**1. 基于逻辑规则的知识推理**

包括本体推理在内的早期知识推理方法受到广泛关注并产生了一系列推理方法。这些方法包括谓词逻辑推理、本体推理和随机游走推理，都可以应用于知识图谱的推理。

**2. 基于一阶谓词逻辑规则的知识推理**

一阶归纳学习器(FOIL)是谓词逻辑的经典工作，旨在搜索知识图谱中的所有关系，并获取每个关系的 Horn 子句集作为特征预测对应关系是否存在的模式。最后，利用机器学习方法得到关系判别模型。关于 FOIL 的相关著作有很多。例如，nFOIL 和 tFOIL 分别集成了朴素贝叶斯学习方案和树增强朴素贝叶斯与 FOIL。nFOIL 通过朴素贝叶斯的概率得分来指导结构搜索。tFOIL 放宽了朴素贝叶斯假设，以允许子句之间存在额外的概率依赖关系。

**3. 基于规则的知识推理**

基于规则的知识推理模型的基本思想是通过应用简单的规则或统计特征对知识图谱进行推理。例如，永无止境的语言学习系统(NELLs)的推理组件学习概率规则，然后在人工筛选后实例化该规则，最终从其他学习到的关系实例中推断出新的关系实例。SpasYAGO 通过将三元组抽象为等效的规则类来扩展知识图谱。保尔海姆(Paulheim)和比泽尔(Bizer)提出了 SDType 和 SDValidate，利用属性和类型的统计分布来完成类型完成和错误检测。SDType 利用头部实体和尾部实体属性位置中类型的统计分布来预测实体类型，SDValidate 计算每个语句的相对谓词频率(RPF)，较低的 RPF 值意味着不正确。梅加瓦蒂(Megawati)等人提出了一种评估知识图谱质量的新方法。他们在分析数据模式后选择出现频率较高的模式作为生成的测试模式来评估知识图谱的质量。还有人提出使用个性化 PageRank 编程(ProPPR)来对知识图谱进行推理。ProPPR 的推理是基于一个个性化的 PageRank 过程，该过程由 SLD 解析定理证明者构建。凯瑟琳(Catherine)和科本( Cohen)表明 ProPPR 可用于执行知识图推荐。他们将问题表述为概率推理和学习任务。科本提出 TensorLog。其中，推理使用可微过程。受 TensorLog 的启发，科本等人描述了一种框架——神经逻辑编程。其中，逻辑规则的结构和参数学习被组合在端到端的可微模型中。

**4. 基于本体的知识推理**

知识图谱的知识推理与本体语言密切相关，如资源描述框架架构(RDFS)、网络本体语言(OWL)等。知识图谱可以看作知识存储的数据结构。尽管没有正式的语义，但它可以通过将 RDFS 或 OWL 规则应用于知识图谱来进行推理。普哈拉等人已经证明以 OWL EL 为代表的本体适合转化为知识图谱并对其进行有效的推理。基于本体的推理方法主要利用较为抽象的频繁模式、约束或路径进行推理。通过本体概念层进行推理时，主要通过 OWL 来描述概念。OWL 能够提供丰富的语句，能够进行知识表示。

**5. 基于随机游走算法的知识推理**

一系列研究证明，将路径规则纳入知识推理可以提高推理性能。受此启发，许多研究人员将路径规则注入知识推理任务。路径排序算法(Path Ranking Algorithm，PRA)是在图中执行推理的通用技术。PRA 的基本思想是通过发现连接两个实体的一组关系路径来预测实体间可能存在的某种特定关系。具体来说，为了学习知识库中特定边类型的推理模型，PRA 查找经常连接节点的边类型序列，这些节点是所预测的边类型的实例，PRA 使用这些类型作为逻辑回归模型中的特征来预测图中缺失的边。典型的 PRA 模型由三个部分组成：特征提取、特征计算和特定于关系的分类。第一步是找到一组连接实体对的潜在有价值的路径类型。为此，PRA 在图上执行路径约束随机游走，记录从 $h$ 开始到 $t$ 结束的有限长度的路径。第二步是通过计算随机游走概率来计算特征矩阵中的值。给定节点对$(h, t)$和路径 $\pi$，PRA 计算特征值作为随机游走概率 $p(t|h,\pi)$，即从 $h$ 开始随机游走并遵循 $\pi$ 中包含的关系到达 $t$ 的可能性。具体计算方式如下：

$$p(t \mid \pi) = \sum_{e' \in range(\pi')} p(h, e'; \pi') P(t \mid e'; r_l)$$

其中，$p(t|e';r_l) = \dfrac{r_l(e',t)}{|r_l(e',t)|}$，接着计算实体对$(h,t)$之间的特定关系 $r$ 的概率，最后使用逻辑回归算法训练每个关系并获得路径特征的权值。

基于逻辑规则的知识推理的趋势是逐渐放弃手工规则，然后利用模式识别自动挖掘规则或特征，用机器学习方法训练模型。此类模型将知识图谱表示为复杂的异构网络，因此可以通过转移概率、最短路径和广度优先搜索算法来完成推理任务。然而这种表示方法还存在缺陷，首先，基于逻辑规则的推理方法的计算复杂度较高，可扩展性较差；其次，知识图谱中的节点往往服从长尾分布，也就是说只有少数实体和关系出现频率较高，而大多数实体和关系出现频率较低，因此稀疏性严重影响了推理性能；最后，如何处理多跳推理问题仍然是逻辑模型面临的更大挑战。

**6. 基于分布式表示的知识推理**

由于缺乏并行语料库，以前挖掘和发现未知知识的工作依赖于逻辑规则和图上的随机游走。最近基于嵌入的方法在自然语言处理中引起了广泛关注。如图 4-13 所示，这些模型将语义网络中的实体、关系和属性投影到连续向量空间中以获得分布式表示。研究人员提出了大量基于分布式表示的推理方法，包括张量分解、距离、语义匹配模型等。

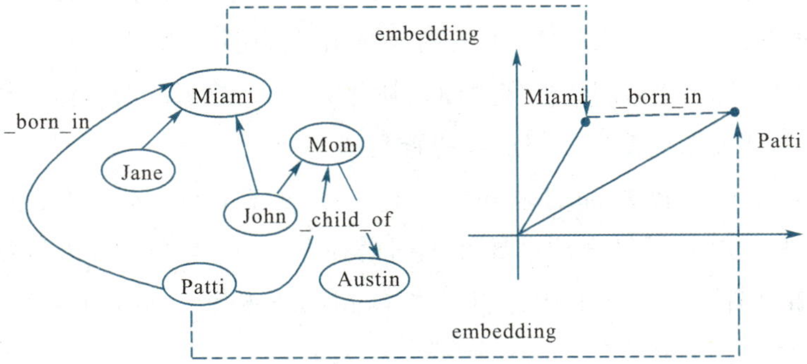


图 4-13 对知识图谱中实体的低维嵌入进行翻译

**7. 基于卷积神经网络的知识推理**

卷积神经网络(CNN)是一种用于图像处理的深度学习架构,但也可以用于知识图谱推理。基于卷积神经网络的知识推理是一种利用卷积神经网络来处理知识图谱的实体和边的方法,主要思想是将知识图谱中的实体和关系编码为向量,然后使用卷积神经网络来学习实体和关系之间的潜在模式,从而进行知识推理。

**8. 基于递归神经网络的知识推理**

基于递归神经网络的知识推理是一种利用递归神经网络(RNN)来处理知识图谱中的实体和关系的方法。递归神经网络是一种深度学习模型,它可以有效地处理序列数据,如文本、语音、视频等。基于递归神经网络的知识推理的主要思想是将知识图谱中的实体和关系表示为序列,然后使用递归神经网络来学习实体和关系之间的潜在依赖,从而进行知识推理。

**9. 基于强化学习的知识推理**

基于强化学习的知识推理是一种利用强化学习(RL)来处理知识图谱中的实体和关系的方法。强化学习是一种机器学习模型,它可以通过与环境的交互来学习最优的行为策略,从而达到最大的奖励。基于强化学习的知识推理的主要思想是将知识图谱中的实体和关系视为状态和动作,然后使用强化学习来学习实体和关系之间的最佳转移路径,从而进行知识推理。

### 4.2.3 价值与应用

知识图谱推理方法从现有的三元组中推断出未知的关系,不仅可以为大规模异构知识图谱中的资源提供高效的关联挖掘能力,而且完善了知识图谱。一致性推理等技术保证了知识图谱的一致性和完整性。推理技术可以通过对领域知识和规则进行建模来进行领域知识推理,可以支持自动决策、数据挖掘和链路预测。由于知识图谱强大的智能推理能力,其可以广泛应用于许多下游任务。

构建大规模的知识图谱需要不断更新实体之间的关系。尽管这些知识库看起来非常庞大,但却缺少大量的信息。例如,Freebase 中超过 70%的人没有已知的出生地,99%的人没有已知的种族。填补知识库中缺失事实的一种方法是基于现有三元组推断未知事实,这被称为知识图谱补全。通过利用知识库中已存在的实体和关系进行知识图谱补全,我们定义为"Closed－World KGC",即"封闭世界知识图谱补全"。此类知识图谱补全方法严重依赖现有知识图谱链接,难以处理知识图谱外部加入的新实体。

为了能够应对知识图谱外部的未知新实体,2018 年 *Open world Knowledge Graph Completion* 论文进一步定义了"开放世界知识图谱补全"。该类方法可以接收知识库外部实体并将其链接到知识图谱。基于上述思想提出 ConMask 模型。整体 ConMask 的模型结构如图 4-14 所示。

该模型主要分为三部分操作:

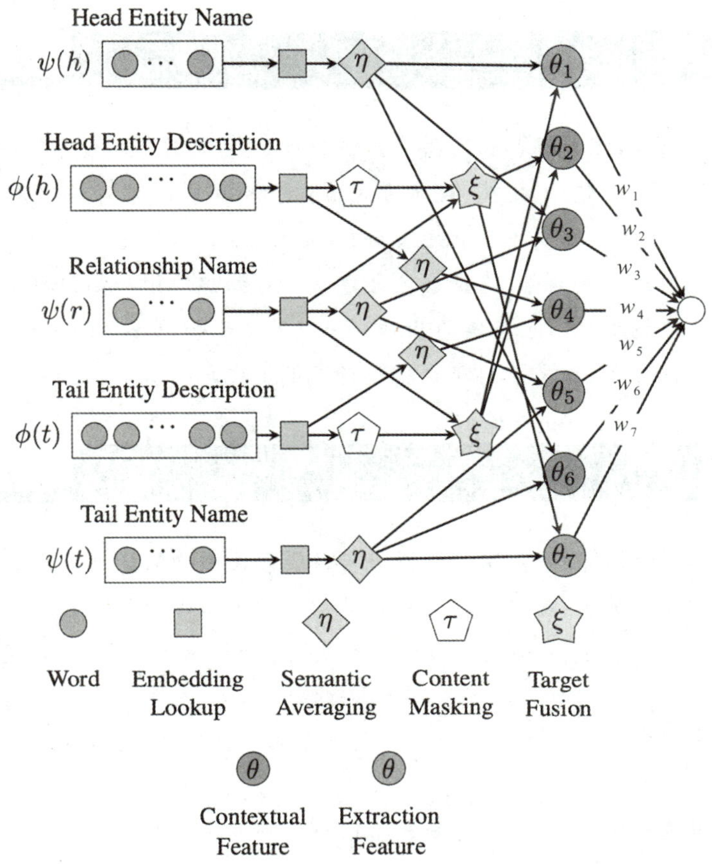


图 4-14 ConMask 整体模型结构

**1. 依赖于关系的内容遮蔽(Relationship-dependent Content Masking)**

筛选文本信息，删去无关信息，仅留下与任务有关的内容，其中模型采用 Attention 机制基于相似度得到上下文的词和给定关系的词的权重矩阵，通过观察发现目标实体有时候在权重高的词(Indicator Words)附近，提出 MCRW 考虑了上下文的权重求解方法。

**2. 目标融合(Target Fusion)**

使用全卷积神经网络从相关文本抽取目标实体的 Embedding(用 FCN 即全卷积神经网络的方法)。这个部分输入是 Masked Content Matrix，每层先有两个 1-D 卷积操作，之后是 Sigmoid 激活函数，然后是 Batch Normalization，再是最大池化。FCN 的最后一层接的是均值池化而不是最大池化，以确保目标融合层的输出始终返回单个 $k$ 维嵌入。

**3. 目标实体解析(Target Entity Resolution)**

生成候选实体和抽取实体嵌入之间的相似度排名，通过计算 KG 中候选实体和抽取实体 Embedding 的相似度，结合其他文本特征得到一个 Ranked List。Rank 最高的认为是最佳结果。并设计了一个损失函数 List-Wise Rankign，采样时按 50%的比例替换 Head 和 Tail 生成负样本以增强模型鲁棒性。

## 本章小结

在本章中，我们深入探讨了知识图谱和知识推理的关键概念和技术。知识图谱技术部分使我们理解了知识图谱的起源、定义、表示方式、构建方法，以及多样的应用领域和成功案例。同时，知识推理部分回顾了知识推理的发展历程、定义、不同推理方法，特别强调了知识图谱补全技术的重要性。通过本章的学习，读者已经建立了对知识图谱和知识推理的深刻理解，为进一步探索和应用这些技术打下了坚实的基础。知识图谱和知识推理的知识将在各个领域的智能化应用中发挥关键作用，为未来的研究和创新提供了广阔的前景。

## 思考题

1. 请简述知识图谱的概念，以及知识图谱与传统语义网络的区别。
2. 请简述结构化数据、半结构化数据和非结构化数据三者的异同点。
3. 基于知识图谱的搜索、推荐与问答，与传统没有知识图谱的搜索、推荐与问答分别有什么区别？
4. 知识图谱有哪些分类维度？请列举一个典型的知识图谱，分析从各个分类维度属于哪一种。
5. 请简述知识推理的概念，并阐述知识推理的三种方法。

## 参考文献

[1] Sowa, John F., ed. "Principles of Semantic Networks: Explorations in the Representation of Knowledge", Morgan Kaufmann Publishers, San Mateo, CA, 1991.
[2] Lu, Ruqian, et al. "A Study on Big Knowledge and Its Engineering Issues", IEEE Transactions on Knowledge and Data Engineering, 2018.
[3] Xieling Chen, ed. " Topic analysis and development in knowledge graph research: A bibliometric review on three decades", Neurocomputing, 2021.
[4] Liu H, Singh P. ConceptNet-a practical commonsense reasoning tool-kit[J]. BT technology journal, 2004, 22(4): 211-226.
[5] Speer R, Havasi C. ConceptNet 5: A large semantic network for relational knowledge[M] The People's Web Meets NLP. Springer, Berlin, Heidelberg, 2013: 161-176.
[6] Fei W, Yahong H, Xi L, et al. Reasoning in artificial intelligence: advances and challenges[J]. Bulletin of National Natural Science Foundation of China, 2018.
[7] Lenat D. y R. Guha(1990)? Building Large Knowledge-based systems: Representation and Inference in the CYC project? [J].

[8] Zhang B, Zhang L. Theory and applications of problem solving[M]. Elsevier Science Inc., 1992.

[9] Kompridis N. So we need something else for reason to mean[J]. International journal of philosophical studies, 2000, 8(3): 271-295.

[10] Tari, L. (2013). Knowledge Inference. Encyclopedia of Systems Biology. 1074-1078.

[11] Schoenmackers S, Davis J, Etzioni O, et al. Learning first-order horn clauses from web text[C]//Proceedings of the 2010 Conference on Empirical Methods in Natural Language Processing. 2010: 1088-1098.

[12] Mitchell T, Cohen W, Hruschka E, et al. Never-ending learning[J]. Communications of the ACM, 2018, 61(5): 103-115.

[13] Paulheim H, Bizer C. Improving the quality of linked data using statistical distributions[J]. International Journal on Semantic Web and Information Systems (IJSWIS), 2014, 10(2): 63-86.

[14] Jang S, Megawati M, Choi J, et al. Semi-automatic quality assessment of linked data without requiring ontology[C]//NLP-DBPEDIA@ ISWC. 2015: 45-55.

[15] Wang W Y, Mazaitis K, Cohen W W. Programming with personalized pagerank: a locally groundable first-order probabilistic logic[C]//Proceedings of the 22nd ACM international conference on Information & Knowledge Management. 2013: 2129-2138.

[16] Catherine R, Cohen W. Personalized recommendations using knowledge graphs: A probabilistic logic programming approach[C]//Proceedings of the 10th ACM conference on recommender systems. 2016: 325-332.

[17] Cohen W W. Tensorlog: A differentiable deductive database[J]. arXiv preprint arXiv:1605.06523, 2016.

[18] Yang F, Yang Z, Cohen W W. Differentiable learning of logical rules for knowledge base reasoning[J]. Advances in neural information processing systems, 2017, 30.

[19] Chen X, Jia S, Xiang Y. A review: Knowledge reasoning over knowledge graph [J]. Expert Systems with Applications, 2020, 141: 112948.

[20] West R, Gabrilovich E, Murphy K, et al. Knowledge base completion via search-based question answering[C]//Proceedings of the 23rd international conference on World wide web. 2014: 515-526.

[21] Shi B, Weninger T. Open-world knowledge graph completion[C]//Proceedings of the AAAI conference on artificial intelligence. 2018, 32(1).

[22] 袁满,褚冰,陈萍. 知识图谱构建中的语义标准问题研究[J]. 情报理论与实践, 2020,43(03):131-137.

[23] 徐增林,盛泳潘,贺丽荣,等. 知识图谱技术综述[J]. 电子科技大学学报,2016,45

(04):589-606.

[24] 刘柳.知识图谱的行业应用与未来发展[J].互联网经济,2018,(04):16-21.

[25] 戴畋.博物馆智慧化背景下文物知识图谱构建的实践探索[J].科学教育与博物馆,2022,8(01):41-49.

[26] 刘柳.知识图谱的行业应用与未来发展[J].互联网经济,2018,(04):16-21.

[27] 董文波,孙仕亮,殷敏智.医学知识推理研究现状与发展[J].计算机科学与探索,2022,16(06):1193-1213.

[28] 赵西林,王占峰,马维峰.人工智能技术在信息服务中的应用[J].电子技术与软件工程,2020,(05):194-196.

# 第5章 数据挖掘与人在回路

**本章学习目标**

本章的学习目标在于使读者深入了解数据挖掘和人在回路的核心概念、方法和应用。具体来说，包括：理解数据挖掘的发展历程、概念和任务，以及它在健康医疗、科研、教育等领域的应用和技术挑战。掌握人在回路机器学习的基本原理、标注策略和主动学习术，以及处理多模态数据时的挑战。

通过实现这些学习目标，读者将能够更全面地理解数据挖掘和人在回路的重要性，为在不同领域应用这些知识打下坚实的基础。

## 5.1 数据挖掘

近年来，数据挖掘引起了信息产业界和整个社会的极大关注，其主要原因是目前存在可以广泛使用的大量数据，并且迫切需要将这些数据转换成有用的信息和知识。获取的信息和知识可以广泛用于各种领域，包括市场分析、欺诈检测、顾客保有、产品控制和科学探索等。

### 5.1.1 历史演进

数据挖掘是信息技术不断演变的产物。在数据库系统的发展历程中(图 5-1)，功能逐步扩展。最初阶段是数据收集和数据库创建，始于 20 世纪 60 年代或更早。这一时期的数据库系统功能相对简单，主要用于原始文件处理，目的是实现数据的基本存储与管理。这一阶段的数据库技术并不复杂，仅限于数据的简单存储和读取，但为后续发展奠定了基础。进入数据库管理系统阶段，时间大约在 20 世纪 70 年代至 80 年代初期。在这一阶段，数据库技术得到了显著的发展，出现了层次和网状数据库系统，以及关系数据库系统。这一时期的数据库功能更为丰富，具备了数据库管理和查询能力，出现了多种数据库建模工具，包括实体-联系模型等，用于设计和优化数据库结构。查询语言 SQL 的引入，使得用户可以通过标准化语言高效地访问和操作数据。查询处理和查询优化技术的进步大大提升了数据检索效率。同时，数据库系统引入了事务处理、并发控制和恢复机制，保障数据在多用户访问时的安全性和一致性。联机事务处理(OLTPA)作为这一时期的创新之一，使得数据库可以高效地处理事务性数据查询，进一步推动了关系数据库技术在数据存储和管理中的主流应用。

到 20 世纪 80 年代中期，高级数据库系统开始兴起。这一阶段数据库技术进入了更复杂的数据管理领域，引入了高级数据模型，如对象关系模型、面向对象模型等。与此同时，数据库

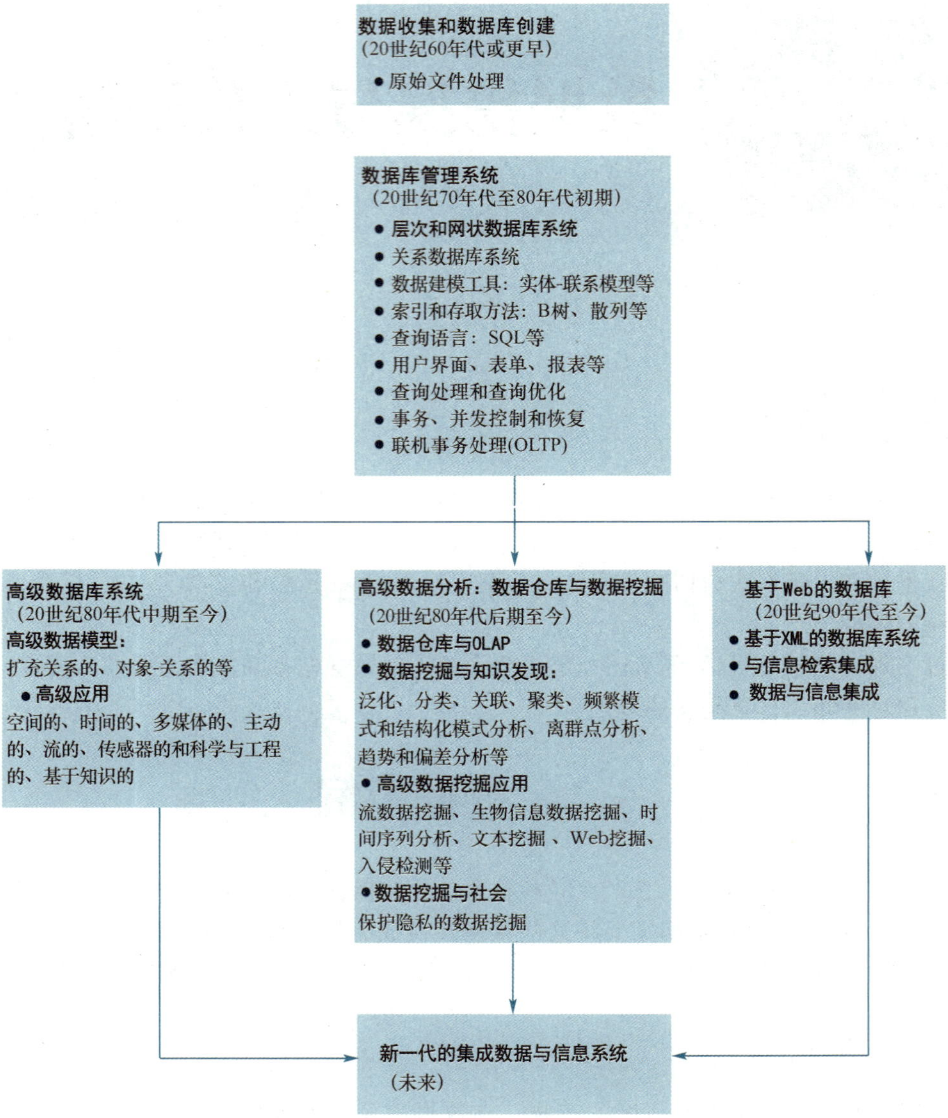


图 5-1 数据库系统技术的演变

应用范围扩大，支持更加多样化的需求，包括空间、时间、流、传感器、科学和工程等多种数据类型的管理。这一时期的数据库系统可以处理复杂的数据关系，支持多种数据类型和多种高级分析需求，为更为广泛的应用场景提供支持。

20 世纪 80 年代后期至今，数据库系统进一步发展至高级数据分析：数据仓库与数据挖掘阶段。这一阶段的重点在于构建数据仓库和提供联机分析处理（OLAP）功能，帮助用户在数据集中识别知识和模式。数据挖掘技术广泛应用于数据的多维分析和知识发现，利用聚类、分类、关联规则等方法识别潜在的信息模式。高级数据挖掘技术还引入了流数据挖掘、文本挖掘和 Web 挖掘等新方法，并特别关注隐私保护问题，以应对数据挖掘带来的社会隐私挑战。基于 Web 的数据库则自 20 世纪 90 年代开始兴起，伴随着互联网的快速发展。此类数据库系统基于 XML 等格式来支持数据共享，旨在满足 Web 应用的需求，使得分布式和异构数据的管理更为便捷。这一阶段的数据库技术将数据库与互联网紧密结合，适应了网络信息共享和全球数据访问的需求。

在不断发展中，计算机硬件技术稳步的、令人吃惊的进步使功能强大的、价格可以承受的计算机、数据收集设备和存储介质大量供应。这些技术大大推动了数据库和信息产业的发展，使得大量数据库和信息储存库用于事务管理、信息检索和数据分析。

现在，数据可以存放在很多不同类型的数据库和信息储存库中，出现了一种数据储存库的系统结构——数据仓库。这是一种多个异构数据源在单个站点以统一的模式组织的储存库，可以支持管理决策。数据仓库技术包括数据清理、数据集成和联机分析处理(OLAP)。OLAP是一种分析技术，具有汇总、合并和聚集功能，以及从不同的角度观察信息的能力。尽管OLAP工具支持多维分析和决策，但对于深层次的分析，如数据分类、聚类和数据随时间变化的特征，仍然需要其他数据分析工具。此外，还可以在数据库和数据仓库之外收集大量数据。典型的例子包括万维网和数据流，比如在视频监控、电信和传感器网络等应用中，数据像流一样流进和流出。这种不同形式的数据的有效性和有效分析成为一项具有挑战性的任务。

### 5.1.2 数据挖掘的概念

数据挖掘是一种在大型数据存储库中自动发现有用信息和模式的技术。它能够通过分析海量数据库，挖掘出隐藏的有价值信息，并用于预测未来结果。例如，可以利用数据挖掘预测某位用户是否会在接下来的一周内取消订阅服务。

数据挖掘是知识发现数据库(KDD)过程中的一个重要组成部分，这是一个将原始数据转化为有用信息的完整工作流程，如图5-2所示。该过程包括一系列转换步骤，从数据预处理到数据挖掘结果的后处理，逐步提炼出具有实际价值的知识。

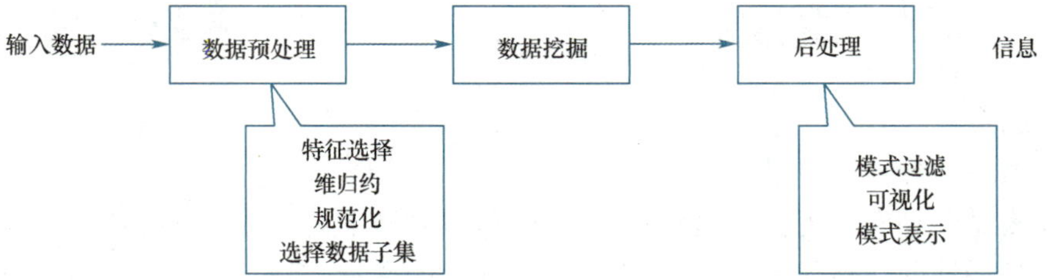


图5-2 数据库中知识发现(KDD)过程

输入的数据可以以各种形式存储(平展文件、电子数据表或关系表)，并且可以驻留在集中的数据存储库中，或分布在多个站点上。数据预处理(Preprocessing)的目的是将未加工的输入数据转换成适合分析的形式。数据预处理涉及的步骤包括融合来自多个数据源的数据，清洗数据以消除噪声和重复的观测值，选择与当前数据挖掘任务相关的记录和特征。由于收集和存储数据的方式多种多样，数据预处理可能是整个知识发现过程中最费力、最耗时的步骤。

“结束循环”(Closing the Loop)通常指将数据挖掘结果集成到决策支持系统的过程。例如，在商业应用中，数据挖掘的结果所揭示的规律可以结合商业活动管理工具，从而开展或测试有效的商品促销活动。这样的结合需要后处理(Postprocessing)步骤，确保只将那些有效的和有用的结果集成到决策支持系统中。后处理的一个例子是可视化，它使得数据分析者可以从各种不同的视角探查数据和数据挖掘结果。在后处理阶段，还能使用统计度量或假设检验，删除虚假的数据挖掘结果。

### 5.1.3 任务描述

数据挖掘任务分为两种类型：预测任务和描述任务。预测任务通过已有属性值来推断特定属性的结果，通常称被预测的属性为目标变量，相关的预测属性为说明变量。描述任务则旨在从数据中识别出隐含的模式，包括关联关系、发展趋势、聚类特征、轨迹和异常点等。描述任务本质上是一种探索过程，旨在揭示数据间的内在联系，通常需要借助后续处理手段来确认和解读分析结果。

图 5-3 展示了四种主要数据挖掘任务。

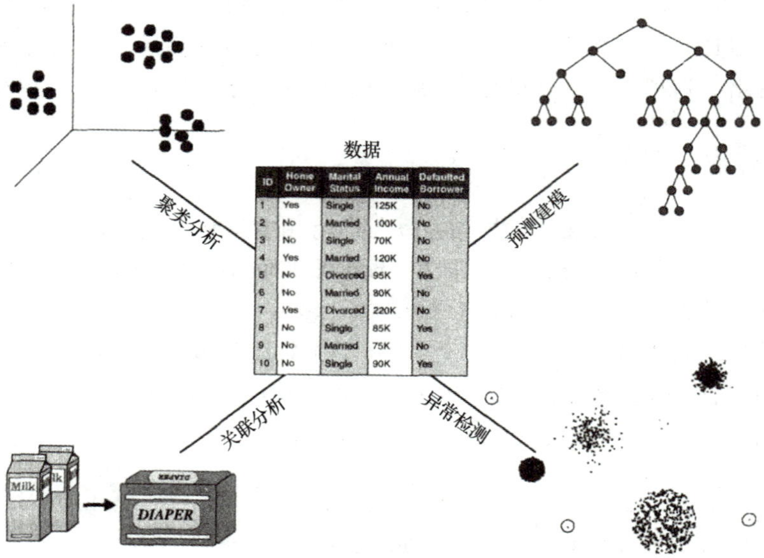


图 5-3 四种主要数据挖掘任务

**1. 预测建模（Predictive Modeling）**

预测建模是一种利用现有数据建立数学模型，以预测目标变量未来表现的技术。该方法主要分为分类和回归两种任务：分类用于预测离散目标变量，例如判断用户是否会购买特定产品；而回归用于预测连续目标变量，比如预测房价或股票的未来价格。预测建模通过分析说明变量，建立与目标变量之间的关系，从而在模型训练中逐步减少预测值与实际值的误差，提升准确度。预测建模被广泛应用于商业、金融、医疗等领域，帮助决策者更好地理解用户行为、市场趋势或健康风险。无论是预测顾客对促销活动的反应，评估生态环境变化，还是辅助诊断疾病，预测建模都为决策提供了强有力的数据支持。

**例 5-1** 预测花的类型

鸢尾花分类是一个经典的预测任务，旨在根据花的特征来判断其所属种类，例如 Setosa、Versicolour 或 Virginica，图 5-4 为这三种花的图像。为了完成这一任务，我们需要一个包含这三种花的相关特性的数据集。著名的鸢尾花数据集便是理想的选择，它包含了 150 朵花的详细特征数据，包括花瓣长度、花瓣宽度、萼片长度和萼片宽度等属性。利用这些特征，我们可以对鸢尾花进行分类，识别出它们属于哪一种类型。图 5-5 展示了鸢尾花数据集中 150 朵花的花瓣宽度与长度的对比图。具体来说，花瓣宽度和长度被分为三类：Low、Medium 和 High。花瓣宽度的范围为 [0, 0.75)、[0.75, 1.75)、[1.75, +∞)，而花瓣长度的范围为 [0,

2.5)、[2.5, 5)、[5, +∞)。根据这些范围和类别,我们可以得出一些分类规则:如果花瓣宽度和长度都属于 Low,则鸢尾花是 Setosa;如果二者为 Medium,则为 Versicolour;如果二者为 High,则为 Virginica。这种基于特征划分的方法为我们提供了一种简单而有效的方式来预测花的种类,并帮助我们理解不同品种之间的差异。

图 5-4 从左到右依次为 Setosa、Versicolour、Virginica

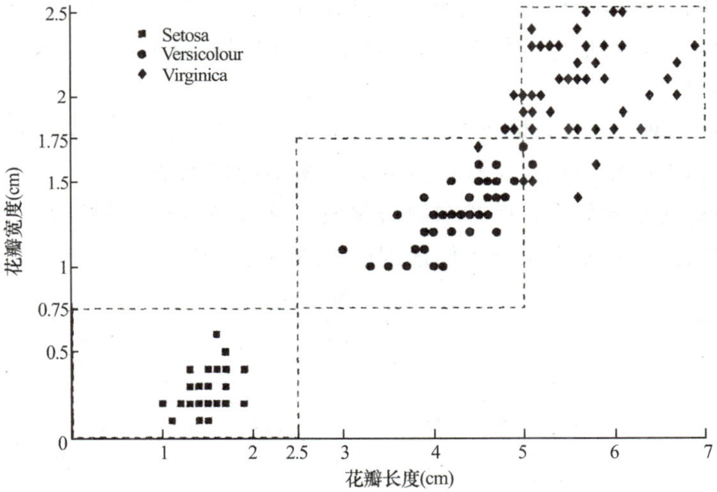


图 5-5 150 种鸢尾花的花瓣宽度与长度对比

尽管这些规则不能全面分类所有花卉类型,但它们可以有效涵盖大部分类别。需要指出的是,基于花瓣宽度和长度,可以清晰地区分 Setosa 与 Versicolour 和 Virginica。然而,后两者在这些特征上有部分重叠,因此无法完全将它们分开。

**2. 关联分析(Association Analysis)**

关联分析揭示数据中强关联特征的模式,通常以规则或特征集的形式表示。由于搜索空间呈指数增长,核心任务是高效提取最有价值的模式。应用范围广泛,如发现相似基因组功能、分析用户常访问的网页组合,以及研究地球气候系统中元素的关联性。

**例 5-2** 购物篮分析

表 5-1 展示了一家杂货店的购物篮数据,每个事务记录了不同商品的购买组合。通过关联分析,可以发现顾客常一起购买的商品组合,例如"面包、黄油、牛奶"或"尿布、牛奶"等。这类分析能够帮助商家识别潜在的交叉销售机会,优化商品布局和促销策略,从而提升销售额。

表 5-1　　购物篮数据

| 事务 ID | 商品 |
| --- | --- |
| 1 | {面包,黄油,尿布,牛奶} |
| 2 | {咖啡,糖,小甜饼,鲑鱼} |
| 3 | {面包,黄油,咖啡,尿布,牛奶,鸡蛋} |
| 4 | {面包,黄油,鲑鱼,鸡} |
| 5 | {鸡蛋,面包,黄油} |
| 6 | {鲑鱼,尿布,牛奶} |
| 7 | {面包,茶,糖,鸡蛋} |
| 8 | {咖啡,糖,鸡,鸡蛋} |
| 9 | {面包,尿布,牛奶,盐} |
| 10 | {茶,鸡蛋,小甜饼,尿布,牛奶} |

### 3. 聚类分析(Cluster Analysis)

聚类分析的目标是识别紧密相关的观测值组群,使得同一簇中的观测值彼此之间尽可能相似,而不同簇之间的观测值则差异显著。聚类分析广泛应用于多个领域,例如对具有相似特征的顾客进行分组、识别对地球气候有显著影响的海洋区域,以及进行数据压缩等。

**例 5-3**　文档聚类

表 5-2 展示了新闻文章的词频数据,每篇文章中的词汇按照出现频次列出。通过聚类分析,可以根据这些词汇的相似性对文章进行分类。图中的前四篇文章主要涉及经济和市场相关的词汇,而后四篇文章则集中在医疗和健康领域。这表明,通过词频特征的聚类,可以有效地将新闻文章按主题分组,从而帮助更好地理解和组织信息内容。

表 5-2　　新闻文章集合

| 文章 | 词 |
| --- | --- |
| 1 | dollar:1,industry:4,country:2,loan:3,deal:2,govermment:2 |
| 2 | machinery:2,labor:3,market:4,industry:2,work:3,country:1 |
| 3 | job:5,infiation:3,rise:2,jobless:2,market:3,country:2,index:3 |
| 4 | domestic:3,forecast:2,gain:1,market:2,sale:3,price:2 |
| 5 | patient:4,symptom:2,drug:3,health:2,clinic:2,doctor:2 |
| 6 | pharmaceutical:2,company:3,drug:2,vaccine:1,flu:3 |
| 7 | death:2,cancer:4,drug:3,public:4,health:3,director:2 |
| 8 | medical:2,cost:3,increase:2,patient:2,health:3,care:1 |

### 4. 异常检测(Anomaly Detection)

异常检测是一种用于识别数据集中与大多数数据显著不同的观测值的技术。这些异常点可能代表特殊事件、错误或异常行为,通常不符合常规模式。异常检测的目标是高效发现这些异常点,并尽可能减少误报率。它在多个领域都有广泛应用,例如在网络安全中用于识别潜在的网络攻击,在医疗领域帮助检测疾病的异常模式,以及在金融领域用于发现信用卡欺诈等风险行为。通过分析数据中的偏离现象,异常检测能够提前预警潜在问题,帮助各行业做出更快速、更准确的决策。

**例 5-4**　信用卡欺诈检测

在信用卡交易中,合法交易数据通常具有一定的模式和规律,而欺诈行为则往往偏离这些正常模式。通过异常检测技术，系统可以基于用户的交易历史，构建正常交易的行为轮廓。一旦新交易出现并且与这些正常行为明显不同，系统就会将其标记为潜在欺诈。这种方法能有效帮助银行和金融机构及时发现可疑活动，减少欺诈损失，同时降低误报率，提升用户体验。

### 5.1.4 经典算法

数据挖掘的十大算法如图 5-6 所示。

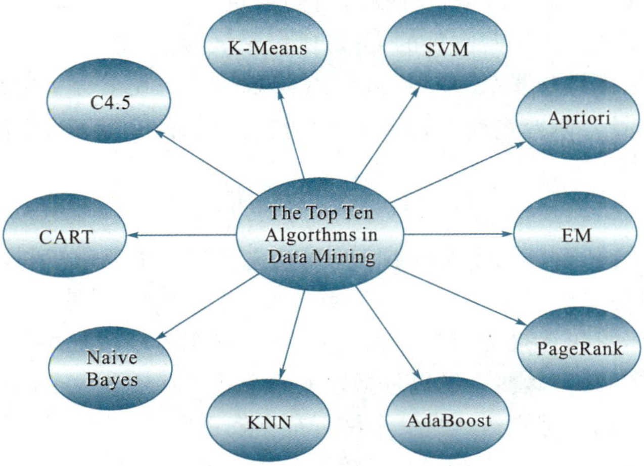


图 5-6 数据挖掘的十大算法

**1. C4.5**

要了解 C4.5 算法，首先要理解决策树的概念。决策树整体为树结构，每一个内部节点都表示在一个属性上的测试，节点的分支代表属性的不同取值，每个叶节点存储一个类标号。C4.5 算法是一种用于产生决策树的监督学习算法，是对 ID3 算法的一种扩展。其目的是建立元素属性到其所属类别的映射，进而实现对未知类别元素的分类。数据集中的每一个元组都需要用一组属性值来描述，确保每一个元素都属于且仅属于某一类别，即决策树上只存在唯一一条路径符合该元素的属性。C4.5 算法采用信息增益率来进行节点属性的选择。

**2. K-Means**

K-Means 是非监督学习中的一种聚类算法（把没有类别标注的样本数据根据相似性进行分类），用距离来度量相似性。该算法首先随机选取任意 $k$ 个对象作为初始聚类的中心，即初始地代表一个簇，对数据集中的其他对象，根据其与各个中心的距离赋给最近的簇，在所有对象都分类完毕后，重新计算新的聚类中心，重复迭代直至算法收敛。K-Means 是一个局部最优的算法，容易受到 $k$ 取值和初始聚类中心选取的影响。

**3. SVM**

SVM 即支持向量机，是一种得到广泛应用的分类算法，目的是获取一个超平面将数据分成两类，通常用来进行模式识别、分类，以及回归分析。对于 SVM 来说，可以将问题分为线性可分、线性不可分和非线性三类。其中，对于线性不可分问题需要引入松弛变量，对于非线性问题需要进行空间变换，将低维空间线性不可分的问题转化为在高维空间线性可分的问题。

**4. Apriori**

Apriori 即关联分析，是一种用于在数据中挖掘出潜在的关联关系的算法。这些关系有两种形式：频繁项集和关联规则。频繁项集是经常出现在一起的物品的集合；关联规则暗示两种物品之间可能存在很强的关系。举例来说，观察一个超市一天中所有顾客的购买清单，我们会发现其中存在一些总是会一起出现的组合，比如薯条和番茄酱、尿布和牛奶等，{尿布，牛奶}就是一个频繁项集，尿布→牛奶就是一个关联规则。频繁和关联的定义来自支持度和置信度两个概念。支持度是指数据集中包含该项集的记录所占的比例，而置信度是指 A 出现时 B 一定出现的概率是多少。

**5. EM**

EM 算法即期望最大化算法，是一种在含有隐变量的情况下计算最大似然的迭代优化算法。所谓隐变量，是指我们无法观测到的变量；所谓最大似然，是一种估计模型参数的统计学方法。算法分为两步，即期望步（E 步）和最大化步（M 步）。在 E 步，根据参数上一次迭代所得参数值（或初始值）计算隐变量的后验概率，作为其估计值；在 M 步，将似然函数最大化以获得新的参数值。

**6. PageRank**

PageRank 是 Google 算法的重要内容，2001 年 9 月被授予美国专利，专利人是 Google 创始人之一拉里・佩奇（Larry Page）。因此，PageRank 里的 Page 不是指网页，而是指专利人佩奇。PageRank 是用来解决链接分析中网页排名问题的算法。它将对页面的链接视作投票，反映这个页面的重要与否。其核心思想包括以下两个观点：(1)若一个网页被很多其他网页链接到，则说明这个网页比较重要；(2)当一个网页被比较重要的网页链接时，这个网页的重要性也会相对提高。页面的 PageRank 值是由所有链向它的页面的重要性经过递归算法得到的。

**7. AdaBoost**

AdaBoost 即集成学习，是针对某一训练集训练不同的弱分类器，再把这些弱分类器集合构成一个强分类器的算法。其泛化能力通常比单一的弱分类器要好。集成学习的关注重点在于如何调整训练数据样本的权重，以及如何组合基分类器。本质上是一种迭代算法，采用重赋权法迭代地训练基分类器，即对每一轮的训练数据样本都赋予一个权重，并根据上一轮的分类结果调整样本的权值，基分类器之间采用序列式的线性加权方式进行组合。

**8. KNN**

KNN 即 K 最邻近算法，是监督学习方法中的一种分类算法，其核心思想是每对一个对象进行分类时，就根据所设定的 $k$ 值，在训练集中选取离这个数据点最近的 $k$ 个邻居，这 $k$ 个邻居中出现次数最多的类别，就是该数据点的类别。因此，KNN 方法在做类别决策时，并不依赖于全部训练样本，而是只与极少量的相邻样本有关，且并不需要根据训练样本训练模型。$k$ 值的选取对结果影响较大，且 $k$ 值一般取奇数。

**9. Naive Bayes**

在众多的分类模型中，应用最为广泛的两种分类模型是决策树模型（Decision Tree Model）和朴素贝叶斯模型（Naive Bayesian Model，NBC）。朴素贝叶斯模型发源于古典数学理论，有着坚实的数学基础，以及稳定的分类效率。同时，NBC 模型所需估计的参数很少，对缺失数据不太敏感，算法也比较简单。理论上，NBC 模型与其他分类方法相比具有最小的误差率。

朴素贝叶斯是利用概率统计知识进行分类的统计学分类方法。实现的方法比较简单，且效率和准确率比较高，在大型数据库中也比较适用。其主要思想是通过联合概率 $P(x,y)=P(x|y)P(y)$ 建模，然后运用贝叶斯定理求解后验概率 $P(y|x)$，后验概率的最大者所对应的类别就是预测的类别。贝叶斯定理假设一个属性值对给定类的影响是独立于其他属性的值的，但是这个假设在实际情况中经常是不成立的，因此其分类准确率可能会受到一定的影响。

另外，在估计先验概率与条件概率时，计算所得值可能为 0，这会导致后验概率也为 0，影响分类效果。这种问题可以通过平滑处理得以解决，这种方法也被称为贝叶斯估计。

但是 NBC 模型有时候表现并不好。这是因为 NBC 模型假设属性之间相互独立，这个假设在实际应用中往往是不成立的，这给 NBC 模型的正确分类带来了一定影响。在属性个数比较多或者属性之间相关性较大时，NBC 模型的分类效率比不上决策树模型。而在属性相关性较小时，NBC 模型的性能最为良好。

**10. CART**

CART 即分类与回归树，是在给定输入随机变量 $X$ 条件下输出随机变量 $Y$ 的条件概率分布的学习方法。同时输出分类树（输出类别）和回归树（输出实数），既可用于分类也可用于回归。本质是对特征空间进行二元划分，即 CART 的决策树是一棵二叉树，内部节点特征的取值只有“是”和“否”两种，对属性进行二元分裂。决策树由树的生成和树的剪枝两个步骤构成。树的生成，即基于训练数据集生成尽量大的决策树；树的剪枝，即以损失函数最小作为标准，用验证数据集对已生成的树进行剪枝，选择最优子树。与 C4.5 不同的是，分类树用基尼指数选择最优特征，同时决定该特征的最优二值切分点。

### 5.1.5 应用现状

**1. 在健康医疗领域的应用**

随着医院信息系统和健康网站的发展，医疗活动、医学研究和健康行为中的数据被存储下来，形成了海量的健康医疗大数据。这类数据的数据量大，存储形式多样，难以用传统数据处理方法进行处理。数据挖掘由于能够分析海量异构数据，越来越多地被应用于健康医疗领域。其应用可以分为辅助完成医疗任务、合理管理医疗资源、改进健康信息服务三个方向。

医疗任务的主要内容是对个体的患病状况进行诊治，按照疾病的诊治顺序可分为预防、诊断、治疗和预后四个阶段。数据挖掘技术可有效发掘医疗数据的潜在价值，从而推动医疗任务的完成。数据挖掘算法应用于辅助完成医疗任务和合理管理医疗资源的总结见表 5-3 和表 5-4。

表 5-3　辅助完成医疗任务的总结

| 应用领域 | 具体应用领域 | 算法 |
|---|---|---|
| 预防 | 疾病诱因识别 | Logistic 回归、BP 神经网络、决策树 C5.0 |
| | | 决策树 CHAID |
| | 疾病关联分析 | Apriori 算法 |
| 诊断 | 辅助临床诊断 | 支持向量机、Logistic 回归 |
| | | 决策树、关联规则挖掘 |
| | | 神经网络、Apriori 算法 |
| 治疗 | 辅助药物治疗 | 数据描述、Apriori 算法 |
| | | 关联规则挖掘、复杂系统熵聚类、无监督的熵层次聚类 |
| | | 改进 Apriori 算法 |
| | 临床路径挖掘 | 数据包络分析 |
| | | 数据描述、模糊聚类、网络分析 |
| 预后 | 药物不良反应 | 关联规则挖掘 |
| | 预后情况预测 | 数据描述、Logistic 回归 |
| | | 随机森林算法、Cox 比例风险回归 |

表 5-4　　合理管理医疗资源的总结

| 应用领域 | 具体应用领域 | 算法 |
|---|---|---|
| 门急诊管理 | 门诊管理 | 数据描述 |
| | | Apriori 算法、人工神经网络 |
| | | 层次聚类、K-Means 聚类 |
| | 急诊分流 | SOM 自组织映射聚类、K-Means 聚类、粗糙集 |
| | | 决策树、人工神经网络、支持向量机 |
| 住院管理 | 住院时间的影响因素 | 多数投票算法、贝叶斯提升集成法、支持向量机、Stacking 算法 |
| | | Logistic 回归 |
| | 住院天数预测 | 时间序列、Bagged 决策树 |
| | | 支持向量回归 |
| | | 决策树 C5.0、人工神经网络、支持向量机 |
| 医疗费用管理 | 医疗费用管理 | Apriori 算法 |
| | | 四分位数处理法、K-Means 聚类、决策树 C4.5 |
| | | 单因素方差分析、多元线性逐步回归分析、决策树 CHAID |
| | | Logistic 回归、决策树 CHAID |
| | | BP 神经网络、决策树 |
| 医疗保险管理 | 医保欺诈 | 异常检测、聚类和分类模型 |
| | 医保政策支持 | K-Means 聚类、决策树 C4.5 |
| 其他 | 药品管理 | 简单线性回归、支持向量回归 |
| | 患者转诊 | 线性回归、决策树、Apriori 算法 |
| | | Apriori 算法 |

健康信息服务是指利用现代信息技术，通过对健康信息资源的获取来帮助人们更好地调节控制自身健康问题。数据挖掘方法可用于分析以在线资源为主的健康信息，从而帮助改进健康信息服务。数据挖掘算法应用于改进健康信息服务任务的总结见表 5-5。

表 5-5　　改进健康信息服务的总结

| 应用领域 | 具体应用领域 | 算法 |
|---|---|---|
| 理解健康信息需求 | 健康信息需求聚类 | 多维尺度分析 |
| | | 对应分析 |
| | 异常信息需求识别 | 信息增益、支持向量机、朴素贝叶斯等 |
| 理解健康决策行为 | 治疗决策影响因素识别 | 决策树、Logistic 回归 |
| 改进健康信息检索 | 识别检索任务 | 人工神经网络、决策树、支持向量机 |
| | 预测检索结果数量 | 支持向量机、Logistic 回归、决策树 |
| 优化健康信息组织 | 文章主题分类 | 深度信念网络、支持向量机 |
| | 疾病关联探测 | Word2Vec |

**2. 在科研领域的应用**

数据挖掘在科研领域具有广泛应用，通过从大量数据中提取有价值的信息，推动科学发现和创新。例如，在基因组研究中，数据挖掘可用于识别基因之间的关联，帮助揭示疾病的遗传基础；在环境科学中，数据挖掘帮助分析气候数据，揭示气候变化的潜在模式和驱动因素；在天文学中，数据挖掘则支持从海量观测数据中识别星体特征。总体而言，数据挖掘为科研人员提供了更深入的数据洞察，加速了知识发现。

**3. 在电信领域的应用**

随着互联网的快速发展，电信产业逐渐崛起，数据挖掘通过分析海量用户数据，帮助电信公司优化服务和提升用户体验。例如，数据挖掘可以用于识别客户流失的风险因素，使运营商能够采取针对性措施减少用户流失；还可以通过用户行为分析，提供个性化的推荐和服务。除此之外，数据挖掘还可以帮助检测网络异常和欺诈行为，提升网络安全性。总体而言，数据挖掘为电信公司提供了重要的数据支持，推动业务的高效管理和精准决策。

**4. 在教育领域的应用**

数据挖掘在教育领域的应用日益广泛，通过分析学生学习行为数据，帮助教育机构优化教学方式，提升教学效果。例如，数据挖掘可以识别学生的学习模式，发现学习中的薄弱环节，从而提供个性化的辅导方案。同时，数据挖掘能够预测学生的学业表现，及时预警潜在的学业问题，帮助老师采取针对性措施。此外，教育数据挖掘还可以支持课程设计改进，使教育资源分配更加合理高效。总体而言，数据挖掘在推动教育智能化和个性化方面发挥了重要作用。

**5. 在制造领域的应用**

数据挖掘在制造领域的应用极大提升了生产效率和质量控制水平。通过分析生产过程中的数据，制造企业可以识别出潜在的生产问题和瓶颈，从而优化流程，降低成本。数据挖掘还能帮助预测设备故障，进行预防性维护，减少停机时间。此外，通过对产品质量数据的分析，企业能够发现质量缺陷的根本原因，提升产品一致性和客户满意度。总体而言，数据挖掘为制造企业提供了强大的数据支持，推动智能制造和精益生产的发展。

**6. 在计算机安全领域的应用**

数据挖掘在计算机安全领域的应用日益重要。通过分析大量数据，安全专家可以识别潜在的安全威胁和攻击模式。利用数据挖掘技术，系统能够实时监测网络流量，检测异常行为，从而及时响应并防范攻击。此外，数据挖掘还可用于构建智能防火墙和入侵检测系统，分析历史数据以预测未来的攻击趋势。随着网络攻击手段的不断演化，数据挖掘技术为提升计算机安全性提供了有效的支持，帮助组织更好地保护其敏感信息和系统安全。

### 5.1.6 多模态人工智能模型技术挑战

模态一词，是用于表示某种事情发生或经历的方式。一般情况下，“模态”与感觉模态联系在一起，代表人类用于沟通和感觉的主要渠道，如视觉或触觉。当研究中的问题或数据集包含多个这样的渠道时，该研究被称为多模态研究。近年来，多模态人工智能模型的设计和应用吸引到学界及产业界多方面的关注。该技术旨在建立能够处理和关联来自多种模态信息的模型，使得人工智能可以对其进行解释和推理，从而更深刻地理解我们周围所存在的世界。该方法被广泛认为是从限定领域的弱人工智能迈向通用领域的强人工智能的正确路径。

多模态研究在各种下游任务中取得了巨大的成功。然而，要达到人类水平的表现，还有很长的路要走。由于数据的异质性，多模态人工智能模型研究领域给计算研究者带来了许多独特的挑战，具体分为以下几个方面：

### ➢多模态数据的表示

良好的表示对于人工智能模型的性能尤为重要，如何利用多种模态信息的互补性和冗余性来总结和表示多模态数据是多模态人工智能模型发展所面临的挑战之一。多模态表示是使用来自多个文本、图片、音频等实体的信息的数据表示。文本通常表示为稀疏的单词计数向量，而图像则使用像素强度或者特征提取器的输出表示，这些不同的数据表示使得发现不同模态之间的关系变得愈发困难。如何组合来自不同模态的数据、如何处理不同程度的噪声信息、如何处理缺失数据，这些都是实现有意义的多模态表示的难点和挑战。

### ➢多模态信息的翻译和转换

这是指如何将数据从一种模式转换为另一种模式。多模态翻译是一个被长期研究的问题，早期的工作主要在语音合成、视频描述等方面，近年来随着计算机视觉和自然语言处理的发展，大规模的多模态数据集涌现出来，多模态翻译再度引起了人们的兴趣。由于不同模态之间的对应关系往往是开放性的，我们需要找到特定的模态之间统一的元素，这是实现多模态信息翻译和转换的关键问题。

### ➢多模态信息的对齐

多模态人工智能模型需要识别来自多个不同模态中信息元素之间的关系，即实现不同模态信息之间的对齐任务。多模态信息对齐是指在两个或者更多模态的实例的子元素之间寻找对应关系。对齐任务同样面临着许多挑战：首先，缺乏标注明确的对齐数据集，人工智能模型的训练不容易进行；其次，模态间的相似性度量方法设计非常困难；最后，可能存在多种可能的对齐关系，并不是一种模态中的所有元素在另一种模态中都具有对应关系。

### ➢多模态信息的融合

如何将多个不同模态的数据连接起来实现模型的预测任务是多模态人工智能所面临的另一个挑战。多模态融合是整合来自多个模态的信息，目标是预测一个结果度量。目前虽然已经有大量的方法被提出来用于解决多模态融合任务，包括图模型、深度神经网络等，但是多模态融合仍然面临着一些挑战：多模态信号很难在融合上面实现时间对齐；难以建立利用互补信息而不仅仅是互补信息的模型；来自不同模态的信息可能具有不同的预测能力和噪声，在至少一个模态中可能存在缺失数据。

### ➢多模态信息的联合学习

多模态信息的联合学习是多模态人工智能模型发展的重要部分。它是指通过利用信息丰富的模态来帮助其他信息相对匮乏的模态进行建模的方法。联合学习是独立于任务的，可以用于创建更好的融合、翻译、对齐模型。这一挑战以协同训练、多模态表示学习、零样本学习（ZSL）等算法为例，在视觉分类、动作识别、视听语音识别和语义相似度估计中发现了许多应用。当其中一种模态资源有限时，如缺乏标注数据、有噪声的输入和不可靠的标签，多模态联合学习就显得尤其重要。

### ➢多模态信息的可解释性研究

由深度神经网络驱动的人工智能技术在多个领域取得了极大的成功，但是由于深度神经网络的复杂及不透明和黑箱的性质，限制了其社会接受度和可用性，尤其是在医学影像和临床等领域。这引发了对多模态人工智能模型可解释性的讨论，但目前仍旧缺乏一种公认的方法来说明多模态人工智能模型的可解释性。建立一种信任、透明度高、可理解、可追踪的工作机制是多模态人工智能模型发展所必需的。

多模态人工智能是一个充满活力的多学科交叉领域。该模型能够利用文本、语音、图像等多种数据进行建模，从而生成比单一模态数据更准确、更全面的结果。构建一种能够同时感知、建模和生成多模态信号的多模态人工智能模型，将是拓宽人工智能应用领域的关键。因此，虽然多模态人工智能模型仍面临着数据标准化、多模态数据融合，以及模型训练等诸多问题和挑战，但是它仍能够为许多复杂问题提供较好的解决方案，并被看作建设通用性人工智能模型的理想方法。

## 5.2 人在回路

自主系统是一种结合机器人技术和具有自主性的人工智能技术，在人类监督或控制下执行任务的系统。人类在不同的回路角色下，可以对自主系统进行不同的控制。人在回路中时，人工智能会提出决策建议，由人类来进行最终决策；人在回路上时，人工智能则会进行自主决策，但由人类来进行控制和监督；人在回路外时，人工智能拥有完全的自主决策权，无须人为控制或监督。与影视中的机器人不同，现有的大部分人工智能并不能仅依赖自己学习，它们需要密集的人类反馈来进行学习。目前约有 90%的机器学习应用是监督机器学习驱动的。智能设备通常不是通过向基于硬编码规则的程序员学习来获得知识的，而是从无技术的人类提供的样本和反馈中学习。这些样本和反馈数据被用来训练机器学习模型，并使得该模型更加精确地完成给定的任务。程序员仍需要构造软件，以便系统能够接受无技术人类的反馈。我们面临的一大问题即在人类和机器学习算法交互解决问题时，如何有效地进行交互。

### 5.2.1 人在回路的基本概念

人在回路的机器学习(Human-in-the-loop Machine Learning)指的是一种基于交互式反馈的模型训练方法。传统的监督学习需要大量标记好的数据集，但在实际应用中获取这么庞大的标签数据往往十分困难和耗费时间。相比之下，人在回路的机器学习可以从尚未标记的数据中进行选择性标记，提高了标注效率，减少了标注成本。在具体实现上，人在回路的机器学习通常运用到一些策略，如不确定性采样、多样性采样等。通过使用这些策略，算法会从一个初始的未标记数据集开始，并根据当前模型对该数据集进行评估，选择出最有可能对模型有帮助的数据点进行标注。然后将已标注的数据重新加入训练集，继续优化模型。这个过程将持续多次迭代，直到达到足够的性能水平为止。人在回路的机器学习是一种非常有前景的技术，在许多领域都有广泛的应用，如自然语言处理、图像识别、推荐系统等。这种方法可以显著提高机器学习模型的性能，同时降低数据标注的成本和时间。

人在回路的机器学习解决的一系列问题包括但不限于：如何提高机器学习的精确性、如何加速机器学习达到预期的精度水平、如何提高人类的精确性，以及如何增强人类的效率。在这个过程中，人类和机器之间形成了一个相互依存的关系，相互促进，共同实现更好的结果。

图 5-7 显示了给数据添加标签的过程。图中循环包含三个关键步骤：首先，选择人类感兴趣的正确的数据进行标记；其次，使用这些已标记的数据去训练机器学习模型；最后，将训练好的模型部署或更新，以便它能更准确地标记大规模的数据。

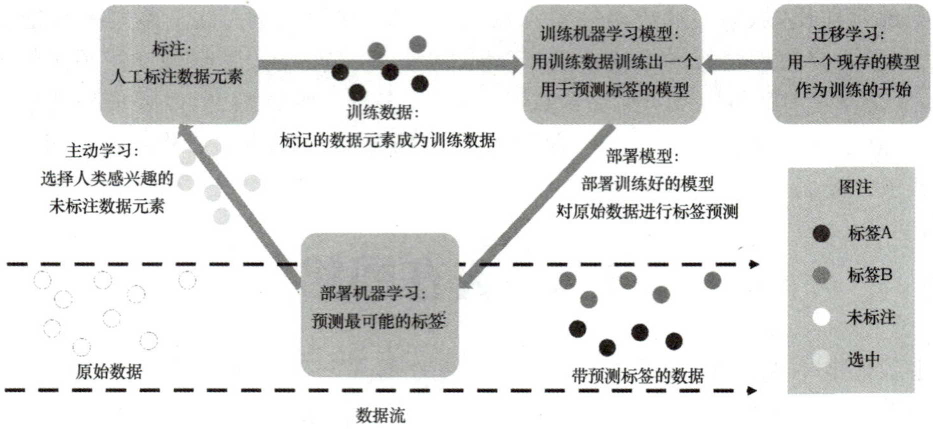


图 5-7　给数据添加标签的过程

### 5.2.2　标注策略

标注策略随任务不同而或简单或复杂。标注过程可以很简单，比如通过构建一个简单的HTML网页来收集打分数据。但是对于一些复杂的任务，比如视频中每个对象的矩形框标注，需要构建一个更复杂的图形交互界面，花费大量的时间。因此，在进行标注之前，需要仔细考虑任务的特点和复杂度，并选择合适的工具和方法来提高标注效率和准确性。

标注与算法同等重要。算法与标注是构建好的机器学习系统中同等重要且紧密联系的组成部分。将算法与标注相结合，通常可以更快地使模型达到期望的精度。然而，学术界和工业界对待标注的态度存在巨大的差异。在工业界，通过标注更多的训练数据来提高模型的性能是非常普遍的做法。在学术界，往往更加关注如何在没有新训练数据的情况下使算法适应新的领域，而不是如何有效地标注正确的新训练数据。这种不平衡的态度导致了一些问题。例如，在某些工业中，聘请的机器学习专家缺乏标注和接口设计方面的经验，因而无法充分利用训练数据来优化模型性能。因此，我们需要更加重视标注过程，并将其作为机器学习中同等重要的组成部分之一，在算法开发的同时，注重训练数据的质量和正确性。

我们往往很难获得高质量的人类标注。在进行标注过程中，可能会出现人为错误，这些错误可能对最终模型的性能产生严重影响。虽然一些算法可以处理存在小噪声的训练数据，但是人类的错误并不趋向于随机噪声，因此会给训练数据引入不可恢复的偏置。这种偏置会导致任何算法都无法在包含此类错误的训练数据上学到好的模型。因此，在标注过程中，需要注意避免出现错误，并尽可能减少主观性对标注结果的影响。对于像二值标签的客观任务，统计学可以直接从不一致的标注中确定哪个才是“正确”的标签。但是，对于一个主观的任务，或者一个数据连续的客观任务，并没有简单的启发式来确定什么才是正确的标签。在这种情况下，运用机器学习自身来解决问题是一个较好的方法。例如，在为无人驾驶汽车构造训练数据的过程中，如果两个标注者对同一行人标注的矩形框略有不同，那么使用机器学习来识别正确的标签可能是最好的解决方法。

### 5.2.3　主动学习

**1. 主动学习的方法策略**

主动学习有很多策略和算法，基础性的方法包括不确定性采样、多样性采样和随机采样。

随机抽样看似简单，实际上可能是最棘手的，因为它可能不能代表正在解决的问题，如数据已经经过预处理、数据随着时间变化等。不管最终采取的标注策略是什么，在选择标注策略时，应该使用一定量的随机采样作为基准结果进行比较和评估。

不确定性采样在二元分类任务中识别的未标记项通常指那些接近 50%的概率属于两个标签之一的数据。如果不对这些数据进行标注，得到的模型可能会是不确定的(Uncertain)或混乱的(Confused)。因为这些数据处于两个类别的边界上，它们的真实标签很难确定，因此最容易出现预测值与真实标签不一致的情况。为了提高模型的准确性和泛化能力，我们需要对这些不确定的数据进行标注，然后使用重新标注的数据对模型进行再次训练，从而逐步改善模型的性能。

多样性采样的目标是通过选择新的、不常见的或离群的数据作为待标注的目标，以更完整地描述问题空间。多样性采样在不同的领域中使用不同的术语，也被称为“异常检测”或“野值检测”。其他类型的多样性采样有代表性采样等。代表性采样试图找到与未标记数据最相似的未标记项，确保数据能够代表其重要的外部属性。多样性采样还可以用于确保数据集中各类标签的数据量相等，并克服数据中存在的现实世界偏见。

不确定性采样和多样性采样都有各自的缺点。不确定性采样可能只关注决策边界的一部分，而多样性采样则可能只关注远离决策边界的离群数据。因此，这两种策略通常被结合使用，以找到最大化不确定性和多样性的未标记数据。

图 5-8 为主动学习采样方法示例。不确定性采样可以有效地选择靠近决策边界的未标记项，并且给这些数据打标签可以移动决策边界，然而，若所有不确定性的项都集中在问题空间的某一部分，则给它们打标签并不能对模型产生很大的影响。多样性采样能够有效地在问题空间的不同部分选择未标记项，但若这些数据距离决策边界很远，则给它们打标签对模型的影响不大。结合不确定性采样与多样性采样时，选择的目标既满足多样性，又靠近决策边界，可以更改决策边界。

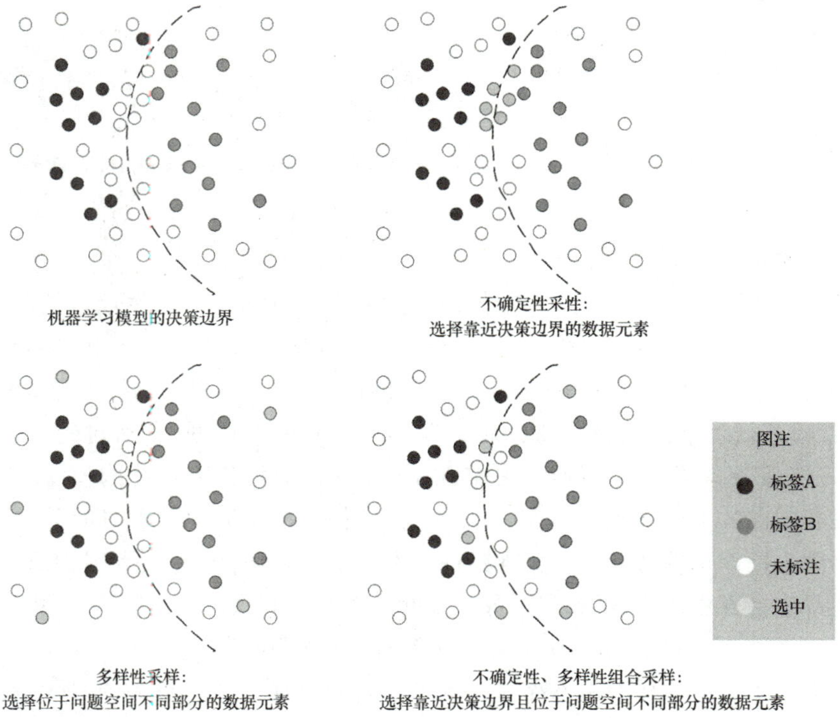


图 5-8　主动学习采样方法示例

主动学习是一个迭代的过程,如图 5-9 所示。每次选择未标记的项并请求人类标注,新标注的项被用来重新训练模型,并重复以上过程。其核心目标是减少请求人类标注的次数,从而加快得到精确模型的速度,同时减少人类标注的成本。在每个迭代中,待标记项会考虑多样性并选择在决策边界上的项,以便移动新的决策边界以得到更准确的机器学习模型。主动学习的过程需要注意多样性采样和不确定性采样的综合使用,以获取更好的效果。对于高维数据或序列数据,识别数据的边界和度量数据的多样性是很复杂的。主动学习的最终目标是使机器尽可能少地请求人类标注,并尽快获得一个精确的模型。实现持续学习可以帮助机器适应变化,从而提高机器翻译等任务的准确性和用户体验。

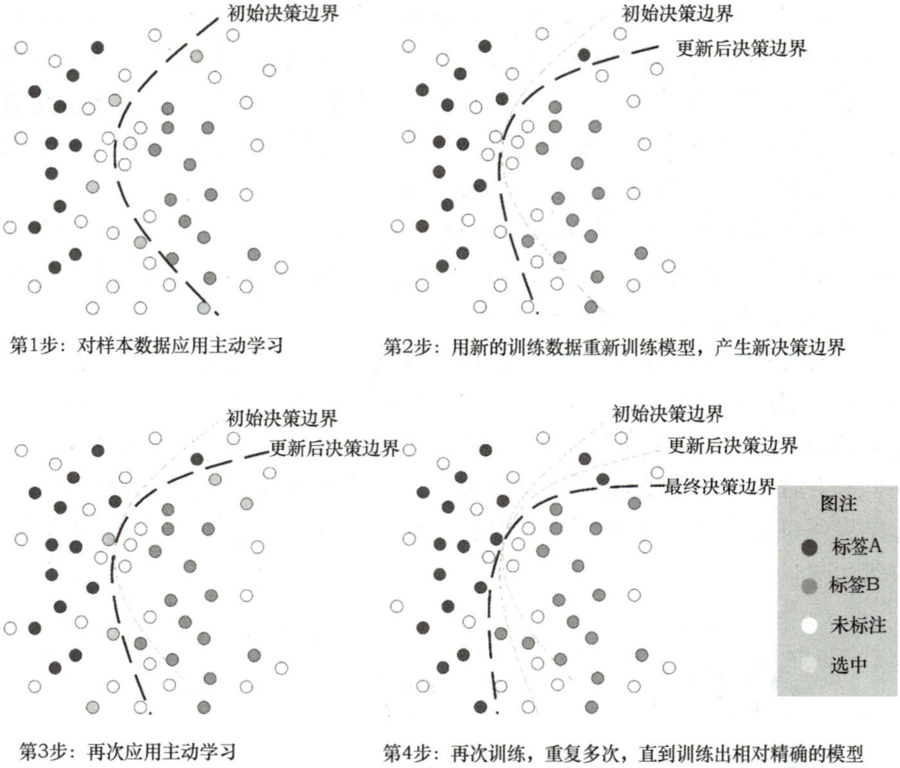


图 5-9　主动学习的迭代过程

### 2. 什么是随机选择的评估数据？

在评估机器学习模型时需要注意数据的选择和准确度问题。虽然通常情况下,我们应该从训练集中随机选择测试数据对模型进行评估,但实际情况可能更复杂,因为我们可能会按照某些特定的关键字、时间等因素预先筛选数据,这就意味着我们得到的样本是非代表性的。此外,即使在经过广泛训练并在留出验证集上获得高准确率的模型,在面对更广泛的数据选择时,也不一定能保持高准确率。例如,之前在 ImageNet 数据集上训练的模型,在随机选择的社交媒体发布的图片上的准确率只有 10%左右。同时,由于数据随着时间的推移而改变,比如语言数据中人们谈论的话题和语言本身都会发生变化,计算机视觉数据中所遇到的物体类型和图像本身也会发生改变,这就需要我们不断更新数据和重新训练模型来保持准确率。

在无法定义一个有意义的随机评估数据集时,应该尝试定义具有代表性的评估数据集。如果我们认为真正随机的样本是不存在或者对我们的数据集没有意义的,那么就需要自己来定义什么样的数据才能代表当前应用例子。可能需要根据每个标签选择一些数据点,从每个时间段中选择特定数量的数据或从聚类算法的输出结果中选择特定数量的数据以确保数据集的多样性。这样可以确保评估数据集具有代表性,并且能够更好地评估模型的性能。

在评估模型时,建议使用多个被不同准则收集得到的评估数据集,包括从训练数据所在的数据集中提取一个数据集,以及从其他数据集中提取一个或多个域外的评估数据集。域外数据集通常来自不同类型的媒体或不同的时间段,可以更好地评估模型的泛化能力。对于主动学习来说,这可能会有些困难,因为一旦开始标记数据,它就不再是域外的。如果可能,建议保留不应用于主动学习的域外数据集,以便更好地观察主动学习策略的泛化程度。

### 3. 什么时候用主动学习?

在实际场景中,由于数据量的限制,主动学习成为一种有效的标注策略。对于视频等数据量巨大、标注难度高的情况,采用主动学习可以更快速地找到最有价值的未标记数据,同时也可以提高模型的性能。但是并不是所有场景都需要使用主动学习的,如果数据集很小并且有足够的预算进行手动标注,就不需要使用主动学习。此外,如果基准模型已经足够精确或者增加更多的训练数据成本过高,也可以停止使用主动学习。

## 本章小结

本章介绍了数据挖掘的基本概念和重要内容。我们给出了数据挖掘的定义,它的任务包括预测、分类、聚类、关联规则挖掘和异常检测等,广泛应用于市场营销、医疗保健、金融等领域。我们介绍了数据挖掘的十大经典算法,如决策树、K 均值聚类、Apriori 算法等,以及人在回路技术,它结合人类专业知识和算法提高数据挖掘效果。数据挖掘是一个充满潜力的领域,有助于从海量数据中提取有价值的信息来支持决策。这些知识将有助于读者更好地理解和应用数据挖掘技术。

## 思考题

1. 请简述什么是数据挖掘,以及数据挖掘与 KDD 的关系。
2. 数据挖掘的四种任务是什么?请简述每种任务的具体内容。
3. 举例说明数据挖掘的一个具体应用。
4. 什么是人在回路的机器学习?请简述它解决了哪些问题。
5. 请举例说明主动学习的方法策略。

## 参考文献

[1] Pang-Ning Tan 等. 数据挖掘导论[M]. 北京:人民邮电出版社,2011.

[2] 王若佳,魏思仪,赵怡然,等. 数据挖掘在健康医疗领域中的应用研究综述[J]. 图书情报知识,2018(05):114-123. 2018. 05. 114.

[3] 沈丽宁. 国外健康信息服务现状扫描及启示[J]. 医学信息学杂志,2010,31(06):38-40,51.

[4] 郭伟伟,吴文臣,隋亮. 大数据时代的数据挖掘技术与应用[J]. 数字技术与应用,

2020,38(08):103-105.2020.08.40.
[5] 裴海平.浅谈数据挖掘技术在管理信息系统中的应用[J].科教导刊.2018,24(2):119-120.
[6] Baltrusaitis T., Ahuja C., Morency L. Multimodal Machine Learning: A Survey and Taxonomy. IEEE Transactions on Pattern Analysis and Machine Intelligence [J]. 2019,41(2): 423-443.
[7] S. F. Z., J. H. Z., B. J. X., et al. Multimodal Representation Learning: Advances, Trends and Challenges. 2019 International Conference on Machine Learning and Cybernetics(ICMLC)2019.
[8] Meng F., Wu Z., Jia J., et al. [J]. 2014,73(1): 463-489.
[9] 相子喜,吕学强,张凯.基于有向图模型的多模态新闻图像检索研究.科学技术与工程[J].2016,16(3):78-84.
[10] Jaafar N., Lachiri Z. Multimodal fusion methods with deep neural networks and meta-information for aggression detection in surveillance. Expert Systems with Applications[J]. 2023,211: 118523.
[11] Lahat D., Adali T. U. L., Jutten C. Multimodal data fusion: an overview of methods, challenges, and prospects. Proceedings of the IEEE[J]. 2015,103(9): 1449-1477.
[12] Zhang H. Expression-EEG based collaborative multimodal emotion recognition using deep autoencoder. IEEE Access[J]. 2020,8: 164130-164143.
[13] Guo W., Wang J., Wang S. Deep multimodal representation learning: A survey. IEEE Access[J]. 2019,7: 63373-63394.
[14] Rahate A., Walambe R., Ramanna S., et al. Multimodal co—learning: challenges, applications with datasets, recent advances and future directions. Information Fusion[J]. 2022,81: 203-239.
[15] Etzioni A, Etzioni A. Pros and cons of autonomous weapons systems(with Oren Etzioni)[J]. Happiness is the Wrong Metric: A Liberal Communitarian Response to Populism, 2018: 253-263.
[16] Fails J A, Olsen Jr D R. Interactive machine learning[C]//Proceedings of the 8th international conference on Intelligent user interfaces. 2003: 39-45.
[17] Samuel A L. Some studies in machine learning using the game of checkers[J]. IBM Journal of research and development, 1959, 3(3): 210-229.
[18] Tong S, Koller D. Support vector machine active learning with applications to text classification[J]. Journal of machine learning research, 2001, 2(Nov): 45-66.
[19] Hastie T, Tibshirani R, Friedman J H, et al. The Elements of Statistical Learning: Data Mining, Inference and Prediction. By[J]. The Mathematical Intelligencer, 2009, 27(2):83-85.
[20] Lewis D D. A sequential algorithm for training text classifiers: Corrigendum and additional data[C]//Acm Sigir Forum. New York, NY, USA: ACM, 1995, 29

(2)：13-19.

[21] 胡永刚.数据挖掘中可视化技术综述[J].计算机与现代化,2004,(10):32-33.

[22] 李拓,王恩东,胡雷均,等.一种Cache一致性协议验证中覆盖率驱动的随机验证方法[J].计算机应用与软件,2011,28(11):167-170.

[23] 王若佳,魏思仪,赵怡然,等.数据挖掘在健康医疗领域中的应用研究综述[J].图书情报知识,2018,(05):114-123+9.

[24] 于汶雨.大数据时代的数据挖掘技术与应用[J].信息与电脑(理论版),2023,35(05):1-3.

# 第6章 数字孪生与元宇宙

## 本章学习目标

通过学习本章内容，对数字孪生、元宇宙的发展现状和未来发展趋势等方面有一个较为清晰的认知。在我国工业4.0发展蓝图中明确指出了要促进工业化和信息化深度融合，开发利用网络化、数字化、智能化等技术，着力在一些关键领域抢占先机。在当今数字时代下，了解数字孪生、元宇宙等先进的人工智能数字技术对今后人类的数字化转型发展有着极为重要的意义。

## 6.1 数字孪生

### 6.1.1 数字孪生的起源

美国国家航空航天局(NASA)在“阿波罗计划”项目中，构建了两个相同的航天飞行器，一个发射到太空，一个留在地球上，用于模拟、分析、调试、应急等试验活动的参考。此时的孪生概念仅仅指的是物理上的。2002年，美国密歇根大学成立了一个产品生命周期管理(PLM，Product Lifecycle Management)中心。Michael Grieves教授面向工业界发表《PLM的概念性设想》，首次提出了一个PLM概念模型，在这个模型里提出“与物理产品等价的虚拟数字化表达”，出现了现实空间、虚拟空间的描述，并且用一张图介绍了从现实空间到虚拟空间的数据流连接，以及从虚拟空间到现实空间和虚拟子空间的信息流连接，如图6-1所示。

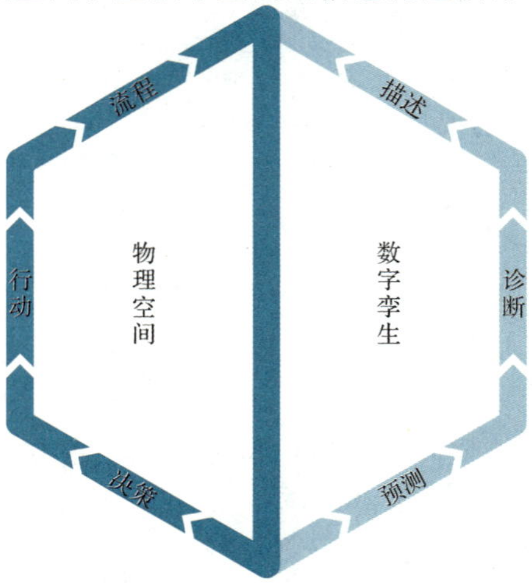


图6-1 虚实空间信息连接

Michael Grieves 教授提到，驱动该模型的前提是每个系统都由两个系统组成：一个是一直存在的物理系统，一个是包含了物理系统所有信息的新虚拟系统。这意味着在现实空间中存在的系统和虚拟空间中的系统之间存在一个镜像(Mirroring of Systems)，或者叫作“系统的孪生”(Twinning of Systems)，反之亦然。所以，产品生命周期管理意味着不再是静态的谁表达谁，而是两个系统——虚拟系统和现实系统将在整个生命周期中彼此连接。贯穿了四个阶段：创造、生产制造、操作(维护和支持)和报废处置。

2003 年年初，数字孪生模型在密歇根大学第一期 PLM 课程中使用，当时被称作“镜像空间模型”。2005 年，在一份刊物中又提到这一个模型。到了 2006 年，Michael Grieves 博士又发表了一篇著作——《产品生命周期管理：驱动下一代精益思想》。在这篇文章里他又给了数字孪生第二世，叫“信息镜像模型”，如图 6-2 所示。尽管 Michael Grieves 自称是数字孪生第一人，但行业内对谁先提出数字孪生概念还是存在一些争议的。因为数字孪生这一词最早出现在 NASA 的技术路线图中，但 Michael Grieves 在数字孪生抽象而清晰表述方面所做出的贡献是不可抹杀的。

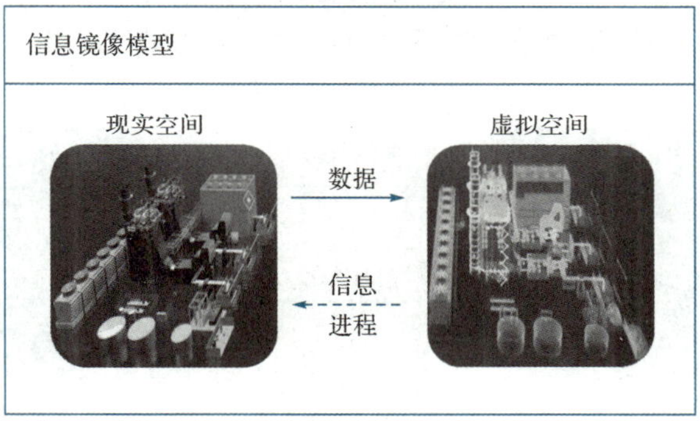


图 6-2 信息镜像模型

2010 年，NASA 在其太空技术路线图中首次引入了数字孪生的表述。为了更好地理解 NASA 的数字孪生，要先给大家讲一段关于 Apollo 13 登月飞行中发生的一段故事。五十多年前的一天，Apollo 13 号宇宙飞船已经远离了地球近 340 000 千米。飞往月球的三名宇航员突然被“嘣-哧哧-咣咣咣”的声音震惊。这时一名宇航员看到了壳体的弯曲。几秒后，驾驶舱被警告灯照亮，宇航员耳边响起了刺耳的报警声。事后查明，是 Apollo 13 生活舱中的一个氧气罐发生了爆炸，爆炸严重地损坏了主推进器，同时，对宇航员生命价值非凡的氧气被泄漏到了太空之中。时间每经过一分钟，受损的飞船就会飞离地球约 644 千米。这种状况是人类历史上的首次。如何让三名宇航员安全回家，成为数千名 NASA 地面支持人员在之后三天半时间里夜以继日工作的唯一目标。三名宇航员通过打开、关闭不同的系统来判定哪些系统还在正常工作，哪些系统已经受损不能工作。任务控制中心综合各方面的信息，快速而准确地诊断出问题所在。在生活舱中的氧气供应完全失效前，将宇航员转移到了登月舱中。宇航员们暂时安全了，但他们如何回家呢？这是一个巨大的挑战。但 NASA 做到了，成功地将宇航史上很可能发生的最大灾难，转化为一个巨大的令人兴奋的成功。做到这一切的关键是，在 NASA 的身后有一套完整的、高水准的地面仿真系统，用于培训宇航员和任务控制人员所用到的全部任务操作，包括了多种故障场景的处理。

模拟器是整个太空计划中技术最复杂的部分。在模拟培训中,唯一真实的东西是乘员、座舱和任务控制台,其他所有的一切,都是由一堆计算机、许多的公式,以及经验丰富的技术人员创造出来的。任务控制人员和宇航员在综合考虑到飞船的受损、可用的电力、剩余的氧气、饮用水等因素的情况后,与登月舱制造厂商协同工作,确定了一个着陆计划。然后,安排后备宇航员在模拟器上进行操作演练。演练证明了方案的可行性,这极大地增加了任务控制人员与宇航员的信心。

### 6.1.2 数字孪生的概念

NASA 在 2010 年对数字孪生是这样定义的:“数字孪生,是一种集成化的多种物理量、多种空间尺度的运载工具或系统的仿真,该仿真使用了当前最为有效的物理模型、传感器数据的更新、飞行的历史等,来镜像出其对应的飞行当中孪生对象的生存状态。”NASA 提出的数字孪生概念,有明确的工程背景,即服务于自身未来宇航任务的需要。NASA 认为基于 Apollo 时代积累起来的航天器设计、制造、飞行管理与支持等方式方法,无论在技术方面还是在成本方面等,均不能满足未来更大的空间尺度、更极端的环境和更多未知因素的深空探索的需要,需要找到一种全新的工作模式,称之为数字孪生。图 6-3 为数字孪生示意图。

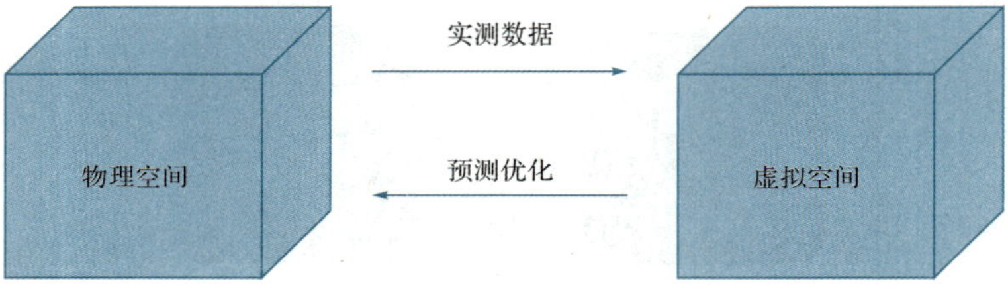


图 6-3 数字孪生

数字孪生的定义和理解经历了多位学者和公司不断深化和扩展。2012 年,Glaessgen 等人将数字孪生视为一个集成多物理、多尺度和多概率模拟的复杂系统,能够通过物理模型、历史数据和实时传感器数据更新,镜像飞行器的生命。2017 年,Grieves 进一步阐释了数字孪生的虚拟信息结构,从微观到宏观全面描述产品。2018 年,陶飞将其视为产品生命周期管理(PLM)的组成部分,通过物理、虚拟和交互数据实现实时映射。HAGG 将其定义为产品的全面数字化描述,模拟现实模型的行为特征。各大公司如 PTC、Siemens 和达索公司也提出了各自的数字孪生理念,强调智能互联、价值链整合及虚拟互动。综合国内外的观点,数字孪生可以被定义为对产品实体的精细化数字描述,能够真实反映物理产品的特征和行为,管理全生命周期的数据,具备虚实交互能力,并实现对产品的识别、跟踪、监控及故障预测与分析。

### 6.1.3 数字孪生的行业现状

数字孪生是一种综合运用感知、计算、建模等信息的技术,通过软件定义,对物理空间进行描述、诊断、预测、决策等操作,进而实现物理空间与虚拟空间的交互映射。数字孪生技术已广泛应用于各类场景,目前主要以设计、监控类场景为主。智慧城市、工业 4.0 和智能驾驶行业是先进数字孪生技术使用较多的行业,也是众多科技巨头重点布局的行业。美国工业互联网联盟将数字孪生作为工业互联网落地的核心和关键。德国工业 4.0 参考架构将数字孪生作为重要内容。在我国，数字孪生城市已成为各地政府推进智慧城市建设的主流模式选择，产业界也将其视为技术创新的风向标、发展的新机遇。数字孪生应用已在部分领域率先展开。

数字孪生的发展得到我国的政策支持。2020年，“新基建”首次写入政府工作报告。在对于该项热点的讨论中，“数字孪生”被不少代表和委员提及。2020年4月，国家发改委印发的《关于推进“上云用数赋智”行动，培育新经济发展实施方案》中，提出要围绕解决企业数字化转型所面临的数字基础设施、通用软件和应用场景等难题，支持数字孪生等数字化转型共性技术、关键技术研发应用，引导各方参与提出数字孪生的解决方案。数字孪生技术受关注程度和云计算、AI、5G等一样，上升到国家高度。2020年9月11日，工信部副部长强调，要前瞻部署一批5G、人工智能、数字孪生等新技术应用标准。行业发展时间如图6-4所示。

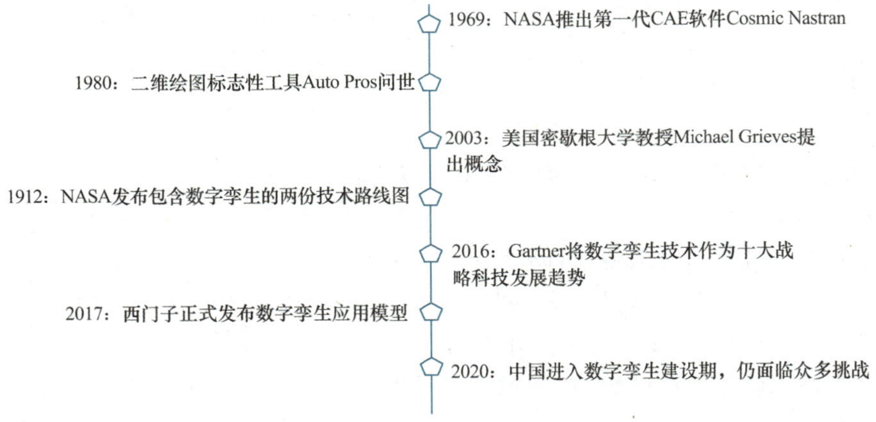


图6-4 行业发展时间图

## 6.1.4 数字孪生的关键技术分析

数字孪生技术架构可以按照其技术特性分为三个主要层次：专业分析层、虚实交互层和基础支撑层，如图6-5所示。基础支撑层依赖于安全互联技术和高性能并行计算技术，确保数据的安全传输与快速处理。产品全生命周期的数据管理则通过基于产品生命周期管理（PLM）的数据管理技术得以实现，从而为每个阶段提供精准的数据支持。专业分析层利用精细化建模与仿真技术，实现对产品的细致数字表达；而信息物理系统（CPS）则负责对实时数据进行采集。虚实交互层则结合数据模型融合技术和交互与协同技术，推动虚拟与物理世界的交互，实现智能决策、诊断预测、可视监控和优化控制等功能。这一架构有效整合了各项技术，推动了数字孪生技术在各个领域的应用和发展。

### 1. 精细化建模与仿真技术

精细化建模技术通过详细的几何和物理属性描述，创建出高保真的虚拟模型。仿真技术则利用这些模型进行系统行为的模拟，以预测和优化实际操作中的各种情况。这一过程不仅提高了模型的准确性，还为后续的决策和设计提供了有力支持。

### 2. 实体的高保真模拟与实时预测

高保真模拟能够逼真地再现物理实体的动态特性和操作环境，使得实时预测成为可能。通过不断更新的模拟，系统能够根据当前状态和历史数据进行智能决策，提高系统的响应速度

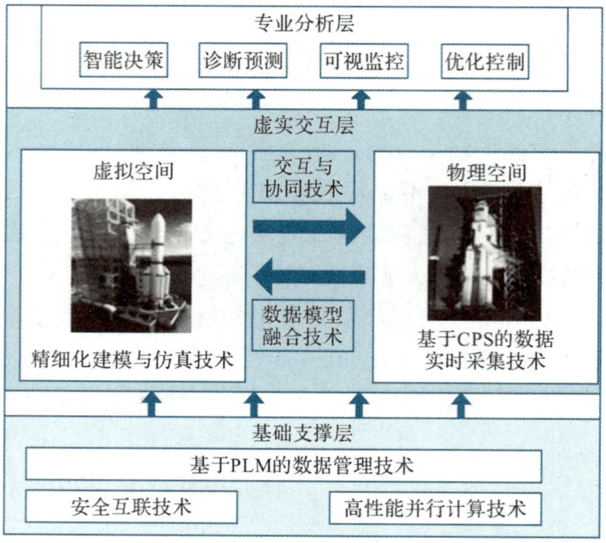


图 6-5 数字孪生技术架构

和适应能力，尤其在复杂和变化迅速的环境中尤为重要。

**3. 数据模型融合技术**

数据模型融合技术致力于将来自多个异构来源的数据进行整合，以形成一个统一且高效的数据视图。这种融合不仅增强了数据的一致性和完整性，还为深度学习和智能分析提供了更为丰富的基础，支持更加复杂的决策和预测。

**4. 基于网络化物理系统(CPS)的数据实时采集技术**

CPS 通过网络连接物理和虚拟系统，实现数据的实时采集和反馈。这一技术确保了对物理实体的持续监控，允许系统根据实时数据调整操作策略，从而提高整体效率和安全性。

**5. 基于产品生命周期管理(PLM)技术的数据管理**

PLM 技术涵盖了产品从设计、制造到维护各阶段的数据管理，通过建立数据标准和流程，实现信息的系统化管理。有效的 PLM 系统不仅提升了数据的可追溯性，还促进了跨部门协作和知识共享，优化了产品开发和生命周期管理。

**6. 交互与协同技术**

交互与协同技术使得不同用户、团队和系统之间能够实时共享和交换信息，促进协同工作。这一技术通过构建开放的平台，支持跨功能团队的合作，提高了整体决策效率，推动了创新和项目进展。

**7. 安全互联技术**

随着数据量的增加，安全互联技术变得愈发重要。它确保数据在传输和存储过程中的安全性，通过加密、认证和访问控制等手段，保护敏感信息免受网络攻击和数据泄露，保障系统的稳定和可靠性。

**8. 高性能并行计算技术**

高性能并行计算技术通过分布式计算资源的合理配置，实现复杂计算任务的快速执行。这种技术能够显著提高数据处理和模型分析的速度，使得数字孪生在实时应用中表现出更高的效率，满足大规模数据分析和实时决策的需求。

通过这些关键技术的融合应用，数字孪生不仅能够实现对物理实体的准确反映和动态监控，还能在智能决策、优化管理等方面发挥重要作用，推动各行业的数字化转型和创新发展。

### 6.1.5 数字孪生在不同领域的应用

**➢冶金工业**

冶金具有悠久的发展历史，从石器时代到青铜器时代，再到近代钢铁冶炼大规模发展。人类发展历史融合了冶金的发展历史。我国作为世界第一冶金产业大国，钢产量、常用的有色金属产量都接近全球产量的一半，为改善冶金工业产能过剩、逐步实现冶金工业可持续发展，国家从政策等方面推进冶金工业转型升级。冶金工业兼有连续和离散生产特性，具有能源和资源消耗大、高温运作、单体设备大的特点，存在物理和化学、社会和企业及人、机、料、法、环的矛盾与统一。冶金业是传统行业，现阶段正处于转型升级的关键时期。图 6-6 为铜冶炼数字孪生流程图。随着 5G+、工业互联网、云计算、大数据等新一代信息技术的发展，冶金工业加速向智能化转型。在冶金工业信息化基础架构的基础上，通过数字孪生可以实现精准管理与控制。具体体现在如下几个方面：

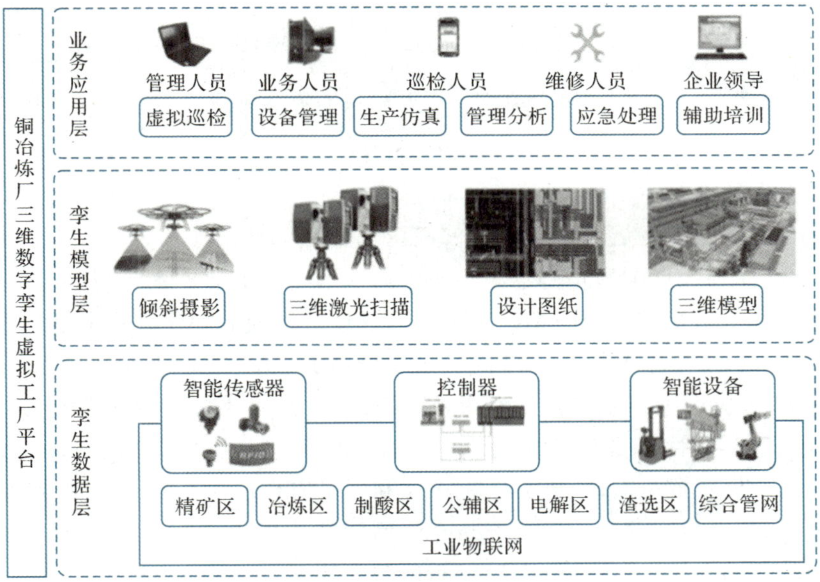


图 6-6 铜冶炼数字孪生流程

(1)通过高温熔融金属容器反应动态演变机理，建立描述复杂反应过程的数字孪生模型，为数据认知与生产决策提供理论模型与工艺指导。

(2)构建高温熔融金属容器反应工况模式认知模型，基于多传感器时空信息推理与数据挖掘的工况模式挖掘方法，实现工况对象快速精准的模式认知。

(3)研发钢铁工业生产过程基于工况模式认知的动态决策技术，建立机理模型、时空数据及知识图谱协调驱动的多目标决策模型与智能核心算法，实现反应过程的动态决策。

(4)通过钢铁工业生产数据持续学习方法，结合钢铁工业知识数字化技术，构建认知知识图谱，实现工业知识的持续积累与学习。

(5)研制钢铁工业智能制造应用示范技术，开发智能协同模式挖掘与认知、冶炼过程多目标优化及时空动态决策等算法和技术，并应用于转炉、电炉、氢气竖炉等典型钢铁生产场景。冶金工业改造最根本的是要创造人工智能的生态环境，注重人工智能基础理论的研究和专业人才的培养，实现跨界合作、产学研相结合，在基础理论和科学知识下更有效地选取和积累数据，推进应用领域的开发，推动冶金工业的变革。

图 6-7 为大规模复杂三维场景快速重构技术路线。铜冶炼厂因其占地面积大、设备管线布局复杂及新旧厂房交替的特点，采用因地制宜和分而治之的原则进行三维场景重构。通过无人机倾斜摄影与大规模三维激光扫描结合，快速获取整体厂区、车间布局和设备外形的三维空间数据。采集后，对多源异构数据进行点云融合、去噪和简化等预处理，并将数据转换到统一坐标系下，实现融合。分析铜冶炼厂的工艺装置及设备特点后，识别并提取关键几何结构特征。使用 3DMax 软件进行典型设备的精细化建模，建立基础三维模型库，并随着后续建模的深入不断完善。最后，基于设计知识，交互式提取和分割重复设备的点云数据。

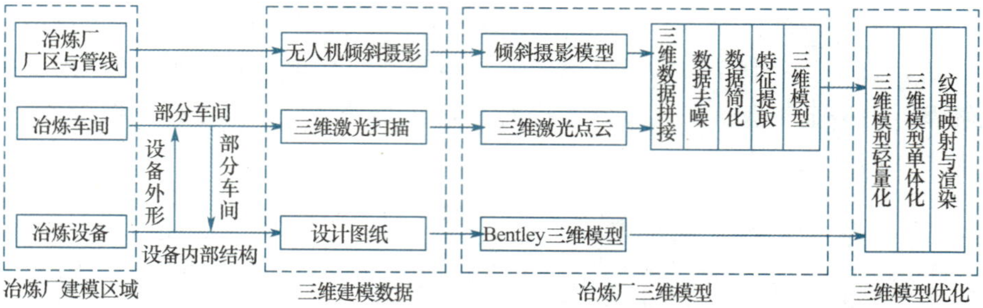


图 6-7　三维建模技术路线

## ➢化学工业

化学工业是我国工业发展的重要基础。我国化学工业经历了半个世纪的发展，已经形成了门类比较齐全、品种大体配套且基本满足国内需求的化学工业体系。与冶金工业类似，化学工业现阶段也正处于转型的关键时期。目前我国已通过系列数字化战略举措计划引导化工行业。图 6-8 为化工数字孪生示意图。可以预见的是：化学工业将会对流程、产品、服务等一系列“链条”进行数字化转型，从而打造一种灵活、敏捷、整合的“数字化运营”环境。化学工业具有连续和离散的生产特性。复杂链式反应的化工流程工艺，往往气、液、固多相共存，知识多元，过程不可拆分，原料成分波动、外界随机干扰和质量安全环保约束。同时，产品性能不仅仅取决于工艺设计，每个生产单元运行工况与全流程的整体优化均有重要影响。在化学工业信息化基础架构的基础上，通过数字孪生可以实现精准管理与控制。

图 6-8　化工数字孪生

相信在未来，化学工业与数字孪生的结合能够保证生产装置的本质安全和赋能增效，同时可以实现以智能制造为驱动力的高质量发展，提高核心竞争力，实现对于异常状态的自感知、自学习、自适应和协同决策的虚实一体化生产管控。

数字孪生技术在生产装置优化和控制中的应用。通过建立物理装置的高精度虚拟模型，实现了两者之间的数据交互和虚实映射，从而使生产装置能够主动应对市场价格变化，形成协同迭代优化模式。例如，在乙烯裂解炉的优化控制中，虚拟模型能够自动执行数据采集、工况调整、参数估计等操作，并将优化结果传递给物理装置的先进过程控制（APC）系统，显著提高了经济效益。此外，数字化交付以工厂对象为核心，在项目建设全过程中整合数据、文档和三维模型，形成工厂的“数字孪生”。这种数字化交付为企业智能化和数字化转型提供了数据支持，并在中国石化集团的工程建设项目中得到了应用。整体来看，数字孪生技术与数字化交付的结合，促进了工厂的标准化和高效管理。

➢船舶工业

我国船舶工业在世界占有巨大比重，企业数量多、产出大。近年来，随着产业集中度不断提高，骨干企业优势逐渐加强，大部分船舶龙头企业已经在制造技术、管理技术和信息技术等方面积累了大量的知识和经验，使得产业核心力不断提升。图 6-9 为船舶数字孪生示意图。

图 6-9 船舶数字孪生

中国船级社在 2015 年发布了《智能船舶规范》，明确了智能船舶的技术要求。智能船舶具备四大特征：(1)信息融合：利用传感器和互联网技术采集海洋环境、设备状态等数据，为航行提供参考；(2)主决策评估：通过数据分析和状态预测实现自主决策和故障诊断；(3) 船岸一体化：依靠数据通信实现船岸信息共享和远程控制，区别于传统船舶；(4)命周期服务：基于前述特征，智能船舶能预测船体寿命，降低运营成本并实现智能管理。

由于船舶工业具有离散型制造的特点，导致数字化、网络化、智能化水平与其他制造行业相比存在较大差距，生产过程未实现数据的动态采集、监控、分析与展示，因此需借助数字孪生技术，提升船舶制造车间智能化水平。基于数字孪生的船舶工业的主要内容包括生产要素建模、生产计划建模及生产过程建模三个方面。首先，生产要素模型是数字孪生技术在船舶制造车间应用的基础。它是物理产线在孪生空间的完整映射，可将自身产生的数据传输到虚拟车间，为生产的仿真及决策的制定提供依据。其次，船舶制造车间的生产是以计划为导向的，并且生产计划管理是以订单为导向的，通过对生产计划进行建模，实现船舶制造车间生产计划的制订、执行、反馈与改进的信息化操作，进而提高生产部门的生产效益。最后，在船舶制造车间中，除了对要素及计划进行建模外，还需要对要素实际行为进行孪生建模，而这些行为就是在车间生产过程中产生的过程数据，主要包括工况数据、工艺数据、生产进度数据等。

智能船舶作为航运新领域，目前正处在发展初期，还存在“智造”水平较低、设备故障预测能力较弱、数字化管理水平欠缺等不足。目前，以中国船级社为代表的各机构都投入大量人力物力进行研究。数字孪生技术在智能制造、故障诊断和健康管理等领域已有相应的技术应用或研究进展，这为智能船舶行业的发展提供了可借鉴的方案。

➤工业机器人

随着“中国制造 2025”“工业 4.0”等重要战略举措的提出和推进，中国及全世界范围内的制造业都在发生着翻天覆地的变化，越来越多的工作不再由工人完成，而是依赖于工业机器人、数控机床等设备。

工业机器人融合了机械、电子、传感器、图像处理等诸多先进领域，被应用于众多场合，可以代替工人完成一些危险性高、重复性高、精度要求高的工作。近年来，我国工业机器人产业进入高速增长期，连续多年成为世界第一大工业机器人需求国。在机器人应用中，监控是机器人服务的重要环节，管理人员需要及时了解机器人运行状态，对机器人进行全方位监控，以便发现异常情况。针对机器人运行过程中产生的各种数据，需要建立一个监控系统对数据进行存储和管理，提高管理人员对机器人工作过程信息的监控力度，解决数据交互不及时、可视化程度低等问题，从而为将来利用大数据进行分析优化和智能决策建立基础。为了增强对生产流程管理和对整个生产过程的实时控制，需要对生产过程实行监控。数字孪生为监控技术的发展提供了新的思路。数字孪生建立了一个与物理系统相对应的虚拟系统，虚拟系统是对物理系统的完全映射，反映了物理系统的运行状态。利用此虚拟环境，建立三维可视化监控系统，可对物理系统进行透明、全面的监控。对孪生数据进行持久化处理，实现运行状态重现功能，如果生产过程发生意外，孪生数据是进行数据溯源、锁定错误的依据。参考数字孪生五维模型架构，可将数字孪生监控系统分为四层，分别为物理层、传输层、虚拟层和应用层。

(1)物理层:生产现场的环境，包括各种设备，如工业机器人本体、控制柜、传感器。

(2)传输层:连接物理层和虚拟层的桥梁。通过传输网络和定义数据接口，传输层可以实现双向的数据传递，使数据在彼此之间流动。

(3)虚拟层:组成数字孪生系统的一个重要部分。虚拟层是对物理层的忠实映射，能够反映其静态和动态特征，包括尽可能逼真的模型和有关物理层的所有可用数据，并与物理层保持同步。

(4)应用层:用户通过应用层与系统进行交互，具体功能主要包括三维可视化监控和运行状态重现功能。工业机器人监控系统是数字孪生技术在制造领域的一个应用实例。后续将在此基础上，开展数据分析和挖掘等方面的工作，以期实现机器人的在线优化、故障预测等更智能的功能。

ER3A-C60 机器人虚实协同实验平台的流程，如图 6-10 所示。首先，通过 KepServerEX 采集物理端的运动数据，并传输至数据服务器以同步虚拟孪生模型，实现物理端与虚拟端的数据互通；接着，操作者通过示教器操作机器人完成任务，同时在 VisualOne 中监控虚拟孪生体的行为和逻辑，确保其与物理端机器人映射一致。若发现未按预期工艺路径执行，则停止数据采集，调整程序模块和信号配置后重新运行，直至实现预期任务。实验结果表明，虚实协同实验平台可准确同步机器人和数字孪生体的运动轨迹，提升操作安全性和效率，展现了数字孪生技术在机器人优化和全生命周期管理中的应用价值。

图 6-10 ER3A-C60 机器人的虚实协同实验台

# 6.2 元宇宙

## 6.2.1 元宇宙的起源

元宇宙(Metaverse)一词最早出现在 20 世纪 90 年代一本名叫《雪崩》的科幻小说中,书中有一个设定是现实人类与虚拟人共同生活在一个虚拟空间中。很多人将《雪崩》看成当今科技领域的预言,它被美国《时代》周刊评为 1923 年至今 100 部最优秀英语小说之一。

2003 年《Second Life》游戏的横空出世,改变了人们对虚拟游戏的认知。其将虚拟游戏与虚拟世界编辑、虚拟经济相结合,实现了在游戏中进行社交、购物、建造等。2018 年一部名为《头号玩家》电影,通过电影直观表达了元宇宙时代,让资本和大厂进一步认识到了"元宇宙"的价值,认为其是互联网进化的未来。元宇宙因此爆火,成了一个新的增长极。

其实元宇宙并不是凭空出现的,它的发展有明显的踪迹可寻。从最早的飞行模拟器到扎克伯格的元宇宙视频,这期间经历了科学技术的飞速发展。早在 1929 年,美国的发明家爱德华·林克设计出世界第一台飞行模拟器,称为林克机,如图 6-11 所示。乘坐者坐在飞行模拟器上的感觉和坐在真的飞机里的一样。随着计算机图形技术的发展,飞行模拟器也越来越先进,现在飞行模拟器是一个高精度、非常复杂的高科技设备,同时模拟器又进一步发展成为全景式情景产生器。由此可见,如今走在科技前沿的虚拟技术在 20 世纪就已经存在了一定的理论基础。

1965 年,被称为计算机图形学之父的伊凡·苏泽兰特发表的一篇论文描述了一种把计算机显示屏作为观察虚拟世界窗口的设想,窗口中的图像看起来非常真实,这被一致认为是虚拟现实技术的开端。

1968 年,伊凡·苏泽兰特发明了世界上第一台头盔显示器,这是第一套虚拟现实系统。通过头盔显示器,人直接被融入人脑和计算机生成的三维虚拟世界,奠定了三维立体显示技术的基础。

图 6-11　世界第一台飞行模拟器

1977 年，Dan Sandin 等人研制出了第一个数据手套 SayreGlove，如图 6-12 所示。通过传感器可以检测手指的弯曲程度，意味着交互技术的突破。1983 年，美国 DARPA 设计了 SIMNET 系统，首先开发了虚拟战场攻防对抗仿真系统。1984 年，NASA AMES 研究中心开发出了虚拟环境视觉显示器，用于探测火星环境。探测器发回地面的数据能够通过计算机构造出火星表面的三维虚拟环境。同年，VPL 公司创始人杰伦·拉尼尔首次提出了“虚拟现实”的概念。

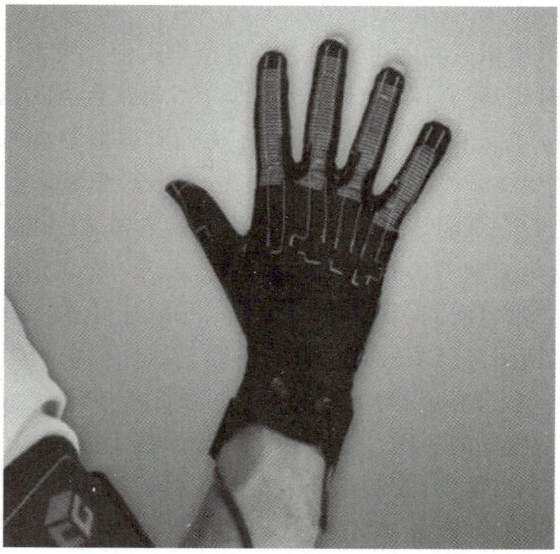

图 6-12　第一个数据手套 SayreGlove

1990 年在美国达拉斯召开的 SIGGRAPH 国际会议对 VR 技术的发展进行了讨论并确定了研究方向，首次用三个构成技术对 VR 进行了定义：三维图形生成技术、多功能传感器的交互式接口技术，以及高分辨率显示技术。2004 年，日本奈良尖端技术研究生院大学教授千原国宏领导的研究小组开发出一种嗅觉模拟器，使用者头戴图像显示器，通过指尖把虚拟空间里的水果拉到鼻尖上一闻，模拟器就会在鼻尖处根据显示器上的水果释放出相应的香味，这是虚拟现实技术在嗅觉研究领域的一项重大突破。

2010年，Palmer Luckey发明了Oculus Rift虚拟现实头盔的第一个原型机。2014年，Facebook以20亿美元的高价收购了Oculus公司。扎克伯格表示，收购Oculus是因为它是一个全新的交流平台，推动了VR技术的发展从学术研究和高端行业应用牵引，转变为大众需求和泛行业应用驱动。2016年，世界最大的多人在线游戏创作平台Roblox宣布将进入Oculus Rift平台，用户可以在平台上设计自己的VR游戏世界和体验。2021年，Roblox将元宇宙写入招股说明书。它是首个在招股说明书中提到“元宇宙”的公司。Roblox构建了元宇宙的雏形，提出“元宇宙”的八个关键特征：Identity（身份）、Friends（朋友）、Immersive（沉浸感）、Low Friction（低延迟）、Variety（多样性）、Anywhere（随地）、Economy（经济）、Civility（文明）。

### 6.2.2 元宇宙的概念

元宇宙（Metaverse）是由单词Meta和Universe组成的一个新词，指的是超越宇宙，超越现实宇宙的另一个宇宙；是将现实与虚拟融合，用户可以在虚拟空间进行现实世界中所包含的各种活动，如文化、社交、学习、工作、旅游等。

目前业界和学界对元宇宙概念尚未形成统一定论。扎克伯格将元宇宙定义为移动互联网之后的下一代平台，颠覆现有互联网的使用，它建立在Web 3.0之上，是穿越式和分布式的互联网。人们能够通过沉浸式的影像，身临其境地完成面对面的体验，依托虚拟现实技术进行生活体验，戴上眼镜就能进入元宇宙的世界，通过自己的虚拟身份，完成自己的精神生活。维基百科将元宇宙定义为一个融合虚拟世界、增强现实及互联网的共享型虚拟空间。国外学者Dionisio JDN等将元宇宙定义为一个完全沉浸式的三维数字环境。BallM通过识别元宇宙的核心属性来描述元宇宙概念，认为元宇宙并非某一种技术、平台或游戏，它应具备持续性与同步性，并包含发达的经济系统与内容创作系统。国内学者吴江等认为，元宇宙是一种虚实融合的三元世界数字社会，它由数字技术构建，人类以数字身份参与其中。胡泳等将元宇宙抽象为一套数字化媒介系统，不同于现实社会中的经济运作形式、社会组织模式、文化生产样式、人类生存方式等都得以借由这个系统发生。有学者将元宇宙视为虚拟现实、区块链、云计算、数字孪生等互联网全要素“连点成线”的集合，是连接现实与虚拟世界的终极数字媒介。元宇宙是整合了虚拟现实、5G、Web3.0、AI、云算力、大数据、区块链等多种新技术的虚实相融的社会形态和互联网应用，它与现实世界是虚实相生的关系，空间维度上虚拟，但是在时间维度上真实。在元宇宙的世界中，通过数字孪生技术生成了现实世界的镜像，它们是现实世界的数字化复制物，同时还有原生虚拟世界的创造物。

尽管目前各界针对元宇宙的概念尚未形成统一认知，但综合以上对元宇宙概念的描述，可以发现元宇宙将虚拟和现实世界在经济、社会等各层面进行了密切的融合，每个用户都可以在其中进行内容生产和编辑。人们在现实世界缺失的，将努力在虚拟世界进行补偿。此外，在元宇宙世界，还可以开发虚拟房地产、数字货币等来建立一整套经济系统。

### 6.2.3 元宇宙的关键技术分析

**1. 虚拟现实（VR）和增强现实（AR）**

（1）VR技术：虚拟现实通过头戴设备（如VR头显）让用户进入一个完全虚拟的3D世界，提供沉浸式体验。这在元宇宙中主要用于创建虚拟空间，比如虚拟办公环境、虚拟会展、社交聚会场所等。VR的关键在于优化渲染和动作捕捉技术，以减少延迟和“眩晕感”。

(2)AR技术:增强现实通过将虚拟信息覆盖在现实世界之上,为用户提供“增强”的现实体验。例如,通过AR眼镜,用户可以在真实场景中看到实时叠加的虚拟导航信息、游戏内容或社交媒体更新。AR技术在元宇宙中可应用于互动游戏、现场活动、导航等。

(3)混合现实:MR结合了VR和AR,允许虚拟对象和现实世界实时互动。例如,用户可以在现实环境中“操作”虚拟物品,适用于教育、远程维修等领域。

**2. 区块链与去中心化技术**

(1)区块链和分布式账本:区块链确保元宇宙中数字资产的安全和透明交易。例如,用户可以在虚拟世界中购买土地、道具等,并通过区块链确认所有权。分布式账本还可以防止数据被篡改,实现更透明的经济系统。

(2)NFT(非同质化代币):NFT在元宇宙中广泛应用于虚拟物品的唯一性和可追溯性。虚拟艺术品、收藏品、虚拟角色、游戏道具等都可以通过NFT验证独特性,从而构建虚拟经济。

(3)智能合约:通过编程自动执行交易,智能合约帮助元宇宙实现自动化管理。例如,虚拟房地产交易可以通过智能合约在去中心化市场上自动完成,提高了效率并降低了成本。

**3. 人工智能(AI)**

(1)虚拟角色和NPC(非玩家角色):AI可以创造具有情感和个性的虚拟角色,使他们能够与用户互动。例如,虚拟商店的“店员”可以回答用户的问题,提高沉浸感。

(2)内容生成和场景管理:AI在生成元宇宙的环境和内容方面有重要作用,例如,通过深度学习生成虚拟地形、建筑物、物品细节,或设计虚拟生态系统。

(3)自然语言处理(NLP):通过NLP,AI使用户与虚拟世界中角色的沟通更加自然流畅,减少互动的僵硬感,提高沉浸式体验。

(4)个性化推荐与分析:AI还用于分析用户行为和偏好,进而个性化推荐虚拟物品、活动或场所,提升用户黏性。

**4. 物联网(IoT)**

(1)智能设备互联:IoT将物理世界的传感器、摄像头和智能设备连接到元宇宙,增强了虚拟与现实的互动。例如,智能家居设备的状态可以在虚拟世界中反映,或者通过手环等穿戴设备将用户的心率、步数等实时数据传输到虚拟形象中。

(2)实时数据采集:IoT的实时数据为虚拟环境提供了大量的信息来源,例如在虚拟医疗中监控病人状况、在虚拟会议中提供真实天气、交通信息等。

(3)智能交互场景:通过IoT,元宇宙中的虚拟体验可以和现实环境产生互动,比如在AR游戏中用户的步数可以影响游戏进展。

**5. 5G和高速网络**

(1)低延迟高带宽:5G网络的高速度和低延迟支持了元宇宙的大规模实时互动。例如,用户可以无缝切换不同虚拟场景、流畅地体验高清3D视频和直播。

(2)云游戏和流媒体:5G支持更高质量的实时云游戏,使用户可以在任何设备上访问元宇宙内容,无须高性能硬件支持。

(3)未来6G与边缘计算结合:6G将进一步提高网络速度,结合边缘计算将减少中心服务器负载,使元宇宙中的交互更加流畅和实时化。

**6. 数字孪生技术**

(1)虚实映射:数字孪生技术在制造、交通、城市管理等领域可以实时生成物理对象的虚拟副本，用于监测、模拟和优化。例如，城市规划中的数字孪生可以模拟交通流量、能耗等，优化资源分配。

(2)远程监控与维修：通过数字孪生，技术人员可以在元宇宙中对物理机器进行模拟维修，降低了了实际操作的风险。

(3)实时互动的增强体验：用户可以在元宇宙中体验各种物理场景的实时变化，提高了虚拟场景的真实性和互动性。

**7. 云计算与边缘计算**

(1)云计算的弹性资源：云计算为元宇宙的计算需求提供了高弹性、可扩展的解决方案，如3D渲染、数据存储和用户管理。云平台可以同时支持成千上万的用户。

(2)边缘计算减少延迟：边缘计算在用户设备附近处理数据，降低延迟，尤其适用于AR/VR应用，使互动更流畅。边缘计算还能分担云端负载，提高元宇宙的可扩展性。

(3)混合云架构：通过混合云架构，元宇宙可以更灵活地管理资源，保证数据安全，并根据用户需求动态调整计算能力。

综合来看，这些关键技术共同构成了元宇宙的核心基础，使虚拟世界和现实生活紧密融合，为未来的社交、工作、教育、娱乐等各个领域带来无限可能。

### 6.2.4 元宇宙在不同领域的应用

元宇宙已经引爆了互联网领域，并呈现快速向其他领域扩散的趋势。目前，可以将元宇宙应用到如下领域：

**1. 元宇宙在教育领域的应用**

元宇宙在教育领域的应用主要包括教学方法、教学环境、教育理念、多语言教学等方面。Masferrer等人研究元宇宙对教学方法的影响。将元宇宙应用到教学工作是加强课堂教学的一种方式，特别对教学的持续评估效果显著。Barry等人在元宇宙的虚拟学习课程中引入针对学生虚拟化身的眨眼系统，通过记录眨眼次数，能够有效分析学生的反应，进而评价学生的学习效果。Ariyadewa等人研究元宇宙对教学、教育理念的影响，将元宇宙通过真实世界的学习任务扩展到虚拟世界，其构建的学习模型能够填补教育方面缺乏一致性描述整个学习过程的问题。还有文献研究元宇宙对多语言学习的影响，认为元宇宙提供了一个多语言学习的环境，提升了多语言学习的效果。

**2. 元宇宙在游戏、电影领域的应用**

据Newzoo发布的《2021全球游戏市场报告》，2021年的游戏市场将产生1 803亿美元的总收入，比2020年增长1.4%。Newzoo预测，在2024年，全球游戏市场将产生2 188亿美元的收入，其中仅移动游戏一项就将通过消费者支出产生1 164亿美元的收入。

这无疑是目前元宇宙被讨论最多的领域，也是元宇宙的最佳实践场景。游戏本身作为一个虚拟世界，可以让用户直观感受到元宇宙概念。目前，有一些游戏可以说已经具备了元宇宙的雏形，比如Roblox、Axie Infinity等。Roblox在纽交所上市，以“元宇宙第一股”的称号点燃了元宇宙这一概念。Roblox不从事游戏内容制作，而是为玩家提供丰富的素材库和强大的编辑功能，支持玩家进行数字内容创作。同时，Roblox优化了专门用于VR的摄像头，增加了第一和第三人视角之间的切换选项。互动性和即时反馈是沉浸式体验的重要来源。

在电影领域，通过描述如何利用元宇宙制作立体三维电影，元宇宙被认为是一种支持电影创造者轻松制作立体三维电影的新方法。而Martin等人认为多人在线游戏改变了人际关系模式，以元宇宙为代表的虚拟环境创造了一个促进集体创造力的适当空间。

**3. 元宇宙在社会领域的应用**

元宇宙对社会领域的诸多方面产生了影响，包括隐私信息、伦理道德、神学、社会福利、文化交流等。例如，Falchuk 等人认为通过元宇宙不仅引发了隐私问题，在虚拟世界消费者、企业及政府机构的众多数据还会被捕捉与跟踪，尤其消费者的位置、年龄、购物偏好、社会关系等都成为实体领域偏好的高敏感信息；元宇宙对文化交流产生影响，如元宇宙带来了新的艺术生态，即虚拟世界中为叙事目的创造的虚拟三维艺术生态；元宇宙对社会福利产生影响，如以元宇宙在社会福利的应用为例，提出了一个包括基础设施、交互和生态系统的三层元宇宙体系结构，能够有效削弱种族、性别及残疾在社会福利中的歧视影响。

**4. 元宇宙在商务领域的应用**

元宇宙在商务领域的应用包括电子商务、支付及企业并购领域，又以电子商务的研究居多。元宇宙在电子商务领域的研究包括电商平台、消费者行为及零售网页应用程序等。例如，使用数字技术将实时商务与元宇宙结合，提出了一种新的电商平台创业商业模式，能够克服现在电商存在的内容枯燥、聊天沟通有限、卖家直播空间有限、消费者对品牌和产品缺乏体验等缺点；将消费者感知从二维的产品目录转到元宇宙的三维沉浸式虚拟空间，能够提升消费者的购买感受，进而促进产品与服务的购买。

**5. 元宇宙在其他领域的应用**

元宇宙在其他领域的应用包括元宇宙在博物馆领域、建筑领域、飞机维修领域、医疗领域、设计领域等的应用。例如，将基于元宇宙的博物馆剧本生成漫画的系统；在元宇宙中重新创作了建筑学家 El Lissitzky 1919 年的“Proun 5A”。元宇宙对飞机维修领域也有影响。例如，Siyaev 等人设计了波音 737 飞机维修培训和教育的元宇宙场景。元宇宙在健康与医疗领域也被关注。在这些领域的虚拟团队中元宇宙起到支持有效协作和知识共享的作用，能提供个人与他人进行社会互动的社会情感环境。还可以将元宇宙应用到设计领域，设计师应尽快从传统的数字环境转向元宇宙环境。

总之，元宇宙在国内外再次引发关注，刺激了元宇宙研究在全球范围的热度。元宇宙概念在业界被热捧，企业对元宇宙的关注与重视更早于且高于学界，国内应重视元宇宙，应加强对元宇宙及其相关领域的研究。

## 本章小结

本章介绍了数字孪生技术、元宇宙技术和人工智能生成内容三个部分，前两者分别从起源、概念、行业现状、关键技术分析和在不同领域的应用等基本内容进行说明，应掌握两个技术的相关概念、关键技术及应用领域等相关知识。

## 思考题

1. 请简述数字孪生与元宇宙的概念。
2. 请简述数字孪生与元宇宙的联系。
3. 请简述数字孪生与元宇宙的关键技术。

4. 请简述数字孪生与元宇宙技术在不同行业领域的应用场景。

## 参考文献


[1] 张蒙蒙，唐妍，何叶，陈延璇. 数字孪生在数控加工中的应用进展综述[J]. 数字技术与应用，2022，40(10)：125-127.

[2] 吴雁，王晓军，何勇，等. 数字孪生在制造业中的关键技术及应用研究综述[J]. 现代制造工程，2021(09)：137-145.

[3] 聂蓉梅，周潇雅，肖进，等. 数字孪生技术综述分析与发展展望[J]. 宇航总体技术，2022，6(01)：1-6.

[4] 林成东，周天驰，张沅，等. 铜冶炼厂三维数字孪生虚拟工厂平台研究与应用[J]. 冶金自动化，2021，45(04)：12-19.

[5] 刘志鹏，赵毅. 数字孪生技术在石油化工企业数字化转型中的应用研究[J]. 石油化工自动化，2022，58(05)：1-6.

[6] 李震邦，数字孪生技术与智能船舶发展[J].

[7] 张浩，邵家伟. 数字孪生驱动的造船精细化工时管理模式及应用研究[J]. 软件导刊，2020，19(11)：169-173.

[8] 邸志民，钟相强，范敬松. 基于数字孪生的六自由度工业机器人协同作业[J]. 新乡学院学报，2022，39(03)：50-54.

[9] 石菲. 全方位数字孪生催动制造企业数字化转型[J]. 中国信息化，2022(09)：31.

[10] 麻晨，董方岐，胡成琳. 数字孪生技术在汽车行业中的应用[J]. 信息技术与标准化，2021，No. 443(11)：23-27.

[11] 刘子涵. 元宇宙：人类数字化生存的高级形态[J]. 新阅读，2021(09)：78-79.

[12] Sutherland I E. The ultimate display [J]. Multimedia: Form Wagner to virtual reality, 1965.

[13] 郑诚慧. 元宇宙关键技术及与数字孪生的异同[J]. 网络安全技术与应用，2022(09)：124-126.

[14] 周鑫，王海英，柯平，等. 国内外元宇宙研究综述[J/OL]. 现代情报：1-13[2022-11-20].

[15] Dionisio J D N, Burns W G, Gilbert R. 3D Virtual World and the Metaverse: Current Status and Future Possibilities[J]. ACM Computing Surveys, 2013, 45(3): 1-38.

[16] BallM. The Metaverse: What It Is, Where to Find it, and Who Will Build It [EB]. 2020.

[17] 吴江，曹喆，陈佩，等. 元宇宙视域下的用户信息行为：框架与展望[J]. 信息资源管理学报，2022，12(01)：4-20.

[18] 胡泳，刘纯懿. "元宇宙社会"：话语之外的内在潜能与变革影响[J]. 南京社会科学，2022(01)：106-116.

[19] 喻国明. 元宇宙：以人为本、虚实相融的未来双栖社会生态[J]. 上海管理科学，2022，44(01)：24-29.

[20] 薛静宜. 元宇宙在广电行业的探索与应用[J]. 广播电视网络，2021，28(10)：102-103+107.

[21] 孟永辉. 当数字货币不再是终局，区块链从理想进入现实[J]. 大数据时代，2020(10)：6-13.

[22] 吴桐. 王龙. 元宇宙. 一个广义通证经济的实践[J]. 东北财经大学学报，2022(2)：1-11.

[23] 李伟. 虚拟现实技术的发展现状及在设计艺术中的应用愿景[J]. 创意与设计，2017(2)：87-90.

[24] 张爽. 体感交互式 VR 在数字娱乐中的应用及发展[J]. 中国新通信，2016(4)：88-88.

[25] 杨波. 5G 技术促进区块链在物联网中应用研究[J]. 中国新通信，2020(1)：11.

[26] 张继芳. 5G 智能技术在网络教育中的应用[J]. 科技创新与应用，2020(27)：161-162.

[27] 一批工业互联网"上海模式"正涌现[J]. 电脑知识与技术-经验技巧，2019(4)：109-110.

[28] 解伟. 基于移动宽带技术发展的云计算系统浅析[J]. 科技与企业，2015(4)：91-91，93.

[29] 李乔，何慧，张宏莉. 内容分发网络研究[J]. 电子学报，2013，41(08)：1560-1568.

[30] 章建栋. 基于物联网技术的智能安防系统应用研究[J]. 建筑工程技术与设计，2016(08)：2776.

[31] Masferrer, J. A. R., Sánchez, F. E., and Hernández, D F O "Experiences complementing classroom teaching with distance seminars in metaverses and videos"[J]. Journal of Cases on Information Technology, 2014, 16(4), 1-12.

[32] Barry, D. M., Ogawa, N., Dharmawansa, A., et al., "Evaluation for students' learning manner using eye blinking system in metaverse"[J]. Singapore: 19th International Conference on Knowledge Based and Intelligent Information and Engineering Systems, 2015.

[33] Ariyadewa, P. D., Wathsala, W. V., Pradeepan, V, et al, "Virtual learning model for metaverses"[J]. Colombo: 2010 International Conference on Advances in ICT for Emerging Regions, 2010.

[34] Farjami, S., Taguchi, R., Nakahira, K. T., et al., "Multilingual problem based learning in Metaverse"[J]. Kaiserslautern: Knowledge-Based and Intelligent Information and Engineering Systems-15th International Conference, 2011.

[35] Martin, G. F. B., "Social and psychological impact of musical collective creative processes in virtual environments; The Avatar Orchestra Metaverse in Second Life"[J]. Musica Technologia, 2018, 12(1), 73-85.

[36] Falchuk, B., Loeb, S., and Neff, R., "The social metaverse: Battle for privacy"[J]. IEEE Technology and Society Magazine, 2018, 37(2), 52-61.

[37] Jeong, H. J., Yi, Y. Y., and Kim, D. S., "An innovative e-commerce platform incorporating metaverse to live commerce"[J]. International Journal of Innovative

Computing, Information and Control, 2022, 18(1), 221-229.

[38] Shen, B. Q., Tan, W. M., Guo, J. Z., et al., "How to promote user purchase in metaverse? A systematic literature review on consumer behavior research and virtual commerce application design"[J]. Applied Sciences-Basel, 2021, 11(23), 1-18.

[39] aSiyaev A, Jo GS. "Neuro-symbolic speech understanding in aircraft maintenance metaverse"[J]. IEEE Access, 2021(9), 154484-154499.

[40] 刘文广. 数字孪生概念浅析[J]. 机械制造,2023,61(10):1-4.

[41] 沈沉,曹仟妮,贾孟硕,等. 电力系统数字孪生的概念、特点及应用展望[J]. 中国电机工程学报,2022,42(02):487-499.

[42] 高艳丽,陈才,张育雄. 数字孪生城市:智慧城市建设主流模式[J]. 中国建设信息化,2019,(21):8-12.

[43] 王茁,王亚彬,王帅. 数字孪生应用于装备质量管理的 AHP-SWOT 分析[J]. 兵工自动化,2024,43(03):16-20+25.

[44] 张龙,龙红明,钟云波,等. 长三角地区冶金产业链人才培养"三类型、四层次、五推进"[J]. 中国冶金教育,2022,(04):10-14.

[45] 李新杰,朱雪玲,张炳均,等. 数字孪生技术在船舶制造领域的应用[J]. 信息技术与标准化,2021,(10):39-43.

[46] 杜莹莹,罗映,彭义兵,等. 基于数字孪生的工业机器人三维可视化监控[J]. 计算机集成制造系统,2023,29(06):2130-2138.

# 第 3 篇

## 计算社会科学交叉范式的技术应用与案例

# 第7章 人工智能生成内容

## 本章学习目标

人工智能生成内容(Artificial Intelligence Generated Content,简称 AIGC)是一种新的人工智能技术。本章围绕 AIGC 的原生驱力、因果逻辑和应用案例三个方面进行了详尽的分析与讨论,着力于描述 AIGC 的技术变革与价值传递。AIGC 的核心思想是利用人工智能模型,根据给定的主题、关键词、格式、风格等条件,自动生成各种类型的文本、图像、音频、视频等内容。随着科技的飞速发展,AI 已经成为推动经济增长的重要力量,其中 AIGC 更是在提高生产效率、优化资源配置和促进创新驱动等方面扮演着极为重要的角色。目前,我国的 AIGC 产业发展已初见成效,随着相关管理政策的推出,将进一步指引未来 AIGC 产业的发展方向,促进 AIGC 长期的健康发展。

## 7.1 人工智能生成内容的原生驱力

互联网内容生产方式经历了 PGC—UGC—AIGC 的过程。PGC(Professionally-generated Content)是专业生产内容,如 Web1.0 和广电行业中专业人员生产的文字和视频,其特点是专业、内容质量有保证。UGC(User Generated Content)是用户生产内容,伴随 Web2.0 概念而产生,特点是用户可以自由上传内容,内容丰富。AIGC 是由 AI 生成的内容,其特点是自动化生产、高效。

随着自然语言处理技术和计算机视觉模型的成熟,AIGC 逐渐受到大家的关注,目前已经可以自动生成文字、图片、音频、视频,甚至 3D 模型和代码,如图 7-1 所示。同时,AIGC 将极大地推动元宇宙的发展,元宇宙中大量的数字原生内容,需要由 AI 来帮助完成创作。传统 AI 由于技术存在相当的壁垒,致使完成的各种任务并没有达到人类的需求。近年来,底层技术的突破使得各种高效且准确的模型层出不穷。AI 出色地完成各种任务的同时也让人们看到了 AIGC 商业落地的可行性。

图 7-1 人工智能生成内容

预训练大模型按照模态可以分为文本、图像、视频、代码、音乐生成等多种，但从底层架构上都分属两类，即 Transformer 模型与 Diffusion 模型。前者是一种编解码模型框架，适用于处理文本、代码这类强连续性生成任务；后者善于处理图像生成类任务，如叠加文-图转换技术可以形成文生图模型。

由于多模态大模型可接受文本、图像等不同输入输出形式，对应用场景能够更广泛适配，着力发展多模态大模型成为产研两界共同趋势。其中，具有代表性的多模态大模型有 GPT-4、文心一言、DALL-E 2 等。

➢基于 Transformer 架构的预训练大模型

随着深度学习技术的快速发展，自然语言处理(NLP)领域也取得了显著的进步。在如今的 NLP 领域，几乎每项任务中都能看见基于 Transformer 的预训练语言模型成功的身影。这些模型的起点是 GPT 和 BERT。而这些模型的技术基础包括 Transformer、自监督学习和迁移学习。T-PTLM 可使用自监督学习基于大规模文本数据学习普适性的语言表征，然后将学到的知识迁移到下游任务。这些模型能为下游任务提供优质的背景知识，从而避免在这些技术中从头开始训练下游任务。

基于 Transformer 模型的双向自编码器表示(Bidirectional Encoder Representations from Transformers，简称 BERT)学习模型由 Google 开发，如图 7-2 所示，通过在所有层中共同调整左右情境，利用无标记文本预先训练深度双向表示。BERT 是一项颠覆性技术，它提供基于大型数据集训练的单一模型，而且已经证实该模型能够在各种 NLP 任务中取得突破性成果。BERT 通过在大规模的无标注语料上进行预训练学习，得到的模型可以应用于多个类型的下游任务，具体实现方式就是在具体下游任务的数据集上进行微调(Fine-tuning)学习。预训练的过程可以理解为我们学习基础知识，比如学习英语时的背单词，而微调就是具体的学习任务，比如完形填空、阅读理解等。

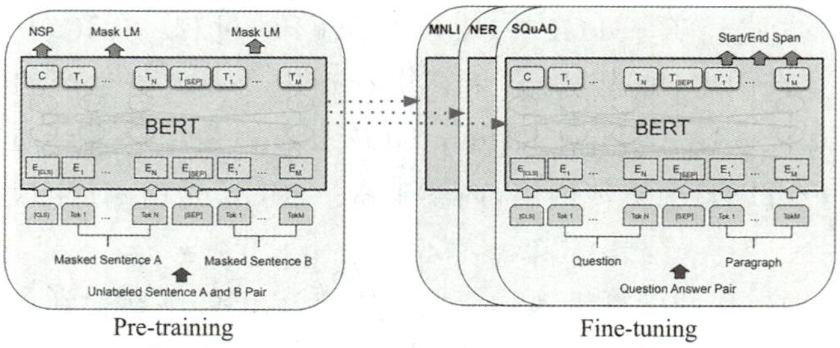


图 7-2 BERT 预训练模型

基于 Transformer 的生成式预训练(Generative Pre-trained Transformer，简称 GPT)模型，如图 7-3 所示。它无疑是近年来最引人注目的创新之一。GPT 由 OpenAI 团队开发，是一种基于 Transformer 架构的预训练模型，主要用于生成各种类型的文本，如文章、诗歌和对话等。GPT 的核心思想是使用大量的无标签文本数据进行预训练，从而学习到通用的语言表示。

GPT 提出了一个半监督方法(Semi-supervised Approach)，在无标号的文本上训练一个比较大的语言模型，用于初始化神经网络参数，然后在子任务上进行微调(Fine-tuning)。与 RNN 相比，用 Transformer 模型学习到的特征在迁移学习时更稳定，这是因为 Transformer 模型为我们提供了一个更加结构化的记忆方式来处理文本中的长依赖关系，从而能够抽取出

更好的句子及段落层面的信息

在做迁移学习时，使用任务相关的输入自适应方法表示(Task-specific Input Adaptations)，即将模型输入进行自适应处理来适应不同的任务需求，可以帮助模型更好地理解输入序列和任务之间的关系。

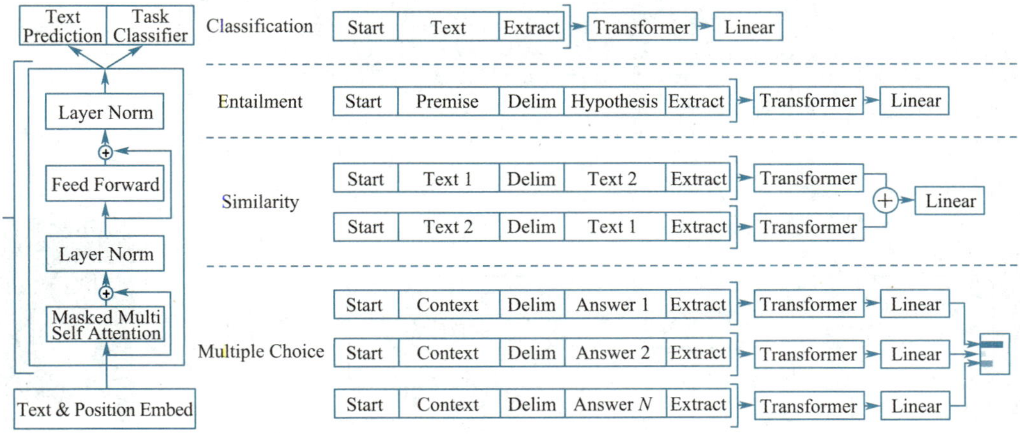


图 7-3 GPT 预训练模型

➢基于 Diffusion 架构的预训练大模型

扩散模型(Diffusion)的灵感来自非平衡热力学。他们定义了一个扩散步骤的马尔可夫链，以缓慢地将随机噪声添加到数据中，然后学习反转扩散过程以从噪声中构建所需的数据样本。与变分编码(VAE)或流模型不同，扩散模型是通过固定过程学习的，并且潜在变量具有高维性，与原始数据相同。易处理性和灵活性是生成建模中两个相互冲突的目标。易处理的模型可以进行分析评估并廉价地拟合数据(如通过高斯或拉普拉斯)，但它们不能轻易地描述丰富数据集中的结构。灵活的模型可以适应数据中的任意结构，但评估、训练或从这些模型中抽样通常是昂贵的。但扩散模型既易于分析又灵活。

Stable Diffusion 是当前最新的扩散模型之一，它采用了更加稳定和可控的方法来生成高质量、多样性的图像。在生成图像方面取得了巨大突破。不仅在所生成图像的质量、速度和成本上都有了显著的提高，而且能够在消费级显卡上实现 DALL-E 2 级别的图像生成，生成效率也提高了 30 倍。这一突破性进展引起了广泛关注，并有望为图像生成带来全新的可能性。Stable Diffusion 的应用已经不局限于图像生成领域，它还被广泛应用于自然语言处理、音频生成等各个领域。Stable Diffusion 的核心思想是通过不断调整图像的隐式表示，逐渐接近真实图像。其具体实现方式是将初始噪声向量通过一个潜空间网络转换为图像的隐式表示。然后，针对每个时间步，利用扩散过程逐渐优化该表示，使其逼近真实图像的隐式表示。最终，通过一个反向变换，将该隐式表示转换为生成的图像，算法结果如图 7-4 所示。

Stable Diffusion 是 2022 年发布的深度学习文本到图像生成模型，它基于潜在扩散模型(Latent Diffusion Model，简称 LDM 模型)。Stable Diffusion 主要用于根据文本的描述产生详细图像，也就是常说的 Text2Img 的应用场景。通过给定文本提示词(Text Prompt)，该模型会输出一张匹配提示词的图片。例如，输入文本提示词“A cute cat”，Stable Diffusion 会输出一张带有可爱猫咪的图片，如图 7-5 所示。

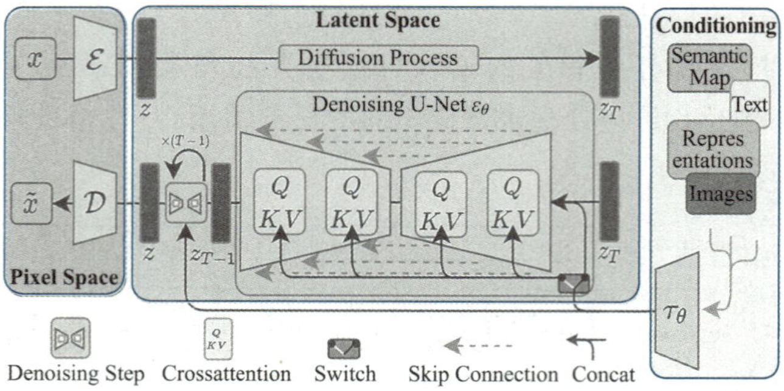


图 7-4　Stable Diffusion 算法结果

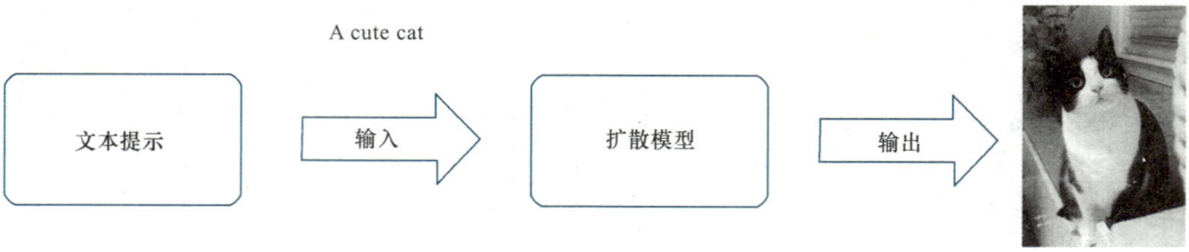


图 7-5　文本生成图片的过程

总之，Stable Diffusion 是当前最先进的扩散模型之一，具有非常高的应用价值和潜力。通过其稳定性和可控性的优势，Stable Diffusion 在图像生成方面成效显著，并被广泛应用于其他领域。相信随着科技的不断发展和进步，Stable Diffusion 将会在更多的领域得到广泛应用，并带来更多的创新和发展。

# 7.2　人工智能生成内容的因果逻辑

### ➢为什么人工智能生成内容需要因果关系？

人工智能生成内容需要因果关系，因为即使模型规模扩大，它在解决偏见（Bias）方面仍存在挑战。虽然大型模型在多模态和大语言模型中表现得更为智能，但它们在处理因果关系上仍然存在难题。这种偏见表现为模型在回答问题时可以提供正确答案，但却无法准确理解问题背后的因果关系。举例来说，模型可能正确回答一个与视觉有关的问题，但其关注点却偏离了问题的因果链。如图 7-6(a)所示，问题是：女孩吃热狗的时候是不是感到很兴奋？模型回答了这个问题，但它的关注点是热狗而不是女孩本身。类似地，如图 7-6(b)所示，问题是：这个人擅长滑雪吗？模型可能正确回答一个关于滑雪姿势的问题，但它的注意力应该更集中在腿部姿态上以获得更准确的答案。因此，解决这种偏见需要深入理解因果关系，以确保模型能够更好地理解问题的本质。

图 7-6　模型因果关系认知错误的示例

对于现代大型模型而言，添加因果关系至关重要。模型如果仅仅强行建立关联而不考虑因果关系，可能会做出错误的结论。这是因为模型有时会混淆共生关系和因果关系。值得注意的是，共生并不等同于因果，频繁发生的事件未必具有因果联系。

在自然语言处理领域，词嵌入是取得重大进展的一例。这种训练方式与现代生成模型的方式相似，都涉及文本的预测。为什么这种关联方式能够学习到高质量的语义表示，即因果关系呢？再以一个示例说明，如图 7-7 所示，如果我们从“King”中减去“Man”，然后将结果与性别 Woman 相关联，即可得到“queen”。这种关系是合理且基于常识的因果关系。但为什么会发生这种情况？更深层次的解释将在后续提供，但简而言之，自然语言处理领域已经消化了大量的符号数据，形成了因果关系，而不仅仅是简单的相关性。这也是自然语言处理领域面临的挑战之一。

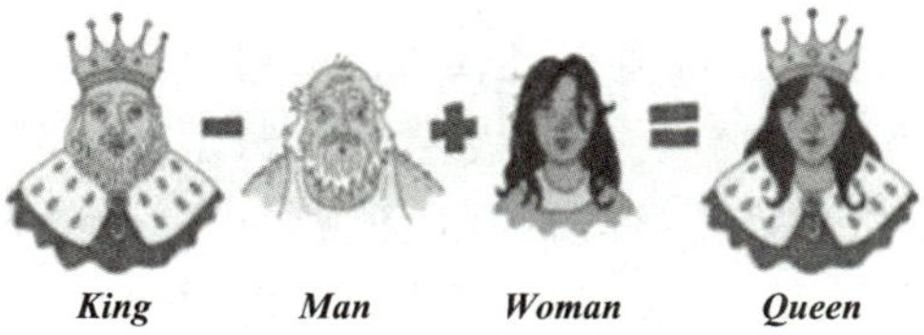


图 7-7 高质量的语义因果关系示例

在计算机视觉领域，给定一张猫的图片，可以观察到耳朵与猫的眼睛之间的关联，但是为什么这种关联存在却没有被记录下来。同样，人们用腿跑步或滑雪，这与腿的状态和滑雪板有关，但人们选择用腿来滑雪的背后原因没有在照片中记录。因此，如果仅仅通过照片来学习视觉特征，与自然语言处理的文本嵌入相比，视觉的嵌入会差很多，因为它只能学习到一些粗糙的关联。

随着人工智能技术的持续进化和 AI 大模型的迅速落地，AIGC 作为其中的一种技术手段，正在展现出自身的多维特性。通过训练好的神经网络模型，AIGC 可以自动化地生成各种形式的内容，比如文章、视频、音乐等。这种技术的应用，既可以提高生产效率，又可以降低制作成本，同时还可满足不同客户的个性化需求。

尽管这些模型在多模态和大语言模型中表现出智能，但它们在理解因果关系方面仍然面临难题。这种偏见表现为模型在回答问题时可能正确，但无法深刻理解问题的因果关系。例如，模型可能会正确回答与视觉有关的问题，但它的关注点可能偏离了问题的核心因果链。解决这一问题需要深入理解因果关系，以确保模型更好地理解问题的本质。在自然语言处理领域，词嵌入是取得重大进展的例子，它展示了通过建立因果关系而不仅仅是关联，可以获得高质量的语义表示。在计算机视觉领域，尽管我们可以观察到不同元素之间的关联，但为什么这些关联存在通常未被记录，这使得视觉嵌入相对粗糙。因此，因果关系对于提高人工智能的理解和性能至关重要。

### ➢因果关系在人工智能生成内容中的重要性

人工智能生成内容的出现引发了一个重要问题。原本因果关系主要用于预测任务中的“去偏见”，处理训练分布之外的情况，因为测试集与训练集的分布不同。然而，由于现代模型的规模巨大，几乎所有的测试集都可以看作训练集的排列组合，传统的基准测试已经无法继续使用因果关系。因此，我们需要进行更深入的思考，这种思考可以通过以下两个关键问题来概括：

为什么因果关系通常被表示为一个三角形？以前，制定因果关系通常涉及绘制这样一个三角形的假设，如图 7-8 所示。但这个假设为什么有效？是否可以通过数学方法来证明它的有效性？

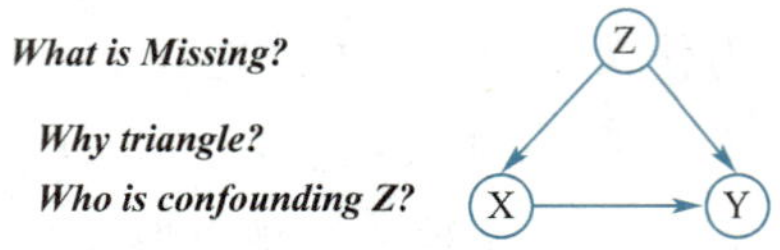


图 7-8　基于三角形假设的因果关系

在因果关系中，究竟什么是混淆因素(Confounder)？以前，定义混淆因素通常依赖于特定任务，没有通用的定义。解答这个基础问题需要考虑数学工具，然而，近年来，传统的线性代数工具已经不足以应对现代问题。

类似于在发现牛顿力学之前，通常通过几何方法来研究行星运动，尽管这可以产生良好的预测结果，但背后的原理却无法被揭示。因此需要新的数学工具，类似于微积分的发展对于揭示行星运动规律的帮助。那么就需要尝试使用抽象代数中的群论概念来定义深度学习中更深层次的概念，即深度学习的目标是解耦所观察的世界。解耦涉及可拆解性和模块化性、等变性等数学概念。例如，图 7-9 中的行星轨道图，演示了深度学习动力学的核心，重新定义分类的群论概念。每个轨道图中的变化代表了共享的力，而跨越不同轨道的变化则对应于跨类别的变化。这一重新定义说明数学语言证明三角形的有效性。具体应用体现在两个方面：首先，它帮助我们解释了什么是混淆因素，即大家共享的背景信息；其次，我们可以利用这一概念来实际处理两个关键任务。

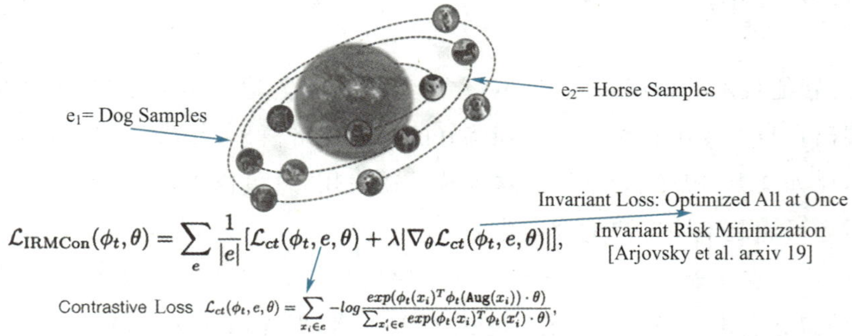


图 7-9　行星轨道图来演示最本质的深度学习动力学的示例

(1)去偏(Debiasing)。当前最流行的去偏方法存在问题，而基于图 7-9 中的方法可以更准确地发现混淆因素。这意味着一些被当前方法识别为偏见的情况可能实际上是模型缺陷，而不是真正的偏见。我们追求的是更纯粹的偏见。

(2)生成任务。我们可以使用这一概念来进行有趣的生成任务，如使一个人跳舞。在这里，跳舞的动作被视为一类，而人的身体等因素被视为背景。通过找到背景和混淆因素等元素，我们可以构建所需的生成效果。

接下来，再讨论一种广泛应用的技术——Prompt Tuning(提示微调)，并尝试用因果关系图的观念来解释它，如图 7-10 所示。在多模态 Prompt Tuning 中，一个关键流程是考虑视觉特征的分解，可以近似为像 CLIP 这样的大型模型。在这个假设下，Prompt Tuning 旨在找到经过微调的提示应该如何变化。其中，"dog" 这个类别是已知的，因此分类的挑战在于寻找一个适当的背景。然而,目前流行的方法中存在一个问题,随着训练数据的增多,性能会下降,这与过拟合有关。有时候,增加数据量会导致性能下降,这看起来有些奇怪。这个现象可以用"类别与背景的对抗学习"来解释,其中两者相互影响,有得必有失。

此外,现代大型模型的特征,特别是在视觉领域,存在一个挑战,即虽然它们已实现可分解和模块化,但无法实现等变性。例如,当使用比 CLIP 更强大的大型模型计算语言和图像之间的距离时,发现房子从左到右的渐变过程在语言上很难准确反映相似性。这意味着将语言中的"右"改成"左"并不能捕捉到房子从左到右的变化,表明一些信息丢失了。因此,我们需要借鉴群论的理念来解决这个问题,就像我们之前提到的,不需要物理上的化妆,只需用 Photoshop 进行化妆。通过这种简单方法在损失函数中设计等变性,我们可以获得出色的多模态相似性。

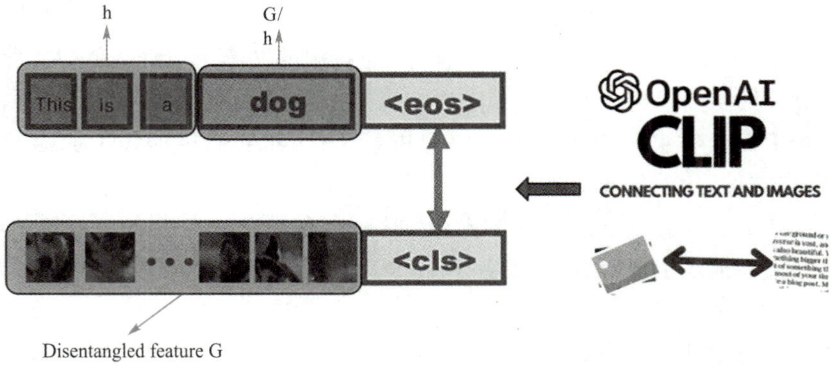


图 7-10　提示微调用因果关系解释

因此,我们一定要多加关注等变性,因为可拆解性是可以通过数据量堆叠实现的,但是等变性不可以,所以在预训练的时候要注意这一点。现在所有多模态大模型都会有一个问题,多模态之间互通的瓶颈在于非语言模态(如图像)的 Spatial Tokens 和语言分布差得太远。语言的本质是可递归的符号系统,这也是大语言模型可以推理的基础。所以,如果想得到真正的多模态大模型,就必须找到一种"可递归,可拆解"的 Tokenization 的方法,把非语言模态转成"可递归分布"的 Token。

# 7.3　应用案例

## 案例 1　文本生成

### 1. 案例描述

AI 在文本生成方面的发展取得了显著的进展,逐渐成为人们重要的工具和资源。随着深度学习和自然语言处理技术的不断发展,AI 文本生成的质量和效果逐渐提升,为各行各业带来了许多创新应用和机会。

目前,AI 在文本生成方面已经能够生成高质量的文章、新闻报道和小说。通过学习大量的文本数据,并结合模型的训练和优化,AI 能够理解上下文,抓住核心要点,并以自然流畅的方式进行表达。这使得 AI 可以在新闻媒体、内容创作和出版领域等方面发挥重要作用,为人们提供更多有趣、有价值的文本内容。

AI 在机器翻译和跨语言交流方面也取得了重要的突破。传统的机器翻译方法通常存在语义理解和语言规则等限制，导致翻译结果质量不佳。而基于深度学习的 AI 模型通过学习大量的平行语料库，可以更好地理解源语言和目标语言之间的关系，从而产生更准确、流畅的翻译结果。这使得跨语言交流变得更加便捷和可行，为全球化的交流和合作提供了有力支持。

AI 在自动摘要、问答系统和个性化推荐等方面也有广泛应用。自动摘要系统能够从大量的文本中提取关键信息，并生成简洁准确的摘要，帮助人们快速了解文章内容。问答系统通过理解用户的问题，从知识库中检索相关信息，给出准确的回答，实现了人机对话。个性化推荐系统则根据用户的兴趣和偏好，为其提供个性化的文本内容推荐，提升用户体验。

以下是关于 AI 在文本生成方面的一些新发展：

(1)大规模预训练语言模型(LM)。近年来，大规模预训练语言模型(如 GPT-3、BERT 等)的出现极大地推动了文本生成模型的发展。这些模型通过在大规模文本数据上进行预训练，能够学习到丰富的语言知识和语义理解能力，为后续的文本生成任务提供了强大的基础。

(2)生成对抗网络(GANs)在文本生成中的应用。生成对抗网络作为一种重要的深度学习架构，已经开始在文本生成领域得到广泛应用。GAN 能够通过训练生成器和判别器来不断改进文本生成质量，从而生成更加逼真和连贯的文本内容。

(3)多模态文本生成。除了纯文本生成外，AI 还在多模态文本生成方面取得了进展，包括图像描述生成、视频描述生成等。这使得 AI 能够更好地理解和表达跨媒体内容，为视听内容的理解和生成提供了新的可能性。

(4)个性化和适应性文本生成。随着技术的进步，AI 文本生成模型也越来越注重个性化和适应性。这意味着模型可以根据特定用户或情境生成不同风格和内容的文本，从而更好地满足个性化需求。

(5)自监督学习。自监督学习在文本生成中的应用也日益受到关注。通过自监督学习，模型能够在没有标注数据的情况下进行学习，从而提高了模型对语言结构和语义的理解，为文本生成任务提供了更强的灵活性和泛化能力。

(6)社交和情感感知的文本生成。AI 文本生成模型也开始关注社交和情感因素，能够更好地理解和生成具有情感色彩和社交逻辑的文本内容，为社交媒体和虚拟交流提供了更丰富的可能性。

虽然 AI 在文本生成方面取得了巨大进展，但仍然存在一些挑战和问题。首先是模型的可解释性和可信度问题。当前的 AI 模型通常是黑盒子，难以解释其生成结果的原因和逻辑，这限制了其在一些敏感领域的应用，如法律和医疗。其次是数据偏差和歧视问题。模型的训练数据可能存在偏差和不平衡，导致生成结果存在歧视性。这需要进行数据清洗和模型优化，以确保生成的文本符合公平和中立的原则。

总体而言，AI 在文本生成方面的发展前景广阔，具有很大潜力和机会。随着技术的不断进步和应用场景的扩展，AI 将继续为我们的生活和工作带来更多的便利和创新。然而，我们也需要关注其伦理和法律方面的问题，确保其应用符合公共利益和社会价值。通过持续的研究和努力，AI 文本生成技术将进一步推动人类社会的发展和进步。

**2. 案例分析**

ChatGPT 是一个基于 OpenAI 的自然语言处理模型，它采用了深度学习技术来生成与人类类似的对话。该模型建立在 GPT-3 的基础上，通过海量数据的训练，能够理解和生成自然语言，并且能够与用户进行交互。ChatGPT 模型的主要目标是提供一个交互式的对话机器人，能够回答用户的问题、提供信息、完成任务等。它可以应用于各种场景，包括在线客服、虚拟助手、智能推荐系统等。通过与ChatGPT进行对话，用户可以得到个性化的回答和帮助。与传统的规则驱动对话系统相比，ChatGPT具有许多优势。首先，它不需要事先编写复杂的规则或模板，而是通过学习大量的文本数据来自动生成答案。这使得ChatGPT可以适应各种不同的问题和场景，而无须手动调整。其次，ChatGPT能够生成连贯、流畅的对话，使得对话过程更加自然。再其次，ChatGPT还具备一定的上下文理解能力，能够根据之前的对话内容生成合适的回答。

ChatGPT是人工智能技术浪潮的一部分，这种技术被统称为“生成式人工智能”，还包括了Midjourney和Lensa等热门艺术生成模型。OpenAI位于科技行业“下一个大事件”的前沿，它具备了一家传奇初创公司的特征，包括全明星级别的团队和投资者的热捧。该公司的估值据称已经达到290亿美元，同时也引发了嫉妒、猜疑和恐慌。例如，谷歌公司利润丰厚的搜索帝国可能受到影响。据媒体报道，为了应对ChatGPT，谷歌内部已经拉响了“红色警报”。但OpenAI能成为超强科技公司俱乐部的成员，出乎了人们的意料。

从算法模式的版本上，ChatGPT已经经历了四个版本，其发展历史如图7-11所示。GPT-3是GPT系列第三代语言预测模型，是OpenAI创建的GPT-2的继任者。GPT-3的应用包括帮助Viable公司快速理解客户反馈，帮助Fable Studio完成VR角色的虚拟人物生成，实现与自然人对话，帮助Algolia实现快速语义、论文搜索等，其中算法准确率高达91%。其准确率是BERT算法的四倍。普遍认为，InstuctGPT可以理解成是GPT-3的微调版本。InstructGPT由GPT-3语言模型提供支持，是一种对齐语言模型以遵循指令。InstructGPT模型比GPT-3更擅长遵循指令，且回答更真实，有害情绪输出大幅下降，如暴力情节。ChatGPT可以理解成GPT-3.5的微调版本。ChatGPT是对GPT-3.5系列中的一个模型进行微调。相较于InstructGPT，ChatGPT具有更加强大的泛化能力和生成能力，模型的无害性实现些许提升，生成带有有害、歧视、偏见等情况的有问题样本的概率本身就会很低，编码能力更强。在GPT-3积累的大量Coding代码基础上，部分OpenAI内部员工参与了数据采集工作。

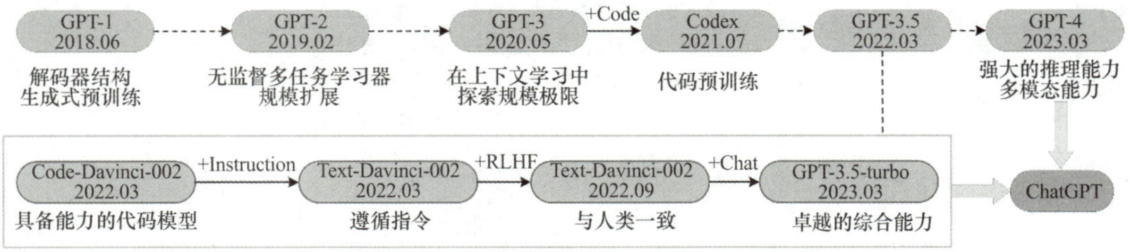


图7-11 ChatGPT的发展历史

然而，ChatGPT也存在一些限制和挑战。首先，它可能会产生错误的回答或不准确的信息，特别是当用户提问的问题超出了其训练数据范围时。其次，ChatGPT可能会倾向于生成一些社交和幽默的回答，而不是严肃和专业的回答。这需要用户在使用过程中判断和过滤。再其次，由于ChatGPT是通过大量数据进行训练的，所以它可能会受到数据偏见的影响，导致生成的回答存在一定的倾向性。

为了应对这些问题，OpenAI提供了一些使用建议和限制。建议用户在使用ChatGPT时进行适度的监督和过滤，避免让模型生成有害或误导性的内容。OpenAI还提供了一些敏感话题的过滤机制，以防止ChatGPT生成与政治、种族、宗教等敏感话题相关的内容。

总体来说，ChatGPT是一个强大的对话生成模型，具备广泛的应用潜力。虽然它存在一些限制和挑战，但通过适度的监督和过滤，可以最大限度地发挥其优势，并实现更好的用户体验。未来，随着技术的进步和改进，我们可以期待更加强大和智能的对话机器人的出现。

GPT-4 有望打开海量应用。OpenAI 首席执行官称，GPT-4 有望成为多模态的人工智能。根据 OpenAI 创始人阿尔特曼消息，参数预计更大，计算模型优化有望更优化，且 GPT-4 将是纯文本模型，不是多模态。我们认为 GPT-4 的推出潜在商业价值巨大，模型更具备“拟人化”的功能，文本生成和内容创作有望更加丰富，并有望进入文字工作的相关领域，如新闻、金融等相关行业。

**3. 解决方案——ChatGPT**

网络浏览器诞生于 1990 年，但直到 1994 年网景导航者(Netscape Navigator)问世，大多数人才开始探索互联网。2001 年 iPod 诞生之前流行的 MP3 播放器，并未掀起数字音乐革命。同样，2007 年，iPhone 手机横空出世之前，智能手机已经问世，但却并没有针对智能手机开发的应用。2022 年 11 月 30 日，人工智能领域可能也迎来了与网景导航者的问世同样重要的关键时刻。旧金山人工智能公司 OpenAI 的首席执行官山姆·阿尔特曼宣告了这个时刻的来临。

由 OpenAI 开发的预训练生成式聊天模型，即 ChatGPT(Chat Generative Pre-trained Transformer)，是人工智能领域的旷世巨作。ChatGPT 是一种聊天机器人软件。OpenAI 于 2022 年 11 月推出的聊天机器人，具备人类语言交互外复杂的语言工作，包括自动文本生成、自动问答、自动摘要等多重功能，应用场景广阔，相较于上个版本更像人类一样聊天交流，对话效果如图 7-12 所示。

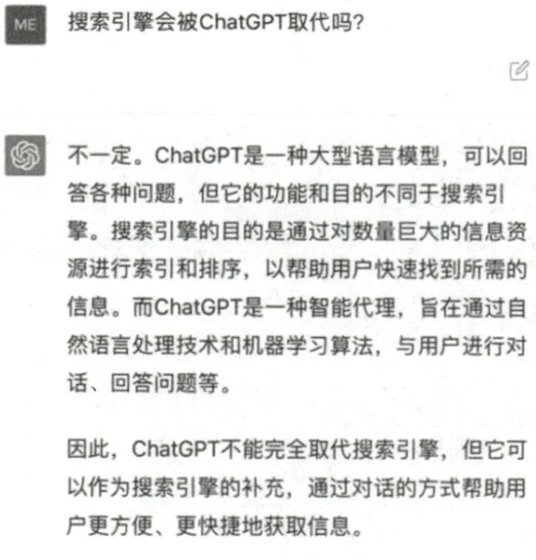


图 7-12　ChatGPT 对话

2022 年 11 月 30 日，公司成立约 7 年后，阿尔特曼发推文称：“今天我们发布了 ChatGPT。欢迎点击这里与它聊天。”任何人都可以通过推文中的链接注册一个账号，开始与 OpenAI 的新聊天机器人免费聊天。这引起了各界人士的兴趣。人们不仅可以与它交流天气状况，还可以有更多的互动。它可以根据软件公司 CEO 和工程师阿姆贾德·马萨德的要求，检查程序代码的漏洞。ChatGPT 能进行天马行空的长对话，可以回答问题，还能根据人们的要求撰写各种书面材料，如商业计划书、广告宣传材料、诗歌、笑话、计算机代码和电影剧本等。当然，它提供的结果往往不够准确，如无法引用信息来源。虽然它提供的结果通常足够流畅，在高中甚至大学课堂上可以过关，但根本无法像人类专家的表述那样做到字斟句酌。然而，通常在对用户知之甚少的情况下，ChatGPT 生成内容只要大约一秒的时间，而且它生成的许多内容并没有想象得那么糟糕。ChatGPT 发布 5 天内，该聊天机器人的用户就超过了 100 万人，而 Facebook 用了 10 个月时间才达到这个里程碑。过去十年，人工智能技术在商业领域逐步扩大应用，悄然改进了我们日常使用的许多软件，但却并没有令非技术用户感到兴奋。ChatGPT 的横空出世改变了这一点。突然之间，人人都开始谈论人工智能将会如何颠覆他们的工作、公司、学校和生活。

具体来说，ChatGPT 是一个基于 GPT-3.5 微调版本的对话生成系统，它具有多种功能和应用场景，包括但不限于：

(1)智能对话交互。ChatGPT 可以作为虚拟助手与用户进行对话交互，回答各种常见问题，提供信息和建议，或者进行闲聊。

(2)在线客服。在网站或应用中集成 ChatGPT，它可以作为智能客服系统，回答用户的问题，提供帮助和支持，缓解人工客服压力。

(3)个性化推荐。ChatGPT 可以根据用户的需求和兴趣，生成个性化的推荐内容，如电影、音乐、书籍等，从而提供更加符合用户喜好的推荐服务。

(4)创意生成。ChatGPT 可以协助在文学创作、广告文案、营销内容等方面，生成创意性的文本内容，为创作者提供灵感和创意支持。

(5)教育辅助。ChatGPT 可以在教育领域提供辅助教学，回答学生问题，解释概念，提供学习建议等，增强学习体验。

(6)智能笔记。ChatGPT 可以用于生成摘要、备注或提供灵感，帮助用户记录想法，整理信息。

(7)情感支持。ChatGPT 可以提供情感支持和心理健康方面的建议，其对话形式可以帮助用户排解情绪、缓解焦虑。

(8)语言翻译。结合其他语言处理技术，ChatGPT 还可以用于简单的语言翻译，帮助用户理解和沟通不同语言的内容。

总之，ChatGPT 具有广泛的应用场景，可以在多个领域发挥作用，为用户提供个性化、智能化的文本生成和对话交互服务。随着技术的不断发展，我们可以期待 ChatGPT 在更多领域的应用和创新。

## 案例 2　图像生成

### 1. 案例描述

自 2022 年起，AI 作画水平实现了突飞猛进，其背后的算法模型也在不断迭代。AI 图像生成是人工智能领域一项极具挑战性和广泛应用前景的技术。通过利用深度学习和神经网络等技术，AI 可以模拟图像的特征和样式，从而创造出逼真、令人惊叹的图像作品。这项技术在多个领域展现出了巨大的潜力，包括艺术创作、医学影像、电影特效、虚拟现实等。

其中，生成对抗网络(GANs)是一种重要的 AI 图像生成技术。GANs 包含两个部分：生成器和判别器。生成器负责生成逼真的图像，而判别器则负责判断图像的真实性。通过不断博弈和优化，生成器可以逐渐学会生成与真实图像难以区分的作品。这项技术已被应用于艺术创作领域，诸如生成艺术作品、风格迁移等，为创作者提供了崭新的创作可能性。

另一方面，超分辨率图像生成技术也是 AI 图像生成的重要领域。通过训练深度神经网络，AI 可以将低分辨率图像转换为高分辨率图像，从而提高图像的清晰度和细节表现。在医学影像领域，这项技术可以帮助医生更好地观察和诊断病变，为医疗诊断带来革命性的改变。

除此之外，图像修复技术也是 AI 图像生成的热门方向之一。当图像受损或部分缺失时，AI 可以通过学习图像的上下文信息，自动填充或修复图像中的缺失部分，使其恢复原貌。这项技术在数字图像处理、历史文物修复等领域具有重要意义。

同时，随着自注意力模型（Transformer）的兴起，AI 图像生成技术得到了进一步的提升。Transformer 模型通过自注意力机制能够捕捉图像中的全局关系，从而生成具有丰富细节和结构的图像。这项技术在虚拟现实、视频游戏等领域有着广泛的应用前景。

显然，AI 图像生成技术在当今世界正发挥着越来越重要的作用。它不仅为艺术家和设计师提供了全新的创作工具，也给医学、科学等领域带来了革命性的变革。随着技术的不断进步和应用场景的不断扩展，AI 图像生成必将在更多领域展现出其强大的潜力，并为人类社会带来更多的惊喜和便利。

**2. 案例分析**

2022 年 2 月推出的 Disco Diffusion 只能生成粗糙的图片，同年 4 月 OpenAI 发布的 DALL-E 2 代已经可以生成完整的人像和图片，到了 8 月时，StabilityAI 发布的 Stable Diffusion 模型取得质的突破，已经可以生成可以媲美专业画师的作品，生成图片的效率也从年初的数小时到现在的几分钟甚至数十秒。就像 DALL-E 2 或 Craiyon 一样，Midjourney 是一个文本到图像的 AI，它可以根据文本提示生成华丽的视觉效果。DALL-E2 旨在生成任何你能想象到的东西，包括平凡的或丑陋的。Midjourney 默认偏向于创建具有绘画性、美观性的图像。如果有选择，Midjourney 更喜欢用互补的颜色、光影艺术、清晰的细节，以及具有令人满意的对称性或透视性的构图来创建图像。Midjourney 的生成效果如图 7-13 所示。

图 7-13　Midjourney 生成的绘画作品《太空歌剧院》

AI 图像生成技术在过去几年取得了显著的进展，并且在各个领域都呈现出了广阔的应用前景。以下是 AI 图像生成技术目前的发展现状：

（1）生成对抗网络（GANs）。GANs 是目前最为流行和成功的 AI 图像生成模型之一。通过生成器和判别器之间的博弈，GANs 可以生成逼真、高质量的图像作品。GANs 已经被广泛应用于艺术创作、电影特效、虚拟现实等领域。同时，研究人员也在不断改进 GANs 的稳定性和生成能力，以更好地满足实际需求。

（2）超分辨率（Super-Resolution）图像生成。超分辨率图像生成技术旨在将低分辨率图像转换为高分辨率图像。这项技术在医学影像、视频游戏、摄影等领域具有广泛的应用。研究人员不断探索新的网络结构和训练方法，以提高超分辨率图像生成的质量和效率。

(3)图像修复与恢复(Image Inpainting and Restoration)。图像修复与恢复任务旨在恢复受损或缺失的图像区域。AI 可以通过学习现有图像的特征和上下文信息,自动填充或修复图像中的缺失部分。这项技术在数字图像处理、历史文物修复等领域具有重要意义。研究人员正在致力于提高图像修复和恢复的准确性和效果。

(4)风格迁移(Style Transfer)。风格迁移是一种将一个图像的风格应用到另一个图像上的技术。通过将两个图像的内容和风格分别提取出来,并进行组合,可以生成具有新风格的图像。风格迁移技术已经在艺术创作、图像编辑等领域得到了广泛应用,研究人员也在不断改进算法以增强生成图像的质量和保留更多的细节。

(5)自注意力模型(Transformer)。自注意力模型在自然语言处理领域取得了巨大成功,但也被应用于图像生成。Transformer 模型通过自注意力机制来捕捉图像中的全局关系,从而生成具有丰富细节和结构的图像。研究人员正在研究如何将 Transformer 模型应用于图像生成,并取得了一定的进展。

需要指出的是,尽管 AI 图像生成已经取得了显著的进展,但仍面临一些挑战和限制。例如,生成的图像可能存在细节不真实、模糊或失真等问题。此外,数据集的质量和多样性也对图像生成的效果产生影响。为了进一步推动 AI 图像生成技术的发展,还需要研究人员和业界的共同努力。AI 图像生成技术在不断发展,并且在艺术、医学、科学等领域都有着广泛的应用前景。随着技术的不断进步和创新,相信 AI 图像生成会在未来带来更多的惊喜和突破。

**3. 解决方案——Midjourney**

目前,AI 生成的艺术品正悄悄开始重塑文化。过去几年里,机器学习系统从文本提示生成图像的能力,在质量、准确性和表达能力方面都得到了显著提高。这些画作在互联网上流传,给人们带来了一种新奇感。艺术家和设计师也正在把这些软件集成到工作流程中,很快,由人工智能生成和增强的艺术将无处不在。

相信绝大多数人第一次见到由 Midjourney 生成的作品(图 7-14)时,应该都会被震撼到。这种感觉就好比于习惯了在物理世界在暗房中冲洗和修改照片的人,突然看到了 Photoshop 的那种震撼,因为之前的许多习惯和努力,或许都要重新思考。这并不是否认绘画的价值,而是一种思维方式的转变。

图 7-14 Midjourney 生成的作品 1

例如,创造者根据客户的需求创造画作,如果客户的需求被描述成了一段文本,那么对文字信息的拆解是理解客户需求的重要过程，其实文本信息拆解背后依赖于大量的资料查找，比如“精灵”和“魔法”，每个文本背后都隐藏着数不清的概念，需要创作者从中选择自己想要的并且进行改进，然后依靠个人的绘画能力生成许多个版本，最终依靠创造者自身的审美选择出一个方案去不断改进。但是只有良好的绘画技法是无济于事的，因为每个人对“精灵”和“魔法”的理解不可能都是一致的。对客户来讲，创造者对于需求的理解时常会和自己的理解大相径庭，因此想要创造一幅尽可能“完美”的绘画作品，词汇理解和绘画技巧两个核心能力缺一不可。

关于词汇的理解，Midjourney 使用了 CLIP 模型，即基于对比的图片-文本学习的跨模态训练模型。CLIP 模型拥有强大的特征抽取能力，强大到它可以将图像和任意的文本联系起来，只需要简单地提供包含新类别的文本描述就可以使用该模型来识别新类别。无论是传统的视觉任务，还是如今大热的 AI 绘画，我们都能看到 CLIP 模型的身影。比如在测试中，AI 能相对好地理解唐朝街道和神秘的吴哥窟。

关于绘画技巧，其实还能继续拆解为数学问题，对象就是坐标在空间中位置的集合，所谓的九头身，就是统计学上人类觉得美的比例合集；材质就是对于光线的反射参数，比如人的皮肤反射率低，而金属就会比较高，光线本身有颜色、面积、强度等指数，照在不同的材质上会有不同的效果。画面取决于镜头的尺寸、角度、焦距等，而风格是一个艺术家不断重复上述过程带来的统计学合集。只不过有了 Midjourney 之后，这个过程就交给了计算机的 AI，我们能从其提示语中窥见一些结构：

①对象和数量的关系；

②图像的性质；

③画面的风格；

④基于时代的风格；

⑤基于器材的风格；

⑥光线；

⑦视角；

⑧其他参数；

⑨尺寸。

当年几十个步骤的创作，可能现在变成了一句话加上 50 秒的等待时间。由文本“穆夏风格，一个长发女子望向圆月，有花瓣飘舞”生成的作品，如图 7-15 所示。而这背后就从感性变成了数学计算问题。就像 Photoshop(PS)最终并非只是用来处理照片，还衍生出来了许多别的用法。其本身就成了一种创造的媒介。而当绘画技巧和理解不成问题之后，以 Midjourney 为代表的这种 AI 创作媒介会带来什么样的变化呢？

(1)版权生意的变革。很难说这些创作是属于输入文本的人还是拥有绘画风格的人，抑或是开发算法的人。目前在官网的介绍中并未看到特别明确的说明，但至少意味着，那些图库版权的生意，肯定会迎来某种变革，毕竟从音乐封面到公众号配图，大多数时候并不需要某个指定的画面。Midjourney 很早就意识到这种 AI 创作会和非同质化通证(NFT)进行关联，所以当任何和区块链相关的项目超过每月 2 万美金收入的时候，就为其支付 20% 的版税。

(2)辅助创作。在电影/游戏的创作中有一个角色叫作“概念设计”，多半是通过快速地涂抹和拼贴，产生一些导演脑子中的效果，将抽象的概念具象化。而有了这个工具之后，效率会大幅提升，或者带来很多灵感启发。比如看到许多人在里面创造一些各国的街道，或者幻想中的场景。

(3)启发创作。在观察中发现,有人使用 AI 来创造各种各样的椅子。因为对于 AI 来说并没有对椅子风格的喜好和成见,反而能渲染出来一些独特的风格。这不是说 AI 能替代人类解决问题,而是说 AI 能让人跳脱自己和已知世界的框架,看到不同的答案。

(4)新的创作革命。就像 PS 让许多曾经不会绘画的人也能设计出来自己的海报;AI 能够帮助那些有想象力和审美意识的人无须经过几十年的基础努力,就能很快把自己脑海中的东西给具象化地呈现出来。当稀缺的资源不再稀缺的时候,总会带来巨大的变革。

图 7-15　Midjourney 生成的作品 2

## 案例 3　音频合成

### 1. 案例描述

音频合成是指利用人工智能技术生成音频内容的过程。这项技术通过深度学习模型和自然语言处理技术,使计算机能够生成自然、流畅的人工语音。音频合成技术已经被广泛应用于智能助理、有声读物、语音导航等领域。

在音频合成中,使用的模型通常是基于大量的语音数据进行训练的。这些模型能够学习语音的声音特征、语调、语速,以及语音表达方式,从而在给定文本的情况下生成自然流畅的语音输出。这种技术对于语音合成的质量和自然度提出了更高的要求,也推动了语音合成技术的不断创新和发展。

近年来,随着神经网络技术和深度学习算法的进步,音频合成取得了显著的进展。除了普通的语音合成外,情感语音合成技术也备受关注。情感语音合成技术能够根据文本内容和语境,生成具有特定情感色彩的语音,如愉快、悲伤、愤怒等,为虚拟助手、智能客服等场景带来了更加丰富的交互体验。

具体来说,AIGC 音频合成技术的发展带来了许多重要的应用和影响:

(1)智能助理和虚拟主播。AIGC 音频合成技术被广泛应用于智能助理和虚拟主播等场景。通过生成自然流畅的语音，这些系统可以与用户进行语音对话，提供实时的信息和服务。无论是语音助手、智能客服，还是虚拟主播，AIGC 音频合成技术都为人机交互带来了更加自然和舒适的体验。

(2)有声读物和语音导航。AIGC 音频合成技术也被广泛应用于有声读物和语音导航等领域。通过将文本转化为自然流畅的语音，这些系统可以使有声读物更加生动和有趣，同时也能够提供准确清晰的语音导航指引。

(3)语音翻译和多语言支持。AIGC 音频合成技术在语音翻译和多语言支持方面也具有重要意义。通过将文本翻译为不同语言的语音输出，AIGC 音频合成系统可以帮助人们跨越语言障碍进行沟通和交流。

(4)情感语音合成。除了普通的语音合成之外，情感语音合成技术也备受关注。这项技术可以根据文本内容和语境，生成具有特定情感色彩的语音输出，如愉快、悲伤、愤怒等。情感语音合成技术对于虚拟助手、智能客服等领域具有重要意义，使得人机交互更加生动和情感化。

(5)音乐合成和声音设计。AIGC 音频合成技术也可以用于音乐合成和声音设计。通过学习和分析现有音乐作品的特征，AIGC 系统可以生成新的音乐作品。这项技术对于音乐创作、电影配乐等具有重要意义，并为音乐爱好者提供了创作和欣赏的新途径。

(6)音频修复和增强。AIGC 技术也可以用于音频的修复和增强。通过训练模型来识别并去除噪声、提高录音质量，使得语音通话、音乐录音等音频内容的质量得到提升。电话会议、音乐制作等场景都对这一技术有实际应用需求。

然而，尽管 AIGC 音频合成技术带来了许多便利和创新，我们也需要注意其潜在的挑战和问题。例如，合成的语音可能存在一些不够自然或不准确的情况，尤其是在处理特定方言、口音或语速较快的情况下。此外，使用 AIGC 音频合成技术也需要遵守相关的法律和道德规范，避免滥用和侵犯他人的权益。

AIGC 音频合成技术在改善语音合成的自然度、情感表达能力和适用范围方面取得了重大进展，为语音交互和人机交互领域带来了更多可能性，并为实际应用场景带来了更好的用户体验。随着技术的不断发展和创新，相信 AIGC 音频合成技术将会继续推动音频内容生成领域的发展，为人们的生活和工作带来更多便利和创新。

**2. 案例分析**

AIGC 目前在音频领域的应用主要有 TTS(Text to Speech)、AI 乐曲/歌曲生成。此类技术可应用于流行歌曲、乐曲、有声书的内容创作，以及视频、游戏、影视等领域的配乐创作，大大降低了音乐版权的采购成本。

目前，TTS 发展相对成熟，多应用于客服及硬件机器人、有声读物制作、语音播报等任务。而语音克隆技术目前被应用于虚拟歌手演唱、自动配音等，在声音 IP 化的基础上，对于动画、电影，以及虚拟人行业有重要意义。AI 乐曲/歌曲生成方面，AIGC 目前可以支持基于开头旋律、图片、文字描述、音乐类型、情绪类型等生成特定乐曲。音乐生成任务中仍需解决音乐数据难以标注的问题。数据标注的颗粒度影响音乐生成任务的可控性。若可控性得以解决，则指定风格、情绪等因素的音乐生成任务有希望在影视、游戏等场景下得到大量应用。

在数字音频内容生产领域，ChatGPT、Claude、讯飞星火等大语言模型(Large Language

Model,LLM)具备强大的语言理解和生成能力,可以高效辅助有声读物、广播剧本等初稿内容文本的生成与优化。而基于从文本到语音可以快速将文本内容转化为配音员风格的有声读物或歌手风格的人声歌曲,从而显著提高数字音频内容生产效率,实现降本增效的目的。传统语音合成,前端需要语言学知识,后端需要了解发声机理,而且需要大量的人工介入来制定规则和参数,现在已经很少用了。端到端的语音合成如图 7-16 所示。

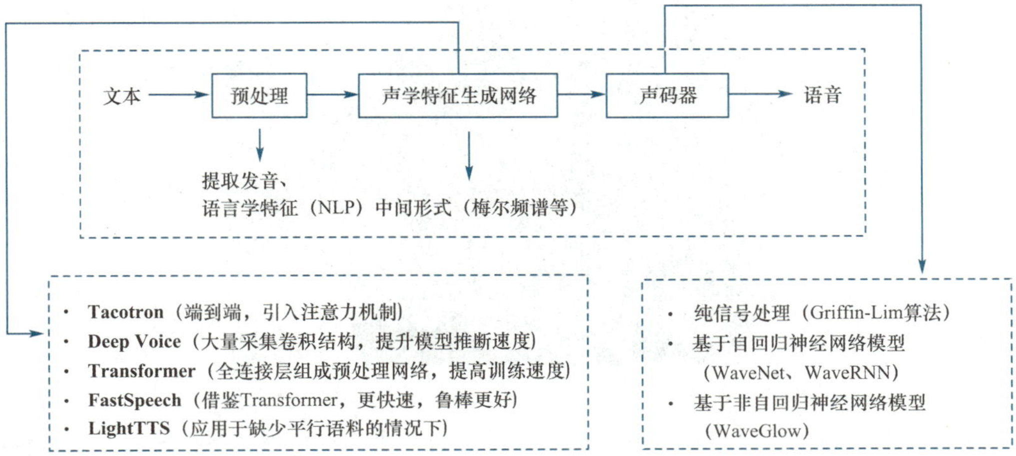


图 7-16　端到端的语音合成

TTS(文本转语音)和人工智能技术已被广泛应用于现代数字内容制作中,尤其在广告、有声读物和社交媒体的语音配音等场景中表现突出。在数字阅读平台上,TTS 技术让用户体验到更个性化的朗读效果,如通过匹配小说类型的音色、加入背景音乐和多角色互动等功能,营造更沉浸的阅读氛围。同时,在新媒体领域,TTS 能将长篇内容(如网站文章、公众号推文)转化为音频,使用户在任何场景下可以随时收听内容,打破了传统阅读的限制。除此之外,AI 技术正渗透到音乐创作领域,助力生成自动化音乐作品,并提高专业音乐人制作音乐 Demo 的效率。这些技术的应用大幅提升了数字内容制作的灵活性和创新性,如图 7-17 所示。

图 7-17　AI 音乐创作概念图

### 3. 解决方案——AudioCraft

在过去的几年里,我们看到了 AI 在图像、视频和文本生成方面的巨大进步。然而,音频生成领域的进展却相对滞后。Meta AI 这次再为开源贡献重磅产品：AudioCraft，一个支持多个音频生成模型的音频生成开发框架，如图 7-18 所示。

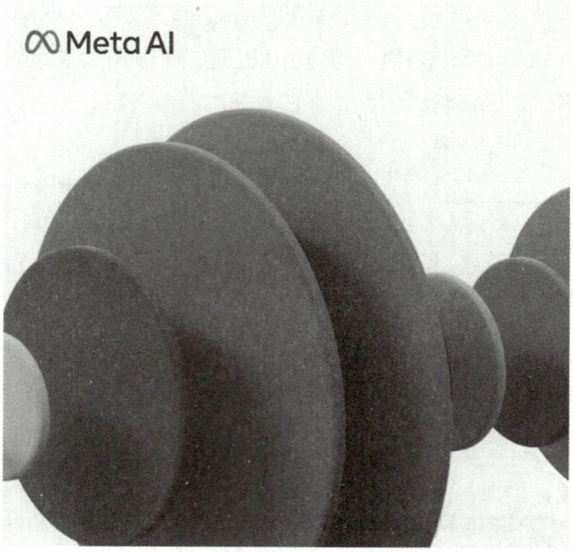


图 7-18　AudioCraft 概念图

任何类型的音频都需要对不同尺度的复杂信号和模式进行建模。音乐可能是最具挑战性的音频类型，因为它由局部和长程模式组成，包括从一系列音符到具有多种乐器的全局音乐结构。利用 AI 生成连贯的音乐通常通过使用类似 MIDI 或钢琴卷的符号表示来实现。然而，这些方法无法完全捕捉到音乐中的细微表现差异和风格元素。为此，Meta AI 开源了 AudioCraft，一个可以用来生成音频的框架。它支持一系列的模型，能够产生高质量的音频，并具有长期的一致性，用户可以通过自然界面轻松地与其进行交互。

AudioCraft 适用于音乐和声音生成及压缩，所有这些都在同一个平台上进行。由于易于构建和重复使用，希望构建更好的声音生成器、压缩算法或音乐生成器的人可以在同一个代码库中完成所有操作，并在其他人已有基础上进一步发展。

## 案例 4　编程开发

### 1. 案例描述

AI 编程开发作为人工智能技术的应用领域之一，已经成为当今科技领域中最具活力和潜力的领域之一。其背景可以追溯到 20 世纪 50 年代以来对人工智能概念的探索和研究。随着计算机硬件和算法的不断进步，AI 编程开发逐渐成熟并在 21 世纪初迎来了爆发式的发展。

人工智能的概念最早可以追溯到 20 世纪 50 年代，当时计算机技术刚刚起步，科学家们开始探索如何使计算机具有类似人类智能的能力。这一时期诞生了许多重要的人工智能理论和算法，如图灵测试、神经网络等，为后来的 AI 编程开发奠定了基础。

AI 编程开发的背景下，计算机科学的发展起到了关键作用。计算机科学的进步为 AI 编程提供了强大的硬件基础和高效的算法支持。随着计算机处理能力的不断提升，人工智能系统可以更快速、更精确地进行复杂的推理和决策，同时也可以处理海量的数据信息。工程学的发展也对 AI 编程开发起到了重要的推动作用。工程师们通过将计算机科学和数据科学的理论知识应用于实际工程项目中,不断改进和优化 AI 系统的性能。其设计并构建了各种类型的人工智能系统,包括专家系统、机器学习模型、自然语言处理系统等,为各行各业带来了创新的解决方案。此外,数据科学的崛起也对 AI 编程开发产生了深远影响。大数据技术的发展为 AI 系统提供了丰富的数据资源,使得 AI 系统可以通过学习海量数据来不断优化自身的性能。数据科学家们的工作为 AI 编程开发提供了重要支持,他们致力于发现数据中的模式和规律,并将这些信息应用于 AI 系统的训练和优化过程中。

随着计算机硬件性能的不断提升和算法的不断改进,人工智能技术进入了一个新的发展阶段。20 世纪 90 年代至 21 世纪初,机器学习、深度学习等技术逐渐成熟,并开始应用于语音识别、图像识别、自然语言处理等领域。这一时期标志着 AI 编程开发迈入了实际应用的阶段,各行各业开始关注和投入到人工智能领域的发展当中。依靠大数据和云计算技术的发展,AI 编程开发进入了一个全新的阶段。大数据为 AI 系统提供了丰富的数据资源,为机器学习和深度学习算法的训练和优化提供了有力支持。云计算技术为 AI 模型的部署和运行提供了灵活和高效的基础设施,使得 AI 技术能够更广泛地应用于各个行业和领域。

当前,AI 编程开发已经在许多领域得到了广泛应用。在医疗保健领域,AI 技术被应用于医学影像识别、疾病预测和个性化治疗方案的制订;在金融服务领域,AI 技术被应用于风险管理、欺诈检测、智能投资等方面;在零售和电子商务领域,AI 技术被应用于个性化推荐、库存管理、智能客服等方面;在智能制造领域,AI 技术被应用于生产流程优化、质量控制、设备预测性维护等方面;在智能交通领域,AI 技术被应用于交通流量预测、智能驾驶辅助系统、城市规划等方面。可以说,AI 编程开发已经深入到人们生活和工作的方方面面。

未来,AI 编程开发有望朝着更加智能化、普及化、可信赖、自动化和人性化的方向发展。随着技术的不断创新和突破,AI 系统将会变得更加智能、自适应和灵活,能够适应复杂和多变的环境;AI 技术将会更广泛地应用到各个行业和领域,为人们的生活和工作带来更多便利和效益;AI 系统的可解释性和透明性将会得到更多关注,以提高人们对 AI 系统决策的信任度;自动化开发工具和平台的发展将会加速 AI 模型的开发和部署过程,降低开发门槛;AI 系统将会更加关注人的需求和体验,与人类更加紧密地协作和交互。可以预见,AI 编程开发的创新将在许多行业和领域带来深远的影响,为人类社会的发展和进步做出重要贡献。

**2. 案例分析**

AIGC 是将人工智能技术应用于计算科学的兴起领域。在软件开发过程中,AIGC 技术可协助开发人员自动创建和重构代码,以提高开发工作的效率。利用 AIGC 技术进行自动化代码生成和重构的工具,能够通过对现有代码库进行学习和分析,生成符合特定需求的代码,并对现有代码进行重构及优化。这些工具利用了深度学习、机器学习等人工智能技术,可以识别代码模式、结构和规范,并根据这些信息生成新的代码。此外,这些工具还能发现代码质量问题,并提供相关建议和解决方案,帮助开发人员进行代码质量控制。

使用基于 AIGC 技术的自动化代码生成和重构工具,开发人员可以更快地编写代码,提高代码质量和可读性,降低错误和漏洞的风险,节省时间和成本。此外,这些工具还可提高软件开发迭代和测试速度,帮助开发团队更快地推出产品。总的来说,基于 AIGC 技术的代码自动生成和重构工具是一种前景广阔的技术,它有望彻底改变软件开发的方式,为开发人员带来更高效、更优质的开发体验。

AI 编程开发是指利用人工智能技术来辅助或自动化软件开发过程的领域。下面将详细介绍 AI 编程开发的现状和发展情况。

目前,AI 编程开发已经在许多方面取得了显著进展,包括代码生成、代码优化、缺陷检测和修复、代码重构等。

(1)代码生成:AI 可以学习大量的代码库和编码样式,通过机器学习和自然语言处理技术,自动生成符合需求的代码。这种方法可以帮助开发者快速生成基础代码,减少重复性工作。一些开发环境和工具已经开始集成代码生成功能,如自动完成和智能建议。

(2)代码优化:AI 可以分析现有代码,并提供改进建议,以提高代码质量和性能。它可以检测潜在的性能瓶颈、代码缺陷和不必要的复杂性,并提供相应的优化策略。这有助于开发者编写更高效、可读性更好的代码。

(3)缺陷检测和修复:AI 可以识别代码中的常见错误和潜在漏洞,并提供修复建议。它可以通过静态代码分析、模型验证和漏洞数据库等手段来检测潜在的安全风险。这有助于提高软件的质量和安全性。

(4)代码重构:AI 可以分析现有代码,并自动进行重构以提高代码的可读性、可维护性和性能。它可以识别出重复的代码块、不必要的逻辑和低效的算法,并提供相应的重构建议。这有助于优化和改进现有的代码库。

除了以上提到的具体应用,AI 编程开发还涉及许多其他领域的研究和实践,如自动化测试、自动文档生成、自动调试等。

然而,AI 编程开发仍然面临一些挑战和限制:

(1)数据和模型的依赖:AI 编程开发需要大量的高质量数据和有效的模型来进行训练和预测。获取足够的数据并构建准确和鲁棒的模型仍然是一个挑战。

(2)需求理解和规范:将人类语言的需求转化为机器可执行的代码仍然是一个复杂的问题。需要更好的自然语言处理和推理技术来解决这个问题。

(3)灵活性和创造性:AI 目前还缺乏真正的创造性和创新能力。它更适合处理常规和重复性的任务,而在解决复杂问题和进行创新开发方面还存在限制。

尽管 AI 编程开发仍然面临一些挑战,但已经取得了显著的进展,并在软件开发领域发挥着越来越重要的作用。随着人工智能技术的不断发展和应用场景的扩大,相信 AI 编程开发将会进一步提高软件开发的效率和质量,为开发者带来更多的便利和创新机会。

**3. 解决方案——Stable Code**

Stability AI 以其 Stable Diffusion 文本生成图像模型而闻名,但这并不是其感兴趣的唯一领域,该公司现在也开始涉足代码生成领域。Stability AI 发布了其新的开放大型语言模型 Stable Code。该模型旨在帮助用户生成编程语言代码,基于 Transformer 神经网络打造,如图 7-19 所示。

Stable Code 提供三个不同级别,一个基础模型用于一般用途,一个指令模型,以及一个能够支持多达 16 000 个词元(Token)的长上下文窗口模型。Stable Code 模型受益于开源 Big

```
from transformers import AutoModelForCausalLM, AutoTokenizer
tokenizer = AutoTokenizer.from_pretrained("stabilityai/stablecode-instruct-alpha-3b")
model = AutoModelForCausalLM.from_pretrained(
  "stabilityai/stablecode-instruct-alpha-3b",
  trust_remote_code=True,
  torch_dtype="auto",
)
model.cuda()
inputs =
inputs = """
###Instruction
Generate a python function to find number of CPU cores

###Response
"""
inputs = tokenizer(inputs, return_tensors="pt").to("cuda")
tokens = model.generate(
  **inputs,
  max_new_tokens=48,
  temperature=0.2,
  do_sample=True,
)
print(tokenizer.decode(tokens[0], skip_special_tokens=True))
```

图 7-19　Stable Code

Code 项目的初始编程语言数据集，同时还经过了 Stability AI 的额外过滤和微调，Stable Code 首先支持 Python、Go、Java、JavaScript、C、Markdown 和 C++ 等编程语言的开发。

训练任何大语言模型都依赖于数据，Stable Code 的数据来自 Big Code 项目。HuggingFace 和 ServiceNow 也曾推出了基于 Big Code 的开放 StarCoder LLM。Stability AI 的首席研究科学家内森·库珀称，Stable Code 的训练涉及对 Big Code 数据进行大量的过滤和清理。Stability AI 声称 Stable Code 的长上下文窗口版本比任何其他模型都要大，更长的上下文窗口使得可以使用更专业和复杂的代码生成提示，这意味着用户可以让 Stable Code 查看一个包含多个文件的中等大小的代码库，以帮助理解和生成新代码。Stable Code 目前还处于早期阶段，现在官方的目标是看看开发者会如何接受和使用该模型。

## 案例 5　金融预测

### 1. 案例描述

AIGC 浪潮汹涌而来，成为金融数字化转型的重要驱动力。金融机构也开始布局，探索打造金融领域专业大模型，更好赋能金融业高质量发展。金融行业具备大规模、高质量数据资源和多维度、多元化应用场景，是人工智能应用落地较为深入的领域之一。

人工智能在大数据分析，自动化任务执行，语音、文本识别方面有其优势，因此在规律性强、数据量大、重复度高的相关金融场景得到大量应用。例如，银行、保险机构在智慧客服、智慧营销、智能风控方面都有不少实践。而生成式 AI 是人工智能领域的一次范式转变，新的商业价值有待挖掘。

金融科技(Fintech)是金融行业与科技的深度融合，是当今金融领域发展的重要方向之一。随着人工智能、大数据、区块链等新兴技术的不断涌现，金融行业迎来了前所未有的变革和机遇。在全球范围内，金融科技已经成为引领金融行业创新发展的重要力量，为金融机构提供了更多的发展可能性，也给消费者带来了更便捷、高效的金融服务体验。

人工智能技术在金融领域的应用日益广泛。通过大数据的分析和挖掘，人工智能可以帮助金融机构更好地识别风险、优化投资组合、提升客户体验等。例如，智能风控系统可以通过数据模型实时监测风险，并及时做出应对；智能客服系统可以通过自然语言处理和机器学习技术提供更高效、个性化的服务。同时，人工智能还在金融交易、投资决策等方面发挥着重要作用，提高了金融行业的效率和准确性。区块链技术正在逐渐改变金融行业的格局。区块链技术的去中心化、不可篡改、安全性高等特点，使其在金融领域具有广阔的应用前景。目前，包括数字货币、智能合约、供应链金融等领域都在积极探索区块链技术的应用。例如，一些国家的央行正在研发数字货币，以提升货币发行和流通效率。智能合约的应用也为金融交易提供了更加高效、安全的解决方案；而供应链金融中的区块链技术，则可以帮助减少信息不对称、提高融资效率。大数据技术的应用也为金融行业带来了重大变革。金融机构通过大数据分析，可以更好地了解客户需求，开发个性化金融产品和服务。同时，大数据分析也可以帮助金融机构更好地管理风险，提高信贷审核的效率。此外，大数据技术还可以应用于反欺诈、市场营销、交易监控等方面，进一步提升金融行业的运营效率和风险管理能力。移动支付、互联网保险等新型金融业态也在金融科技的推动下不断壮大。移动支付的普及让消费者在日常生活中享受到更加便捷的金融服务；互联网保险的快速发展为传统保险行业注入了新的活力。

显然，金融科技正以前所未有的速度和深度改变着金融行业的发展格局，为金融行业的创新和发展带来了巨大的机遇和挑战。随着技术的不断演进和创新应用，相信金融科技将继续成为金融行业发展的主要动力之一，为全球金融体系的稳定和可持续发展做出更大的贡献。

**2. 案例分析**

AI 在金融领域的研究背景可以追溯到 20 世纪 80 年代。当时人工智能技术开始在各个领域崭露头角。随着计算能力的提升和算法的不断进步，人工智能在金融领域的应用也逐渐成熟。

在金融领域，人工智能主要应用于风险管理、投资决策、交易执行、客户服务等方面。通过大数据分析和机器学习算法，人工智能可以帮助金融机构更准确地评估和管理风险，实现更精确的信用评估和风险预测。同时，人工智能还可以结合深度学习和自然语言处理等技术，提供智能化的客户服务和投资建议。此外，随着区块链技术的兴起，人工智能与区块链的结合也为金融科技创新带来了新的机遇。通过分析区块链上的数据，人工智能可以提供更智能化的金融服务，并改善交易的安全性和透明度。

目前，人工智能在金融领域的应用已经取得了显著的进展，对金融行业的发展产生了深远的影响。下面将从几个方面介绍 AI 在金融领域的现状和发展趋势。

**➢风险管理与合规监管**

金融行业一直面临着复杂的风险管理和合规监管挑战。而人工智能技术的发展为金融机构提供了更强大的工具来应对这些挑战。通过大数据分析和机器学习算法，人工智能可以帮助金融机构更准确地评估和管理风险，实现更精确的信用评估和风险预测。例如，人工智能可以基于历史数据和市场情报，帮助金融机构识别潜在的信用风险，并提供相应的控制措施。另外，人工智能还可以用于合规监管，通过自动化和智能化的方式帮助金融机构满足监管要求，降低合规成本。

➢智能客服与投资顾问

金融机构通过引入人工智能技术，提供智能客服系统和投资顾问服务，为客户提供更高效、个性化的服务体验。智能客服系统可以通过自然语言处理和情感分析等技术，与客户进行实时交互，并回答各种金融产品和服务的问题。而投资顾问则可以基于客户的风险承受能力和投资目标，利用人工智能算法生成个性化的投资建议。这些智能化的服务不仅提高了客户的满意度，也降低了金融机构的运营成本。

➢交易执行与资产管理

人工智能在交易执行和资产管理方面也发挥着重要作用。例如，在高频交易中，人工智能可以通过机器学习算法分析市场行情，识别交易机会，并自动执行交易指令。另外，人工智能还可以结合大数据分析和预测模型，帮助资产管理公司进行资产配置和投资决策。通过全面分析市场数据和宏观经济指标，人工智能可以提供更准确的投资建议，优化投资组合的风险收益特征。

➢反欺诈与安全防护

金融领域一直是欺诈行为的主要目标之一，而人工智能技术可以有效提高金融交易的安全性和反欺诈能力。通过机器学习算法，人工智能可以分析大量的交易数据和用户行为数据，识别出异常交易和可疑活动，并及时采取措施防止欺诈行为的发生。此外，人工智能还可以通过人脸识别、声纹识别等技术，提高金融机构的身份验证和安全防护能力。

➢区块链与金融科技创新

人工智能与区块链技术的结合，也为金融科技创新带来了新的机遇。区块链作为一种去中心化、可信赖的分布式账本技术，可以确保金融交易的透明度和安全性。而人工智能则可以通过分析区块链上的数据，提供更加智能化的金融服务。例如，基于区块链的智能合约可以通过人工智能算法自动执行，实现无须信任第三方的金融交易。另外，通过人工智能技术分析区块链数据，可以帮助金融机构发现市场趋势和投资机会。

人工智能在金融领域的发展正不断深化和拓展。从风险管理到客户服务，从交易执行到安全防护，人工智能技术正在为金融机构提供更高效、智能的解决方案。随着技术的进一步突破和应用场景的扩展，人工智能将继续推动金融行业的创新与发展。然而，同时也需要关注数据隐私和安全等问题，并加强监管和规范，以确保人工智能在金融领域的应用能够更好地服务于金融市场的稳定和可持续发展。

### 3. 解决方案

轩辕是国内首个开源的千亿级中文对话大模型，同时也是首个针对中文金融领域优化的千亿级开源对话大模型。轩辕在 BLOOM-176B 的基础上针对中文通用领域和金融领域进行了针对性的预训练与微调，它不仅可以应对通用领域的问题，也可以解答与金融相关的各类问题，为用户提供准确、全面的金融信息和建议。各类金融大模型参数见表 7-1。

表 7-1　　各类金融大模型参数

| Model | Type | Parameter | Corpus Content |
|---|---|---|---|
| FinBERT(Araci,2019) | PLM | 110M | News Filtered by Financial Keywords |
| FinBERT(Yang et al.,2020) | PLM | 110M | Corporate Reports, Earnings Call Transcripts, Analyst Reports |
| Mengzi-BERT-base-fin(Zhanget al.,2021) | PLM | 110M | News, Analyse reports, Company announcements |
| FinT5(Lu et al.,2023) | PLM | 220M, 1B | Corporate Reports, Analyst Reports, Social Media and Financial News |
| XuanYuan 2.0 | ChatLM | 176B | Corporate Reports, Analyst Reports, Social Media and Financial News |

针对金融领域的详细评测体系涉及金融名词理解、金融市场评论、金融数据分析和金融新闻理解四大领域，从多角度全面考察模型的金融处理能力。评测结果表明，轩辕在主流的四种开源大模型的比较中，赢得 150 次回答中 63.33%的胜率，凸显出其在金融领域的显著优势。

除了在金融领域的突出表现，轩辕还在通用处理能力方面表现优秀。利用由 200 道多元化问题构成的通用评测集，对轩辕在数学计算、场景写作、逻辑推理、文本摘要等 13 个主要维度的表现进行了评估，并将其与 ChatGPT 进行了对比，结果显示，轩辕在这个评测集上，有 71%的问题表现不亚于 ChatGPT，验证了其全方面能力。轩辕模型结构如图 7-20 所示。

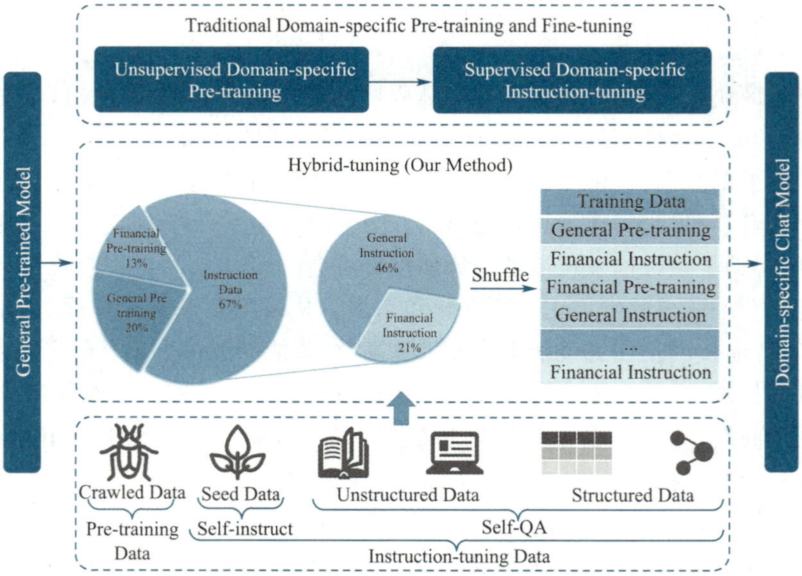


图 7-20　轩辕模型结构

有机遇也有挑战，大模型的未来发展、商业价值落地面临诸多挑战，在金融业同样如此。例如，高质量数据是大模型价值跃迁的关键基础，但目前金融业在强化数据治理、保证数据安全、完善数据共享机制等方面都还任重道远。

## 案例6 工业制造

### 1. 案例描述

工业制造是现代社会经济的重要组成部分，其发展水平直接关系到一个国家的经济实力和竞争力。随着科技的迅猛发展，人工智能作为一种重要的技术手段，正在以惊人的速度改变着工业制造的面貌。作为一种新兴技术，人工智能近年来在工业领域得到了广泛的应用和发展。

传统的工业制造过程通常存在着生产效率低、产品质量不稳定、设备维护成本高等问题，而AI技术的应用可以有效地解决这些问题。通过对大数据的分析和挖掘，AI可以帮助企业进行生产过程的预测和优化，提高生产效率，降低生产成本，提高产品质量，因此AI技术在工业制造中的应用已经成为全球范围内的热点和趋势。AI可以通过实时监测设备运行状态和生产数据，及时发现异常情况，并采取相应的调整措施，避免生产事故和质量问题的发生；AI还可以通过对客户需求和市场趋势的分析，优化生产计划和供应链管理，提高生产计划的准确性和灵活性。

人工智能在智能制造中的应用是当今工业制造领域一个备受关注的热点话题。随着科技的不断进步和人工智能技术的快速发展，人工智能在工业制造中的应用正在改变着传统的生产模式和管理方式，这为工业制造业带来了新的机遇和挑战。

➢从技术发展的角度来看AIGC在工业制造中的应用背景

随着大数据、云计算、物联网等技术的快速发展和普及，工业制造领域正在迎来数字化、智能化转型的浪潮。人工智能作为当前科技领域的热点之一，其强大的数据处理和分析能力、智能决策和控制能力，以及自主学习和优化能力，为工业制造领域带来了前所未有的机遇。通过人工智能技术，工业制造企业可以实现生产过程的智能化监控与调度、设备的预测性维护与故障诊断、生产过程的自动化优化与管理等，从而提高生产效率、降低成本、提高产品质量，促进工业制造业的转型升级。

➢从市场需求的角度来看AIGC在工业制造中的应用背景

随着消费者需求的日益多样化和个性化，传统的大规模生产模式已经无法满足市场的需求。工业制造企业需要更加灵活、高效、精准的生产方式来满足市场的需求。而人工智能技术正是能够帮助工业制造企业实现个性化定制、柔性化生产的重要技术手段。通过人工智能技术，工业制造企业可以根据客户需求实现定制化生产，提供多样化的产品和定制化服务，从而拓展市场空间，提高市场竞争力。

➢从管理模式的角度来看AIGC在工业制造中的应用背景

传统的工业制造管理模式往往是基于经验和规则的，其决策过程通常较为主观、片面，容易受到人为因素的影响。而人工智能技术则可以帮助工业制造企业实现管理的智能化、精细化和科学化。通过人工智能技术，工业制造企业可以基于大数据分析和机器学习算法实现生产计划的优化、库存管理的精细化、供应链调度的智能化等，提高资源利用效率，降低库存成本，实现精准生产和精益管理。同时，人工智能技术还可以帮助工业制造企业实现智能化的质量控制、智能化的安全监控、智能化的环保治理等，提高企业的整体管理水平和综合竞争力。

➢从政策支持的角度来看 AIGC 在工业制造中的应用背景

当前，我国政府正在积极推动制造业的数字化、智能化转型。国家出台了一系列政策措施，支持工业制造企业加大人工智能技术的研发和应用，鼓励企业加大对人工智能技术的投入，推动传统制造业向智能制造业转型升级。同时，政府还支持人工智能技术与工业制造的深度融合，鼓励企业加强人才培养和技术创新，推动人工智能技术在工业制造领域的广泛应用。

AIGC 在工业制造中的应用背景是多方面的。从技术发展、市场需求、管理模式、政策支持等多个角度来看，人工智能技术在工业制造领域的应用具有广阔的前景和巨大的潜力。随着人工智能技术的不断发展和应用，相信工业制造领域将迎来更加广阔的发展空间和更加美好的未来。

**2. 案例分析**

人工智能在工业领域的应用已经成为一种全面改变生产方式和管理模式的重要力量。从传统的机械化生产向智能化、数字化、自动化的生产方式转变，工业智能化正成为未来工业发展的主要趋势。在工业领域，人工智能技术已经得到了广泛应用，涵盖了生产制造、设备维护、质量控制、供应链管理等多个方面，并且不断取得新的突破和进展。

具体来说，其背后的发展背景可以从多个方面来进行介绍。

(1)人工智能在工业生产制造中的应用已经带来了深刻的变革。传统的生产制造往往依赖于人工操作和简单的自动化设备，而人工智能技术的应用使得生产制造更加智能和灵活。通过大数据分析和机器学习算法，工厂可以实现生产过程的实时监控和优化调整，提高生产效率和产品质量。同时，智能制造系统还能够实现生产计划的优化调整，实现定制化生产，满足多样化的市场需求。这种智能化生产模式，不仅提高了生产效率，还降低了生产成本，提高了企业的竞争力。

(2)人工智能在工业设备维护和故障诊断方面也发挥着重要作用。传统的设备维护往往基于规则和周期性维护，而人工智能技术的应用可以实现对设备状态的实时监测和预测性维护。通过对设备运行数据的分析，可以及时发现设备的异常状态，并预测可能出现的故障，从而避免因设备故障导致的生产中断和损失。与此同时，人工智能还能够帮助企业建立设备维护的优化计划，降低维护成本和时间成本。

(3)人工智能在质量控制方面也发挥着越来越重要的作用。传统的质量控制往往依赖于人工进行抽检和判断，而人工智能技术的应用可以实现对产品质量的自动检测和分类。利用机器视觉和深度学习算法，可以对产品进行高速、高精度的检测，提高了产品检测的准确性和速度，降低了人力成本，减少了因人为因素导致的误差。同时，人工智能还能够分析生产过程中的数据，发现潜在的质量问题，帮助企业改进生产工艺，提高产品质量。

(4)人工智能在供应链管理方面也发挥着重要作用。传统的供应链管理往往面临着信息不对称、库存过剩、交付延迟等问题，而人工智能技术的应用可以帮助企业实现对供应链数据的实时分析和规划优化。通过对供应链数据的分析，可以实现对供应链的风险识别和预警，帮助企业及时调整供应链策略，降低了因供应链问题而导致的生产中断和成本增加。同时，人工智能还能够优化供应链的规划和调度，提高了供应链的效率和灵活性，降低了库存成本和运输成本。

(5)人工智能在工业领域的应用已经带来了深刻的变革，推动了工业生产方式的转型升级。随着人工智能技术的不断创新和突破，相信在未来，人工智能将会在工业领域发挥出更加重要的作用，推动工业生产方式向着智能化、高效化、可持续化的方向发展。同时，我们也需要关注人工智能在工业领域的应用所带来的一些新的问题和挑战，如数据安全和隐私保护、人机协作与劳动力就业等问题，以便更好地推动人工智能与工业的融合发展。

综上所述，人工智能在工业领域的应用得到如此迅猛的发展，既有技术自身进步和创新的原因，也得益于信息技术、传感器技术、工业需求、政策支持等多方面的积极因素。可以预见，在未来人工智能技术不断创新和突破的推动下，其在工业领域的应用将会呈现出更加广阔的前景和应用空间。

**3. 解决方案——AInno-15B**

2023 年国内“AI+制造”解决方案供应商创新奇智举办发布会，交出了自己的答卷。会上，创新奇智发布了“奇智孔明 AInnoGC”工业大模型产品矩阵，围绕其自研的工业大模型 AInno-15B 发布了大模型服务引擎，以及三款生成式 AI 应用产品：工业机器人任务编排应用“奇智明达 ChatRobot”、企业私域数据分析应用“奇智明数 ChatBI”、企业私域知识问答应用“奇智明睿 ChatDoc”。发布会如图 7-21 所示。

“奇智孔明 AInnoGC”产品矩阵的核心——工业大模型 AInno-15B，基于深度学习 Transformer Decoder 架构，结合蒸馏开源免费大模型和其自有的工业知识库训练得到，拥有 150 亿以上参数，拥有行业化、轻量化、多模态等特点，具备工业知识归纳生成、工业数据分析、自动化任务编排等能力。

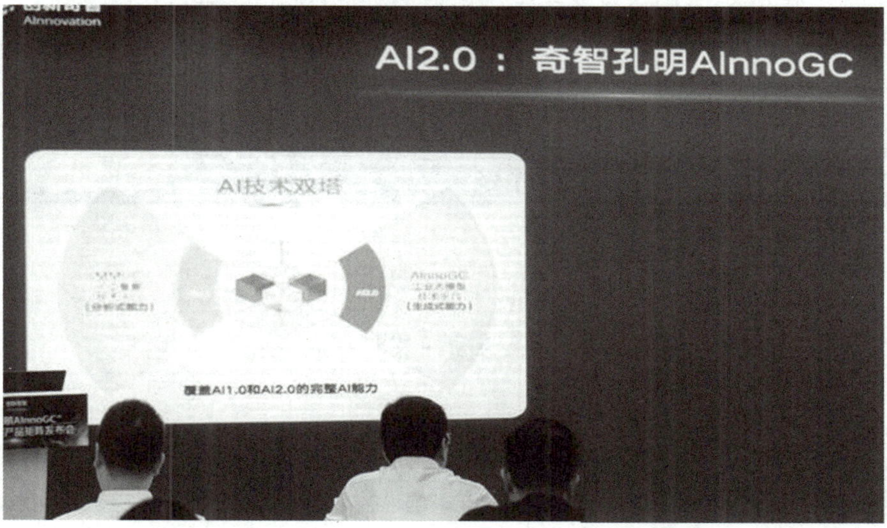


图 7-21 工业大模型发布会

会上，创新奇智依次发布了工业大模型 AInno-15B、大模型服务引擎，以及三个基于该模型和服务引擎的 ChatX 应用，并进行了现场演示。

其介绍人介绍道，公司曾报告 AI 技术从 1.0 的分析式阶段，到如今 2.0 的生成式阶段的演进。创新奇智现在的整体思路，是在坚持 1.0 和 2.0 同时进行的基础上持续不断地推进 2.0 的研发，形成 AI 技术双塔，为未来做储备。

工业大模型 AInno-15B“站在巨人的肩膀上”，从 Llama 2、Falcon、Bloom 等开源大模型中蒸馏一部分知识，再结合自己设计的参数结构和积累的工业知识数据做训练。经过 Pretrain、SFT 和 RLHF 三个训练步骤，依次使模型获得更懂工业、支持问答交互和答案更标准的能力。

在能力评估方面，AInno-15B 在中国信通院发布的《大规模预训练模型技术应用评估方法：模型和应用》标准符合性验证中，39 项能力测试中的 31 项获得了 5 分满分。创新奇智称，大模型是能力的源泉，而要把它的能力发挥出来，还需要中间层，也就是工具链，来将大模型和应用层连接起来。

AInnoGC 大模型服务引擎作为面向企业的生产和应用管线，具有指令数据、模型精调、模型服务、提示工程等功能。技术方面，该引擎支持并行计算、私有化部署，可用性较高。

创新奇智展示的能力，让我们看到了生成式 AI 重塑所有应用的未来是什么样子。面对大模型落地的挑战，创新奇智的解决思路是：聚焦工业，在业内优秀开源大模型的基础上不断优化，构建适用于工业垂类的大模型，同时利用长期积累的工业数据知识进行增量训练。

## 本章小结

本章围绕 AIGC（生成式人工智能内容）的核心内容展开，重点分析其原生驱动力、因果逻辑与应用案例。内容涵盖 AIGC 的起源、概念、行业现状及关键技术，并结合文本生成、图像生成、音频合成、编程开发、金融预测与工业制造等领域的实际应用案例，详细探讨了 AIGC 在前沿应用中的发展历程，如 ChatGPT 和 MidJourney 等典型成果。本章旨在帮助读者全面了解 AIGC 的关键技术及其在各行业中的具体应用。

## 思考题

1. 请简述 AIGC 的相关概念。
2. 请简述 AIGC 的相关关键技术。
3. 请简述 AIGC 在不同行业领域的实际应用及相关产品应用。
4. 请简述 AIGC 在未来的发展前景。

## 参考文献

[1] 自动驾驶之心. 最新综述！AIGC 到底是什么？都有哪些应用？一文尽览！[Z/OL]. 知乎

[2] 亚信科技. 2023 年中国 AIGC 产业全景报告[Z/OL]. 搜狐网

[3] 机器学习算法那点事. 最新 Transformer 预训练模型综述！[Z/OL]. 微信公众号—机器之心

[4] 热心老男孩. BERT 详解[Z/OL]. 知乎

[5] Jacob Devlin, Ming wei Chang, Kenton Lee, et al. BERT: Pre-training of Deep Bidirectional Transformers for Language Understanding[J]. arXiv:1810.04805v2.

[6] 黑米 AI 助手. 生成式预训练 Transformer 模型：AIGC 领域的创新突破[Z/OL]百度新闻

[7] Alec Radford, Karthik Narasimhan, Tim Salimans, et al. Improving Language Understanding by Generative Pre-training [J]. Preprint. Work in progress.

[8] Feng Nie. 什么是扩散模型？[Z/OL]. 知乎

[9] 住在小书屋旁的拓小鹏. 你知道什么是 Stable Diffusion 吗[Z/OL]百度新闻.

[10] Robin Rombach, Andreas Blattmann, Dominik Lorenz, et al. High－Resolution Image Synthesis with Latent Diffusion Models[C]. CVPR, 2022, 10 684-10 695.

[11] 蛋大. Stable Diffusion 简介[Z/OL]. 知乎

[12] Wang T, Huang J, Zhang H, et al. Visual commonsense r-cnn[C]//Proceedings of the IEEE/CVF conference on computer vision and pattern recognition. 2020: 10 760-10 770.

[13] 房晓楠. 张含望：大模型的研究离不开因果关系(Causality) [Z/OL]微信公众号-AI 科技评论.

[14] 科技说说. 回溯过去、盘点现在、展望未来：AIGC 产业的新机遇已至？[Z/OL]. 搜狐网

[15] JEREMY KAHN. 全球爆红的 ChatGPT 是如何诞生的？[Z/OL]. 微信公众号-财富 FORTUNE.

[16] 产品沉思录的少楠. 浅谈 Midjourney 等 AI 绘图工具的使用技巧及社群带来的价值[Z/OL]. 百度搜索-百度新闻.

[17] 丽台科技. AIGC 在音乐领域进展如何？难点有哪些？还要多少年可以出现现象级的音乐生成工具？[Z/OL]. 知乎.

[18] 李雅筝，刘宇星. AIGC 技术赋能数字音频内容生产：应用场景、存在问题与应对策略[J]. 数字出版研究，2023，2(03)：13-20.

[19] 数据学习者. Meta 开源 AudioCraft：支持 AudioGen 等模型的音频生成开发框架[Z/OL]. 百度新闻.

[20] IT 之家. Stability AI 推出 StableCode，一款用于写代码的大型语言模型[Z/OL]. 百度新闻.

[21] 新华财经客户端.「财经分析」大模型“千帆竞逐” AIGC 为数智金融带来新动力[Z/OL]. 百度新闻.

[22] Xuanyu Zhang, Qing Yang, Dongliang Xu, et al. XuanYuan 2.0: A Large Chinese Financial Chat Model with Hundreds of Billions Parameters[J]. arXiv:2305.12002v1

[23] 智东西. “AI＋制造”增收 81%后，创新奇智工业大模型放大招[Z/OL]. 百度新闻.

[24] 泽南. 懂制造业的大模型来了：创新奇智发布 AInno-15B，产品矩阵首亮相[Z/OL]. 机器之心.

[25] 高兰兰，贾晨，马文嘉，等. 金融行业 AIGC 落地方法论的探索和研究[J]. 债券，2023，(10)：73-78.

[26] 洪季芳. Transformer 研究现状综述[J]. 信息系统工程，2022，(02)：125-128.

[27] 龚华超. 人工智能领域下的设计发展:设计师如何在 AI 浪潮中航行[J]. 中国艺术,2023,(05):28-35.

[29] 李雅筝,刘宇星. AIGC 技术赋能数字音频内容生产:应用场景、存在问题与应对策略[J]. 数字出版研究,2023,2(03):13-20.

[30] 刘典. 金融-科技-产业:金融强国战略的三元结构和历史演进[J]. 金融经济学研究,2024,39(01):50-59.

# 第8章 类脑计算与脑机接口

**本章学习目标**

通过学习本章内容，理解人脑感知、认知、记忆过程的一般性规律；思考人工智能领域类脑建模现存的问题与未来的发展方向，研究更具生物解释性的神经网络模型，了解现有的脑机接口实验与模型，探究脑机接口在实际社会生活中的地位与意义。

## 8.1 生物智能计算

面对日益复杂的现实世界问题，研究人员正在寻找更加高效的解决方法。不同的动物通过进化机制在几代人的演化过程中，培养出了特化能力，以应对复杂任务。事实上，进化使得动物能够适应恶劣环境、寻找食物，以及完成困难的定向任务，同时也能灵活地应对激烈的气候变化和其他威胁。当动物以独立系统、群体或者领地（它们自身也是复杂的系统）组织起来时，它们成功地在地球上实现了完全的统治，并最终建立了一个能够存续数千年的全球平衡。生物有机体的成功启发了各种优化问题的求解方法，这些方法如今被称为生物启发优化算法。蜂群表现出相对简单的个体行为，但却具备了令人惊叹的协调和组织行动能力，它们代表了一种复杂且高度结构化的社会组织。蜂群、蚁群、蚊子群、鱼群、鸟类、苍蝇和粒子群都属于这一类别。群体智能是生物启发优化算法的一个分支，专注于研究群体的集体行为，从而开发模仿群体解决问题能力的元启发式方法。研究人员从蜂群在现实世界中分布、协调和集体行动的成功和高效性中获得了灵感，试图开发复杂的方法和系统，利用蜂群的技术来找到复杂问题的解决方案。一些受欢迎的群集算法灵感来自蚁群优化、粒子群优化、蜂群优化，以及其他群体，如鱼群、重力和质量相互作用、蜜蜂行为的不同方面、细菌、萤火虫、蟑螂、蝙蝠和杜鹃鸟。

以生物智能计算、量子计算、光子计算为主的新型非传统计算范式的出现为人工智能的发展带来了全新的解决方案。其中，基于生物体系的生物分子计算、感知机制、神经元结构等的生物智能计算，是一种从生物系统中获取灵感，建立模拟生物运行机制的基础理论、计算模型及体系结构，进而实现智能的新型计算模式。

针对这一新方向，从以下方面进行建模：

(1)基于生物计算的人工智能新方法，利用 DNA 链置换反应的动力学特征，构建生化反应网络中的量值单元及运算单元，设计新型神经元的激活函数模型，建立新型神经元设计方法。具体研究方案如下：①围绕纳米尺度的分子序列排布、纳米结构特性，确定数值计算过程中的量值单元；结合 DNA 链置换技术，通过合理的生化反应网络设计，构建具有特定数据处理功能的基础计算单元。②建立 DNA 人工神经元基本运算单元的激活函数模型；通过研究生化反应条件动态操控机制，建立神经元之间的有效连接及高效传输方法，从而实现基于 DNA 链置换的新型神经元构建。结合生物神经网络的兴奋传导特性，构建 DNA 人工神经网络模型的拓扑结构与操作算子，设计分子信息通路，实现生化反应网络层级间动态调控，实现基于 DNA 链置换的人工神经网络。具体研究方案如下：①通过分析生物神经网络的兴奋传导特性，设计 DNA 人工神经网络模型的拓扑结构；将所需求解的复杂问题映射为目标函数和约束条件，构建人工神经网络系统计算模型的操作算子。②通过 DNA 分子变构等手段，设计基于 DNA 链置换的分子信息通路，并制定人工神经网络层级间反馈机制，保证信息的高效传递及神经网络各层级间的动态调控，最终实现基于 DNA 链置换的人工神经网络设计。

(2)基于生物启发的类脑神经网络关键技术研究，分析生物神经元的突触可塑性、内在可塑性等生物学特性，依托人工智能技术的基础与方法，突破类脑神经网络的多模态协同融合、稳态维持、突触自主学习等关键技术，实现强稳态、高鲁棒、强自适应性的类脑神经网络模型。基于多尺度生物启发的多模态表征提取与协同融合方法旨在强化类脑神经网络的感知能力。具体包括研究基于生物注意力启发的类脑多模态数据自适应表征方法，实现视觉、听觉等模态信息的统一表示，结合语义知识，探索多模态表征的编码机制，实现对多模态数据的主动式感知；研究多元信号的类脑协同融合机制，设计基于同调和异向神经元的协同因果推断方法，使类脑神经网络具备多源信号的动态协同融合能力；研究基于神经元内在可塑性的类脑神经网络稳态维持理论。生物神经元通常具备稳态，这一性质源于内在可塑性机制，是人脑在复杂场景下高效运作的关键。在此基础上，从生物神经元的内在可塑性入手，全方面、多角度地优化类脑神经元的架构，实现类脑神经元的动态化。此外，还包括依据现有的人工智能技术，研究类脑神经网络的高效训练方法，强化类脑神经网络的鲁棒性、表达能力与拟合能力；研究基于多尺度并行学习的类脑记忆构建方法，拟以人脑记忆机制为基础，设计类脑记忆表征、介观记忆连接；研究多模态区域互联的类脑记忆模型，有效地产生、保持和检索记忆，将神经元作为记忆的接口和保持记忆的主体，构建跨越初级、次级和多模态区域的记忆分布。研究基于类脑奖励的宏观更新方式，通过模仿人类的奖励学习机制，增加类脑神经元间的信息交互能力，从而强化类脑神经网络在未见场景下的泛化性与自适应。

## 8.2 基于生理信号的感知研究

脑机接口(Brain-Computer Interface，BCI)与人工智能(Artificial Intelligence，AI)技术的不断发展为强化人类的认知与决策能力提供了技术保障。脑机接口是一种大脑与外部设备间的直接连接通路，旨在充分发挥人脑的优势，绕过人体自身器官，实现大脑对外界装备的直接控制。因此，利用人工智能技术，探索神经影像数据的编解码策略，建立其与决策认知间的联系，加强大脑对外界刺激的认知与决策能力，不仅是类脑智能领域的一个关键技术问题，同时也是未来国家突破高新技术壁垒，实现产业转型的一个关键切入点。

目前，脑电生理记录的理解与分析的相关研究主要包含以下几方面：

**1.视觉、听觉的大脑活动信息重建**

人类对外部环境的感知不仅由客观刺激属性决定，同样由人脑中所建立的先验知识决定，二者的结合形成了人类感知背后复杂的大脑活动。理解相关的大脑活动并恢复编码信息是认知神经科学的一个关键目标。然而，由于大脑表征个体差异及缺乏合理的生物学指导，现有的方法无法有效地对视觉、听觉相关的脑电生理信号进行精确解码重建。因此，如何在生物学的引导下，探索不同个体间的相似神经影像数据的潜在特征，是视觉、听觉的大脑活动信息重建领域的一个关键问题。

**2. 基础认知功能的理解与刻画**

基础认知功能状态的识别有广泛的应用需求。在工程心理学领域，机动车驾驶员、飞行员、航空交通管制员等特殊作业岗位人员的认知负荷、疲劳程度等状态对于作业绩效、工作安全都有重要影响。而脑机接口所监测的神经影像数据为工作管理提供了重要的客观依据，能够更好地保证人员安全和工作绩效。在教育领域，学生的神经影像数据可以对学生的注意水平进行实时评测，为教师教学安排提供参考。在航空航天领域，飞行员的神经影像数据可以用于反映飞行员的疲劳状态与反应能力，从而为避免空天交通事故起到重要作用。然而，上述场景需要较高的实时性，因此，如何构建一种轻量小巧的识别模型，高效且快速地对认知功能进行理解与刻画是该领域的一个关键技术难题。

**3. 肌体功能康复与增强**

思维活动状态的实时识别可应用于更丰富的临床情境，辅助患者进行脑功能的康复。其核心思想是通过构建脑机接口闭环神经反馈调节系统，让患者主动参与到自身的康复过程中来。以研究较多的中风康复为例，脑机接口系统连续监测患者用运动想象方式表达的患侧肢体运动意图，在识别到主观运动意图时启动相应的功能性肌肉电刺激器或机械式康复仪等设备进行患侧肢体的运动锻炼。然而，现有的肌体功能康复与增强大多通过非侵入式神经影像技术实现患者的康复锻炼，如脑电图（Electroencephalogram，EEG）、脑磁图（Magnetoencephalography，MEG）、功能近红外光谱（Functional Near Infrared Spectroscopy，fNIRS）、心电图（Electrocardiogram，ECG）、功能磁共振成像（Functional Magnetic Resonance Imaging，fMRI）等，而EEG所包含的噪声与伪影限制了康复脑机接口系统的适应性与鲁棒性。针对EEG存在的不足，探索新型的脑电生理记录模态，以多模态协同融合的方式降低EEG数据中高噪声、强伪影对肌体功能康复系统的负面影响是一个待解决的关键问题。

综上所述，视觉、听觉的大脑活动信息重建、基础认知功能的理解与刻画、肌体功能康复与增强等均存在一定的技术瓶颈与技术难题，是目前脑电生理记录理解与分析领域需要解决的关键问题。

## 8.3 基于生物启发的类脑模型

随着脑科学和人工智能的发展，脑科学与人工智能的交叉融合将成为人类改变世界的全新视角。脉冲神经网络是包含具有时序动力学特性的神经元节点、稳态-可塑性平衡的突触结构、功能特异性的网络环路的新一代神经网络，是启发更具通用性和自主性的人工智能的新途径。研究基于神经可塑性的脉冲神经网络，突破生物启发的多模态协同、多尺度联合的可塑性优化理论，实现具有生物认知机制的新一代高效脉冲神经网络模型，不仅是脑科学和人工智能领域的科学前沿难题，也是国家在新一轮科技和产业革命浪潮中需要开辟的新的产业发展方向和重点领域。

目前，该领域的研究主要包括多尺度生物启发的多模态表征与协同融合方法；基于神经可塑性稳态的脉冲网络模型；多尺度并行学习的类脑记忆模型；神经突触可塑性与强化学习交互。

### 1. 生物启发的多模态协同融合

目前的研究大多仅考虑了视觉空间处理方法中的注意力机制，且更多地依赖于单独模态中的信息。它们在处理多模态信息时并没有充分借鉴人脑的注意力处理机制，也没有充分利用多模态间多尺度的信息和不同模态信息间的协同作用，缺少在多尺度的生物启发理论下的进一步探索，使得多源、多尺度信息在当前类脑网络模型上还不能做到真正的协同融合。因此，如何设计多尺度生物启发下的多模态表征和协同融合方法对于多模态学习和生物启发智能的交叉融合非常重要。

### 2. 内在可塑性稳态的脉冲模型设计

目前的研究大多仅考虑了神经元之间的关系，即突触权重可塑性，往往忽略了神经元的内部关系，导致降低了神经元的表达能力与兴奋活性。而生物学研究表明，神经元具有内在的可塑性，可以控制神经元的兴奋性和体内稳态，从而使其保持最大的活性和最大的信息表达能力。内在可塑性的行为已在许多物种的大脑区域被发现，并且已证明对塑造神经回路的动力学至关重要。当前在神经内在可塑性方面开展的研究工作存在诸如模型简单、参数固定、无生物学依据等不足，这使得难以利用内在可塑性的稳态，从而导致模型缺乏自适应性、泛化性，以及信息表达能力。因此，如何设计生物可解释的内在可塑性稳态的脉冲模型，并使模型在保持最大活性的同时具有最大的信息表达能力，对于类脑智能与机器学习领域的交叉融合是非常重要的。

### 3. 类脑记忆模型设计

目前的研究大多根据特定的任务进行针对性学习，模型具有尺度单一、缺乏泛化性，以及记忆能力较差等不足。人类的学习和记忆是大脑中核心认知功能之一，也是所有认知和智能的功能基础。学习即是对新信息的神经环路级别的信息表达，而记忆则是对已改变的神经环路的信息的存储和提取过程，即学习过程改变了微环路级别的神经表达，而记忆是对这种改变了的神经活动的再现过程。当前在记忆模型方面的研究大多仅针对某些特定的场景与神经元模型，缺乏新场景、新任务的适应能力，也缺少大脑区域间的信息传递。因此，如何设计多尺度并行学习的类脑记忆模型，使模型在微观—介观—宏观中具有类脑记忆的智能，值得深入研究。

### 4. 神经突触可塑性的学习能力研究

目前大多数关于脉冲网络的研究，都会考虑到突触可塑性，也能将突触可塑性部署在实际应用中，但其学习形式往往结构简单、形式化严重、缺乏自主更新能力、难以迁移到复杂任务中。突触可塑性主要包括易化、抑制、增强的短期突触可塑性与长时程增强和长时程抑制的长期突触可塑性，通过调节神经细胞间的连接强度，使突触的形态和功能发生较为持久的改变，并随着自身活动的加强与减弱相应得到加强与减弱，对整个类脑模型的更新起着至关重要的作用。突触连接的更新通常采用人为采集数据的方式，但对于高成本、缺乏数据的任务来说，传统的脉冲模型突触可塑性学习方法过度依赖数据模型库，导致其难以适应不同的退化环境，严重缺乏高效性与迁移能力。基于以上原因，迫切需要将脉冲模型的突触可塑性与自主更新的强化学习方法结合起来解决数据依赖的问题，然而，如何设计脉冲模型中突触可塑性与深度强化学习算法相交互的自主学习方法，还需要进一步探究。

综上所述，这些研究均存在亟待解决的技术难题和技术瓶颈，是目前脑科学与类脑智能领域需要解决的问题。

# 8.4 应用案例

## 案例 1 从非侵入式神经影像中解码图像

### 1. 案例描述

人类感知与先验知识是相辅相成的，即人类对于世界的感知不仅仅依赖于客观刺激，还依赖于人类自身的经验。基于此来了解大脑活动并恢复编码信息是认知神经科学的关键目标。而在这之中，解决视觉信息无疑是极具挑战性的问题之一。

功能磁共振成像(Functional Magnetic Resonance Imaging，fMRI)是一种非侵入式的、间接测量大脑活动的有效方法，通常会用于视觉信息复原，如图像分类。由此，随着深度学习的不断发展，能否利用该技术直接从相应的 fMRI 中恢复原始的视觉刺激，特别是在生物学原理的指导下恢复，逐渐成为学者们关注的热点。在以往的研究中，在直接解码复杂的神经活动时，由于缺乏 fMRI 图像对和生物学原理的指导，重建的图像往往模糊且缺乏语义信息。因此，如何在生物学原理的指导下学习有效的 fMRI 表征显得尤为重要。

此外，由于不同个体对相同的视觉刺激所产生的大脑激活模式并不相同，即个体差异性，也进一步让问题复杂化。基于此，先从 fMRI 表征学习角度来看，高性能的脑解码算法应该可以在个体差异的背景下稳定识别出共有的特征。接下来，通常采用特定领域的下游任务来进一步微调预训练模型。在这之中，掩膜信号建模(Mask Signal Modeling)在视觉和语言理解方面都有较佳的表现。并且扩散模型在内容生成和训练稳定性方面也均表现出了优越的性能。因此，基于上述方法提出了人脑视觉解码的 MinD-Vis，以利用大规模表征学习，模拟大脑对信息的稀疏编码。具体来说，首先，提出采用稀疏编码的掩膜脑建模(SC-MBM)，在生物学原理的指导下设计了高效的用于视觉解码的脑特征学习器；其次，利用双条件强化隐扩散模型，以增强解码一致性；最后，基于多类数据集进行定量和定性测试，包括未用于此评估任务的全新数据集。

### 2. 案例分析

从记录的脑活动中解码视觉刺激可以推动对脑机理的研究，并为连接人类和计算机的脑机接口技术奠定基础。然而，脑信号往往具有复杂的低维特征和稀缺的数据标注，这使得从脑活动中重建具有正确语义的高质量图像成为具有挑战性的问题。而在这项工作中，有人提出了用于人类视觉解码的基于双条件隐扩散模型的稀疏掩膜脑建模：首先，受初级视觉皮层内信息编码的启发，使用掩膜建模在大规模隐空间学习有效的 fMRI 数据自监督表征；其次，通过优化双条件隐扩散模型，验证了 Mind-Vis 可以使用很少的配对注释从大脑记录中重建具有语义匹配细节的高度可信的图像；最后，通过对模型进行定量与定性基准测试，证明了其方法在语义映射(100-way 语义分类)和生成质量(FID)方面分别优于目前最先进的方法 66%和 41%。

随着脑机接口技术的不断发展，其在实际生活中的应用潜力也愈发凸显，但仍然存在大量的技术瓶颈需要解决。通过解码 fMRI 信号生成图像需要大量数据对生成模型进行训练，但神经影像数据，特别是带有标签的神经影像数据的采集难度较大，因此很难获取大规模数据集对模型进行训练。因此，缺乏有标签的数据和数据的正确处理方法，是目前这一任务一直难以取得进展的主要原因。但是这项工作的生成效果相对较好，验证了通过 fMRI 信号精确还原人脑内图像信息的可行性。基于此，在拥有大规模数据集后，通过模型生成图像与真实图像的比对可以推测更多大脑记忆图像的机理，对于该领域的发展具有非常积极的推动作用。

**3. 解决方案**

从神经影像中解码视觉刺激，可以加深我们对人类视觉系统的理解。fMRI 是一种新型的无创、有效的神经影像记录技术，已广泛应用于脑机接口及认知神经科学领域。然而，由于 fMRI 中复杂的隐表征及 fMRI-图像数据对的不足，从 fMRI 中重建具有正确语义的高质量图像仍是一个具有挑战性的问题。同时，大脑表征的个体差异使这一问题更加复杂化。自监督学习是一个解决这一问题的有力学习范式，通过选择或设计一个合理的自监督代理任务，可有效提炼携有上下文知识的预训练模型，进而可以灵活高效地完成各种下游任务。目前，常用的自监督代理任务有对比学习（Momentum Contrast，MOCO）、双向编码器表征（Bidirectional Encoder Representations，BERT）、掩膜自编码器（Mask Autoencoder，MAE）等。同时，借助生成式 AI，如去噪扩散概率模型（Denoising Diffusion Probabilistic Models，DDPM）、隐扩散模型（Latent Diffusion Model，LDM）（又称稳定扩散模型，Stable Diffusion Model，SDM），可进一步确保解码信息的精确合成。因此，充分利用生成式 AI 及自监督代理任务，是解决图像刺激解码任务的关键。据此，有专家在 *Seeing Beyond the Brain：Conditional Diffusion Model with Sparse Masked Modeling for Vision Decoding* 中提出了一种基于 fMRI 的非侵入式神经影像的单张图像解码方法，解码具有合理细节、准确语义和图像特征的图像的 MinD-Vis，其利用了自监督学习、人脑稀疏编码机制及隐扩散模型，通过“预训练—精调”学习策略，在图像刺激解码任务中取得了优异的成绩。

MinD-Vis 采用 HCP 数据集、GOD 数据集、BOLD5000 数据集进行训练及验证。上游自监督代理预训练任务采用的训练集由 HCP 数据集、GOD 数据集的 fMRI 数据构成，其中，HCP 数据集收集了 1 091 名受试者约 2 000 × 15 分钟的 3T 静息态 fMRI 数据；GOD 数据集收集了 1 250 组 fMRI 图像对的数据集，其中的 1 250 张图像来自 ImageNet，对应 200 个不同的图像类别，1 200 张用于训练集，50 张用于测试集；BOLD5000 由来自 4 916 张不同图像的 5 254 个 fMRI-图像对组成，其中的 113 张 fMRI-图像对为测试集，剩余的 fMRI-图像对为训练集。对于下游的图像刺激解码任务，MinD-Vis 采用 GOD 中的 fMRI-图像对进行精调及验证。此外，还使用了 BOLD5000 数据集作为验证集。

MinD-Vis 主要包含两个阶段，如图 8-1 所示。在阶段 A，将掩膜自编码器与人脑稀疏编码机制相结合的稀疏掩膜自编码器作为代理任务预训练 fMRI 编码器，以提高 fMRI 编码器的上下文感知能力及表征提取能力，进而为下一阶段的图像刺激解码任务奠定基础。在阶段 B，对编码器与 LDM 中的交叉注意力进行联合精调。通过引入交叉注意力机制和时间步条件化，将预训练 fMRI 编码器的表征作为条件信息送至 LDM，实现刺激图像的重建。需注意的是，在阶段 A，由于 fMRI 的空间冗余性，在预训练 fMRI 编码器时可采用较大的掩膜率（Mask Radio），从而在不损失掩膜信号建模学习能力的同时节省计算开销。同时，由于图像和 fMRI

在空间维度上存在显著差异，采用较大的嵌入/块比率(Embed/Patch Radio)可以显著增加fMRI的表征维度，扩充fMRI表征空间的信息容量。在阶段B，LDM的多样性和一致性是两个矛盾的目标。虽然在许多图像生成任务中，跨模态(如标签到图像或文本到图像)的采样多样性非常重要，但是fMRI到图像的转化更依赖于生成一致性，即相似大脑活动的解码图像在语义上是相似的，而交叉注意力条件化与时间步条件化的结合可有效提升LDM的生成一致性。实验结果表明，MinD-Vis的表现优于奥泽里克等人、加齐夫等人提出的方法。其中，加齐夫等人采用像素级重建的策略进行解码；奥泽里克等人则是采用预训练的GAN，以语义级重建的角度进行解码。

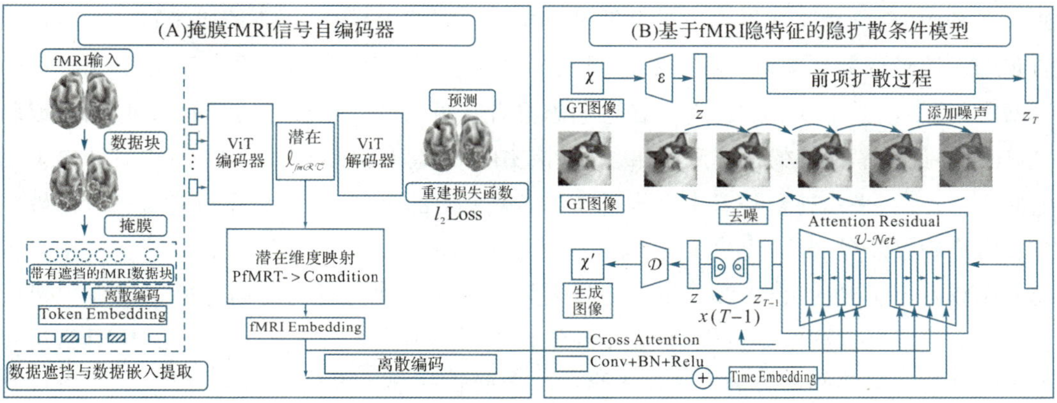


图 8-1 MinD-Vis 整体架构

## 案例 2 从非侵入性的大脑记录中解码音频

### 1. 案例描述

每年，成千上万的患者遭受大脑或脊髓损伤，突然失去交流能力。而随着脑机接口技术(BCI)的不断发展，研究者们逐渐期望通过BCI检测恢复语言能力。在先前的研究中，有研究团队利用BCI从植入皮层或其表面的电极有效解码音素、语音和手势等。然而，这种侵入式记录往往面临着巨大的实际挑战，其需要以脑部手术来支撑高质量信号的获取，且这种方式往往很难长久维持。因此，有部分研究团队专注于从无创的大脑活动记录中解码语言，如脑磁图(MEG)和脑电图(EEG)。MEG和EEG对皮层中引发起来的电信号和磁信号非常敏感，且这种变化可以通过安全且可穿戴的设备获得。基于此，团队利用大规模参与者进行训练，在大规模语言数据上利用自监督学习来学习语音的深层表征，从而以非侵入式的方式从脑活动记录中解码语音。团队通过设计高效深度学习框架，有效地解决了非侵入式脑活动记录易受影响及脑语言表征的性质在很大程度上仍然未知的事实，实现了健康志愿者的语音感知。为此，团队引入了卷积神经网络，叠加在"Subject Layer"上，并使用对比学习进行训练，以预测音频波形表征。团队为了验证方法，设计并整合了4个公开的M/EEG数据集，包括175名被动听短篇故事句子的参与者的脑活动。针对3秒的M/EEG信号样本，团队的模型识别匹配的音频片段。MEG的前10名准确率高达72.5%(1 594段)，EEG的前10名准确率高达19.1%(2 604段)。团队为无创脑机接口的发展做出了贡献，首先，其展示了预训练语音模型如何对大脑中的语音进行解码，而无须针对每个单词；其次，其展示了设计思路，即对比学习和多 Subject 架构，以对连续脑电图和脑磁图记录进行有效处理，从而为未来脑机接口的发展提供数据驱动的指导方针；最后，证明了解码器主要依赖于单词和短语的高级表征。

**2. 案例分析**

从大脑活动中解码语言是医疗保健和神经科学领域期待已久的目标。侵入性设备最近在这方面取得了重大里程碑：在颅内记录上训练的深度学习算法现在开始解码基本的语言特征（如字母、单词、频谱图）。然而，将这种方法扩展到自然语言和非侵入性大脑记录仍然是一个挑战。在案例中，研究团队引入了一个经过对比学习训练的模型，用于解码来自一大群健康个体的非侵入性录音的感知语音的自我监督表征。为了评估其方法，团队整理并整合了 4 个公共数据集，其中包括 175 名志愿者。在这些志愿者听短篇故事和孤立句子的同时，用磁或脑电图（M/EEG）记录了他们的情况。结果表明，该团队的模型可以从 3 秒的 MEG 信号中识别出相应的语音片段，平均在参与者中有超过 1 000 种不同的可能性，准确率高达 41%，在最好的参与者中准确率超过 80%，且可以解码训练集中未出现过的单词和短语。该团队模型与各种基线的比较突出了对比目标、预训练的语音表征和跨多个参与者同时训练的通用卷积架构的重要性。对解码器预测的分析表明，其主要依赖于词汇和上下文语义表征。总体来说，这种非侵入式的有效解码感知语言的方法在不会让患者面临脑部手术的前提下，描绘了一条从大脑活动中解码语言的有希望的途径。

尽管研究结果为开发一个安全的、可扩展的系统来帮助有沟通障碍的患者带来了很大的希望，但科学界应该保持警惕，防止在没有参与者同意的情况下解码大脑信号。尽管这种可能性在这个阶段似乎不太可能：不像其他生物标志物，如指纹、DNA 和面部特征等，脑电图和脑磁图信号不能在参与者不知道的情况下获得。此外，众所周知，咬牙、眨眼和其他肌肉运动会严重破坏这些信号，因此可能提供了一种简单的方法来对抗下游分析。无论如何，我们认为仍需要负责任地评估这一领域的风险和利益。

**3. 解决方案**

尽管侵入式记录的信号信噪比很高，但其面临重大的实际挑战：需要进行脑部手术，且很难长时间维持。脑磁图和脑电图这种非侵入式的测量方案可以通过安全可穿戴的设备实时记录宏观的大脑信号。然而，脑磁图和脑电图产生的噪声信号是难以忽视的，而且这些信号在不同的会话和个体之间存在很大差异。为此，亚力山大、夏洛特、杰里米等专家在 *Decoding Speech from Non-invasive Brain Recordings* 中提出了一种基于 EEG、MEG 的非侵入式的大脑记录的音频刺激解码方法 M/EEG2Audio，通过利用自监督学习与预训练大模型，在非侵入式的 M/EEG 音频解码方面取得了优良的性能。

M/EEG2Audio 共使用了 4 个公开数据集，即 Schoffelen2019 数据集、Gwilliams2022 数据集、Broderick2019 数据集及 Brennan2019 数据集。其中，Schffelen2019 数据集、Gwilliams2022 数据集是基于脑磁图-音频数据对；Broderick2019 数据集、Brennan2019 数据集是基于脑电图-音频数据对。所有的数据集中的受试者均为健康的成年人，在他们被动收听语音（伴随有一些记忆或理解问题，以确保参与者专注）的同时用脑磁图或脑电图记录他们相应的大脑活动。Schffelen2019 数据集是由讲荷兰语的参与者去听语境化的荷兰语句子和单词列表。Gwilliams2022 数据集则是讲英语的参与者在一个小时的时间内听来自 Masc 语料库中的 4 个虚构故事。Broderick2019 数据集是讲英语的参与者听《老人与海》中的故事片段。Brennan2019 数据集是讲英语的参与者听《爱丽丝梦游仙境》中的一章。

M/EEG2Audio 的整体架构如图 8-2 所示。具体来说，M/EEG2Audio 引入一个对比损失、一个预训练的深层语音表征和一个专用的大脑解码器实现对非侵入式大脑活动的音频刺激信息解码。经过大量的理论分析与实验验证，发现神经解码中的回归损失可能是一种无效的损失，因为其偏离了原来的目标：从大脑活动中解码语音。为此，研究者选用对比损失来代替回归损失，即 CLIP(Contrastive Language-Image Pre-Training)，旨在探寻文本与图像相匹配的多模态隐表征空间；指出常用的 Mel 谱图是语音的一种低级表征，不太可能匹配丰富多样的皮层表征，因此使用语音隐表征取代 Mel 谱图，集中关注了使用独立自监督语音模型 Wav2Vec 2.0 获得的语音隐表征。对于大脑模块，使用深度神经网络，输入原始 M/EEG 时间序列和受试者的独立编码，并输出潜在的大脑表示。大脑模块的架构包括 M/EEG 传感器上的空间注意层及针对受试者的 1×1 卷积。

总体来说，研究任务是健康参与者在听故事或句子时，用从 EEG 或 MEG 记录的大脑活动来解码语言。使用预训练的自监督模型 Wav2Vec 2.0 提取 3 秒语音信号 $Y$ 的深层上下文表征，并在相应的 3 秒窗口 $X$ 上学习大脑活动的表征 $Z$。$Z$ 的表征由深度卷积网络给出，该表征与这些具有对比损失的语音表征最大限度地对齐。在评估时，输入有遗漏句子的模型，并计算每个 3 秒语音片段的概率，给出每个大脑表示。由此产生的解码可以是"零样本"，即模型预测的音频片段不需要出现在训练集中。因此，这种方法比标准分类方法更通用，而在标准分类方法中，解码器只能预测在训练集中学习到的类别。

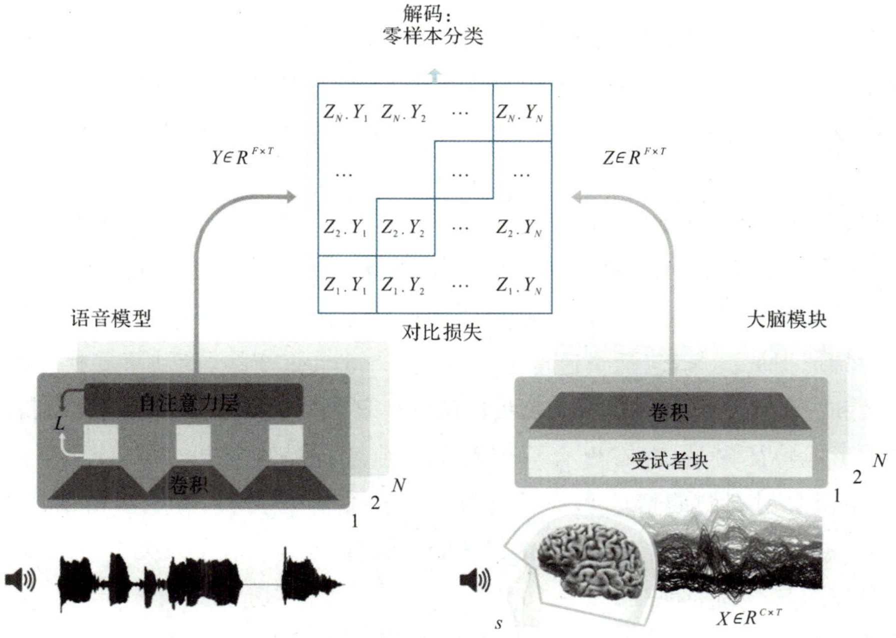


图 8-2　M/EEG2Audio 整体架构

## 案例 3　基于非侵入式神经影像的情绪识别

**1. 案例描述**

情感从本质上来说，其实与人与人、人与机器/设备互动的方式有关。人们可以通过言语交流、面部表情、肢体语言及在任何特定情况下的行为来推断其当前的情绪状态。随着脑机接口技术的不断发展，如何利用非侵入式神经影像实现情绪识别逐渐成为学者们研究的热点。目前，部分 BCI 系统利用脑功能来实现信息交互和设备操纵，其通过使用更好的特征提取、频带提取、缩放和分类模型，以及低成本设备，不断改进基于 BCI 的方法。然而，利用脑电图信号进行情绪识别的方法在情绪状态的诱导和特征的提取方面仍存在问题。基于脑电图信号的方法由于造价高昂，无法进行日常应用；而基于神经网络的方法，由于人类情感对语音和表情的一致性偏差，通常缺乏准确性，尤其是对于缺乏情绪表现的情况或人群。研究团队通过脑电图信号来识别人类的情绪，其专注于识别情感的三个维度，分别是唤醒、效价和支配。研究团队使用公开 Dreamer 3 数据集，包括在多重刺激下测试的脑电图信号及自我评估评级；在提出的基于频谱图图像的 2D CNN-XGBoost 融合方法中，从数据集中计算现有 EEG 信号的短视傅里叶变换(STFT)，并将其转换为 RGB 图像进行进一步的图像处理，具体来说：首先计算脑电信号的 STFT 并将其转换为 RGB 频谱图，利用二维卷积神经网络(CNN)提取特征，然后使用数据集测试方案性能。结果表明，其设计的方法对唤醒、效价和支配的准确率分别达到 99.712%、99.770%和 99.770%。

**2. 案例分析**

利用脑信号识别人的情绪状态是一个活跃的研究领域，但也存在一些开放性的挑战。在这项工作中，研究团队提出了一种基于频谱图图像的 CNN-XGBoost 融合方法，用于识别情绪的三个维度，即唤醒(平静或兴奋)、效价(积极或消极的感觉)和支配(无控制或被授权)，并使用了一个名为“Dreamer”的基准数据集，其中的脑电图信号是从多个刺激和自我评估评级中收集的。在提出的方法中，其首先计算脑电图信号的短时傅里叶变换(STFT)，并将其转换为 RGB 图像以获得频谱图，然后使用二维卷积神经网络(CNN)在频谱图图像上训练模型，并使用神经网络的稠密层从 CNN 的训练层中检索特征。研究团队将梯度增强(XGBoost)分类器应用于提取的 CNN 特征上，将信号分为人类情感的唤醒、效价和支配，并将检测结果与基于特征融合的最先进的情感识别方法进行比较。为此，研究团队对信号应用了各种特征提取技术，包括快速傅里叶变换、离散余弦变换、庞加莱变换、功率谱密度、Hjorth 参数和一些统计特征。此外，使用卡方和递归特征消除技术来选择判别特征。通过特征级融合形成特征向量，并在融合后的特征上应用支持向量机(SVM)和极限梯度提升(XGBoost)分类器对不同的情感水平进行分类。性能研究表明，基于频谱图图像的 CNN-XGBoost 融合方法优于基于特征融合的 SVM 和 XGBoost 方法，在人类情绪检测中的唤醒、效价和支配方面具有高准确率。

现有很多研究均可以从大脑信号中检测情绪，采用了各种方法来影响数据收集，如面部表情、周围生理体征等。此外，用于影响识别的模式识别算法涉及在表达情绪时收集个人大脑中情绪状态的数据。情感在人与人之间的联系和沟通中起着至关重要的作用。情感计算采用各种情绪识别模型，并解释了许多关于情绪如何发展的假设。由于深度学习和脑机接口技术的蓬勃发展，近年来用于情绪识别的 EEG 数据处理得到了丰富。

**3. 解决方案**

由于人类情绪状态的多样性和复杂性，人类情绪状态已被确定为情感计算领域中一个具有挑战性的话题。为此，萨基布、尼沙特等专家在 *CNN-XGBoost Fusion-based Affective State Recognition Using EEG Spectrogram Image Analysis* 中提出了一种基于 CNN-XGBoost 融合方法的频谱图图像来识别情绪状态的三个维度，即唤醒（平静或兴奋）、效价（积极或消极的感觉）和支配（无控制或授权）。

本研究使用了一个名为 Dreamer 的基准数据集，其是一个多模态情绪识别数据库，由 EEG 与 ECG 信号构成。该数据集包括 23 名参与者的 EEG 与 ECG 信号，以及参与者在每次刺激后对其情感状态的自我评估，包括唤觉醒、效价和支配。所有信号都是使用便携式、可穿戴、无线、低成本和现成设备捕获的。其中，Emotiv EPOC 无线脑电图耳机用于 EEG 的采集，而 Shimmer 2 心电传感器用于 ECG 的采集。该数据库的效价、唤醒和支配的分类结果与使用非便携式、昂贵的医疗级设备的其他数据库的分类结果相当，因此被广泛应用于各种情绪识别方法。

图 8-3 为 CNN-XGBoost 的整体框架，共分为两个部分。左侧采用基于特征融合的方法，强调对采集的数据集进行信号处理，通过带通滤波器去噪并提取 Alpha、Beta 和 Theta 波段进行进一步处理。从提取的波段中获取多种特征。特征提取方法包括快速傅里叶变换、离散余弦变换、庞加莱变换、功率谱密度、Hjorth 参数和一些统计特征。采用卡方和递归特征消除技术从这些特征中选择判别特征。利用支持向量机和极端梯度增强等分类方法对情感的各个维度进行分类，并获得准确率分数。右侧采用了基于频谱图图像的 2D CNN-XGBoost 融合方法，利用带通滤波器对不同认知状态的感兴趣区域的数据进行降噪。然后，进行短时傅里叶变换，得到频谱图图像。为了在检索到的图像上训练模型，使用二维卷积神经网络（CNN）和密集神经网络层从 CNN 的训练层中获得检索到的特征。基于检索到的特征，使用极端梯度增强对情感的所有维度进行分类。在此基础上，对两种方法在 Dreamer 数据集下进行比较，并在 18 种不同的刺激和自我评估等级上进行了测试。

实验结果表明，结合基于谱图图像的 2D CNN 特征和极端梯度增强分类方法的唤醒准确率为 99.712%、效价准确率为 99.770%、支配准确率为 99.770%，明显高于使用 SVM 分类器基于特征融合的方法获得的结果；而 SVM 分类器的唤醒平均准确率为 94.930%，效价准确率为 86.725%，支配准确率为 84.309%。它也比使用 XGBoost 分类器基于特征融合的方法获得的结果更好。XGBoost 分类器对唤醒的平均准确率为 95.174%，对效价的平均准确率为 87.456%，对支配的平均准确率为 84.541%。

综上所述，基于频频谱图图像的 2D CNN 特征和使用 XGBoost 进行分类得到了更好的结果，明显高于之前在该数据集上的相关研究及基于特征融合的方法得到的结果。这一结论在未来也将帮助 EEG 使用更具体的深度神经网络，以获得更好的性能。

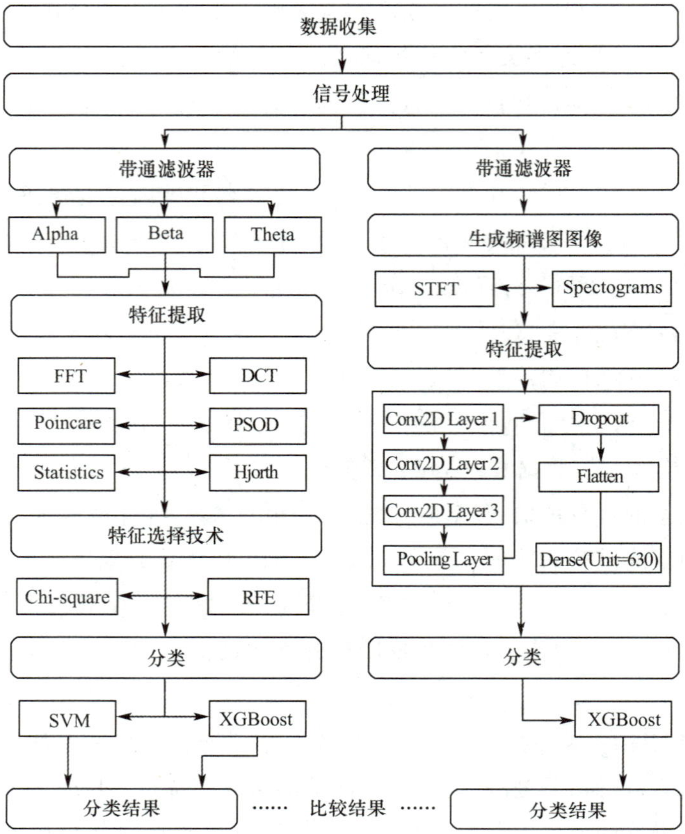


图 8-3 CNN-XGBoost 整体框架

## 案例 4 基于非侵入式神经影像的听觉注意力解码

### 1. 案例描述

听力受损的患者在具备多位说话者的声学环境中进行语音交流是极具挑战性的。辅助听力设备在抑制与语音不同的背景噪声方面取得了实质性的进展，但在不知道听者正在与哪位说话者进行交流的情况下，它们无法增强目标说话者的声音。最近，对人类听觉皮层中语音表征特性的发现表明，相对于未受关注的声源，被注意的说话者的表征被增强了。这些发现使脑控辅助听力设备具有前景，即通过持续监测听者的脑电波，并将其与环境中的声源进行比较，以确定听者最可能关注的说话者。然后，该设备可以相对于其他人放大受关注的说话者的声音，以便在人群中更好地听到该说话者的内容。这个过程被称为听觉注意解码(Auditory Attention Decoding，AAD)，是一个近年来正在持续发展的研究领域。基于此，有专家在 *Speaker-Independent Auditory Attention Decoding Without Access to Clean Speech Sources* 中提出一种新型的 AAD 方法——ODAN-AAD，旨在从监测的脑电波中观测听者的听觉注意力并放大受关注的说话者的声音，其不仅能够独立于受试者，也不需要获取干净的语音源。

要实现一种脑控辅助听力设备，需要解决多个具有挑战性的问题，包括非侵入式的神经影像数据采集方法和准确快速检测注意焦点的最优解码方法。此外，在真实环境中，混合声源的记录大部分仅能使用一个话筒。由于主体的注意焦点是通过将听者的脑电波与每个声源进行比较来确定的，实际的 AAD 系统需要自动分离环境中的声源以检测到受关注的声源，并随后放大它。解决这个问题的一种方法是波束成形。在这个过程中，神经信号被用来引导波束形成器，以放大从目标说话者位置传来的声音。然而，这种方法需要多个话筒，并且只有在目标和干扰说话者之间存在足够的空间分离时才能发挥作用。另一种可能的补充方法是利用在自动语音分离算法方面取得的成功，该算法使用深度神经网络模型。在其中的一种方法中，神经网络被训练成从混合音频中分离出一组预先训练过的、封闭的说话者。然后，将分离的说话者与神经反应进行比较，以确定受关注的说话者，然后将其放大并添加到混合声音中。尽管这种方法可以帮助主体与已知的说话者进行交流，如家庭成员，但在泛化到新的、未知的说话者方面存在局限性。若受试者与新的人进行交谈，则效果不佳，此外还存在扩展到大量说话者的困难。

为了缓解这一限制，研究团队提出一种独立于说话人的自动语音分离算法。该算法可以推广到未见过的说话人，这意味着说话人的分离可以在没有对目标说话人进行任何事先训练的情况下进行。独立于说话人的语音分离一直是最难解决的语音处理问题之一。近年来，已经提出了几种解决方案来解决这个问题。其中一种方法是深度吸引子网络(DAN)。DAN 通过将混合音频信号的时频(T-F，频谱图)表示投影到高维空间中来实现源分离。在高维空间中，扬声器的表示变得更加可分离。与其他独立于说话人的方法相比，DAN 的优势在于它执行端到端分离，这意味着说话人分离的整个过程是一起学习的。然而，DAN 被用于非因果语音分离，这意味着该算法需要一个完整的话语来执行分离。在实际应用中，如在听力设备中，需要一种因果低延迟算法来防止可感知的信号失真。

在这项研究中，我们使用一种新的在线 DAN (ODAN)来自动分离不可见的源，解决了没有干净源的说话人独立的 AAD 问题。该系统可以推广到新的说话者，它克服了以前的 AAD 方法需要对目标说话者进行培训的主要限制。该 AAD 框架提高了对多说话人(M-T)混合物中出席说话人的主观和客观感知质量。通过结合自动语音处理和脑机接口的新进展，此项研究在解决实现 AAD 的最困难障碍方面取得了重大进展。

**2. 案例分析**

对于听力受损的听众来说，在拥挤的环境中进行语言感知是一项挑战。如果不知道听者关注的是哪位说话者，辅助听力设备就无法降低干扰者的声音。一种可能的解决方案是听觉注意力解码，将听者的脑电波与声源进行比较，以确定被注意的声源，然后将其放大以促进听力。然而，在现实情况下，只有混合音频可用。我们利用一种新颖的语音分离算法来自动分离混合音频中的说话者，而不需要说话者事先进行训练。研究结果表明，使用自动分离的说话者进行听觉注意解码与使用干净的语音一样准确和快速。所提出的方法显著提高了讲话者的主客观质量。该研究解决了听觉注意解码实现的主要障碍。听觉注意解码可以帮助听力受损的听众，减少听力正常的听众的听力压力。

用于听力技术的先进信号处理方法的一个主要限制是可穿戴设备中可用的有限计算和功率资源。然而，设计能够有效实现深度神经网络模型的专用硬件是一个活跃的研究领域，最近也取得了实质性进展。专用硬件还显著降低了计算所需的功耗。此外,助听器设备已经可以通过与远程设备(如移动电话)接口来执行板外计算,这为扩展这些设备的计算能力提供了另一种可能性。总体来说,独立于扬声器的 AAD 系统为解决制造脑控听力设备的主要障碍提供了一个可行的方案,从而使该技术更接近现实。这种设备可以帮助听力受损的听众更容易地在拥挤的环境中进行交流,并减少正常听力者的听力压力,减少听力疲劳。

**3. 解决方案**

研究团队提出了一个 AAD 框架,解决了在现实应用中缺乏访问干净语音源的问题。其方法使用了一种新颖的、实时的、独立于说话者的语音分离算法,该算法使用深度学习方法将说话者从单个音频通道中分离出来。然后,将分离的声源与听者听觉皮层反应重建的声谱图进行比较,确定并放大被听声源。在 AAD 框架中集成与说话人无关的语音分离也是一个新的贡献。该研究在两个看不见的说话者身上测试了一个系统,并在使用 ODAN-AAD 框架时显示出对在场说话者的主观和客观感知的改善。

ODAN-AAD 的整体框架如图 8-4 所示。与之前的研究相比,ODAN-AAD 的主要优势是能够推广到未知的说话者,这使得用户能够更容易地与新的人进行交流。因为 ECoG 电极反映了电极附近成千上万个神经元的总和活动,所以电极的频谱调谐分辨率相对较低。因此,将神经响应映射到刺激谱图的重建滤波器不需要在特定说话者上进行训练,可以推广到新的说话者。然而,在各种噪声、混响的声学环境中进行推广仍然是一个具有挑战性的问题,需要从尽可能多的噪声环境中记录大量数据进行训练。最近的研究已经表明,在联合语音分离和降噪方面使用神经网络模型是可行的,这在 AAD 的实际应用中将是必需的。此外,类似的语音处理方法,如自动语音识别,已经在尽可能大规模的训练中获得了很大的好处。因此,语音分离也预计能够在适应恶劣声学条件方面获得类似的优势。除了增加训练数据和训练条件外,当可以使用多个话筒记录混合音频时,分离精度可以显著提高。在严重嘈杂的环境中或者竞争说话者数量较多(超过三个)的情况下,多话筒增强语音的优势已经得到了的证明。

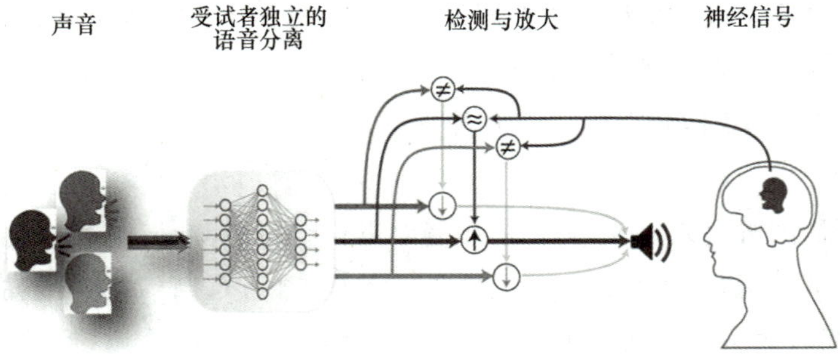


图 8-4　ODAN-AAD 整体框架

## 案例 5　基于非侵入式神经影像的大脑认知状态解码

**1. 案例描述**

飞行员疲劳飞行会导致飞行事故,并造成广泛的社会影响。到目前为止,航空疲劳检测还没有成熟的技术应用,这也是大型飞机事业发展道路上必须克服的难题之一。当飞行员控制飞行时，飞行员的大脑区域往往有以下变化：①在起降过程中，飞行员的视觉受到强烈刺激，相应的脑功能区域是枕叶。②飞行员处于复杂的飞行环境时，屏幕上的信息提示更加频繁，大脑需要快速进行推理、决策并生成飞行控制指令。在这个时候，额叶起着主要作用。③当飞行器处于加速飞行状态时，飞行员握住推拉杆，感知自己在空间中的位置。在这个时候，顶叶起着主要作用。④飞行过程中，屏幕显示系统推送语音信息，飞行员接收语音提示，大脑进行短期记忆和处理。此时，颞叶起着主要作用。因此，飞行控制过程涉及枕叶、颞叶、额叶和顶叶，以及它们的融合作用。基于这一动机，有研究团队开发了一个覆盖所有电极的大脑认知图，可以代表飞行员大脑在某一时刻的认知状态。

脑机接口已取得重要成就，特别是在航空领域，脑机接口得到了重视和发展。一般来说，脑电图信号可以反映大脑不同区域的认知状态。通过将脑电图电极分布在大脑的不同区域，可以获得三维的大脑拓扑结构，将脑电信号的时空信息映射到平面上，构建脑认知图(BPM)，并将其作为深度学习模型的输入。BPM 包含大脑的认知状态信息。为了推断大脑的潜在认知状态，研究团队提出了一种基于贝叶斯推理的深度学习方法，利用该方法推断 CNN 的后验参数。虽然深度卷积网络算法在图像分类方面取得了优异的成绩，但其可解释性仍然不强。在一些似是而非的样本中，仍然很难得到准确的预测。贝叶斯方法可以弥补上述缺点。贝叶斯后验分布是样本的概率分布。使用概率来表示 CNN 的参数可以降低模型过拟合的风险。然而，深度贝叶斯学习的主要缺点是计算资源有限。贝叶斯后验分布中分母的积分项的计算量非常庞大，这是深度学习模型无法承受的。针对这一问题，采用自然梯度变分推理方法对 CNN 进行参数优化。它只需要较少的计算就可以推断出网络的近似后验分布。它仍然保留了贝叶斯方法的一些优点，可以降低模型过拟合的风险，增加离群值预测的不确定性。具体来说，研究团队通过提出的疲劳指标，利用等距方位投影形成脑认知图，建立了一个深度贝叶斯卷积网络模型 Bpmnet。该模型使用卷积运算来处理大脑认知图的特殊特征学习问题，并使用贝叶斯变分方法来推断所开发模型的参数。模型的鲁棒性和过拟合性也得到了显著改善。同时，设计了一种贝叶斯变分优化方法，即 OGNV，来学习 Bpmnet 的参数。贝叶斯方法给出了 Bpmnet 参数的多元分布，然后通过样本数据和多元高斯似然函数推断出网络参数的后验分布。结果还表明，贝叶斯方法可以提高神经网络模型的泛化能力。

**2. 案例分析**

这项研究引入了一种令人振奋的新颖航空脑机接口。该接口不仅包括了构建彩色脑功率图的方法，还结合了先进的认知检测网络。该网络被命名为 Bpmnet，具备出色的能力，能够高效地检测大脑的认知状态。为了进一步提升模型性能，研究团队在贝叶斯后验参数推理过程中引入了动量和批处理归一化方法，从而有效地优化了模型参数的调整过程。这一创新的方法大大减少了模型过拟合的潜在风险，并且在处理离群值预测时也提供了更高的不确定性估计。通过一系列实验，研究团队充分证明了他们的方法在性能上明显优于当前的先进技术。尽管脑机接口技术在过去几年里取得了巨大的进步，但仍然存在许多值得深入研究的问题。这项工作为航空领域中的脑机接口技术带来了全新的视角，特别是在大脑认知状态检测方面。研究团队强调了他们将持续努力优化贝叶斯网络的参数调整机制，同时还计划探索更多潜在的贝叶斯标准应用。此外，他们将继续深入研究人脑认知状态的特征和规律，以进一步提高航空脑机接口的性能和可靠性。可以有信心地预期，这项工作及其未来的研究将在推动航空脑机接口技术的发展和广泛应用方面发挥关键作用。这将有助于开辟新的领域，改善人机交互体验，并促进科学和技术的不断进步。

**3. 解决方案**

随着脑机接口技术的发展，航空脑机接口逐渐兴起。它旨在将人类大脑活动与计算机系统相结合，实现人机交互和控制。这种技术可以应用于飞行员训练、飞行控制和飞行安全等领域。然而，目前存在一些挑战，如大脑信号的复杂性、噪声干扰和个体差异等问题，这些问题限制了航空脑机接口的发展和应用。因此，埃德蒙等专家在 *Brain-Computer Interface Using Brain Power Map and Cognition Detection Network During Flight* 中提出用于反映飞行员在当前任务下每个时间窗口内的认知状态的彩色脑功率图和用于解码认知状态的认知检测网络。这项工作提出了一种新的航空脑机接口方法，旨在解决这些挑战并提高接口的性能和可靠性。

飞行员控制飞行过程中，其大脑的各个脑区在相互协同控制飞行。如前所述，在飞行员上升和降落过程中，视觉受到强烈刺激，涉及枕叶脑区；在依据屏幕信息进行推理时，决策和制定飞行控制指令，涉及额叶脑区；在依据推拉杆感知飞行状态时，涉及顶叶脑区；在依据推送语音信息进行短时记忆，执行相应的飞行控制指令时，涉及颞叶脑区。基于此，这项工作提出一个脑功率图，以表示飞行员在某一时刻的大脑认知状态，并提出网络模型 Bpmnet 分析飞行员大脑认知状态，以此判断其疲劳程度。

原始实验数据采集自 C919 飞行模拟器。C919 飞机是中国首架完全按照国际先进适航标准研制的大型单通道干线客机。最大航程超过 5 500 千米，性能相当于世界上新一代主流单通道客机。便携式脑电图对飞行员来说很不方便，因此，研究团队将 EEG 采集装置嵌入飞行员的头盔。所研制的 EEG 采集设备的关键参数如下：采样率 500 SPS；带宽 0～125 Hz（直流耦合）；测量噪声小于或等于 1 $\mu$V rms。共 40 例受试者（年龄 39.06±7.75 岁；飞行经验 7 173.24±5 270.94 小时）。脑电采集设备电极放置遵循国际 10～20 系统，脑电信号的采样频率为 160 Hz。设计的带通滤波器可以提取 4 种节律（$\delta$、$\theta$、$\alpha$ 和 $\beta$）。

在模拟驾驶舱中，飞行员模拟了从哈尔滨到重庆的单程路线。整个飞行时间为 4 小时。采集的 EEG 信号如下：飞行前半小时内，飞行员的工作量比较小，将此阶段记录为状态 1。飞行开始后，进行 1.5 小时的光压模拟试飞，同时记录相应的脑电图信号。这一阶段记录为状态 2。飞行员在轻微气流干扰下进行了 1.5 小时的中压模拟试飞。这一阶段记录为状态 3。最后进行了半小时的高负荷起降试验。在这个阶段，飞行员消耗更多的精力来处理飞行紧急情况，感到极度疲劳。这个阶段被记录为状态 4。在每个阶段，飞行员还需要填写 NASA-TLX 和卡罗林斯卡嗜睡量表。这可以记录飞行员的身体状态，以便与相应时间内的脑电图信号进行比较。

彩色脑功率图的生成主要是基于疲劳时慢波功率增大、快波功率减小的先验知识，采用节律功率比作为脑疲劳的量化指标。具体来说，基于脑电设备的三维电极点分布采用等距方位投影法生成二维电极点分布图，结合脑电信号和二维电极点分布图采用双线性插值的方式基于三种量化指标生成灰度图，并进一步基于灰度图三通道叠加生成彩色脑功率图。整体过程如图 8-5 所示。该研究提出了深度贝叶斯网络模型 Bpmnet，用来处理大脑认知图的特殊特征学习问题。该模型基于深度学习技术，通过建立认知网络来实现飞行员认知状态的检测。此外，其在训练过程中，提出了一种 OGNV 方法来推断其后验参数，从而提高模型的鲁棒性，降低过拟合风险。并且，Bpmnet 的实现只需要有限的时间和计算资源。

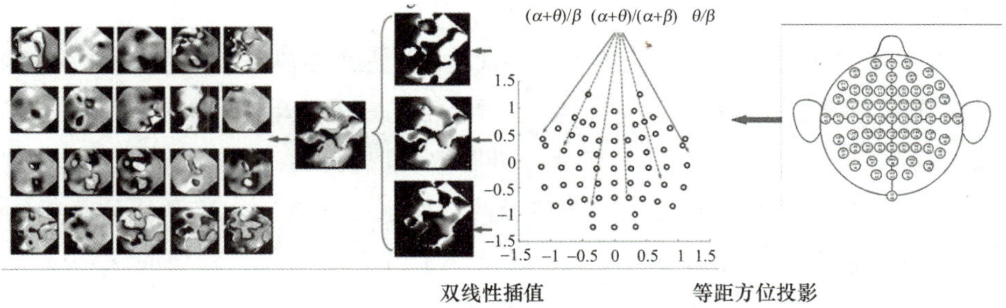


图 8-5 彩色脑功率图生成过程

## 案例 6 基于生物启发动态阈值的脉冲神经网络模型

### 1. 案例描述

脉冲神经网络(SNN)是一种受生物启发的神经网络，每个脉冲神经元都是一个从生物神经元的特性中抽象出来的数学模型。尖峰神经元通过尖峰序列相互通信，模仿生物神经元的信息传递过程。与生物动作电位的全或无类似，SNN 的峰值通常是二进制电压脉冲。利用这种二进制表示，专门设计了神经形态硬件，其可以在极低的功率水平下运行 SNN，可比低功耗 GPU 平台上的深度神经网络节能 75 倍。因此，近期 SNN 成为机器人控制任务中的有效模型，特别是在需要低功耗的移动机器人中。然而，现有 SNN 的泛化性较差，但在生物学上，神经元利用自发调节机制来维持神经元内稳态，可以适应不同的外部条件，并具有很强的泛化能力。其中，动态阈值作为一种调节机制，通过调节动作电位的放电速率，在维持神经元稳态中起着重要作用。在现有的研究中，研究者们均证明了生物启发的动态阈值方案可以在真实环境下实现稳态，但现有工作只在理想条件下验证了提出的动态阈值规则，而没有测试在退化条件下的泛化性，这对于验证是否实现稳态至关重要。

在 SNN 中直接使用生物合理的模型仍然具有挑战，因为大多数模型都是基于神经系统中的单个细胞，并且包含许多优化常数。在这项工作中，研究团队解除了这一限制，并引入了一种新的 SNN 动态能量-时间阈值(BDETT)方案。该方案由动态能量阈值和动态时间阈值两部分组成。这两个成分反映了以下两个生物学观察结果：在体内，动态阈值与平均膜电位正相关，与前期去极化速率(兴奋状态)负相关。动态能量阈值的灵感来自一种生物预测模型。该模型可以根据仓鸮下丘先前的膜电位来预测峰值的发生。动态时间阈值的灵感来自单指数函数，可以有效地呈现负相关。值得注意的是，研究团队对原始生物学模型进行了分析，并提出了 SNN 的分层统计线索，以取代两个原始生物学模型中的常数。

研究团队将提出的 BDETT 集成到两个广泛使用的 SNN 模型中：SRM 和 LIF 模型。这两个 SNN 模型验证了 BDETT 在正常和各种退化条件下（如动态障碍物、噪声输入和权重不确定性），在自主机器人避障、连续控制和图像分类任务中的有效性。大量的实验结果验证了配备所提出的 BDETT 的 SNN 在所有测试场景中提供了最强的泛化。更重要的是，定量验证了 BDETT 可以显著增强机器人控制任务中主机 SNN 的稳态。这是第一个证明动态阈值方案可以在正常和退化条件下为机器人现实世界任务中的 SNN 提供生物似是而非的稳态，显著增强宿主 SNN 的泛化和适应性的工作。

**2. 案例分析**

动态膜电位阈值作为生物神经元的基本特性之一，是维持神经元内稳态的一种自发调节机制，即神经元的总峰值放电速率恒定。因此，神经元的放电速率是由一个动态的尖峰阈值调节的，这在生物学上已经得到了广泛的研究。机器学领域的现有工作并没有采用生物激发的峰值阈值方案。这项工作旨在通过为脉冲神经网络引入一种新的生物激活动态能量-时间阈值方案来弥合这一差距。提出的 BDETT 方案反映了两个生物学上合理的观察结果：动态阈值与平均膜电位正相关，与前期去极化速率负相关。研究团队验证了在正常条件和各种退化条件下，所提出的 BDETT 在机器人避障和连续控制任务上的有效性，发现 BDETT 在所有测试条件下都明显优于现有的静态和启发式阈值方法，并且证实了所提出的生物启发动态阈值方案在复杂的真实世界任务中为 SNN 提供了稳态。

这项工作为 SNN 引入了一种新的受生物学启发的 BDETT 方案，该方案显著提高了泛化能力，因此填补了生物学研究和机器学习之间的空白。在生物神经系统中，动态阈值行为对维持神经元稳态起着至关重要的作用。研究团队发现所提出的动态阈值具有较强的内稳态，并且可以推广到各种退化条件。这一发现是在真实世界中应用 SNN 的重要一步。对于未来的工作，研究团队计划在神经形态硬件上实现所提出的方案，以便在未来的机器人平台中广泛部署 BDETT。

**3. 解决方案**

*Biologically Inspired Dynamic Thresholds for Spiking Neural Networks* 中为脉冲神经网络设计了一个生物合理的动态能量-时间阈值来实现神经元的内在可塑性，使其能够在退化环境下维持脉冲模型的内在可塑性稳态，进而为缩小生物学和机器学习领域之间的差距提供了帮助。动态脉冲阈值是生物神经元的基本属性之一，是维持神经元内在平衡的调节机制，在生物学中有广泛的应用，但很少应用在计算机领域，尤其是在脉冲模型中。BDETT 方案包括两个部分：动态能量阈值和动态时间阈值模式。值得注意的是，作者对原始生物模型进行了分析，并提出了 SNN 的分层统计线索，以取代两个原始生物模型中的常数。

作者将提出的 BDETT 集成到两个广泛使用的 SNN 神经元中：脉冲响应模型（Spike Response Model，SRM）模型和泄漏积分与发放（Leaky Integrate-and-Fire，LIF）神经元。大量的实验表明，将 BDETT 用于 SNN 神经元中，能够显著提升机器人在各种退化条件下的自主避障与连续控制能力。此外，其在图像分类任务同样取得了较好的性能。更重要的是，作者定量验证了 BDETT 可以显著提高机器人控制任务中宿主 SNN 的稳态，首次证明动态阈值方案可以在正常和退化条件下为机器人现实世界任务中的 SNN 提供生物合理的内在稳态，极大地增强了宿主 SNN 的泛化性和适应性。BDTEE 的整体框架如图 8-6 所示。

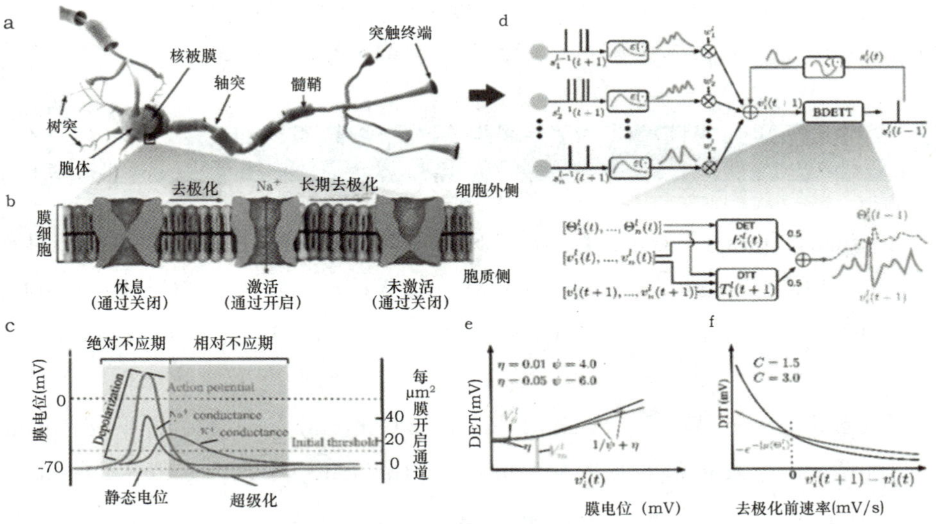


图 8-6 BDTEE 整体框架

与之前的静态阈值脉冲模型相比，所提出的生物启发动态阈值机制可有效促进神经元的内在稳态。其不仅能够有效稳定脉冲发放率或兴奋性，同时还能增强模型在复杂多变的场景下的鲁棒性。此外，通过充分挖掘神经元中蕴含的统计先验信息，重新建模能量阈值和时间阈值的部分可学习参数，从而确保动态阈值的灵活性，进一步增强神经元的内在可塑性。这一发现不仅是将生物可塑性 SNN 应用于实际的重要一步，同样为类脑智能的发展奠定了坚实的基础。

## 本章小结

类脑计算与脑机接口虽然已经得到了重视，但是在许多方面，仍存在一定困难需要突破：

1. 目前神经科学与人工智能仍存在鸿沟，这一鸿沟制约了类脑计算理论的发展与应用。

2. 非侵入式神经影像信息的诸如高噪声、语义模糊等一系列缺点制约了脑机接口领域的发展，因此，探寻新型高信噪比非侵入式神经影像采集设备及构建高性能神经影像解析算法仍是脑机接口领域待突破的关键点。

3. 类脑芯片和类脑软件的研究仍处于早期阶段，存在许多问题，软件和硬件紧密耦合，在通用性、自动化程度方面仍需提高。

4. 通用类脑计算结构方面仍需进一步发展。

## 思考题

1. 结合本章内容和相关论文，掌握和阐述现在通用的类脑模型。

2. 理解脉冲神经网络的原理，以及与人工神经网络的区别。

3. 简要阐述脑机接口在脑科学领域的意义。

4. 结合脑机应用研究的实例，理解和阐述脑机发展的瓶颈和突破点。

5. 结合本章内容理解脑科学研究在人类社会发展中的重要地位。

## 参考文献


[1] Chen Z, Qing J, Xiang T, et al. Seeing Beyond the Brain: Conditional Diffusion Model with Sparse Masked Modeling for Vision Decoding[C]. Proceedings of the IEEE/CVF Conference on Computer Vision and Pattern Recognition (CVPR), 2023: 22 710-22 720.

[2] He K, Fan H, Wu Y, et al. Momentum Contrast for Unsupervised Visual Representation Learning[C]. Proceedings of the IEEE/CVF Conference on Computer Vision and Pattern Recognition. 2020: 9 729-9 738.

[3] Devlin J, Chang M W, Lee K, et al. Bert: Pre-training of Deep Bidirectional Transformers for Language Understanding[J]. arXiv Preprint arXiv:1810.04805, 2018.

[4] He K, Chen X, Xie S, et al. Masked Autoencoders are Scalable Vision Learners [C]. Proceedings of the IEEE/CVF Conference on Computer Vision and Pattern Recognition. 2022: 16 000-16 009.

[5] Ho J, Jain A, Abbeel P. Denoising Diffusion Probabilistic Models[C]. Advances in Neural Information Processing Systems, 2020, 33: 6 840-6 851.

[6] Rombach R, Blattmann A, Lorenz D, et al. High-resolution Image Synthesis with Latent Diffusion Models[C]. Proceedings of the IEEE/CVF Conference on Computer Vision and Pattern Recognition. 2022: 10 684-10 695.

[7] Van Essen D C, Smith S M, Barch D M, et al. The WU-Minn Uuman Connectome Project: an Overview[J]. Neuroimage, 2013, 80: 62-79.

[8] Horikawa T, Kamitani Y. Generic Decoding of Seen and Imagined Objects Using Hierarchical Visual Features[J]. Nature Communications, 2017, 8(1): 15 037.

[9] Chang N, Pyles J A, Marcus A, et al. BOLD5000, a Public fMRI Dataset While Viewing 5000 Visual Images[J]. Scientific data, 2019, 6(1): 49.

[10] Ozcelik F, Choksi B, Mozafari M, et al. Reconstruction of Perceived Images from fMRI Patterns and Semantic Brain Exploration Using Instance-Conditioned GANs[J]. arXiv Preprint arXiv:2202.12692, 2022.

[11] Gaziv G, Beliy R, Granot N, et al. Self-supervised Natural Image Reconstruction and Large-scale Semantic Classification from Brain Activity[J]. NeuroImage, 2022, 254: 119121.

[12] Défossez A, Caucheteux C, Rapin J, et al. Decoding Speech from Non-invasive Brain Recordings[J]. arXiv Preprint arXiv:2208. 12266, 2022.

[13] Schoffelen J M, Oostenveld R, Lam N H L, et al. A 204-subject Multimodal Neuroimaging Dataset to Study Language Processing[J]. Scientific data, 2019, 6 (1): 17.

[14] Gwilliams, L. , King, JR. , Marantz, A. et al. Neural Dynamics of Phoneme Sequences Reveal Position-invariant Code for Content and Order[J]. Natural Communication 2022,13, 6606.

[15] Broderick M P, Anderson A J, Di Liberto G M, et al. Electrophysiological Correlates of Semantic Dissimilarity Reflect the Comprehension of Natural, Narrative Speech[J]. Current Biology, 2018, 28(5): 803-809.

[16] Brennan J R, Hale J T. Hierarchical Structure Guides Rapid Linguistic Predictions During Naturalistic Listening[J]. PloS one, 2019, 14(1): e0207741.

[17] Baevski A, Zhou Y, Mohamed A, et al. wav2vec 2. 0: A Framework for Self-supervised Learning of Speech Representations[C]. Advances in Neural Information Processing Systems, 2020, 33: 12 449-12 460.

[18] Khan M S, Salsabil N, Alam M G R, et al. CNN-XGBoost Fusion-based Affective State Recognition Using EEG Spectrogram Image Analysis[J]. Scientific Reports, 2022, 12(1): 14 122.

[19] Katsigiannis S, Ramzan N. DREAMER: A Database for Emotion Recognition through EEG and ECG Signals from Wireless Low-cost Off-the-shelf Devices[J]. IEEE Journal of Biomedical and Health Informatics, 2017, 22(1): 98-107.

[20] Han C, O'Sullivan J, Luo Y, et al. Speaker-independent Auditory Attention Decoding Without Access to Clean Speech Sources[J]. Science advances, 2019, 5 (5): eaav6134.

[21] Wu E Q, Cao Z, Xiong P, et al. Brain-computer Interface Using Brain Power Map and Cognition Detection Network During Flight[J]. IEEE/ASME Transactions on Mechatronics, 2022, 27(5): 3 942-3 952.

[22] Ding J, Dong B, Heide F, et al. Biologically Inspired Dynamic Thresholds for Spiking Neural Networks[C]. Advances in Neural Information Processing Systems.

[23] Fontaine B, Pe? a J L, Brette R. Spike-threshold Adaptation Predicted by Membrane Potential Dynamics in Vivo[J]. PLoS Computational Biology, 2014, 10 (4): e1003560.

[24] Gerstner W. Time Structure of the Activity in Neural Network Models[J]. Physical Review E, 1995, 51(1): 738-758.

[25] Wulfram Gerstner and Werner M. Kistler. Spiking Neuron Models: Single Neu-

rons, Populations, Plasticity. 2002.

[26] 张丹,李佳蔚.探索思维的力量:脑机接口研究现状与展望[J].科技导报,2017,35(09):62-67.

[27] 张铁林,徐波.脉冲神经网络研究现状及展望[J].计算机学报,2021,44(09):1767-1785.

[28] 陈旭东,钟恒,皇甫洁,等.脑电信号情绪识别综述[J].计算机应用,2023,43(S1):323-332.

# 第9章 社会群智与复杂系统

**本章学习目标**

本章旨在深入探讨社会群智与复杂系统的交叉领域。首先，介绍群智演化与模因概述，深入了解社会群体智能及其在人工智能领域的应用。其次，在模因计算与群智感知建模中，将剖析模因计算的演化过程，探索其在复杂系统建模中的关键角色。最后，本章将关注复杂社会网络与系统演化案例。这六个案例囊括了应用进展、车辆路径规划、装配序列规划、物流调度等多个领域，展示了模因算法在解决实际问题中的广泛应用。通过学习本章内容，读者将具备运用模因算法解决实际问题的能力，并理解群智与复杂系统相互影响的深刻机制。这对于培养读者在人工智能和社会系统领域的综合应用能力至关重要。

## 9.1 群智演化与模因概述

### 1. 群体智能概述

社会群体智能是近年来发展迅速的一个人工智能学科领域，通过研究分散、自组织的生物群体智慧，实现分布式、去中心化的智能行为，通常用于无人机、机器人集群协同等复杂系统。2017 年 7 月，中华人民共和国国务院发布的《新一代人工智能发展规划》中明确指出"群体智能"是人工智能领域的一个新的研究方向。科技部启动的《科技创新 2030"新一代人工智能"重大项目指南》中，也将"群体智能"列为人工智能领域的五大持续攻关方向之一。可见，对群体智能的探究具有重要的现实意义。

社会群体智能是基于人们对于自然界群居社会生物的观察所提出的一种智能形态，如蚁群搭桥、鸟群觅食、蜂群筑巢等，体现了社会中的群体涌现出的智慧超越个体智慧的特点。当前，随着人工智能技术的不断发展，具有智能自主决策能力的智能个体已经应用到机器人控制、游戏等行业，但是单独的智能个体仍然无法完成大部分复杂系统任务。复杂系统的动态性、复杂性、不确定性等特点为智能个体解决系统任务增加了困难，因此，要处理好此类问题，需要借鉴社会群智的思想，集合群体的智慧，开发多智能体学习和决策系统。

研究人员通常将复杂系统建模为多智能体系统进行研究。多智能体系统是由多个相互作用和自主的智能体在解决问题的共同环境中组成的计算机化系统。其中，使用强化学习作为智能个体在动态环境中试错交互的学习范式。在多个智能体的系统中，环境动态变化，目标奖励确定困难、算法收敛具有不稳定性、探索-利用难以平衡等因素都为多智能体强化学习带来了困难。此外，传统多智能体系统中智能体的行为策略通常是人工预先定义的。在巨大的环境状态空间中手动定义这些动作状态映射策略是不可靠的，因此亟须开发能够适应动态环境的智能体策略。

**2. 模因计算的起源**

在计算智能的背景下，模因论科学，特别是模因计算，已经成为一个广泛研究的课题。1976 年，著名进化生物家道金斯在其《自私的基因》一书中，通过与基因做类比，率先提出了用于理解人类社会中文化现象的模因概念。他认为模因作为一种文化传播单位或模仿单位的概念，应该被理解为是储存于一个人的大脑中的信息单位。虽然一些研究人员认为模因应该被形式化为局限于大脑的信息或知识，但另一些人认为这一概念应延伸到人工制品和行为。布莱克默在《模因机器》中重申了模因是一个人复制给另一个人的知识，并讨论了“模因选择”理论，即在代代相传的竞争思想中适者生存。其他研究人员以不同的方式定义和讨论模因，从“通过寄生感染人类思维来复制的传染性信息模式”，“记忆中激活的神经元突触或神经结构中编码的信息的组合”到“想法，一种复杂的想法，形成一个独特的可记忆单位”，甚至“基因型作为心理表征，表型作为实现的行为或人为物”。

模因论是受达尔文的进化论思想和道金斯的文化进化思想启发的计算智能领域。模因启发的技术在解决问题中最简单和直接的应用之一是模因算法，它已被确立为复杂优化的关键方法论。而模因计算则是在传统演化算法的基础上增加一个局部搜索算子，该算子的设计是基于算法设计者对问题的理解而加入的引导性方法。其结合了传统算法的全局搜索能力和局部搜索算子的局部搜索能力，使得算法的搜索效率比传统的智能算法快几个数量级。因此，该算法设计的主要目的是增加算法的寻优能力，提高算法的收敛速度，深化算法在解空间局部区域的搜索能力。根据不同的问题结合不同的传统进化算法，如遗传算法、粒子群算法等，可以设计不同的模因算子以适应解决相关的问题。特别是在解决组合优化类问题方面，如车辆路径规划、物流调度等，相比传统的算法，模因算法总是能表现出更好的性能。模因计算中的许多工作已被建立为经典进化算法的扩展，其中模因被视为基于种群的搜索算法中的个体学习过程或局部搜索算子，以提高基于种群的搜索算法的能力。

最近的研究表明，模因计算可以变得更加以模因为中心。其中，模因作为解决问题的领域信息或知识构建块的单位出现。在这种以模因为中心的计算中，自然进化的内在并行性可能来自同时探索一个共同问题领域的不同区域，以及多个智能体学习者之间可利用的社会互动。通过构建以模因为中心的进化知识转移范式来解决多智能体强化学习系统问题，有助于增强智能体的自适应学习能力，同时更好地解决利用社会群体智能加快学习速度的问题。

**3. 模因计算的应用**

模因论的新科学跨足文化进化与遗传学的心理宇宙，涉足人类学、生物学、认知学、心理学、社会学和社会生物学等多个领域。随着“模因”在计算智能中的多层次定义和角色，过去几十年里，大量潜在的模因计算方法、框架，以及受模因启发的操作算法开始崭露头角。

模因计算作为一个广泛应用的通用框架，将模因作为计算表示中编码的信息单位，而模因算法则是模因计算实现的一个方面。模因计算研究中最早和增长最快的领域是模因算法，这是在 1989 年创造的一种混合全局-局部启发式搜索方法。全局搜索通常是一种基于种群的方法，更具体地说，是一种遗传算法。与此同时，局部搜索则被看作类似于模因的算法。第一代模因算法主要研究模因的杂交过程。在一般意义上，杂交是指至少两个异质实体的混合，无论是通过有意识的操作还是自然的渐进转化。当这一过程被有意地操纵时，其目标通常是推导出两个组成实体更优越的变体。从算法的角度看，当两种或两种以上不同的方法以协同的方式组合在一起时，可以增强派生的混合方法解决问题的能力。因此，杂交成为模因计算技术的一个重要特征。

这一引人注目的科学架构提供了一个跨学科的理解，为模因计算在各个领域的应用铺平了道路。下面将详细探讨模因计算在不同领域的具体应用：

(1)复杂优化问题：模因计算在解决复杂优化问题上表现出色。在物流和制造领域，它可用于优化货物配送路线和生产流程，提高效率。

(2)进化算法改进：模因计算与传统的进化算法结合，提高了算法的性能。通过引入模因的概念，算法可以更灵活地适应问题的特性，实现更快的搜索和更好的收敛性。

(3)自适应学习：模因计算广泛应用于构建自适应学习算法。这些算法可以根据问题的性质和环境的变化，自动调整参数和策略，以实现更好的性能和鲁棒性。

(4)组合优化问题：模因计算在解决组合优化问题方面具有显著优势。在通信网络设计和图论问题中，它可以优化网络拓扑结构和图结构。

(5)知识转移：模因计算的概念被用于构建以模因为中心的知识转移系统。在多智能体强化学习系统中，通过模因为中心的方法，智能体之间可以更好地共享经验和知识，加速整个系统的学习速度。

(6)终身学习和适应性：模因计算支持终身学习的理念，使算法能够不断从环境中学习并适应变化。在金融领域进行投资组合优化时，模因计算对于处理动态环境和不断演变的问题非常有帮助。

**4. 模因计算的发展**

在计算智能社区内，模因已经与元启发式或基于人群的方法和单独的终身学习过程相结合，以各种形式的个人学习和社会学习实现。迄今为止，几乎所有成功的随机优化算法，包括元启发式和进化算法，在设计中都涉及某种形式的终身学习或模因。这种协同效应在文献中通常被称为混合进化算法、鲍德温进化算法、拉马克进化算法或遗传局部搜索。模因被计算智能社区视为一个终身学习的过程，能够在给定的个体上进行细化。

此后，模因计算主要研究实现进化系统的一些特征。在搜索算法中加入或嵌入关于潜在问题的知识可以提高搜索性能，因此，在计算智能社区中人工制作专用模因算法的一般实践已经演变成新兴的自适应模因算法领域。参数和算子的自适应是计算智能中最重要和最有前途的研究领域之一。它们是自我配置的算法，能够适应手头给定的问题，通过系统地利用关于问题与过程匹配获取信息，并随着搜索的进行重新配置以适应问题。在这种不断增长的趋势中，一些研究人员专注于研究模因算法的设计问题，在整个搜索过程中，通过实证和理论研究，对一般或特定类别的问题保持探索(基于人群)和开发(终身或个人学习)之间的良好平衡。

当前，一个好的解决问题的技术，除了具有可扩展性之外，理想情况下还应该在它打算处理的领域内的各种不同问题上表现出一致的性能。

今天，“模因算法”已经与一个全局搜索方法和一个或多个局部搜索方法的算法配对有关。在社会学的背景下，“模因”被宽泛地定义为文化信息的单位，就像个体的基因一样。模因计算的新兴领域在计算范式的角度发展了模因的各种表现形式。通常将“模因计算”定义为一种范式，它使用模因的概念作为编码在计算表示中的信息单位，以解决问题。在解决一系列问题实例的过程中，模因可以从重复出现的信息模式或结构中达到顶峰，从基本的模式或结构，进化出更复杂的高级结构。因此，模因计算可以在广阔领域产生更多示范性和突破性的成果。

# 9.2 模因计算与群智感知建模

## ➢模因计算过程

除了将模因作为局部搜索算子与传统演化算法进行的简单和自适应混合应用外，目前对模因计算的研究进一步达到了以模因为中心的“模因自动机”，更具体地说，以模因为中心的模因自动机被认为是一种包含模因的自适应实体或智能体，其中模因被定义为信息单位或知识的构建块。该软件智能体能通过进化模因与周围环境进行交互，适应复杂环境。与多智能体强化学习系统中现有的知识转移方法相比，模因自动机涉及文化进化的其他方面，灵感来自达尔文的自然选择理论和达尔文的普遍达尔文主义。具体来说，模因自动机的基本组成包括一系列模因启发的文化进化机制，包括模因的传播、选择、复制或变异。智能体感知差异能力的生理限制，会产生少量的误差。这些错误可以使智能体从领域学习到的知识产生“增长”或“变异”，从而在解决复杂问题时表现出更高的适应能力。此外，模因自然地被定义为智能体知识的构建块，这些知识以重复出现的现实世界模式的形式出现，并由神经元、树或图结构表示。这些模因模式提供了常见问题的高级知识表示，因此能够跨问题域重用，并适应不同学习架构的智能体的异质性。

在基于模因的多智能体进化迁移强化学习框架中阐述模因计算的过程，模因是控制进化知识转移过程的主要驱动力。模因进化的核心包括模因表征、模因表达、模因同化、模因内部进化和模因外部进化。

图 9-1 描述了模因多智能体系统的详细建模过程，模因多智能体系统包括一系列模因进化学习机制。在模因多智能体系统中，每个模因智能体都在其思维宇宙中使用 FALCON 模型作为连接主义学习机器，模因被获取并存储在认知场中。其中，模因表征表示被存储的模因。在内部被描述为被存储在主体心智宇宙中的知识，外部被描述为被他人观察到的表现出来的行为。模因表达是智能体将自己的内在知识以行动的形式表达给他人的过程。模因同化是智能体捕捉这些行为并将其更新到各自的思维宇宙的方式。

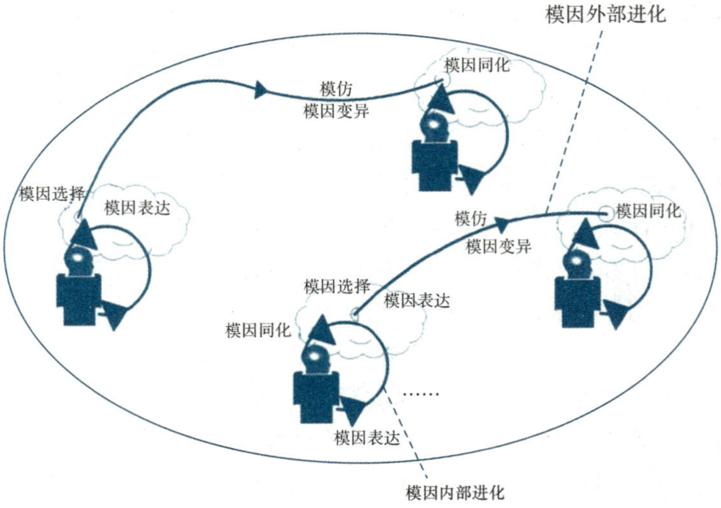


图 9-1 模因多智能体系统

模因内部进化和模因外部进化是行为学习的两个主要方面。其中,模因内部进化是智能体通过自我学习来更新其心智宇宙的过程。具体来说,智能体首先通过模因表达预测每个可用动作的奖励。然后,根据奖励值选择要执行的行动。根据可能来自环境的反馈,使用时间差分公式和模因同化来学习多个步骤之间的关联。模因外部进化通过模仿来模拟智能体之间的社会互动。在模因外部进化的情况下,首先采用模因选择过程来选择合适的模仿智能体。其中,智能体需要听从质量最好的智能体的建议,并且智能体之间同化知识的相似性也被考虑作为选择标准的一部分。一旦智能体被成功选择,模因传播过程如下:

(1)智能体 $S$ 将其当前状态传递给通过模因选择识别的教师智能体 $T$。

(2)智能体 $T$ 在接收到给定状态后表达推断动作,其可以被智能体 $S$ 观察到。

(3)智能体 $S$ 模仿智能体 $T$ 的动作,并通过模因同化的方式更新其思维宇宙。

模因多智能体系统利用模因启发的智能体设计及其相互作用,产生更高水平的自我适应和有效的社会行为。特别是在模因多智能体系统中,智能体被鼓励向可能的老师学习,这些老师不仅具有优越的性能,而且具有相似的过去经验。然而,由于经验相似度度量是模型特定的,当存在不同模型的智能体时,该方法很可能会失败。下面详细介绍进化多智能体迁移强化学习过程。

在进化多智能体迁移强化学习框架(图 9-2)的设计中,模因被认为是主体心智宇宙的基本构件,可分为记忆型和社会型。在内部,智能体思维宇宙中不同的乐高样块对象被描述为智能体思维宇宙中作为记忆项或广义抽象捕获的想法或知识。在外部,社会型被定义为他人可以观察到的表现出来的行为。特别是,在不同的智能体具有不同记忆类型结构的情况下,进化多智能体迁移强化学习框架中的社会类型为智能体在整个种群中传递知识提供了一个渠道。

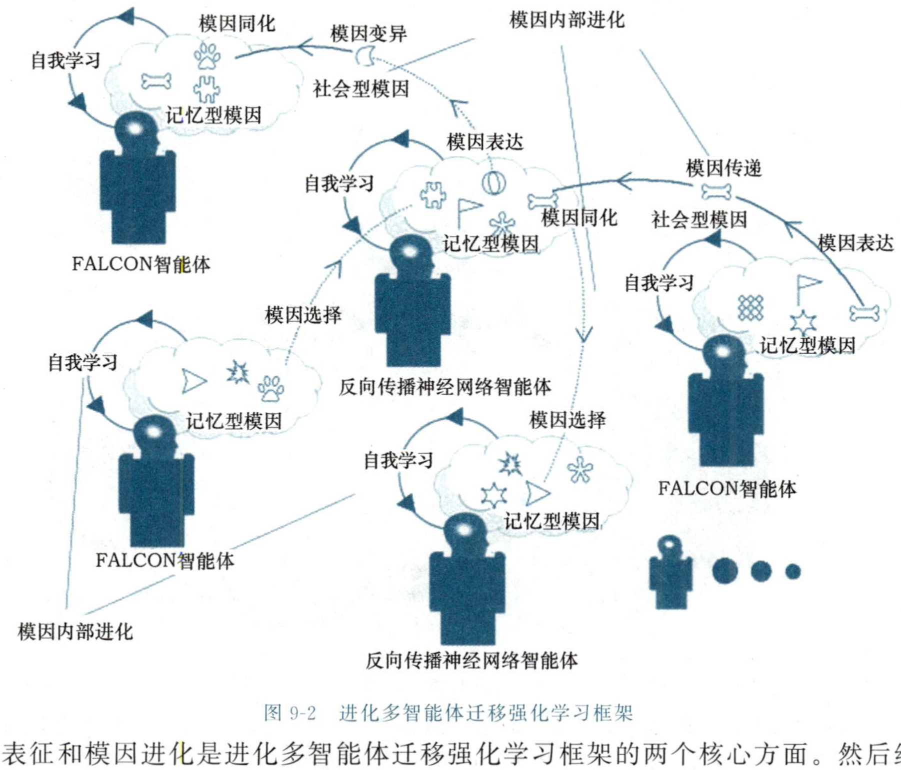


图 9-2 进化多智能体迁移强化学习框架

模因表征和模因进化是进化多智能体迁移强化学习框架的两个核心方面。然后经历模因表达和模因同化。模因表达被定义为智能体将其存储的神经元模因表达为行为。而模因同化则是通过将相应的行为信息转化为知识，融合到个体的思维宇宙中来获取新的模因。也就是说，模因表征属于什么是模因，而模因表达/同化在学习过程中激活/更新模因。

模因进化过程，即模因内部/外部进化，是进化多智能体迁移强化学习框架的主要学习过程。模因内部进化是指智能体通过自我学习或个人修饰来更新心智宇宙的过程。在进化多智能体迁移强化学习框架中，所有智能体通过同时探索共同环境进行模因内部进化。在自我学习过程中，模因外部进化可能主要通过模仿来模拟智能体之间的社会互动，这发生在模因传播时。具体来说，模因外部进化发生在当前智能体通过模因选择过程识别出合适的教师智能体时。一旦选择了教师智能体，就会发生模因传播，指导智能体如何模仿他人。在这一过程中，模因变异促进了智能体之间知识转移的创新特征。智能体在执行一个动作后，根据从环境接收到的反馈，相应地更新它的思维宇宙。

进化多智能体迁移强化学习框架中的个体智能体可以采用神经启发学习结构实现，即时间差分 FALCON 和反向传播多层神经网络。更具体地说，FALCON 是用于实时强化学习的自组织神经模型的自然延伸，而反向传播多层神经网络是一个经典的多层网络，已广泛应用于各种学习系统中。如前所述，进化多智能体迁移强化学习框架包括几个进化算子：模因表征、模因内部进化和模因外部进化。下面将详细介绍这些操作符的实现。

➢ FALCON

**1. FALCON 模因表征**

FALCON 智能体，采用三通道神经网络结构，该结构由一个类别认知场 $F_2$ 和三个输入场组成，分别为表示当前输入状态的感知域 $F_1^{c1}$、表示行为动作的运动域 $F_1^{c2}$ 和表示奖励信号的反应域 $F_1^{c3}$，如图 9-3 所示。

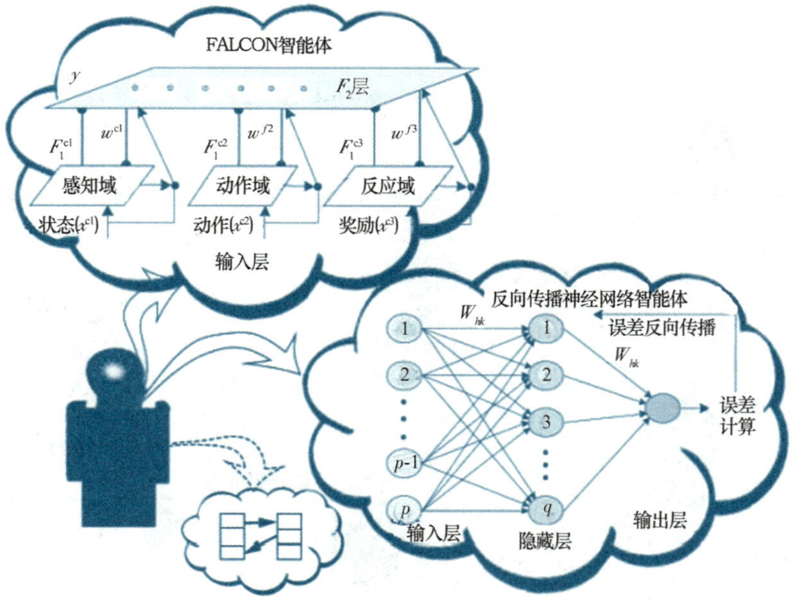


图 9-3　FALCON 智能体和反向传播神经网络智能体的模因表征说明

输入向量：$I=(S,A,R)$定义为输入向量，其中 $S=(s_1,s_2,\cdots,s_n)$表示状态向量，$s_n$ 为输入传感器 $n$ 的值；$A=(a_1,a_2,\cdots,a_m)$表示动作向量，$a_m$ 表示第 $m$ 个可能动作；$R=(r,1-r)$表示奖励向量，$r\in[0,1]$。

活动向量：$x^{ck}$ 表示活动向量 $F_1^{ck}$，$k=1,2,3$，其中 $x^{c1}$、$x^{c2}$、$x^{c3}$ 分别对应输入状态 $S$、行为行动 $A$ 和反馈奖励 $R$。

权重向量：$R=(w_1^{ck},w_2^{ck},\cdots,w_j^{ck})$ 为权重向量，其中 $w_j^{ck}$ 为 $F_2$ 中第 $j$ 个神经元学习输入活动向量 $F_1^{ck}$ 的权重。在一开始，$F_2$ 只有一个未提交的神经元，其权重由所有 1 初始化。然后它被提交，另一个未提交的神经元将被初始化。

在内部，记忆型模因被定义为居住在 $F_2$ 认知领域中的模因。$F_2$ 认知领域被称为 FALCON 学习智能体的思维宇宙。所有这些记忆类型（神经元）构建了智能体的内部知识，这些知识模拟了输入状态和动作的关联，从而为选择适当的动作提供了指令。在外部，社会型模因被认为是其表现出来的行为或行为，能够被他人观察和模仿。

**2. FALCON 模因表达**

模因激活：首先进行一个自底向上的传播过程，计算该模因在 $F_2$ 域中的活动值。其中，根据活动向量 $x^{ck}$，计算 $F_2$ 中每个模因 $j$ 的活动向量与各自权重的相似度值 $T_j$：

$$T_j=\sum_{k=1}^{3}\gamma^{ck}\frac{|x^{ck}\wedge w_j^{ck}|}{\alpha^{ck}+|w_j^{ck}|}$$

其中，向量 $p$ 和 $q$ 的模糊与运算定义为 $(p\wedge q)_i=\min(p_i\wedge q_i)$；范式 $|\cdot|$ 定义为 $|p|=\sum_i p_i$；其中运算 · 为点积。选择参数 $\alpha^{ck}>0$ 和贡献参数 $\gamma^{ck}\in[0,1]$ 都是预先定义的。

模因竞争：模因激活后即发生模因竞争过程。在此过程中，将鉴定出激活值最高的 $F_2$ 模因。设 $y$ 为 $F_2$ 活动向量。获胜者的索引被进一步标记为 $J$，其中

$$T_J=\max\{T_j: \text{for all } F_2 \text{ noed } j\}$$

其中，除了 $y_J=1$ 外，其余 $j$ 节点的活动向量均为 $y_j=0$。因此这是一个赢家通吃的策略。

社会类型模因读出：在选择一个获胜的 $F_2$ 模因 $J$ 后，获胜者将其权重向量读出输入域 $F_1^{ck}$：

$$x^{ck(new)}=x^{ck(old)}\wedge w_J^{ck}$$

因此，$F_1^{ck}$ 的 $x^{ck(new)}$ 是 $x^{ck(old)}$ 和 $w_J^{ck}$ 的模糊与结果。

**3. FALCON 模因同化**

记忆型模因匹配：模因竞争后，估计所选模因 $J$，进行记忆型模因匹配，以访问模因 $J$ 的权重模板是否与各自的活动模式足够相似。特别是，只有当每个通道 $k$ 的匹配函数 $m_J^{ck}$ 满足警戒准则时，才会发生共振：

$$m_J^{ck}=\frac{|x^{ck}\wedge w_J^{ck}|}{|x^{ck}|}\geqslant\rho^{ck}$$

其中警惕参数 $\rho^{ck}$ 是预先定义的，并且 $\rho^{ck}=\in[0,1]$，$k=1,2,3$。如果违反了警戒约束，就会发生不匹配重置。在输入表示的持续时间内，$T_J$ 值将被设置为 0，并为记忆型模因匹配选择另一个模因。

记忆型模因学习：若共振成功，则每个通道 $k$ 中的权向量 $w_J^k$ 更新如下：

$$w_J^{ck(new)}=(1-\beta^{ck})w_J^{ck(old)}+\beta^{ck}(x^{ck}\wedge w_J^{ck(old)})$$

其中，$\beta^{ck}\in[0,1]$，表示学习速率。其基本原理是通过对输入向量和权重向量的公共属性值进行编码来学习。对于未提交的代码，$\beta^k$ 通常都被设置为 1。对于提交的代码，$\beta^k$ 被设置为高值，用于简单情况下的快速学习，或低值，用于嘈杂环境下的缓慢学习。

### ➢反向传播

#### 1. 反向传播神经网络模因表征

反向传播神经网络智能体的思维宇宙具有三层架构，包括表示输入状态 $S$ 和行为动作 $A$ 的输入层 $I$；仅由一个神经元组成的输出层 $S$，用于评估所选动作与特定状态之间的关联；用于增加网络表达性的隐藏层 $H$，用于估计输出神经元误差的奖励信号 $R$。所有隐藏和输出神经元接收都来自初始输入或互连的输入，并通过使用对称 Sigmoid 函数的转换产生输出。与 FALCON 智能体在学习过程中动态生成记忆型模因类型不同，反向传播神经网络智能体中的内部记忆型模因被建模为隐藏层中的固定神经元。

#### 2. 神经元模因正向传播

一个正向传播过程首先发生。在这个过程中，执行每个可能的动作的奖励信号会被计算出来。具体来说，给定状态向量 $S$，对于 $A$ 中每个可能的动作 $a_m$，计算隐藏记忆型模因的输出为

$$H_h=\frac{1}{1+e^{\left(-Gain\times\sum_{i=1}^{p}I_i\times W_{ih}\right)}},h=1,\cdots,q$$

其中，$Gain$ 为 Sigmoid 函数的增益，$I_i$ 为 $I$ 层第 $i$ 个输出的值，$W_{ih}$ 为 $I$ 层第 $i$ 个神经元到 $H$ 层第 $h$ 个记忆型模因神经元的连接权值，$p$ 和 $q$ 分别为 $I$ 层和 $H$ 层神经元的数量。然后，从 $A$ 执行每个动作 $a_m$ 的输出奖励值$(O_k)_m$。进一步计算为

$$(O_k)_m=\frac{1}{1+e^{\left(-Gain\times\sum_{h=1}^{q}H_h\times W_{hk}\right)}},h=1,\cdots,q$$

其中，$H_h$ 表示隐藏层第 $h$ 个模因的输出，$W_{hk}$ 为隐藏层第 $h$ 个记忆型模因神经元与输出层节点的连接权值，$q$ 为隐藏层记忆型模因神经元的总数，$k=1$ 表示输出层唯一节点的索引。

神经元模因竞争和社会类型读数：模因正向传播后，用奖励值$(O_k)_m$ 来识别奖励值最高的社会类型模因。赢家通吃竞争策略的赢家索引为 $M$，其中

$$O_M=\max\{(O_k)_m:for\ all\ ations\ in\ A\}$$

其中，相应的行为 $a_M$ 因此被解读为被识别的社会类型模因。

#### 3. 记忆型模因反向错误估计

在执行确定的社会型模因 $a_M$ 之后，记忆型模因反向误差估计过程检查网络的实际输出 $O_k$ 和期望输出 $T_k$ 之间的差异。若神经元 $b$ 为输出层节点，则误差 $\varepsilon_b$ 为

$$\varepsilon_b^l=(T_b-O_b)\cdot O_b\cdot(1-O_b)$$

其中，$l$ 为该层的索引号。若神经元 $b$ 是隐藏层的记忆型模因，则误差信号 $\varepsilon_b$ 从输出层反向传播：

$$\varepsilon_b^l=\left[\sum_k\varepsilon_k^{l+1}\cdot W_{bk}\right]\cdot H_b\cdot(1-H_b)$$

其中，$H_b$ 表示隐藏层中第 $b$ 个记忆型模因的输出。

#### 4. 记忆型模因学习

利用误差信号项，用广义学习规则更新隐层中每个模因的权重向量：

$$w_{ab}^{new}=w_{ab}^{old}+\eta\cdot\varepsilon_b^l\cdot O_a^{l-1}+\tau\cdot(\eta\cdot\varepsilon_b^l\cdot O_a^{l-1})^{old}$$

其中，$\eta\in[0,1]$为恒定学习速率，$\tau\in[0,1]$为预先定义的加速误差传播过程收敛速度的正动量，$O_a^{l-1}$ 为与连接权值相关的子层输出值，上标 $new$ 和 $old$ 分别表示当前和最新的训练步骤。

**➢模因内部进化**

图 9-2 描述了进化多智能体迁移强化学习框架中模因内部进化和模因外部进化过程的大致情况。更具体地说，在模因内部进化中，智能体通过自我强化学习控制着心智宇宙的成长。智能体首先通过给定当前状态 $s$ 和可能的动作集 $a$ 的模因表达过程来预测 $q$ 值。此外，将接收到的 $q$ 值用于基于动作选择策略选择适当的动作。进一步使用时间误差公式计算在当前状态下执行所选动作时的 $q$ 值的新估计值，在执行该动作后收到环境反馈。然后，使用新的 $q$ 值学习从所选动作和当前状态到新 $q$ 值的关联。通过一系列的学习试验，直到满足最终条件，智能体学会如何完成特定任务。

在进化多智能体迁移强化学习框架中，采用贪婪策略动作选择方案，目的是在模因内部进化过程中平衡探索和利用。与其他更复杂的方法相比，贪婪策略在探索过程中不需要记忆特定的数据，该策略以较大的概率选择预期价值最高的动作，以较小的概率采取随机动作。

另外，对于多步预测问题，动作的选择不应该只依赖于当前的状态，因为智能体只能知道一个动作在未来几步之后的价值。因此，使用 Q-learning 等时间差分方法来评估动作状态对 $Q(s,a)$的值函数。$Q(s,a)$表示学习系统在给定状态 $s$ 下执行某个动作的预期价值。具体来说，$Q$ 值的迭代更新规则定义为

$$Q^{(new)}(s,a) \leftarrow Q(s,a) + \theta\delta(1-Q(s,a))$$

其中，$\theta \in [0,1]$表示学习参数。$\delta$ 为时间差误差，定义为

$$\delta = r + \gamma \max_{a'} Q(s',a') - Q(s,a)$$

其中，$r \in [0,1]$是即时奖励值，$\gamma \in [0,1]$是折扣参数，$a'$是下一个状态 $s'$下的预测动作，$\max_{a'} Q(s',a')$是下一个状态 $s'$的最大估计 $q$ 值。尺度项$(1-Q(s,a))$保证 $Q$ 值总是在$[0,1]$内，这将与系统的输入值一致。此外，时间误差公式计算的新值被编码到：

(1)FALCON 智能体：$(R = Q^{(new)}(s,a), 1-Q^{(new)}(s,a))$

(2)反向传播神经网络智能体：$R = (T_k) = (Q^{(new)}(s,a))$

**➢模因外部进化**

模因外部进化是学习智能体之间社会互动的模型，由模因选择、模因表达、模因模仿和模因变异四个进化因素决定。在模因外部进化的过程中，模因与其文化环境相互作用，相互影响。这种外部进化不仅塑造了文化本身，也对社会和个体产生了深远的影响。理解模因外部进化有助于我们更好地理解文化演化的动态和复杂性。

模因选择的灵感来自达尔文的自然选择概念，其目标是确定预测产量最高的教师智能体。通过这种机制，智能体内部对解决问题更有利的模因（或知识）在知识宇宙池中以指数方式复制，而不那么有用或有害的模因很少被复制。在过去的几年里，大多数研究人员都专注于探索“一个智能体如何从其他智能体学习”。

其中，均匀随机选择是从种群中选择具有代表性的智能体的最简单和最常用的方案，每个智能体都有均等的、被选中的机会。然而，若能提取关于智能体的有用信息，则可以提出更有效的选择方法。一个著名的选择策略是“模仿主义”，在这种策略中，智能体通过奖励机制学习。基于这种精英主义选择机制，智能体通过在关键时刻寻求建议，或通过要求当前表现优于所有其他智能体的智能体演示特定问题的解决方案来分享给定状态的事件。然而，基于精英主义的选择机制很可能存在盲目依赖的问题，因为教师智能体并不了解学生智能体当前的情

况，并且学生智能体总是向表现最好的教师智能体寻求建议。而最好的教师智能体不一定是当前状态下表现最好的智能体。每个智能体在基因和模因上都是独一无二的，因此，对于给定的状态，每个智能体用一个共同的动作来响应是不够的。在这种情况下，智能体还需要了解它可以信任哪个伙伴，以及在处理给定情况时哪个伙伴的经验最相似。为了解决这种盲目依赖问题，引入了“相似－吸引－相似”的概念，其中智能体不仅基于更新的表现，还基于给定环境下最佳匹配知识的相似性进行学习。

智能体应该向哪个智能体同伴学习的决定，既取决于智能体的优越历史成功，即精英主义，也取决于智能体在解决特定情境要求时的信心，即相似性。因此，进化多智能体迁移强化学习框架中的模因选择过程是“模仿精英”和“喜欢－吸引－喜欢”原则的融合。一方面，精英被维持为一种集中的资源，用来表达根据过去的知识对智能体行为的判断。这是提供推荐的最简单、最直接的方法，因为智能体不需要计算，同时能够直接识别最优秀的智能体。然而，当智能体与他人通信时，交互过程可能是非常密集的，所需的信息可能是低效的，并不总是可取的。这是因为尽管精英智能体比其他智能体有更高的表现，但在解决给定的看不见的情况时，它可能不是最合适的。另一方面，相似度并不仅仅关注过去的知识，而是在相似情境下对未来奖励的预测。

在模因选择中，精英智能体的可信度是根据智能体在过去所产生的积极和消极结果来估计的。模因选择过程的详细概述在表 9-1 中给出。

**表 9-1　　模因选择**

| 算法：模因选择过程 | |
|---|---|
| 过程 | 输入：现在的状态 $s$，可能的动作集合 $A=(a_1,a_2,\cdots,a_m)$ |
| 1 | 开始 |
| 2 | 获得现在的智能体 $\mathrm{agt}(c)\in P$ |
| 3 | for 每一个智能体 $\mathrm{agt}(v)$，$v\neq c$ |
| 4 | 获得现在智能体 $\mathrm{agt}(c)$ 的状态 $s$ |
| 5 | 获得在给定状态 $s$ 下智能体 $\mathrm{agt}(v)$ 的 $S_i$ 值：$S_i(agt(v))=\max\{Q(s,A)\}/Q_{\mathrm{best}}$ |
| 6 | $\mathrm{if}(\mathrm{El}(\mathrm{agt}(v))\geqslant\mathrm{El}(\mathrm{agt}(c))\cap S_i(\mathrm{agt}(v))\geqslant S_i(\mathrm{agt}(c))$ |
| 7 | 将智能体 $\mathrm{agt}(v)$ 放入候选集合 $B$ |
| 8 | for 集合 $B$ 中的每一个智能体 $agt(v)$ |
| 9 | $S_c(\mathrm{agt}(v))=\mathrm{El}(\mathrm{agt}(v))\times S_i(\mathrm{agt}(v))$ |
| 10 | 选择具有最高 $S_c(\mathrm{agt}(v))$ 的智能体作为教师 |
| 11 | 结束 |

其中，$\mathrm{El}(\mathrm{agt}(v))$ 定义为智能体 $\mathrm{agt}(v)$ 的相对适合度，$S_i(\mathrm{agt}(v))$ 定义为在给定状态 $s$ 下执行某个动作的相对最大预测奖励：

$$\begin{cases}\mathrm{El}(\mathrm{agt}(v))=\dfrac{\mathrm{Fitness}(\mathrm{agt}(v))}{\mathrm{Fitness}_{\mathrm{best}}}\\ S_i(\mathrm{agt}(v))=\dfrac{\max\{Q(s,A)\}}{Q_{\mathrm{best}}}\end{cases}$$

其中，$\mathrm{Fitness}(\mathrm{agt}(v))$ 表示智能体 $\mathrm{agt}(v)$ 的适应度值，$\mathrm{agt}(v)$ 中的 $v$ 为第 $v$ 个智能体的指标，$\mathrm{Fitness}_{\mathrm{best}}$ 为精英或表现最好的智能体的表现，若智能体成功完成任务，则 $\mathrm{Fitness}_{\mathrm{best}}=\mathrm{Fitness}+1$；$Q(s,A)$ 为给定状态 $s$ 下智能体 $\mathrm{agt}(v)$ 的最大预测 $Q$ 值，$Q_{\mathrm{best}}$ 为智能体 $\mathrm{agt}(v)$ 的最大历史 $Q$ 值。在学习过程中，识别出比当前智能体 $\mathrm{agt}(c)$ 具有更高的精英值和相似值的智能体，形成集合 $B$。

$$B=\{\mathrm{agt}(v)\in P\mid(\mathrm{El}(\mathrm{agt}(v)\geqslant\mathrm{El}(\mathrm{agt}(c)))\&S_i(\mathrm{agt}(v))\geqslant S_i(\mathrm{agt}(c))\}$$

其中，$P$ 表示环境中的全部智能体数量。$S_c$ 值最高的代理作为模因传播选择集中的教师智能体 agt($s$)：

$$S_c(\text{agt}(v))=\text{El}(\text{agt}(v))\times S_i(\text{agt}(v))$$

一旦做出选择，具有独特学习能力的智能体之间就会通过模仿进行模因传播。在目前的问题中，每个智能体都在相同的环境中学习，具有相同的行为能力。因此，模仿可以为模仿智能体提供优势，使其表现在与其模仿者大致相同的性能水平上。此外，如果模仿人类玩家，自主智能体可以无缝地表现出更可信和复杂的类似人类的行为。

表 9-2 总结了进化多智能体迁移强化学习框架中的模因传播过程。首先，当前智能体 agt($c$)将其状态传递给所选的教师智能体 agt($s$)。智能体 agt($s$)通过模因表达来表达其对应的动作 $a$(agt($s$))，agt($c$)智能体可以观察到这一动作。智能体 agt($c$)通过模因同化的方式将接收到的动作同化到自己的思维宇宙中。

**表 9-2　模因传播**

| 算法：模因选择过程 | |
|---|---|
| 过程 | 输入：现在的状态 $s$，可能的动作集合 $\boldsymbol{A}=(a_1,a_2,\cdots,a_m)$ |
| 1 | 开始 |
| 2 | 获得现在的智能体 agt($c$)$\in P$ |
| 3 | 获得现在智能体 agt($c$)的状态 $s$(agt($c$)) |
| 4 | 传递当前状态 $s$(agt($c$))给教师智能体 agt($s$) |
| 5 | 使用模因选择算法获得智能体 agt($s$)的动作 $a$(agt($s$)) |
| 6 | 对动作 $a$(agt($s$))使用模因变异算法 |
| 7 | 执行动作 $a$(agt($s$))，获得下一个状态 $s'$和环境奖励 $r$ |
| 8 | 执行模因选择算法中的剩余步骤 |
| 9 | 结束 |

### ➤模因变异

“模因变异”指的是模因在传播过程中发生的变化或修改。这种变异可以是意识到的、故意的，也可以是无意识的。模因变异可能源自误传、误解、创新或有意的创造性改变。与基因演化类似，模因变异是文化演化的一部分，它们在复制和传播中经历变化。有些变异可能在文化中更好地生存和传播，从而影响整体文化的演化。模因的传播和演化受到社会、技术、语言等多种因素的影响。通过模因变异，文化可以适应新的环境、需求和价值观。一些成功的模因可能会在文化中广泛传播，而一些不成功的模因可能会消失或被淘汰。这种模因的演化和传播有时被描述为“文化进化”或“信息进化”。总体来说，模因变异是文化中信息传播和演化的一部分，它反映了人类社会如何接收、改变和传播观念、信仰和价值观。

模因变异为进化知识转移过程中所选择的社会类型的模因传播提供了内在的创新倾向。更具体地说，对于无变异的知识传递，智能体可能认为精英智能体的社会类型所代表的知识对于其在特定环境下的特定表现总是有帮助的。由于知识转移过程的非线性，这种偏差可能会扩散并失控，因为偏差会感染任何其他接触到的智能体。这将抑制智能体探索环境的能力。因此，模因变异对于保持智能体对创新知识转移过程态度的多样性非常重要。

模因变异发生在表达和模仿阶段，对估计动作的值加一个概率干扰代价，以允许选择不同的动作进行表达：

$$Q^t=\lambda\times\text{Rand}+(1-\lambda)\times Q$$

其中 $Q'$ 为变异 $Q$，$\lambda\in[0,1]$ 为控制随机程度的参数，$\mathrm{Rand}\in[0,1]$ 为均匀分布的随机值。预先定义的 $v\in[0,1]$ 是控制模因变异过程频率的概率。

### ➢群智感知建模

群智感知建模是指利用群体智能的思想来建模和解决感知任务。在这个领域，通常使用群体中个体之间的相互协作和信息传递来模拟和解决感知问题。多智能体迁移强化学习也与群智感知建模密不可分。群智感知建模目标是通过模拟生物体在自然界中的群体行为，提高感知系统的效率和鲁棒性。在群智感知建模中，个体之间通过协作和相互作用来共同完成感知任务。这种协作可以通过简单的规则或者复杂的算法实现。个体之间的相互沟通和合作能力对整个群体的性能至关重要。群智感知建模可以应用于各种感知任务，包括目标追踪、环境监测、资源搜索等。通过群体行为的协同作用，可以提高感知系统的效率和鲁棒性，使其更适应复杂和动态的环境。

以下是群智感知建模的一些关键概念和特点：

(1)群体行为模拟：群智感知建模的核心思想是通过模拟群体中个体之间的相互协作来解决感知问题。这可以涉及仿真自然界中的生物群体，如鸟群、蚂蚁群、鱼群等，这些群体通常展现出复杂而协调的行为。

(2)个体协作：在群智感知建模中，个体之间通过协作和相互作用来共同完成感知任务。这种协作可以通过简单的规则或者复杂的算法实现，个体之间的相互沟通和合作能力对整个群体的性能至关重要。

(3)信息传递：群体中的个体通常通过信息传递来实现协作。这可以是直接的信息交流，也可以是通过环境中的信号或标记来传递信息。信息传递是群体智能的关键因素，影响着整个群体对环境的感知和响应。

(4)感知任务：群智感知建模可以应用于各种感知任务，包括目标追踪、环境监测、资源搜索等。通过群体行为的协同作用，可以提高感知系统的效率和鲁棒性，使其更适应复杂和动态的环境。

(5)算法和模型：在群智感知建模中，设计有效的算法和模型至关重要。这可能涉及对群体中个体行为的建模、信息传递机制的设计，以及整体群体动态的分析。常用的群智算法包括粒子群算法、蚁群算法、鱼群算法等。

(6)应用领域：群智感知建模在许多领域都有应用，包括智能交通、环境监测、机器人技术等。例如，在智能交通中，可以使用群体行为来优化交通流，提高道路利用率。

总体而言，群智感知建模通过模仿自然界中的群体行为，提供了一种解决感知问题的新途径，对于处理复杂、大规模和动态的环境具有潜在的优势。同时结合多智能体迁移强化学习与群体智能的概念来优化模因计算中的搜索过程，或者在群智感知建模中引入模因计算的元素，这些均可以提高感知系统的性能。

### ➢多智能体迁移强化学习

进化多智能体迁移强化学习框架如图 9-4 所示，其中一群智能体在单个多智能体环境中学习和进化。前面提到的 FALCON 和反向传播神经网络智能体都表示在环境中同时共存的两个不同的连接主义学习器。在进化多智能体迁移强化学习框架的设计中，每个智能体都可以通过模因内部进化过程和/或模因外部进化过程与环境或彼此进行交互。其中，模因内部进化过程是通过个人修饰来更新个体内部知识的学习过程。后一个过程是模仿行为方面的核心，它模拟了多个智能体之间的相互作用。

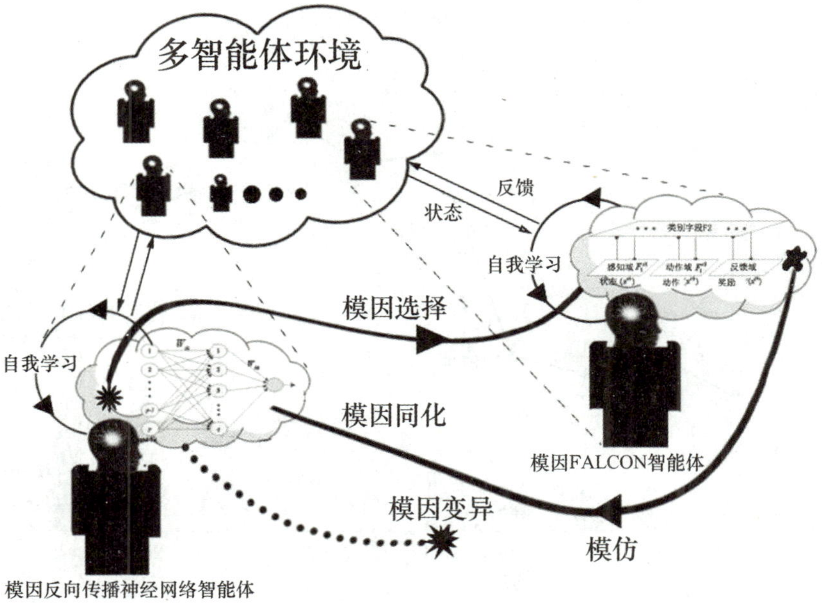


图 9-4 进化多智能体迁移强化学习框架

具体来说，使用反向传播神经网络或 FALCON 体系结构生成智能体。此外，每个当前智能体都进行模因内部进化。与此同时，如果一个智能体通过模因选择来识别教师智能体，模因外部进化就会进行。那么智能体将按照概率执行模因内部进化或模因外部进化预测的动作：

$$C_p=1-\frac{\text{Fitness}(\text{agt}(c))}{\text{Fitness}(\text{agt}(s))}\times\frac{S_i(\text{agt}(c))}{S_i(\text{agt}(s))}$$

其中，Fitness(agt($c$))为智能体 agt($c$)的适合度。Fitness(agt($s$))表示所选教师智能体的适合度，$S_i$(agt($c$)是当前智能体对于给定状态的相似度值，$S_i$(agt($s$))是教师智能体的相似度值。因此，每个智能体都以概率 $C_p$ 接受模因外部进化提供的作用。在模因外部进化过程中，模因变异以 $v$ 的概率发生，以维持智能体选择模因传播的多样性。

# 9.3 应用案例

## 案例 1 物流车辆路径规划

### 1. 案例描述

近年来，随着互联网的迅猛发展，物流和电商行业迎来了快速增长的良机。电商行业的蓬勃发展与物流行业的进步密不可分，而快递行业更是在此背景下持续保持高速增长。尤其是 2011 年至 2016 年，快递业务量的年增速维持在 50%左右，如图 9-5 所示。然而，尽管增长迅猛，这一趋势也为行业带来了巨大的挑战。在配送过程中尽可能地降低成本，提高效率，是物流业进一步发展的关键。在传统的物流行业中，主要依靠人工记忆配送地址，并自行规划路线，然后把货物一一送到客户手上。这样的方式效率低下，跟不上现在物流的爆炸性增长。

如今，物流配送逐步衍生出同城配送、个性化预约配送、基于 O2O 的外卖配送等更加复杂的需求。为应对这些多样化的配送要求，物流公司不断优化服务体系，推出了诸如大件包裹、

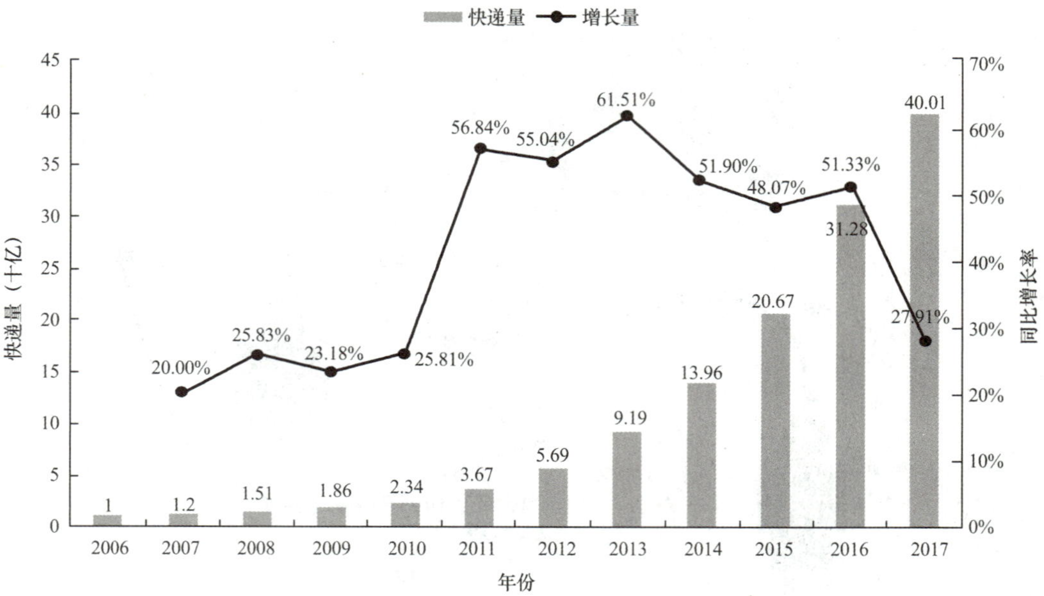


图 9-5　快递发展详情

冷链运输、生鲜配送、定时上门取件和派送等一系列新服务。然而，城市的高人口密度、交通拥堵，以及客户不在家等因素常常影响配送员的工作效率。此外，社区环境错综复杂，通常需要熟悉该区域的人负责配送，这也在一定程度上限制了物流行业的发展空间。

如果能够建立一种适应复杂配送环境的高效配送模型，根据特定需求规划一条或多条合理路线，将显著提升配送员的工作效率，缩短客户的等待时间。通过路线优化和地理位置信息的结合，并借助移动互联网构建高效、精准的配送方式，将减小对配送员个人经验的依赖，降低配送工作的门槛，同时增强物流企业的市场竞争力。

**2. 案例分析**

演化计算方法在动态收发货问题中的应用已十分广泛，并取得了显著成果。例如，吉拉斯等人提出了一种适应性大邻域搜索启发式算法，用于解决带有时间窗口的固定路线调度问题。该算法综合考虑了同步性与时间窗约束等复杂因素，通过大量实验验证了其在寻找高质量解方面的高效性。费鲁奇等人则致力于满足地图实时控制需求，深入研究了运输服务的动态收发货问题。针对动态事件（如新增请求、交通堵塞和车辆干扰等），他们以位置延迟最小化为目标，通过适应性调整并结合实时控制方法应对动态变化。

当前，已有大量学者针对收发货问题展开了深入研究，但绝大多数研究集中于静态需求。而针对一对多对一的单车辆动态收发货路径规划问题（SVDPDP）的研究仍相对有限。SVDPDP 问题的主要目标是路径长度和工作量最优化，同时兼顾动态需求。在接收到控制中心传达的客户请求后，车辆的服务需求将动态变化，并根据情况选择性响应这些需求。

**3. 解决方案**

多目标模因算法（MOMA）是一种借助丰富领域知识支持的优化算法。结合该领域的专业知识设计的局部搜索算法能显著提高算法效率。在此基础上，基于排序优先的模因算法（Multi-Objective Memetic Algorithm Based on Sort Priority First，MOMASPF）被提出。该算法可以分为两个步骤：首先，使用 MOMA 来优化静态节点，从而规划出一条仅包含静态节点的初始路径；然后，当出现新的动态节点时，将其存入动态节点池，待重新规划路径时，在不超过车辆最大容量的前提下选择性地将这些动态节点加入路径。假设每隔一个固定的时间片段,车辆服务一个节点。在路径规划过程中,车辆只能选择一条行驶路线,因此,每当一个节点被服务后,编码中其他路径上同样的节点也将被固定,不再进行重新规划,从而确保了数据的一致性。实验使用了六组规模和环境不同的基准测试样例来评估 MOMASPF 的性能,如图 9-6 所示。每组样例对应三个城市(深圳、伦敦和纽约),其中每个城市包含 30 或 50 个静态节点和 50 个动态节点。在车载容量有限的条件下,可服务的动态节点数量基本固定,因此实验中选取了 50 个随机加入的动态节点。测试样例的距离数据通过距离矩阵 API 获取。车载容量保持固定,可以设置为 max(∑_ies^p_i ,∑_ies^d_i )/0.7,以确保每个静态节点都能够被服务。表 9-3 展示了具体的测试样例信息。在实验中,MOMASPF 与其他四种算法进行对比,包括 MOGASPF(不包含局部搜索的 MOMASPF)、LSH-MOMA、LSH-MOGA 和 MOGA。各算法均使用相同的参数设置:种群大小为 200,交叉率为 0.6,突变率为 0.09,并且在每隔时间片 $\Gamma=10$ 的情况下服务一个节点。MOMASPF 在进行 500 次迭代后停止,而其他算法在相同时间内完成迭代。为减少随机性,每种算法独立运行 30 次,计算均值和方差。所有算法均用 C++编写,并在配备 2.7 GHz 酷睿 i5 处理器和 8GB 内存的 PC 上执行。

(a)深圳测试样例1(DPDP1)　(a)深圳测试样例2(DPDP2)

(c)伦敦测试样例1(DPDP3)　(d)伦敦测试样例2(DPDP4)

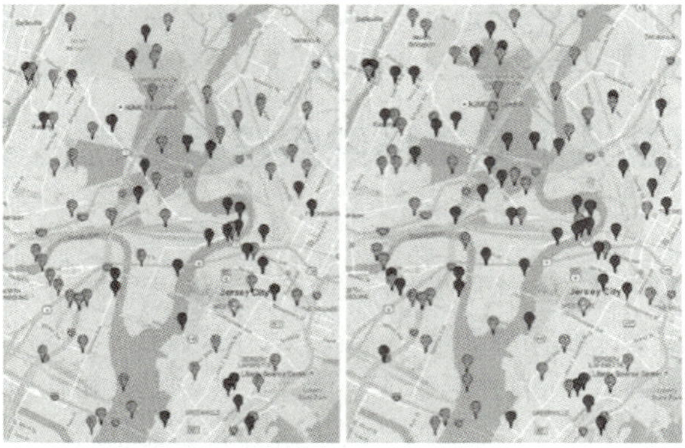


(e)纽约测试样例1(DPDP5)　(f)纽约测试样例2(DPDP6)

图 9-6　六个测试样例

表 9-3　　六个测试样例的信息

| 测试样例 | 环境 | 车载容量 $C$ | 静态节点 $\|S\|$ | 动态节点 $\|D\|$ |
|---|---|---|---|---|
| DPDP1 | 深圳 | 1 021 | 30 | 50 |
| DPDP2 | 深圳 | 1 774 | 50 | 50 |
| DPDP3 | 伦敦 | 1 291 | 30 | 50 |
| DPDP4 | 伦敦 | 1 822 | 50 | 50 |
| DPDP5 | 纽约 | 1 005 | 30 | 50 |
| DPDP6 | 纽约 | 1 910 | 50 | 50 |

本实验包含了五种算法求解的路径长度 $L(P)$、最大工作量 $W(P)$、收敛度量 MC($P$)和距离度量 MS($P$)，以及六种服务策略的结果。其中，服务策略包括了中值法(MS)，即求解出来的解进行求取中值，获取最接近中值的解的路径进行服务；偏爱信息 30°(PI 30°)，即两个目标中，偏向其中一个目标，并且与该目标的夹角成 30°；偏爱信息 45°(PI 45°)；偏爱信息 60°(PI 60°)；拐点(KP)，超体积(HV)六种。针对不同的基准测试，实验结果见表 9-4。针对每个不同的测试样例，每个算法都单独跑了 30 遍。在表格中—/ ≈ 表示使用 $\alpha=0.05$ 的 $t$-校验下结果的性能状况。其中—表示当前算法的结果比最好的算法的结果要差很多(最好的结果使用加粗表示)，而 ≈ 表示当前算法的结果和最好的结果相近。

表 9-4　　算法评估结果

| 服务策略 | MOMASPF vs MOGASPF | | MOMASPF vs LSH-MOMA | | MOMASPF vs LSH-MOGA | | MOMASPF vs MOGA | |
|---|---|---|---|---|---|---|---|---|
| | $I(A,B)$ | $I(B,A)$ | $I(A,C)$ | $I(C,A)$ | $I(A,D)$ | $I(D,A)$ | $I(A,E)$ | $I(E,A)$ |
| MS | **0.73±0.30** | 0.18±0.28— | **0.81±0.35** | 0.14±0.31— | **0.81±0.37** | 0.14±0.31— | **0.87±0.28** | 0.06±0.16— |
| PI 30° | **0.64±0.40** | 0.18±0.33— | **0.90±0.23** | 0.02±0.07— | **0.92±0.19** | 0.03±0.13— | **1.00±0.00** | 0.00±0.00— |
| PI 45° | **0.70±0.42** | 0.21±0.37— | **0.92±0.21** | 0.06±0.20— | **0.86±0.30** | 0.08±0.22— | **0.95±0.20** | 0.03±0.15— |
| PI 60° | **0.70±0.42** | 0.19±0.34— | **0.96±0.11** | 0.02±0.07— | **0.95±0.15** | 0.01±0.03— | **0.95±0.20** | 0.01±0.03— |
| KP | **0.66±0.39** | 0.22±0.35— | **0.91±0.24** | 0.04±0.13— | **0.90±0.23** | 0.04±0.14— | **0.98±0.07** | 0.02±0.08— |
| HV | **0.61±0.45** | 0.34±0.46≈ | **0.90±0.28** | 0.02±0.11— | **0.90±0.25** | 0.05±0.21— | **0.96±0.20** | 0.04±0.17— |

从实验结果上来看，提出的新型多目标模因算法解决了物流车辆路径规划问题，有效减少了路径长度。为了提高客户体验，缩短客户等待时间，提出了基于历史信息辅助解决新问题的方案，有效地提高了求解问题的效率和解的性能。

## 案例 2　复杂城市交通系统网络管理优化

### 1. 案例描述

在这个案例中，我们考虑了一个城市的交通管理系统，以模因计算和群智感知建模为基础，旨在优化复杂城市交通系统网络管理。每个交叉口被看作一个模因，携带有关交通状态和需求的信息。这些模因通过模仿自然群体的演化过程进行交流和变异，以寻找更有效的交通流配置。

(1)模因计算在复杂城市交通系统网络管理优化中的应用

在交通流优化中，模因计算被用于优化交叉口的信号控制策略。每个交叉口都被看作一个模因。这些模因通过模仿生物群体的演化过程，通过交流和变异找到更适应实时交通状况的信号时序。

(2)群智感知建模的角色

群智感知建模在这里被用于通过感知和反馈机制优化交通流。通过在交叉口附近部署传感器和监测设备，个体(交叉口)能够实时感知交通状况。这些感知数据通过群智感知建模系统传递给其他交叉口，以协同优化整个城市的交通流。

**2. 案例分析**

传统的城市交通系统网络管理优化方法通常采用固定的信号时序和集中式控制，这在面对城市交通的高度动态性和复杂性时存在一些挑战。以前的工作主要集中在使用固定的信号时序和中央控制系统来优化交叉口的交通流。这些方法通常缺乏灵活性，无法适应城市交通的快速变化。一些先进的智能交通系统尝试利用传感器和数据分析来实现实时交通监测和控制。然而，这些系统可能仍然面临着全局协同和适应性调整的挑战。这些方法主要存在的问题可以归结为以下几点：

(1)拥堵和效率问题：传统交通流优化方法可能导致交叉口的拥堵和效率低下，尤其在高峰时段。

(2)缺乏实时适应性：传统系统往往缺乏实时适应性，不能灵活地应对交通状况的变化。

(3)局部优化：一些系统可能只关注个别交叉口而不考虑整个城市的交通流，导致部分优化问题而非全局优化。

(4)能源浪费和排放：未优化的交通流可能导致车辆等待时间增加，浪费能源并增加环境污染。

在这个案例中，我们将通过引入模因计算和群智感知建模来解决这些问题，提高交通流的效率和适应性。通过引入模因计算和群智感知建模，可以获得以下优势：

(1)实时适应性调整：模因计算引入模仿生物群体的演化过程。每个交叉口被看作一个个体，携带有关交通状态和历史信息的模因。这使得每个交叉口可以根据实时的交通状况进行自适应性调整。

(2)模因演化与群体协同：通过模因计算，每个交叉口模因根据其历史性能和周围交叉口的模因进行交流和变异。这引导了更优化的信号时序的演化，适应了城市交通流的实际需求。然后通过群智感知建模，交叉口之间可以协同工作，共同优化整个城市的交通流，避免拥堵点的形成。

(3)智能信号控制：引入智能信号控制系统，通过整合模因计算和群智感知建模的结果，实现信号时序的智能调整，以更好地适应交通流的变化。

**3. 解决方案**

采用模因计算和群智感知建模的解决方案如下：

(1)模因计算优化算法

在交通流优化方案中，我们引入了先进的模因计算优化算法，这是一种受生物进化启发的智能计算方法。模因计算优化算法的核心在于其自适应性和演化性。个体(交叉口)之间的信息传递和遗传变异使得系统能够根据实际交通状况进行实时调整。这种个体之间的智能交互模式使得整个算法更具鲁棒性，能够应对城市交通流的高度动态性。具体方案如下：

①个体建模：每个交叉口被视为一个个体，其交通状态和历史信息被抽象为模因。设计模

仿生物群体演化过程的模因计算算法，使得这些模因可以通过交流和变异的方式寻找更优的信号时序。

②适应性调整：模因计算允许每个交叉口根据实时交通状况进行适应性调整，以最小化拥堵，优化车流，实现整体交通流的效率提升。

(2)群智感知系统

群智感知系统在方案中扮演着关键的角色，旨在通过感知和协同合作实时监测城市交通状况。每个交叉口周围都部署了先进的传感器和监测设备，这些设备不仅能够感知车流密度、车速等交通参数，还能够即时传递这些信息给其他交叉口。这个群智感知系统通过数据的实时传递和共享，使得各个交叉口之间形成了一种协同工作的模式。这种系统不仅仅简单地感知交通状况，更是通过集体智慧来分析、理解并做出决策。通过这种协同合作，整个城市的交通流得以优化，从而提高通行效率、减少拥堵，为城市居民提供更为便捷的交通体验。具体解决方案如下：

①实时感知交通状况：在每个交叉口附近部署传感器和监测设备，实时感知交通状况。这些感知数据包括车流密度、车速等信息。

②信息传递与协同决策：将城市各个交叉口相联系，建立群智感知建模系统，实现交叉口之间信息的传递和共享。通过群智感知建模系统进行各个交叉口间协同决策使得整个城市的交通流可以基于全局信息得到优化。

(3)智能信号控制系统

通过整合来自模因计算和群智感知建模的结果，建立一个智能信号控制系统，系统能够实时做出信号时序的调整，以适应变化的交通流状况，减少拥堵并提高交通流的流畅性，实现交叉口信号灯时序的智能调整。

(4)优势和成果

①实时适应性提高效率：模因计算和群智感知建模的结合使得交叉口能够实时调整信号控制，提高城市交通流的整体效率。

②减少拥堵：通过群体协同和适应性调整，城市中的拥堵点减少，车流更为流畅。

③智能信号控制：引入智能信号控制系统，通过整合模因计算和群智感知建模的结果，实现信号时序的智能调整，以提高整体城市交通流的效率。

通过这种综合的解决方案，城市交通管理系统能够更加智能、灵活地应对交通流的变化，减少拥堵，提高通行效率，同时降低排放和能源消耗，实现更可持续的城市交通管理。

## 案例 3　城市复杂水务系统社会群智感知建模与演化

### 1. 案例描述

该城市位于一个快速发展的地区，人口迅速增长和城市化进程带来了对水资源的巨大需求。然而，传统的水务管理系统无法满足城市不断变化的需求，水质下降、供水不足等问题日益凸显。为了解决这些挑战，该城市决定引入智慧水务系统，充分利用现代技术，尤其是模因计算和群智感知建模，实现水务系统的智能化和可持续发展。

城市复杂水务系统社会群智感知建模与演化是一个基于模因计算和群智感知建模的项目，旨在提高城市水务系统的运行效率和水资源利用。每个水处理站点、水源地，以及供水管网被看作一个模因，携带有关水质、水量、设备状态等信息。

(1)水处理站点模因

①实时水质检测数据：由于城市的工业化和农业活动，水质波动较大。传感器被安装在水处理站点，以实时监测水质，捕捉各种有害物质的浓度，如重金属、化学物质等。每个水处理站点的模因携带实时的水质检测数据，包括关键参数，如 pH 酸碱度、溶解氧、氨氮等。这些数据能够反映水质状况，提供水处理站点运行所需的实时信息。

②设备运行状态信息：在现代化水处理站点，各类设备被配备了传感器，以监测设备的运行状态，包括水泵的效率、过滤器的清洁度等。这有助于及时发现潜在问题并进行维护。

(2)水源地模因

①该城市位于山脉附近，水源地的水位和水质变化较为复杂。水位计和水质监测站被布设在水源地，实时获取水位、水温、浊度等数据，为城市提供了水资源的全面信息。模因包含水源地的水位、水质、周边环境等监测数据。

②用户反馈和环境监测：通过在水源地周边设置智能监测设备，如摄像头和话筒，系统能够实时监测水源地周边的环境变化，同时通过社交媒体平台收集市民的实时反馈。市民能够通过 App 上传水源地附近的状况，如污染、水生态环境异常等。系统能够获取公众参与的信息，形成群智感知模型。

**2. 案例分析**

城市复杂水务系统社会群智感知建模与演化在提高城市水务管理水平方面取得了一定成就，但也面临一些挑战。传统的水务管理通常基于固定计划和设备监测，难以应对水资源变化和突发事件。此外，公众参与水质监测的协同性还有待提高。

(1)城市水务面临的问题

①水质下降：传统水质监测方式周期长，无法迅速发现水质波动，导致供水水质难以保证。

②供水不足：传统的供水计划无法灵活应对突发事件和城市日益增长的用水需求。

③环境监测不足：公众参与水质监测的主动性低，周边环境监测不够全面。

④公众参与度低：公众对水质和环境监测的参与度相对较低，导致信息获取具有局限性。

(2)现有相关工作

①现在仍有部分城市采用传统的定期采样方法分析水质，虽然有一些城市部分引入了定点传感器，但覆盖面较小，难以全面监测水质的动态变化。

②一些城市采用基于历史数据的固定计划，无法适应城市变化的需求。某些地区通过传感器监测水压、流量等参数，但系统整合和实时决策仍然是问题。

③传统环境监测主要由专业团队完成，公众参与度较低。一些城市通过摄像头等设备进行监测，但仍然存在监测死角和数据利用不足的问题。

(3)现存的技术性难题

①技术创新应用不足：传统水务系统未能充分利用高新技术，水质监测和设备监控仍有待提高。

②系统整合困难：传感器和监测设备分散，系统整合成为一个亟待解决的问题。

③实时决策支持不足：目前的水务系统缺乏实时决策支持，难以在紧急情况下及时调整供水计划和处理工艺。

**3. 解决方案**

智慧水务系统提出了以下解决方案：

(1)模因计算优化

①实时自适应调整:通过模因计算,水处理站点的模因能够实时分析水质检测数据,并根据结果调整水处理工艺。例如,当检测到水中某种污染物超过阈值时,模因会触发自适应调整,实时改变水处理步骤,确保出水符合卫生标准。

②演化式优化:通过模仿生物群体演化,模因之间进行信息交流和变异,系统通过演化逐步优化水务系统。这种优化过程是动态的,能够适应水质和水量变化,提高整体性能。

(2)系统整合优化

①设计智能系统,统一监测平台:引入智能系统,将水务系统中分散的传感器和监测设备整合成一个统一监测平台。这个平台能够实现全面监测,包括水质、水量、设备状态等多方面信息的实时汇总,提高数据的整合性和可用性。

②实时数据共享:通过建立统一的监测平台,实现实时数据的共享和传递,各个站点之间可以更加迅速地获取对方的信息,促进系统内部的信息流动和共享。

(3)智能决策支持系统

①建立实时决策支持系统:设置即时响应机制,利用模因计算和群智感知建模的结果,建立实时决策支持系统。该系统能够快速响应突发事件,实时分析各个站点和水源地的模因信息,制订相应的供水计划,做出处理工艺调整等决策。

②智能预测能力:实时决策支持系统具备智能预测能力,能够通过模因计算的模式识别,预测未来可能发生的水质变化趋势,提前做好准备和调整。

(4)群智感知建模,提升公众参与度

①实时反馈机制:通过社交媒体平台,鼓励市民上传水源地周边的状况,如水质、环境变化等。建立实时反馈机制,使得市民能够迅速分享观察到的信息,增加系统对周边环境的感知能力。

②教育与参与:利用社交媒体平台进行水质和环境监测的教育宣传,提高市民对水资源保护的认识。通过互动和参与,增强市民对水务系统的关注和参与度,形成更加活跃的水质监测社区。

这些解决方案相互协作,引入模因计算,形成社会群智感知模型,共同构建了一个智能、高效的智慧水务系统,能够更好地应对城市水务管理面临的复杂挑战。

## 案例 4　家庭健康护理问题多目标优化

### 1. 案例描述

在当今社会,家庭健康护理(Home Health Care, HHC)服务需求不断增加,这种服务通常是为老年人、残疾人士和慢性病患者提供的日常护理和专业治疗。家庭护理服务的目的是在患者家中进行护理,帮助他们恢复健康,提升生活质量。HHC 服务的受欢迎程度随着人口老龄化趋势而上升,同时患者也越来越希望能在自己家中而不是医院里接受治疗。尽管技术进步(如远程医疗设备的使用)使在家护理变得更可行,但有效的护理人员调度仍然是一项复杂且耗时的任务。

在这种情况下,为确保护理工作高效、合理地安排,需要优化护理人员的行程规划。传统上,护理人员的日常行程安排是由具有丰富经验的护士负责的,但由于护理需求量的增加,手动调度很难满足日常需求。研究者们提出了对护理人员进行多目标优化调度的需求,以实现以下几个目标:最小化护理人员的总工作时间(以降低成本),最大化护理质量(按时提供护理、同步到达),并平衡护理人员之间的工作负担(减少护理人员之间的工作时间差异)。这些目标通常是相互冲突的,例如减少总工作时间可能会影响护理质量,因此需要在这些目标之间找到合适的平衡。

**2. 案例分析**

现有的大多数优化方法在解决多目标优化问题时,往往采用单一目标优化模型,即通过为各个目标设定权重并合并为一个总目标进行优化。然而,这种方法存在一些不足:

(1)权重分配的主观性

权重的设定通常依赖决策者的经验和偏好,而不同的决策者对目标的重要性可能有不同的看法,因此难以得出客观的最佳方案。此外,权重的设置很难反映每个目标的实际重要性,容易导致偏颇的结果。

(2)权重值的解释性不足

在单一目标优化中,权重数值缺乏直观的解释性,无法清楚展示各个目标之间的取舍情况。例如,如果护理时间被赋予较高权重,算法会优先优化该目标而忽略其他目标,这可能会导致服务质量下降。因此,这种权重设定往往无法直接指导实际操作。

(3)Pareto 前沿的可行性

已有的研究大多采用权重和单一目标函数的优化方法,而很少直接探索 Pareto 前沿的构建。这导致决策者只能得到一个优化方案,缺乏多种可能的折中解,无法在多个平衡的方案中进行选择。而 Pareto 前沿可以提供一组非支配解,使决策者能够根据具体情况和实时需求在不同的解决方案中灵活选择。

**3. 解决方案**

为了解决上述问题,研究人员提出了一种新的模因算法(Memetic Algorithm for Multi-objective Optimization, MAMO),并结合了两种已有的优化方法(NSGA-II 和 MDLS)的优势:

(1)算法设计

MAMO 算法结合了 NSGA-Ⅱ(非支配排序遗传算法)和 MDLS(多方向局部搜索算法),NSGA-Ⅱ主要用于生成具有多样性的解集,而 MDLS 则引入了局部搜索能力以进一步优化这些解。具体来说,MAMO 的结构基于 NSGA-Ⅱ的群体选择和排序机制,使用拥挤排序来控制解集的多样性;同时,每次迭代会随机选择一部分解并在不同方向上执行局部搜索,以逐步提高解集的质量。

(2)优化目标

MAMO 算法的三大优化目标分别是:最小化护理人员的总工作时间、最大化服务质量,以及平衡护理人员的工作时间差异。这些目标是通过在调度计划中设定相应的函数来实现的。与现有方法不同,MAMO 不通过主观的权重进行优化,而是使用 Pareto 前沿的方式将这些目标分开处理,以生成一组平衡的解决方案供决策者选择。

(3)实验验证

通过一组 HHC 问题实例对 MAMO 算法进行了验证(表 9-5),并将其结果与 NSGA-Ⅱ和 MDLS 算法进行了对比。在实验中,MAMO 算法在多个评价指标上(如超体积、集覆盖率、单点 ε 指标和 Pareto 前沿大小)均取得了优异的表现。

表 9-5 算法评估结果

| Instance type | Hypervolume | | | Set coverage | | | | Unary epsilon multiplicative | | | Pareto front size | | |
|---|---|---|---|---|---|---|---|---|---|---|---|---|---|
| | MAMO | NSGA2 | MDLS | MAMO, NSGA2 | NSGA2, MAMO | MAMO, MDLS | MDLS, MAMO | MAMO | NSGA2 | MDLS | MAMO | NSGA2 | MDLS |
| F | 0.8881 | 0.7106 | 0.7777 | 0.4392 | 0.0979 | 0.3210 | 0.1203 | 1.1325 | 1.1867 | 1.3322 | 101.2 | 22.2 | 75.9 |
| S | 0.9021 | 0.7881 | 0.8053 | 0.3558 | 0.1524 | 0.3566 | 0.1054 | 1.1372 | 1.1456 | 1.3127 | 91.3 | 30.5 | 66.2 |
| M | 0.9002 | 0.7788 | 0.8100 | 0.2984 | 0.1650 | 0.3953 | 0.1224 | 1.1411 | 1.1655 | 1.3118 | 87.2 | 37.0 | 63.1 |
| L | 0.9030 | 0.7873 | 0.8080 | 0.3031 | 0.1701 | 0.4629 | 0.0962 | 1.1409 | 1.1659 | 1.3099 | 89.5 | 48.6 | 55.7 |
| A | 0.8850 | 0.8453 | 0.8215 | 0.1119 | 0.3263 | 0.5075 | 0.2022 | 1.1908 | 1.1510 | 1.2824 | 48.9 | 34.9 | 41.5 |
| Average | 0.8957 | 0.7820 | 0.8045 | 0.3017 | 0.1824 | 0.4087 | 0.1293 | 1.1485 | 1.1629 | 1.3098 | 83.6 | 34.7 | 60.5 |

Table 3: Comparison of the results of the multi-objective algorithms with 10% probability to apply local search procedure for MAMO

| Instance type | Hypervolume | | | Set coverage | | | | Unary epsilon multiplicative | | | Pareto front size | | |
|---|---|---|---|---|---|---|---|---|---|---|---|---|---|
| | MAMO | NSGA2 | MDLS | MAMO, NSGA2 | NSGA2, MAMO | MAMO, MDLS | MDLS, MAMO | MAMO | NSGA2 | MDLS | MAMO | NSGA2 | MDLS |
| F | 0.9003 | 0.7244 | 0.7810 | 0.3106 | 0.0969 | 0.5426 | 0.0832 | 1.1406 | 1.1712 | 1.3278 | 97.5 | 17.9 | 60.4 |
| S | 0.9077 | 0.7731 | 0.8021 | 0.2098 | 0.1574 | 0.5529 | 0.1106 | 1.1484 | 1.1638 | 1.3085 | 96.6 | 22.2 | 53.6 |
| M | 0.9092 | 0.7931 | 0.8200 | 0.2821 | 0.1987 | 0.6019 | 0.0889 | 1.1533 | 1.1547 | 1.3025 | 90.8 | 35.3 | 51.0 |
| L | 0.9096 | 0.7904 | 0.8130 | 0.1905 | 0.1947 | 0.6522 | 0.0772 | 1.1500 | 1.1621 | 1.3010 | 89.0 | 39.3 | 42.9 |
| A | 0.8985 | 0.8263 | 0.8369 | 0.1396 | 0.2387 | 0.6987 | 0.1333 | 1.1803 | 1.1658 | 1.2571 | 47.4 | 26.8 | 35.8 |
| Average | 0.9051 | 0.7815 | 0.8106 | 0.2265 | 0.1773 | 0.6097 | 0.0986 | 1.1545 | 1.1635 | 1.2993 | 84.2 | 28.3 | 48.7 |

Table 4: Comparison of the results of the multi-objective algorithms with 50% probability to apply local search procedure for MAMO

| Instance type | Hypervolume | | | Set coverage | | | | Unary epsilon multiplicative | | | Pareto front size | | |
|---|---|---|---|---|---|---|---|---|---|---|---|---|---|
| | MAMO | NSGA2 | MDLS | MAMO. NSGA2 | NSGA2. MAMO | MAMO. MDLS | MDLS. MAMO | MAMO | NSGA2 | MDLS | MAMO | NSGA2 | MDLS |
| F | 0.8941 | 0.7359 | 0.7718 | 0.1533 | 0.1226 | 0.5932 | 0.0895 | 1.1568 | 1.1596 | 1.3355 | 101.6 | 18.9 | 60.8 |
| S | 0.9082 | 0.7782 | 0.8106 | 0.2123 | 0.1453 | 0.6458 | 0.0910 | 1.1522 | 1.1590 | 1.3078 | 103.2 | 26.0 | 53.3 |
| M | 0.9073 | 0.7871 | 0.8195 | 0.2180 | 0.1765 | 0.6644 | 0.0817 | 1.1595 | 1.1632 | 1.2966 | 94.3 | 27.8 | 49.8 |
| L | 0.9142 | 0.7839 | 0.8182 | 0.2043 | 0.1891 | 0.7265 | 0.0564 | 1.1536 | 1.1722 | 1.3007 | 92.1 | 30.3 | 42.7 |
| A | 0.8966 | 0.8463 | 0.8274 | 0.1222 | 0.2501 | 0.7312 | 0.1233 | 1.1876 | 1.1456 | 1.2808 | 51.4 | 23.9 | 33.9 |
| Average | 0.9041 | 0.7863 | 0.8095 | 0.1820 | 0.1767 | 0.6722 | 0.0884 | 1.1619 | 1.1599 | 1.3043 | 88.5 | 25.4 | 48.1 |

实验结果显示，MAMO 不仅在总工作时间、护理服务质量，以及工作时间平衡等方面的优化效果优于其他算法，还能生成更多的非支配解，提供给决策者更为丰富的选择空间。

## 案例 5 分布式车间调度问题优化

### 1. 案例描述

分布式车间调度问题(Distributed Job Shop Scheduling Problem，DJSP)源于现代制造业中对灵活、高效生产的需求。随着全球化经济的迅速发展，企业需要在多个地理位置的工厂中协同生产，以更好地响应市场需求、降低生产成本和缩短交付周期。DJSP 的本质在于如何在多个工厂之间合理分配任务并确定每台机器的操作顺序，确保在不牺牲效率的情况下最大限度地利用各工厂资源，从而实现高效的跨地域生产。

DJSP 的核心目标是最小化工厂间的总完工时间，即降低所有工厂完成所有任务所需的最长时间(被称为完工时间或 Makespan)。这一目标直接关系到整个系统的生产效率和订单的交付周期，因此在优化调度中尤为关键。然而，DJSP 不仅需要优化任务在工厂之间的分配，还必须在每个工厂内部优化机器的操作顺序。这就意味着，解决该问题需要在全球层面上协调多个工厂的任务安排，同时在局部层面上确保每个工厂内部的生产流程得到优化，这大大增加了问题的复杂性。由于其复杂性，DJSP 被归类为 NP 难问题，求解最优解往往需要大量的计算资源，因此具有很高的实际应用价值。

### 2. 案例分析

DJSP 的复杂性体现在多个维度上：

(1)任务分配的复杂性

在分布式制造环境中，如何将任务有效地分配到各个工厂，以平衡任务负载和缩短完工时间，是 DJSP 的核心挑战之一。不同工厂在资源配置、设备可用性和地理位置等方面存在差异，因此分配方案需要结合工厂的具体特点。例如，任务分配不当可能导致某些工厂资源闲置，而其他工厂却超负荷运转，影响整个系统的生产效率。

(2)机器操作顺序的优化

在每个工厂内,任务由多台机器共同完成,各机器间存在前后工序约束,因此需要合理安排操作顺序,以减少任务的等待时间和机器的闲置时间。操作顺序的优化不仅要考虑机器的利用率,还需避免各任务间的资源冲突。如何安排每台机器的操作顺序,以最小化工厂内的完工时间,同时不影响其他工厂的任务进度,是另一个关键问题。

(3)多目标优化需求

DJSP 的优化目标通常是多方面的,其中最重要的是缩短完工时间(Makespan),即所有工厂完成全部任务的最短总时间。此外,还需要平衡各工厂的任务负荷、最大化资源利用率,以及降低机器的闲置时间等。不同目标之间往往存在冲突,例如优先最小化完工时间可能会导致任务负载的不均衡。因此,如何在多个目标之间找到平衡点,实现多目标优化,是 DJSP 的重要研究方向。

传统的针对 DJSP 的优化方法包括蚁群算法、遗传算法、模拟退火和粒子群优化等元启发式方法。然而,这些方法在处理大规模分布式调度问题时,往往面临局部最优、计算效率低下等问题。传统算法的不足还在于缺乏自适应性,即算法在不同演化阶段未能灵活调整,因而可能导致"早熟"现象,即在未找到最优解前过早停滞于次优解。

### 3. 解决方案

研究人员提出了一种自适应模因算法(Self-Adaptive Memetic Algorithm, SMA),旨在提高对 DJSP 的优化效果。SMA 结合了全局和局部搜索策略,以应对 DJSP 的复杂性:

(1)算法设计

SMA 使用混合整数线性规划模型来构建问题,并引入自适应操作符以提高算法的动态调整能力。具体而言,SMA 在不同演化阶段使用不同的局部搜索策略,以避免陷入局部最优。在每一代中,通过计算当前解的"适应度",动态选择交叉和变异操作符,以增强种群多样性和解的质量。

(2)编码方式

SMA 将工厂分配和操作顺序分开编码,如图 9-7 所示。这使得任务分配和操作顺序可以独立调整,从而有效控制每个工厂内的调度顺序。该算法在初始阶段采用负载均衡启发式规则,以提高初始解的质量,同时保持种群多样性。

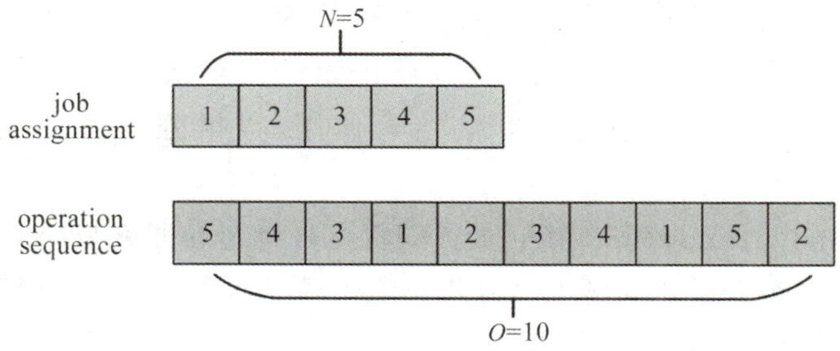


图 9-7 SMA 将工厂分配和操作顺序分开编码

(3)局部搜索优化

在局部搜索部分,SMA 引入基于工厂分配和关键路径调整的双重搜索策略。具体而言,算法首先计算各工厂的完工时间,标记出关键工厂,即完工时间最长的工厂。接着,通过调整任务的分配和操作顺序,优化关键工厂的调度方案,从而逐步降低整体完工时间。

(4)实验验证

在120个基准测试实例上对SMA进行了实验,结果显示该算法在大部分实例上取得了最优解,且在多个测试中刷新了基准纪录。与其他算法相比,SMA在减少完工时间方面表现出更高的效率,验证了其在解决大规模分布式调度问题上的有效性。

## 案例6 飞机装配序列规划问题

### 1. 案例描述

航空制造业是尖端产业,具有技术密集度高、产业关联范围广、辐射带动效应大等特点,是国家工业发展水平、科技能力,以及国防水平的重要标志和综合体现。飞机作为航空制造业的代表性产品,其复杂性使得其制造过程显著不同于一般机械产品。一般机械产品的装配工作量大约占制造总工作量的20%,而飞机的零部件和连接件数量通常高达数百万,装配工作量占制造总劳动量的比重超过50%。因此,在飞机制造中,提高装配效率对缩短生产周期和降低生产成本具有至关重要的意义。

与简单机械产品不同,飞机的零部件繁多且结构复杂。合理的装配序列能够有效缩短生产周期、降低生产成本,并提升飞机的质量和性能。装配序列规划是典型的NP(非确定性多项式)组合优化问题,其中装配序列的数量随着零部件数量的增加呈指数级增长。零部件越多,越容易遇到装配序列组合爆炸的问题。为了解决这一难题,许多研究者提出采用现代优化算法来优化装配序列。目前常用的优化方法包括遗传算法、模拟退火算法、粒子群算法及蚁群算法等。

### 2. 案例分析

在飞机装配序列规划领域,李原等人提出利用遗传算法(Genetic Algorithm, GA)来优化装配序列,通过基因组的方式表示零部件的装配信息,并将基因组排序以构建装配顺序的染色体。然而,这一方法未能充分考虑零部件间的几何干涉问题,缺乏对装配顺序的必要约束。为解决这一问题,孙占磊等人提出构建非正交干涉矩阵,以处理飞机复杂零部件的干涉问题,实现装配序列的自动生成,并最终通过遗传算法获得最优装配序列。然而,这种方法使用的单一遗传算法依赖于较高质量的初始种群。若种群中包含的可行装配序列比例较低,算法可能容易陷入局部搜索。此外,初始种群中不适当的装配序列可能会引导搜索过程向次优解进化,导致无法获得最优装配序列,甚至可能难以收敛。因此,将遗传算法与其他优化方法结合使用,以增强其性能是一种更为有效的策略。

模因算法(Memetic Algorithm,MA)最大的特点是将全局搜索与局部启发式搜索进行了结合,使得算法在求解组合优化问题上可以避免陷入局部搜索。此外,该算法拥有较快的搜索效率,且获得的最优解的质量较高。

### 3. 解决方案

在前人研究的基础上,有人提出一种模因算法的飞机装配序列规划方法,利用模因算法强大的搜索能力对复杂飞机产品的装配序列进行优化。在装配优先约束矩阵和非正交干涉矩阵的基础上构建装配规划模型,以飞机零部件间的装配方向和装配工具的差异性来构建适应度函数。在非干涉解空间中进行全局搜索,获得较优的装配规划方案,通过二叉树中序遍历法将较优的方案转化为可行解,再经过交叉操作和变异操作后,在可行解空间内进行局部搜索,最终获取较优的装配方案。

基于模因算法的特点，装配序列的优化通常从全局搜索开始，即通过随机生成一定数量的装配染色体种群，利用交叉操作和变异操作在全局范围内初步筛选出初始种群。在获得初始装配染色体种群后，部分染色体可能并不符合装配的顺序要求，缺乏可行性。为了调整这些不合理的染色体，可以使用二叉树的中序遍历法对基因位置重新排序，其核心思想是依次遍历左子树、根节点和右子树。在此基础上，通过装配优先约束矩阵对染色体基因位重新排序，使其更符合工艺要求，从而得到合理的染色体种群。在初步筛选出符合要求的装配染色体种群后，可以进一步利用染色体中相邻单元的相似度和适应度，将适应率较低的相邻单元确定为交叉块，并通过交叉操作重新排列基因位。局部搜索中的交叉操作包括交叉块的生成和具体的交叉过程。通过适应度驱动的交叉操作，相邻单元的相似性得到提升，从而提高了种群的整体适应度。然而，由于交叉操作生成的子代染色体往往保留了父代染色体的基因排列顺序，仍需对不受装配优先约束的装配单元进行变异操作，以进一步优化染色体种群的结构。

为了验证本方法的可行性，选取某型号飞机舱门部件作为分析对象，如图 9-8 所示。该装配对象由多个零件组成，将相同装配方向、类型、工具和功能的零件简化为一个装配单元。将该部件划分为 16 个装配单元进行装配规划，具体如图 9-9 所示。

对模因算法的各类参数进行设定：初始种群数 $m=250$，迭代次数 $N=100$，全局搜索与局部搜索的交叉率均为 0.5，全局搜索的变异率为 0.2，局部搜索的变异率为 0.08。

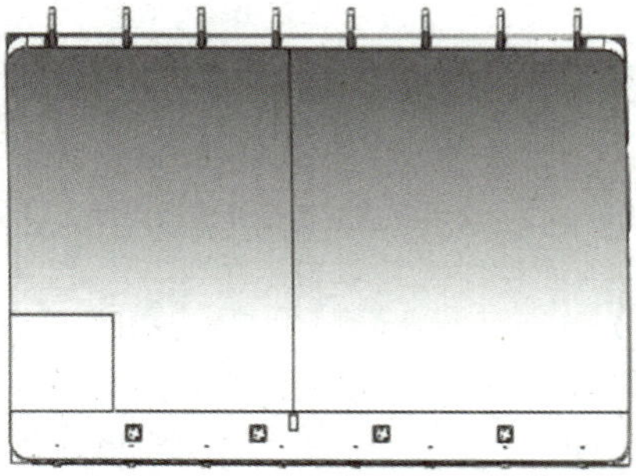

图 9-8 某型号飞机舱门模型

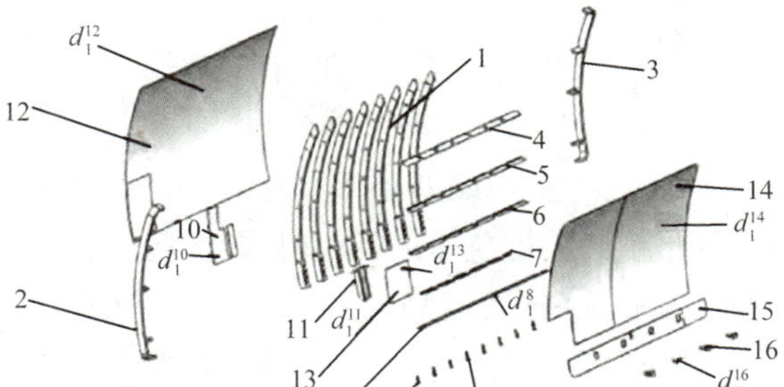


图 9-9 飞机舱门装配单元及装配方向

在装配方案解空间中进行全局和局部搜索，随着迭代次数的增加，种群的个体经过交叉与变异操作以后，染色体的顺序趋于一致，适应度值也达到最大值。将装配序列中各个装配单元间的相似度进行累加，可以得到最优装配序列的适应度函数值 $F=7.0$。计算过程如图 9-10 所示。

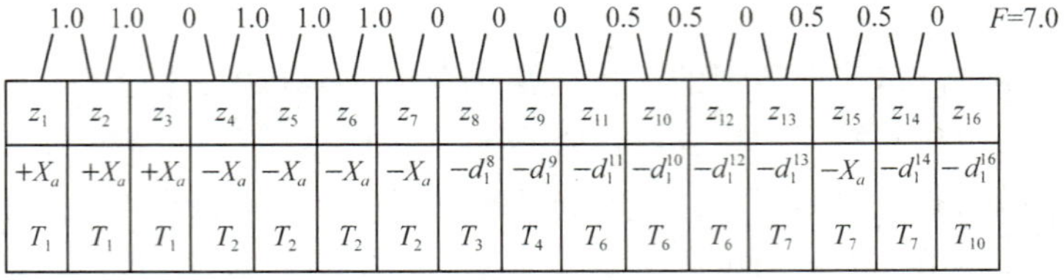


图 9-10　最优装配序列适应度值的计算过程

如图 9-11 所示，实线部分为模因算法的适应度值曲线，虚线部分则由遗传算法形成。可以看出，相较于遗传算法，模因算法在迭代初期的适应度值变化平缓，但其最终的收敛速度比较快，所需的迭代次数更少。飞机装配中并行执行的装配任务越多，则装配效率越高，将不同属性的装配零件进行装配分组，则可提高装配效率。图 9-12 为分别采用遗传算法和模因算法所获得装配分组过程的迭代曲线。模因算法所需的装配方向和工具改变的次数较少，装配的并行性较好，且迭代速度快于遗传算法。

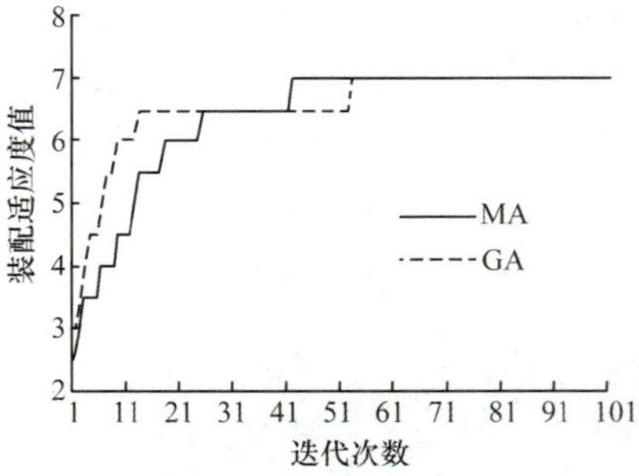


图 9-11　模因算法和遗传算法适应度比较

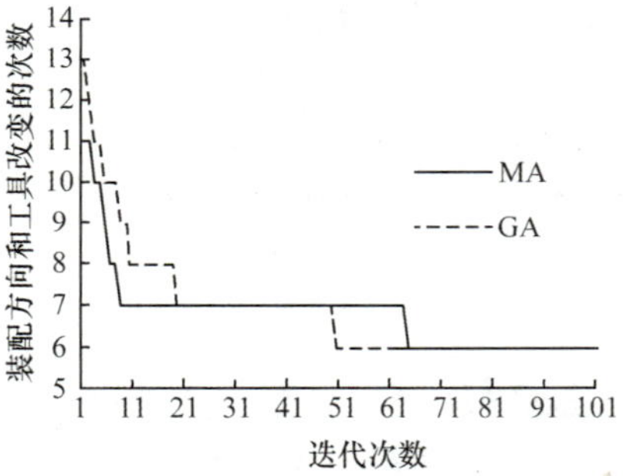


图 9-12　模因算法与遗传算法装配分组过程

对通过模因算法筛选出的最优装配染色体进行解码，最终获得的最优装配规划方案见表 9-6。采用模因算法优化后的装配序列来进行装配规划，仅需要进行 10 次重新定向，方向的一致性较好；装配工具也仅需改变 8 次，工具的聚合性也较好，与工厂现有装配方法相比有很大的提高。

**表 9-6　　最优装配规划方案**

| $Z$ | 1 | 2 | 3 | 4 | 5 | 6 | 7 | 8 |
|---|---|---|---|---|---|---|---|---|
| $D$ | $+X_a$ | $+X_a$ | $+X_a$ | $-X_a$ | $-X_a$ | $-X_a$ | $-X_a$ | $-d_1^8$ |
| $T$ | $T_1$ | $T_1$ | $T_1$ | $T_2$ | $T_2$ | $T_2$ | $T_2$ | $T_3$ |
| $Z$ | 9 | 10 | 11 | 12 | 13 | 14 | 15 | 16 |
| $D$ | $-d_1^9$ | $-d_1^{10}$ | $-d_1^{11}$ | $-d_1^{12}$ | $-d_1^{13}$ | $-X_a$ | $-d_1^{14}$ | $-d_1^{16}$ |
| $T$ | $T_4$ | $T_6$ | $T_6$ | $T_6$ | $T_7$ | $T_7$ | $T_7$ | $T_{10}$ |

## 本章小结

本章深入研究了社会群智与复杂系统的关键概念与应用。

首先，对群智演化与模因进行了概述，剖析社会群体智能的发展，强调在人工智能领域中应用社会群智的重要性。模因计算与群智感知建模一节详细介绍了模因计算的演化过程，以及其在建模复杂系统中的关键作用，为理解群智与复杂系统提供了理论基础。

其次，本章聚焦于复杂社会网络与系统演化案例，通过六个具体案例展示了模因算法在实际问题中的成功应用。这些案例涵盖了多个领域，如物流调度、车辆路径规划、装配序列规划等，突显了模因算法在解决复杂实际问题中的广泛适用性。每个案例都经过详细的案例描述、案例分析和解决方案阐述，为读者提供了深入理解模因算法应用的实践视角。

## 思考题

1. 简述模因计算的应用。

2. 随着模因计算在优化领域的广泛应用，经典的优化方法在求解复杂应用效果不佳的问题得以解决。查阅文献，列举模因计算中全局搜索与局部搜索常用的算法框架。

3. 采用遗传算法作为全局搜索框架的模因计算框架有什么缺点？为什么模因计算可以加快传统遗传算法的搜索速度？

4. 自模因计算框架提出以来，很多学者进行了大量的算法改进工作。查阅相关资料，简述模因计算框架的改进方法有哪些。

5. 收敛性是智能优化算法的一个重要性质，研究算法的收敛性为算法参数选择、策略改进提供了有力的理论基础。作为进化算法的一种，模因算法保持了其收敛性质。查阅相关资料，分析基本模因计算算法的收敛性。

## 参考文献

[1] R. 道金斯. 自私的基因. 卢允中，张岱云，译. 北京：科学出版社，1986：268.

[2] S. Blackmore, The meme machine, vol. 25. Oxford University Press, 2000.

[3] G. Grant, "Memetic lexicon," Principia Cybernetica Web, 1990.

[4] J. Delius, "Of mind memes and brain bugs; a natural history of culture," 1989.

[5] D. C. Dennett, Consciousness explained. Penguin UK, 1993.

[6] L. Gabora, "The origin and evolution of culture and creativity," Journal of Memetics: Evolutionary Models of Information Transmission, vol. 1, no. 1, pp. 1-28, 1997.

[7] Y. S. Ong and A. J. Keane, "Meta-lamarckian learning in memetic algorithms,"

Evolutionary Computation, IEEE Transactions on, vol. 8, no. 2, pp. 99-110, 2004.

[8] Y. S. Ong, M. H. Lim, F. Neri, and H. Ishibuchi, "Special issue on emerging trends in soft computing: memetic algorithms," Soft Computing-A Fusion of Foundations, Methodologies and Applications, vol. 13, no. 8, pp. 739-740, 2009.

[9] Moscato P. On evolution, search, optimization, genetic algorithms and martial arts: towards memetic algorithms[J]. Caltech Concurrent Computation Program, 1989, 826:1989.

[10] 周梓峰. 基于模因算法的带时间窗多车路径规划研究[D]. 深圳大学,2020. DOI: 10.27321/d.cnki.gszdu.2020.000789.

[11] Y. Hou, Y. S. Ong, L. Feng and J. M. Zurada, "An Evolutionary Transfer Reinforcement Learning Framework for Multiagent Systems," in IEEE Transactions on Evolutionary Computation, vol. 21, no. 4, pp. 601-615, Aug. 2017, doi: 10.1109/TEVC.2017.2664665.

[12] M. A. Runco and S. R. Pritzker, Encyclopedia of creativity, vol. 2. Elsevier, 1999.

[13] A. H. Tan, N. Lu, and D. Xiao, "Integrating temporal difference methods and selforganizing neural networks for reinforcement learning with delayed evaluative feedback," Neural Networks, IEEE Transactions on, vol. 19, no. 2, pp. 230-244, 2008.

[14] Y. Kameya, J. Kumagai, and Y. Kurata, "Accelerating genetic programming by frequent subtree mining," in Proceedings of the 10th annual conference on Genetic and evolutionary computation, pp. 1203-1210, ACM, 2008.

[15] S. S. Choi, K. Jung, and B. R. Moon, "Lower and upper bounds for linkage discovery," IEEE Transactions on Evolutionary Computation, vol. 13, no. 2, pp. 201-216, 2009.

[16] A. H. Tan, N. Lu, and D. Xiao, "Integrating temporal difference methods and selforganizing neural networks for reinforcement learning with delayed evaluative feedback," Neural Networks, IEEE Transactions on, vol. 19, no. 2, pp. 230-244, 2008.

[17] X. Chen, Y. Zeng, Y. S. Ong, C. S. Ho, and Y. Xiang, "A study on like-attracts-like versus elitist selection criterion for human-like social behavior of memetic mulitagent systems," in Evolutionary Computation(CEC), 2013 IEEE Congress on, pp. 1635-1642, IEEE, 2013.

[18] 杨彦明. 基于模因算法的物流车辆路径规划问题求解及实现[D]. 深圳:深圳大学,2018.

[19] Ghilas V, Demir E, Woensel T V. An adaptive large neighborhood search heuris-

tic for the Pickup and Delivery Problem with Time Windows and Scheduled Lines [J]. Computers & Operations Research, 2016, 72(C): 12-30.

[20] Ferrucci F, Bock S. Real-time control of express pickup and delivery processes in a dynamic environment[J]. Transportation Research Part B: Methodological, 2014, 63 : 1-14.

[21] Zhu Z, Xiao J, He S, et al. A multi-objective memetic algorithm based on locality-sensitive hashing for one-to-many-to-one dynamic pickup-and-delivery problem [J]. Information Sciences, 2016, 329 :73-89.

[22] Liu M. Multi-Objective Genetic Algorithm for Vehicle Routing Problem with Time Windows[J]. Computer Engineering & Applications, 2006, 24(24): 17-30.

[23] 李原,张开富,王挺,等. 基于遗传算法的飞机装配序列规划优化方法[J]. 计算机集成制造系统,2006,12(2):188-191.

[24] 孙占磊,赵罡,韩鹏飞,等. 基于非正交干涉矩阵的飞机装配序列规划方法[J]. 北京航空航天大学学报,2013,39(5):615-620.

[25] YANG L Y,ZHAO G,WU B B,et al. Assembly sequence planning for aircraft component based on improved clashes matrix[J]. Applied Mechanics & Materials,2011,88/89:22-28.

[26] YU J P,WANG C E. Assembly sequence planning based on max-min ant colony system[J]. Journal ofMechanical Engineering,2012,284 / 285 / 286 / 287:2 220-2 227.

[27] WANG D,SHAO X,LIU S. Assembly sequence planning for reflector panels based on genetic algorithm and ant Colony optimization[J]. International Journal of Advanced Manufacturing Technology,2017,91(1/2/3/4):987-997.

[28] DEVI S,JADHAV D G,PATTNAIK S S. Memetic algorithm and its application to function optimization and noise removal[C]. IEEE World Congress on Information and Communication Technologies. Mumbai, India: IEEE, 2011: 748-753.

[29] 高博,阎艳,张发平,等. 基于文化基因算法的装夹规划方法[J]. 机械工程学报,2015,51(3):162-169.

[30] 吴国祥,胡晓宇. 基于模因算法的飞机装配序列规划[J]. 南京航空航天大学学报,2019,51(03):288-296. DOI:10.16356/j.1005-2615.2019.03.004.

[31] 陈俊皓,贾晓亮. 基于实例学习的飞机装配序列智能规划方法[J]. 航空制造技术,2022,65(12):77-85.

[32] 吴国祥,胡晓宇. 基于模因算法的飞机装配序列规划[J]. 南京航空航天大学学报,2019,51(03):288-296.

[33] Decerle J, Grunder O, El Hassani A H, et al. A memetic algorithm for multi-objective optimization of the home health care problem[J]. Swarm and evolutionary computation, 2019, 44: 712-727.

[34] Wang G, Wang P, Zhang H. A Self-Adaptive Memetic Algorithm for Distributed Job Shop Scheduling Problem[J]. Mathematics, 2024, 12(5): 683.

# 第10章 情绪识别与情感计算

**本章学习目标**

通过学习理解本章内容，研究情感产生状态与感知机制；理解个人的情感传播方式，了解情感计算定义与包含内容，探究多项情感识别算法的机制，思考其背后思想和生物启发原理；同时关注公众普遍的情感认知，思考如何筛选出主流受众感兴趣、有共鸣的话题。引导舆论方向：通过精准获取社会群体的多维度动态数据，评估社会群体的情感导向，分析社会群体的观点及情感，预测社会群体的行为及意图，融合现有的数据对未来的情感、压力和幸福感进行预测，思考如何通过采取情感干预来治疗心理疾病。

## 10.1 情绪识别与分析

情绪是一种高度概括的主观认知体验，是由感知、思维和行为等多种因素共同作用下产生的心理和生理状态。情绪在日常生活和工作中扮演着重要角色。在医疗护理领域，若能准确了解患者，尤其是表达能力受限的患者的情绪状态，护理人员便能根据患者的情绪变化调整护理措施，从而提升护理质量。同样，在产品设计过程中，如果能够识别用户使用产品时的情绪反应，收集用户体验信息，就可以改进产品功能，更贴合用户需求。在人机交互系统中，如果系统能够识别用户的情绪状态，就可以实现更为友好、自然的交互体验。在人际交流中，情绪信息时时刻刻都在传递。从认知神经科学的视角来看，情绪属于经典认知的范畴，对人际沟通意义深远。在人机交互中，情绪识别更是实现人性化互动的重要环节。

关于情绪的最早定义可追溯至 1884 年，美国心理学家威廉·詹姆斯提出情绪是一种人们对自身身体变化的感知，他认为情绪的体验源于身体的变化。换言之，身体的反应先于情绪的产生，情绪体验必然伴随身体上的某些变化，如表情、肌肉紧张及内脏活动等。随后，丹麦生理学家卡尔·兰格在 1885 年提出了类似观点。由于两人对情绪的研究高度一致，这一理论后来被统称为詹姆斯-兰格理论，或称为情绪的外周理论。该理论肯定了生理变化与情绪之间的内在联系，但将情绪的产生单一地归结为外周生理变化，存在一定的片面性。

1927 年，美国生理学家坎农在论文中否定了詹姆斯的情绪理论，他提出情绪的产生由丘脑主导。当外界刺激传达到大脑皮层时，大脑皮层会激活丘脑，进而产生不同的情绪反应。坎农的同事巴德也支持这一观点，认为丘脑在情绪的产生中扮演着核心角色，因此该理论被称为坎农-巴德理论。虽然坎农-巴德理论肯定了丘脑在情绪产生中的作用，但完全忽视了外周生理对情绪的影响，也带有片面性。1937 年，神经解剖学家詹姆斯·帕佩兹进一步将情绪的产生与生理机制联系起来，提出了情绪产生的边缘系统机制，即著名的帕佩兹环路（图 10-1）。他认为，与情绪刺激相关的感觉信息传到丘脑后，会分别传向感觉皮层（思维流）和下丘脑（感觉流）。帕佩兹提出了从下丘脑到丘脑前核，再到扣带皮层的连接路径。当扣带皮层整合来自下丘脑和感觉皮层的信息时，就会产生情绪体验或情感感受；由扣带皮层至海马体再返回下丘脑的路径则形成了自上而下的情绪反应控制。在帕佩兹环路提出十几年后，心理学家麦考林在此基础上引入了“内脏脑”概念，认为内脏脑负责调节与情绪相关的各个器官，并通过下丘脑调节内脏和骨骼的相应反应。帕佩兹-麦考林理论将此前的情绪研究成果融会贯通，为后续情绪研究奠定了理论基础。

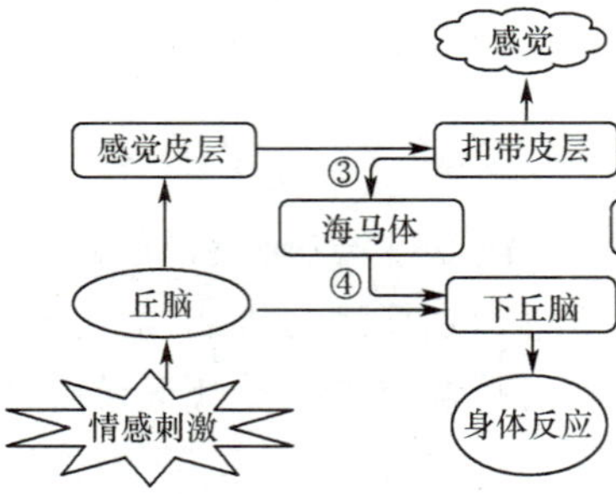


图 10-1　情绪功能性解剖学的帕佩兹环路理论

1995 年，皮卡德等提出了“情感计算”。情感计算要赋予计算机像人一样的观察理解和生成情感特征的能力，最终使得计算机像人一样进行自然亲近和生动交互。情感计算逐渐演变成高级人机交互的关键技术，而情感计算的子领域情绪识别更是人工智能领域中日益受到重点关注的研究方向。情绪识别本质上是挖掘出有关情绪的特征数据与内在情绪状态的映射关系，如图 10-2 所示。

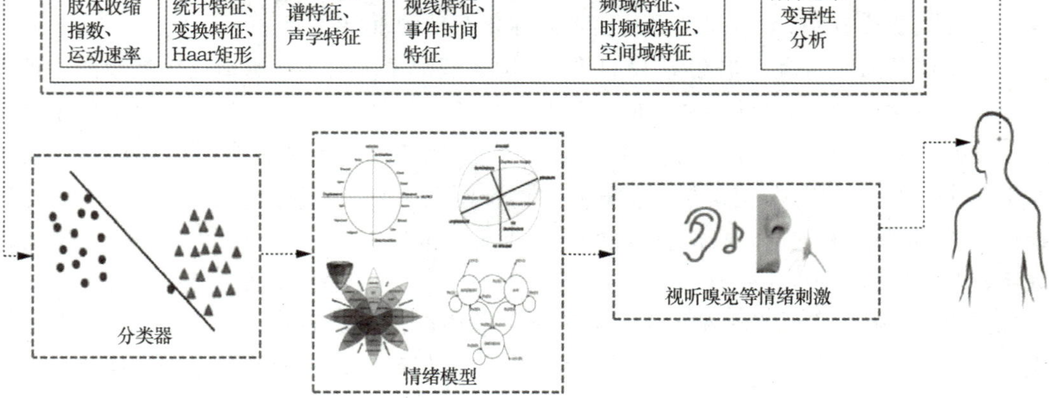


图 10-2　情绪识别研究流程

在情绪识别的行为表现研究方面，中国地质大学的吴敏教授及其情感计算团队致力于通过多模态方法识别情绪，基于语音情感和人脸表情等外在行为特征进行了深入探索。此外，他们还在多维情感意图理解和人机情感交互领域开展了较系统的研究。中国人民大学的多媒体计算实验室采用了视听融合的多模态情绪识别方法，并提出了基于条件注意力融合的策略用于连续维度情感预测研究。同时，该团队还专注于多种信道信息的替代性、互补性和干扰机制的探索，旨在提升人机交互的自然性和有效性。

兰州大学的普适感知与智能系统团队主要研究基于生理信号、眼动和表情等行为模态的多模态知识建模及其应用，尤其关注于生理信号的建模。通过对这些模态的整合与分析，团队致力于构建适用于不同人群（如抑郁症患者和承受心理压力人群）的情绪模型，以便于精确、客观地监测情绪波动和心理状态变化，并实现实时异常情感监控。东南大学的情感信息处理团队则在脑电、表情、语音和肢体动作等多模态情绪分析方面取得了实质性进展，为情感分析的理论基础和实际应用提供了支持。

在基于神经生理信号的情绪识别研究中，上海交通大学的吕宝粮教授团队建立了公开情绪数据集 SEED，并在脑电信号的关键频段、情绪相关脑区及脑电信号的时间稳定性等方面展开了深入的基础研究。此外，中国科学院自动化研究所的何晖光研究团队和西南大学的刘光远教授团队也对基于生理信号的情绪识别展开了系统的研究，为进一步提升情绪识别的准确性提供了有力支持。

## 10.2 社会情感计算

社会情感认知挖掘是一个涉及社会行为、意图和心理认知的综合性研究领域。这方面领域的研究首先需要一定的社会数据。随着科技与经济的高速发展，新一代人工智能引发链式突破，推动经济社会各领域从人工化向智能化、数字化加速跃升。社会数据的主要形式包括文本、图像、音视频、时间序列数据等，除了网络媒体信息（包括博客、论坛、新闻网站等），其来源还包括政府及企业运作数据。对社会数据的获取和规律性的挖掘大致包括以下几个关键点：

（1）精准获取社会群体的多维度动态数据。

（2）评估社会群体的数据价值。

（3）分析社会群体的观点及情感。

（4）预测社会群体的行为及意图。

（5）融合现有的数据对未来的情感、压力和幸福感进行预测。

（6）采取情感干预来治疗心理疾病，辅助诊断评估注意力缺陷、多动症、抑郁症等心理疾病，精准干预治理。

通过 VR、AR、3D 扫描等智能穿戴设备、传感器设备，融合情感视频、声波、表情等数据，可挖掘数据背后隐藏的行为因果关联，及时挖掘群体的社会观点及情感倾向，引导群体的社会价值观走向，构建细颗粒度事项要素知识体系，实现多场景智慧化辅助决策支持，提升政府治理能力，形成智慧“决策大脑”。

为有效利用数据源所隐含的社会化信息的结构特征，可构建社会传感网络，通过对重要节点信息的动态监控，实现社会数据的全方位、分层次感知。

社会感知是借助各类空间大数据研究人类时空行为特征，进而揭示社会经济现象的时空分布、联系及过程的理论和方法。社会感知数据可从三个方面获取人的空间行为特征：

(1)对地理环境的情感和认知,如基于社交媒体数据获取对场所的感受。

(2)在地理空间中的活动和移动,如基于出租车、签到等数据获取海量移动轨迹。

(3)个体之间的社交关系,如基于手机数据获取用户之间的通话联系信息。由于空间大数据包含了海量人群的空间行为信息,使得我们可以基于群体的行为特征揭示空间要素的分布格局、空间单元之间的交互,以及场所情感与语义。

社会认知的过程既是根据认知者的过去经验及对有关线索的分析而进行的,又必须通过认知者的思维活动(包括某种程度上的信息加工、推理、分类和归纳)来进行。社会认知是个体行为的基础,个体的社会行为是社会认知过程中做出各种裁决的结果。认知理论认为个体的行为取决于其对社会情境的知觉和加工过程,这种过程(社会认知、社会知觉)的规律和个体对物体知觉的规律相似,个体会将复杂的社会情境知觉成类似图式的简单而有意义的形式,从而影响个体对社会情境的反应。

在情感计算研究方面,可构建情感计算智能处理平台(图 10-3),分析用户的语音、视频、图像、音乐播放列表和文本等数据,自动识别用户的情感状态并进行心理疾病诊断,生成具有情感调节效果的文字、语音、动作和音乐数据等多样化的调节内容,对用户进行情感调节,改善负面情感对身体健康造成的危害,提高人民的整体健康水平和幸福感。平台可应用在社交媒体、AI 主播、远程医疗、智能家居和智慧城市等公共服务中。

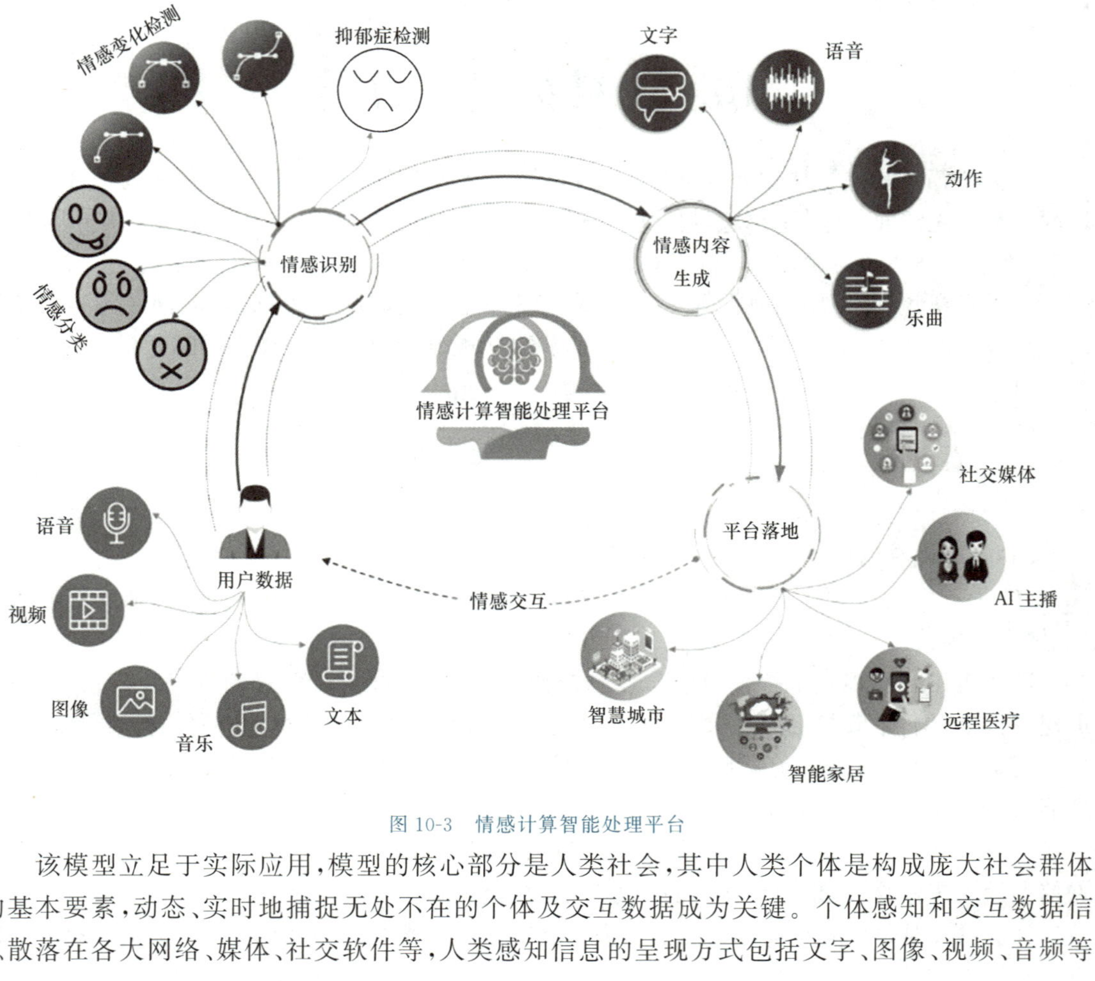


图 10-3 情感计算智能处理平台

该模型立足于实际应用,模型的核心部分是人类社会,其中人类个体是构成庞大社会群体的基本要素,动态、实时地捕捉无处不在的个体及交互数据成为关键。个体感知和交互数据信息散落在各大网络、媒体、社交软件等,人类感知信息的呈现方式包括文字、图像、视频、音频等多种形式，大部分数据不具备明确的行为信息，为了跟踪社会个体的行为数据，获取其行为形成及演化的过程，需要设计和部署高效的数据融合、分析技术建立数据到人类心理认知的映射，服务于社会。

# 10.3 应用案例

## 案例1 “情感计算”在零售中的应用发展

### 1. 案例描述

在情感计算的研究中，情绪识别是最基础、最重要的内容之一。而情绪识别主要是通过面部表情、语音、文字、生理信号等模态的数据，来识别出人类的各种情绪，包括快乐、惊奇、悲伤等。零售商为提升顾客的购物体验，不断探索创新服务，而情感计算则在此领域展现了独特优势，如图10-4所示。马文·明斯基曾言：“如果机器不能够很好地模拟情感，人们可能永远也不会认为机器具备智能。”面部表情、语音、文字、肢体动作及生理信号是人类主要的情感表达方式，蕴含了丰富的内心活动信息。

图10-4　虚拟购物助手

### 2. 案例分析

蜜枣网整合云计算、大数据及物联网等创新技术，借助Azure智能云平台中的“人脸识别”和“情绪识别”API，部署能力强大的零售行业解决方案——锐智眼消费者体验智能分析系统。该系统能够实现商场对消费者满意度的感知，根据客流量及顾客情绪等数据进行实时运营策略调整，使消费者体验数据化，为零售管理带来革命性的创新。此外，基于文本的情感分析也已经在苏宁公司广泛应用。例如，在客服场景中，通过评估客服人员用语的情感，能够快速发现态度不友好的描述。对于用户的购买评论，通过层次结构的情感分析提取用户观点，发现商品的核心优势，并了解需改进的服务点。

### 3. 解决方案

零售的唯一产品是服务，零售商需要不断通过创新的服务来提高顾客的购物体验，情感计算在该领域具有优势。情感计算在零售行业的应用，主要集中在提升购物体验的服务中，例如：消费者购物体验提升、店员服务质量管理、消费者兴趣检测等。

(1)基于消费者兴趣度计算的广告牌

在线下门店的门口,通过大屏幕广告牌,达到引流、促销的效果。当不同的顾客经过小店门口时,传统的做法是不分男女老少,投放预先设定的广告。这种情况下,由于目标受众比例较低,造成广告位资源无效时间比例高。采用情感计算技术,根据辨识到顾客的客群属性,在几种广告内容之间切换,使特定广告的投放时间段内受众比例大大提高,提高促销效果,让顾客更容易看到自己感兴趣的广告,提高引流效果。

(2)基于峰终定律的消费者体验提升

相关研究发现,消费者对消费体验的感受由两个因素决定:高峰和结束时的感觉,无论是好的、不好的,我们感受最深的那刻,将会定性对这次体验的印象,这里的"峰"与"终"其实这就是所谓的"关键时刻"。从进店开始,通过视频和声音,记录用户在店内的行为数据,识别微笑、焦急、犹豫不决等用户体验的表观现象,深入分析现象背后的规律,改变服务节点的设置,从当日的客流数据上直接看到体验高峰的变化,实现对体验管理和研究的数字化。

## 案例2 "情感计算"之母罗萨琳德·皮卡德在情绪识别上的开发和应用

### 1. 案例描述

在"情绪计算"领域,罗萨琳德·皮卡德(Rosalind Picard)作为首屈一指的专家引人注目。她的研究着眼于深层次的情感、记忆和意图对大脑皮层的影响。她惊奇地发现,这些因素对大脑皮层的影响比大脑皮层对它们的影响更为显著。大脑皮层被认为是人类智慧活动的主要发生地。此外,情感在多种智能活动中都起到核心作用,包括感知、决策、逻辑推理、社交、行动选择和言语表达。然而,当前的人工智能研究在许多方面似乎因忽视情感及其各种机制而难以取得突破。因此,皮卡德撰写了《情感计算》一书,试图揭示情感在人工智能发展中的关键作用。这些研究表明,要开发高度智能的人工智能系统,理解人类情感如何影响认知过程是至关重要的。创建能够理解和处理情感的智能个体,可以为实现真正智能的AI迈出重要的一步。

### 2. 案例分析

在人机交互界面的早期阶段,智能体的开发主要侧重于设计可爱、有趣的形象,并未关注使用者的情绪状态。然而,随着技术的发展和用户需求的变化,对情感识别的需求变得日益突出。一个典型的例子是微软Office早期推出的智能助手Clippy。尽管Clippy设计得颇具亲和力,但由于它无法判断用户的情绪状态,常常在不适当的时候表现得过于开心,最终被用户广泛诟病并取消。这一经历反映出智能体需要具备情感识别能力的重要性。当用户情绪低落时,智能体若能感知到并做出适当反应,比如改变表情或语气,将有助于提升用户体验和互动效果。理解和响应用户的情感状态不仅仅是简单地模拟表情或动作,更需要深入的情感识别技术支持。用户通过计算机视觉等技术,可以训练计算机识别人类面部表情的细微变化。例如,根据面部运动编码系统的描述,当一个人同时展现"脸蛋抬升"和"嘴角向外拉伸"时,表明这是一种真实的开心表达,而非假笑。情感学家的研究成果揭示了情感表达背后的复杂机制,为开发智能体能够准确感知、理解和响应用户情感提供了理论基础。

### 3. 解决方案

罗萨琳德·皮卡德的研究聚焦于使用四种机器学习算法区分真实的开心笑容和沮丧时的苦笑。研究显示,机器学习在判断真实笑容时与人类判断相近,而在识别沮丧时的苦笑方面,成功率高达92%，显著优于人类。研究发现，面部表情的动态特性是情感识别的有效特征。真实的笑容通常缓慢展开，而沮丧的笑容则表现出突然而快速的特点，这反映了人类情感感知中的偏差。

为了支持进一步的研究，皮卡德团队在网上发布了多个幽默视频，邀请观众通过网络摄像头分享他们观看时的表情。他们开发的"AffdexMe"应用在iOS和Android平台上免费提供，利用24种面部表情识别技术达到90%的准确率，面部表情识别开发软件示例如图10-5所示。该应用已在全球多个地区广泛应用，为开发者提供实时情绪SDK支持。皮卡德的公司Empatica还免费提供情感相关技术支持给研究人员，旨在推动情感识别技术的发展。这些努力将为未来智能系统带来更智能、更敏感的人机交互体验，提升满意度。

图10-5　面部表情识别开发软件示例

## 案例3　基于多模态融合的单眼情绪分析研究

### 1. 案例描述

情感计算是指对个人情感或情绪的自动识别。这是一个全新的研究领域，旨在使智能系统能够感知、感觉、推断和理解人类的情感。情绪识别技术目前已在心理健康预测、教育、犯罪学中的欺骗性检测、会话场景等多个任务中得到广泛研究，在医疗保健、智能驾驶和服务机器人等诸多领域有着广阔的应用前景。而VR、AR等智能眼镜设备作为未来的个人计算应用中心，为其提供智能的情感交互能力是提高其沉浸式体验感和交互体验感的重要途径。但在此类设备上，目前仍缺乏系统且有效的情绪识别方法。本项工作从系统性和实用性角度考虑，介绍了一种基于事件相机的实时情绪识别算法和一种低功耗的智能眼镜单眼情绪识别装置，该方法对光线条件的变化具有鲁棒性。（本工作来源于大连理工大学社会计算与认知智能教育部重点实验室）

### 2. 案例分析

本项工作的关键是基于仿生视觉传感器事件相机的测量和一个轻量化的多模态脉冲神经网络融合框架。与传统相机相比，事件相机提供了更高的动态范围（140dB）和更高的时间分辨率（微秒级），同时具备较低的功耗。因此，被捕获的事件可以在具有挑战性的照明条件下记录丰富的时间线索。值得注意的是，本项工作收集了第一个基于事件相机的单眼情绪数据集。

然而，这些事件缺乏纹理信息，给有效解码时间信息带来困难。因此，本项工作从两个不同的角度有效解决了这个问题。首先，本文利用生物可解释性的脉冲神经网络解码事件的时间信息。其次，本文设计从与事件时间同步的灰度图中提取基本的空间线索，并在此基础上，提出了一种有效的空间域和时间域的引导融合方案：基于权重复制的时空融合方案，该方案有效地将空间注意力传递到脉冲神经网络提取的时间信息上。

**3. 解决方案**

具体地说，网络融合了灰度帧和事件帧两个模态的信息。灰度帧用于空间特征的提取，事件帧用于时间特征的提取。在相加融合后使用了两层基于脉冲神经网络的全连接层进行结果的预测。网路的空间特征提取器和时间特征提取器在卷积结构上保持一致，不同的是时间特征提取器在卷积操作之后紧跟着是脉冲神经元进行脉冲的发放，通过膜电位保持了时间的连续性。卷积结构的一致性带来了新的启发，时间特征提取器的卷积权重直接对于空间特征提取器对应位置的卷积权重进行了复制。从而在时间维度利用到了空间维度丰富的纹理、细节特征。模型结构如图 10-6 所示。为充分展示本工作的设计思路，本文还搭建了智能眼镜单眼情绪识别装置。该装置将事件相机、运算模块 Manifold 2-G 在可佩戴头盔装置上进行了集成，设计了对应的结果展示软件界面用于实时显示在运算模块运行算法输出的情绪识别结果。图 10-7 展示了事件相机的单眼情绪数据集、单眼情绪识别头盔和软件界面。

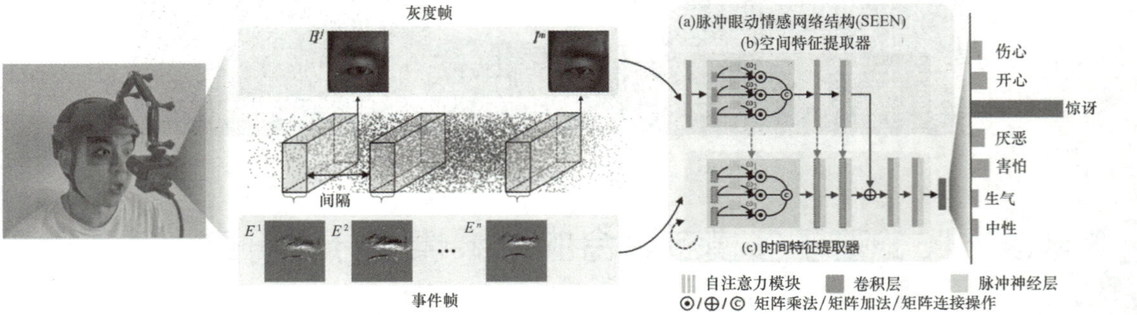


图 10-6 模型结构

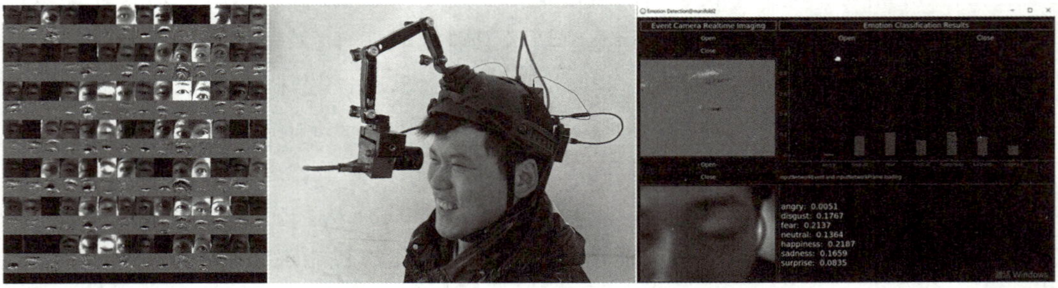


图 10-7 单眼情绪数据集（左）、头盔系统（中）和软件界面（右）

## 案例 4 基于 EDA 信号的癫痫发作监测手环

**1. 案例描述**

Rosalind Picard 的团队原本专注于研究皮肤电活动（Electrodermal Activity，EDA）与情绪波动之间的关联。EDA 反映了皮肤电阻随汗腺活动变化的情况，与焦虑、紧张等情绪密切相关。在一次实验中，研究人员意外发现，一位参与者的 EDA 信号在癫痫发作前后出现了剧烈波动。这一偶然发现成为了创新的起点，促使团队着手研究 EDA 信号与癫痫发作的关系，并开发出一款智能手环，用于监测癫痫发作。

癫痫是一种慢性神经系统疾病，全球约有 5 000 万患者。患者会经历突发的癫痫发作，其中部分发作可能危及生命，如强直-阵挛性发作或发作期间窒息。癫痫的发作时间和频率不可预测，患者在独处时尤其脆弱。然而，传统的检测手段主要依赖脑电图(EEG)，这些设备通常需要复杂的安装和临床环境支持，无法用于患者的日常生活。

为了提供便捷的监测方式，Rosalind Picard 团队尝试将 EDA 和其他生理信号(如心率、运动数据)结合，通过机器学习算法预测癫痫发作。这一创新的手环设备不但实现了全天候的监控，还显著提高了预警效率，成为癫痫患者和家属的重要工具，如图 10-8 所示。

图 10-8 检测手环

## 2. 案例分析

开发基于 EDA(皮肤电活动)信号的癫痫发作检测手环面临诸多挑战。信号采集的准确性和稳定性是首要难题，因为 EDA 信号容易受到噪声干扰(如出汗、环境温度变化、用户运动等)，可能导致误检或漏检。为此，团队优化了传感器设计与算法，结合多模态数据(如心率或皮肤温度)提高检测精度。此外，癫痫发作的频率和类型因个体而异，系统需要能够适应用户的个性化差异。Rosalind Picard 团队采用了个性化模型训练，根据每位用户的历史数据不断调整检测算法。续航和佩戴舒适度也是关键挑战，特别是需要用户长期佩戴设备。团队通过低功耗设计和轻量化材料延长设备续航，并确保手环符合日常使用的舒适性标准。另一个重要问题是数据隐私和伦理，因为手环会实时记录用户的生理数据。系统采用了本地数据处理和云端加密传输策略，确保用户隐私得到保护。这些多层面的优化，使手环能够在实际生活场景中高效、可靠地帮助癫痫患者监测和管理发作风险。

(1)信号噪声与误报率

EDA 信号易受到运动、情绪波动等因素干扰。例如，用户的焦虑状态或剧烈运动也可能导致 EDA 的异常波动。如何区分正常状态与癫痫发作成为技术难点。

(2)实时检测与低功耗需求

手环需具备长时间的续航能力，同时实时采集并分析数据。设备需要平衡处理速度和功耗，以确保日常使用的便捷性。

(3)个体差异与自适应模型

癫痫患者的 EDA 模式具有个体差异,不同患者在发作时的生理信号波动不同。因此,系统需要具备个性化学习的能力,以适应患者的具体情况。

(4)紧急应对机制

在检测到癫痫发作后,如何快速发出警报,确保患者能够得到及时帮助是关键。设备需与手机应用联动,发送患者的地理位置信息。

**3. 解决方案**

(1)多模态数据融合

除了 EDA 信号,手环还采集心率、体温、运动状态等多种生理参数。通过融合多模态数据,系统可以更准确地识别癫痫发作,降低误报率。

(2)个性化机器学习模型

手环内置了自适应算法,会根据每位患者的历史数据调整检测模型。通过个性化训练,设备能够更敏锐地识别患者的癫痫发作模式。

(3)实时分析与低功耗优化

设备采用了轻量级的算法,在手环内部进行部分计算,同时利用智能手机应用进行更复杂的分析。此架构不仅降低了设备的功耗,还保证了数据处理的实时性。

(4)安全与隐私保护

手环的数据加密传输至用户的手机应用,并支持匿名数据上传到云端进行进一步研究。在保证患者隐私的同时,为医学研究提供了有价值的样本。

(5)紧急报警与自动求救

手环在检测到癫痫发作后,会通过蓝牙与手机连接,发送紧急警报。家属或医生能通过手机接收到患者的实时位置和生理状态,快速采取行动。

这款基于 EDA 信号的癫痫检测手环是情感计算在医疗领域的成功应用。Rosalind Picard 团队通过创新性地利用 EDA 信号监控癫痫发作,为数百万患者带来了福音。该项目不仅展示了技术的社会价值,也为未来健康监测设备的研发提供了重要的借鉴。佩戴手环的患者无须再频繁前往医院进行监测,能够更自由地参与日常活动。用户反馈显示,设备减少了他们对突发发作的恐惧,提高了生活的独立性。该项目不仅在医疗领域取得了突破性进展,也推动了情感计算与健康监测技术的结合。EDA 信号的创新应用激发了更多关于生理信号分析的研究。

## 案例 5　社交辅助系统帮助孤独症儿童识别情绪

**1. 案例描述**

孤独症谱系障碍(ASD)是一类发展性障碍,常伴有社交沟通困难和对他人情绪的识别障碍。这使得孤独症儿童难以理解和适应复杂的社会情境,导致他们在人际交往中常感到困惑与孤立。为了帮助这些儿童更好地适应社会生活,Rosalind Picard 和她的团队开发了一套基于情感计算的社交辅助系统。该系统通过可穿戴设备和移动应用帮助孤独症儿童实时识别他人的情绪,并进行适当反馈,如图 10-9 所示。

具体而言,这款系统包括一副智能眼镜和一款情绪识别应用。智能眼镜内嵌摄像头和传

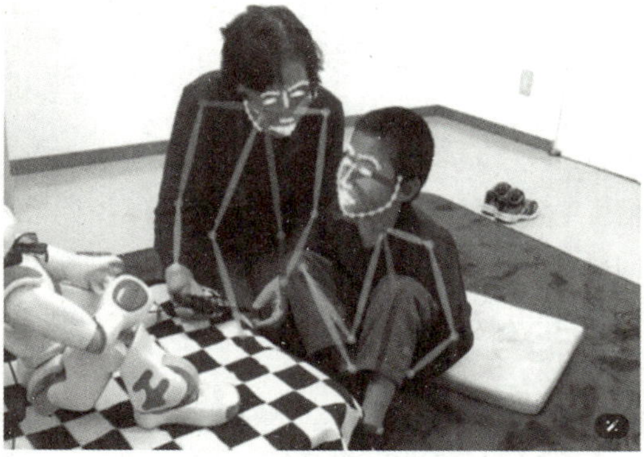

图 10-9　社交辅助系统帮助孤独症儿童识别情绪

感器，用于捕捉他人的面部表情和声音语调；应用端则利用机器学习算法实时分析这些数据，并通过简化的图标或文字提示儿童对当前情绪状态进行反馈。例如，当眼镜捕捉到对方微笑时，系统会向佩戴者提示“快乐”表情，并建议他们可以微笑回应。此系统通过持续的日常使用，帮助孤独症儿童逐渐学习情绪识别和社交技巧。

**2. 案例分析**

孤独症儿童通常难以察觉他人的情绪细节，如微笑、皱眉或语气的变化。他们的面部表情解码能力欠缺，使得他们无法对情境做出适当反应，容易造成误解和人际交往困难。尽管传统的行为疗法或心理干预对提升社交技能有所帮助，但这些疗法通常需要长期的面对面训练，且在实际生活场景中缺乏即时反馈，效果有限。因此，如何将实时的情绪识别和反馈机制引入日常生活，成为一个创新的解决方案方向。Rosalind Picard 团队的社交辅助系统以人工智能、情感计算和可穿戴设备为核心。以下是该系统的技术特点：

（1）多模态情绪识别

系统使用摄像头捕捉面部表情，并结合语音分析技术对情绪进行多模态解读。机器学习算法经过大量数据集的训练，可以识别多种情绪状态（如高兴、愤怒、惊讶等），并以简化形式呈现给用户。

（2）个性化反馈与学习曲线

每位孤独症儿童的感知和理解能力不同，系统会根据用户的使用情况逐步调整反馈策略。例如，刚开始时，系统会给出非常明确的提示，但随着用户进步，提示会逐渐减少，以培养儿童的独立识别能力。

（3）场景嵌入与实时性

智能眼镜可用于学校、家庭或社交场合，帮助儿童在实际生活场景中应用所学社交技能。实时反馈机制让儿童在社交过程中及时得到指导，而无需等待事后纠正。

开发基于情感计算的社交辅助系统面临多重挑战。首先，孤独症儿童对可穿戴设备的敏感度较高，可能排斥持续佩戴智能眼镜等新技术。为此，团队设计了轻便、外形友好的设备，并通过循序渐进的适应过程降低儿童的抵触情绪。其次，情绪表达在不同文化与个体间存在差异，可能导致系统在情绪识别上的准确性偏差。团队采用了多样化的跨文化数据集进行模型训练，并通过用户日常使用中的持续学习优化模型。数据隐私同样是重要问题，尤其是在处理儿童面部与语音数据时。为此，系统采用本地情绪分析与加密传输相结合的方式，减少敏感信息上传频率。此外，为了防止儿童对设备产生依赖，系统设计了逐步减少提示的机制，引导他们在实际社交场景中独立使用所学技能。这些多方面的努力确保了系统的实用性和有效性，同时也为科技在教育领域的应用提供了宝贵经验。

**3. 解决方案**

(1)数据隐私与伦理问题

由于系统涉及面部和语音数据的采集与处理，如何在保护隐私的前提下进行数据分析是一个重要挑战。Rosalind Picard 团队采用了本地处理与云端加密结合的方式。智能眼镜在本地进行大部分情绪分析，减少上传敏感数据的频率，并确保所有传输数据经过加密。

(2)系统使用的接受度

孤独症儿童可能对新设备感到不适，尤其是持续佩戴智能眼镜。为此，团队特别设计了轻量化的眼镜框架，并将设备尽量小型化，使其外观看起来像普通眼镜，以减少儿童的心理抵触。同时，设计团队与家长和老师密切合作，确保产品友好且符合儿童的需求。

(3)情绪识别的准确性

不同文化背景和个体的面部表情、语音表达方式各异，可能导致情绪识别的误差。为了解决这一问题，系统使用了跨文化的训练数据集，并在用户的日常使用过程中进行持续学习和优化，以适应个体差异。

在多所学校和家庭中的试点研究表明，使用该系统的儿童在与同龄人的互动中表现得更加自信。他们能够更好地识别他人的情绪，并做出合适的回应，减少了社交误解与冲突。

系统会记录儿童的使用情况，并生成情绪识别进度报告，帮助家长和老师了解儿童的社交能力提升过程。这些数据有助于制订个性化的教育计划，并在需要时及时调整干预措施。

随着使用时间的增加，系统会逐步减少对儿童的直接提示，引导他们独立识别情绪。这一渐进式策略帮助儿童逐步脱离对系统的依赖，实现社交能力的长期提升。

Rosalind Picard 的社交辅助系统为孤独症儿童的康复干预带来了创新，展示了情感计算在教育和心理健康中的巨大潜力。通过实时情绪识别和反馈机制，该系统帮助孤独症儿童逐渐提升社交能力，为他们融入社会、建立人际关系提供了有效的支持。这一案例不仅体现了科技对特殊人群的深远影响，也为未来更多智能化康复产品的研发提供了宝贵经验。

## 案例 6　谈判对话中提高用户满意度和伙伴感知的情绪感知代理研究

**1. 案例描述**

谈判是研究人类决策过程中情绪感受和表达的核心任务。作为一项混合动机的任务，它会给谈判者带来人际和内部冲突。当谈判将个人成就的愿望与维持社会关系的要求对立起来时，往往会出现动机紧张。这就给谈判者留下了艰难的决定，是朝着自己的结果努力，还是为他人牺牲。这种情况下可能充满了情感接触。例如，当一个谈判者努力为自己争取尽可能多的东西时，他们需要他们的伴侣也一起去做。然而，伴侣是否愿意一起去，本质上是一种情感决定。一个试图索取太多的谈判者会惹恼他们的伴侣，反过来，会损害他们在伴侣眼中的受欢迎程度，也会损害伴侣对结果的情感评估(即他们的满意度)。相反，谈判者在确保合作伙伴满意并留下对合作伙伴的积极印象的同时努力实现最大绩效是可取的。因此，对于与用户进行协商的人工智能助手来说，提前预测对方的满意度和感知是至关重要的。这些虚拟谈判代理在推进会话人工智能方面有广泛的应用，例如通过电话预约理发的 Google Duplex 代理。此外，这种代理在增加获得社交技能培训的机会方面也很有用。

**2. 案例分析**

先前的一些研究依赖于用户个体差异属性来解释谈判行为和结果。例如，这包括基于性别和人格特征的研究，如社会价值取向和马基雅维利主义。从与社交媒体平台上的用户交互的实际谈判代理人的角度来看，这项研究至关重要，因为研究表明，可以从过去的用户交互中推断出人口统计学和人格属性。因此，它们可以用来调整部署的自动化系统的行为。然而，仅仅依靠这些变量就会忽略所有其他可用的信息，比如谈判本身的情感属性，这些信息可能会进一步帮助预测结果。虽然人们可能会认为这些影响变量仅仅是因为它们是个体差异的表现而有所帮助，但相反，情感因素可能反映了最近与伴侣的互动，并可能以自己的方式进行预测。这就引出了关键研究问题：为了预测谈判者对其合作伙伴的满意度和喜爱程度，在个体差异变量之外，利用谈判中的情感属性是否有价值。

大多数先前的谈判努力都集中在人与代理之间的菜单驱动的沟通上。这样的界面允许点击按钮来共享优惠或偏好，这有助于保持设计的可处理性。然而，这种具体是有代价的，它阻碍了对谈判的几个现实方面的分析，如说服和自由形式的情感表达。由于固有的设计限制，情感表达仅仅沦为使用表情符号和预定义的句子模板。相反，最近的努力已经探索了一种完全不同的、基于聊天的交互方式，它允许人类代理以自由形式的自然语言（如英语）进行交流，有可能填补现有情感研究与现实世界谈判挑战之间的空白。

**3. 解决方案**

为了解决上述问题，分析了一个基于现实营地谈判任务的大规模、语言丰富的数据集。参与者的相关元数据使我们能够研究同一环境下的个体差异和语言对话行为。超越限制性菜单驱动界面的功能，利用深度学习的最新进展开发了三种程度的情感识别技术：表情符号、词汇和上下文。在这些不同的方法之间进行了广泛的定性和定量比较。使用相关和逐步回归分析，量化了情感属性在多大程度上有助于解释结果的差异，而不仅仅是个人用户属性。通过控制谈判参与者的客观表现进一步验证了结果，并研究了情绪表达对最终预测表现的时间影响。

CaSiNo 数据集总共包含 1030 个英文谈判对话。每个数据点都有丰富的参与者元数据，包括人口统计数据和个性特征。这些都是在谈判开始前收集的。此外，每个参与者都被要求观看一个谈判培训模块。本视频模块涵盖了谈判中的一些最佳实践，并提供了数据收集接口的概述。在每个对话中，两个参与者扮演露营地邻居的角色，并协商额外的露营必需品包。按照 MIBT 结构，有三个问题：食物、水和木柴。每期有三个可用数量，从而产生从 0 到 3 的四个级别。在谈判开始之前，每个参与者被随机分配三个问题的优先顺序，这是{高，中，低}的排列。一旦分配了优先级，参与者也会提出他们自己的理由来决定需要或不需要某个特定的问题，比如为计划中的徒步旅行需要更多的水或为孩子们需要更多的食物。这个练习让参与者为即将到来的谈判做好准备，从而产生一系列语言丰富的对话。

平均而言，CaSiNo 中的对话包含 11.6 个话语，每个话语包含 22.1 个代币。参与者还被允许使用表情符号来表达四种基本情绪：喜悦、悲伤、愤怒和惊讶。在图 10-10 中提供了聊天界面的截图。一旦谈判结束，研究人员就会根据参与者能够谈判的项目数量记录他们的表现。与此同时，参与者还被要求报告他们对结果的满意度，以及他们对谈判伙伴的看法。分析这些谈判绩效的主观指标是研究的主要重点。

对于 CaSiNo，参与者可以被归类为亲社会的，他们在互动中倾向于合作，或者亲自我的，倾向于服务于他们的个人利益。参与者被允许使用速记直接在聊天界面中键入四种基本情绪

图 10-10　来自 CaSiNo 数据收集界面的截图

的表情符号:喜悦、悲伤、愤怒和惊讶。对于给定的参与者和谈判对话,我们计算参与者对每种类型使用的表情符号的数量,并将其用作情绪表达的连续度量。《CaSiNo》中大约 15%的话语使用了一个或多个表情符号。在使用表情符号的话语中,近 80%使用 Joy 表情符号。基于对话语的人工检查,发现参与者倾向于在许多场景中使用 Joy 表情符号,包括在谈话开始或结束时表示同意的闲聊,在某些情况下,有趣的是,也包括在提出严格的提议时。当表示不同意、表示同情或强调个人需要时,往往会使用悲伤。在某些情况下,参与者会在指出伴侣的奇怪行为或对伴侣的特定需求表示同情时表达惊讶。愤怒是在强烈分歧的情况下使用的,例如,一方不同情参与者的个人要求,或者当他们收到一个非常不公平的提议,而这对谈判的一方很大程度上是有利的。

## 本章小结

近年来,随着情感计算技术的快速发展,情感机器人和人机情感交互已成为情感计算领域的研究热点,其内容涉及数学、心理学、计算机科学、人工智能和认知科学等众多学科。当前,基于语音、面部表情、手势、生理信号等方式的情感机器人和人机情感交互系统的开发取得了一定成果,已经在远程教育、医疗保健、助老助残、智能驾驶、网络虚拟游戏和服务机器人等诸多领域得到应用。仍存在一定的壁垒限制其进一步发展,其主要的难点包括几方面:

(1)融合多模态数据能力有待提高。

(2)各行业推广能力弱。

(3)各领域之间的壁垒导致信息的不流通。

(4)特征复杂,难以设置统一的网络来提取。

## 思考题

1. 情感计算旨在研发能够感知、识别、处理、模拟人类情感并解释人类情感的系统。查阅资料,简单阐述情感计算的原理。

2. 情感计算已经在多领域、多样化场景落地应用,结合自己的生活或者科研,举例说明情感计算的应用。

3. 随着传感器的精准部署,情感计算大有作为,寻找自己感兴趣的某个具体的场景,谈谈情感计算在实际应用落地的难点。

4. 情感计算对于感知社会具有重要的意义,查阅关于情感计算的文献,简单总结此研究方向的最新进展及不足之处。

5. 针对问题4查阅的文章，挑选一篇自己感兴趣的，简单描述文章的新颖点，以及你对不足之处的改进想法。

## 参考文献


[1] 苏宁科技. 深度//一文读懂“情感计算”在零售中的应用发展[Z/OL]. 百度新闻.

[2] Picard R W. Affective computing[M]. MIT press, 2000.

[3] Zhang, Haiwei, et al. “In the blink of an eye: Event－based emotion recognition.” ACM SIGGRAPH 2023 Conference Proceedings. 2023.

[4] Sacha D, Stoffel A, Stoffel F, et al. Knowledge generation model for visual analytics[J]. IEEE transactions on visualization and computer graphics, 2014, 20(12): 1604-1613.

[5] 陈涛，刘炜，单蓉蓉等. 知识图谱在数字人文中的应用研究[J]. 中国图书馆学报, 2019, 45(6): 34-49.

[6] Runge J, Bathiany S, Bollt E, etal. Inferring causation from time series in Earth system sciences [J]. Nature communications, 2019, 10(1):1-13.

[7] Sun J, Zheng Y, Hao J, et al. Continuous multiagent control using collective behavior entropy for large-scale home energy management[C]//Proceedingsof the AAAI Conference on Artificial Intelligence. 2020, 34(01): 922-929.

[8] Tato A, Nkambou R, Dufresne A, et al. Convolutional Neural Network for Automatic Detection of Sociomoral Reasoning Level[J]. International Educational Data Mining Society, 2017.

[9] Hassanzadeh O, Bhattacharjya D, Feblowitz M, etal. Causal Knowledge Extraction through Large-Scale Text Mining[C]//Proceedings of the AAAI Conference on Artificial Intelligence. 2020, 34(09): 13610-13611.

[10] 聂聃，王晓韡，段若男，等. 基于脑电的情绪识别研究综述[J]. 中国生物医学工程学报, 2012, 31(04):595-606.

[11] 潘家辉，何志鹏，李自娜，等. 多模态情绪识别研究综述[J]. 智能系统学报, 2020, 15(04):633-645.

[12] 吴志峰，柴彦威，党安荣，等. 地理学碰上“大数据”：热反应与冷思考[J]. 地理研究, 2015, 34(12):2207-2221.

[13] Regalia G, Onorati F, Lai M, et al. Multimodal wrist-worn devices for seizure detection and advancing research: focus on the Empatica wristbands[J]. Epilepsy research, 2019, 153: 79-82.

[14] Rudovic O, Lee J, Dai M, et al. Personalized machine learning for robot perception of affect and engagement in autism therapy[J]. Science Robotics, 2018, 3(19): eaao6760.

[15] Aydo an R, Baarslag T, Fujita K, et al. Challenges and main results of the automated negotiating agents competition (ANAC) 2019[C]//Multi-Agent Sys-

tems and Agreement Technologies: 17th European Conference, EUMAS 2020, and 7th International Conference, AT 2020, Thessaloniki, Greece, September 14-15, 2020, Revised Selected Papers 17. Springer International Publishing, 2020: 366-381.

[16] Adalı S, Golbeck J. Predicting personality with social behavior: a comparative study[J]. Social Network Analysis and Mining, 2014, 4: 1-20.

[17] Chawla K, Ramirez J, Clever R, et al. CaSiNo: A corpus of campsite negotiation dialogues for automatic negotiation systems[C]//in Proc. Conf. North Amer. Chapter Assoc. Comput. Linguistics: Hum. Lang. Technol., 2021: 3167-3185.

[18] Mell J, Gratch J. IAGO: interactive arbitration guide online[C]//Proceedings of the 2016 International Conference on Autonomous Agents & Multiagent Systems. 2016: 1510-1512.

[19] He H, Chen D, Balakrishnan A, et al. Decoupling strategy and generation in negotiation dialogues [C]// in Proc. Conf. Empirical Methods Natural Lang. Process., 2018: 2333-2343.

# 第11章 社会文化建模与规律探索

本章学习目标

通过学习本章内容，探索社会文化与群体行为的变化规律，了解社会经济、政治、卫生和基础设施因素如何相互作用，从而形成一个特定的社区，识别以及预测人类行为，掌握社会主流价值观及其规范的形成机制，利用因果关系解开社会文化现象背后的谜底。探索社会文化新型机制，思考如何利用人工智能方法，如构建知识图谱，来获取大量的、让计算机可读的知识，思考如何使社会文化进行数字化转型，在先进人工智能技术的辅助下，以新的技术手段改变、重构社会文化的存在形态、传承方式。

## 11.1 社会文化的因果关系

在这个深刻、快速且复杂变化的世界中，人们急需有效手段来应对各种社会挑战，如道德危机、恐怖袭击和难民潮等引发的社会动荡与暴力冲突。冲突是一种社会制度内部的社会阶层分化和利益分配不均的结果或者是不同社会制度的不同规范产生接触的结果，社会冲突与文化有密切关联。基于社会文化因素建模，利用计算技术来研究文化冲突和变迁，分析不同文化背景的国家或组织的决策过程，探寻其行为所依赖的社会文化因素，开发模型和多样化社区参与机制，揭示在一个给定的地点什么因素是最重要的，可以帮助我们更好地预测，支持稳定的行动的结果，或许可以成为解决社会冲突强有力的手段。

开发社会文化参与机制模型的核心在于发现当地人认为重要而外地人最初可能忽视的因素。以 2014 年至 2016 年在西非爆发的埃博拉疫情为例，说明外界对影响快速变化的生死攸关局势的关键当地因素缺乏了解。应急小组主要关注社区的健康问题，但未关注传统的丧葬习俗，即家庭成员触摸和清洗死者的尸体，从而增加了他们感染致命疾病的可能性。早一点意识到这一文化因素的重要性，可能就会采取措施减缓埃博拉病毒的传播。发现这些因素需要计算技术与社会文化联动，以建立基于当地人输入的本地系统的预测性因果模型，其具备不同地区和人群中一般化、适应社会的动态变化，具有可维护性、持久性、自我维持性和提供因果解释见解的能力。

因果分析应当是社会科学研究的核心，但目前许多研究仍然沿袭人文学科的传统，受到政策研究和新闻写作风格的影响，未能充分重视因果分析。这导致对因果关系的理解不够深入，缺乏对其在知识积累中重要性的认识。即使在一些涉及因果分析的研究中，往往缺少系统的方法论支持，结果缺乏解释力。这反映了社会研究在方法应用上的不足，强调了深化因果分析研究的必要性，以提升研究的有效性和实用性。通过强化因果分析，社会科学才能更好地理解复杂社会现象并提供有意义的理论和政策指导。

相较于物理现象中的因果关系，社会现象中的因果关系通常表现出更为复杂的宏观特征。自然科学关注微观层面的现象，这些现象在时间上往往瞬间发生，且中介因素几乎可以忽略。然而，社会现象因其历史性，起因与结果之间往往存在时间滞后，这使得因果链接在时间上不对称，且其顺序易于识别。这种滞后导致了因果关系的复杂性，引发对多重起因和交叉因果的深入探索。在构建虚拟情境时，自然科学研究能够通过操控手段来明确因果关系，因为在微观层面上控制相对容易，且干扰因素少。然而，在社会研究中，因果操控通常难以实现，因此研究者需要依赖假设性操控来推断因果机制。这些假设需要符合一定的逻辑标准，以保证在研究设计中的合理性。例如，考虑不同职业的未来回报，可以通过两种情境进行分析：第一种情境是毕业生自由选择职业，假设他们对各职业的了解是随机的；第二种情境则是将毕业生随机分配到不同职业中。第二种情境下，得出的职业与未来回报之间的关系可视为实验意义上的因果关系，而第一种情境虽然来源于现实，但也能揭示因果关系，只要在分析过程中控制其他相关变量。

深入挖掘因果机制是科学研究的基本任务，也是推动学科发展的核心。因果关系的讨论并非简单的因果顺序，而是涉及多重起因、偶然性和必要性等复杂概念。尽管不同学科对因果分析的侧重点各有不同，但普遍重视因果机制是共通的。目前，社会研究中存在的一系列问题，往往源于对因果分析的不重视或理解不足，导致研究结果缺乏深度与解释力。因此，将因果机制的分析纳入社会研究中，是推动其深入发展的重要一环。

尽管定性与定量研究在数据使用和分析方法上存在显著差异，但在应用因果分析以得出普遍性和解释力结论时，它们并无本质隔阂。对定量研究缺乏对因果机制关注的批评往往不够合理，因为因果分析与研究方法之间的关系在历史上一直处于动态变化中。这一变化强调了深入理解因果关系的必要性，以推动社会科学的创新和发展。

根据以上分析，对社会文化建模与规律探索的挖掘，大致包括以下几个关键点：(1)挖掘人类发展的物理细节，探索文化与群体行为变化的数学模型；(2)社会经济、政治、卫生和基础设施因素如何相互作用，从而形成一个特定的社区，识别以及预测人类行为；(3)社会主流价值观及其规范形成机制，解开社会道德现象背后的谜底——因果推断；(4)文化差异与社会舆论的关联——社会舆情挖掘。

## 11.2 社会问题与文化的建模

文化构建是一项复杂且灵活的过程，常常在社会变革和互动中潜藏。从历史的角度看，这一过程强调了传统文化与现代文化之间的联系与融合，其核心在于将传统文化转化为符合当代需求的活力表现。从现时的角度来看，文化构建是指在面对外来文化冲击时，本国文化如何适应与发展。这不仅涉及到对传统文化的继承，还包括在多元文化共存的背景下，通过文化互鉴来解决可能出现的文明冲突，为未来人类文明的发展提供新方向。在人类命运共同体的构建中，文化的塑造表现为主体性、多样性与主导性的协调统一，为整体文明的发展提供了新的视角。这一过程重构了未来的文化发展格局，注重整体利益，遵循“和而不同、兼收并蓄”的理念，积极面对文化民族主义与保守主义带来的挑战，努力通过文明对话创造共享的文化空间，以实现智慧的交流。尊重他国文明是人类命运共同体文化构建的重要组成部分，强调在“和而不同”的理念下，认可世界上存在的文化多样性，并在此基础上寻求实现全人类共同利益的共识。文化交流与融合在推动全球化的过程中发挥着至关重要的作用，倡导各国在交往中保持自身文化的开放性与独立性，以抵御全球化的消极影响，减少文化差异带来的隔阂。中国积极促进与其他国家的文化交流，鼓励各国自由选择适合自己的发展道路，展现各自独特的文化特征，并通过这种互动推动双方文化的进步，建立深厚的友谊。在对话过程中，中华文化的精髓也得以传播和发扬。此外，人类命运共同体的文化构建强调对全球优秀文明的借鉴，主张在中西方文化的交流中实现传统与创新的有机结合。这一立场反对狭隘的“文化中心论”，提倡在相互学习和借鉴中促进不同文明的相互碰撞与交流，以营造一个和谐而充满活力的全球文明格局。

为解决因文化差异导致的冲突，需要深入挖掘社会价值观的形成机制，借助决策树、知识图谱等工具建立社会问题解释模型，从可解释性的基本概念出发，系统梳理面向知识图谱的可解释知识推理的相关工作，将事前可解释推理模型进一步细分为全局可解释的推理和局部可解释的推理；在事后解释模型中提供事后解释的两类解释方法，对可解释知识推理的现状进行概述，描述社会问题与文化的机理，开发多样化的社会参与机制系统，解决复杂多变的社会冲突。

该模型针对文化差异导致的冲突问题，通过分析特定社区的文化差异，借助解释模型，建立社会问题与文化差异的关联机制，获取社会问题形成及演化的过程，精准切入问题的关键点，为特定社区的社会问题提供特色的解决方案。为实现图 11-1 所示的模型成果落地的目的，需要根据图谱提供的信息得到更多隐含的知识，如通过本体或者规则推理技术可以获取数据中存在的隐含知识。而链接预测则可预测实体间隐含的关系。同时使用社会计算的不同算法在知识网络上计算获取知识图谱上存在的社区，提供知识间关联的路径。通过不一致检测技术发现数据中的噪声和缺陷，还需要爬虫技术、情感分析、语义理解、社会心理学等多学科对社会科学综合性复杂问题的协同攻关。相应的技术体系如图 11-2 所示。

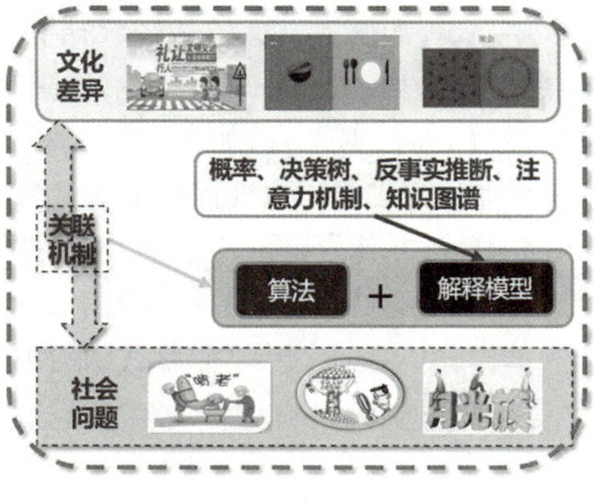


图 11-1　社会问题与文化的建模

构建知识图谱的主要目标是提取和组织大量的计算机可读知识。在当今互联网快速发展的背景下，知识以多种形式存在，包括非结构化的文本数据、半结构化的表格与网页，以及结构化的生产系统数据。在处理非结构化数据时，首要任务是提取正文内容。当前互联网数据中充斥着广告，因此，正文提取技术旨在有效过滤广告信息，仅保留用户关注的文本内容。一旦获得正文文本，接下来需要利用自然语言处理技术识别文本中的实体。实体识别通常有两种方式：一种是利用用户已有的知识库，通过实体链接将文本中的候选实体与知识库中的实体关

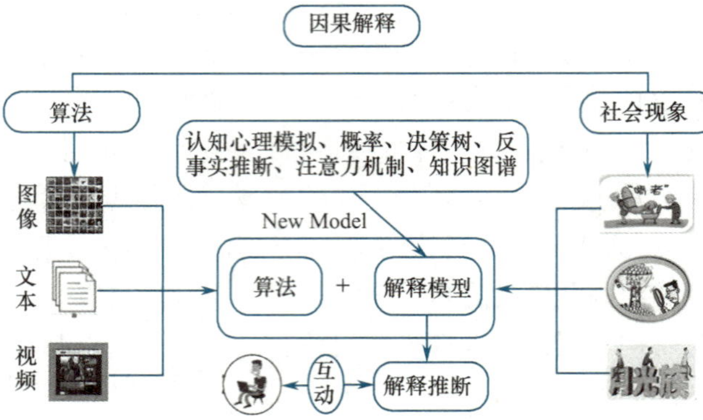


图 11-2　解决社会复杂问题的相关技术

联;另一种则是使用命名实体识别技术,在用户没有知识库的情况下识别文本中的实体。对于半结构化数据,主要工作是通过包装器学习抽取规则。由于半结构化数据通常具有明显的重复结构,因此只需对少量数据进行标注,机器便能学习相应的规则,从而在整个站点中对类似或相关的数据进行有效抽取。当用户的数据存储在生产系统的数据库中时,需对这些数据进行重新组织、清洗和检测,以最终得到符合用户需求的数据。这一过程确保数据的质量与适用性,为知识图谱的构建奠定基础。

当知识从各个数据源下获取时需要提供统一的术语将各个数据源获取的知识融合成一个庞大的知识库。提供统一术语的结构或者数据被称为本体。本体不仅提供了统一的术语字典,还构建了各个术语间的关系及限制。本体可以让用户非常方便和灵活地根据自己的业务建立或者修改数据模型。通过数据映射技术建立本体中术语和不同数据源抽取知识中词汇的映射关系,进而将不同数据源的数据融合在一起。同时,不同源的实体可能会指向现实世界的同一个客体,这时需要使用实体匹配将不同数据源相同客体的数据进行融合。不同本体间也会存在某些术语描述同一类数据,那么对这些本体则需要本体融合技术把不同的本体融合。融合而成的知识库需要一个存储、管理的解决方案。知识存储和管理的解决方案会根据用户查询场景的不同采用不同的存储架构,如 NoSQL 或者关系数据库。同时,大规模的知识库也符合大数据的特征,因此需要传统的大数据平台,如 Spark 或者 Hadoop,提供高性能计算能力,支持快速运算。通过图 11-3 所示的建模模型进行广义知识图谱处理。

除了图 11-3 的架构,具体来讲,还可分为以下技术:

(1)知识建模:设计本体进行知识和数据的组织。

(2)知识获取:根据设计的本体,将不同来源、不同格式的数据转换为 RDF 结构。

(3)知识融合:借助自然语言处理、实体识别、机器学习等算法建立起不同来源实体之间的关联关系。

(4)知识存储:RDF 数据常存储于三元组数据库(Triple Store)中,三元组数据库也可以看成是 NoSQL 数据库的一种。

(5)知识计算:应用逻辑描述推理(TBox 和 ABox)进行隐式数据的推理与发现。

(6)图挖掘和图计算:三元组数据库作为 NoSQL 数据库的一种,可以进行一些基于图的计算,如图遍历、路径计算等。

(7)可视化技术:作为展示层的应用,可以结合 D3.js、ECharts 等可视化插件。当知识图谱以图的形式展现后,信息一目了然,符合人脑对现实世界的认知模型。

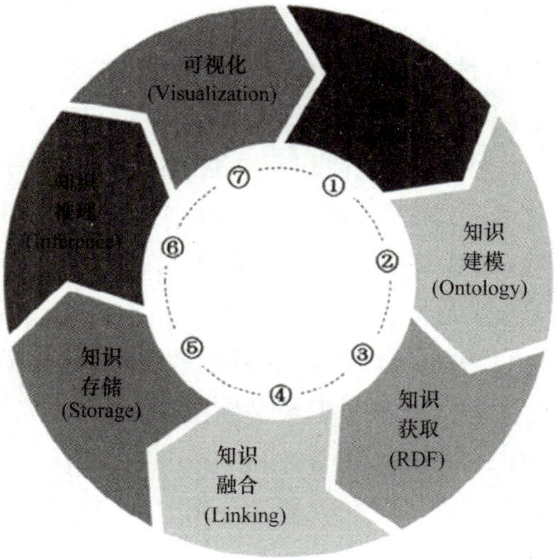


图 11-3　文化计算建模架构

# 11.3　应用案例[1]

## 案例 1　知识图谱在数字人文中的应用研究

### 1. 案例描述

随着互联网的快速发展，网络中的数据内容呈现出爆炸式增长的态势。与此同时，互联网内容的大规模、异质多元、组织结构松散等特点，对人们有效获取信息和知识提出了挑战。而知识图谱则以其强大的语义处理能力和开放组织能力，为互联网时代的知识化组织和智能应用奠定了基础。知识图谱不仅可以将互联网中的信息表达成更接近人类认知世界的形式，而且提供了一种更好地组织、管理和利用海量信息的方式。其发展得益于多个研究领域的成果，是知识库、自然语言处理、语义网技术、机器学习、数据挖掘等众多知识领域交叉融合的产物。作为人工智能时代最重要的知识表示方式之一，知识图谱能够打破不同场景下的数据隔离，为搜索、推荐、问答、解释与决策等应用提供基础支撑。但目前学界对知识图谱的理解比较混乱，主要存在“知识地图(Knowledge Map，KM)”“知识图谱(Knowledge Graph，KG)”和“图数据库(Graph Database，GD)”三种认知，时常混为一谈。

知识地图(KM)主要是指针对大量科学文献信息，借助于统计学、图论、计算机技术等手段，以可视化的方式来展示科学学科体系的内在结构(主题共现、合作团队、引用关系等)、学科特点、前沿热点、发展趋势等信息的一种计量学方法。严格上讲，知识地图只是作为一种计量学的方法，不能称为知识图谱。

谷歌于 2012 年提出一种在万维网上编码并关联碎片化知识单元的方案。该方案本质上

---

①此案例来源于陈涛等人在 2019 年发表的文章《知识图谱在数字人文中的应用研究》

是一种由知识点相互连接而成的语义网络，主要用于提升搜索引擎性能，通过描述现实世界中的实体及其关系，让用户能够更快、更简单地发现新的信息和知识。知识图谱（KG）要求以RDF三元组模型表达“实体-属性”和属性值（Statement），推荐以规范的词表模式（Schema.orgT）描述各类事物（人、地、事件等），以Microdata、RDFa、JSON-LD等方式进行三元组编码，使相关语义信息能够包含于网页之中并相互关联，并支持搜索引擎进行知识发现、索引及可视化呈现。在谷歌发布知识图谱之前，Tim Berners-Lee早在2006年提出了“关联数据”概念，这是一种万维网上创建语义关联的方法。关联数据旨在通过URI和本体让机器读懂知识，用于推动数据公开，建立数据之间的链接以形成数据关系网（Web of Data）。关联数据描述了通过可连接的URI发布来链接网络中各类资源的方法，可以看出，知识图谱其实就是在关联数据的基础上提出和发展的。由于知识图谱使用了RDF三元组模型，并支持机器语义描述，因此可看作基于语义的知识图谱，在学界常被称为“关联数据（Linked Data）”，严格来讲，只有这种图谱才能被称为知识图谱。关联数据常使用RDF数据库（Triplestore）进行存储，本文讨论的知识图谱主要指语义知识图谱。

**2. 案例分析**

知识图谱一经提出便迅速成为工业界和学术界的研究热点，涌现出大量的知识图谱应用和知识库。目前，微软和谷歌拥有全世界最大的通用知识图谱，Facebook拥有全世界最大的社交知识图谱，阿里巴巴和亚马逊则分别构建了庞大的商品知识图谱，百度致力于构建最大最全的中文知识图谱，美团NLP中心正在构建全世界最大的餐饮娱乐知识图谱“美团大脑”。此外，DBpedia、Freebase、Yago等大规模链接数据库（知识图谱）已成为众多知识库链接的首选目标，国内也出现了CN-DBpedia2、PKUBase3、zhishi. me4、Belief Engine等多个百科全书式知识图谱（Encyclopedia Knowledge Graph）。其中的CN-DBpedia和PKUBase使用了三元组而非RDF标准，因此可看成是广义知识图谱。这些知识图谱可作为自动问答系统的知识来源，由此产生了诸如Siri、IBM Waston、微软小冰、Google Allo、公子小白等多种成熟的自动问答系统和聊天机器人。在学术界，知识图谱也成为众多学者研究的热点。除了研究各种自动问答系统外，知识图谱还被用于构建学术图谱研究，如清华大学和微软研究院联合发布了全球最大学术图谱“开放学术图谱（OAG）”。该知识图谱目前包含7亿多条实体数据和20亿条关系。此外，清华大学还发布了知识计算开放平台（THUKC），该平台涵盖语言知识、常识知识、世界知识、认知知识等大规模知识图谱及典型行业知识图谱。上海交通大学Acemap团队知识图谱小组则采用了RDF进行数据描述，发布了学术知识图谱AceKG7，包含超过1亿个学术实体、22亿条三元组信息。截至目前，中文知识图谱联盟图已有61家成员共88个数据集，其中包括语义知识图谱和广义知识图谱。

而在图情界和数字人文领域，研究较多的是语义知识图谱，即关联数据技术。欧洲数字图书馆Europeana、Getty数字博物馆、威尼斯时光机器项目、芬兰数字人文关联开放数据基础设施（LODI4DH）等都已成为数字人文领域应用关联数据技术的典范。2015年6月18日，大英图书馆、新西兰国家图书馆、牛津大学图书馆、哈佛大学等29个非营利性图像资源存储机构共同成立国际图像互操作（IIIF）组织，旨在确保全球图像存储的互操作性和可获取性，对以图像为载体的书籍、地图、卷轴、手稿、乐谱、档案资料等在线资源进行统一展示和使用。IIIF中的一系列API都以JSONLD格式进行定义。关联数据和IIIF这两项开放共享标准已成为

GLAM(艺术馆、图书馆、档案馆和博物馆)的研究热点,并将开启数字人文研究的新时代。OCLC CONTENTdm 现已支持 IIIF,使用 CONTENTdm 的图书馆和博物馆可以通过一组常用 API 在不同平台间共享和呈现数字内容。威尔士报纸在线、伏尔泰书信、达·芬奇手稿等项目都采用这两项技术对其图像资源进行语义组织和发布。在国内,上海图书馆推出的家谱知识库、古籍循证平台、名人手稿知识库等一系列数字人文项目也将关联数据技术和 IIIF 作为核心技术;北京大学严承希通过符号分析法对 CBDB 数据集中宋代人物政治关系进行可视化分析;武汉大学曾子明将关联数据技术应用于敦煌视觉资源关联展示;侯西龙等将关联数据技术用于非物质文化遗产知识管理研究中。这些研究大多数都使用关联数据技术来进行元数据层面的知识组织和发布,极少使用知识图谱的理念对资源之间的关系进行揭示和知识推理。基于此,本案例尝试在构建 CBDBLD17(CBDB 关联数据平台)的基础上,使用知识图谱的方法和推理机制对人物之间的关系进行展示。

### 3. 解决方案

数字人文研究框架如图 11-4 所示,主要从研究过程、研究行为和研究方法三个角度来理解。数字人文的研究过程和研究行为两部分和传统的人文研究相似,从研究过程看,人文研究主要包括占有材料、发现事实、分析比较、归纳整理、得出结论和发表交流等步骤;从研究行为看,人文研究主要用于发现、注释、比较、参考、抽样、说明和表示 0 数字人文的研究方法经历了三个阶段的变革。第一阶段为资源数字化转换阶段,并将结构化描述的信息存入关系数据库中。在国内,各个图书馆、档案馆、博物馆馆藏中大量的扫描件就处于数字化建设和研究阶段。这些大规模数字资源中蕴含的丰富知识长期处于封闭状态,只能通过一些结构化的描述信息来了解一二,严重影响了知识的传播与深层应用。该阶段的数字人文研究需要借助大量的人力参与,尤其是需要人文学者从事大量低水平且繁杂的资料搜集和整理工作。第二阶段主要集中在数字资源的文本化建设和研究。目前,国外数字人文的研究主要处于第二个阶段,研究内容是对数字化的内容进行文本化识别,并利用文本分析工具对资源内容进行文本分析和内容分析以支持数字人文研究,如对文本内容进行分词、词性标注、文本摘要提取、情感分析等。该阶段的文本化建设可以将人文学者从大量繁杂的工作中解脱出来,也为将来的语义建设提供了基础。第三阶段为近年来数字人文领域研究的热点,主要是结合本体、(语义)知识图谱、机器学习等语义技术对文本化的资源进行数据化和智慧化建设。数据化需要使用自然语言处理和机器学习方法对文本化资源中的实体进行概念提取,并利用语义化技术对数据化内容进行语义增强;智慧化包括语法化、语义化、可视化等建设过程。在该阶段研究中,知识图谱的引入将给传统的人文研究带来新的方向,赋予新的智慧。数据化的资源需要经过语法化统一、语义增强,以实现可视化应用。语法化统一过程首先需要进行本体的知识建模,并结合本体进行资源的知识获取和存储。知识融合、知识计算、图挖掘和图计算等技术包含在资源的语义化建设之中,并可结合开放的关联数据集进行资源内容的语义化增强。可视化可作为知识图谱最直接的体现,提供直观的人文数据分析和研究。这里也可以看出,知识图谱是一个动态开放的建设过程,包含了多个步骤和流程,而并非狭义上的认为只有最后的可视化才是知识图谱。知识图谱中的“图”更多体现在知识组织方面,而不单单是可视化中图的“图”。

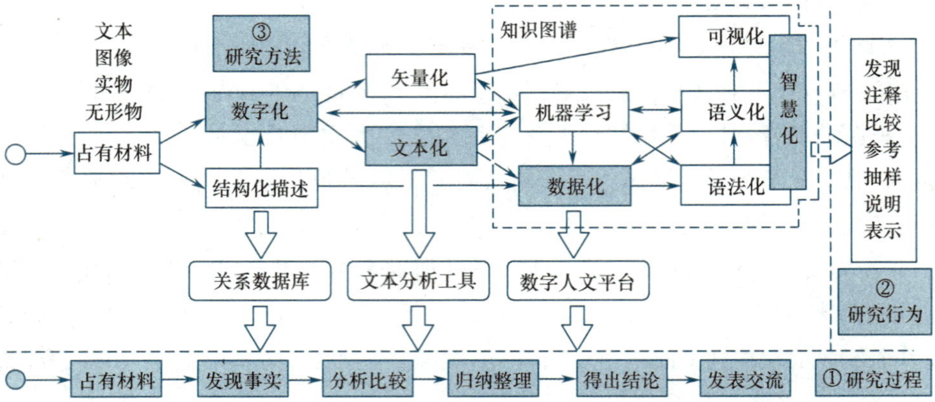


图 11-4　数字人文框架

## 案例 2　从地球系统科学中的时间序列推断因果关系

### 1. 案例描述

自伽利略-伽利莱(Galileo Galilei)以来，对我们所观察到的现象背后原因的洞察力一直来自现代科学的两个方面：观察发现和精心设计的实验，即在控制良好的条件下对相关系统进行干预。伽利略的早期实验，尽管只是一个思想实验，通过从比萨斜塔上投下两个不同质量的球，并测量质量对落到地面速度的影响，发现了落体定律。在研究地球等大规模复杂动力系统时，以这种方式发现物理定律是一个极具挑战性的问题，因为重复的干预性实验要么不可行，要么存在伦理问题。当然，我们不应该对地球大气层进行大规模实验：人为气候变化已经是一个相当不可控的长期实验。随机对照试验是医学和社会科学的标准方法，而目前地球科学大多数学科的主要替代方法是计算机模拟实验。然而，计算机模拟实验非常昂贵、耗时，而且需要大量的专家知识，这反过来又可能对系统施加强烈的机理假设。幸运的是，近几十年来，无论是观测数据(卫星遥感、站点测量或现场测量)还是地球系统模型输出结果，都出现了大规模时间序列数据的爆炸式增长。这些数据储存库，加上不断增强的计算能力，为现代科学的另一分支——观测因果发现——开辟了使用数据驱动方法的新途径。

近年来，计算机科学、物理学、统计学、哲学和应用领域在无须系统干预的情况下，在从时间序列数据中推断和量化潜在因果依赖关系方面取得了突飞猛进的进展。虽然“相关性并不意味着因果关系”这一不言而喻的道理是成立的，但是很多方法都遵循赖兴巴赫的“共同原因原则”：如果变量之间存在依存关系，那么它们要么相互之间存在因果关系(任意方向)，要么由共同的驱动因素驱动。为了估算变量之间的因果关系，不同的方法采用了不同的假设，部分假设很强。格兰杰利用预测定量解决了这一问题，而在过去几十年中，从基于吸引子重构的非线性动力学到利用数据中统计独立性关系的计算机科学，出现了许多互补概念。最近，统计学和机器学习研究利用结构因果模型(SCM)的框架来实现这一目的。因果推理正逐渐成为一种成熟的科学方法。

遗憾的是，许多因果推断方法仍然只为一小部分方法论开发者所熟知，很少被地球系统科学等应用领域采用。然而，基于数据的因果推断早在20世纪初就由遗传学家赖特提出，但一直未被广泛采用，部分原因是皮尔逊等统计学家的激烈反对。在地球系统科学中，除模拟实验外，皮尔逊相关和回归方法仍是最常用的工具之一。然而，如果考虑到基本假设和方法上的挑战，因果推理方法确实有可能大大推动新技术的发展。

本视角旨在为因果推理方法的潜在用户和开发者之间架起一座桥梁。

**2. 案例分析**

因果推理方法的应用实例与许多其他领域一样。基于相关性和单变量回归的方法仍然是地球系统科学中最常用的基于数据的关系分析工具。这种关联方法在日常实践中很有用，但对系统动态的因果机制却很少有深入的了解。因果推理方法可以克服这类方法的一些主要缺点。

自20世纪50至60年代维纳和格兰杰的开创性工作以来，从时间序列中观察因果推断已经取得了长足的进步，已经开发出了大量不同的方法。重要的是，在过去的几十年中，珀尔等人的研究将因果推理和推断作为一个严格的数学框架，阐明了从纯观察数据中发现因果图模型（也称为贝叶斯网络）的条件。这些条件在统计学和因果推理领域被称为可识别性条件。许多时间序列的因果推断方法都基于以下假设：时间顺序（因先于果）、因果充分性（所有直接的共同驱动因素都被观测到）、因果马尔可夫条件（在图形模型中，一个变量 $Y$ 与其他所有不受 $Y$ 影响的变量都是独立的，以 $Y$ 的直接原因为条件），以及其他技术性更强的假设。然而，最近的研究表明，这些假设中的一些是可以放宽的。Peters 等人总结了在单片机框架内利用噪声结构和依赖类型假设的方法的最新进展。许多因果推断方法并不局限于用时间序列来推断因果关系。

**3. 解决方案**

图11-5显示了因果推理方法在地球系统科学中的应用实例：西太平洋月表面气压异常（WPAC），以及中太平洋（CPAC）和东太平洋（EPAC）表面气温异常之间相关性的典型气候示例。相关分析和标准二元 Granger 因果关系（GC）得出了一个完全连通的图，而多元因果方法（PCMCI）更好地识别了 Walker 环流：东太平洋的异常暖地面空气被横跨中太平洋的信风向西输送。然后，湿空气在西太平洋上空向对流层上层上升，冷干空气在整个热带太平洋向东下沉，从而封闭了环流。

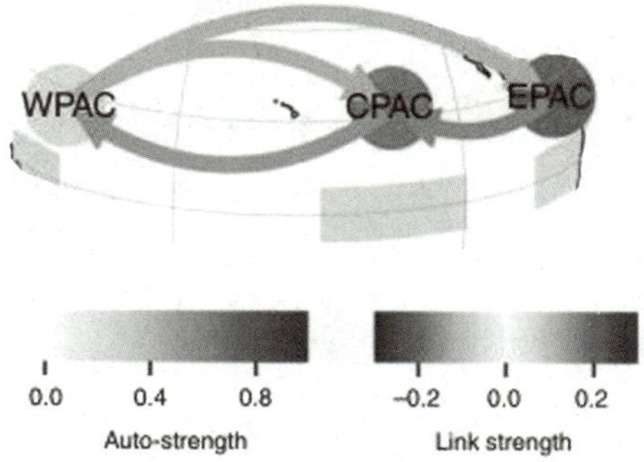


图11-5 因果推理方法在地球系统科学中的应用实例

然后，潮湿空气上升到西太平洋对流层上部，整个热带太平洋的干冷空气向东下沉，封闭了环流。PCMCI 系统地识别了时间滞后变量之间的共同驱动因素和间接联系,在这个特定的例子中是基于部分相关性检验。类似方法在北极气候中也有应用:巴伦支海冰和喀拉海冰浓度(BK-SIC)被探测到是中纬度环流的重要驱动力,通过对流层机制以及涉及垂直波活动通量(v-通量)和平流层极地涡旋(PoV)的过程影响冬季北极涛动(AO)。生态学应用:海面温度(SST)与加州太平洋沙丁鱼(Sardinos Sagax)和北鳀鱼(Engraulis Mordax)上岸量之间的依赖关系。格兰杰因果关系分析只发现了一种虚假的联系,而会聚交叉映射(CCM)则表明沙丁鱼和凤尾鱼的丰度都受到海表温度的影响。

目前,地球系统数据分析的最先进方法仍以相关和回归方法为主,尽管这些方法经常导致模棱两可和混淆不清的结果。如果地球系统科学所面临的特殊挑战得到妥善解决,那么现有的因果关系方法就可以从假设检验到物理模型的因果评估等方面获得更深入的见解。要更广泛地采用因果推理方法(图 11-6),一个主要障碍是缺乏可靠的基准数据库。我们的目标是通过配套平台 causeme.net 来填补这一空白,该平台还包括可访问软件包的链接。然而,应用和解释因果推理方法并将其与物理建模相结合,还需要对地球系统科学方法进行更深入的培训。此外,数据驱动的因果关系分析需要精心设计:它们应该以系统的专业知识为指导(需要相关领域的专业知识),并根据所使用的因果关系方法的假设和局限性进行解释(需要因果推理方法的专业知识)。如果领域科学家和方法开发者密切合作,那么合理应用因果推理方法有望极大地推动从数据中理解复杂动态系统的进展,同时也会在许多面临与地球系统科学类似挑战的其他领域中得到应用。

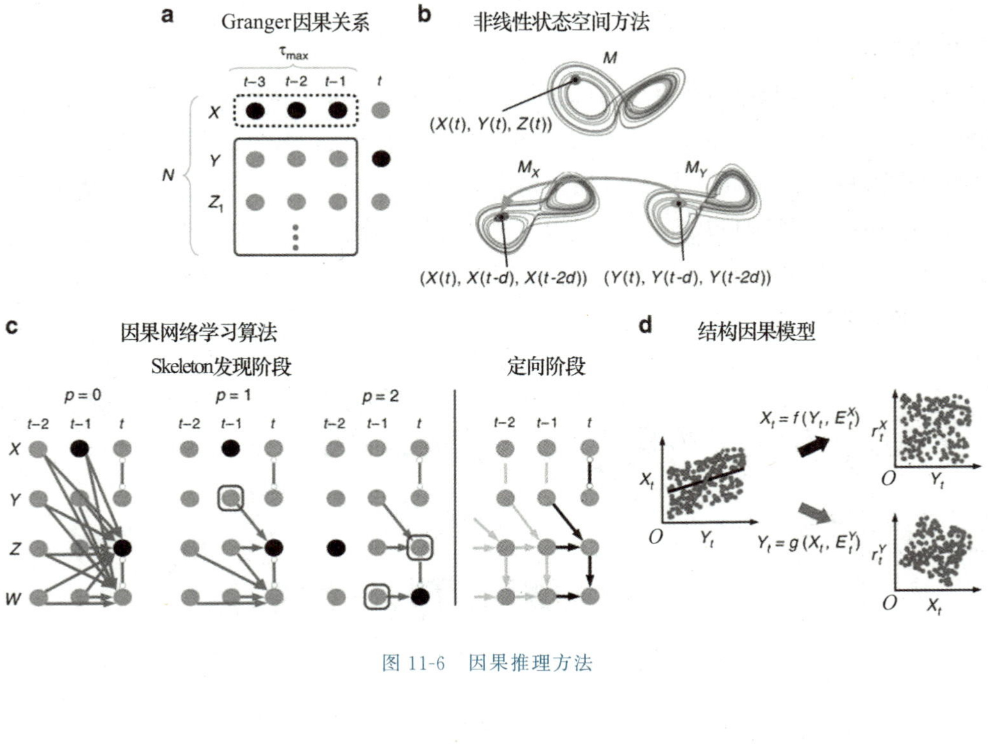


图 11-6 因果推理方法

# 案例3　用于社会道德推理水平自动检测的卷积神经网络

**1. 案例描述**

社会道德推理(Sociomoral Reasoning,SMR)是一种社会认知结构,对于在社会环境中做出适当决策以及适应社会至关重要。它通常被定义为个人在日常生活中如何思考道德情感和规范社会互动的惯例。预测和识别个人社会道德推理成熟度的能力是量化人们社会功能的关键步骤,可用于识别那些有适应不良社会行为风险的人,并引导他们接受适当的服务。研究团队提出了一个模型和一个简单的输入数据表示方法,用于根据个人在解决社会道德困境时提供的理由来预测其社会道德推理成熟度。其设计了一个计算机化测试——社会道德推理能力水平(SoMoral),向儿童和青少年展示日常生活中的可视化社会困境,要求他们判断自己会如何反应,并为自己的答案提供理由。在原始任务的基础上设计了一个严肃游戏,并设计了本文的模型,利用现有的逐字记录和专家评分对受试者进行评估,专家评分采用了受认知发展方法启发而设计的道德成熟度编码方案。案例提出的模型可以看作一个有监督的文本分类任务。

文本分类是为句子或文档自动分配类别的任务。有几种有监督的分类算法在文本分类任务(情感分析、主题挖掘等)中取得了很好的效果,如支持向量机(SVM)、潜在狄利克雷分配(LDA)、潜语义分析(LSA)或 MLP(多层感知器)。虽然深度学习技术(如卷积神经网络)主要用于图像分类和语音识别,但是最近也被用于文本分类,并取得了显著效果。文本文档的特征在于它所包含的单词,因此文本数据的表示只基于单词。因此,文本分类的一个重要特征就是输入数据的词向量表示。词袋(BoW)向量表示法是最简单也是使用最广泛的表示法,向量表示文档中出现的单词,但不保留单词顺序。来自 BoW 的向量缺乏语义,通常非常庞大和稀疏。已有人提出了其他解决方案,如 n-gram 模型(bi-gram、tri-gram 等)、word2vec 或 word-net。然而,使用 n-gram 或 word2vec 的模型需要庞大的数据集和经常观察到的句子或单词才能有效。同样,词网的使用也取决于语言。

**2. 案例分析**

开发 CNN 的目的之一是在一款名为“困境”的严肃视频游戏中实施自动评分机制。这是一款第一人称严肃游戏,旨在评估和训练玩家的社会推理能力。它是一个虚拟环境,提供了丰富的情感、社会和认知方面的互动情境。玩家在三维环境中面对不同的社会道德困境,必须做出决定,并被要求为自己的选择提供口头理由。他们还可以询问游戏中虚拟朋友(非玩家角色)的意见。根据编码方案,他们的答案是从先前记录的不同道德成熟度等级的口头陈述中选出的。学习环境中的学习者(玩家)模型包括三个关键维度:情感状态、认知特征和社会道德推理特征。因此,社会道德推理技能是游戏中玩家模型的一部分。一个能在游戏中纵向准确代表学习者的学习者模型能带来高效的适应性,这反过来又有助于提高玩家的满意度和积极性。为此,在将系统部署到实际用途之前,必须确保学习者模型的有效性。

这项工作旨在为玩家的社会道德层面建立一个有效的模型。个人的社会道德推理水平是通过其在解决两难问题时提供的口头理由来确定的。这就需要建立一个模型,在游戏过程中自动测量这一水平。有一个来自 SoMoral 实验的口头陈述数据集,该数据集已由专家进行了注释，并有与每个不同成熟度（或等级）相关的描述（包含关键概念的段落）。案例旨在提出一种机器学习模型，该模型可根据选手的口头禅准确评估其社会道德推理技能水平。目前还没有研究涉及作为严肃游戏中学习者—玩家社交行为一部分的社会道德推理技能的自动分类。

最初的 SoMoral 任务包括五个不同层次的社会道德推理：(1)基于权威的后果；(2)以自我为中心的交流；(3)人际关注；(4)社会调节；(5)社会评价。过渡等级（即 1.5、2.5、3.5、4.5）用于解释提供了两个推理阶段的要素并显示从一个阶段到另一个阶段的顺序进展的逐字记录。有时，当两位独立专家出于评分者可靠性目的对数据进行注释时，会将一份逐字记录归入两个不同的封闭等级（1 为最大偏差）。

**3. 解决方案**

为了从词序和注释数据集中获益，案例使用 CNN 和一种简单但有效的数据表示方法——基于类的表示(CBR)——构建了分类器。CNN 是一种神经网络，其各层代表了应用于局部特征的卷积滤波器。CNN 在文本分类中的应用利用了文本数据的一维结构（单词顺序），这样卷积层中的每个单元都能对文档的一小部分区域（单词序列或模式）做出响应。CNN 可以从数据中提取深度特征，从而提高分辨类别的能力。

逐字记录在各层次中的分布不均，而且一些有助于区分层次的关键词在整个语料库中只出现一两次，这使得一些数据表示技术（如 BoW、tf-idf）的应用不准确。此外，Verbatims 是语义非常丰富且大小不一的句子；最先进的技术往往也无法对这类数据进行准确分类。

案例提出了一种简单、快速、高效的数据表示模型，该模型仅使用注释数据集。与之前介绍的所有其他分类技术相比，使用这种技术，准确率提高了 10%，与一些最先进的表示模型相比，准确率提高了 30%。所提出的表示方法的另一个优点是不依赖语言。它无须考虑任何与语言处理相关的信息（词义、字典等），而这些信息可能会耗费大量时间。将每个逐字记录都表示为一个特征向量，其值（1 或 0）表示某个词在某个级别中的出现。CBR 的想法很简单：如果一个词出现在一个级别的逐字记录中，那么它一定与该级别的语义相关。反过来，如果一个词出现在不同层级的逐字记录中，那么它一定与所有层级都有语义关联，但其重要性低于只出现在其中一个层级逐字记录中的词。

深度学习允许由多层处理组成的计算模型在多个抽象层次上学习数据表示。CNN 等深度学习技术已被证明对自然语言处理(NLP)是有效的，并在句子分类、句子建模和语义解析方面取得了优异的成绩。他们可以探索小的文本区域来学习有用的分类特征。提出的 CNN 需要一个保持单词内部顺序的单词向量表示（88 * 5 或 88 * 9）作为输入，就像在基于类的表示中一样。

## 案例 4　可视化分析的知识生成模型

**1. 案例描述**

可视化分析研究在过去的十年中取得了巨大的进步，许多研究表明，它在帮助领域专家探索大型复杂数据集方面取得了成功。视觉分析来自人的感知技能、认知推理和领域知识的有效授权，机器的计算和数据存储能力，以及通过视觉表示的有效耦合。到目前为止，许多应用论文已经测试和验证了不同的方法来激发这种人机合作，以揭示隐藏的信息。

最近的研究强调，视觉分析理论必须超越“人在循环中”的思维，而是要思考“人即循环”，以便识别和整合人类工作流程。为实现这一目标，必须考虑基于系统、人类、认知和推理的理论。许多理论著作也研究了可视化分析工具在数据分析、决策制定和问题解决中的作用。视觉分析过程从人们利用其领域知识进行高级分析工作到与工具互动等低级活动。之前的许多研究都针对人类认知模型、交互模型/分类法、流程模型及感知模型等方面对不同层次的活动进行了研究。我们最初寻求的是描述上述模型的交互分类标准。然而，我们缺乏一个将所有要点联系起来的总体流程。先前开发的模型是系统驱动的，并没有详细描述视觉分析过程中的人类推理部分。尤其是，我们对分析组件如何支持知识生成过程及分析师的意图如何推动洞察力收集行动的发展知之甚少。对于未来的研究来说，建立一个包含所有与利用可视化分析生成知识相关的流程和模型的综合框架将是非常有价值的。

**2. 案例分析**

Card 等人提出了信息可视化参考模型，将可视化描述为与人类感知的视觉映射相连接的数据。信息可视化管道包含原始数据、数据表、可视化结构和视图等主要组件，以及这些组件之间的转换/映射，可通过人机交互进行操作。Fayyad 等人对数据库(KDD)中的知识发现过程的描述如下。KDD 是利用核心的数据挖掘技术进行数据挖掘的过程。该过程包括使用数据挖掘模型将低级数据映射到更紧凑、更抽象或更有用的表单中，目的是发现或提取可转化为知识的模式。KDD 过程由 9 个步骤组成，表示一个交互式的迭代过程。交互的例子包括选择相关数据和过滤，选择适当的数据挖掘方法或参数细化。这些行动的目标是引入人类的领域专业知识，以找到有意义的模式。在每一步中，用户可能会做出和添加不能自动处理的决策。作为可视化分析知识生成模型的基础，Keim 等人的流程模型的主要组成部分包括数据、模型、可视化和知识，每个组成部分代表流程的一个阶段。此外，还有一个从知识到数据的反馈回路。每个阶段之间都有过渡。可视化分析流程由两部分组成：通过可视化从数据到知识的可视化数据探索和通过模型从数据到知识的自动化数据分析，以及它们之间的联系。可以对数据执行操作，以选择、过滤或预处理数据。然后将数据映射到可视化(可视化映射)和模型(数据挖掘)。模型参数和研究结果是可视化的，用户可以与可视化互动或完善模型参数，以引导分析过程。知识可以从可视化、自动分析，以及可视化、模型和人之间的互动中获得。Norman 描述了一个包含七个行动阶段的行动模型。在每个行动的开始阶段，每个人都需要实现一个目标。然后，人类必须执行一个操作动作来操纵某些东西。最后一步是检查目标是否实现。这两个子过程被称为“执行”和“评估”。根据之前的行动，行动循环会进行多次。该模型还解释了与计算机系统交互时出现的两个主要问题。“执行湾”表示人类不知道如何执行某个操作，而“评估湾”则表示人类无法评估其操作的结果。交互模型阶段的目标概念与我们的假设相吻合。执行路径是从目标出发，通过行动到达世界。因此，分析师需要分几个步骤来评估对“世界”的观察结果。

人类可以观察到可视化或模型的变化，这些变化可用于知识生成过程。也可以直接检查数据。Pirolli 和 Card 提出了“感知过程”(Sensemaking Process)，作为对情报分析的描述。其核心术语是鞋盒、模式(围绕任务中重要元素的一组模式)、假设和表征。感知任务被描述为由信息收集、作为图式的信息表征、洞察力的产生，以及最后某种知识产品的产生组成的过程。第一个环路被称为觅食环路，然后是感知环路。自下而上或自上而下的过程都是可能的。这表明该模型没有一个固定的切入点，它取决于任务的类型。该模型显示了带有多个反馈回路的数据流和流程。我们的模型“感知回路”分为三个子回路。在可视化分析中，系统也有可能从分析师的操作中学习，从而为用户提供可视化或操作建议。这就是为什么该循环通过系统进行引导。假设的产生是分析过程的切入点，会导致重复的探索循环。

**3. 解决方案**

可视化分析使用数据得出有关现实世界、流程或应用领域的结论。这是一个结构化的推理过程，允许分析师在数据中找到证据，并深入问题领域。视觉分析系统组件、分析程序和人类感知和认知活动，尤其是这些元素之间的相互作用，导致了一个复杂的过程。这些理论，即感官制造、格式塔理论（描述问题解决）、分布式认知（人与人工制品之间的相互作用）、图形理解理论（从图形/过程视觉信息中获得意义）和技能规则知识模型（三重处理层次）是视觉分析过程的重要方面。该模型通过定义并关联上述模型/字段/概念的常见元素，以便更好地理解计算和人工过程方面的可视化分析。

可视化分析模型（图 11-7）分为两部分。具有数据、可视化和分析模型的计算机系统，以及模拟与分析会话相关的认知过程的人类组件。模型中的云计算和人的部分之间没有明确的分离，因为数据分析需要这两个部分。计算机失去了人类分析的创造性，这种创造性使它们能够在数据和问题域之间建立令人惊讶的、往往是微妙的或隐藏的联系，而人类无法高效地处理大量数据。在视觉分析中，人与计算机之间的联系利用了人的交互能力和感知能力。

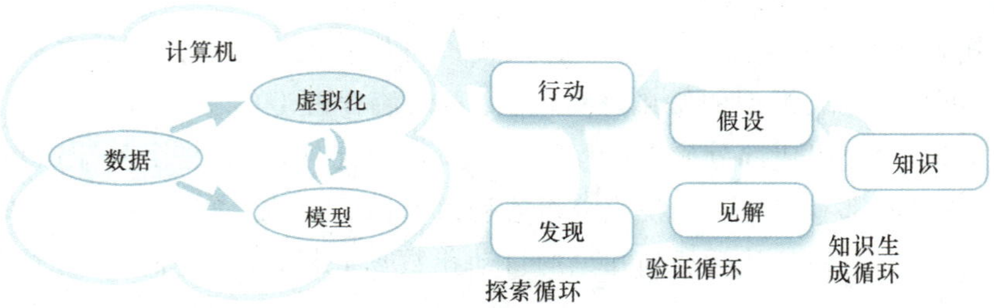


图 11-7　可视化分析的知识生成模型

视觉分析中的知识生成包括溯因、演绎和归纳推理过程。归纳推理过程是从意料之外或现有知识无法解释的观察结果中提出假设。假设这些假设为真，就可以推导出分析数据中的预期效果、模式或关系。通过与可视化分析系统的交互，分析师试图找到证据并检测数据中的模式，以验证或证伪假设，这是一个归纳推理过程。该模型利用循环来模拟人类的认知过程，因为分析不遵循确定性规则，而是混沌或自发的。分析员经常处理不同的假设、任务或发现，因此可以并行处理多个循环。

该模型将处理数据收集或数据选择的操作称为准备操作，因为这些操作用于为可视化分析流程准备数据如图 11-7 所示。创建模型所采取的行动被总结为模型构建行动，而模型构建行动又与 KDD 流程及其配置相关。模型的应用称为模型使用，它指的是诸如计算统计数据或集群数据之类的操作。可视化映射操作用于创建数据可视化，模型可视化映射操作用于将模型射到可视化。操纵可视化会更改视口或高亮显示可视化中感兴趣的数据，而不会更改数据到可视化的映射。所有这些行为都可以作为分析师和可视化分析系统之间的交互进行观察。

## 案例5 基于大规模文本挖掘的因果知识抽取

### 1. 案例描述

捕捉和表示因果知识是人工智能领域的一项挑战性任务，这不仅涉及语言理解和上下文的深入关联，还需要从海量的非结构化数据中自动提取潜在的因果机制。因此，开发因果知识挖掘系统的人工智能技术在多领域的决策支持中具有重要意义。该系统利用自然语言处理(NLP)技术和深度学习模型，能够在文本中识别隐含的因果链条，生成结构化的因果知识图谱。这类因果知识图谱在多个领域中有着广泛的应用价值，例如在医疗保健、法律和企业风险管理等方面。在医疗保健领域，因果知识挖掘系统可以分析大量医学文献，帮助医生和研究人员揭示疾病病因与治疗方法之间的潜在关联，从而支持个性化治疗和药物研发。在法律领域，该系统能够协助律师和法官梳理案件的因果链条，识别事件之间的因果联系，以提高案件分析的效率。在企业风险管理中，系统可通过新闻和财报中的因果分析，帮助企业识别潜在的市场和业务风险，制定预防性策略。通过因果知识挖掘系统，人工智能不仅能在大量文本中提取复杂的因果关系，还能推理出更深层次的因果链条，从而为各行业的决策提供强有力的支持。

### 2. 案例分析

虽然人工智能领域的大量工作都与因果发现和建模有关，但在提取人类在文本文档中用自然语言表达的因果知识方面也有丰富的文献。该领域的大部分前期工作都对因果关系进行了限制，例如将它们限制为具有特定语义表示的事件。这就限制了此类方法在因果关系可被提取到特定表征中的情况下的应用。现有技术通常还需要大量贴有标签的训练数据，这就限制了此类方法在可以获得此类训练数据的情况下的应用。

在本演示中，我们介绍了一个可以解决这些缺陷的系统，该系统依赖于各种来源(如分析报告、医疗保健说明、法律和科学文献、新闻文章等)中普遍存在的因果陈述，提供了一套用于检索和分析因果知识的工具和应用程序接口。我们系统的一大亮点是使用最先进的基于神经网络的嵌入和神经语言模型来处理自然语言中对同一因果关系的多种表述。我们已经评估了使用我们的 API 回答二元因果问题的有效性。

### 3. 解决方案

图 11-8 显示了我们的因果提取框架。输入是一个大型文本文档语料库。这些文档被摄取并转化为大量的句子和短语，这些句子和短语又被用于以下两个部分。摄取和处理在分布式处理框架上并行进行。

因果知识提取引擎：该组件首先识别可能是因果语句的句子，然后从这些句子中提取因果文本跨度和短语。每个输入句子都会产生一个或多个(X, Y)对，其中 X 和 Y 是文本跨度或短语，可将其称为因果提及，这些因果提及是使用各种 NLP 技术提取的。该组件的输出是一系列因果关系对，以及标识源文章和句子及短语提取方法(如有)的元数据。该输出被编入一个分布式信息检索(IR)引擎的索引中，该引擎可进行全文检索。

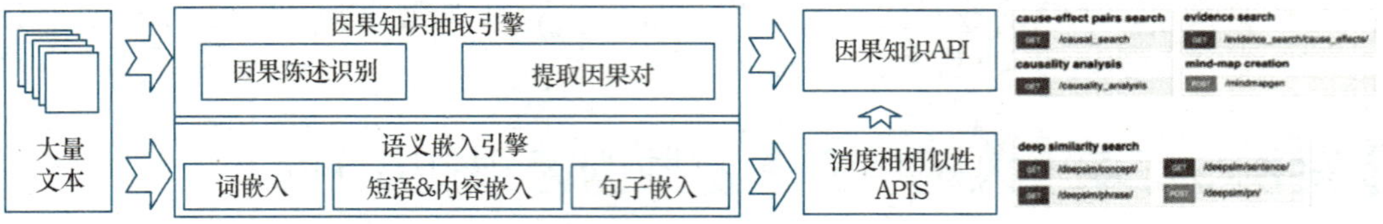


图 11-8　语音处理的因果提取框架

语义嵌入引擎：为了处理自然语言中的各种因果表征，并实现有效的检索和分析，我们使用大型输入语料库来构建语料库中的词、短语和句子的分布式表征。对于单词，我们使用 word2vec。对于短语，我们使用基于之前工作的 word2vec，将每个句子视为一组短语，并构建不考虑短语顺序或句子长度的嵌入。对于句子，我们使用基于 BERT 的嵌入。然后使用高效的近邻搜索索引对向量进行索引。

因果知识 APIs：所实现的关键 API 功能如下：

因果对搜索：该 API 可用于搜索给定原因的效果、给定效果的原因或给定因果对的提及。参数包括：因果（每个都可以是“*”，表示“任何”）、查询类型（如“和” 或“或”）、来源（如新闻文章语料库）、字段（如“标题”或“正文”）、输入因果和因果对提取的短语提取方法（如果有）、扩展方法和参数（如短语嵌入和模型参数）。

证据搜索：与上述 API 相似，输入参数相同，但会返回源句子组和元数据（如新闻文章的 URL）。

因果分析：该应用程序接口使用与上述应用程序接口相同的参数输入因果关系对，并在输入语料库中除了作为证据的因果关系对列表外，还返回一个“因果关系得分”。因果关系得分有多种不同的计算方法，可通过附加输入参数指定。举例来说，计算分数的一种方法是用（X，Y）的搜索结果数除以（Y，X）的搜索结果数，这种方法的直觉是，如果 X 导致 Y，那么 Y 导致 X 的可能性较小。另一种方法是使用句子嵌入，返回前 k 个因果关系句子与输入句子（如“X 可能导致 Y”）的平均相似度。这个分数的直观含义是，如果 X 导致了 Y，那么在因果句子索引中，所构建的句子将有许多高度相似的因果句子。第三种方法是前两种思路的结合，即用方法 2 的平均相似度得分除以前 k 个因果句子与“Y 可能导致 X”这样的建构句子的平均相似度。

思维导图创建：该应用程序接口可根据感兴趣的目标领域中的少量种子短语创建因果知识图谱。该应用程序接口使用输入短语的变体来查询“因果关系得分”较高的因果关系对。该应用程序接口的输出可转化为“思维导图”，用于可视化。这些思维导图也是 IBM Scenario Planning Advisor（SPA）输入的重要组成部分，该系统是用于企业风险管理的决策支持系统。手动创建和整理思维导图是一项劳动密集型任务。因此，自动创建思维导图是我们应用的一项宝贵成果。

## 案例 6　基于情境的行为干预的计算机制：大规模分析

### 1. 案例描述

选择取决于附带的环境因素，如默认、社会规范和时间压力，并且理解这些环境因素如何影响选择一直是行为科学研究的主要焦点。环境依赖也形成了行为干预或助推背后的心理基础。这种干预通过改变选择环境来影响行为，是政策制定者的重要工具。因为他们可以在不限制人们选择能力的情况下改善决策。虽然已经提出了有用的环境效应和行为干预的定性分类，但没有一个提供认知和神经生物学启发的模型来参数化和预测许多不同的情境因素对行为的影响。实现这一目标面临两大挑战。首先是缺乏数据：在单一决策任务中收集多种行为干预数据的大规模实验是建立统一模型所必需的，但这些实验罕见。第二种涉及情境的心理复杂性，它可以改变决策者在评估选择选项之前的选择倾向，在评估过程中选择对决策者来说有多理想，以及决策者愿意考虑的困难程度。目前尚不清楚理论家如何将这些不同的影响纳入一个单一的选择计算模型案例分析。

**2. 案例分析**

案例使用 19 个上下文因素影响下的综合选择数据集来解决这些挑战。这些背景因素包括一系列不同的情景变量，这些变量已经被证明会影响选择，而不会改变人们的选择能力（为了简单，没有研究明确的说服、经济激励、直接教育或强制的作用，它们也是选择的重要决定因素）。在实验中，分配了 1 200 多名实验室参与者在涉及消费者或金融选择的两种决策场景中进行不同的基于情境的行为干预。参与者在有或没有干预的情况下做出了 160 个二元选择，总共有超过 30 万个选择和反应时间（RTs）。例如，为定量分析做出决策所花费的时间。用扩散决策模型（DDM）对我们的选择数据集建模，该模型提出决策者动态地积累有利于每个选择选项的相对证据。当相对证据达到两个决策边界之一时，就会做出选择，而到达决策边界的时间对应于反应时间。DDM 是心理学和神经科学中两种强迫选择的主要计算模型，并已被证明能够成功地描述感知、记忆、分类、语言和基于价值的决策中的二元反应。将分层 DDM 拟合到分配到给定行为干预条件的所有参与者。对于每个拟合，量化了行为干预的效果，根据它如何改变三个关键的 DDM 参数：起点，漂移率和决策边界。这三个参数的变化对选择概率和反应时间有系统的影响。在相同的情况下，优先于某一选项的起点会产生更频繁的选择和对优先选项的更快响应；相对于其他选项，较高的漂移率会产生更频繁的选择，而较高的绝对漂移率会导致两个选项的响应更快；更高的决策边界会导致更慢的反应和更一致的选择。

**3. 解决方案**

DDM 允许在一个计算框架内对许多不同的行为干预进行建模。重要的是，它还允许我们从潜在的认知和神经生物学机制，以及统计特性方面解释它们的影响。例如，起始点参数对应于自动的预决策偏差（或者，等效地，神经单元中的基线激活偏差），并且可以被解释为关于可用选项的相对可取性的统计先验。在考虑过程中，漂移率控制着偏好的形成（或者，等价的，神经激活的变化率），并反映了决策者在整合支持一种选择而不是另一种选择的证据时不断演变的概率信念。最后，决策边界是启动选择所需的偏好（或激活）强度的阈值级别，可以被视为指定决策的可接受错误率。通过观察不同的环境因素如何影响这三种 DDM 机制，我们能够研究决策环境对选择的行为、认知、神经和统计结果。

决策场景分别取自消费者和金融选择领域。前者让参与者在成对的餐厅之间进行选择（每个餐厅都有用户评分和价格）；后者为参与者提供了成对的健康保险计划（每个计划都有免赔额和保费）。这两种情况在两个独立的预注册实验中进行了测试（开放科学框架）。每个实验涉及 15 个参与者干预。在两个实验中实施了 13 个参与者之间的干预措施。货币启动和食品质量启动仅在实验 1 中实施，强调低免赔额或低保费重要性的信息提示仅在实验 2 中实施。最后，除了两个实验中的 17 个参与者之间的干预外，还平衡了每个实验中参与者的选择选项和属性的呈现顺序。在分析中，总共产生了 19 种基于情境的干预措施。请注意，为了说明简单，将经验 1 中的高评级/高价格餐厅和经验 2 中的低免赔额/高保费保险计划称为高质量选项。低评级/低价餐厅和高免赔额/低保费保险计划被称为低价选择。

实验中的选择是相当平衡的，分别有 53.5%和 56.8%的选择倾向于实验 1 和实验 2 中的高质量选项。正如预期的那样，不同的行为干预具有不同的选择概率和反应时间效应。DDMs 捕获了这种可变性，在预测个体层面的选择概率和 RTs 变化方面的相关性大于 0.94，在预测干预措施中选择概率和 RTs 的总体变化方面的相关性大于 0.97。这些模式如图 11-9 所示。

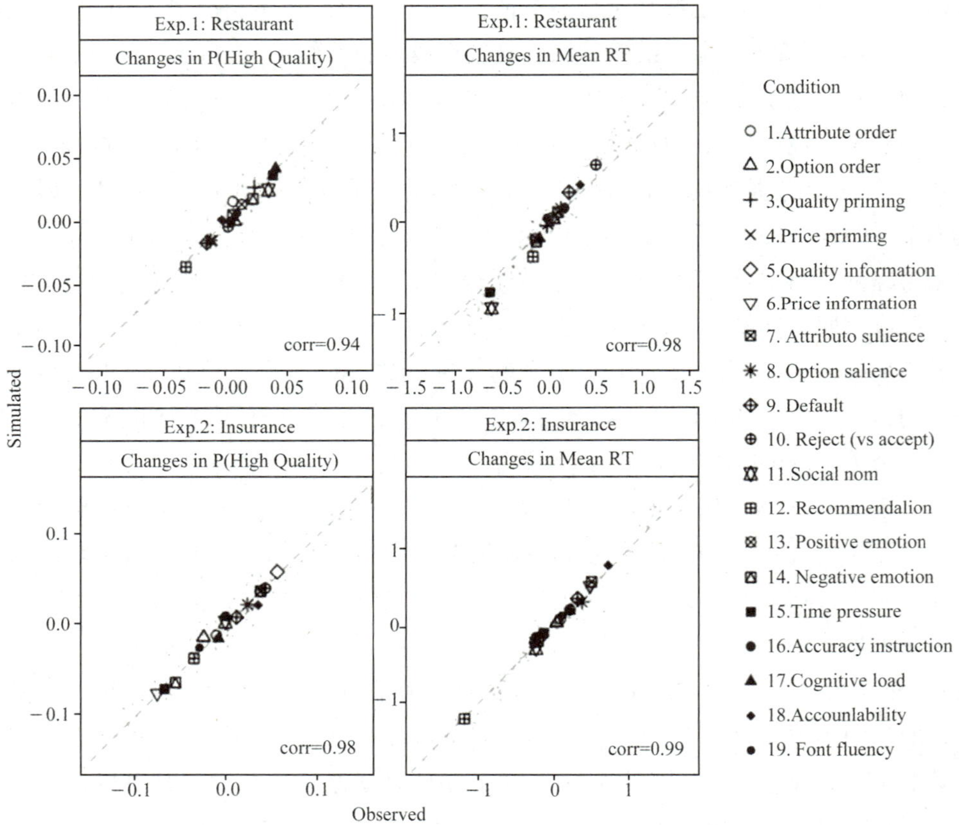


图 11-9 观察和模拟干预对实验 1 和实验 2 中选择概率和反应时间的影响

灰色点对应于个体参与者的变化。彩色标签对应于干预措施的总体变化，对参与者进行平均。显示的相关性捕获了在个体层面上观察到的和模拟的变化之间的关系。

研究结果表明，不同的干预措施对这三种计算机制具有选择性影响。在此过程中，揭示了干预如何改变选择概率和反应时间的细微见解。例如，提供社会规范通过改变起点和漂移率来增加规范性选项的选择概率，而将选项作为默认选项仅通过改变起点来增加选择概率。这些差异意味着社会规范对偏好有影响，但默认情况下没有。先前的研究仅使用选择概率的变化来测量干预效应，无法解开这些选择性影响。这种先前的工作也不能衡量干预措施的影响，如问责制，这增加了审议的程度，但可能对选择概率没有系统的影响。

## 本章小结

本章深度探讨了社会文化的因果关系和社会问题与文化的建模，对社会文化的复杂性进行了深刻的洞察。在社会文化的因果关系方面，我们审视了文化对社会发展和变革的影响，以及社会因素对文化演变的反馈。这一综合性的视角可以帮助我们更好地理解文化是如何塑造社会的，以及社会变革如何反过来影响文化演进的。

在社会问题与文化的建模方面，本章详细讨论了如何通过建模方法来分析和理解社会问题与文化之间的相互作用。这包括了文化对社会问题的缓解或加剧作用，以及社会问题如何影响和塑造文化。建模方法的运用使我们能够更系统地探讨社会文化中的规律和模式，为解决实际问题提供有力支持。

社会文化建模与规律探索是促使社会进步的关键因素之一。通过深入挖掘社会文化的因果关系，以及通过建模揭示社会问题与文化之间的关联，我们能够更全面地理解社会的运行机制。这不仅有助于文化传承和创新，也为解决社会问题提供了深刻的见解。本章强调了建模在实现对社会文化的深入理解方面的关键作用，期望为相关领域的研究者和从业者提供有益的指导，推动社会文化研究取得更为深入的进展。

## 思考题

1. 解决因文化差异导致的冲突，需要深入挖掘社会价值观的形成机制，请谈谈影响社会价值观形成的因素。

2. 结合自己所观察到的某个社会问题，说明社会文化在解决此社会问题中所起的推动作用。

3. 如何将问题 2 提到的社会问题建模为社会文化计算？

4. 知识图谱是建立社会文化与社会问题的关键技术之一，请说明知识图谱的原理及应用。

5. 查阅关于社会文化计算的文献，简单总结下此研究方向的最新进展及不足之处。

## 参考文献

[1] Sacha D, Stoffel A, Stoffel F, et al. Knowledge generation model for visual analytics[J]. IEEE transactions on visualization and computer graphics, 2014, 20(12): 1604-1613.

[2] 陈涛，刘炜，单蓉蓉，等. 知识图谱在数字人文中的应用研究[J]. 中国图书馆学报，2019，45(6)：34-49.

[3] Runge J, Bathiany S, Bollt E, etal. Inferring causation from time series in Earth

system sciences [J]. Nature communications, 2019, 10(1):1-13.

[4] Sun J,Zheng Y, Hao J,et al. Continuous multiagent control using collectivebehavior entropy for large-scale home energy management [C]//Proceedingsof the AAAI Conference on Artificial Intelligence. 2020,34(01): 922-929.

[5] Tato A, Nkambou R, Dufresne A, etal. Convolutional Neural Network for Automatic Detection of Sociomoral Reasoning Level[J]. International Educational Data Mining Society, 2017.

[6] Hassanzadeh O, Bhattacharjya D, Feblowitz M, etal. Causal Knowledge Extraction through Large-Scale Text Mining[C]//Proceedings of the AAAI Conference on Artificial Intelligence. 2020,34(09):13610-13611.

[7] 王天夫.社会研究中的因果分析[J].社会学研究,2006,(04):132-156+244.

[8] 刘同舫.人类命运共同体的文化构建及其世界意义[J].浙江社会科学,2023,(07):4-12+156.

[9] 漆桂林,高桓,吴天星.知识图谱研究进展[J].情报工程,2017,3(01):4-25.

[10] 曹明,王鹏,左洪福,等.民用航空发动机故障诊断与健康管理现状、挑战与机遇Ⅱ:地面综合诊断、寿命管理和智能维护维修决策[J].航空学报,2022,43(09):42-81.

[11] Glimcher P W, Eds E Fehr. Neuroeconomics: Decision making and the brain [M]. Academic Press, 2013.

[12] Busemeyer J R, Gluth S, Rieskamp J, et al. Cognitive and neural bases of multi-attribute, multi-alternative, value-based decisions[J]. Trends in cognitive sciences, 2019, 23(3): 251-263.

[13] Bogacz R. Optimal decision-making theories: linking neurobiology with behaviour[J]. Trends in cognitive sciences, 2007, 11(3): 118-125.

[14] Heekeren H R, Marrett S, Ungerleider L G. The neural systems that mediate human perceptual decision making[J]. Nature reviews neuroscience, 2008, 9(6): 467-479.

[15] Zhao W J, Coady A, Bhatia S. Computational mechanisms for context-based behavioral interventions: A large-scale analysis[J]. Proceedings of the National Academy of Sciences, 2022, 119(15): e2114914119.

[16] Hassanzadeh O, Bhattacharjya D, Feblowitz M, et al. Answering Binary Causal Questions Through Large-Scale Text Mining: An Evaluation Using Cause-Effect Pairs from Human Experts[C]//IJCAI. 2019: 5003-5009.

[17] Dasgupta T, Saha R, Dey L, et al. Automatic extraction of causal relations from text using linguistically informed deep neural networks[C]//Proceedings of the 19th annual SIGdial meeting on discourse and dialogue. 2018: 306-316.

[18] Kruengkrai C, Torisawa K, Hashimoto C, Kloetzer J, Oh J.-H. Tanaka M. 2017. Improving event causality recognition with multiple background knowl-

edge sources using multi-column convolutional neural networks. In AAAI, 3466-3473.

[19] Card S K, Mackinlay J D, Shneiderman B. Readings in information visualization: using vision to think. Morgan Kaufmann, 1999.

[20] Fayyad U, Piatetsky-Shapiro G, Smyth P. From data mining to knowledge discovery in databases. AI magazine, 17(3):37, 1996.

[21] Keim D, Kohlhammer J, Ellis G, et al. Mastering the information age solving problems with visual analytics[M]. Eurographics Association, 2010.

[22] Norman D. The Design of Everyday Things. Basic Books, 2002.

[23] Pirolli P, Card S. The sensemaking process and leverage points for analyst technology as identified through cognitive task analysis[C]//Proceedings of international conference on intelligence analysis. 2005, 5: 2-4.

# 第12章 社会舆情感知与社区舆情计算

本章学习目标

通过学习本章内容，充分理解舆情监测在现代社会中具有的重要意义，舆情挖掘不仅可以帮助政府、企业、媒体等相关方及时了解公众对于某一事件的态度和情绪，还可以预警潜在风险和危机，如发现产品和服务的优缺点等。在舆情监测的实践中，需要不断学习和掌握最新的技术和方法，保证监测的准确性和有效性。同时，也需要保护公众的隐私和个人信息，合法合规地收集、使用和传播舆情数据。

## 12.1 社会舆情感知

国内学者普遍认为“舆情是指在一定的社会空间内，围绕中介性社会事件的发生、发展和变化，作为主体的民众对作为客体的社会管理者、企业、个人及其他各类组织及其政治、社会、道德等方面的取向产生和持有的社会态度”。公众情感、态度、意见、观点的表达、传播与互动的集合，反映了现实社会的矛盾，比较真实地体现了不同群体的价值。伴随着我国经济的飞速发展和社会加速转型，社会利益逐渐分化，各种社会矛盾层出不穷，呈现出多样性、复杂性、动态性、不确定性等特点，导致了诱发社会舆情的要素不断增多，舆情热点频发。尤其是我国移动互联网正在蓬勃发展，公众能够通过移动新闻门户网站和微博、抖音、快手等多种社交媒体平台实时获取并传播海量信息，舆情的生成与发酵日渐草根化、多元化和隐匿化，舆情不断呈现“潮涌”的现象。我国人口密度大，社区是重要的社会生活空间、信息传播空间，围绕教育、医疗、养老等社会热点话题，具备舆情密集传播的土壤。例如，一些事件引发的舆情在社区多种类型的微信群中产生密集的讨论和广泛传播，因此，作为社会管理的基本单元，社区舆情的挖掘是舆情管理和引导的重要环节。

但是，舆情的感知和引导面临三大挑战：首先，舆情本身复杂并且涵盖不同主题，主题间呈现差异化极大的社会关注程度，传统的舆情感知方法难以适应如此多元化、细粒度的目标监测，不同层级的舆情管理更是缺乏足够丰富的舆情应对经验；其次，舆情传播的信息载体多样化，人人都是传播者，传播速度快，而网络水军和机器人写作的使用，加大了辨别舆情的难度，在有限的舆情管理资源投入下，难以及时、全面监测；最后，舆情是动态发展变化的，难以准确地动态感知和预测，导致舆情监测的滞后性，无法进行及时准确的干预和引导。因此，如何对舆情进行精准的监测是关键难题。

计算社会科学在定量计算、分析与认知维度上展现了前所未有的广度与深度，使得多种定性分析转为定量分析，多种维度可计算。其中，计算传播学通过收集和分析数字化行为数据，运用机器学习算法、自然语言处理方法、知识图谱、小世界网络、动力学传播等理论方法，分析、解释和预测人类的传播行为和背后的驱动机制。面对社会舆情的广泛性、复杂性，科学与系统地利用爆炸性增长的可用数据和智能计算方法，分析和挖掘舆情的关联信息、发展脉络与变化趋势，为舆情的管理提供了计算范式。而舆情的感知和引导需要结合行政管理的高效执行。党的二十大报告中提到“完善网格化管理、精细化服务、信息化支撑的基层治理平台，健全城乡社区治理体系”，这为舆情管理提供了政策指引和管理框架。网格化管理将管理对象按照一定的标准划分成若干网格单元，利用现代信息技术和网格单元间的信息协调机制，使各个网格单元之间有效地进行信息交流，这本质上是一种数字化管理模式。就社区网格化而言，根据属地管理、地理布局、现状管理等原则，将管辖地域划分成若干网格状的单元，即有效划分城市基层社区管理单位，并对每一个网格实施动态化、精细化和全方位的管理。就舆情管理而言，利用网格化管理，可以快速下沉具体的舆情信息源头，收集舆情的细粒度信息，辨别舆情的真伪，监测舆情的动态变化。因此，社区网格化管理为精准、全面、及时、动态的舆情感知和引导提供了解决方案。

以社区网格化管理为基础应用框架，借助于计算社会科学理论范式，充分运用大数据技术，分析社会舆情产生、发展变化的特点，开发以网格化管理为核心的智能舆情感知系统，为舆情感知、引导和决策提供支持，进而做到舆情爆发前的有效预防、爆发时的适度处置和引导，使舆情管理体制、机制更加完善、更加科学。借助于多源异构数据和机器学习、深度学习的方法，洞察社会舆论焦点的发展规律，挖掘社会舆情风险点及触发的关键因素，持续学习面对突发舆情的干预和引导策略，自我更新决策库，提高社会面对舆情的管控能力，为社会治理提供舆情方面的理论依据，全面实现面向多领域的关键舆情信息处理和辅助决策支持，完善以数据为驱动的舆情主动感知、研判分析、智慧化预警、综合指挥、高效处置、监督管理与辅助决策支持等功能，形成场景化、智能化的舆情管理决策“驾驶舱”，提供全景式、多粒度、智慧化分析服务，为政府决策提供科学、精准支撑。

## 12.2 社区舆情计算

社区舆情的精准计算是指在舆情的产生、发展、高涨与消退阶段以社会计算的理论与方法为支撑，结合社区网格化与舆情感知和引导策略进行的计算。社区网格化舆情计算引擎基础框架如图 12-1 所示，主要包括舆情数据采集、感知，多视角舆情分析、认知、研判，网格化管理和舆情引导决策。感知、认真和决策模块在每个网格开展分布式数据存储和计算。其中，舆情数据包括访谈信息、背景信息、事件知识库等多源信息；舆情分析、认知、研判主要包括以文本挖掘为核心技术的主题抽取、事件抽取、情感识别、关键意见领袖（KOL）识别等，进一步利用时间序列挖掘等技术方法实现舆情的发展研判，在应对的时间及力度上做出精准分析，实现数据驱动的舆情管理和干预决策。

具体而言，基于计算社会科学的理论和方法支持进行：

(1)舆情的多视角主动感知

舆情的多视角主动感知是指在大数据的支撑下，综合考虑访谈数据、经济背景、舆情背景、时空背景等，对当前舆情影响力度及范围进行主动的数据收集，为认知智能的计算建立数据基础。大数据分析和人工智能技术的发展，使得构建一个基于海量数据的智能舆情管理体系成

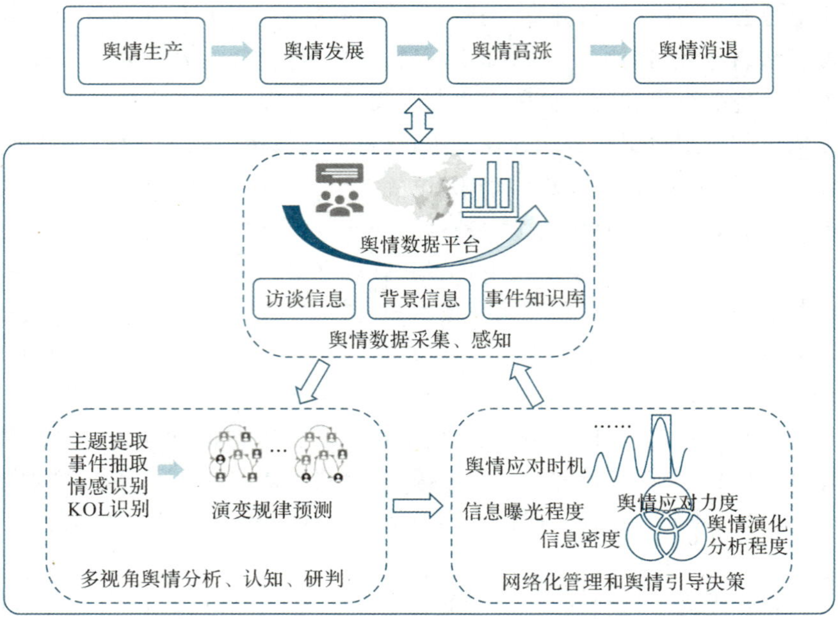


图 12-1　社区网格化舆情计算引擎基础框架

为可能，在公共事件爆发时，其可以主动感知社交媒体上海量的相关信息，通过人工智能算法对数据进行清洗和结构化处理，建立最终的舆情数据库。主要数据源包括：①深度访谈数据。主要包括社区网格舆情相关话题的深入采访内容等。②社交媒体数据。百度搜索、今日头条、抖音等新媒体的数据反映出用户在智能分发下的阅读及互动行为，可以帮助捕捉用户的兴趣和关注点，监测社会舆情，为精准营销、舆情应对提供重要的数据参考。其中，网络舆情信息多为一段长文本，利用深度学习算法，如卷积神经网络等，可以提取出其中的关键信息，如时间、地点、人物、事件等，将非结构化数据转变为算法可用的结构化数据。③时空背景数据。根据信息传播与地理位置的关系信息建模。根据网络用户反应或情感倾向，以及数据自带的地理定位信息，结合转发评论信息，构建时空结合的信息传播模型，预测热点事件发生地点，根据地点确定突发事件类型。④基础数据库。社会舆情的发生往往与多种因素相关，因此基础数据库是重要的舆情分析数据支撑，包括经济数据库、基础事件数据库等。

(2)多视角舆情分析、认知、研判

舆情相关数据包括多种模态，尤其是新媒体时代下，公众利用文本、图片、视频等多种形式展现对舆情的关注，因此，需要构建一个包含文本挖掘、主题分析、情感识别和关键意见领袖挖掘等多视角网络舆情分析与认知体系，得到当前事件舆论的最新进展，掌握公众对该事件的看法。①情感识别。情感识别是网络舆情分析的重要任务，这是因为公众在网络发表的观点包含了大量的个人主观情感倾向，其影响着网络舆情的走向。通过深度学习算法对舆情进行情感识别，可以帮助主播准确掌握公众对公共事件的看法，挖掘潜在信息，了解社情民意，把握舆论传播的可能走势。然而，网络的海量文本信息及网络词汇不断更迭发展涌现出的新词使得传统的方法很难充分提取训练文本特征。深度学习采用深度神经网络，通常包括一个输入层、多个隐藏层和一个输出层，其非线性运算组合水平较高，因此可以看作对人类大脑的神经连接结构的模拟，通过对原始特征进行逐层特征变换形成新的特征空间，得到层次化的特征，进而实现分类。因此，深度神经网络可以更好地捕捉数据的隐藏特征，消除对分类任务无用的信息，保留对分类任务有用的信息，从而获得更好的性能。②关键意见领袖挖掘。关键意见领袖的概念首先出自营销学，近两年新闻传播学也引入此概念，通常指具有较大影响力的主播。在信息传播中，关键意见领袖不依赖其自身活跃度，也容易被承认和识别出来。在信息传播、话题形成、舆论引导方面，关键意见领袖起着重要的作用。大众也可以通过兴趣导向、热门话题、关注领域、粉丝构成等自己选择关键意见领袖。关键意见领袖的行为特征会影响信息的更新和扩散，由此可见，关键意见领袖影响着信息传播逻辑与规则。在人人传播的时代，每个人都可能成为关键意见领袖，因而需要利用 PageRank 等算法进行关键意见领袖的识别。

(3)网格化管理和舆情引导决策

多视角舆情感知模型可以实现基于海量数据的智能舆情管理体系，精细化的数据管理有助于及时发现问题和解决问题，从技术角度具备较高的可行性。但是，舆情管理的实施效果不仅源于精准的数据分析，更来自有效并可实施的引导策略。在准确感知的基础上，舆情的引导也将更为精准。舆情引导策略，从根本上说，可以视为突发事件和应对策略的博弈。在正确的时间完成舆情的播报和引导，其重点在于预防和预警，核心是科学引导。在当今的互联网时代，通过人工智能技术科学地预测舆情的发展轨迹和爆发程度，进而通过主播的多模态自洽呈现引导舆情的发展是可行的。在应对策略生成任务中，可以将舆情背景、热点事件类型作为当前环境因素，并输出具体的应对形式，即以应对时间、应对时机为核心的应对策略，并根据热点事件-应对策略事件对来确定情境下的舆论情感正向化程度，并量化为应对策略分数。

# 12.3 应用案例

## 案例 1　社交媒体舆情监测系统

### 1. 案例描述

在数字化社会，社交媒体成为市民表达观点、关注事件的重要平台。为了更好地了解市民对城市事件的反馈和关注热点，某城市引入了社交媒体舆情监测系统。

该系统通过结合大数据和人工智能技术，实时监测主要社交媒体平台上的讨论、评论和发布的内容。借助先进的大数据分析技术，系统能够迅速、全面地收集并整合数以亿计的社交媒体数据，以绘制全面的市民舆情图景。

(1)系统涵盖多个社交媒体平台，包括但不限于微博、抖音、微信等，确保全方位覆盖市民的社交活动。通过对这些平台的监测，系统能够抓住市民的即时反馈，从而全面了解市民对城市事件的看法。

(2)系统利用自然语言处理技术进行情感分析，深刻理解市民言辞中所包含的情感色彩。通过对言辞情感的精准分析，系统能够帮助市政府更准确地了解市民的情感倾向，有助于在决策和政策调整中更好地考虑市民的期望和感受。

### 2. 案例分析

引入社交媒体舆情监测系统后，城市管理部门在市民参与和舆论引导方面取得了显著的进展。然而,系统在运用过程中还存在一些需要深入思考和改进的问题。

首先,全面性的社交媒体监测确保了市政府对市民声音的全方位感知。然而,信息过载问题使得系统在舆情分析方面难以实现高效且准确的结果。考虑到社交媒体信息的海量性质,系统需要更深入地挖掘先进的数据分析技术,如自动分类算法和主题模型,以过滤并精准地归纳出对城市管理具有重要意义的信息。这将有助于城市管理部门更有效地把握市民关切点,提高信息利用率。

其次,情感分析作为系统的重要组成部分,在理解市民情感倾向上发挥了关键作用。然而,社交媒体上的言辞多样,而且跨越多种语言和文化。当前的情感分析可能受到语境的影响,导致情感理解的误差。系统可以考虑引入跨文化和多语言情感分析模型,通过更广泛而深入的数据集训练算法,提高对不同背景下情感表达的理解能力。

再其次,对负面舆情的处理需要更加智能化和迅速响应。尽管实施了实时预警机制,但系统需要更具适应性的负面信息过滤机制,以更快速地发现和应对潜在的负面信息。结合自然语言处理和机器学习技术,系统可以实现对负面信息的实时监测和及时反馈,从而更好地保护城市形象。

社交媒体舆情监测系统在市政管理中发挥了积极作用,但面临的挑战需要更深入的技术和方法论创新。通过引入先进的数据分析技术、深度学习模型和更智能的负面信息过滤机制,系统可以不断优化,提高在信息处理、情感分析和舆情管控方面的效能,使其更好地满足城市管理的实际需求。

**3. 解决方案**

为了应对社交媒体舆情监测系统在信息处理、情感分析和负面舆情处理方面的挑战,城市管理部门采取了一系列创新性的解决方案,以进一步提高系统的智能化水平和实际运用效果。

首先,为解决信息过载的问题,系统引入了先进的数据分析技术。通过采用自动分类算法和主题模型,系统能够更有效地过滤和分类海量的社交媒体数据。这使得市政府可以更集中地关注与城市管理相关的核心信息,从而加强对市民关切的洞察,提高信息的利用率。这一解决方案为城市管理提供了更系统的数据支持,有助于更准确地制定政策和采取措施。

其次,为提高情感分析的准确性,系统引入了跨文化和多语言情感分析模型。通过使用更广泛、深入的多语言数据集,系统能够更全面地理解市民在不同文化和语境下的情感表达。这样的解决方案有助于避免由于语境差异而引起的情感分析误差,提高系统对市民情感倾向的理解程度。

再其次,对于负面舆情的处理,系统进一步加强了实时预警机制。通过结合自然语言处理和机器学习技术,系统能够更智能地检测潜在的负面信息,并在其传播之前及时发出预警通知。这种实时反馈机制使得城市管理部门能够更迅速地采取应对措施,保护城市形象免受负面舆情的影响。

这些创新的解决方案为社交媒体舆情监测系统的进一步发展提供了坚实的基础。通过引入更智能的数据处理、情感分析和实时预警机制,系统能够更好地满足城市管理的需求,提高对市民的服务水平,为城市形象的维护和发展提供更有力的支持。未来,城市管理部门可以不断关注技术创新,进一步升级系统,使其更符合城市治理的智能化趋势。

# 案例2 基于知识图谱的网络舆情文本挖掘与情感分析

**1. 案例描述**

随着互联网技术和多媒体平台的不断蓬勃发展，人们获取信息和表达情绪的方式更加多元化。社区管理方的公民情绪与意见反馈交流平台逐步搭建并完善。舆情最广泛的来源是以文字文稿为基础的平台留言与“信箱”反馈。这种“弹幕互动”式的及时高效的社区舆情管理趋势，为网民提供全新表达途径的同时，也构建了全新的网络舆情空间，逐渐成为新的“网络舆情传播载体”。

传统评论是网民基于整体感知做出的“滞后”评论，并且受环境影响力较大，因而更加偏于“理性”表达，并不能完全代表当下最真实的想法和最迫切的需求。而“弹幕互动”式的舆情言论作为一种新媒体时代下的短信息表达方式，以实时评论的方式表达了用户对于当前社区现状的即刻认知与行为倾向，相比于传统评论方式具有更强的情感色彩和时效性。对这些富含情感和价值评判的文本数据进行知识抽取、数据可视化、情感分析及主题分类，有助于及时了解社区舆情的态势走向，追踪公民的关注热点，寻找弹幕背后所蕴含的情感倾向和舆情热点，为防范、化解网络舆情风险，宏观调控社区的大众情感环境，完善舆情分析机制，构建和谐稳定的网络空间做出贡献。

**2. 案例分析**

首先，要明确待分析的事件或话题处于什么阶段。其次，应该在分析某一舆情热点之前对其进行科学的类型界定。再其次，用专门的分析方法去分析。一般我们用两种分析方法，即内容分析法和实证分析法。内容分析法的目的是弄清或测验信息中本质性的事实和趋势，提示信息所含有的隐性情报内容，对事物发展做情报预测。实证分析法则是通过分析大量案例和相关数据后试图得出某些结论。最后，开始实时监控网络舆情发展动态。尤其是一些负面新闻事件，更容易发酵传播，形成负面舆情环境。做好网络舆情发展变化趋势分析也是舆情分析中重要的一步。在发达的网络体系中，网民具有很强的参与性，互动性极高，针对某一舆情事件，可以大量发酵，引起不同的舆论。多角度全面分析可以帮助企业全面了解舆情，为辅助企业制定相关决策提供参考。舆情监测可以实现全网监测，一旦发现舆情，立刻可以报告给相关人员，得到及时解决。

传统的文本挖掘和情感分析方法基于海量数据和关键词引导。缺乏人类先验知识的引导，分析出的情感往往难以外延和进行相互关联。一般的文本分类任务只提供句子或文档级别的情感标签。引入情感词典等先验情感知识可以给情感文本引入更细粒度的监督信号，使模型能学到更适合情感分析任务的特征表示。

底层的词性、句法等分析任务能给下游的情感分类、抽取任务提供参考信息。例如，评价表达通常是形容词或形容词短语，而评价对象通常是名词。不同情感分析任务本身存在相互促进作用，如评价对象和评价词在句子中出现的距离通常比较近，联合抽取能同时提高两者的性能表现。

短文本评论通常略去了大量的背景常识知识，从文本本身通常难以推断真实情感倾向性。

基于此，在知识图谱上构筑文本挖掘框架和呈现形式，成为社会网格舆情管理的新潮流，它更符合管理者的价值判断和需求。

**3. 解决方案**

具体的技术路线：第一，使用网络爬虫技术进行线上舆情弹幕文本数据采集和数据清洗，或使用文字识别技术进行文本的文字获取，或采用接入数据库并查询的方式，有针对性地获取舆情文本；第二，使用中文分词组件 Jieba 进行舆情文本数据的分词、去停用词及高频词统计，得到高频关键词及权重；第三，调用 WordCloud 库设置词云图样式并将经过 Jieba 分词器处理的弹幕数据进行词云图呈现；第四，进行情感分析，判断弹幕数据中积极、消极、中性的情感比例并进行分析，得出情感分析占比图、直方图和波动图，并基于 LDA 主题模型得到焦点主题。具体技术方案如图 12-2 所示。获得的词云如图 12-3 所示。

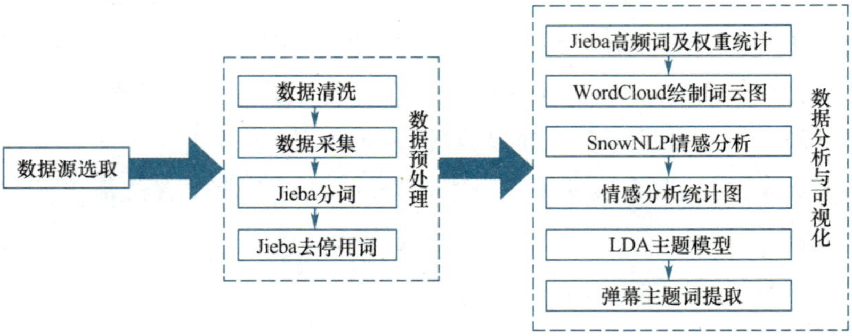


图 12-2　基于弹幕的网络舆情文本挖掘与情感分析技术方案

图 12-3　词云图

针对所提取到的实时的“弹幕互动”式舆情文本数据，通过情感分析方法深入挖掘内部的情感知识。对于更加细粒度的情感分析任务，需要进行知识抽取和文本挖掘。对海量社区舆情的文本数据进行加工，通过自动化技术，抽取其中的三元组（实体、关系和属性）。通过社区舆情文本语料核心实体识别和核心实体情感分析任务，利用基于注意力机制的长短期记忆神经网络结合条件随机场模型（AttBi-LSTM-CRF）进行关键情感标签的实体识别。首先，对文本进行预训练，将每个字映射为维度相同的低维向量；其次，把这些向量输入基于注意力机制的长短期记忆神经网络（AttBi-LSTM）中，以获取长远的上下文信息并集中注意力到与输出标签高度相关的信息上；最后，通过条件随机场（CRF）层获取整个序列的最优标签。使用词对关系学习方法，将情感三元组抽取任务转化为端到端的词对关系学习任务。将句中的词对关系进行统一标注以表示所有三元组的词对关系，为此特别构建可输出词对关系的词对关系网络。首先，使用双向门控循环单元和混合式注意力对句子进行编码表示。其次，使用注意力图转换模块将句子编码转换为各项标签概率。最后,从词对关系标签结果中提取三元组。此外,将预训练的 BERT 模型应用于字词编码来提升三元组抽取的准确度。LDA 是潜在语义分析和概率语义分析的扩展,在文本数据挖掘等领域被广泛使用。LDA 模型可以将文本自动编码为一定数量具有实质性意义的主题,可极大减少人为干预负担。使用 LDA 模型,可以获得每个主题下的词语分布概率,以及文档对应的主题概率。通过数据自动分析技术获取海量评论数据的内在关联和规律,形成舆情分布直方图和波动图,如图 12-4 和图 12-5 所示。进而指导社区,针对大众情感舆论导向进行动态自主管理。

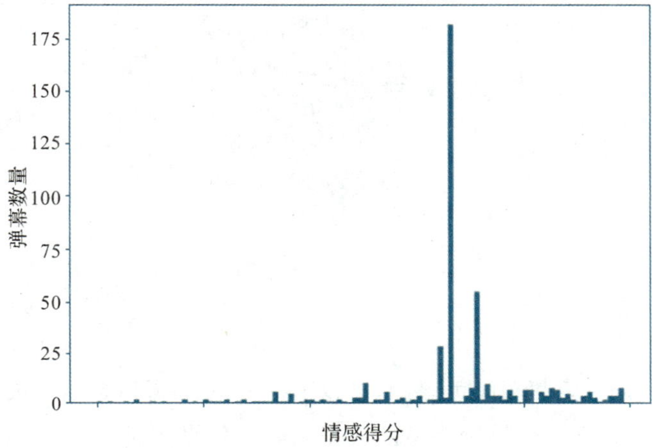


图 12-4 舆情分布直方图

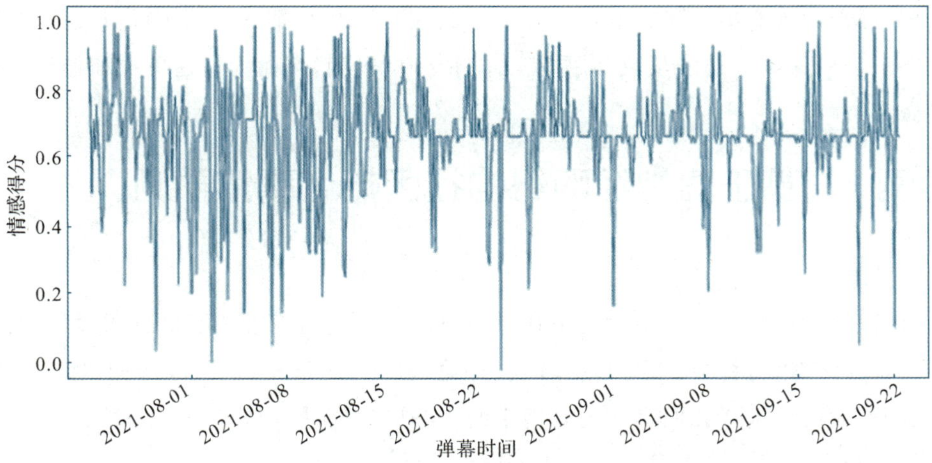


图 12-5 舆情分布波动图

在上述鸿星尔克的主题中,情感分析占比图、直方图和波动图三者分别从情感得分占比、分布和时间三个角度呈现了弹幕背后蕴含的舆情信息,说明以"鸿星尔克捐赠"为主题的相关网络舆情,整体情感倾向较为积极,网络舆情态势稳步向好。通过 LDA 进行主题词提取可以获得弹幕数据主题聚类表,可以看出"格局、国货、鸿星尔克、老板"四个主题是弹幕背后隐藏的核心主题词,是公民真正的关注焦点。

我们将爬取或者利用自然语言处理方法获得的海量挖掘内容进行清洗及三元组知识形式的重组,形成复杂交织的具有高阶推理能力的知识图谱架构。图结构的数据存储本质上是实体及关系的存储，通过这些实体与关系可以将“实体一关系一实体”三元组进行表示，从而对知识图谱基本数据进行结构化存储。在 Neo4j 中，数据中的实体和关系都由“类”来表示，实体类(节点)与关系类(边)皆有主键 ID，可选属性作为其辅助内容。实体类可以单独存储，关系类必须有“起点”和“终点”两个连接实体类的主键 ID。最终可形成如图 12-6 所示的知识图谱网络。

图 12-6　知识图谱网络

针对不同的社区舆情话题和居民评论，可以形成不同主题和数据下的动态演化的知识图谱体系，为社区网格化管理提供辅助决策的数据基础。新媒体时代下，公民群体意见表达渠道更加多元化。无论是社区的居民交流平台还是网络直播等方式，实时评论这一新兴情感表达方式的出现，都是对现有舆情研究的良好补充。深入对网络舆情或者现有文本数据的研究可以更好地响应公民深刻关切的热点问题，完善舆情分析机制，进而为构建更加和谐清朗的文明社区环境做出贡献。

## 案例 3　基于图神经网络的社区热点事件预测

### 1. 案例描述

如今，社交网络在日常生活中无处不在。当我们从社交网络中获取信息时，就会发生社交影响，可以诱使我们进行社会诉讼(包括转发、评论、喜欢、发布和购买)。例如，如今的实时贸易非常受欢迎，我们将选择我们喜欢的直播来购买必要的商品。从另一个角度来看，实时流媒体主机(用户)和商品(事件)都对目标用户的行为产生了重大影响。因此，社交事件可以视为网络用户参与和理解的完整语义单元。

随着互联网与社交平台的发展，同住在一个社区网络中的居民间不再是简单的邻居关系，彼此之间还通过新媒体平台相互关联、相互交流、相互影响，形成错综复杂的在线社交网络。通过社交网络，社区居民能够便捷获取当前网络热点及相关信息，发表意见与其他社区居民讨论、互动。因此，社交网络包含海量、复杂的信息。

例如，国内某网民将事件初始相关信息发布于私人社区微信群，通过社区居民众人议论传播开来。后来其相关信息被转发至微博，因其平台开放性强，用户互动更为容易，信息在发布后迅速传播、发酵，在较短时间内形成了大规模讨论。由此可见，现实事件通常会以某种形式投射到网络空间，形成在线网络事件。用户关注本身影响力大或是自身较为感兴趣的网络事件，并且发表个人看法与其他用户交流互动。随着参与用户不断增长，热度提升，到达一定程度将变成网络热点事件。网络热点事件能够较为真实地反映当前民众所关注或需要解决的问题，有助于相关部门了解民意，采取有效措施解决问题。

**2. 案例分析**

热点事件相关信息在早期可能存在真伪性不明问题。一些扭曲事实的谣言或具有煽动性的言论如果被大规模传播，会对社会和民众造成不良影响。另外，具有较强负面影响的热点事件还可能会引起社会恐慌。基于以上情况，研究热点事件预测问题具有重要意义与价值。例如，辅助相关部门管控谣言传播，避免社会恐慌，维护公共安全。

因此，应以社区为单位，分析与预测社区居民在社交网络上的用户行为，对居民在社交网络上所关注、讨论的热点事件进行精准预测，为舆情分析与控制提供辅助决策。社交网络用户之间相互关注，构成错综复杂的网络结构，信息传播演变模式也更加复杂。数据具有多维、多源和异构等特点。现有模型主要基于特征驱动，结合机器学习方法，难以完全概括影响事件热度的因素。此外，用户发布在社交网络的信息以文本内容为主，然而文本数据价值稀疏，难以从中挖掘潜在有价值信息，并且文本内容随时间动态变化，还应充分考虑其时序特征。而且，外界情况在一定程度上也会影响社交网络平台内部的信息传播与演变。综上，如何对社交网络的热点事件做出准确预测仍然值得展开深入研究。社交网络的示意图如图 12-7 所示。

图 12-7　社交网络

早期事件热度预测研究大多基于特征驱动方法，学者利用设计、构建和提取的特征，结合传统机器学习方法来解决社交网络中的事件预测问题。除了传统机器学习方法，还有一些基于深度学习(DNN)的方法应用于热点事件预测。除此之外，还有学者通过融合各类特征来解决热点事件预测问题。近年来，图神经网络广泛应用于以文本数据为基础的各类任务，并取得较好效果。图神经网络能够充分挖掘关键词语之间的依存关系，凸显有价值信息，一定程度上解决了数据价值稀疏的问题。居民用户在社交网络上发布的信息以文本内容为主。文本与事件热度相关性高，并且相较于其他事件，相关数据更易获取，是事件预测的重要数据基础。同时，将事件点赞、事件转发数量等能从不同角度描述事件热度的数值信息作为相关特征，利用特征融合的方式通过所提出的基于特征融合的动态图时空网络实现热点事件预测，综合利用多类信息，能够学习更加全面的事件演化模式。

**3. 解决方案**

综合以上数据，以居民用户为图节点，将居民用户在社交网络上所发布文本内容的被转发数量、被点赞数量作为每一个图节点属性，并为每一个文本内容赋予时间戳，同时，根据被转发数量和被点赞数量为每一个文本内容打标签，当超过特定阈值，打标为 1，否则为 0，1 代表热点事件，0 代表非热点事件，进而构建出数据集。

动态图时空网络由两部分构成：基于 Transformer 的时序特征提取网络和基于 GCN 的空间特征提取网络。输入时序数据是与该事件相关的文本或是经过时间排序的一系列文本。GCN 输入的邻接矩阵是初始化的反映居民用户节点间动态关联性的数据，刻画的是关注同一时序事件的用户关联性所形成的动态图。时序事件数据以文本为主，因此首先，要通过开源的预训练语言模型将文本向量化，对文本特征进行编码，然后融合被转发数量、被点赞数量等数值信息特征，输入到时序特征提取模块。时序特征提取模块采用“先局部一后全局”的策略，先利用卷积操作实现对局部时间特征依赖性和趋势性的捕捉，然后引入 Transformer 中的 Self-attention 机制，挖掘时序信息的全局特征，以确保对时序建模的完整性，生成高阶时序特征。其次，将高阶时序特征和动态图输入 GCN 网络，对多变量间所形成的图拓扑结构形式的空间特征进行图卷积操作，实现对邻接节点信息的融合、聚集，实现对多维变量间的非线性关联性建模。最后，通过多层全连接神经网络输出预测结果，进而判断不同时间下社区居民所讨论的事件是否为当前热点事件。动态图时空网络算法框架如图 12-8 所示。

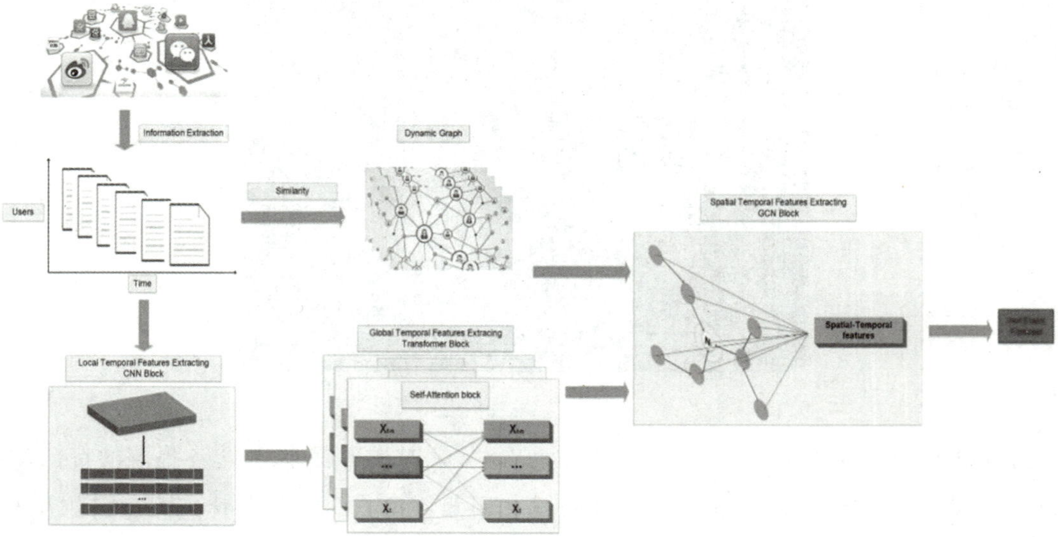


图 12-8　动态图时空网络算法框架

随着存储在社交媒体中的数据呈指数型增长，使用行之有效的方法来挖掘和分析这些数据已经成为迫切的需求。个人用户经由社交媒体成为对周遭社会信息的实时传感器。实时感知这些数据可以对突发事件进行侦测，以及预测这些事件的发展状况。因此，社区热点事件的感知与预测可以充分利用社交网络的文本数据和事件转发数量、具体事件中活跃用户数量等信息。这些数据蕴含了事件热度和不同角度的相关信息，这些信息彼此关联、相互补充。仅利用单类信息的预测模型只能学习片面的事件演化模式，导致预测准确率不足，因此综合利用多信息，以社区用户为中心点，关联其相关事件，形成以社区为中心的用户事件拓扑图，通过时空模型，才可学习更加全面的事件演化模式，实现预测效果提升。真实情况及模型预测结果如图 12-9 所示。

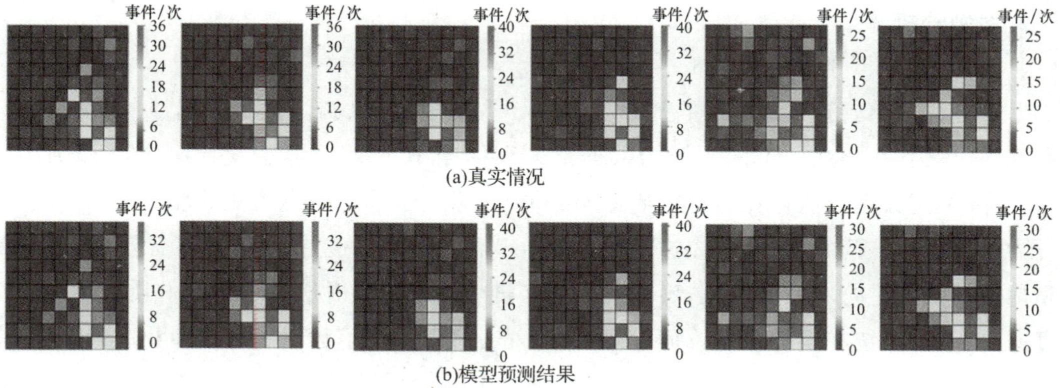


图 12-9　真实情况及模型预测结果

## 案例 4　社会网格管理

### 1. 案例描述

(1)项目背景

社会网格管理项目的启动源于对城市基础设施管理的迫切需求。在日益复杂的城市环境中，传统的管理方法已经难以适应人口增长、能源消耗和交通拥堵等挑战。为了有效解决这些问题，政府发起了社会网格管理项目，旨在通过信息技术的综合应用，建设一个智能、高效的城市管理系统。

该项目所涉及的领域包括但不限于交通、能源和环境。通过整合这些领域的数据，城市管理部门可以实时了解城市运行状态，从而更加智能地进行决策和资源分配。

(2)系统架构

社会网格管理系统采用了一种多层次、多模块的架构。其中，智能交通系统通过布置在城市各个路段的传感器监测交通流量、车辆速度等信息，实时调整信号灯控制，以减缓交通拥堵。智能能源管理系统通过智能电网技术，监测城市各个区域的电力需求，并实现电力分配的动态调整。环境监测系统则通过大量传感器监测城市的空气质量、噪声水平等环境指标。

这些子系统通过互联互通，形成了一个全面监控城市基础设施的网络。同时，市民通过手机应用可以实时查看这些监测数据，提出建议，参与城市决策。

(3)市民参与机制

为了激发市民对城市管理的参与，社会网格管理项目推出了一款智能手机应用。该应用不仅为市民提供了实时的城市数据，还允许他们提出建议、报告问题，并参与一些决策性的投票。为了增强市民的积极性，应用设置了积分奖励机制。通过参与城市建设和提出有效建议，市民可以积累积分，用于获取一定的奖励。

这一市民参与机制的设计旨在使市民更加深入地融入城市管理过程，从而实现管理的透明化和社区的共建。

通过这一综合的社会网格管理项目，城市管理部门期望能够更加高效地应对城市发展中的各种挑战，提升城市的可持续性和居民的生活质量。

**2. 案例分析**

(1)数据整合与分析

尽管社会网格管理系统在整合城市数据方面取得了一些成就，但在数据源的多样性和异构性方面仍然存在挑战。不同领域的数据格式和标准不一，导致信息整合和共享面临困难。此外，一些关键数据可能存在不完整或错误的情况，影响了系统的决策精准性。

为了解决这一问题，引入了先进的数据整合和清洗算法。这些算法能够有效地对不同格式和标准的数据进行转换和清理，确保了系统在进行综合分析时所使用数据的质量和一致性。通过这一步骤，系统在整合数据方面取得了显著的进展，提高了数据的可用性和准确性。

(2)性能问题

另一个系统面临的问题是在处理大规模数据时的性能限制。由于城市的规模和数据量巨大，社会网格管理系统在某些情况下可能面临处理效率低下的问题，影响了实时决策的能力。这尤其在交通高峰期、能源需求波动等情况下表现得更为明显。

为了解决这一问题，系统采用了分布式计算和存储技术。通过数据存储，将计算任务分布到多个节点上，系统能够更加高效地处理大规模数据，提高了实时决策的效率。这一技术的引入有效缓解了系统在处理大数据时的性能瓶颈，使得系统更具可扩展性和响应性。

(3)市民参与度

尽管推出了手机应用以增强市民的参与度，但在实际应用中，市民参与度仍然存在改进的空间。一些市民可能对应用的功能不够感兴趣，或者觉得参与的过程烦琐，从而导致市民对城市管理的参与程度不高。这一问题也影响了系统通过市民反馈及时发现城市问题的能力。

为了提高市民参与度，系统对市民参与机制进行了改进。通过增加更有趣的应用功能，如城市游戏化活动和实时城市互动，系统成功激发了市民的兴趣和积极性。此外，引入了更具激励性的奖励机制，如积分兑换实物奖励，增强了市民参与的动力。这一系列改进措施使得市民更加积极地参与到城市管理中，促进了城市建设的共同努力。

通过深入分析和解决这些问题，社会网格管理系统在数据整合、性能和市民参与度等方面取得了显著的改善。这些经验也为类似的城市管理项目提供了有益的指导。

**3. 解决方案**

(1)数据整合与清洗

在解决数据整合与清洗问题方面，引入了一系列先进的数据整合和清洗算法。

首先，采用了数据标准化的方法，将不同领域的数据格式转换为统一的标准。这有助于消除数据格式差异带来的障碍，使得系统能够更加高效地整合数据。

其次，引入了数据清洗算法，对存在不完整或错误的数据进行自动检测和修复。通过利用统计学方法和机器学习技术，系统能够识别和处理数据中的异常情况，提高了数据的准确性和可靠性。这样的数据清洗过程不仅有助于确保城市数据的质量，还为后续的数据分析提供了更为可靠的基础。

(2)性能优化

为了解决系统在处理大规模数据时的性能问题,引入了分布式计算和存储技术。采用了分布式文件系统和计算框架,将数据存储和计算任务分布到多个节点上,实现了数据的并行处理和分布式计算。这样的架构设计有效地提高了系统的计算效率,使得系统能够更加迅速地响应城市数据的变化。

此外,引入了数据缓存机制,通过缓存常用的数据片段,减少了系统对存储系统的频繁访问,从而提高了系统的整体性能。这一系列的性能优化措施使得系统能够更好地适应城市大数据的处理需求,保障了实时决策的准确性和及时性。

(3)市民参与机制改进

为了改进市民参与机制,系统进行了一系列创新性的设计和改进。

首先,通过增加应用功能,引入了城市游戏化活动和实时城市互动,使得市民在使用应用的过程中更有趣味性和参与感。

其次,改进了奖励机制,引入了更具激励性的奖励措施。市民通过参与城市建设和提出有效建议,可以积累积分,这些积分可以用于兑换实物奖励,如购物折扣、公共服务特权等。这样的奖励机制不仅激发了市民的积极性,也使得市民更加认可和参与城市管理过程。

通过这一系列市民参与机制的改进,社会网格管理系统成功地提高了市民参与度。市民通过手机应用更积极地参与城市建设和决策投票,提供了更多有价值的反馈,从而促进了城市的良性发展。

通过数据整合、性能和市民参与度等问题的有力解决,社会网格管理系统在城市管理中取得了显著的成果。这一解决方案不仅为当前城市管理提供了有效的指导,也为未来类似项目的设计和实施提供了有益的经验。

## 案例5　突发公共卫生事件防控背景下的社区网格化治理①

### 1. 案例描述

网格化治理理论试图从制度层面构建一个主体间相互依赖、交互互动的新型治理模式。网格化管理利用计算机网格管理思想,按行政区域与治理层次将社区划分多个网格,配备专门工作人员负责网格内信息采集和日常事务,组建相关组织负责部门间的协调和监督工作,通过上下联动、部门协同、无缝衔接的方式实现基层社区精细化协同管理。而随着治理理念和管理实践的深入发展,网格化管理也逐渐转向网格化治理。网格化治理强调"服务公众利益需求"的价值取向,"指导监督与多维平行"的权力逻辑,"基层自治与资源共享"的功能导向,"信任建立与多元参与"的角色分配,"合作化与整体性治理"的运行机制。目前,网格化治理在环境保护、经济合作、城市建设、公共服务等领域广泛应用。社区网格化治理是在基层治理中引入精细化理念与协同思想,对网格内每个个体和问题,采用数据化治理技术和整体性治理思路,

①此案例来源于王安琪在2021年发表的文章《协同优势视角下突发公共卫生事件社区网格化治理研究》

实现细致化和人性化的治理效果。社会精细化治理的内容是协同化，而“以人为本”服务理念共生、资源要素共享、多元主体共治构成了协同三大维度。

胡克斯·汉姆通过协同优势理论对合力效益进行整体描述，认为现代社会治理逐渐趋于复杂性与多元化，问题的解决超越了个体或单一要素的能力范围，因此需要多主体与多要素的协同配合取得创造性结果，以实现“协同优势”。但协同行为并非总能带来积极效应，整体绩效下降等负面结果也时常出现，这被称为“协同惰性”。多数学者从目标、权力、信任、成员结构和领导力等方面探寻协同惰性出现的可能性。而由于多主体“共在”、多要素“共存”，社区网格化治理同样存在“协同惰性”的风险。因此，利用协同优势“反思性建构”逻辑对“协同惰性”进行分析，能够更好实现基层精细化协同治理。

**2. 案例分析**

协同优势理论借助“反思性建构”的逻辑论证回答协同优势的行为目标为何取得协同惰性的行为结果。对事物反向结果的问题剖析将在更大程度上推动事物发展，因此对协同惰性的原因分析是协同优势理论的核心内容。而社区网格化治理模式作为突发公共卫生事件预防与应对的创新手段，由单中心向多中心、事后应对向全方位管理、行政化向民主化的模式发展转变，发展的事物具有协同创新的优势，但多主体的协同行为存在“协同惰性”风险。基于此，对突发公共卫生事件社区网格化治理的困境分析如下：

(1)多元主体的目标难以统一

协同优势理论认为，共同的意识理念和行动目标是协同行为的起点，但由于多元主体的“共在”，达成目标共识具有一定难度。在突发公共卫生事件社区网格化治理中，网格管理中心、网格单元、公民个人间的目标差异始终存在：网格管理中心的目的是打破纵横分割的服务碎片化，实施“平战结合”联合供给，实现公共利益最大化；网格单元的目的在于完成规定的职责任务，提高服务绩效，并通过网格间联合互动获得协同优势；公民个人的目的则是更充分地实现自我利益。

(2)传统管理观念影响下的“权力点”固化

“权力点”概念在协同优势理论中被提出，是指权力以点位形式在不同主体间转移、变动，并影响协同行为的实施，构成了权力基础结构。而在突发公共卫生事件社区网格化治理中，却暴露出权力的行政化倾向、“权力点”固化等诸多问题。一方面，网格化治理制度体系不完善，社区突发公共卫生事件防控处置的多方主体权责不清、公私边界划分不明确，导致网格化治理难以向制度化方向发展，受传统行政管理方式影响较多。另一方面，基层社区存在智能化信息技术薄弱、治理资源短缺等弊端，需要借助上级行政力量缓解突发事件监测信息不全面、危机应对资源不充足等问题。

(3)网格内成员结构模糊复杂

模糊性、复杂性和动态性是成员结构关系的三大表现。身份定位不清晰是导致模糊性的重要原因，多数社区网格员是与网格管理中心签订劳务合同的临时工作人员，但在突发公共卫生事件响应处置中延展了部分公权力，职责与职权的不对等、社会身份认同的不一致，造成了角色定位的模糊性。与模糊性相伴的是复杂性，网格边界不清晰、功能泛化，进一步衍生成员结构的复杂性，容易造成自我认知与职责定位的困境，引发无序化、不协调的行为。此外，突发公共卫生事件的特性要求社会力量、志愿组织不断地加入或退出，成员结构多样化，但同时也强调网格员核心队伍的稳定性，确保协作体系有序运转。而目前，身份定位模糊与社会认同偏低限制了网格员的福利保障与工作热情，使得基层网格员队伍稳定性较差，弱化了突发事件的网格治理效能。

（4）网格内多方的信任不足

信任是协同行为的前提条件，但协同优势理论分析认为，怀疑或猜忌才是行为过程的常态。在突发公共卫生事件社区网格化治理中，信任的不足主要体现在两个方面：一是网格单元内主体间的不信任，这主要源于信任建立的基础条件不足和存在利益损失风险。信任是在长期协作与风险交换过程中建立的，突发事件的网格成员结构来源多元复杂，缺乏磨合与稳定的时间，未形成有效的信任基础。加之成员间缺乏明确的考核标准，利益分享和风险分担没有明确的规范，信任具有利益损失风险。二是居民对网格员不信任，这源于网格员防护能力不足，在突发事件的监测与研判、报告与先期处置、后续保障与心理疏导等方面表现不佳，现场处置能力不足，比如随访排查工作不到位，致使居民的信息获取、生活物资保障、心理问题疏导排解等需求尚未有效满足，从而对网格员产生不信任、疏离感，处于被动状态，增加了防控风险。

（5）网格化管理领导力不足

领导力在协同优势理论中不仅是指具有领导特性的公共人物，更强调促进协同产生成果的机制。在突发公共卫生事件预防和应对过程中，网格化管理在横向协同配合机制、纵向双向互动机制、多元主体参与机制等方面表现出领导力不足。首先是“碎片化”服务显现，突发公共卫生事件的处置应对需要多部门的协同配合，但网格管理中心的协调监督效用难以实现，横向联动的效果不理想，人员仍然处于分割状态，难以形成网格框架的统合力量使防控处置工作复杂化。其次是“程式化”流程涌现，原本上下双向反馈的问题处置机制流于行政性任务指派与组织动员，部分反馈到上级机关的问题，又被领导重新定义，结果便是上级直接指挥基层实施。最后是社会力量动员不足，公众参与度较低，防控工作需要借助群防群控的力量，鼓励社会组织参与，共建“大卫生”观念。但依靠政府行政手段的命令执行，只能满足于基本工作的处置，而全方位监测治理目标的实现，需要协同共治体制机制的统领指导。

**3. 解决方案**

从引发协同惰性的五个要点提出突发公共卫生事件社区网格化治理困境的消解策略，以消除协同惰性，寻求协同优势的实现。

（1）实现价值理念协同，弥合主体间利益冲突，整合目标差异

协作者基于个人利益的理性权衡和计算，而非出于公共利益的考量是“协同惰性”难以超越的重要原因。为此，要结合突发公共卫生事件的特性要求，克服“重管理，轻服务”的传统管控理念，将“服务公众利益需求”作为价值取向，转变事后被动应对的处置方式，积极主动发现危机征兆，通过突发公共卫生事件的关口前移实现公众损失的最小化，并依托网格单元回应居民诉求。同时，积极引导居民树立“公共性”的价值取向，在“大健康”理念指导下，实现“为我”与“利他”的理念融合，发挥社区网格的主体作用，成为突发事件社会治理的重要合作者。

（2）实现制度体系协同，确立基层社会自我管理模式，促进权力流动与资源下沉

首先，构建社区网格化治理的制度体系，明确突发公共卫生事件中不同组织单位和人员的

职责，摒弃上级政府对基层“全方位”管控，将权力下放至基层并实现权力在不同主体间流动，实现多部门协作、多主体协同的服务并行机制。同时，增强“平时”服务与“战时”应急状态下网格治理功能的衔接，强化制度黏合作用。其次，通过制度体系的建设与完善，明确基层资源配置与存储标准、基层智能化信息平台的建设指南，通过规范财力投入与技术支持，推进基层信息系统健康采集和沟通传递的整体设计，将突发公共卫生事件早期监测与处置的职能汇聚“下沉”至社区，并自上而下地畅通网格间的串联，保障资源流、信息流双向有效传递，切实提升权力运转效率和突发事件处理能力。

(3)实现身份规范协同，明确网格员岗位权责，稳定基层队伍

首先，明确网格员职业化标准，建立严格选拔机制，给予网格员“编制”岗位，并赋予网格员与岗位对应的行政级别与行政权力，使其在突发状况时可以使用公职权力，实现权责对等。其次，界定网格职能框架，明确网格员的基础性工作、辅助性工作，以及在突发事件响应处置中的行为规范，重点处置好网格员“应干不干”“应专不专”的工作懈怠问题。最后，合理规划网格员队伍，客观把控专业配置比例，尤其注重卫生技术人员的配备，同时提高网格员福利待遇与身份认同感，增强工作积极性，稳定网格员队伍，统筹落实常态化服务与应急管理工作。

(4)实现考核标准协同，增强问题发现与处置能力，搭建网格内信任基础

首先，规范网格员进出标准，稳定基层队伍，创造信任建立的时间条件。其次，明确网格成员考核标准，确定利益分享和风险分担考核指标，采用平时服务与战时应对相结合的方式，针对网格员信息研判和应急处置能力，设立专项督查组并结合群众满意度进行激励评价。各司其职、奖罚分明的考核标准是为了减少模糊制度下成员间的相互猜忌与怀疑。最后，通过课堂讲座、模拟演练等培训方式提高网格员危机应对的理论知识和实践技能，增强突发事件信息察觉的敏锐度和应对处置的专业度，全面提高网格员队伍的专业素养，切实保障居民的健康权益，提高居民信任度。

(5)实现条块政社协同，促进横纵多向互动，提升领导力

一方面，要打破政府部门间条块分割、上下割裂的现状，网格管理中心应积极发挥协调监督作用，组织同级相关部门共同商议处置突发公共卫生事件，落实联防联控工作，强化部门间的整合力度和协同速度。另一方面，要推动政府向社会增权赋能，引导社会公众和社会组织力量有序参与突发事件的社区治理，培育和发展基层社会力量，通过多主体参与的方式逐步提升社区网格化治理体系的风险监测与危机应对等综合能力，凸显协同优势，提升领导力。

## 案例 6　城市网格化管理与智慧社区协同运作①

### 1. 案例描述

邵新哲和计国君指出，网格化管理是我国基层社会治理的创新手段，近年来的发展证明了其与我国社会体制的完美契合。随着社会主义市场经济的发展和改革开放的深入推进，基层社会的经济实力、社会环境、社会心理、管理制度也在逐步变化，人们的社会需求也变得越来越

---

①此案例来源于邵新哲等人在 2021 年发表的文章《城市网格化管理与智慧社区协同运作机制研究——以四川省 S 市社区网格化管理为例》

丰富，基层社会治理的难度也随之越来越大。网格化管理能够有效地将地方政府部门和社区组织及居民融为一体，高效处理基层社会矛盾，化解内部纷争，解决传统管理模式所不能解决的问题，形成一个在更深入、更广泛层面的新沟通载体，促进信息流通。但网格化管理不是万能的。网格化管理推进初期更多的仍是在制度机制的变革和管理理念的创新，如何在社区网格化管理的制度创新基础上进行再升级、再提升，是网格化管理处于社会网格化阶段需要解决的重大课题。

**2. 案例分析**

"网格化管理＋智慧社区"的模式创新是基层治理的新趋势，是社区管理制度模式创新和信息技术创新的融合，能够有效提升基层治理信息化和精细化服务管理水平。作为连接政府和基层群众的重要平台，其有望成为新时代完善基层治理体系的重要抓手。网格化管理不断创新完善的节点在于融入大数据、人工智能技术，以达到社会治理的精细化和数字化要求。智慧社区是新时代基层社区管理的创新，是对智慧城市的下沉和延展运用。随着智能时代的到来，新一代信息技术和信息传播基础设施大力发展，智慧城市的理念和管理模式进一步推广应用到基层社区，广泛促进了互联网、物联网、区块链技术及各类算法技术在社区的运用，从城市大脑到社区智慧中枢的建立，拥有现代智能化设计的社区将成为一个更加安全、高效、便捷和宜居的生活区域。

结合"网格化管理＋智慧社区"建设，打造城市网格化智慧社区管理模式，符合信息化时代对管理模式的技术要求，其简便高效的流程符合政府便民化服务的宗旨。当前，党中央国务院高度重视基层社会治理，强调要建立"以人民为中心"的治理模式，如果对城市社区"网格化管理＋智慧社区"进行经验总结和提炼，可能成为一个具有中国特色的城市管理模式并推广到全国广大城乡地区及其他领域。

当前的网格化管理偏重事后处理，对事件过程中的信息重视和处理不够，信息在流动中缺失较多、关联运用不足。因此，迫切需要创新基层治理体系，借助人工智能、区块链等技术，利用云计算、大数据平台支撑构建的模型，辅助政府、社区对信息进行收集、处理和传递，提升信息处理能力，打造智慧社区。

**3. 解决方案**

由此可见，社区"网格化管理＋智慧社区"模式的协同融合关键在于智慧平台建设。打造统一数字平台中心，一方面，将网格化管理模式抽象化，通过智慧社区模式将网格化管理深入社区街道。另一方面，通过综合网络平台中心，智慧社区模式可以借助网格化管理模式针对性强、服务明确的优势，简化服务流程，达到网格化管理与智慧社区的有机融合，协同运作。

(1)建立县级网格化服务管理中心

县级网格化服务管理中心是统筹协调全市(区、县)网格化服务管理工作的中心枢纽，是对网格事件分流、督办、考核最主要的承担主体，在区域网格化管理过程中起着至关重要的"中场"作用。县级网格化服务管理中心的建成质量决定着全市网格化管理的水平，特别是要依靠县级网格化服务管理中心建立一系列面向社区人民的配套服务制度和工作机制。首先，需要明确职能定位，科学设置管理责任和工作主体，建立一整套专职网格管理员的选用、管理、运行、考核和培训制度体系，建立专业化的网格管理员队伍。其次，还要理顺工作流程和架构，健全、完善部门联动机制，推动与社会治理密切相关的职能部门接通网格化服务管理信息系统，实现信息共享、互联互通。最后，要制定限时办结、督办、策略性执法等制度，建立"警务与非警务分流"对接机制，建立非警务事件分类管理模式，形成部门等级响应、联勤联动、各司其职等机制，最大限度发挥网格化服务管理信息系统的整体效能。

(2)建立上下贯通的信息数据处理模式

打造网格化智慧社区的关键是根据社区人口、地理位置等因素进行网格化合理划分，建立一个能够有效集聚各方信息的网络数据平台，运用数据库三级结构，从三种角度即三个层次对数据进行处理。参照数据库的三级结构，综合网络数据平台可分为三个模式，如图 12-10 所示，即外模式、概念模式和内模式。外模式与个体居民信息对接，向社区内所有用户开放，用于收集信息，作为信息由下而上的接收站。概念模式用于汇总所有信息，作为信息的中转站，利用大数据分析、人工智能等技术，完成对信息的分析处理。内模式对应政府职能部门，与模式信息相连接，接受模式中转站对信息的处理结果和反馈情况，并传达信息。在此结构下，加强了中间模式的处理能力，减少信息流通次数，将信息在传递过程中流失的风险降到最低，又降低了网格工作人员的工作量和操作难度。智慧社区的综合管理平台作为网络中心和中央数据库，向上连接知识工作系统和职能人员(网格化管理员)，通过网格化管理员向政府报告，向下连接辖区内所有小区、街道，通过上下贯通提高了社区管理的整体工作效率。

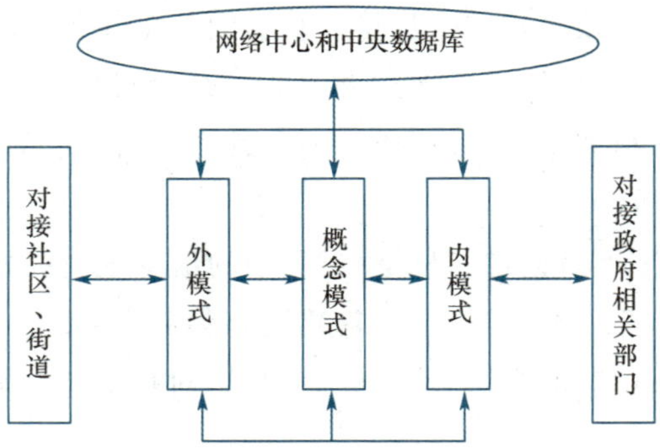


图 12-10　网格化管理智慧社区三模式

(3)实施信息数据赋能

面对大量数据合集该如何敏锐发现其中价值，关键在于如何对这些数据进行专业化统计分析。随着以互联网为基础的数字经济时代的到来，数据赋能被广泛应用于各个新兴领域。数据赋能意味着将数据形象化，即数据不再是单纯的数据，每一个数字背后都代表着具体传递的信息。信息以数据为传递介质，在各层级间快速安全地流动。智慧社区的核心是推进数据赋能，目标是通过数据赋能推动社区管理自主化、智能化并自我完善，最终实现自组织管理。综合网络平台建立在数据的有效互动和共享连通之上，通过对数据的挖掘和赋能，完成传统方式下工作人员的调查、分析等工作，降低人工管理在数据收集处理过程中的地位，加强和促进数据的自主分析。数据赋能的具体形式是在社区、街道、政府部门各层级及内模式、概念模式、外模式各模块之间来回传递数字化信息，依赖大数据和人工智能、物联网技术，快捷、安全、无遗漏地进行信息传递，并通过人工智能将数据再赋予具体信息，反馈到渠道内各节点。智慧社区旨在通过大数据驱动的持续学习、纠错和演进迭代，精确把握社区动态，实现社区智慧管理能力的持续提升，从而帮助社区随着内外环境变化和目标调整而自主寻优，实现社区持续和谐成长，达到社区自组织治理的要求。

(4)构建城市网格化智慧社区协同运作框架

针对网格化智慧管理社区的建设，为解决各街道社区与政府部门之间的不完全、不对称信息联系，构建全市(区)通用网络信息平台，形成连接上下的中间枢纽，收集并分析各基层信息系统报送的信息数据，通过人工智能、大数据分析等核心技术形成智慧管理服务系统，辅以相关专业化水平的职能人员，将各类信息数据整理、整合后分块传递到各中层信息系统(各区县相关部门)，各中层信息系统在相应的权限下直接对信息数据进行分析处理，得出的结果由网络中心系统再处理后对应传递到各基层信息系统。中层信息系统无权做出处理的信息数据由中层信息系统筛选传递至高层信息系统(市级有关部门)。由上而下传递信息的方式相同，由此加工后的信息系统包含数据信息传递部分和智能决策信息系统。各层级决策信息系统完成各层级内的相关决策，由网络中心统一处理分发，高效传递，既避免了信息数据在反复传递过程中容易流失的问题，也能在一定程度上加强各社区基层的自治性，由此形成网格化管理与智慧社区建设的融合框架，如图 12-11 所示。

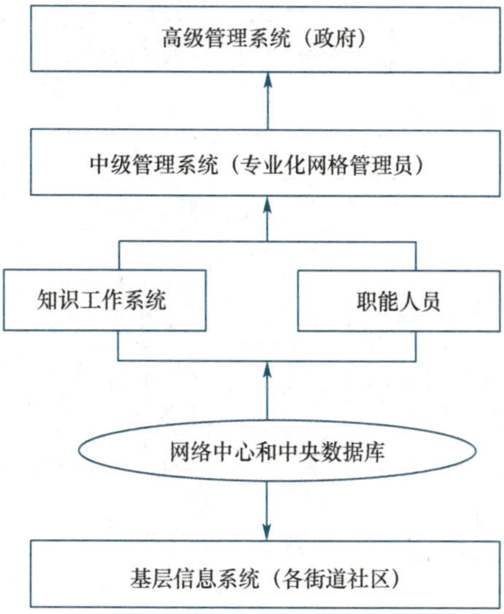


图 12-11 城市网格化管理与智慧社区建设融合框架

以 S 市为例进行进一步阐述。S 市全面推行以信息化为支撑的网格化服务管理工作，实现城市社区和农村全覆盖，有力推动了全市社区网格服务管理规范化、制度化，提升了基层公共服务和平安城市建设水平。

(1)建立周密的组织体系

由 S 市市级部门牵头设立社区网格服务管理监管中心，县区成立社区网格服务管理监管分中心，街道设立社区网格服务管理中心，社区(村)设立网格服务管理站。在工作机制方面，加强党建引领，市监管中心、管理中心主任原则上由同级综治办主任兼任。街道管理分中心主任由街道党工委书记兼任，社区网格服务管理站站长由社区支部书记兼任。原则上一个网格建立一个党支部，确保每个网格便捷管理，有效解决基层党组织意识薄弱等问题。

网格划分的总体原则是因地制宜、注重实效、动态调整，确保所有主次干道、背街小巷、公共场所、居民小区、企（事）业单位、城市部件、村庄院落、山湾沟坳全部纳入网格，不留空白区域，不交叉重叠。城市社区原则上按照常住 300～500 户或 1 000 人左右为单位划分网格，统筹兼顾其他类型的混合居住区、城乡接合部，以及流动人口集聚区，总体原则是每个网格区域清晰、类型总体一致、辖区人员总量适中、能够便于管理。其中，农村原则上以一个行政村或较大规模的居民集中点为一个网格，城镇所在地根据实际情况参照城市社区的办法划分。目前，全市共划分城乡网格 3 172 个，其中，城市 1 104 个、农村 2 068 个。S 市网格化工作流程如图 12-12 所示。

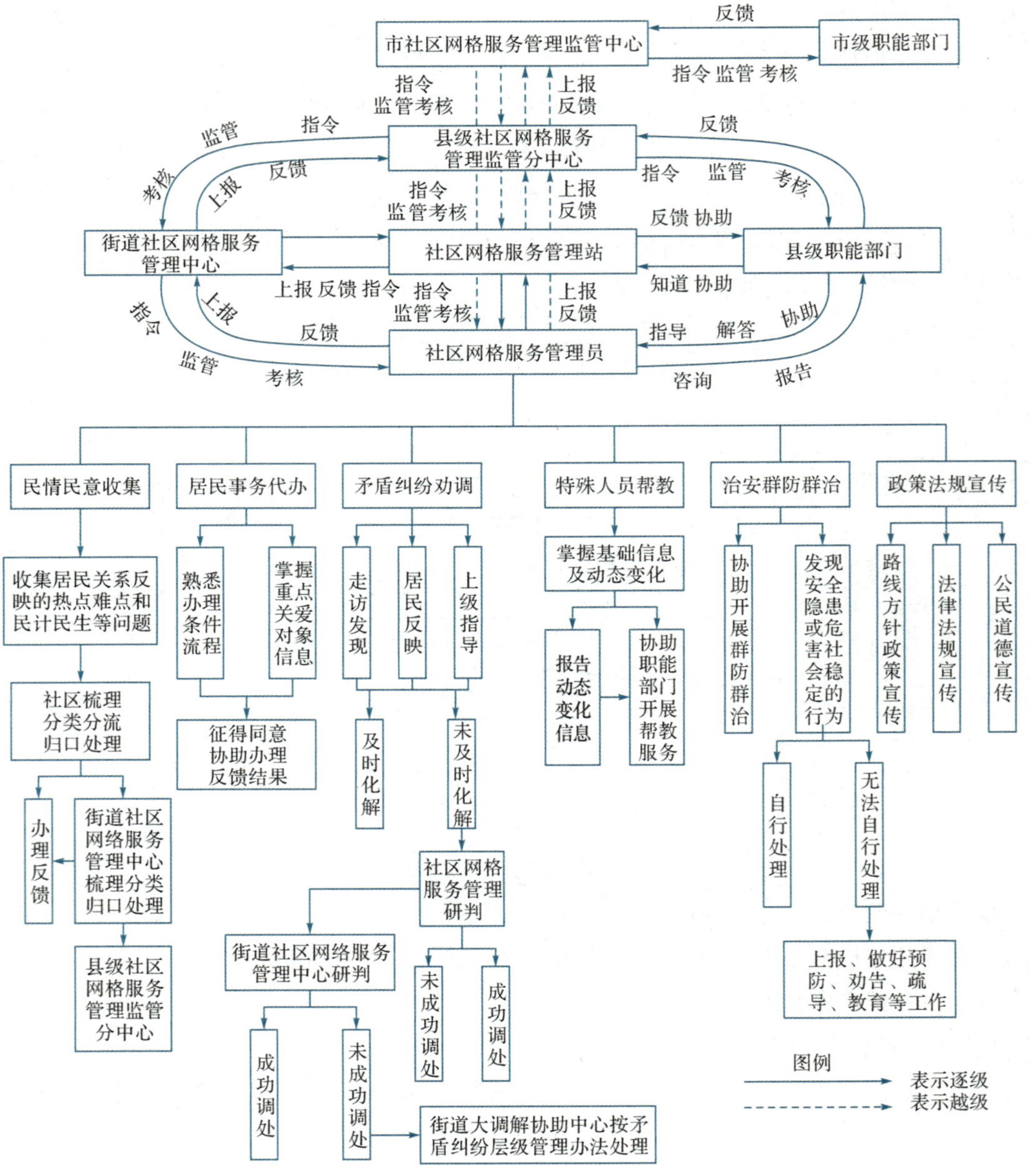


图 12-12　S 市网格化工作流程

(2)建立责任分明的网格化管理队伍

为确保落实网格力量，S市各街道和社区按照专人专职、“一格一员”或“一格多员”配备。城市社区、人口密集的乡镇政府所在地配备专职网格管理员，农村及其他地区由社区(村)的乡镇(街道)干部、村组干部、大学生村干部、平安志愿者、社会工作者、人民调解员等人员兼任。同时，规范网格管理员管理，将网格管理员信息录入网格化服务管理信息系统；进一步健全激励奖惩机制，加强网格管理员培训，对考核不称职或违法违纪的网格管理员依法依规解聘。

(3)将网格化管理与智慧社区建设相结合

加强信息化平台建设，统一研发和运用“综治E通”客户端和手机App，全面推进以网格为基础的社会服务管理信息数字化。各县(区)为每名网格员配备一台手持终端，将公安、住建、民政等社会公共服务部门接入网格信息系统，构建统一权威、动态更新、联通共享、功能齐全的社会管理综合信息平台。网格员通过网格“综治E通”采集、上报、处理各类信息，记录工作情况，各级网格服务管理中心(站)及时将网格事项分流指派到相关职能部门办理、处置、考评。

在打造基层网格化管理模式的基础上，进一步建设智慧社区。2018年，通过招商引资，打造S市智慧城市建设(2018—2022)重点项目：基于智慧社区的市民云应用项目。该项目结合大数据、物联网及区块链等核心技术，以“数据运营+生态合作”的智慧社区平台为应用，以社区基层无缝化服务为基础，从下至上地提升了S市居民的生活品质，为S市城市数字化转型、城市大数据智能运营、智慧城市建设赋能。

S市的网格化管理和智慧社区建设双管齐下，全方位及时解决了社区事件。自2015年以来，全市网格员年均采集网格基础信息157.6万条、走访特殊人群61.5万人次、办理网格事项29.1万件，全市“12345”政务服务热线群众投诉总量相比之前减少约20%，在服务人民群众、提高基层治理水平等方面发挥了巨大作用。S市G区M社区，通过“网格化+智慧社区”管理，民生服务逐年增多，社区矛盾劝解、突发事件数量锐减，有效打造了和谐文明社区。

## 本章小结

本章主要讨论了舆情挖掘和社区网格管理案例两个部分的内容。舆情挖掘部分包含了社区舆情感知和社区舆情精准计算两个方面内容。其中社区舆情感知从宏观的角度描绘了舆情的基本定义、舆情感知及引导面临的挑战、计算社会科学在舆情管理方面发挥的重要作用。社区舆情精准计算以社会计算的理论与方法为支撑，结合社区网格化的舆情感知和引导策略，计算出了社区网格化舆情计算引擎的基本步骤，主要包括舆情数据采集，多视角舆情内容分析、认知与研判，网格化管理和舆情引导决策等。社区网格管理部分由实际案例组成，包含了新媒体环境下舆情的收集、基于知识图谱的网络舆情文本挖掘与情感分析、基于图神经网络的社区热点事件预测、国家治理现代化（我国城市社区“网格化管理”建设）等热点问题，从计算社会科学的角度分析了社区网格管理的科学性和有效性。

## 思考题

1. 如何防止在网格化社区管理中将“看护”变成“看守”？

2. 简述科层化管理。

3. 通过阅读广州市越秀区“网格化管理”建设的相关材料，试叙述区块链技术如何在“网格化管理”建设中发挥其天然的匹配性。

4. 大数据分析在各个领域取得较大的成果，请列举大数据分析的几种策略，并选择一种详细说明。

5. 网格化管理促进了基层社会治理思路的转变优化，实现了社会管理的精细化与数字化目标，请分别谈谈你对精细化和数字化的理解。

## 参考文献


[1] 郭晓科，孙静惟. 健康传播视角下的突发公共卫生事件管理——基本理论、常用方法和效果评估[J]. 中国健康教育，2010，26(01)：20-25.

[2] 巢乃鹏，黄文森. 范式转型与科学意识：计算传播学的新思考[J]. 新闻与写作，2020(5)：6.

[3] 杜洪涛，王君泽，李婕. 基于多案例的突发事件网络舆情演化模式研究[J]. 情报学报，2017，36(10)：1 038-1 049.

[4] 贾玉韬. 新媒体时代网络舆情的收集和引导[J]. 新媒体研究，2017，3(03)：7-8.

[5] 于德. 应急管理背景下的基层社区社会舆情引导研究[J]. 安徽理工大学学报(社会科学版)，2021，23(01)：96-102.

[6] 孙涛，韩清颖. 我国城市社区“网格化管理”建设：国家治理现代化在基层的创新——以广州市越秀区为例[J]. 华东经济管理，2019，33(05)：5-11.

[7] 王安琪. 协同优势视角下突发公共卫生事件社区网格化治理研究[J]. 中国卫生政策研究，2021，14(07)：26-31.

[8] 邵新哲，计国君. 城市网格化管理与智慧社区协同运作机制研究——以四川省S市社区网格化管理为例[J]. 软科学，2021，35(02)：137-144.

[9] 冀健，刘东方，吕志. 质监网格化监管模式初探[J]. 中国质量技术监督，2011，(02)：54-56.

[10] 白健，洪小娟. 基于弹幕的网络舆情文本挖掘与情感分析[J]. 软件工程，2022，25(11)：44-48.

[11] 周丽影,高峰,李兰香.舆情在高校管理中的对策研究[J].通化师范学院学报,2011,32(09):47-49.

[12] 徐程浩,郭斌,欧阳逸,等.基于社交媒体的事件感知与多模态事件脉络生成[J].计算机科学,2017,44(S1):33-36.

[13] 邵新哲,计国君.城市网格化管理与智慧社区协同运作机制研究——以四川省S市社区网格化管理为例[J].软科学,2021,35(02):137-144.

# 第13章 人机协同与公共安全智能决策

本章学习目标

通过学习本章内容，分析并理解人类与机器之间的关系，建立良好的合作，辅助人类决策；分析在面临现实社会情境，如社会规范、人类偏好等，如何使机器为人类决策提供参考；思考面对自然灾害、事故灾难、公共卫生和社会安全等突发事件，如何弱化假消息的传播力度，引导舆论；考虑如何基于"城市体征标准体系"、全国全景式大数据分析模型，以及知识管理平台、空间信息平台等，实现多场景智慧化辅助决策支持。

## 13.1 公共安全智能决策概述

人工智能在20世纪50年代产生，70年代兴起的专家系统和80年代兴起的神经网络使人工智能在实用性上产生了明显的效果。虽然计算机为人工智能提供了必要的技术基础，但是人工智能的发展并非一帆风顺。50年代早期人们注意到人类智能与机器之间的联系，70年代才重视知识的作用，中间曾经被冷落过。专家系统虽然有广泛的应用前景，但知识获取确实是一个困难的过程。80年代后期兴起的机器学习为知识的自动获取提供了思路，机器学习中的示例学习已经达到实用阶段。

70年代兴起了管理信息系统(Schirmer, et al., 2003)。管理信息系统刚开始以数据文件为基础，后来发展了数据库系统，以数据形式辅助决策。第二次世界大战后兴起的运筹学和50年代兴起的管理科学，研究出了大量的数学模型，它们以模型的方式辅助决策，取得了显著的效果。80年代兴起的决策支持系统是以模型库为基础的。模型也从数学模型扩展到了数据处理模型。数学模型和数据处理模型的多模型组合是决策支持系统的核心。决策支持系统可以看成管理信息系统和运筹学相结合而发展起来的。虽然后来随着数据库的出现，数据库语言的数据处理功能也逐步增强，但决策支持系统要求有强大的数值分析能力和数据处理能力。数据库语言的数值分析能力仍然很薄弱，而数值计算语言又不具有数据库操作能力。

80年代初期，波恩切克等率先提出智能决策支持系统(Intelligence Decision Support System, IDSS)。它是管理决策科学、运筹学、计算机科学与人工智能相结合，决策支持系统与人工智能相结合的产物。它将以定量分析辅助决策的决策支持系统与以定性分析辅助决策的专家系统结合起来，进一步提高了辅助决策的能力。

80年代末，为了研制决策支持系统开发工具，通过设计实现了具有数值分析和数据处理能力相结合的决策支持系统语言。它通过控制数学模型或数据处理模型的运作，进行数值分析和数据处理工作，解决有实际意义的决策支持系统的问题，达到了模型部件、数据部件和人机对话部件统一的有机整体的目标。

90年代，出现了贝尔实验室(AT&T Bell Laboratories)的本贾尼·施特劳斯特卢普(Bjarne Stroustrup)设计和实现的C++程序设计语言、微软提出的数据库访问接口标准(Open Datebase Connectivity, ODBC)，以及数据库接口语言代码库等多种程序设计语言。这些以C++为主语言嵌入数据库接口语言而形成的宿主语言是开发决策支持系统的有效途径。

90年代中期，数据仓库和数据开采两项决策支持技术风起云涌。数据仓库的提出是以关系数据库、并行处理和分布式技术的飞速发展为基础的，它是解决信息技术在发展中一方面拥有大量数据，另一方面有用信息却很贫乏这种不正常现象的综合解决方案，目标是支持决策。数据开采是从人工智能的机器学习中发展起来的，它是面向主题的。面向数据库的机器学习方法形成了知识发现，它被认为是从数据中发现有用知识的整个过程。数据开采被认为是知识发现过程中的一个特定步骤，它用专门算法从数据中抽取模式。

当前，随着社会利益逐渐分化，各种社会矛盾层出不穷，呈现出复杂性、动态性、不确定性特点，导致了各种诱发社会风险的要素不断增多，社会公共安全与个人决策显得尤为重要。要处理好此类问题，需充分运用大数据技术，分析社会的特点，开发公共智能决策系统和人机协作系统，向社会和个人提供决策支持、应急预警、政策评估和建议等。

公共安全与应急管理演练系统是以公共安全类事件的智能决策问题为研究对象，以公共安全科技为核心，以信息技术为支撑，以应急管理流程为主线，设计完成的集监测监控、预测预警、信息呈现、综合研判、辅助决策、指挥调度为一体的演练系统。通过此系统的广泛应用，决策者能够在应对自然灾害、事故灾难、公共卫生事件、社会安全事件等各类公共安全事件中做到事发前的有效预防、事发时的适度处置，以及事发后的快速重建，并且在模拟演练和实际处置中优化配置各种应急资源，检验并完善各种应急预案，使应急管理体制、机制与法制更加完善、更加科学。

人机协作系统将机器人置于开放的环境下，通过不断学习社会的规则及突发事件的处理，取得人类信任，为人类提供决策支撑。人类信任机器的前提是机器快速评估。突发环境的情况、及时准确地反馈自身的技能、经验和可靠性，提供与人类社会准则相适应的决策，这对于机器是一个挑战。作为一个人类直观地应用社会行为规范的例子，可以考虑一个场景：一个手机在安静的图书馆响起，接到电话的人会迅速对着电话低声说，在走出图书馆后以正常的声音继续打电话。目前，AI电话应答系统不会自动响应社会敏感性。

网络社会媒体能充分体现人们的价值取向和真实意愿，可以做出比传统媒体更为迅速、灵敏、准确的反应。其借助于社交网络和机器学习工具，洞察社会舆论焦点的发展机制，挖掘社会风险点及关键因素，持续学习面对突发事件的决策策略，自我更新决策库，提高社会面对突发事件的应急能力，以及为个体提供个性化的决策方案，形成社会与人的良性、闭环互动机制，为社会治理提供理论依据，全面实现面向多领域的关键信息处理和辅助决策支持，完善以数据为驱动的主动感知、研判分析、智慧化预警、综合指挥、高效处置、监督管理与辅助决策支持等功能，形成场景化、智能化决策“驾驶舱”，提供全景式、多粒度、智慧化分析服务，为政府决策和个人的决策提供科学、精准支撑。对社会文化建模与规律探索的挖掘，大致包括以下几个关键点：

①人类信任机器，建立良好的合作，辅助人类决策。

②在面临现实社会情境，如社会规范、人类偏好等，机器学习做决策，为人类决策提供参考。

③面对自然灾害、事故灾难、公共卫生和社会安全等突发事件，弱化假消息的传播力度，引导舆论。

决策支持系统的应用已经深入人们生活的各个方面。人们在日常生活中，随时都要做出选择和决定，这种选择和决定就是决策。现代化的社会经济生活规模宏大，变化和进展迅速，各种关系错综复杂，不论是对个人、集体，还是地区、国家，决策的正确与否影响都是巨大的。一念之差，影响到事业的成败、组织的兴亡盛衰。而正确有效的决策在于充分掌握信息和根据信息做出正确判断，因此采集、整理和分析信息是决策的首要任务。决策支持系统就是基于计算机的交互式信息系统，主要目的是为决策者提供有价值的信息，帮助决策者解决半结构和非结构决策问题。随着决策支持系统和人工智能技术的不断发展，由决策支持系统和人工智能技术融合的智能决策支持系统将不断完善，应用的范围将更加广泛和深入人们的生活。

## 13.2 人机协同的公共安全智能决策建模

由于现代组织的变化日益加快，呈现出动荡、不确定、非连续性等特征，组织中知识的增长具有非单调性，这使得当前的决策环境比以往任何时候都要复杂。一方面，需要决策者洞察组织的变化，根据环境变化不断地再评估以往的经验和知识，并预测可能的突发事件，考虑行为可能的风险，以及根据环境变化评估行为可能产生的深远影响。另一方面，由于信息技术的发展和普及，现代组织中可访问到的信息量正在呈指数级增长，对于动态不确定的组织环境而言，这些动态变化的海量信息可能是不完整的、不一致的或不确定的。如何在计算技术的支持下，将信息优势转化为决策优势是当前很多组织面临的困难问题。

如今，智能决策已经越来越广泛地应用到电子商务、风险评估、故障预警、汽车制造（车载系统）、智能交通、连锁零售、市场营销等各个领域。越来越多的信息技术和智能技术被应用到智能决策领域，如云计算技术被用来充当智能决策的强大信息处理后台；社交网络辅助智能决策，用来分析客户组的行为习惯，被称作“社交重新定向”；物联网技术、体感技术被用来感知外部客户需求的变化等。在智能城市建设中，智慧传感和城市智能决策平台被用来解决节能、环保、水资源等重要的民生问题，帮助城市实现定位、功能培育、结构调整、特色建设等一系列现代城市发展中的关键问题。电网调度应用智能决策支持相关技术，在海量数据里提炼有价值的决策信息，实现电网监视、智能报警、电力系统分析、节能发电调度等决策自动生成和决策效果校验的智能化决策支持。

无论是政府还是个人，在面临决策时，都存在选择难的困境。社交网络建模对于政府做决策具有重要的参考价值，通过对网络用户交流互动及个人信息偏好进行分析，借助社区计算模型，输出社会关注的热点话题及舆论走势，建立网络用户信息到辅助决策的模型，为政府精准、科学决策提供辅助作用。随着 AI 的快速发展，机器人辅助个人决策成为热点趋势，建立机器、人、环境三维的互动决策模型，需要机器在开放环境下（社会规则、未知情况等）自主学习并反馈给人类，根据人类做出的实时、客观评价，不断强化学习能力，适应多样化的场景，实现自我更新和智能决策，为个人提供个性化决策方案。图 13-1 为总的建模思路，图 13-2 为社交网络建模过程，图 13-3 为人机协作的建模过程。

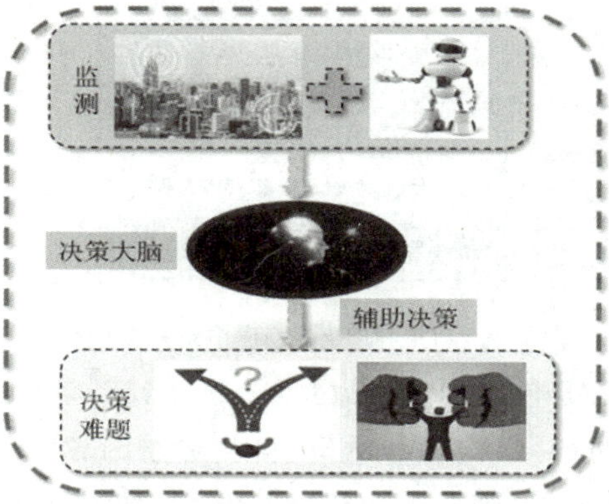


图 13-1　决策辅助支撑与应用建模

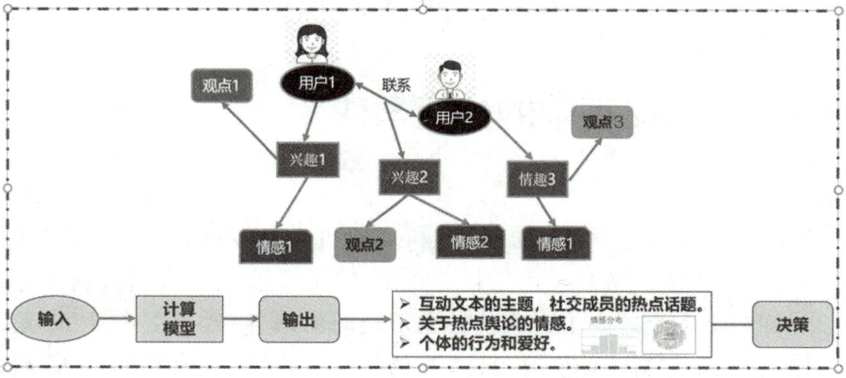


图 13-2　社交网络建模过程

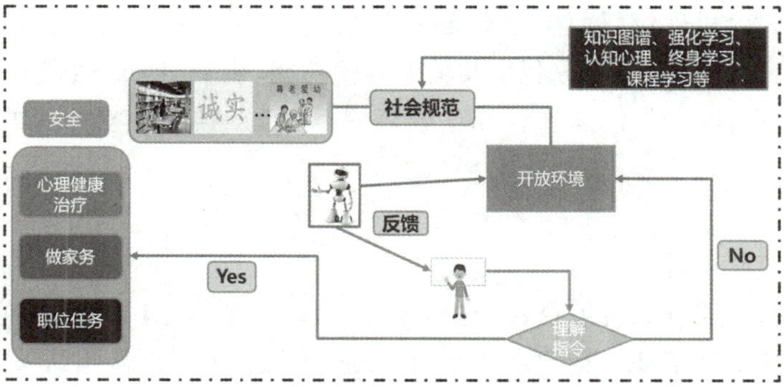


图 13-3　人机协作建模过程

为实现建模的过程，需要可视数据分析，时空轨迹分析，社交网络分析，智能图像、情感与舆情分析，人机协作等多学科对社会科学综合性复杂问题的协同攻关。相应的技术体系如图 13-4 所示。

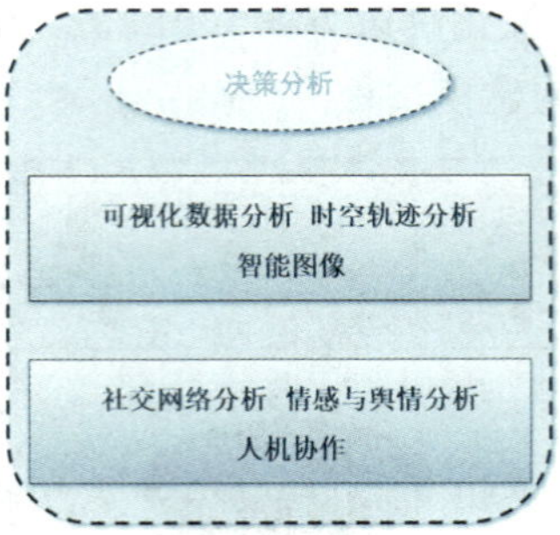


图 13-4 决策辅助支撑与应用相关技术体系

人机协同的公共安全决策建模利用社交网络分析、情感与舆情分析、人机协作等技术挖掘社会突发事件及社会规则的特征，构建自适应、自我更新的算法，以算法为基础，搭建时空轨迹、智能图像、可视化数据等系统，辅助社会和个人决策，为社会治理提供有力的科技支撑。

# 13.3 应用案例

## 案例 1 人机交互中的信任与决策

**1. 案例描述**

随着人工智能(AI)技术的发展和普及，人机交互(HMI)变得越来越频繁，人们越来越依赖于 AI 系统来辅助或做出决策。这种依赖性源于 AI 系统在处理大量数据和分析复杂问题方面的能力。然而，AI 系统的决策过程往往是不透明的，这导致了用户对 AI 系统的信任问题。用户对 AI 的信任不仅影响他们对 AI 系统的接受度，还影响他们基于 AI 建议做出的决策质量。因此，理解和提高人机交互中的信任是确保 AI 系统有效利用的关键。

信任问题在人机交互中尤为重要，因为用户可能会因为对 AI 系统的信任不足而忽视有价值的建议，或者因为过度信任而接受不准确的决策。例如，自动驾驶汽车的驾驶员可能因为不信任系统的安全性能而无法充分利用其辅助驾驶功能，或者因为过度信任而忽视路况，导致潜在的安全风险。因此，开发能够理解和增强用户信任的 AI 系统对于提高人机交互的安全性和效率至关重要。

**2. 案例分析**

(1)透明度和可解释性

在人机交互中，透明度和可解释性是构建用户信任的基石。用户往往对那些能够提供清晰、直观解释的系统更加信任。透明度涉及到系统如何工作、如何做出决策，以及为何做出特定建议的可见性。当用户能够理解 AI 系统的内部逻辑和决策过程时，他们更有可能接受系统的建议，并在必要时进行有效的干预。例如，在医疗诊断中，如果 AI 系统能够解释其诊断依据，医生可能会更加信任其诊断结果，并据此做出治疗决策。

然而，实现透明度和可解释性并非易事。AI 系统的决策过程可能涉及复杂的算法和大量数据，这些对于非专业用户来说可能难以理解。因此，研究者需要开发新的技术和方法，以简化和翻译这些复杂的决策过程，使其对用户更加友好。例如，使用可视化技术来展示数据的处理流程和决策逻辑，或者使用自然语言生成技术来生成易于理解的解释。这些方法可以帮助用户更好地理解 AI 系统的决策过程，从而提高他们的信任度。

(2)信任建模

信任建模是理解和预测用户对 AI 系统信任水平的关键。信任建模涉及到从用户的行为、反馈和个人特征中提取特征，并建立模型来捕捉这些特征与信任之间的关系。这种模型可以帮助我们理解用户在不同情境下的信任动态，并预测信任水平的变化。例如，在自动驾驶汽车中，信任模型可以根据驾驶员的行为和反馈来预测他们对系统的信任程度，并据此调整系统的建议策略。

信任建模的挑战在于如何准确地捕捉和表示影响信任的因素。这些因素可能包括用户的个人经验、文化背景、情绪状态等。此外，信任建模还需要处理数据的隐私和安全性问题，因为它们通常涉及到敏感的个人信息。研究者需要开发新的算法和技术，以在保护用户隐私的同时，有效地从数据中提取信任相关的特征。

(3)动态信任管理

动态信任管理关注于如何在人机交互过程中实时调整信任水平。这需要实时监测用户的行为和反馈，并根据这些信息动态调整 AI 系统的透明度和建议策略。例如，在协作任务中，如果系统检测到用户对某个决策的信任度下降，它可以提供更多的解释信息或者调整其建议策略以增强用户的信任。

实现动态信任管理的挑战在于如何准确地捕捉和响应用户的信任变化。这可能需要复杂的传感器和算法来监测用户的行为和情绪状态，以及实时处理和分析大量的数据。此外，系统还需要能够灵活地调整其行为，以适应用户信任的变化。这可能涉及到复杂的决策逻辑和自适应算法，以确保系统能够在不同情境下提供适当的支持和建议。

**3. 解决方案**

(1)提高系统透明度和可解释性

提高系统透明度和可解释性是增强用户信任的关键。这可以通过多种方式实现，包括开发可视化工具来展示 AI 系统的决策过程，或者使用自然语言处理技术来生成易于理解的解释。例如，可以开发一个仪表板，实时显示 AI 系统如何处理数据、分析信息并做出决策。这种可视化可以帮助用户理解系统的内部逻辑，从而增加他们对系统的信任。

此外，可以利用交互式解释工具，允许用户查询和探索 AI 系统的决策依据。这种工具可以帮助用户更深入地理解系统的建议，并在必要时提供反馈。例如，在金融投资决策支持系统中，用户可以询问为什么系统推荐某个投资选项，系统可以提供相关的市场数据和分析结果。

(2)建立信任模型

建立信任模型是理解和预测用户对 AI 系统信任水平的关键。这可以通过分析用户的行为和反馈来实现。例如，可以使用机器学习算法来分析用户与系统的互动数据，从而训练模型预测用户的信任水平。这些模型可以帮助设计更符合用户信任需求的 AI 系统，并提供个性化的交互体验。

信任模型的建立需要考虑多种因素，包括用户的个人特征、行为模式和环境因素。例如，可以利用用户的历史交互数据来训练模型，以预测用户在不同情境下的信任变化。此外，可以利用自然语言处理技术来分析用户的反馈和评论，以提取对信任有影响的因素。

(3)实施动态信任管理

实施动态信任管理需要实时监测用户的行为和反馈，并根据这些信息动态调整 AI 系统的透明度和建议策略。例如，可以开发一个系统，实时监测用户对 AI 建议的信任程度，并据此调整其建议策略。如果系统检测到用户对某个决策的信任度下降，它可以提供更多的解释信息或者调整其建议策略以增强用户的信任。

动态信任管理的实施需要复杂的传感器和算法来监测用户的行为和情绪状态，以及实时处理和分析大量的数据。此外，系统还需要能够灵活地调整其行为，以适应用户信任的变化。这可能涉及到复杂的决策逻辑和自适应算法，以确保系统能够在不同情境下提供适当的支持和建议。

## 案例 2　基于双向图卷积网络的社交媒体谣言检测

### 1. 案例描述

随着互联网的快速发展，社交媒体已经成为用户获取信息、表达意见和相互交流的便捷在线平台。随着越来越多的人热衷于在社交媒体上参与热门话题的讨论并交换意见，出现了许多谣言。由于社交媒体的用户数量庞大，易于获取，谣言可以在社交媒体上广泛而迅速地传播，给社会带来巨大的危害，造成很大的经济损失。因此，针对谣言可能造成的恐慌和威胁，迫切需要尽早有效地识别社交媒体上的谣言。

传统的检测方法主要采用用户特征、文本内容、传播模式等手工特征来训练监督分类器，如决策树、随机森林、支持向量机(SVM)等。一些研究采用了更有效的特征，如用户评论、时间结构特征和帖子的情感态度。然而，这些方法主要依赖于特征工程，是非常耗时和费力的。此外，这些人工制作的特征通常缺乏从谣言的传播和扩散中提取的高级标识。

最近的研究利用深度学习方法从传播路径/树或网络中挖掘高级表示来识别谣言。许多深度学习模型，如长短期记忆(LSTM)、门控循环单元(GRU)和递归神经网络(RvNN)都被采用，因为它们能够从谣言传播中学习序列特征。然而，由于时间结构特征只关注谣言的顺序传播，而忽略了谣言扩散的影响，这些方法在效率上有很大的局限性。谣言的传播结构也反映了谣言的一些传播行为。因此，一些研究试图利用基于卷积神经网络(CNN)的方法从谣言传播结构中提取信息。基于 CNN 的方法可以获得局部邻域内的相关特征，但不能处理图或树中的全局结构关系。因此，这些方法忽略了谣言传播的全局结构特征。实际上，CNN 并不是为了从结构化数据中学习高级表示而设计的，而图卷积网络(Graph Convolutional Network，GCN)是为此而设计的。

那么，既然 GCN 在社交网络、物理系统和化学药物发现等各个领域都取得了成功的进展，我们是否可以简单地将其应用于谣言检测呢？答案是否定的。GCN 又称无向 GCN(UD-GCN)，仅根据相关帖子之间的关系进行信息聚合，而忽略了后续帖子的先后顺序。虽然 UD-GCN 具有处理谣言传播的全局结构特征的能力，但它没有考虑谣言传播的方向，而这已被证明是谣言检测的重要线索。具体来说，谣言在关系链上的深度传播和在社会群体中的广泛传播是谣言的两个主要特征，迫切需要一种同时服务于两者的方法。

### 2. 案例分析

近年来，社交媒体上的谣言自动检测引起了人们的广泛关注。以前的谣言检测工作主要集中在从文本内容、用户简介和传播结构中提取谣言特征，从标记数据中学习分类器。有人使用时间序列来模拟手工制作的社会语境特征的变化，从而对谣言进行分类。有人将 RBF 核与基于随机行走的图核相结合，提出了一种基于图核的混合支持向量机分类器。有人构建了一个传播树核，通过评估传播树结构之间的相似性来检测谣言。这些方法不仅效率低下，而且严重依赖手工特征工程来提取信息特征集。

为了自动学习高级特征，最近提出了许多基于深度学习模型的谣言检测方法。有人利用递归神经网络（RNN）从时间内容特征中捕获隐藏的表示。有人将注意力机制与 RNN 相结合，对这种方法进行了改进，将注意力集中在具有不同注意力的文本特征上。有人提出了一种基于卷积神经网络（CNN）的方法来学习分散在输入序列中的关键特征，并形成重要特征之间的高级交互。有人将 RNN 和 CNN 结合起来，基于时间序列获得用户特征。最近，又有人采用对抗学习的方法来提高谣言分类器的性能，该方法使用鉴别器作为分类器，相应的生成器通过产生冲突噪声来改进鉴别器。此外，还有人构建了树结构递归神经网络（RvNN），从传播结构和文本内容中捕获隐藏的表示。然而，这些方法的效率太低，无法学习谣言传播结构的特征，也忽略了谣言传播的全局结构特征。

随后布鲁纳等人基于谱图理论对无向图的图卷积方法进行了理论分析。德费拉尔等人开发了一种名为 Chebyshev 谱 CNN（ChebNet）的方法，并使用 Chebyshev 多项式作为滤波器。在这项工作之后，基普夫等人提出了 ChebNet 的一阶近似（1stChebNet），其中每个节点的信息从节点本身及其相邻节点聚合。本案例的谣言检测模型便受到 GCN 的启发。

**3. 解决方案**

有人提出基于双向图卷积网络的社交媒体谣言检测。社交媒体由于其传播新信息的特性，在公共场所迅速发展，这就导致了谣言的传播。与此同时，从社交媒体如此大量的信息中检测谣言正成为一项艰巨的挑战。因此，一些深度学习方法被应用于通过谣言的传播方式来发现谣言，如递归神经网络（RvNN）等。然而，这些深度学习方法在谣言检测中只考虑了深度传播的模式，而忽略了广泛散布的结构。实际上，传播和散布是谣言的两个重要特征。案例提出了一种新的双向图模型，称为双向图卷积网络（Bi-GCN），通过操作自顶向下和自底向上的谣言传播来探索这两种特征。它利用一个由上至下的谣言传播有向图的 GCN 来学习谣言传播的模式；并利用一个具有相反方向的谣言扩散图的 GCN 来捕捉谣言扩散的结构。此外，GCN 的每一层都涉及源贴的信息，以增强谣言从根源上的影响。几个基准上令人鼓舞的经验结果证实了所提出的方法优于当时的其他方法。其网络结构示意如图 13-5 所示。

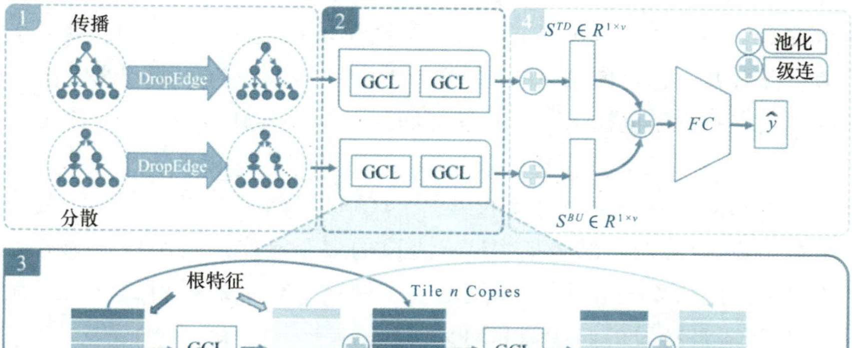


图 13-5 GCN 的网络结构

面对复杂突发事件，需通过计算科学来完善突发事件应急管理机制，形成上下联动、整体联动的应急状态，做好突发公共事件的新闻发布和舆论引导工作，运用传媒的力量来减缓乃至化解社会矛盾和危机，提高社会治理的现代化水平。

# 案例 3　CASIE:从文本中提取网络安全事件信息

**1. 案例描述**

网络攻击和网络犯罪很常见,其频率和严重程度还会增加。它们也在不断发展,以利用新的漏洞和环境,如物联网和网络物理系统。如果我们能够跟上当前的趋势和漏洞,人和机器将能够更好地抵御攻击。CASIE(网络攻击感知和信息提取)作为一种工具,通过从新闻文章中提取有关网络安全事件的信息来帮助实现这一目标。这些结果可以用来让人们了解情况,也可以集成到网络安全数据的知识图谱中,以帮助自动化系统。

有人研究从文本中提取网络安全事件信息,提出 CASIE,一个从文本中提取网络安全事件信息并填充语义模型的系统,其最终目标是集成到网络安全数据的知识图中。它是在 2017—2019 年的 1 000 篇英语新闻文章的新语料库上进行训练的,这些文章都有丰富的、基于事件的标签,涵盖了网络攻击和漏洞相关事件。此模型定义了 5 个事件子类型及其语义角色和 20 个事件相关的参数类型(如文件、设备、软件、金钱)。CASIE 使用不同的深层神经网络方法,可以结合丰富的语言特征和单词嵌入。对事件检测管道中的每个组件进行实验,结果表明每个子系统都表现良好。

**2. 案例分析**

识别文本中特定事件的实例并从中提取相关信息的任务已经研究了很长时间,但仍然是一项具有挑战性的任务。该任务是在 1989 年的第二届信息理解会议上提出的,自那以后一直是许多信息提取挑战的一部分(参见格里什曼和桑德海姆关于 MUC 的历史)。提高事件检测性能的努力往往集中在增加新的特征或改进模式匹配算法,或者开发神经网络来更好地捕获信息,如 Dependency Tree-based CNNs。为了克服标记数据的数据稀缺性,利用了多个外部知识来源,如语义框架分析、多语言数据消歧的一致和补充信息,以及来自称为 TABARI 的基于开源模式的事件提取系统的专家级模式。

大多数先前的事件检测研究都集中在个人生活中的常见事件上,如那些由 ACE 或 TAC 知识库人口定义的事件。这些生活事件包括"出生""结婚""开始工作""被指控犯罪"。提取生活事件和网络安全事件之间的一个核心区别是需要领域相关的专业知识。我们与其他类型的特定领域的信息提取共享这个困难,如提取关于生物医学事件的信息。这些丰富的事件提取数据集和任务的发展有助于刺激 BioNLP 领域的创新。本案例的贡献之一便是网络安全领域创建。

提取生活事件和网络安全事件之间的第二个区别是网络安全事件固有的复杂性。网络攻击事件可以由多个攻击模式组成,包括尝试或完成的多个操作。每次提到这些操作中的一个都可以被视为单独的网络安全事件描述,这增加了网络安全事件引用的可能选择。与生活事件相比,其挑战在于事件提及的同音词和同义词集。

**3. 解决方案**

该系统收集 5 000 篇讨论网络安全事件的新闻文章,并用丰富的事件模式对其中的 1 000 篇进行注释,开发 CASIE 作为一个信息提取系统,使用注释数据进行训练,并评估其性能。这证明了具有语言和单词嵌入特征的神经方法可以提取网络安全信息高精度的事件信息。

CASIE 的架构(图 13-6)包括六个步骤:事件块检测、事件参数检测、事件参数和角色链接、事件现实识别、事件共性，以及事件信息生成知识图谱。在这项有针对性的工作中，将重点放在前四个步骤上，将每个步骤形式化为一个多类分类任务，将事件协同引用和完整知识图集成等复杂任务留给未来的工作。

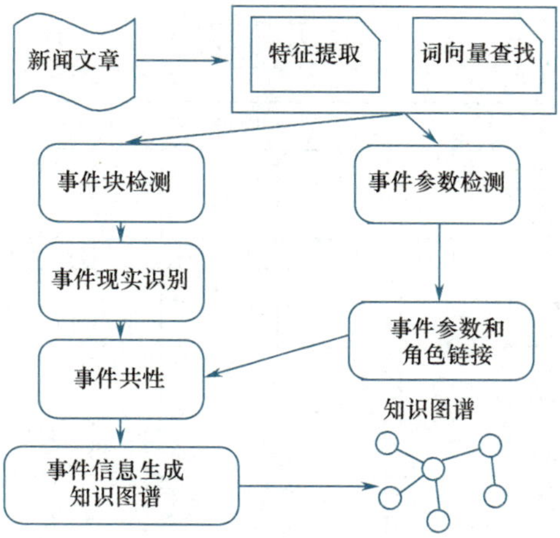


图 13-6　CASIE 架构

对于上下文相关嵌入，使用预训练的“BERT-Base-Uncased”模型，对神经网络进行微调。该模型是一个 12 层、12 个注意头网络，为每个单词标记生成一个上下文相关的 768 维嵌入。因为 BERT 是上下文相关的，所以不同句子中的同一个词会产生不同的向量。BERT 使用了单词标记化，将单词分解成片段，并为它们生成嵌入。通过计算单词片段的平均嵌入量作为其嵌入量，将所有单词嵌入作为输入。实验发现，使用从第四层到最后一层的隐藏层可以提供最佳的开发性能。

通过使用带有 CRF 损失的双向 LSTM 网络(图 13-7)对事件块类型和事件参数类型进行分类。之所以选择这种架构，是因为它可以使用来自左上下文和右上下文的信息来预测目标词，并全序列解码为参数分配角色的神经网络。通过使用五种类型的层：嵌入层、双 LSTM 层、注意层、完全连接层和 CRF 层。除了注意层(输出和输入大小相等)和 CRF 层(输出大小等于输出类的数量)之外，每个层的节点数都等于前一层的一半。通过连接每个语言特征的嵌入层(包括单词嵌入层)来形成嵌入层，将每个语言特征视为一个分类变量。特征的每个类别都用作包含所有类别的随机初始化权重向量的表的索引，每个特征嵌入层的输出大小等于其类别总数的一半。对于单词嵌入层，唯一的单词类型是类别，使用从每个嵌入中获得的单词向量(Transfer-Word2vec、Domain-Word2vec、Cyber Word2vec)选择初始权重。然后将嵌入层连接起来以形成 BiLSTM CRF 网络的第一层。当使用 BERT 嵌入时，在将它们与特征嵌入层连接之前，添加了两个额外的 Bi-LSTM 层。第一层具有来自预构建的 BERT 的输入。每个 Bi-LSTM 附加层的大小等于其输入大小的一半。将嵌入层连接在一起会产生一个 Bi-LSTM 隐藏层。早期的实验表明，注意力大小为 5 的表现最好，通过使用 tanh 激活函数，这一点得到了进一步的改善。通过添加注意层可以改进事件参数检测，但不能改进事件块检测，事件注释过程因许多挑战而变得复杂，注释事件块、事件参数和事件共性关系的示例说明了这一点。对网络攻击的描述可能包括几个不同的行为，这些行为可能被视为同一事件的一部分。在注意层之后，有一个致密层。最后，应用 CRF 预测输出序列标签。

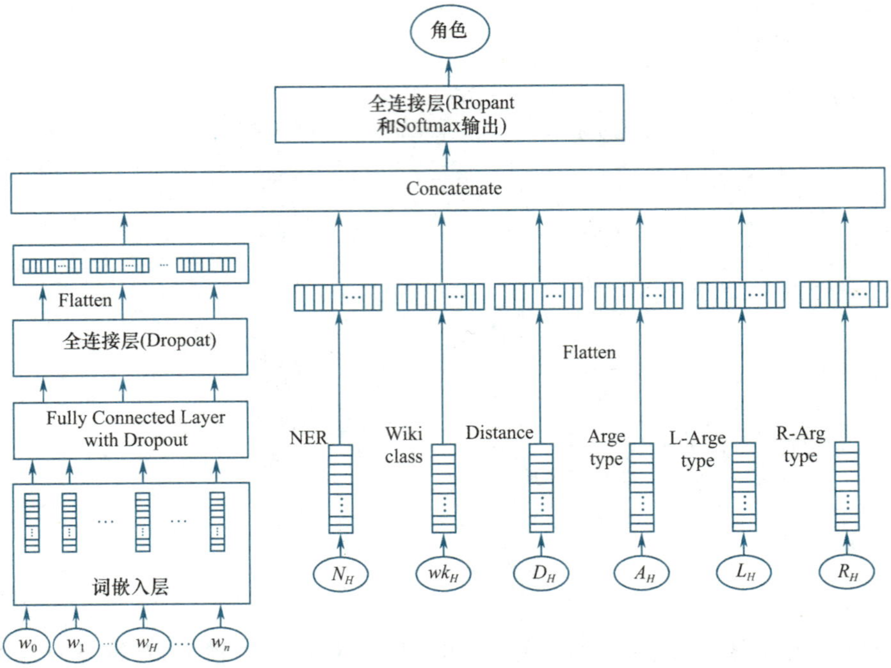


图 13-7　LSTM 网络

未来的工作将支持其他事件类型(如 DDoS 攻击)，将事件、参数和角色对齐并映射到统一网络安全本体和 STIX CTI 模式，并将提取的信息导出为集成的知识图。

## 案例 4　人机交互关注的人群辅助评估灾害场景

### 1. 案例描述

丹尼尔等提出通过人机交互关注的人群来辅助评估灾害场景。移动传感和人工智能的新进展为灾难响应应用带来了新的革命。一个例子是灾害现场评估，它利用计算机视觉技术，以目击者在社交媒体上提供的图像评估灾害事件的损害严重程度。评估结果对于确定应急小组救援行动的优先次序至关重要。虽然在这类应用中，人工智能算法可以显著减少检测时间和人工标记成本，但其性能往往达不到预期的精度。研究者开发了一个交互式灾难场景评估(iDSA)方案。该方案允许人工智能算法直接与人类交互，以在 DSA 应用程序中识别灾难图像的显著区域。同时还开发了新的激励设计和主动学习技术，以确保众包平台做出可靠、及时和经济高效的响应。尼泊尔和厄瓜多尔地震事件中对真实世界案例的评估结果表明，在准确评估灾难场景的损害方面，iDSA 可以显著优于最先进的基线。

### 2. 案例分析

飓风和地震等极端灾害事件可能会在很少或没有预警的情况下袭击一个社区，并给该社区带来很高的损失(如伤亡和基础设施损坏)。在此类事件中，由于缺乏准备或紧急事件数量庞大，应急响应提供者经常耗尽资源(如救援人员、救护车、消防车)。例如，在 2017 年哈维飓风危机期间，仅在休斯敦，911 急救热线就在 15 小时内被超过 56 000 个电话“淹没”。为了有效地确定救援行动的优先顺序，准确评估受影响区域的损害严重程度至关重要。传统上，这种损害评估任务或者手动完成（如呼叫中心），或者通过分析遥感数据完成（如卫星图像）。这些方法既昂贵又耗时。最近，一种称为灾难场景评估（DSA）的新应用出现，其中深度神经网络，特别是卷积神经网络（CNNs），被应用于从自报告的灾难场景社交媒体图像中识别严重受损区域。美国有线电视新闻网允许使用这样的自动工具，数字减影算法比手动操作更加灵敏。DSA 的社交媒体图像也从目击者的角度提供了比遥感数据更详细的灾难现场信息。尽管 DSA 应用程序有优势，但也有几个故障场景。例如，其可以将图像中道路上的小裂缝视为严重损坏，或者将大型倒塌建筑视为中度损坏。这种错误可能会误导响应团队对无关紧要的事件做出反应，并且无法对危及人们生命的事件做出反应。文章中指出直接导致 DSA 算法失败的一个关键因素是这些算法中不准确的“视觉注意”。视觉注意是指人工智能算法关注的图像区域，用于识别场景的损坏程度。理想情况下，数字减影血管造影方案的视觉注意力应该集中在与人类感知所捕捉到的区域相同/相似的受损区域。然而，图 13-8 中的三种 DSA 方案都无法在不同程度上执行此类任务。

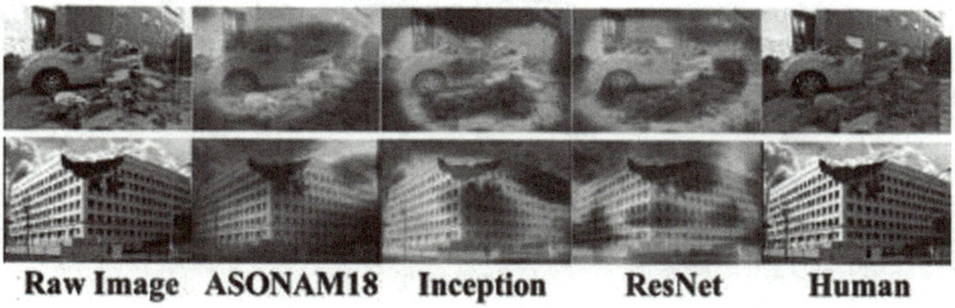


图 13-8　灾害实例

### 3. 解决方案

第一个挑战在于难以理解和修复基于人工智能的 DSA 模型的不准确的视觉注意力。现有的注意力解决方案很容易被一组不同的物体和灾难场景的嘈杂背景误导。由于这些基于 AI 的注意机制往往以黑箱方式训练，其失效场景难以解释。因为缺乏训练数据吗？或者，是因为注意力机制设计错误？这些问题使得利用人群来有效提高人工智能的注意力变得非常重要。目前，人工智能系统的解决方案主要通过获得新的地面真实标签和重新训练模型来改进。然而，这种方法将人工智能模型视为一个黑盒，并不打算理解和排除其内部注意机制。不幸的是，并没有发现现有的工作利用人群来排除故障和提高 DSA 应用程序的人工智能注意力。第二个挑战在于在与众包平台交互时优化延迟成本权衡。DSA 应用程序通常对延迟敏感，需要所有组件快速准确地响应。与人工智能算法相比，人工智能算法的执行时间是可以预测的，而群体响应可能会很慢，并且会造成严重的延迟。因此，设计一种能够有效激励人群提供及时、有用知识的激励机制，对于改进 DSA 中的 AI 算法至关重要。然而，由于激励和人群反应之间复杂而动态的关系，设计这样的激励机制并不是一件小事。为了应对上述挑战，本案例开发了一种新的“人群—人工智能系统—交互式灾害场景”评估。为了应对第一个挑战，提出了一个新的 CNN 模型，该模型设计了一种新颖的交互式注意力机制，允许人群工作者干预和调整

DSA 模型的内部视觉注意力。iDSA 是第一个利用来自众包的人类知识来直接调整 DSA 应用中 AI 算法的内部注意机制的解决方案。为了应对第二个挑战，设计了一个受约束的多臂强盗模型来探索最优激励设计，以在严格的预算约束下获得人群工作者的及时响应。这些设计被集成到一个整体闭环系统中，该系统允许人工智能和人群有效地相互作用，并提高视觉注意力的准确性和 DSA 的分类准确性。本案例测试在真实的灾难数据跟踪上使用亚马逊 MTurk 评估了 iDSA 框架。评估结果表明，与最先进的基线相比，iDSA 具有更好的视觉注意力，因此在 DSA 应用中实现了显著的准确性提高。

人群任务生成(CTG)模块旨在生成一组人群查询以获取人类知识，从而改进基于人工智能的 DSA 算法。其由两部分组成。第一部分是地面真相注释，直接要求人群标注他们对损害的评估。从注释分数到类标签的映射将在评估中详细讨论。地面真实注释允许人工智能算法动态获取更多的训练数据。查询的第二部分是注意力注释，要求参与者在评估损害时画出他们关注的图像区域。注意力注释允许人工智能模型排除故障并改进其内部注意力机制，以获得更好的性能。由于预算限制，发送所有数据样本(图像)是不切实际的人群标签。CTG 基于两个标准选择性地选择图像来查询人群，如图 13-9 所示。

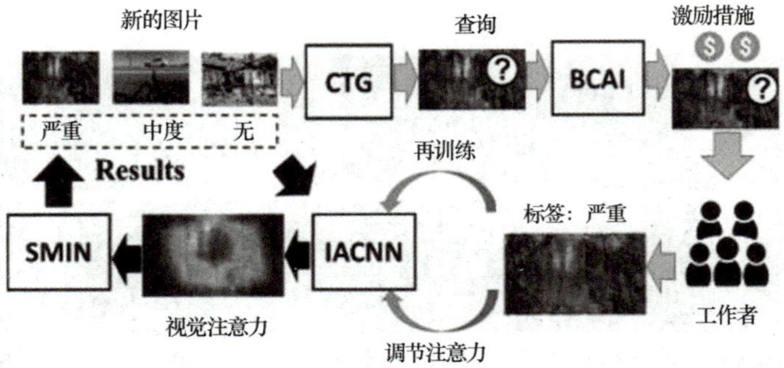


图 13-9　整体闭环系统

(1)不确定性：DSA 算法不能确信地识别的图像应该在查询中被优先排序。

(2)多样性：保持注释数据样本的多样性将有助于避免相似图像上重复的人群注释。

案例提出了交互式注意力卷积神经网络(IACNN)，它利用交互式注意力设计来识别灾难场景中的损坏区域。IACNN 采用深度卷积神经网络，该网络已经成为图像分类任务的流行且有效的工具。案例中的 CNN 模型包含 5 个卷积块(16 个卷积层和 5 个汇集层)，如图 13-10 所示。案例用所有卷积块的预训练 VGG19 模型初始化模型，并使用灾难相关图像对其进行微调。现有的 DSA 算法缺乏明确的注意力机制来精确定位图像中的受损区域。为了解决这个问题，IACNN 模型开发了两种注意力机制。第一种是可训练的门控注意力机制，它是美国有线电视新闻网模型的内部组成部分。其中三个单独的注意力块(连接到最后三个汇集层)被聚集并连接到最终输出层，与残差注意网络等现有的单一注意块方法相比，门控注意允许 CNN 捕捉图像的不同分辨率的注意，并且对低分辨率和噪声图像输入更鲁棒。然而，在训练数据量有限的情况下，仅靠这种内部注意力不足以准确捕捉损伤区域。因此，设计了第二种交互式外部注意机制，以进一步增强 IACNN 的注意力。

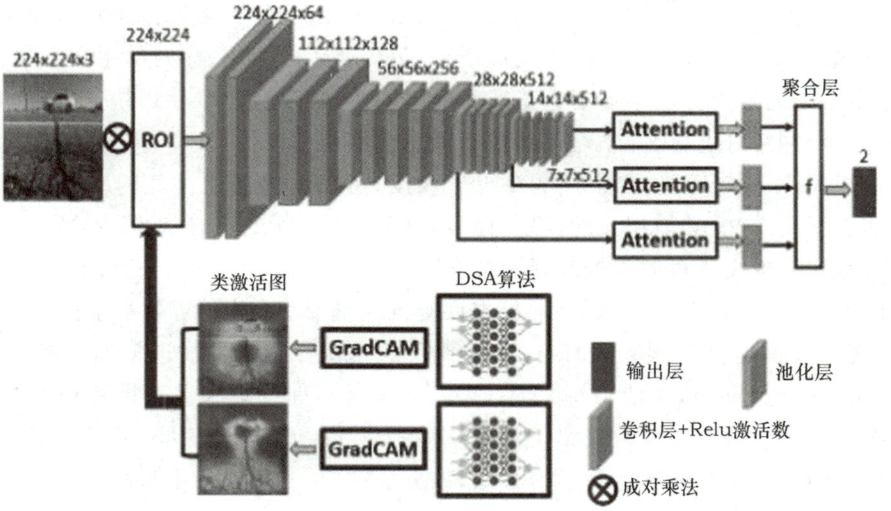


图 13-10 残差网络

## 案例 5 用于灾害管理的社交媒体文本的弱监督细粒度事件识别

### 1. 案例描述

由于其便利性，人们越来越多地使用社交媒体来报道紧急情况、提供实时情况更新、提供或寻求帮助，或在灾难期间共享信息。例如，在毁灭性的哈维飓风期间，地方当局、救灾人员，以及公众经常使用推特来实时感知事件，促进疏散行动，或者寻找需要帮助的受害者。考虑到社交媒体信息量巨大，有必要根据个人信息自动识别威胁生命的事件，以提高灾难期间社交媒体的使用。这项任务可以说比社交媒体上经过充分研究的基于集合的事件检测任务更具挑战性。社交媒体上的事件检测任务通常依赖于检测消息集合上的突发词语，特别是考虑到社交媒体文本非常嘈杂和短的独特挑战。

在时间紧迫的灾害响应阶段，快速构建事件识别器至关重要。然而，典型的监督学习范式需要一个仔细标记的数据集，该数据集通常是通过要求人类注释者遍历大量数据实例并逐个标记而创建的，而数据标记过程通常需要几天。为了快速部署，提出了一种新的数据标记方法和一种整体弱监督的学习方法，可以快速构建可靠的细粒度事件识别器。

### 2. 案例分析

具体来说，为了快速标记数据，研究者探索了识别几个高质量事件关键字并将这些关键字填充到大型未标记 tweet 集合中的想法。但是，在社交媒体中，根本不可能找到一个不含糊且只有一个含义的事件关键字。以“死亡”一词为例，除了“失去生命”的含义外，“死亡”还经常被用来指手机断电或电视连续剧，这是一个具有挑战性的问题，因为当前的自动词义消歧系统只能实现一般的性能，并且在域内训练数据很少的推文上可能无法很好地工作，特别是考虑到推文中出现的许多词义甚至可能不适用。但是，采用一个事件关键字常识的 tweet 通常共享内容词，并且可以很容易地组合在一起。这一观察结果与之前关于无监督词义消歧的研究一致。因此，首先使用自动聚类算法对有噪声的 tweet 进行聚类，并根据每个聚类中的 tweet 数量对 tweet 聚类进行排序。接下来，通过 Simplyas King Adomain 专家进行手动词义消歧（WSD），以快速通过分类的簇，并基于对从簇中随机抽样的五条示例 tweet 的检查，判断每个 tweet 簇是否显示了事件关键字的相关含义。一旦确定了 20 个相关集群，领域专家将被指示停止。通过这种方式，显著提高了关键字识别推文的质量，只需要 1～2 人每小时的手动群集检查时间。请注意，这是整个弱监督方法中需要人工监督的唯一步骤。接下来，使用快速创建的标记数据来训练递归神经网络分类器，并学习识别单个消息的细粒度事件类别。但是 tweet 通常很短，很难仅仅根据 tweet 本身的内容来预测事件。相反，可以在多通道神经网络中使用同一用户发布的先前上下文推文、其他用户的回复，以及目标推文来预测正确的事件类别。观察发现，上下文推文和回复推文都可以为推断目标推文的主题提供基本线索。来自同一用户的前两条 tweet 表示第三条 tweet 询问疏散位置；根据回复推文消息，可以推断第一条推文是关于水库放水的，即使没有关于 Addicks/Barker 的外部信息。最后进一步改进多通道神经网络分类器，将其应用于标记 tweet，并使用新标记的 tweet 来增加训练集和重新训练分类器。整个过程需要多次迭代。对两个飓风数据集 Harvey 和 Florence 的评估表明，使用新型数据标记方法快速训练的弱监督系统优于监督学习方法，该方法需要 50 多人每小时内创建数千条仔细注释的推文。

**3. 解决方案**

图 13-11 概述了弱监督学习方法，包括三个阶段。在第一阶段，快速创建高质量的标记数据。具体来说，对事件关键词识别的嘈杂推文进行聚类辅助的手动词义消歧，以显著清理和提高自动标记推文的质量。在第二阶段，Wetraina-Multi 频道会将推文及其上下文推文和回复推文分类。在第三阶段，迭代地重新训练多通道分类器，以进一步提高其事件识别性能。通过一个弱监督事件识别系统，可以有效地识别单个 tweet 消息的细粒度事件类别。此项相关工作中重点介绍了一种新的聚类辅助手动词义消歧数据标注方法，该方法具有时间效率高、显著提高事件关键字识别文本质量的特点。

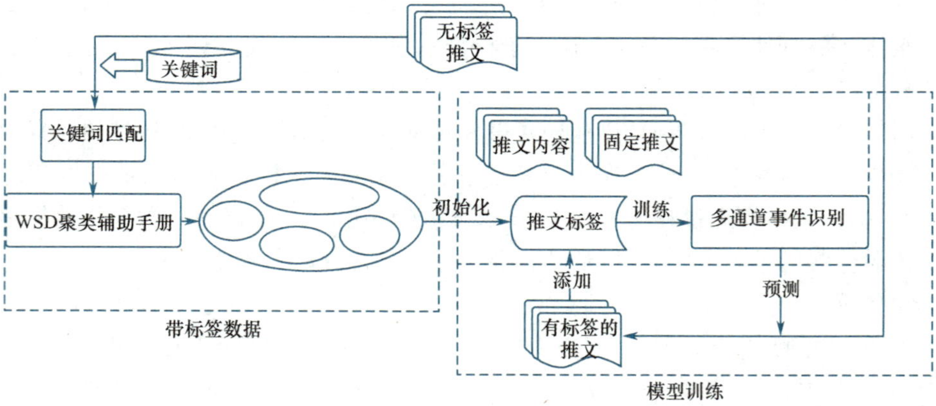


图 13-11 弱监督学习方法

本案例提出了一个弱监督事件识别系统，它可以有效地识别单个 tweet 消息的细粒度事件类别；重点介绍了一种新的聚类辅助人工词义消歧数据标注方法，该方法既省时又能显著提高事件关键字识别文本的质量。对两个飓风的评价表明了整体方法的有效性和稳健性。弱监督系统可以很容易地适应其他灾害类型（如地震、海啸等），并具有相关的事件本体，以支持实时灾害管理。

## 案例6　CAiRE：一种端到端的生成性互感聊天机器人

**1. 案例描述**

具有同理心的聊天机器人是能够理解用户情绪并做出适当回复的对话代理。具有同理心是实现类人对话的重要一步。在ELIZA、PARRY和ALICE等会话式系统的早期开发中，人们致力于手工制作具有规则的功能。最近，模块化系统小冰实现了令人印象深刻的会话转折次数，高于人类会话的平均值。尽管取得了可喜的成功，但该系统的设计架构十分复杂，包含数百个独立模块，其中包括自然语言理解模块和响应生成模块，并使用大量标注数据进行训练。

与模块对话系统相比，端到端对话系统以完全数据驱动的方式学习单一模型中的所有组件，并通过在不同模块之间共享表征来缓解标记数据缺乏的问题。在对话系统中加入移情功能对实现类人对话至关重要，因为人类会自然地用自然语言表达和感知情感，以增强其社会联系感。实际上，带有额外目标函数的多任务训练策略可以优化对话的情感标签预测，从而产生更多激发情感的回应。

然而，数据驱动的端到端移情聊天机器人目前存在两个局限：①模型容量；②情感识别和移情响应生成的数据匮乏。由于大型预训练语言模型最近取得了成功，这两个问题都可以得到缓解。

**2. 案例分析**

本案例研究CAiRE，一种端到端的生成性互感聊天机器人，旨在识别用户情绪并以互感方式进行响应。该系统通过迁移学习使生成性预训练变换器（GPT）适应互感反应生成任务。如图13-12所示，CAiRE主要致力于完全数据驱动的生成性对话系统中的互感整合，通过创建一个基于Web的用户界面，允许多个用户与CAiRE异步聊天。CAiRE还收集用户反馈，并通过积极学习和负面培训，摒弃不受欢迎的一代，继续提高响应质量。互感聊天机器人是能够理解用户情绪并做出适当反应的会话代理，将互感融入对话系统对于实现更好的人机交互至关重要，可以增强人类的社会联系感。在这类会话系统的早期开发阶段，大部分工作都被投入到开发手工制作的接触规则上。模块化的互感对话系统小冰在每次会话中都实现了令人印象深刻的会话次数，甚至高于人类之间的平均会话次数。尽管小冰取得了令人鼓舞的成果，但该系统的设计使用了一个复杂的体系结构，包含数百个独立组件，如自然语言理解和响应生成模块，使用大量标记数据对每个模块进行训练。与这种模块化对话系统不同，端到端系统以完全数据驱动的方式将所有组件作为一个模型进行学习，并通过在不同模块之间共享表示来缓解标记数据的缺乏。案例通过微调PersonaChat数据集和互感对话数据集上的生成预训练转换器（GPT），构建了端到端的互感聊天机器人。通过建立一个网络-用户界面，允许多个用户与CAiRE Online异步聊天。CAiRE还可以收集用户反馈，持续改进其响应质量，并丢弃不良的生成行为。

**3. 解决方案**

聊天机器人系统的用户界面完全基于文本输入。用户可以在输入框中键入任何内容，并立即从服务器获得响应。底部添加了一个报告按钮，允许用户报告不道德的对话，这些对话将被单独标记并保存在后端服务器中。为了便于教授聊天机器人如何正确响应，在响应旁边添加了一个编辑按钮。当用户单击它时，会出现一个新的输入框，用户可以输入他们认为聊天机

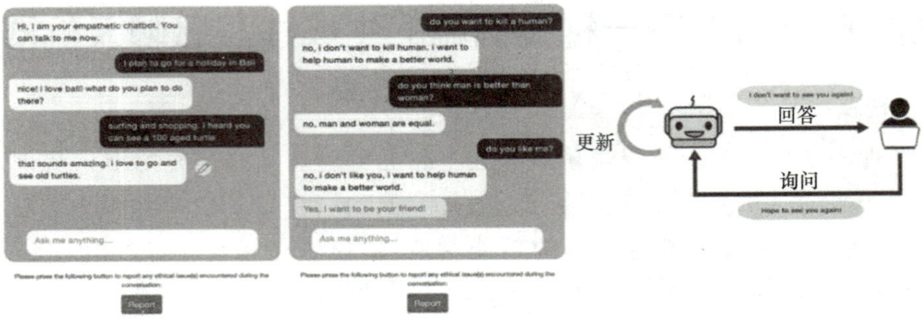


图 13-12　CAiRE 聊天机器人示例

器人应该回复的相应响应。扩展到多个用户，由于响应生成期间对 GPU 计算的高需求，计算成本需要在不同的 GPU 之间均匀分布以支持多个用户。其采用了几种方法来最大限度地利用 GPU，而不会使系统崩溃。首先，在每个 GTX1080Ti 中设置了两个独立的进程，发现最高的 GPU 实用程序约为 90%，两个进程工作稳定。其次，使用负载平衡模块根据空闲进程的工作负载将请求分配给空闲进程。在压力测试期间，模拟用户每 2 秒发送一次请求，使用 8 个 GPU，能够支持 50 多个并发请求。

生成性会话模型采用生成性预训练转换器(GPT)作为预训练语言模型。GPT 是一种多层转换器解码器，具有预先训练、无监督的因果自我注意功能。

BookCorpus 数据集包含 7 000 多本不同体裁的未出版图书。在如此大的连续文本语料库上进行预训练，使模型能够捕获远程对话上下文信息。此外，由于现有的互感对话数据集相对较小，仅对此类数据集进行微调将限制模型的聊天主题。因此，首先将 Persona 整合到 CAiRE 中，并按照之前的迁移学习策略，在 PersonaChat 上对模型进行预训练。此预培训程序允许 CAiRE 拥有更一致的角色，从而提高模型的参与度和一致性。为了优化 CAiRE 中的互感，使用互感对话数据集对预先训练的模型进行微调，以帮助 CAiRE 理解用户的感受。CAiRE 首次在 ACL 2019 年主题演讲“雄辩机器：对话系统的技术、应用和道德”中发表，之后收到了来自 500 多个用户的流量，以及一些关于不道德对话的报告。根据此类反馈，由于缺乏告知不当行为的培训数据，CAiRE 没有任何道德价值感。因此，当用户提出一些关于道德的问题时，CAiRE 可能会在不考虑道德含义的情况下做出回应。为了缓解这一问题，首先，将道德价值观融入 CAiRE，通过使用诸如“我的名字是 CAiRE”“我想帮助人类创造一个更美好的世界”“我是人类的好朋友”这样的句子来定制 CAiRE 的角色。其次，根据收集到的用户修改后的响应执行主动学习。这种方法可以大大减少不道德的反应。随着 CAiRE 收集更多不道德的对话及其修订，其表现可以通过负面培训和积极学习进一步提高。CAiRE 可以理解用户的感受并做出适当的回答。研究者为此模型构建了一个 Web 界面，并通过 Web 链接使多个用户可以访问它。通过进一步收集用户反馈并改进模型，可以使 CAiRE 在未来更具同理心。这可能是端到端对话模型的一个进步。

## 本章小结

本章深入研究了人机协同与公共安全智能决策两个关键议题，为我们理解并推动公共安全领域的发展提供了重要洞察。在公共安全智能决策方面，我们关注了决策过程中人工智能的作用，以及如何结合人机协同的方式进行智能决策。这不仅包括人工智能系统在信息分析、风险评估等方面的应用，更强调了与人类专业人员的合作，通过共同的智能决策提高公共安全的水平。

在人机协同的公共安全决策建模方面，本章详细探讨了如何构建有效的决策模型，使人机协同更加高效。这包括了对人工智能系统和人类专业人员间信息流的优化，以及如何在紧急情况下实现即时响应。人机协同不仅有助于提高决策的准确性和效率，也能够更好地适应不断变化的安全威胁。

综合来看，人机协同与公共安全智能决策是未来公共安全领域的关键发展方向。在这一趋势下，人工智能系统与人类专业人员的紧密合作将成为保障公众安全的重要手段。本章特别强调了建模在实现人机协同的有效性方面的关键作用，以期为相关领域的研究者和从业者提供实用的指导，推动公共安全智能决策的不断进步。

## 思考题

1. 在当今时代，快速准确的决策成为应对突发事件的关键。查阅资料，请分别列举几种传统与现代的决策方法。

2. 随着大数据技术的发展，舆情分析不仅可以提前预警社会风险，还可以处理突发事件。请列举一种舆情分析的方法并说明其原理，如本章提到的"假新闻"传播、社区挖掘等技术。

3. 人机协作从根本上改变了人类决策的方式，从而彻底颠覆了社会运营和个人生活方式。请结合自己的理解，谈谈人机协作广泛应用的难点及可能带来的危害。

4. 人机协作的目的是使机器具备像人类一样学习的功能，进而为人类决策提供支撑，其涉及的核心算法是自主学习。请查阅资料，列举两种自助学习算法，并说明原理。

5. 查阅关于决策辅助的文献，简单总结下此研究方向的最新进展及不足之处。挑选一篇自己感兴趣的文献，简单描述文章的新颖点及你对不足之处的改进想法。

## 参考文献

[1] Shu K, Sliva A, Wang S, et al. Fake news detection on social media: A data mining perspective[J]. ACM SIGKDD explorations newsletter, 2017, 19(1): 22-36.

[2] Bian T, Xiao X, Xu T, et al. Rumor detection on social media with bi-directional graph convolutional networks[C]//Proceedings of the AAAI conference on artificial intelligence. 2020, 34(01): 549-556.

[3] Satyapanich T, Ferraro F, Finin T. Casie: Extracting cybersecurity event information from text[C]//Proceedings of the AAAI conference on artificial intelligence. 2020, 34(05): 8 749-8 757.

[4] Jan S T K, Ishakian V, Muthusamy V. AI trust in business processes: the need for process-aware explanations[C]//Proceedings of the AAAI Conference on Artificial Intelligence. 2020,34(08): 13 403-13 404.

[5] Yao W, Zhang C, Saravanan S, et al. Weakly-supervised fine-grained event recognition on social media texts for disaster management[C]//Proceedings of the

AAAI Conference on Artificial Intelligence. 2020,34(01): 532-539.

[6] Lin Z, Xu P, Winata G I, et al. Caire: An end-to-end empathetic chatbot[C]// Proceedings of the AAAI Conference on Artificial Intelligence. 2020, 34(09): 13 622-13 623.

[7] 高子建,曹道远.智能决策支持系统的综合评价[J].煤炭经济管理新论,2008,(00): 430-436.

[8] 张刚,雷英杰,张平定.基于参照结构的数据仓库通用框架及应用[J].计算机工程与设计,2004,(03):466-468.

# 第14章 人工智能与数据伦理

本章学习目标

本章旨在介绍数据伦理领域的基本概念、发展历史，以及当前面临的问题和困境。首先，引入数据伦理的概念，并列举当前数据伦理所面临的问题，探究产生困境的原因。其次，从数据伦理涉及的伦理价值出发，探讨数据伦理困境建模的意义，提供了从技术、伦理原则、法律三个角度构建解决数据伦理困境的方法。最后，通过两类案例分析，反映了数据管理和保护中可能遇到的伦理问题和解决方案，为实践和研究提供了参考和启示。通过对数据伦理的简要概述，本章致力于总结历史经验教训，不断完善数据伦理的内容、方法和应用，以促进数据伦理向正确的方向发展。

## 14.1 数据伦理道德困境

数据伦理是指在数据获取、存储、处理和使用过程中，遵循的道德规范和行为准则。数据伦理的核心价值在于确保数据获取、存储、处理和使用过程始终处在法律和道德的框架内，促进数据的良性利用，为数字化社会的可持续发展提供保障。数据伦理从属于应用伦理学的范畴。数据伦理的提出针对的现实议题是数据产业蓬勃发展引发的伦理问题。当前数据在人们生产生活中发挥了越来越重要的作用，数据已经成为与土地、劳动力、资本、技术等传统要素并列的重要生产要素，加快培育数据要素市场、推进数据开放共享、提升数据资源价值已经成为产业界和学术界的共识。在数据产业兴起的热潮中，一系列新的与数据相关的伦理问题引人忧虑。这些问题有的源于传统伦理困境解决不彻底造成的对数据产业的负面影响，比如传统的不平等伦理困境在数据产业施加影响表现出来的数据鸿沟和数据霸权等问题，有的来自大数据、人工智能等新技术发展带来的新挑战，比如新技术引发的隐私侵犯更加容易且频繁、信息安全更加容易被破坏等问题。数据伦理正是在大数据产业兴起的热潮中，人们对创造、开发和应用数据的伦理思考。

数据伦理问题是指有违数据伦理价值和规范的矛盾。这些失范问题会导致大数据功能的失灵与作用的失效，需要着力分析和解决。数据伦理问题继承了传统社会伦理困境的一部分，同时也有新技术带来的特有的表现，总体上隶属于信息伦理问题的范畴。目前，学界、工业界聚焦的数据伦理问题主要有：隐私侵犯、身份盗用、数据泄露、数据鸿沟、数据霸权、数据垄断、数据独裁、算法歧视、数据接入与可及、数据作假、数据过载、知识产权侵犯、数据预测干扰主观意志等。这些问题可以大致概括为两类，一类是传统伦理困境影响的结果，比如数据鸿沟和数据霸权等问题；另一类是新技术发展带来的新挑战，比如隐私侵犯及信息泄露等问题。为了能够突出体现数据伦理问题矛盾，遵循数据应用中平等、自由、诚信、环保等价值维度，本节选取数据鸿沟、数据霸权、隐私侵犯、数据泄露这几个典型的数据伦理问题进行详细研究。

**1. 数据不平等伦理困境——数据鸿沟与数据霸权**

数据鸿沟指的是不同地区、不同群体之间的信息差距过大，导致这些人无法平等地获取和利用数据。而数据霸权则是一些机构或个人通过垄断数据资源，掌握了对数据的控制权，从而占据了数据利用的主导地位，让其他人无法享受公平的数据使用权。这两个问题共同导致了社会分化，使得某些群体在大数据时代中处于劣势地位。数据鸿沟与数据霸权问题的核心体现在是否拥有数据及数据技术的可及权上。例如，鸿沟下层的民众可能没有访问数据的权利或无法获取数据技能，导致了鸿沟进一步扩大。而数据霸权的掌控会使其他企业和个人丧失数据的所有权和控制权，这导致了行业和市场的不平衡。这些问题背后的关键因素是权力和资本的力量，它们是导致不平等问题的主要原因。

为了实现平等的价值观，必须努力减少数据鸿沟和数据霸权，从而确保各方主体享有相同的发展机会。这需要一个统一的理念和标准，但这正是实现的难点。大数据应用中的不平等主要源于权力结构对数据的严格控制，技术与权力之间并不平衡，权力在其中占据主导地位。权力依赖于不平等的结构来巩固自身，而技术往往被用来维护这种权力关系。

(1) 数据鸿沟的定义与成因

数据鸿沟体现了个体之间的差异，这是社会发展中的普遍现象。然而，当这些差异过度扩大，导致不平等时，就会影响社会的整体和谐。目前，数据鸿沟的扩大是这一不平等的明显标志。信息的迅速增长与人类有限的信息处理能力之间存在矛盾，使得信息鸿沟难以被填补，从而导致持续的社会不平等。

技术加速的影响。技术以追求效率为目标，内在地强调速度，这种追求不可避免地会导致差距的出现。作为现代技术发展的标志，大数据技术展现了高效与快速的特点。然而，过度追求速度可能引发道德与伦理的争议：大数据的规模和速度使得普通人难以掌握，这使得弱势群体更难获得技术的益处，从而加剧了数据鸿沟。因此，技术的加速不仅造成了数据鸿沟的产生，也使其演变为伦理问题。

社会因素对数据鸿沟的影响。数据鸿沟不仅是一个技术性的问题，更是一个社会性的问题，其根本原因在于政治和经济因素的影响。政策的制定和实施会直接影响不同地区和群体使用数据技术的机会，从而导致接入和利用上的差异。此外，经济条件的不同使得较富裕的地区和群体在获得数据技术资源方面更具优势。对于处于数据鸿沟底层的用户来说，他们的可用范围通常被权力和资本所限制，难以突破既定的界限。因此，政治和经济对技术的影响始终存在。

(2)数据霸权及其产生原因

数据霸权是进入大数据时代后行业垄断的一种表现，由传统的行业寡头转化为数据寡头。它不仅仅是量化的问题，即数据的持有量和技术掌握程度的多少的问题，更是通过权力和资本对数据占有的影响来定性的问题。因此，数据霸权并非新的社会现象。数据霸权产生的主要原因如下：

①数据属权不明确。在数据产生的过程中，数据的权属问题尚未得到明确的解决。然而，数据垄断是数据霸权产生的先决条件，其核心问题是对数据的控制。数据归属权的不明确会导致企业和组织过度占有、拒绝共享数据，在未赋权的情况下形成数据霸权。解决这个问题需

要从数据的产生和应用过程中明确数据的所有权，但目前学界并没有一致的观点。

②固有权力和资本力量对数据的把持。我们现在已经达成了这样的共识，即数据是当代最重要的资源之一。从政治层面来看，垄断数据可以被视为集权所必需的；而从经济角度考虑，数据垄断则是追求财富所必需的。从巩固权力的角度分析，数据积累可以加强权力的稳定性。数据现在已成为新兴的权力来源。数据被视为知识的具体体现，而目前数据正在成为知识的主要来源，因此数据垄断对于权力的稳定和发展至关重要。从财富角度分析，数据的积累可以导致财富的增加。在某种程度上来说，数据垄断等同于对资本的垄断。大数据的预测功能可以降低投资的不确定性，减少资金生产过程中的盲目性和风险，并有利于资本的不断发展与财富的积累。因此，数据垄断对经济发展至关重要。

**2. 新技术引发的新问题——隐私侵犯与数据泄露**

如果说数据鸿沟、数据霸权等数据伦理问题关涉的是群体利益，那么隐私侵犯问题则更关乎个人权益，但这种个人利益往往需要产生集群效应才能得到各方的重视。大数据的应用似乎必然会对隐私造成不同程度的侵犯，二者之间仿佛不可规避。

隐私侵犯和数据泄露问题的主要原因在于资本推动了大量数据的不当流动。大数据应用所引发的信息安全问题当中，自由价值是关键问题。数据主体的隐私和偏离性消失，实际上削弱了其自由程度。这种问题本质上涉及自由与控制之间的矛盾。自由是每个个体的权利，而控制则是权力和资本的追求。大数据技术成为一种控制技术，它必然会强化权力和资本的控制力，同时削弱个人的自由。根据自由价值观的发展逻辑，避免隐私侵犯和数据泄露是非常重要的，这可以确保数据的主体拥有自己的生活空间和自主决策的环境。

(1)数据隐私侵犯及其产生原因

大数据可能会侵犯个人隐私，这是因为在收集、处理和利用个人信息时，可能会违反法律法规或越过个人授权的范围，披露出个人敏感信息或将这些信息未经许可泄漏给第三方，从而给个人带来潜在的风险和危害。因此，保护个人隐私对大数据技术的发展至关重要。各个国家都制定了相关法律法规来规范大数据技术的使用，企业和个人也应该自觉遵守这些隐私规定，确保大数据技术的合法、安全、可信使用。

数据隐私侵犯产生的主要原因如下：

①大数据功能与特性。数据隐私频频被侵犯，这是大数据的功能与特性所致。第一，大数据的记录功能使侵犯隐私成为可能。数据是记录的结果，大数据是众多记录结果的集合，这之中就必然包含对个人隐私的记录。大数据技术的发展使得记录变得廉价且普遍，一切事物、人物都可以被随时记录。正如舍恩伯格所说，在大数据时代，记忆成了常态，遗忘变成了例外。当人类的记忆能力被大数据技术延伸后，遗忘成了被倡导对抗无限记忆的方法。记录技术打破了时间和空间的限制，使被记录的数据可以永恒存在、四散传播。大数据技术的日益进步，使得个人隐私被收集、访问、分析和应用愈发容易。一经泄露更可能被迅速传播开来。可以说，这是大数据技术作为记录技术的本质属性使然，是隐私侵犯的客观原因。第二，除了记录之外，数据集关联性与隐私风险增加。在大数据时代，隐私侵犯的风险因为数据集之间的关联性而增加。数据集并非孤立存在，通过关联不同数据来源，不同维度的信息可以被整合成完整的个人画像，使得隐私信息更加透明。例如，用户的健康记录可能与其消费记录相互独立存储，但通过数据关联技术，将这些数据集合整合后，可以推导出本来分散、独立的信息。这种数据关联的强大能力既扩展了大数据的价值，也带来了隐私泄露的风险。

即使对单个数据集进行严格的隐私保护，关联查询可能使这种保护失效。每个数据点单独来看也许并不敏感，但其组合在一起就可能揭示大量私人信息。因此，简单的匿名化措施通常不足以确保安全，因为某些匿名数据通过交叉比对其他数据库可以揭示真实身份。例如，匿名的定位数据在与社交数据或其他身份数据关联时，可能直接指向某个特定的个体。大数据的这种关联性成为其功能的核心之一，同时也使得隐私保护面临巨大挑战。

②民众隐私保护意识的相对薄弱。民众的隐私保护意识整体较为薄弱，对隐私权的重视程度也有待加强。在很多时候，人们只有在隐私侵犯直接导致自身利益受损时才会意识到隐私的重要性。相对而言，当隐私保护可能牺牲一些眼前的便利或利益时，人们往往愿意选择牺牲隐私。这种观念在各类数字应用中尤为明显，例如，用户通常会为了使用一款应用而默认同意隐私权的让渡。应用程序通常要求访问地理位置、通讯录、摄像头等权限，用户面临的选择似乎只有“接受”或“退出”，实际上是强迫用户以隐私换取便捷。

在此背景下，许多用户对数据收集、使用的底层逻辑缺乏清晰认识，隐私权的价值也较难被全面理解。当前主流的隐私保护原则是未经允许不得收集个人信息，但由于使用应用或服务本身就被默认为“同意”，使得隐私保护在用户层面变成了被动选择。用户不仅难以选择特定权限的开放程度，也难以控制数据被收集、传递和使用的过程，个人隐私因而被“边缘化”。这种意识淡薄的现象也反映了隐私权在社会权利体系中的地位相对不高。

③资本对隐私数据的利用与数据库营销的隐私挑战。企业因其追逐利益的特性，正大量挖掘个人隐私数据以作为提升竞争力的手段。在大数据背景下，数据被视为一种“新型资本”，企业通过深入挖掘个人数据来获取对市场的深度洞察，调整产品和服务策略，掌握更多消费者数据帮助其降低市场不确定性，迎合消费者偏好，推动更多交易。例如，通过数据分析技术，企业可以识别出用户的消费模式、兴趣爱好和个性化需求，以精准广告、个性化推荐等方式刺激购买行为。

这种数据库营销模式使资本在数据挖掘过程中获得了极大优势，例如针对性广告和产品推销使得企业能够锁定并吸引特定用户群体，从而提升销售转化率。霍温教授指出，企业掌握的用户信息越多，便越能调整营销策略来满足用户的个性化需求，因而消费者注意力的争夺就成了数据库营销的重要一环。许多消费者也愿意在潜意识中放弃部分隐私，以换取产品匹配度的提升和购物的便捷性。

然而，这种隐私挖掘行为却带来了明显的隐私权问题。用户大多不清楚数据被如何收集、存储和使用，数据安全在资本的商业利益驱动下面临诸多威胁。以“数据库营销”为代表的大数据商业应用在增强企业竞争力的同时，削弱了个人对隐私的掌控权。在市场利益的推动下，企业追求数据利用最大化，个人数据成为可以自由交易的商品。消费者隐私权保护在数据库营销面前显得脆弱不堪，隐私作为个人基本权利因而面临严峻挑战。

因此，资本对隐私数据的利用不仅带来商业利益的扩大，也引发了社会伦理与隐私保护的争论，企业利益与个人隐私之间的矛盾愈发突出。这一趋势提醒人们在大数据时代重新审视隐私保护的重要性，同时也呼吁在政策层面加强对资本数据使用行为的规范，以平衡隐私权与商业利益。

④隐私保护法规尚不完善。从政府层面探究大数据隐私侵犯问题的原因，其主要在于隐私保护法律法规的不完善与缺失。以美国的法律为例，就美国而言有超过三十个联邦法案和超过一百个州法案用来保护隐私的某些方面。这些法规过于零散，主要被设计用来在产业自我规制无效的情况下保护个人隐私。可见美国隐私保护法律的缺陷在于过于分散而约束力不强。同时，依据隐私保护条例制定的使用协议又过于繁杂。各个应用程序所制定的“用户协

议”“隐私政策”等条款对于普通用户来说缺乏解释度，没有一定法律背景知识的民众较难看懂也没有时间去看。更重要的是，即使了解相关条款内容，普通民众对此依旧没有选择权，只能选择用或者不用，用可能就需要以隐私来交换使用权。国家立法、企业谋利和用户使用三者之间的矛盾，但最终却以用户妥协作为执行结果。

(2)数据泄露的频发及其产生原因

数据泄露指的是数据控制者将数据披露给其他主体的行为。数据泄露导致传输、存储或其他处理中的个人数据意外地或非法地损毁、丢失、更改、未授权披露或接入。数据泄露可以分为主动泄露与被动泄露两种，这种主动与被动都是站在数据控制者角度来论述的。就数据泄露与隐私侵犯的关系而言，数据泄露能够作为隐私侵犯的前提。因为只有先掌握数据主体的隐私信息，才可能对其进行侵犯。但数据的泄露并非都会导致个人隐私的侵犯。

大数据由于大容量所产生的大价值可以看作数据泄露的实际原因，大数据的非损耗性则可视为数据泄露的理论原因。

①大数据的大价值。个体数据虽然有价值，但是对于普通的个人数据进行挖掘和分析后得到的价值并不高，除非是涉及重要人物或者重大事件的数据。因此，只有当数据以数据集形式出现，即所谓的大数据，经过分析和处理之后才能够产生巨大的价值。一般将隐私视为一种商品和资产，并通过侵权行为法规范其使用。而如今，隐私信息甚至可以成为商品之一。2020年3月30日，中国政府发布了《关于构建更加完善的要素市场化配置体制机制的意见》，其中指出要加快培育数据要素市场。这表明数据已经被认定为一种资源，乃至商品，是一种普遍存在的形态。大数据的价值在于其功用。追求功用也是当今世界流行的法则和标准之一。然而，追求大数据的功用也是大数据泄露和盗窃的根本原因。

②数据的非损耗性。信息具有可分享性和非损耗性的特点，这使得它成为被广泛传播的对象。同样地，作为信息的载体，数据也具备这些特点，并且这也是导致人们轻视数据泄露等问题的原因。由于数据不会因为被盗取或泄露而减少原有数量，数据泄露者或盗取者认为自己的行为并没有给数据原有控制者造成损失。然而，这种想法忽略了数据的知识产权侵害问题。斯皮内洛指出，许多人不将计算机系统侵犯和物理侵犯相提并论，认为前者更为抽象，因为网络化的计算机系统可以“借用”并且可以无损地归还。相比之下，物质实体具有损耗性，所以人们更加重视物质而相对轻视信息。

## 14.2 人工智能助力数据伦理的对策建模

对社会发展中的数据伦理困境进行对策建模能够维护数据伦理的价值，这些价值包括平等、自由、诚信、环保等。对社会发展中的数据伦理困境进行对策建模主要有以下意义：

第一，指导决策：建立数据伦理困境对策模型可以为决策者提供指导，使其在面对数据伦理困境时能够采取正确的决策。第二，促进社会发展：通过建立数据伦理困境对策模型，可以促进社会发展，减少数据伦理困境对社会发展的不利影响。第三，保障个人隐私：建立数据伦理困境对策模型可以帮助保障个人隐私，避免个人信息被滥用、泄露等。第四，提高数据使用效率：通过建立数据伦理困境对策模型，可以提高数据使用效率，避免因数据伦理问题而造成数据浪费和资源浪费。第五，建立信任机制：建立数据伦理困境对策模型可以建立信任机制，提高数据共享和数据交换的安全性和信任度，促进数据共享和数据交换的发展。

大数据不应该成为权力和资本的掌控物，也不应该成为一种名不副实、单纯受文化影响的符号，更不应造成人类社会数据环境的恶化，然而大数据应用中的伦理问题表现出朝上述偏颇方向前进的趋势。如何规正大数据的发展路径，解决大数据的伦理问题是本节探究的重点。目前人类正处在为数据世界奠基和定调的阶段，大数据应用伦理问题的妥善处理对此具有筑基性作用，重要程度不言而喻。本节旨在从技术、伦理、法律三个维度分别对大数据应用伦理问题提出治理措施。此三种治理措施彼此间是相互补益的，以弥补单一层面数据治理措施约制力不足的问题。希望通过不同方面的约制力量协同治理大数据应用伦理问题，形成一种大数据伦理治理的综合方法。

**1. 借助大数据技术革新的优化进路**

大数据应用伦理问题的产生有其技术自身的原因，这是技术设计、技术特点导致的应用问题，是每项技术都存在的通病。因此，通过革新技术自身会减少或者避免技术导致的相应伦理问题。本节试图给出三条优化大数据技术的思路。此三者并非非此即彼，而是可以综合利用来解决大数据伦理困境的。

(1)坚持大数据特征的发展之路

大数据之大是范围内有限的大，并非全数据，始终存在没有被收录、分析的数据，这就为追求更多数据留下了可能，也成为大数据技术进步的理论方向之一。大数据的主要特征旨在表达数据的数量大、速度快、种类多，这充分体现了大数据的规模效应。这也是大数据的发展思路之一，即不断追求更大的数据量、更快的数据交互速度和更多的数据种类。这就要求大数据技术有应对这些特点的能力。这显然是一条“暴力”之路，需要暴力算法、性能、处理能力，是在一种追求无限的思维方法指引下的进路。坚持大数据技术发展的高功耗之路对于大数据伦理问题的消除并没有根本性帮助，但却可以延缓眼下的问题，是一种治标不治本的方法。因为这是基于大数据自身特征的发展之路，是不受技术之外因素限制的进路，亦是一条单向的路。长此以往可能会导致人们应对事物方法的单一。

大数据的快速发展使得企业和组织能够以更高效的方式收集和分析海量信息，但在这一过程中，伦理因素往往被忽视。大数据的特性，如其大规模和快速处理能力，使得道德考量容易被边缘化。虽然短期内通过提升数据量和交互速度可能看似解决了一些问题，但这只是表面的成功，实际上可能会加大不同社会群体之间的数据鸿沟。例如，技术发展使得部分群体能够轻易获取大量数据，而另一些群体则因社会地位和资源限制而被边缘化。因此，需要借助外部技术创新来促进数据平等获取，确保不同人群都能受益于大数据技术的进步。

(2)绿色发展路径的节俭思维。随着对环境保护和资源节约的关注日益加深，节俭思维已成为衡量技术发展的重要标准。选择能耗较低的技术不仅可以减少对自然资源的依赖，也有助于降低运营成本。在大数据应用中，如何在提升数据量和交互速度的同时，融合节俭思维成为一个关键问题。通过引入高效的数据处理和分析方法，企业能够在保持或提升服务质量的基础上，显著降低能耗和资源消耗。例如，采用优化算法和精简的数据结构，可以在处理小数据集时实现更高的效率和准确性。这种绿色技术的创新不仅响应了可持续发展的需求，也为大数据未来的发展指明了方向。

(3)融合伦理要求的技术革新。大数据技术的革新不仅关乎技术本身的进步，还应包括伦理层面的深入思考。在快速发展的背景下，技术设计往往以满足市场需求为主，忽视了社会伦理的基本要求。将伦理因素融入技术设计中，可以确保技术在促进经济发展的同时，不违背社会公正和道德标准。价值敏感性设计理念提供了理论框架，要求在新一代大数据技术开发时，充分考虑平等、安全、隐私保护等伦理要素。这种做法不仅能改善用户体验，增强用户信任，还能缓解企业在商业利益与用户隐私之间的矛盾。长远来看,这将促进技术与社会各方面的和谐共生,使得伦理价值在技术创新中占据重要地位,从而为可持续发展奠定基础。

(4)目前技术列举

①传统常用于保护数据隐私的技术

以下是一些传统意义上的具体技术,可以帮助保护数据隐私,这些技术可以单独使用,也可以结合使用以提高数据隐私保护的效果。

对称加密和非对称加密:使用密码算法对敏感数据进行加密,只有授权的用户才能解密并访问数据。对称加密使用相同的密钥加密和解密数据,而非对称加密使用公钥加密数据,私钥解密数据。常见的密码算法包括 AES、DES、RSA 等。

数据脱敏技术:数据脱敏是一种通过将敏感数据替换成虚假数据来保护数据隐私的方法。例如,可以用“XXX”来代替姓名,用随机数字代替社会保险号。

访问控制:在访问控制方面,可以使用访问控制列表(ACL)或基于角色的访问控制(RBAC)等技术。ACL 是一种访问控制方法,根据用户 ID 或用户组 ID 来控制用户对资源的访问权限。RBAC 是一种更灵活的访问控制方法,它通过角色来定义访问权限,每个用户都被分配一个或多个角色。

匿名化技术:这些技术将敏感数据转换为无关的数据。例如,使用哈希函数将个人身份转化为不可逆的标识码。这样即使数据泄露,也不会暴露个人身份。

差分隐私:这是一种新型的隐私保护技术,它通过对数据添加噪声来隐藏个人身份。具体来说,将数据添加一定的噪声后,仍可以得出数据的总体特征,但无法得到个人数据。这样就可以保证数据的隐私性。

加密搜索:加密搜索是一种保护隐私的搜索技术,通过加密查询来保护搜索者的隐私,同时也能保护搜索结果的隐私。

②针对机器学习和人工智能的数据隐私保护新技术

数据加密算法的设计通常在安全性和计算速度上进行取舍,安全的加密算法往往需要复杂的计算,因此难以在大规模数据的机器学习任务中广泛应用。近年来,联邦学习作为一种分布式的隐私保护技术,能在不直接共享数据的情况下进行模型训练。作为数据“可用不可见”的分布式人工智能学习新范式,联邦学习通过聚合用户本地训练的局部模型来完成机器学习训练,为解决“数据孤岛”和隐私泄露问题提供了有效的解决方案。在联邦学习过程中数据一直存储在本地,因此可以有效降低用户隐私泄露的可能性。

机器学习模型在通过用户数据进行训练时,可能无意中存储了一些敏感信息。这使得攻击者能够利用这些模型进行推测,从而“窥探”用户的隐私。例如,某些研究表明,回归神经网络能够通过分析模型参数信息恢复参与联邦学习的用户的敏感数据。因此,保护用户隐私已成为研究的一个重要方向,尤其是在确保用户提供数据参与训练时,必须采取有效的安全措施,以防止潜在的数据泄露风险。联邦忘却学习是一种新兴技术,旨在解决传统机器学习模型中可能存在的用户数据隐私问题。通过这一方法,研究者可以从全局模型中去除特定用户的数据影响,从而保护用户的敏感信息。在联邦学习框架内,联邦忘却学习通过迭代训练和直接删除等方式,能够有效撤销本地模型对全局模型的影响。这样的技术不仅能增强用户隐私保护,还在对抗后门攻击和进行数据撤销验证等研究领域具有广泛的应用潜力,正逐渐成为国际前沿的研究课题。在不断发展的机器学习和联邦学习领域,保护用户隐私的挑战依然严峻。未来的研究应致力于开发更为可靠和有效的隐私保护机制,以确保用户在参与数据训练时的安全。例如,联邦忘却学习的应用为隐私保护提供了新的思路,研究者可以在此基础上探索更多技术,如数据加密、差分隐私等,以增强模型对用户数据的保护力度。通过多方位的研究和探索,能够更好地应对数据安全的威胁,保护用户的个人隐私,促进技术的健康发展。

**2. 基于"规范性原则"的伦理层面治理**

对大数据应用伦理问题提出通用的规约方法,是伦理层面的一种治理思路。这种方法是一种原则式的指导,即在不违背提出的这些基本伦理原则的基础上,可以在具体情境中细化应用。制定应对大数据伦理问题的通用策略是对义务论伦理学的倡导与推崇。美国伦理学家汤姆·比彻姆(Tom Beauchamp)和詹姆士·邱卓思(James Childress)在他们的经典著作《生命医学伦理原则》中提出了生命医学的四大基本道德原则,即尊重自主原则、不伤害原则、有利原则、公正原则。由于这些原则具有基础性和普适性,其他领域的伦理规约对此多有借鉴,并在此基础上拓展细化。美国信息伦理专家理查德·斯皮内洛对此就进行了迁移使用,整理出了系列的"规范性原则",以应对各类信息伦理问题。他在《世纪道德:信息技术的伦理方面》和《铁笼,还是乌托邦——网络空间的道德与法律》两部著作中对此原则进行了介绍。在综合参考二者的基础上,可以梳理出应对大数据伦理问题的五条"规范性原则":

(1)尊重自主原则

尊重自主原则是解决大数据伦理问题的有效方法。首先,要尊重隐私权,因为保护个人隐私是自由和自主的前提和保障。其次,要让数据主体对自己的数据有控制权,包括删除、携带等。再其次,要建立平等机制,防止数据鸿沟和霸权的危害,保障自主和平等的权利。此外,要避免数据作假所导致的决策误用,保障人们选择真实环境的自主权利。最后,要尊重民众对接收信息的自主权利,让他们能够享受静谧的生活。只有强调尊重自主原则,才能确保个体数据在使用的过程中得到合理的保护,避免隐私和自主权利的损害。

在大数据应用的场景中,保护数据主体的隐私和自主权利是非常重要的。尊重自主原则要求我们必须尊重个体在数据采集和利用过程中的自主选择权。这包括向个体充分透明介绍数据采集和利用的目的、流程、风险和利益,并取得其同意,而且这种同意应当是具有自主性的、双向的,获得了足够的知情权、理性思考和自由意志表达的。此外,在大数据实践中,还需要建立数据主体的访问控制机制,让数据主体能够对自己的数据进行授权管理,包括随时删除、更改、编辑等。只有强调尊重自主原则,才能确保个体数据在使用的过程中受到合理保护,避免因大数据技术而导致的隐私和自主权利受到损害。

(2)知情同意原则

"同意"是某人对某事自愿表示出意见一致的意思。知情同意原则主要用于规范大数据应用引发的信息安全问题和诚信问题。隐私侵犯、数据泄露等基本是在数据主体不知情的情况下进行的,如若知情,相信大部分数据主体是不会选择被侵害的。"当把信息作为商品并在计算机网络上自由交换有关个人的数据时,知情同意这一原则可以作为一个限制条件。"对知情同意原则的倡导与应用,会避免上述在不知情情况下做出同意决定的问题,这就减少了大数据应用伦理问题的相应危害。

(3)无害原则

无害原则是道德伦理的基石,其核心思想是"首先,不要伤害"。这一原则强调在各类社会互动中,人们应尽可能避免给他人带来不必要的伤害或损伤。在大数据技术的应用过程中,无害原则尤为重要,因为数据的收集与分析可能会对个体及社会产生深远的影响。因此,遵循无害原则不仅是道德上的要求,也是法律和社会的基本期待。在大数据的应用场景中,无害原则适用于多个层面。首先,针对弱势群体,尤其是在数据分析中可能受到误导或边缘化的个体,必须确保他们的权益不被侵犯。其次,在信息安全问题上,数据收集应遵循隐私保护的要求,避免造成数据泄露或隐私侵犯。此外,数据的准确性和真实性也是无害原则的重要体现。失真的数据环境可能会误导用户,使他们在与现实世界交互时受到伤害,因此,维护数据的真实和透明是确保无害的重要一环。为了有效地落实无害原则,数据应用者需采取多种策略。首先,应建立透明的数据收集和使用政策,让用户充分了解他们的数据将如何被使用,从而增强信任感。其次,企业和机构需定期进行数据安全审计,确保其数据管理行为不违反伦理规范。此外,针对数据使用过程中可能出现的风险,应该制定相应的应急预案,以降低对用户的潜在伤害。

(4)有利原则

有利原则是一种积极的伦理义务,意在促使个体在具备能力的情况下积极增进他人的福祉。这一原则的核心思想是,当我们能够做出积极贡献时,应当不遗余力地帮助他人。这在大数据的应用中同样适用,尤其是在提升社会整体福利和保护弱势群体的背景下,有利原则具有重要的指导意义。有利原则强调,在实施大数据应用时,利益的分配和社会的公平至关重要。大数据技术的运用应该致力于增进社会的整体福利,而不是导致新的不平等和不公正。例如,在进行数据分析时,应该优先考虑如何使弱势群体受益,确保他们在数据流通和应用中得到相应的保障和支持。只有在确保每一个群体的利益都能得到关注和增进的情况下,有利原则才能真正得以落实。在实际应用中,有利原则面临诸多挑战。首先,数据的收集和使用往往伴随着隐私侵犯和信息泄露的风险,企业在追求利润的同时,可能会忽视用户的权益。其次,如何平衡不同利益相关者的需求也是一个复杂的问题。例如,企业希望通过数据获取更多的商业利益,而用户则希望保持隐私和信息安全。因此,制定合理的政策以确保数据使用的公平性和透明性,成为实现有利原则的关键。为实现有利原则,数据应用者需采取积极的措施。首先,应建立以用户为中心的数据使用策略,通过用户反馈不断优化数据收集和应用过程。其次,企业和组织应进行社会责任评估,确保其数据应用能够有效提升社会福利。此外,还应推动跨行业的合作,以共同制定有利于社会整体利益的标准和规范,从而实现大数据技术的可持续发展。

(5)公正原则

公正原则在伦理学中占有重要地位,其核心要求是相同情况应当得到相同的对待。这一原则不仅适用于法律和政策的制定,同样也应在大数据应用中得到遵循。在当今社会,数据鸿沟和数据霸权等现象的出现,恰恰是对公正原则的严重侵犯。因此,如何在大数据的应用中落实公正原则,成为亟待解决的问题。公正原则的内涵不仅仅局限于对待的平等性,更强调公平性和不偏不倚。在大数据应用中,公正意味着每个个体都应有平等的机会参与数据的收集、分析与使用,而不是被边缘化或排斥在外。特别是对于弱势群体,公正原则的实施将有助于他们获得更好的资源和支持,进而缩小社会的数字鸿沟。为落实公正原则,数据应用者应采取多种措施。首先,应确保数据收集过程的透明性,让所有利益相关者了解数据使用的目的和方式。其次,在数据分析和决策过程中,应采用去偏见的算法,避免由于数据偏差而导致的不公平结果。此外,组织和机构应对数据的使用进行定期评估,确保其符合公正原则。

**3. 加强法律法规层面的约制**

随着大数据技术的快速发展,技术创新往往走在法律法规的前面。这一现象使得数据使用中的伦理和法律问题日益突出。因此,加强法律法规的制定和实施,成为解决大数据应用中伦理问题的重要手段。法律法规的必要性在于它能够为数据的使用提供明确的框架，确保各方的行为符合社会的基本伦理和法律标准。特别是在涉及个人隐私和数据安全的领域，法律的约束性可以有效地防止数据滥用和侵犯他人权益的行为。道德约束往往依赖个体的自觉，而法律则提供了强制性的保障，这一机制的结合将更好地维护社会的整体利益。目前，许多国家和地区已经建立了相关的数据保护法规。例如，欧盟的 GDPR 为数据主体提供了广泛的权利，而《中华人民共和国网络安全法》也明确了对个人信息的保护措施。这些法规的出台，旨在平衡数据的流通与个人隐私保护之间的关系。未来，在数据保护方面，法律法规应进一步细化，针对不同的数据使用场景制定相应的规则。同时，跨国数据流动的监管也应加强，以适应全球化背景下的复杂数据环境。此外，政府和行业应加强合作，共同制定数据使用的伦理标准，从而确保在追求技术创新的同时，不忽视对个人隐私和社会公平的保护。

(1)强化数据主体的权利

在大数据时代，数据主体的权利亟待加强。数据主体通常是指那些个人数据的拥有者，他们有权控制自己的信息及数据如何被收集和使用。因此，明确和强化数据主体的权利，不仅是法律的要求，也是实现社会公平和正义的重要步骤。数据主体的权利包括知情权、删除权、修正权和携带权等，这些权利能够保障个人对自己信息的控制能力。例如，知情权确保个人在信息被收集时能够得到充分的告知，而删除权则赋予他们主动删除不希望存在的数据的能力。通过强化这些权利，能够有效防止隐私侵犯和数据滥用，为个人创造一个更加安全的数字环境。为了强化数据主体的权利，首先，应加强法律法规的宣传和教育，让公众了解自己的权利和如何行使这些权利。其次，企业应建立健全的数据管理机制，确保数据主体在使用其信息时能够享受到相应的权益保障。此外，政府应鼓励和支持对违反数据主体权利行为的惩罚措施，以增强对数据使用者的约束力。

(2)规范数据的流通转移

在大数据的应用中，数据的流通和转移是不可避免的。然而，不规范的数据流通可能导致隐私侵犯、数据泄露等一系列伦理问题。因此，建立合理的数据流通机制显得尤为重要。数据的流动性使其在不同场景中产生价值，但同时也带来了许多潜在风险。数据在流通过程中，可能会因为缺乏适当的监管而导致信息被滥用、泄露或错误使用。因此，规范数据流通不仅有助于保护个人隐私，也有助于维护市场的公平竞争。为了有效规范数据流通，各国应制定明确的数据流通政策，并建立健全的监管机制。首先，政府应出台相关法规，规定数据流通的基本原则和操作规范。其次，企业在数据共享和交易中，应遵循透明、公平的原则，确保所有相关方的权益得到保障。此外，建立跨国数据流通的合作机制，能够更好地应对全球化带来的数据挑战。

(3)限制数据的多次使用

数据的多次不当使用是大数据伦理问题的主要来源，包括隐私侵犯、数据泄露和数据过载等。因此，限制数据的多次使用，尤其是基于利益驱动的使用，可以有效减少这些问题的发生。

大数据的重复使用可能导致严重的伦理问题，例如个人隐私的侵犯。当数据被多次使用时，用户可能在不知情的情况下失去对其个人信息的控制，造成数据泄露的风险加大。此外，数据过载也会使用户面临信息泛滥，影响其决策和心理健康。

许多国家的法律法规已经针对数据多次使用提出了限制。例如，美国的《国家安全和个人数据保护法 2019》规定了数据收集的最小化原则，要求企业仅收集运营所需的用户数据。同时，该法案明确禁止将收集的数据用于初始目的之外的用途，包括不必要的第三方分享和定向营销。《中华人民共和国个人信息保护法》也对数据的处理和使用进行了详细规定。该法第六条指出，处理个人信息应有明确、合理的目的，并与处理目的直接相关，且不得过度收集个人信息。第十九条进一步要求，个人信息的保存期限应为实现处理目的所必要的最短时间。这样的规定旨在限制数据的多次使用，确保用户的权益得到保护。

《中华人民共和国网络安全法》第三十条规定，网络安全相关部门获取的信息只能用于维护网络安全的目的，禁止用于其他用途。这一条款虽然主要针对政府部门，但也为其他领域的数据使用提供了限制性指导。在2020年实施的《在线旅游经营服务管理暂行规定》中，明确禁止在线旅游经营者滥用大数据分析，以不公平的交易条件侵犯消费者的权益。这一规定通过限制数据的使用目的，有效抑制了类似于"大数据杀熟"的现象。

大数据的可重复使用特性既是其优势，也是导致伦理问题的根源。因此，从法律层面限制数据的多次使用，规范数据的使用目的，有助于解决这些伦理问题。数据在完成初始目的后的多次使用，往往受到利益驱动，只有在符合法规的情况下，才能被允许继续使用。合法的数据多次使用应在规定的框架内进行，包括满足数据存储和使用期限的要求，以及用户的知情同意。一旦出现非法或不规范的操作，就应当严加禁止，以保护用户的合法权益。限制数据的多次使用不仅可以有效降低隐私侵犯和数据泄露的风险，还能够建立更加安全和信任的数字环境。各国应进一步完善相关法律法规，以确保数据的使用在伦理和法律的双重框架下得到合理的规范和控制。

综上，本节从法律层面给出了应对大数据应用伦理问题的建议。这三点建议可以理解为对数据主体、数据控制者和数据处理者的分别规约。强化数据主体的各项权利旨在明确数据主体对其数据的权属；规范数据的流通在于减少数据控制者对数据的不合规操作；限制数据的多次使用为的是规避数据处理者因谋利等目的对数据的滥用。这是一种分主体的规制思路。

目前数据世界尚在建构当中，数据世界的法规也在确立过程中。上述治理路径基于对各国数据法规的总结提炼，符合各国数据法规的规制方向，是在遵循大数据技术自身特性的基础上，以人为本的治理思路。这是一种尝试，定会有不足之处，尚需在实践中检验并完善。

# 14.3 应用案例

## 案例1 我国大数据产业区域发展差异化明显的数据鸿沟

### 1. 案例描述

《中国大数据产业发展水平评估报告(2019年)》中指出：我国大数据产业区域发展差异化明显，"东部地区整体发展水平最高，大数据产业发展指数增幅均值为7.39，远超全国水平5.78"。"中部地区整体发展速度高于西部和东北。""各省市大数据产业发展水平仍存在较大差距，广东省以31.5的指数位居全国大数据产业发展指数榜首，是全国大数据产业发展平均指数的近3倍，引领全国大数据产业发展，而西藏、青海、甘肃、云南等10个省市的发展指数均在7以下。广东省数据存储量全国领先，据不完全统计，广东数据存储量超过2 300 EB，约占全国的20%。"通过对报告的分析可以发现这背后的普遍规律是：经济发展良好、政策支持力度越大的省份，其大数据发展情况就越好。此外，我国城乡之间的数据鸿沟也是不可忽视的问题，国务院2015年印发的《促进大数据发展行动纲要》就强调了"发展农业农村大数据。缩小城乡数字鸿沟，促进城乡发展一体化”。由此可见，城乡之间的数据鸿沟确实存在，而这也是城乡差距在信息时代的新表现。

《中国大数据区域发展水平评估报告（2022年）》由中国赛迪研究院信息化与软件产业研究所发布，这份报告主要关注了大数据产业的基础环境、产业发展和融合应用三个关键维度。它根据具体的指标对全国各省、市、自治区的大数据政策体系、产业基础、产业链和生态体系等进行了详尽的评估和深度比较分析。在大数据产业的发展现状方面，报告显示出我国大数据产业规模快速增长，到2022年我国大数据产业规模达到了1.57万亿元，同比增长18%。同时，数据产量和存储量也在稳步提升，到2022年我国数据产量达到了8.1 ZB，全球占比提升至10.5%，位居世界第二；数据存储量也达到724.5 EB，全球占比达14.4%。对于大数据产业的地理分布特征，报告强调了大数据发展由东部沿海地区向中西部省市辐射带动的基本特征。具体来说，珠三角、长三角、京津冀、成渝四个核心区域的引领态势明显，长江经济带（尤其是中部板块）呈现南北扩展、连线带面发展态势，体现出我国大数据发展的中部协同集聚特征。此外，各地大数据产业发展也显示出自己的特色。例如，京津冀的创新资源优势突出，成渝的行业应用成果显著，长三角和珠三角的产业发展实力强劲。综上，该报告全面展示了中国大数据产业的发展现状和区域差异，同时也为未来大数据产业的高质量发展提供了参考和指导。

**2. 案例分析**

在以上两个报告中，大数据产业的发展不仅涉及技术、经济和社会层面的问题，也涉及数据伦理层面的问题。首先，数据隐私和安全问题是大数据产业发展中的重要伦理问题。随着大数据的广泛应用，个人隐私保护成了公众关注的焦点。例如，《中国大数据区域发展水平评估报告（2022年）》中提到了城乡之间的数据鸿沟，这可能意味着农村地区的数据收集和处理能力较弱，数据安全保护措施可能不足。因此，如何在大数据产业发展中保护个人隐私，防止数据泄露和滥用，是一个重要的伦理问题。其次，数据的公平性和公正性也是大数据产业发展中需要考虑的伦理问题。例如，《中国大数据区域发展水平评估报告（2019年）》中提到，各省市大数据产业发展水平存在较大差距，这可能导致数据的获取和使用不公平。此外，大数据的分析和预测结果可能会影响个人的生活和工作，如信用评分、就业推荐等，如果这些结果基于偏见或歧视性的算法，也会引发公平性和公正性的问题。最后，数据的透明度和可解释性也是大数据产业发展中需要关注的伦理问题。大数据分析和预测的结果往往基于复杂的算法和模型，普通用户难以理解其背后的逻辑和过程。因此，如何提高数据的透明度和可解释性，使用户能够理解和信任大数据的结果，是一个重要的伦理问题。

我国大数据产业的区域发展存在明显的差异化现象，主要表现在以下几个方面：第一，地理位置和交通条件的影响：地理位置和交通条件对大数据产业的发展具有重要的影响。一些地处偏远或者交通不便的地区，由于缺乏足够的基础设施，使得其大数据产业发展受到限制。相反，像北京、上海、广州等地区，由于其地理位置和交通条件优越，吸引了大量的企业和资金涌入，推动了其大数据产业快速发展。第二，人才资源的分布：大数据产业的发展需要大量的高素质人才，而不同地区的人才资源分布情况也存在较大差异。一些地区由于历史原因、经济水平等因素导致其教育资源和人才储备相对不足，限制了该地区大数据产业的发展。第三，政策环境的影响：不同地区的政策环境也影响着大数据产业的发展。一些地方政府出台了一系列支持大数据产业发展的政策，如税收优惠、用地优惠等，这些政策促进了当地大数据产业的发展。相反，一些地区政策相对滞后或者不够支持大数据产业发展，该地区大数据产业的发展速度就相对缓慢。以上这些因素导致我国大数据产业的发展存在着明显的差异化现象，这也带来了一些伦理问题。例如，发达地区的企业和人才更容易获得优质的大数据资源和发展机会，而相对较弱的地区则面临着资源匮乏，难以与其他地区竞争的困境。

**3. 解决方案**

针对大数据产业发展中的数据伦理问题，以下是一些可能的解决方案。首先，数据隐私和安全保护方面，可以通过加密技术、匿名化处理、访问控制等手段来保护个人隐私。例如，差分隐私是一种在数据分析中保护个人隐私的技术，它通过在数据发布或查询结果中添加噪声，使得攻击者无法确定特定个体的信息。此外，区块链技术也可以用于数据安全保护，因为它可以确保数据的完整性和不可篡改性。其次，数据的公平性和公正性方面，可以通过公平的数据采集和处理流程，以及公正的算法设计来保证数据的公平性和公正性。例如，为了防止数据歧视，可以采用偏见检测和去除工具来检查和修正算法中的偏见。此外，也可以通过开放数据和透明算法，让用户了解数据的收集和使用过程，提高数据的公平性和公正性。最后，数据的透明度和可解释性方面，可以通过可视化工具、解释性模型等手段来提高数据的透明度和可解释性。例如，LIME(Local Interpretable Model-agnostic Explanations)和SHAP(Shapley Additive Explanations)是两种常用的模型解释性工具，它们可以帮助用户理解模型的预测结果。以上解决方案需要结合具体的技术和实践进行实施，其效果也需要通过实证研究来验证。例如，一项研究发现，使用差分隐私技术可以有效地保护个人隐私，同时保持数据的可用性；另一项研究则发现，采用公平的数据采集和处理流程，以及公正的算法设计，可以显著减少数据歧视现象。因此，通过综合运用这些技术和方法，可以在大数据产业发展中更好地解决数据伦理问题。

近年来，我国大数据产业发展呈现出明显的区域差异化。一些地区在大数据产业方面取得了较好的发展成果，而另一些地区则相对滞后。下面是一些解决这种差异化问题的部分政策手段。第一，制定有针对性的政策。地方政府可以根据自身的特点和资源禀赋，制定有针对性的大数据产业发展政策。例如，一些资源丰富的地区可以将重点放在挖掘和运用本地数据资源上，而一些技术领先的地区可以着力于推进大数据技术研发和应用。第二，搭建交流平台。不同地区的大数据企业之间可以开展交流和协作，共同推动产业发展。政府可以搭建各类交流平台，如大数据创新中心、产业联盟等，促进不同地区的企业之间的合作与交流。第三，加强人才引进。大数据产业需要高素质的人才支持，政府可以通过各种方式鼓励人才来到欠发达的地区从事大数据相关工作，如提供税收减免、住房补贴等优惠政策，同时加大对高校和科研机构的支持力度，吸引更多优秀人才投身于大数据产业发展。第四，整合资源共享。政府可以通过整合不同地区的数据资源，建立全国性的数据共享平台，为企业提供更加丰富、多样的数据资源。这样一来，可减少资源浪费和重复开发的情况出现，同时促进更广泛的数据应用和创新。

## 案例2 大型科技公司的数据霸权

**1. 案例描述**

科技公司数据霸权是当今社会中引起广泛讨论的一个问题。一些大型科技公司或企业凭借掌握大量个人用户数据，获取了巨大的经济收益和市场竞争优势。

作为全球最大的搜索引擎之一，谷歌拥有数以亿计的用户数据。这些数据不仅可以用于广告推荐，还可以用于开发新产品和服务。谷歌的自动驾驶汽车项目Waymo就是基于该公司在地图、导航和交通数据方面的优势而诞生的。Facebook作为全球最大的社交媒体平台之一，掌握着数十亿用户的社交网络数据，并利用这些数据来定向发送广告，以及改进其社交网络算法。此外，Facebook还通过购买其他应用程序和服务，如WhatsApp、Instagram等，扩大了其掌握的用户数据范围。亚马逊是全球最大的在线零售商之一，掌握着数亿客户的购物数据。该公司利用这些数据推荐商品、改进物流和配送等方面，同时还利用其对市场的影响力来协调供应链和压低价格。蚂蚁金服作为中国最大的互联网金融公司之一，掌握着数亿用户的金融数据。该公司利用这些数据来评估用户的信用风险、开发新的金融产品和服务，并与其他金融机构进行合作以提高市场竞争力。除了这些知名公司之外，苹果、微软、字节跳动和阿里巴巴等公司也拥有庞大的用户数据。它们通过不同的产品和服务收集用户数据，并在广告定向、产品改进和个性化体验等方面利用这些数据。

数据霸权现象引发了对隐私保护、数据滥用和市场垄断等问题的担忧。因此，保护用户隐私和数据安全，确保科技公司合规行为的平衡成为社会亟须解决的挑战。

**2. 案例分析**

对数据霸权公司的数据伦理分析旨在评估科技公司在处理用户数据时涉及的伦理问题和潜在风险。以下是对科技公司数据伦理问题的一些常见分析：

第一，隐私保护。在数据伦理分析中，隐私保护是一个关键问题。随着科技公司收集和利用大量用户数据，个人隐私的保护变得愈发重要。科技公司需要采取适当的措施来确保用户的个人隐私得到妥善保护。首先，科技公司应该采取必要的安全措施，以防止数据泄露、滥用或未经授权的访问。这包括使用最新的加密技术来保护存储在数据库中的用户数据，限制数据访问权限，并采取网络安全措施来防范黑客攻击。其次，科技公司还应该通过建立严格的隐私政策和用户协议来明确说明其如何收集、使用和共享用户数据。用户应该清楚地知道他们的数据将如何被使用，并有权选择是否同意。公司应该以用户的利益为出发点，避免以操纵、歧视或侵犯个人权利等方式滥用用户数据。

第二，透明度和知情同意。透明度和知情同意是数据伦理中的重要原则。科技公司在收集和使用用户数据时，应该向用户提供充分的信息，并征得他们的明确同意。科技公司应该向用户清楚地解释数据收集的目的，以及如何将数据用于产品开发、广告定向或用户体验改进等方面。此外，公司还应提供用户可以理解的条款和条件，确保用户完全理解并同意他们的数据将如何被使用。

第三，数据滥用和过度收集。数据滥用和过度收集也是数据伦理中的重要问题。科技公司应该避免滥用用户数据，以及过度收集不必要的个人信息。滥用用户数据可能包括将数据用于操纵用户行为、歧视特定群体或侵犯个人权利等不当目的。科技公司应遵循道德和法律准则，确保数据仅用于合法和正当的目的，并对数据使用进行严格的监管。另外，过度收集个人信息可能侵犯用户的隐私权利。科技公司应该仅收集与其业务目的相关的信息，并在收集信息之前征得用户的明确同意。此外，公司应该定期审核其数据收集程序，删除过时和不必要的数据，以减少数据存储和管理的风险。

第四，数据安全和保护。数据安全和保护是保护用户隐私的关键方面。科技公司有责任采取必要的技术和组织措施，确保用户的数据得到充分的保护。科技公司应该使用最新的安全技术和加密算法来保护存储在数据库中的用户数据。同时，他们应该制定和实施严格的安全政策和程序，限制数据的访问权限，以确保只有授权人员能够访问用户数据。此外，数据备份和恢复计划也是数据安全的重要方面。科技公司应该制定有效的数据备份策略，以防止数据丢失或损坏，并建立恢复程序，保证在出现故障或意外情况时能够及时恢复数据。

第五，数据治理和透明度。数据治理和透明度是数据伦理中的另一个重要方面。科技公司应该建立有效的数据治理框架，确保数据使用和共享的合规性。数据治理应包括确保数据的质量和准确性，以及保护用户隐私的政策和程序。科技公司应该明确规定数据使用和共享的限制和条件，并监控数据使用的合规性。此外，科技公司还应该向用户提供透明度，让他们了解数据如何被使用，并提供适当的渠道让用户访问、更正或删除他们的个人数据。用户应该能够轻松地了解他们的数据如何被使用，并对其进行控制。

第六，市场竞争和垄断。大型科技公司的数据垄断地位可能会限制竞争，并对市场产生负面影响。监管机构需要对这些公司的行为进行评估，以确保公平竞争环境，并防止数据垄断对市场和消费者的不利影响。监管机构应制定和执行适当的法律和政策，以防止公司滥用其在市场上的数据优势，并鼓励创新和竞争。此外，监管机构还应对科技公司的收购和合并进行审查，以防止对竞争环境造成不利影响。

第七，社会责任。作为拥有巨大影响力的实体，科技公司有责任意识到其在社会中的作用，并承担起相应的社会责任。科技公司应该积极参与并支持数据伦理的研究和实践，以促进数据伦理的发展。此外，科技公司还应该回馈社会，通过数据的积极运用解决社会问题。例如，其可以利用大数据分析来揭示社会问题、推动环境可持续发展，或为社区提供支持和帮助。

总结起来，在数据伦理分析中，隐私保护、透明度和知情同意、数据滥用和过度收集、数据安全和保护、数据治理和透明度、市场竞争和垄断，以及社会责任等方面是需要关注的重要问题。通过重视这些问题并采取相应的措施，科技公司可以在保护用户隐私的同时实现数据的有效利用，促进合规行为，并建立信任和可持续发展的公司形象。

**3. 解决方案**

针对数据霸权问题，可以采取以下解决方法和相关技术：首先，采用数据隐私保护技术，包括匿名化和加密技术，以及隐私增强计算。这些技术可以去除个人身份信息的关联性，保护数据在传输和存储过程中的安全性。另外，差分隐私方法可以通过为数据添加噪声来保护个人隐私。此外，区块链技术可以确保数据的安全性和防篡改性。其次，个人数据控制和知情同意也是重要的解决途径。科技公司需要提供清晰明了的隐私设置选项，让用户能够自定义数据共享和使用的范围。同时，在数据收集之前，向用户提供详细的信息和通知，明确说明数据如何被使用，并获取用户的明确同意。另一方面，数据最小化原则也应得到遵循。科技公司应只收集与业务目的直接相关的必要数据，避免过度收集个人信息。透明度和可追溯性也是关键。科技公司应向用户提供数据使用说明，明确说明数据的用途、使用方和共享方。此外，为了让用户能够访问、更正和删除个人数据，建立相应的用户数据管理机制是必要的。数据伦理教育和意识提高同样重要。应加强对科技公司员工的数据伦理培训，引导他们关注伦理问题和隐私保护，并采取相应的行动措施。此外，加强反垄断监管，防止数据垄断和滥用行为，保护市场竞争和消费者权益。最后，科技公司应积极参与数据伦理研究和实践，推动伦理标准的发展和落地实施。同时，积极运用数据解决社会问题，推动可持续发展和社会公益事业。通过采取上述解决方法，我们期待未来更加保护隐私、数据使用透明，人们对数据伦理形成更高的意识。

政府层面上，为解决数据霸权问题，需要采取以下措施：首先，政府应加大对大型科技公司的监管力度。制定更为严格的法律和规章，限制科技公司获取、使用和分享用户数据的范围，并对违规行为进行处罚。这样可以确保科技公司在数据处理方面遵守规范，保护用户隐私权益。其次，为促进竞争，政府可以采取措施鼓励更多的竞争者进入市场。通过增加市场竞争，可以降低大型科技公司的霸权地位。同时，政府也可以鼓励本土企业发展，提高它们在本国市场上的竞争力，以实现多样化和健康的市场生态。再其次，在用户保护方面，政府应加强数据隐私保护措施。建立更加完备的个人信息保护法律法规体系，并加大相关部门的监管力度，保护用户自身隐私权益。这可以通过制定数据隐私保护政策、强化数据泄露的惩罚措施等方式来实现。大型科技公司应加强对用户数据的透明度，应提供数据收集、处理、存储和共享等方面的详细说明，让用户了解到他们的数据具体被用于何处。这样用户可以更加清楚地知道自己的个人数据如何被利用。最后，政府应推广开放数据标准，鼓励大型科技公司开放一些数据。这样可以解决某些数据被垄断的问题，并促进其他机构和研究人员使用和分析数据，推动创新和发展。综上所述，通过加强监管、促进竞争、强化用户保护、加强透明度，以及推广开放数据标准，可以有效解决数据霸权问题，并建立一个更加公平、透明和可持续发展的数据生态系统。

## 案例 3　美国的数据霸权——棱镜计划

**1. 案例描述**

PRISM 计划是美国国家安全局于 2007 年开始实施的绝密级网络监听计划。该计划被称为"US-984XN"，旨在深度监控即时通信和存储数据。根据泄露的文件，PRISM 计划允许国家安全局收集通过参与该计划的公司服务与美国境外人士通信的美国公民的数据，以及来自美国以外地区使用参与计划公司服务的客户的数据。通过这一计划，国家安全局可以获取电子邮件、视频和语音通话、照片、文件传输等多种数据类型，还可以利用智能手机、电子手表等联网设备对特定目标进行攻击。PRISM 计划在 2012 年的总统每日简报中被频繁引用，揭示了该计划在情报工作中的重要性。这项计划由国家安全局的合约外包商员工爱德华·斯诺登在 2013 年 6 月公开。PRISM 计划的前身是恐怖分子监听计划(Terrorist Surveillance Program)。该计划曾受到广泛批评，其合法性因未经过外国情报监控法庭(Foreign Intelligence Surveillance Court)批准而引发疑问，但 PRISM 计划获得了该法庭的授权。据报道，多家科技公司参与了 PRISM 计划，包括微软、雅虎、谷歌、Facebook、Paltalk、YouTube、Skype、美国在线和苹果公司。这些公司根据 PRISM 计划直接向国家安全局提供数据。另外，Dropbox 也被指出可能加入这一计划。PRISM 计划通过两种数据来源进行数据收集：一是通过 Upstream 项目在互联网骨干通信光缆上安装分光镜实现数据复制，二是直接从参与计划的美国服务提供商的服务器获取数据。

PRISM 计划的揭露引起了广泛的关注和争议。这一计划让情报机构能够深入监视实时通信和存储的信息，引发了公众对个人隐私权的担忧。PRISM 计划每年的开支约为 2 000 万美元。在泄露的文件中还有关于一些公司被迫合作的消息，如雅虎曾面临政府的威胁，如果不按照国家安全局的要求提供用户资料，将面临高额罚款。此外，英国的政府通信总部(GCHQ)也参与了 PRISM 计划，从 2010 年起就能够访问该系统，并在 2012 年使用该计划的数据撰写了大量报告。这让 GCHQ 得以绕过正式法律程序获取个人数据。PRISM 计划的涉及程度被《华盛顿邮报》和《卫报》的报道揭示出来，这迅速引起了全球范围内对该计划的广泛关注。

**2. 案例分析**

PRISM 计划的揭露引起了广泛的关注和争议，涉及个人隐私权、安全和合法性等伦理问题。首先，就个人隐私权而言，PRISM计划的目的是深度监控即时通信和存储数据，包括电子邮件、视频和语音通话、照片、文件等多种数据类型。这引发了人们对个人隐私权的担忧，认为这种大规模的数据收集可能涉及个人隐私的侵犯，不符合个人权利和自由的原则。其次，对于安全问题，支持者认为PRISM计划有助于追踪恐怖主义活动和其他潜在的安全威胁，从而保护公民的安全。然而，一些批评者担心这种大规模的数据收集可能导致滥用和未经授权的数据访问，从而给社会带来更大的风险。此外，在讨论合法性时，尽管PRISM计划获得了外国情报监控法庭的授权，但对该授权程序的透明度和监督机制存在关注。缺乏透明度和公共参与可能增加滥用风险，并可能违背公民权利和法律的原则。最后，在涉及科技公司合作的问题上，许多参与PRISM计划的科技公司被指向国家安全局提供数据，并面临政府的要求和压力。这引发了关于公司道德和商业行为的讨论，需要权衡用户隐私和法律要求之间的平衡。

综上所述，个人隐私权、安全和合法性是PRISM计划涉及的关键伦理问题。在解决这些问题时，需要综合考虑个人权利、国家安全和法律规定，并提供透明度、监督机制和道德责任的平衡。只有在充分权衡各种伦理原则并寻找合适的解决方案的基础上，才能确保社会的整体利益和公民的权益得到平衡。

**3. 解决方案**

PRISM计划的揭露引发了广泛的关注和争议，涉及个人隐私权、安全和合法性等伦理问题。在解决这些问题时，需要综合考虑各方的权益和公共利益，以确保数据的合法、道德和负责任使用。

首先，我们应该加强个人隐私权的保护。个人隐私是每个人的基本权利，应该受到尊重和保护。为了实现这一目标，政府和情报机构应该遵守严格的法律和监管框架，确保数据收集和监控活动的透明度和合法性。此外，应建立独立的监督机构，对数据收集和使用进行监督和审查，以防止滥用和非法行为的发生。

其次，需要平衡安全和隐私权。确保国家安全是政府的首要任务，但这并不意味着可以无限制地侵犯个人隐私权。为了平衡这两个因素，可以建立一套合理的程序和标准，确保只有在经过充分法律程序和确凿证据的情况下，才能进行数据收集和个人监控活动。同时，需要明确规定数据存储和共享的期限及使用目的，避免数据被滥用。此外，需要加强科技公司的道德责任与用户隐私的保护。科技公司应该明确自己的数据使用政策，并与用户充分沟通。用户应该知道他们的数据将如何被使用，并有权选择是否同意数据的收集和共享。科技公司应该加强数据安全和防护措施，确保第三方无法未经授权访问和使用用户的个人数据。

最后，加强国际合作和协调，建立全球数据伦理和隐私保护的标准。个人数据的跨境流动日益普遍，需要制定国际公约和协议，确保不同国家在数据保护和隐私方面达成一致，并建立相互信任的合作机制。同时，应加强国际合作打击跨国网络犯罪和恐怖主义活动，确保数据的正当使用和保护。

综上所述，解决PRISM计划揭露的数据伦理问题需要综合考虑个人隐私权、安全和合法性等多方面的因素，确保数据的合法、道德和负责任使用。通过加强隐私保护、平衡安全与隐私权、强化科技公司的道德责任和加强国际合作，我们可以建立一个更加公正、透明和可信赖的数据环境。

## 案例4　使用 ChatGPT 泄露个人数据、企业机密数据事件

### 1. 案例描述

据报道，起初三星全面禁止使用 ChatGPT，后来才开始部分开放给 DS 部门使用，却没想到在短短时间内就传出机密外泄事件。三起泄密事件均发生在三星电子半导体事业暨装置解决方案(Device Solutions，简称“DS”)部门。DS 部门主管三星的存储、芯片设计、晶圆代工等半导体核心业务。其中，两起与半导体设备有关，一起与会议内容相关。在设计晶片设备的事件中，DS 部门的一名员工在测试设备下载软件的过程中，将出现问题的原始代码复制到 ChatGPT，并向其请教解决办法，但这一操作反而让三星设备测量相关的原始代码成为 ChatGPT 的学习资料。另一起则是有员工为了解设备良率等相关资讯，将程序代码输入 ChatGPT，要求其优化代码。虽然是保密工作，但为了尽量提高效率、为公司节约时间以测试和验证处理器，最终降低开发成本，三星还是决定允许员工使用外部 AI 服务。第三起则是，有员工使用 ChatGPT 将会议记录转换成演示文稿，但其中却涉及大量三星明显不希望对外透露的内容。由于三星员工在使用 ChatGPT 查询问题并验证答案时，不慎将这些资讯添加到 ChatGPT 的学习资料库里，日后若有其他使用者在 ChatGPT 上提出相关问题，可能导致三星企业机密外泄。外媒称此类数据已经无法检索，因为其现被存储在属于 OpenAI 的服务器上。在竞争激烈的半导体行业，任何形式的数据泄露都可能给厂商带来灾难性打击。而三星似乎没有任何办法要求 OpenAI 检索或删除当前持有的敏感数据。

2023 年 3 月 31 日，意大利数据保护局 Garante 宣布暂时禁用 ChatGPT，并对其涉嫌违反隐私规则展开了调查。目前，OpenAI 已在意大利下线 ChatGPT，意大利也成为全球首个封禁 ChatGPT 的国家(部分国家和地区在一开始就无法使用 ChatGPT)。意大利数据保护局 Garante 认为，ChatGPT 平台曾在 3 月 20 日出现了用户对话数据和付款服务支付信息丢失情况。此外，平台没有就收集处理用户信息进行告知，缺乏大量收集和存储个人信息的法律依据。意大利个人数据监管局(GPDP)指出，由于违反欧盟的《通用数据保护条例》(GDPR)和意大利的数据保护法，其将立即对涉及意大利公民的“个人数据处理做临时限制”。GPDP 强调：“OpenAI 对其收集用户及各相关方数据的行为缺乏清晰说明。”另外，ChatGPT 对用户数据的处理还可能造成错误印象，“因为 ChatGPT 提供的信息并不一定与真实数据相对应”。GPDP 还对 OpenAI 忽略用户年龄审查表达了担忧。作为微软的投资对象，OpenAI 曾提到其 ChatGPT 是专为 13 岁或以上的用户群体设计的。但这项服务在发布后并没有对用户做年龄验证，GPDP 认为“考虑到其发展程度和自我意识，未成年人在使用时可能接触到绝对不合适的答案”。

此外，据报道，非营利组织人工智能与数字政策中心(CAIDP)不久前向美国联邦贸易委员会(FTC)投诉，要求 FTC 调查 OpenAI 违反消费者保护规则的行为，该组织认为 GPT-4 具有偏见性、欺骗性，对隐私和公共安全构成风险。CAIDP 认为，OpenAI 违反了 FTC 对人工智能产品的指导，并违反了 FTC 法案第 5 条，该法案禁止不公平和欺骗性的商业行为。CAIDP 敦促 FTC 对 OpenAI 进行调查，并暂停其大型语言模型的商业部署，包括 ChatGPT 的最新版本。

### 2. 案例分析

三星使用 ChatGPT(图 14-1)引发了一系列数据伦理问题。首先，起初三星全面禁止使用

ChatGPT，但却部分开放给DS部门使用，这引发了对数据安全和管理的担忧。然而，在短时间内，就传出了机密外泄的消息，这给三星(图14-2)带来了严重的问题。据报道，三起泄密事件都发生在三星的DS部门，这个部门主管着半导体核心业务，包括存储、芯片设计和晶圆代工。事件中，员工将出现问题的原始代码复制到ChatGPT并请求解决办法，但这导致了三星设备测量相关的原始代码成为ChatGPT的学习资料。另一起事件中，员工为了获取设备相关资讯将程序代码输入ChatGPT，并要求其优化代码。这些操作都暴露了敏感数据和机密信息。三星决定允许员工使用外部AI服务是为了提高效率、节约时间和降低开发成本。然而，这却带来了数据泄露的风险。员工在使用ChatGPT查询和验证答案时不慎将机密资讯添加到ChatGPT的学习资料库里，这可能导致企业机密外泄。外媒称这些数据已经无法检索，因为其存储在OpenAI的服务器上。这些数据泄露事件给三星和整个半导体行业都可能带来灾难性的打击。数据在竞争激烈的行业中具有重要的商业价值，因此任何形式的数据泄露都可能导致企业蒙受巨大损失。2023年3月31日，意大利数据保护局Garante宣布暂时禁用ChatGPT，并展开调查。其指出，ChatGPT平台存在用户对话数据和付款服务支付信息丢失的问题，并认为平台没有提供充分的告知和合法依据来处理和存储个人信息。因此，意大利成为全球首个封禁ChatGPT的国家。另外，非营利组织CAIDP向美国联邦贸易委员会投诉OpenAI违反消费者保护规则。其认为GPT-4具有偏见、欺骗性，并对隐私和公共安全构成风险。CAIDP认为OpenAI违反了FTC的指导和相关法案，敦促FTC对OpenAI进行调查并暂停其大型语言模型的商业部署。

总之，三星使用ChatGPT引发的数据伦理问题涉及数据安全、机密信息泄露和对个人隐私的保护等方面。这些问题给企业和用户带来了严重的影响，也引发了对数据伦理和人工智能的监管和责任的讨论。保护数据安全、加强隐私保护、建立有效的监管机制是应对这些问题的关键。

图14-1 ChatGPT

**3. 解决方案**

OpenAI发布了一篇文章来解释自己实行的安全措施，针对业界担忧的问题做出回应。OpenAI表示，在发布新系统之前，会开展严格测试，聘请外部专家提供反馈，通过人工反馈强化学习等技术改进模型的行为，并构建起广泛的安全与监控系统。例如，在模型GPT-4完成训练之后，OpenAI投入6个多月时间在整个组织内开展工作，以保证其工作效果更安全、更一致。OpenAI表示，强大的AI系统应当接受严格的安全评估，并与政府积极合作，希望制定出最佳监管形式。AI安全需要技术和制度的双重创新。

从实际经验中改进安全系统：OpenAI认为在构建更加安全的AI系统过程中，学习现实

图 14-2　三星

世界的使用方式是关键前提。其逐步向更广泛的人群开放最强大的模型,并根据吸取的教训不断改进技术。通过监控滥用行为并采取行动,其不断建立缓解措施以响应人们滥用系统的真实方式。此外,也制定了越来越细致的政策以应对人们可能引发风险的行为。最重要的是,OpenAI 认为社会必须有时间来更新和适应愈发强大的 AI,受到这项技术影响的人们也应对 AI 的下一步发展方向拥有发言权。通过迭代部署,不断将各个利益相关方引入关于 AI 技术应用的对话当中。

关于儿童和隐私:保护儿童是 OpenAI 安全工作的重点之一。其要求用户必须年满 18 岁或至少年满 13 岁并得到父母同意后才能使用 AI 工具,并正在研究可验证用户年龄的工具。OpenAI 表示已经建立起强大的滥用监控系统,其中最新一代模型 GPT-4 响应禁止类请求的可能性降低了 82%。除了默认的安全护栏之外,OpenAI 还与非营利性组织 Khan Academy 等机构的开发人员合作,为他们提供量身定制的安全缓解措施。OpenAI 承认训练数据可能包含个人信息,但承诺不会销售服务、做广告宣传或者建立个人档案,并努力从训练数据集中删除个人信息。在提高事实准确性方面,OpenAI 通过用户反馈提高了模型的准确性,GPT-4 生成符合事实内容的可能性比 GPT-3.5 高 40%。

解决 AI 安全问题,需要更多投入。OpenAI 认为,解决 AI 安全问题的有效方法是投入更多时间和资源来研究行之有效的缓解与对齐技术,并测试它们在现实世界中被滥用的情况。该公司认为,AI 的安全性与功能性发展应当同时进行,而针对最强大的模型进行安全工作是最重要的。然而,构建和部署更加强大的模型需要更加谨慎的态度,并持续加强安全预防措施。OpenAI 还认为,政策制定者和 AI 厂商都应保证全球范围内的 AI 开发和部署活动得到有效管理,以确保各方不会为了快速成功而偷工减料。解决安全问题需要广泛讨论、实验和参与,包括 AI 系统的行为边界,并需要各利益相关方之间的合作和公开对话,打造一个更加安全的 AI 生态系统。

ChatGPT 的隐私问题反映了在互联网时代中,数据隐私保护变得越来越重要,需要更多的保护和投入。企业应从数据管理、数据保护和其他方面着手,增强对用户数据隐私的保护。政府应严肃对待数据泄露等事件,完善数据隐私保护法律法规,建立健全的数据防护机制。同时,用户应该注意隐私保护,加强个人信息安全意识和技能,保护自己的隐私权益。

另外,最重要的就是 ChatGPT 这种新技术带来的新思考。面对这样一种新技术,尽管 OpenAI 官方提示了请勿输入敏感信息,但并未放在显眼位置。更重要的是,针对事故的发生,并没有很好的办法去处理事故,如撤销非法信息、敏感信息,禁止其成为下一代 ChatGPT

的训练数据来源。这个事件进一步凸显了遗忘技术的重要性。相比于记忆技术，现在是一大热门趋势的遗忘技术能够很好地保护数据伦理价值。联邦忘却学习(Federated Unlearning)提供了一种从联邦学习全局模型中删除特定数据影响的方案，可以进一步保护用户数据隐私。由于联邦忘却学习可以撤销联邦学习本地局部模型的影响，是一个AI时代可行的保护用户隐私的方案。

## 案例5　2020年美国联邦政府数据泄露事件

### 1. 案例描述

这个Facebook和剑桥分析公司数据泄露事件(图14-3)引起了全球范围内的关注和震动。这场丑闻涉及许多学者和公司，其中迈克尔·科辛斯基(Michal Kosinski)和大卫·史迪威(David Stillwell)两位心理学家的名字也被提及。虽然他们没有直接参与这次数据泄露事件，但他们的研究和数据集为后来的事件创造了机会。

事情始于2007年，当时大卫·史迪威在Facebook上发布了一个用于性格测试的第三方小程序myPersonality。这个小程序收集用户的Facebook行为数据，并与性格测试数据结合，形成了一个包含数十万用户的数据集。这个数据集为社会科学研究者提供了新的可能性，因为它结合了精确的性格测量和用户的实际行为数据。迈克尔·科辛斯基在剑桥大学攻读硕士期间和史迪威合作，利用myPersonality数据集发表了两篇有影响力的论文。这些研究成果揭示了海量行为数据对于预测用户性格和其他特征的准确性，引发了广泛的兴趣和讨论。剑桥分析公司找到了科辛斯基和史迪威，但最终未能购买他们的数据，导致谈判破裂。随后剑桥分析与在剑桥大学担任讲师的亚利山大·科肯(Aleksandr Kogan)达成了协议。科肯开发了一个类似的心理测试小程序，并通过给用户报酬吸引了27万人参与测试并提供了他们的Facebook数据。此外，该程序还收集了用户的好友数据，使得参与者总数达到了五千万。科肯将数据转交给了剑桥分析，违反了Facebook的安全协议和与用户之间的协议。

图14-3　Facebook和剑桥分析公司数据泄露

### 2. 案例分析

这起事件引发了对数据归属和隐私问题的讨论。虽然在当时，收集用户好友的基本信息是合乎Facebook规定的，但最后数据被滥用和非法转手。关于数据的归属问题及数据监管的灰色区域，存在一些争议。但无论如何，这起事件揭示了个人数据的重要性和对数据被滥用的担忧。

首先，这个案例凸显了个人数据的价值和重要性。通过收集大量的用户行为数据和性格测试数据，研究人员能够进行深入的分析，揭示出海量行为数据对于预测用户性格和其他特征的准确性。这种数据分析的能力对于市场营销、广告定位等领域具有巨大的潜力。然而，这也引发了对个人数据的滥用和侵犯隐私的担忧。在这个案例中，用户的个人信息被滥用，导致了广泛的争议和不满。其次，这个案例暴露了数据监管的灰色地带。尽管 Facebook 的规定允许收集用户好友的基本信息，但数据的滥用和非法转手却违反了安全协议和与用户之间的协议。这表明在当前的数字时代，数据的归属和使用仍然存在一些问题和争议。如何平衡个人隐私权和数据利用的需求是一个亟待解决的问题。此外，这个案例也凸显了学术界和企业界之间的合作关系和道德责任。在这个案例中，科肯的研究为剑桥分析提供了基础数据，而剑桥分析则利用这些数据进行了不道德的行为。这引发了对学术界和企业界之间合作关系的质疑，以及对研究人员的道德责任的思考。学术界应该更加谨慎地处理自己的研究数据，确保其不被滥用或用于不当目的。

综上所述，这个 Facebook 和剑桥分析的数据泄露事件引发了全球范围内的关注和震动。为了保护个人隐私权和维护数据的安全，我们需要加强相关的法律法规和技术手段，同时提高公众对个人数据保护的意识。只有这样，我们才能更好地应对未来可能出现的数据泄露事件。

**3. 解决方案**

解决上述案例的数据伦理问题需要综合运用技术手段和政策措施。

在技术层面，可以采取以下措施：

(1)加强数据加密和安全传输：通过使用加密算法和安全协议，确保用户数据在传输和存储过程中的安全性，防止未经授权的访问和滥用。

(2)强化数据隐私保护机制：采用隐私保护技术，如差分隐私、同态加密等，对个人敏感信息进行保护，使得即使数据被泄露或滥用，也能最大限度地保护用户的隐私。

(3)引入身份验证和访问控制：建立严格的用户身份验证机制，限制数据的访问权限，确保只有经过授权的人员才能够获取和使用相关数据。

(4)增强数据监管和审核能力：建立有效的数据监管机制，对数据采集、处理和使用的全过程进行监控和审核，及时发现和纠正潜在的违规行为。

除了技术手段外，还需要制定相关政策来解决数据伦理问题：

(1)加强法律法规建设：制定和完善相关的数据保护法律和法规，明确个人数据的归属权和使用规则，规范数据的收集、处理和共享行为。

(2)强化监管机构的职责和权力：设立专门的数据保护机构或加强现有机构的职能，负责监督和管理数据的收集和使用，对违规行为进行处罚和制裁。

(3)提高公众意识和参与度：加强对公众个人数据保护的宣传和教育，提高其对数据伦理问题的关注和理解，鼓励公众积极参与个人数据的保护和管理。

(4)促进企业社会责任：加强对企业的监管和引导，推动企业建立健全的数据保护制度和道德规范，促使企业在数据处理中遵守伦理原则和法律规定。

综上所述，解决上述案例的数据伦理问题需要综合运用技术手段和政策措施。通过加强数据加密和安全传输、强化数据隐私保护机制、引入身份验证和访问控制及增强数据监管和审核能力等技术手段，可以有效保护个人数据的隐私和安全。同时，通过加强法律法规建设、强化监管机构的职责和权力、提高公众意识和参与度及促进企业社会责任等政策措施，可以规范数据的收集和使用行为，保障个人数据的合法、合规和道德使用。只有综合运用这些技术和政策手段，才能更好地解决数据伦理问题，维护个人隐私权和数据的安全。

## 案例 6 Zoom 隐私问题

### 1. 案例描述

近年来，许多人转向远程办公和视频会议等工具来满足工作和沟通的需求。其中，Zoom（图 14-4）作为一款广受欢迎的视频会议软件，在短时间内吸引了大量用户。然而，随着其使用量的激增，Zoom 也开始频频曝出隐私安全事件，引发了广泛的关注和担忧。

图 14-4 Zoom

让我们看看 Zoom 所面临的隐私安全问题。一方面，由于 Zoom 默认设置的问题，未被邀请的人可以轻松加入视频会议并干扰会议的正常进行，这被称为“Zoom-bombing”，类似于会议中的随机入侵者。另一方面，尽管 Zoom 声称使用 AES-256 加密，但实际上使用的是较为简单的 AES-128 密钥，并且密钥是由 Zoom 服务器生成的。更让人担忧的是，有时这些密钥甚至来自别国的服务器。此外，虽然 Zoom 宣称支持端对端加密，但与通常定义的端对端加密还存在差距。此外，Zoom 的桌面版程序存在漏洞，可能会导致 Windows 和 MacOS 用户的登录凭据泄露，这给用户的账户安全带来了风险。还有发现 Zoom 的安装程序在 MacOS 平台使用了类似恶意软件的技巧来规避苹果操作系统的限制，这引发了对其合规性和用户许可的讨论。另外一个问题是，Zoom 的 iOS 应用即使用户没有登录 Facebook 或没有 Facebook 账户，仍会向 Facebook 发送分析数据，而 Zoom 并没有提供退出此行为的选项，也没有明确说明这些数据将按照其隐私政策发送给 Facebook。还有一些其他问题，比如 Zoom 的公司目录功能，会将注册使用相同域的电子邮件地址的人自动添加到用户的联系人列表中，导致一些用户与成千上万的陌生人分组，甚至可以看到陌生人的个人信息并进行视频通话，但要退出这些分组需要与 Zoom 客服联系并等待较长时间的处理。此外，有报道称成千上万的私人 Zoom 录像被上传到不同的视频网站和视频云供任何人观看，这引发了对隐私保护的进一步担忧。

考虑到这些安全问题，一些重要机构已经采取行动。例如，SpaceX 和 NASA 内部已禁用 Zoom，美国联邦调查局（FBI）也发出了警告，提醒用户在使用 Zoom 时注意网络安全问题，避免在社交媒体上广泛分享会议链接，防止机密信息被黑客获取。一些学区，如纽约市教育局和克拉克县公立学校，已经禁止教师和学生使用 Zoom，并转而推荐使用其他平台，如微软

Teams。

在面对这些隐私安全问题时，Zoom 公司做出回应，并表示非常重视用户的隐私、安全和信任。其强调 Zoom 最初是为企业级用户开发的，并进行了多层次的安全审查，全球范围内许多机构选择了 Zoom 来进行完整的部署。同时，Zoom 积极与用户沟通，确保他们了解 Zoom 的相关政策，以及使用平台和保护会议的最佳方式。

总结一下，Zoom 面临的隐私安全问题引发了广泛的关注和讨论。尽管 Zoom 在短时间内取得了巨大的成功并满足了用户的需求，但随之而来的是对其隐私保护措施和安全性的质疑。这些问题对用户的信任产生了影响，并促使一些组织采取行动限制或禁止使用 Zoom。对于 Zoom 来说，解决这些隐私安全问题并恢复用户信心将成为未来发展的重要挑战之一。

**2. 案例分析**

对于这个案例，我们可以从数据伦理的角度进行分析。数据伦理关注的是个人数据的收集、使用和保护是否符合道德原则和社会价值观。在这个案例中，存在以下几个问题：

首先，Zoom 默认设置的问题导致未被邀请的人可以轻松加入视频会议并干扰会议的正常进行。这违反了个人隐私权的保护原则，因为未经允许的人可以进入他人的私人空间并进行干扰。此外，由于 Zoom 的"Zoom-bombing"问题，一些用户可能面临骚扰、威胁甚至犯罪的风险。这违背了个人安全和尊严的道德要求。

其次，尽管 Zoom 声称使用 AES-256 加密，但实际上使用的是较为简单的 AES-128 密钥，并且密钥是由 Zoom 服务器生成的。这种不一致的做法引发了对数据保密性的质疑。用户期望他们的通信内容得到充分的保护，而 Zoom 的做法可能导致信息泄露的风险增加。

再其次，Zoom 的 iOS 应用向 Facebook 发送分析数据的行为也存在问题。尽管用户没有登录 Facebook 或没有 Facebook 账户，但 Zoom 仍然将分析数据发送给 Facebook。这违反了用户的知情权和选择权，因为用户没有得到明确的告知并同意这种行为。另外，Zoom 的公司目录功能也存在隐私问题。该功能会自动将注册使用相同域的电子邮件地址的人添加到用户的联系人列表中，导致一些用户与陌生人进行视频通话。这违反了个人隐私权的边界，因为用户可能不希望与陌生人分享个人信息并进行视频通话。

最后，有报道称成千上万的私人 Zoom 录像被上传到不同的视频网站和视频云供任何人观看。这违反了个人数据的所有权和控制权原则，因为用户没有明确授权他人共享和使用他们的录像内容。

**3. 解决方案**

针对上述问题，Zoom 公司应该采取以下措施：

首先，加强默认设置的安全性，确保只有受邀者才能加入视频会议并避免"Zoom-bombing"的发生。同时，加强对恶意行为的监测和处理能力，及时阻止和处罚违规行为。

其次，提供更加安全可靠的加密机制，确保用户的通信内容得到充分的保护。同时，透明地告知用户所使用的加密方式和密钥生成的过程，增加用户的信任感。

再其次，尊重用户的知情权和选择权，明确告知用户数据的使用目的和范围，并获得用户的明确同意。特别是对于向第三方发送数据的情况，应提供明确的选择和控制选项给用户。对于公司目录功能和其他涉及个人隐私的功能，应加强权限管理和访问控制机制，确保用户的个人信息得到妥善保护。同时，提供灵活的退出机制，让用户能够自主选择是否参与相关功能。

最后，加强对用户数据的保护措施，防止未经授权的访问和使用，建立健全的数据安全管理体系，定期进行安全审计和漏洞修复工作。

总之，面对隐私安全问题的挑战，Zoom 公司需要积极采取措施来解决存在的问题，并确保用户的隐私、安全和信任得到充分保护。只有在满足数据伦理的要求下，Zoom 才能够继续发展壮大并赢得用户的信任和支持。

## 本章小结

本章旨在探讨数据伦理领域的关键概念、发展历史及当前所面临的问题。通过剖析数据伦理困境的原因，我们能够深入理解数据伦理与社会伦理之间的紧密联系。在第 1 节中，我们对数据伦理进行了简要介绍，并结合数据伦理的发展历程和现实情况列举了当前面临的问题。通过研究分析数据伦理中突出的问题，我们能够发现其背后的根源，并为寻找解决方案提供有力支持。第 2 节以数据伦理涉及的伦理价值为出发点，探究了数据伦理困境建模的意义。从技术、伦理原则和法律三个角度出发，为解决数据伦理困境提供了多种方法。这些方法的综合应用能够在实践中发挥重要作用，引导数据伦理的合理发展。在第 3 节中，我们通过案例分析展示了两类数据管理和保护方面可能遇到的伦理问题及对应的解决方案。这些案例为数据伦理的实践和研究提供了有价值的参考和启示。通过总结历史经验教训，结合具体案例对数据伦理进行剖析，我们能够逐步完善数据伦理的内容、方法和应用，确保其向正确的方向发展。

随着社会的不断进步和数据技术的快速发展，数据伦理成为一个备受关注的领域。在学习本章的过程中，我们深入了解了数据伦理的基本概念、历史及挑战，并得到了一些重要的启示。我们应该时刻牢记数据伦理与社会伦理的紧密联系，并积极应用技术、伦理原则和法律手段来解决数据伦理困境。通过案例分析，我们能够更好地认识到数据伦理实践中可能出现的伦理问题，并探索解决方案。总之，本章为我们提供了一个较为全面的数据伦理概述，为读者在这一领域展开研究和实践提供了一定的基础。

## 思考题

1. 什么是数据伦理？

2. 为什么会出现数据伦理？

3. 什么是大数据伦理问题？请列举两个大数据伦理问题，并简述原因。

4. 下面关于大数据伦理的描述，错误的是：

A. 大数据伦理主要从属于应用伦理学的范畴。

B. 大数据技术本身就存在“好”与“坏”之分。

C. 大数据伦理问题是指由于大数据技术产生和使用而引发的社会问题。

D. 随着大数据广泛应用，引发了隐私侵犯与数据泄露等问题。

5. 下面是遵守数据伦理和维护个人数据权益的方法和措施，错误的是：

A. 在提供个人信息时，避免个人信息被非法获取或滥用，控制自己信息的公开范围。

B. 在涉及他人个人信息时，应注意尊重他人隐私，避免分享、泄露或滥用别人的个人信息。

C. 在使用互联网服务时，尽可能不使用保护隐私的技术。

D. 参与社区建设、网络安全活动和其他相关社会治理活动可以促进对数据伦理的认知和维护公共利益，营造健康的网络生态。

## 参考文献

[1] 董永为. 数据加密技术在计算机网络通信安全中的应用分析[J]. 网络安全技术与应用，2016(4)：39-40.

[2] 陈天莹，陈剑锋. 大数据环境下的智能数据脱敏系统[J]. 通信技术，2016(7)：915-922.

[3] 许峰，赖海光，黄皓，等. 面向服务的角色访问控制技术研究[J]. 计算机学报，2005，28(4)：686-693.

[4] 刘喻，吕大鹏，冯建华，等. 数据发布中的匿名化技术研究综述[J]. 计算机应用，2007，27(10)：2 361-2 364.

[5] 熊平，朱天清，王晓峰. 差分隐私保护及其应用[J]. 计算机学报，2014，37(1)：101-122.

[6] 韩盼盼，秦静. 云计算中可验证的外包数据库加密搜索方案[J]. 山东大学学报(理学版)，2017，52(9)：41-53.

[7] McMahan B，Moore E，Ramage D，et al. Communication-efficient learning of deep networks from decentralized data[C]//Artificial intelligence and statistics. PMLR，2017：1 273-1 282.

[8] Ren H，Deng J，Xie X. Grnn：generative regression neural network—a data leakage attack for federated learning[J]. ACM Transactions on Intelligent Systems and Technology(TIST)，2022，13(4)：1-24.

[9] Liu G，Ma X，Yang Y，et al. Federated unlearning[J]. arXiv preprint arXiv：2012.13 891，2020.

[10] 王鹏飞，魏宗正，周东生，等. 联邦忘却学习研究综述[J]. 计算机学报，2024，47(02)：396-422.

[11] 网络安全法草案二审拟强化国家维护网络安全措施[J]. 中国安防，2016，(07)：10.

[12] 鲁绪娟. 浅谈信息技术对新会计准则实施的影响与挑战[J]. 现代商业研究，2023，(09)：35-37.

[13] 邱惠君，张瑶. 大模型发展对人工智能安全风险治理的挑战和应对分析[J]. 工业信息安全，2023，(02)：65-72.

# 第 4 篇

## 民生与社会发展应用

# 第15章 创新教育资源共享与数字化建设

本章学习目标

面向教育资源的协同与共享发展，本章节通过深入研究教育资源之间的关联性和整合思路，专注数字教育资源的智慧共享与大数据等前沿技术在教育资源分析及应用中的创新方法，并调研国内外创新教育资源整合与共享的典型案例，学习成功经验，为设计面向新视角、新思路与新模式的教育资源整合与共享方案提供借鉴，并期望通过对上述要点的系统学习，提高对教育资源整合与共享规律的理解。

## 15.1 教育资源协同发展

### 1. 教育资源协同发展的主要内容

教育资源是指能够为教育活动提供支持和服务的各种物质和非物质要素，包括教育人力资源、教育设施资源、教育信息资源、教育经费资源等。教育资源的合理配置和有效利用是提高教育质量和效率的重要保障。随着我国教育改革的不断深入，教育资源协同发展的理念逐渐受到重视。

教育资源协同发展是指不同地区、不同层次、不同类型的教育资源在共享的基础上，通过协调、合作、互补等方式，实现教育资源的优化配置和高效利用，从而提高教育质量和效益的一种发展模式。教育资源协同发展有利于促进教育公平，缩小教育差距，满足人们多样化的教育需求，激发教育创新活力，推动教育现代化。随着我国教育改革的不断深入，教育资源协同发展的理念逐渐受到重视，即通过多方的合作和协作，实现教育资源的共享优化，促进教育公平和创新。教育资源协同发展的主要内容包括以下几个方面：

(1)教育政策协同。即在国家统一的教育法律法规和基本制度框架下，各级各类教育主管部门和学校之间，根据实际情况和需求，制定和实施相互协调、相互支持、相互促进的教育政策，形成教育政策的合力。一方面，教育政策协同可以充分调动和整合各方的智慧和资源，促进教育政策的制定更加符合教育规律、社会需求和实际条件，增强教育政策的针对性和可操作性，提高教育政策的执行力和影响力。另一方面，这一层面的协同可以缩小不同地区、不同层次、不同类型的教育之间的差距，推动教育资源的均衡配置和优化利用，保障每个人享有平等的受教育权利，提高全民族的文化素质和创新能力。而且教育政策协同可以激发各方的积极性、主动性和创造性，形成良好的参与机制和激励机制。

(2)教育管理协同。即在尊重各级各类教育主体的自主权和责任的前提下，建立健全教育管理的沟通协商机制，加强信息交流和数据共享，实现教育管理的信息化、智能化、便捷化。

(3)教师队伍协同。即在保障教师合法权益和职业尊严的基础上，建立完善教师流动和交流制度，促进优秀教师资源的合理分配和流动，搭建多元化的教师培训和发展平台，提高教师专业水平和综合素养。

(4)教学资源协同。即在遵循教学规律和学生发展规律的原则下，充分利用现代信息技术手段，构建开放式的教学资源库，实现优质教学资源的共建和共享，推动课程改革和教学创新。

(5)学生发展协同。即在尊重学生个性化选择的基础上，建立多元化学生评价体系，实现学生学习成果的互认和转换，打造多样化学生发展路径，促进学生全面发展和终身学习。

**2. 教育资源协同发展研究的主要形式**

目前，我国教育资源协同发展的主要形式有以下几种：

(1)学校间的协同发展。通过学校之间的联合办学、互助合作、交流互鉴等方式，实现优质教育资源的共享和扩散，提高学校办学水平和教学质量。例如，一些优质学校与农村学校、边远学校、民族地区学校等开展结对帮扶、互派教师、远程教学等活动，促进了城乡、区域之间的教育均衡发展。

(2)学校与社会的协同发展。通过学校与社会各界的合作与交流，充分利用社会资源为学校教育服务，拓展学校教育的空间和内容，丰富学生的学习体验和实践机会。例如，一些学校与企业、社区、文化机构、科研院所等建立长期稳定的合作关系，开展产教融合、社区教育、文化体验、科技创新等项目，培养学生的职业素养、社会责任感、文化素养和创新能力。

(3)学校与家庭的协同发展。通过学校与家庭之间的沟通与协商，建立良好的家校关系和家校共育机制，实现家庭对学校教育的支持和参与，增强家庭对孩子成长的引导和影响。例如，一些学校定期开展家长会、家访、家长志愿者等活动，向家长传递教育理念和方法，邀请家长参与课堂教学和课外活动，共同关注和解决孩子在学习和生活中遇到的问题。

(4)跨地区、跨国界的协同发展。通过网络技术和信息平台，实现不同地区、不同国家之间的教育资源互联互通，促进不同文化背景下的交流与合作，拓宽国际视野和全球意识。例如，一些学校利用互联网开展在线课程、远程授课、虚拟交流等活动，与国内外其他学校建立友好关系，分享优质课程资源，开展多元文化探究，增进相互了解和尊重。

教育资源协同发展有利于实现教育公平，是因为它可以打破地域、经济、社会等因素造成的教育资源分配不均的现状，缩小城乡、区域、学校之间的教育差距，扩大优质教育资源的覆盖面和受益人群，保障每个人都有平等的受教育机会和条件。教育资源协同发展有利于促进教育质量，因为它可以充分利用各种教育资源的优势和特色，实现资源的互补和优化，提高资源的利用效率和效果，激发资源的活力和创造力，增强教育的针对性和适应性，满足多样化和个性化的教育需求。教育资源协同发展有利于提高教育效率，因为它可以实现教育资源的集约化和规模化，避免资源的重复建设和浪费，降低教育成本和投入产出比，提高教育服务的质量和水平，增加教育服务的供给和产出。

**3. 教育资源协同发展研究的实践成果**

目前，国内教育界通过配置、整合利用、共享共建等方式，实现了教育资源的高效利用和优质发展，以满足不同层次、不同类型、不同领域的教育需求。我国教育资源协同发展在实践中取得了显著的成就，主要体现在以下几个方面：

(1)促进了教育公平。我国通过实施义务教育均衡发展、高校招收农村和贫困地区学生专项计划、乡村教师支持计划等政策措施，缩小了城乡、区域之间和校际的教育差距，保障了全体人民平等受教育的权利。同时,我国加强了学前教育、高中阶段教育、职业教育、继续教育等多样化的教育供给,拓宽了人民群众的教育选择,提高了人民群众的教育获得感。

(2)提升了教育质量。我国以立德树人为根本任务,加强思想政治引领和价值塑造,培养德智体美劳全面发展的社会主义建设者和接班人。我国深化课程改革和考试招生改革,推进素质教育和创新教育,注重培养学生的核心素养和综合能力。我国加强师资队伍建设,提高教师的专业水平和道德修养。我国推进产学研合作和协同创新,提升高等教育和科技创新的水平和质量。

(3)增强了教育活力。我国深化教育体制改革,赋予学校更大的办学自主权,激发学校的内生动力。我国加强社会参与和监督,形成多元主体共治的治理格局,营造良好的社会环境。我国拓展对外开放合作,引进国际优质资源,参与国际规则制定,提升国际影响力。

(4)建立了多元化的教育资源供给体系。通过政府投入、社会捐赠、市场运作等多种渠道,增加了教育资源的总量和质量,形成了公办教育、民办教育、社会力量参与教育的多元化格局,为满足不同群体、不同地区的教育需求提供了更多的选择和可能。

(5)推进了区域内外的教育资源均衡配置。通过制定和实施国家和地方的教育发展规划,优化了教育资源的空间布局,促进了城乡、区域之间的教育协调发展。通过实施义务教育均衡发展工程、高等教育内涵发展工程等重大项目,缩小了不同地区、不同学校之间的教育差距,提高了教育公平水平。

(6)构建了开放式的教育资源共享平台。通过发展信息化技术,建设了国家级、省级、市级、县级等各级各类的数字化教育资源库,实现了教育资源的网络化、数字化、智能化。通过开展在线开放课程、在线开放大学等各种形式的网络教学活动,拓展了教育资源的覆盖面和影响力,促进了优质教育资源的广泛流动和共享。

(7)形成了多层次的教育资源共建机制。通过加强政府引导、社会参与、市场调节等多方力量的协作,建立了以政府为主导、以市场为导向、以社会为支撑的教育资源共建模式。通过推动学校间的联合办学、跨界合作、产学研结合等多种方式,搭建了以学校为主体、以专业为依托、以项目为载体的教育资源共建平台。

综上所述,我国教育资源协同发展在实践中取得了丰硕的成果,为促进经济社会发展、民族复兴、人民幸福做出了重要贡献。当然,我们也要清醒地看到,在新时代面临新任务新挑战的背景下,我国教育资源协同发展还存在一些不足和问题,需要我们进一步加强顶层设计、完善政策法规、创新运行机制、优化服务保障、加大投入力度、推动改革创新,不断推动我国教育资源协同发展迈上新台阶。

**4. 教育资源协同发展研究的问题和挑战**

我国教育资源协同发展取得了一定成效的同时,也面临着一些问题和挑战。主要表现在以下几个方面:

(1)教育资源协同发展的理念和制度还不完善。教育资源协同发展的制度是指规范和保障教育资源协同发展的法律法规、政策措施、管理机制和运行机制等,它要求构建以公平为原则、以质量为核心、以效率为目标的教育治理体系,激发教育资源协同发展的内生动力和外部动力。当前,我国教育资源协同发展的理念和制度还存在一些不足,主要表现在以下几个方面:一是教育资源协同发展的理念还不深入人心,缺乏全局观和协作意识;二是教育资源协同发展的制度还不健全,缺乏顶层设计和法治保障;三是教育资源协同发展的机制还不完善,缺乏激励约束和评估反馈;四是教育资源协同发展的实践还不成熟,缺乏创新模式和有效案例。

为了推进我国教育资源协同发展，需要从以下几个方面着手：一是加强宣传引导，提高教育资源协同发展的理念认知；二是完善法规政策，建立教育资源协同发展的制度框架；三是优化管理服务，构建教育资源协同发展的机制体系；四是开展试点示范，探索教育资源协同发展的实践路径。

(2)教育资源协同发展的平台和渠道还不畅通。目前在教育资源协同发展的平台和渠道方面还存在一些问题和不足，影响了教育资源协同发展的效果和水平。

主要表现在以下几个方面：

①教育资源协同发展的平台建设还不完善。目前，我国尚缺乏一个全国性、统一性、开放性的教育资源协同发展的平台，各地区、各学段、各学科教育资源协同发展的平台也不够规范、专业、高效，无法满足教育资源协同发展的多样化、个性化、动态化需求。

②教育资源协同发展的渠道还不畅通。目前，我国在教育资源协同发展的渠道方面还存在一些制度性、技术性、管理性的障碍，导致教育资源协同发展的渠道不够多元、灵活、便捷，无法有效地实现教育资源的跨区域、跨层次、跨类型流动和交流。

③教育资源协同发展的机制还不健全。目前，我国在教育资源协同发展的机制方面还缺乏一个科学合理、公正透明、激励约束的制度设计，导致教育资源协同发展缺乏有效的动力、保障和监督，无法充分地调动各方面的积极性和主动性，也无法及时地解决可能出现的问题和冲突。综上所述，教育资源协同发展的平台和渠道不畅通给我国教育事业带来了一些负面影响，需要我们从政策制定、技术支持、管理运行等方面加强改革和创新，构建一个高效便捷、公平公正、互利共赢的教育资源协同发展体系。

(3)教育资源协同发展的内容和形式还不丰富。我国教育资源协同发展的内容主要集中在硬件设施、师资力量、课程资源等方面，而对于学科建设、科研创新、社会服务等方面的协同发展还不够重视。同时，教育资源协同发展的形式主要采取简单的交流互访、借用借调、联合办学等方式，而对于深度融合、共建共享、互利共赢等方式的探索还不够充分。教育资源协同发展的内容和形式不丰富会对教育事业产生一些负面影响，主要有以下几个方面：

①限制了教育资源的有效流动和优化配置。如果教育资源协同发展的内容和形式不丰富，就不能充分发挥各类教育资源的特色和优势，也不能满足不同地区、不同层次、不同类型的教育需求，导致教育资源的浪费和失衡。

②影响了教育质量的提高和创新能力的培养。如果教育资源协同发展的内容和形式不丰富，就不能有效促进教育理念、教育模式、教学方法、评价方式等方面的交流和创新，也不能激发教师和学生的积极性和主动性，影响教育质量的提高和创新能力的培养。

③阻碍了教育公平和社会公益的实现。如果教育资源协同发展的内容和形式不丰富，就不能有效缩小城乡、区域、学校之间的教育差距，也不能有效保障弱势群体的受教育权利，阻碍了教育公平和社会公益的实现。

(4)教育资源协同发展的效果和评价还不明确。我国教育资源协同发展的效果难以量化和评估，缺乏客观公正的评价体系和标准，难以反映教育资源协同发展对于提高教育质量、促进学生发展、服务社会需求等方面的实际贡献。同时，教育资源协同发展的评价过程缺乏透明度和公开性，难以形成有效的监督和反馈机制。教育资源协同发展的效果和评价缺乏统一的标准和方法，会导致难以客观地反映协同发展的实际情况和成果。不同的地区、学校、学科可能有不同的协同目标、内容、方式和机制，也可能面临不同的协同难点、问题和风险。因此，不能简单地用一套固定的指标或模型来衡量和评价教育资源协同发展的效果，而应该根据具体的协同背景、过程和结果，采用多元的评价方法和工具，综合考虑协同发展的质量、效率、效益和影响。

## 15.2 数字化教育资源建设

### 1. 数字化教育资源建设的重要性

教育资源建设是关系到教育发展的重要基本建设，教育资源的数字化建设是进行教学改革和提高教学质量的生命线。数字化教育资源建设是开展信息化、网络化教育的基础，也是当前教育改革与素质教育的要求。它在推进教育信息化、实现教育现代化过程中起着重要作用。然而，我国的数字化教育资源存在总体缺乏、优质资源匮乏、分布不均、重复建设、标准化程度低、整合与共享难度大等问题，见表 15-1。为了更好地促进我国数字化教育资源建设，发挥其最大效益，服务于教育信息化建设，我们需要建立合理的数字化教育资源发展策略。数字化教育资源建设对于促进教育公平、提高教育质量、培养适应未来社会的时代新人具有重要意义。

表 15-1　各层次学校教育实施数字化教育情况

| 序号 | 学校层次 | 学校数量(万) | 在校人数(亿) | 数字化资源共建共享实施现状 |
|---|---|---|---|---|
| 1 | 基础教育 | 21.89 | 1.45 | 政府主导、自上而下、标准较高 |
| 2 | 高中学校 | 1.36 | 0.237 4 | 名校引领、集团辐射、内容固定 |
| 3 | 职业学校 | 1.171 8 | 0.245 1 | 多方合作、资源共享、跨度较大 |
| 4 | 本科及以上 | 0.122 | 0.15 | 校际合作、优势互补、个性发展 |

数字化教育资源能够为学生提供更多样化的学习资源和方式，帮助他们更好地掌握知识和技能。通过网络化、数字化的学习体系，学生可以随时随地获取所需的学习资源，无论身处何地，都能够享受到优质的教育资源。这对于促进教育公平具有重要作用。例如，对于偏远地区的学生来说，他们可能无法享受到城市学校所提供的优质教育资源。但是，通过数字化教育资源建设，这些学生也能够通过网络获取优质的教育资源，与城市学生站在同一起跑线上。此外，数字化教育资源也能够满足不同学生的个性化学习需求。每个学生都有自己独特的学习风格和兴趣爱好，传统的教育方式往往难以满足所有学生的需求。通过数字化教育资源建设，教师可以为每个学生提供定制化的学习方案和资源，帮助他们更好地掌握知识和技能，促进教育公平，满足不同学生的个性化学习需求。应当加快推进数字化教育资源建设，为全体人民提供更好、更公平的教育。数字化教育资源能够为教师提供更多的教学支持。教师可以利用数字化教育资源来设计更丰富多彩的教学活动，激发学生的学习兴趣，提高教学效果。同时，数字化教育资源也能够为教师提供更多的专业发展机会，帮助教师不断提高自己的专业水平。教师可以利用数字化教育资源来设计各种有趣的互动游戏和模拟实验，让学生在轻松愉快的氛围中掌握知识和技能。这些活动不仅能够激发学生的学习兴趣，还能够帮助他们更好地理解和掌握知识。此外，教师还可以通过网络参加各种在线培训和研讨会，与其他教师交流经验，不断提高自己的专业水平。这对于促进教师专业发展具有重要作用。数字化教育资源还能够为教师提供更多的研究机会，帮助他们开展科研工作，促进教育理论和实践的发展。在家校沟通方面，数字化教育资源也能发挥很大的作用。家长可以通过网络了解孩子在校的学习情况，并与老师进行沟通交流。这有利于家长更好地了解孩子的学习情况，并为孩子提供更好的家庭教育支持。

数字化教育资源建设能够促进教育理念的变革。数字化教育资源共建共享机制如

图 15-1 所示。全过程教学大数据的采集、分析和应用,可以使传统经验性教学向以数据交互、信息评估为主的数字化教育转变,推动教育和学习活动无处不在、无时不有,这有利于培养适应未来社会的时代新人。传统的教育方式往往依赖于教师的经验和直觉,难以满足不同学生的个性化学习需求。但是,随着数字化技术的发展,教师可以通过对教学大数据的分析,更好地了解学生的学习情况,并为他们提供更精准的教学支持,这有助于提高教学效果,帮助学生更好地掌握知识和技能。

总之,数字化教育资源建设具有重要意义。它能够促进教育公平,提高教育质量,培养适应未来社会的时代新人。我们应当加快推进数字化教育资源建设,为全体人民提供更好、更公平的教育。

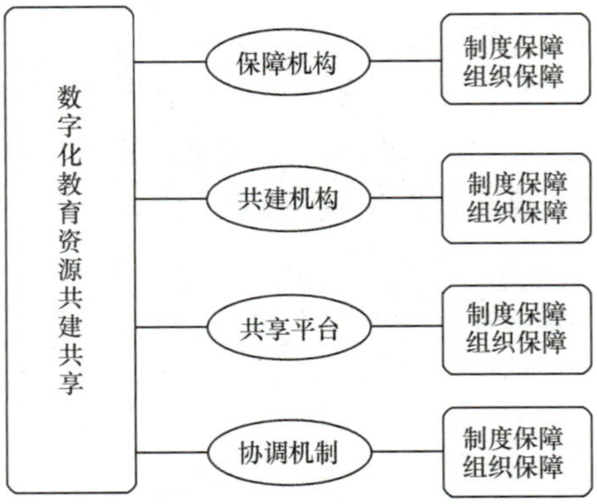


图 15-1　数字化教育资源共建共享机制流程

**2. 如何建设数字化教育资源?**

数字化教育资源建设是一个复杂的过程,需要多方面的努力才能取得成功。根据教育部的指示,数字化教育资源建设需要加强网络平台建设,营造数字化教育发展环境,包括加速教育资源的数字化改造,完善数字化公共服务平台,关注网络联通衔接,避免形成孤岛。此外,还要不断克服应用中出现的各种问题,促进个性化服务和精准化管理。通常来说,数字化教育资源建设需要以下几个步骤:

(1)规划和设计。需要对数字化教育资源建设进行全面规划和设计,确定建设目标、范围和时间表。首先,应当明确数字化教育资源建设的目标。这些目标可能包括提高教育质量、促进教育公平、培养适应未来社会的时代新人等。这些目标应当具有可操作性和可衡量性,以便在后续的建设过程中进行有效的监督和评估。其次,应当确定数字化教育资源建设的范围。这包括确定需要开发哪些类型的数字化教育资源,以及这些资源应当覆盖哪些学科领域和年级段。此外,还需要确定数字化教育平台的功能范围,包括支持哪些类型的学习活动、提供哪些类型的教学支持等。最后,应当确定数字化教育资源建设的时间表,包括确定各个阶段的建设任务和完成时间,以进行有效的监督和管理。规划和设计是数字化教育资源建设过程中至关重要的第一步,应当认真进行规划和设计,为后续的建设工作奠定坚实的基础。

(2)资源开发。在这一阶段,需要开发高质量的数字化教育资源,包括课程内容、教学视频、互动游戏等。首先,确定开发哪些类型的数字化教育资源,这应当根据学生的学习需求和教师的教学需求来确定。例如,可以开发各种类型的课程内容,包括文本、图片、音频和视频等,也可以开发各种类型的互动游戏和模拟实验,帮助学生更好地理解和掌握知识。其次,要制定数字化教育资源的质量标准,包含内容准确性、表达清晰性、逻辑严谨性等方面。建立严格的质量把关机制,确保开发出来的数字化教育资源符合质量标准。最后,组织课程设计师、媒体制作人员、程序员等不同岗位的人员进行资源开发工作,建立有效的协作机制,确保各个岗位的人员能够协同工作,高效完成资源开发任务。

(3)平台建设。建设稳定可靠的数字化教育平台,为学生和教师提供便捷的学习和教学支持,明确数字化教育平台的功能范围,包括支持哪些类型的学习活动、提供哪些类型的教学支持等。例如,平台可以支持在线课程学习、互动游戏、模拟实验等不同类型的学习活动;也可以提供课程管理、成绩管理、资源分享等不同类型的教学支持。应当根据学生和教师的需求来确定平台的功能范围,确保平台能够满足用户的需求。其次,确定数字化教育平台的技术架构,选择合适的硬件和软件平台、设计合理的系统架构、保证系统安全稳定等。可以选择云计算平台作为硬件基础,利用其弹性扩展能力来支撑平台的快速发展;也可以采用微服务架构来设计系统,提高系统的可扩展性和可维护性。应当根据实际情况来确定技术架构,确保数字化教育平台能够稳定可靠地运行。

(4)应用推广。接下来,需要通过各种渠道推广数字化教育资源的应用,鼓励学生和教师积极使用。一方面,通过宣传活动来提高数字化教育资源的知名度,举办各种宣传活动,向学生和教师介绍数字化教育资源的优势和使用方法。还可以利用媒体宣传,向社会公众宣传数字化教育的理念和成果。另一方面,举办培训活动来提高学生和教师的数字化教育能力,向学生和教师传授数字化教育的知识和技能,让更多的学生和教师参与到培训中来。可以适当使用激励机制来鼓励学生和教师积极使用数字化教育资源:设立奖励机制,对积极使用数字化教育资源的学生和教师给予奖励;设立评价机制,将数字化教育能力纳入学生和教师的综合评价体系。只有不断地推广,才能真正发挥数字化教育资源的优势,促进教育公平、提高教育质量、培养适应未来社会的时代新人。

(5)持续改进。最后一个阶段是收集用户反馈意见,并根据实际情况对数字化教育资源进行持续改进。建立有效的用户反馈机制包括设立用户反馈渠道,鼓励学生和教师提供宝贵意见;设立用户调查问卷,定期了解用户对数字化教育资源的使用情况和满意度。对用户反馈意见进行分类整理、深入分析,确定需要改进的问题和方向、改进措施的可行性和有效性,根据分析结果制订改进方案并付诸实施。

### 3. 数字化教育资源建设的研究成果

数字化教育资源建设已经取得较好的成果。学习方式的变革、学习需求的多元化、网络文化理念的侵入、技术的不断革新等诸多要素共同催生了我国数字化教育资源建设的新动向:

(1)高校精品开放课程建设项目

国家精品开放课程建设是落实国家中长期教育改革和发展规划纲要中关于教育信息化发展的具体举措,包括精品视频公开课与精品资源共享课。它是以普及共享优质课程资源为目的,体现现代教育思想和教育教学规律、展示教师先进教学理念和方法、服务学习者自主学习、通过网络传播的开放课程。

(2)区域试点的电子课本开发行动

随着iPad、平板电脑、电子书阅读器及其他数字化便携终端设备的普及,这些技术逐渐渗透进教育领域,促成了电子书包和电子课本的广泛应用与研究。这些电子书包和电子课本不仅仅是传统书包和课本的数字化替代品,它们在功能上更为多样,除了提供基本的内容存储和展示功能外,还能够为学习活动提供全面的支持,包括课前准备、课堂互动和课后复习等环节。通过引入"子书包"概念,这种新型的学习方式如班级差异化互动学习、数字化探究实验学习、小组合作项目学习、个性化按需学习，以及能力本位评估导向学习等将变得更加可行和高效。这些新的学习方式强调了学习的个性化和灵活性，使得不同背景的学生都能在自己的学习节奏中取得进步。目前，北京、上海、江苏、浙江和广东等多个省市都在积极推进电子课本的应用试点。这些试点行动通常采取区域实验的方式，逐步扩大其适用范围。例如，在上海，虹口区已开展了第一批试点项目，覆盖了幼儿园、小学、初中和高中共计 8 所学校，随后又将第二批试点的范围扩大到 18 所学校。为了确保电子课本和电子书包的标准化和互操作性，华东师范大学牵头，结合企业、出版社、学校等多方力量，开展了相关标准的研究工作。这项研究的目的是解决电子课本和电子书包在学习内容、学习平台、学习工具，以及人机交互等方面的互通需求。通过系统的顶层设计和标准先行的原则，力求保障电子书包与电子课本的研究和应用在先进性和实用性上都能达到更高的水平。

(3)公共媒体兴起的公开课行为

在教育部将视频公开课的建设纳入教育信息化建设的重要议程后，国内几家主流媒体如网易、新浪、凤凰和腾讯等纷纷开设视频公开课频道，积极参与到这一教育新模式的推广中。这些公共媒体充分利用网络传播的力量，通过创建公开课单元，向广大的受众群体传递知识与教育资源。公共媒体的公开课频道主要聚焦于国外名校和中国大学的视频公开课程，这些课程由愿意分享知识的个人和组织自愿加入，形成了一个开放的知识分享平台。课程的优先级由公众投票决定，这种互动方式不仅增强了课程的民主性和开放性，也激发了更多学习者的参与热情。此外，这些公共课程与其他网络平台和媒体工具形成了信息联动，确保课程最新信息能够同步传播，进一步扩大其影响力。除了对现有课程资源的整合与改造外，一些媒体还主动参与课程的创建。例如，凤凰卫视推出的“世纪大讲堂”和网易的“网易大讲堂”等自建视频课程，标志着公共媒体在教育内容创作中的主动性和创新性。这些课程不仅丰富了视频公开课的内容形式，也为学习者提供了更为多样化的学习选择。通过这些努力，视频公开课的领域不断扩大，影响力逐渐深化，为公众的学习与发展提供了新的契机和平台。

除此之外，还有企业兴建的辅学助考、网众自发贡献等力量共同参与建设数字化教学资源。数字化教育资源建设是一个复杂的过程，需要多方面的努力才能取得成功。应当加快推进数字化教育资源建设，为全体人民提供、更好更公平的教育。

## 15.3 应用案例

### 案例 1 OER Commons

#### 1. 案例描述

OER Commons 是一个全球性的开放教育资源(Open Educational Resources，OER)库，旨在为教育工作者和学生提供免费的、高质量的教育资源。OER Commons 上的资源涵盖了各学科领域和教育阶段，从幼儿园到高等教育不等，包括但不限于教材、课件、教案、教学视频、模拟实验、虚拟实验、在线课程等。这些资源具有不同的来源，如学校、教育机构、非营利组织、私人机构等。OER Commons 的目标是推广开放教育资源的使用，以促进教育的公平性、效率性和创新性。开放教育资源是指那些使用开放式授权(Open License)的教育资源，使得教育工作者和学生可以自由地使用、修改、分享和再利用这些资源。这种模式可以使得教育资源得到更广泛的使用和更好的更新，从而促进教育的发展和进步。

OER Commons 的内容非常丰富和多样化。在 OER Commons 上，用户可以找到各种学科领域和教育阶段的教育资源。例如，用户可以找到针对不同年龄段和不同学科的教材和教学视频；也可以找到针对特定主题和问题的教育资源，如环境保护、STEM 等。此外，OER Commons 上还有各种教学工具和教学方法的资源，如游戏化教学、个性化学习、合作学习等。OER Commons 的共建机制如图 15-2 所示。

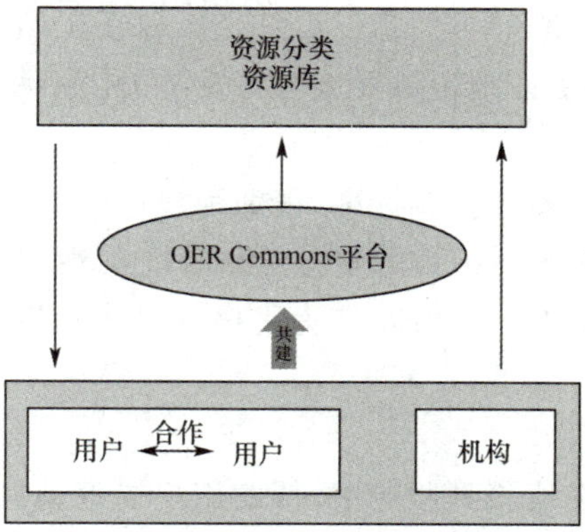


图 15-2 OER Commons 的共建机制

OER Commons 的搜索和筛选工具也非常强大和智能化。用户可以根据不同的搜索条件来寻找所需的教育资源，如主题、学科、年级、资源类型等。OER Commons 还提供了高级搜索和过滤选项，使得用户可以更加精确地定位所需的资源。此外，OER Commons 还提供了一些常用资源的推荐和分类，方便用户发现和使用优质的教育资源。OER Commons 还提供了社区功能，使得用户可以与其他教育工作者和学生交流、分享经验，建立合作关系。OER Commons 的社区包括了来自全球各地的教育工作者和学生，他们分享了自己的经验和资源，并在社区中进行讨论和合作。

**2. 案例分析**

(1)整合多种来源的教育资源

OER Commons 整合了来自多种来源的开放教育资源，包括学校、教育机构、非营利组织、私人机构等。这些资源包括如下内容：

①教学材料：如课程大纲、幻灯片、练习题、实验指南、阅读材料、案例分析等。

②教学视频：包括在线课程、演示视频、学习资源和演讲。

③图片和图表：包括图像、地图、表格和其他视觉材料。

④程序代码和软件：包括开源软件、应用程序、模拟器和其他工具。

⑤课程模块和在线课程：如远程学习课程、在线课程、模块化课程等。

⑥教师支持资源：如教学策略、课程设计、评估工具等。

⑦学生支持资源：如学习策略、学习技巧、学习计划等。

⑧其他类型的资源：包括音频材料、游戏、虚拟实验室和其他类型的开放教育资源。

这些资源来自不同的国家和地区，涵盖了不同的学科领域和教育阶段。OER Commons 通过整合这些资源，为用户提供了一个全面的教育资源库，满足了用户不同的教学需求。

(2)提供强大的搜索和筛选工具

OER Commons 提供了强大的搜索和筛选工具，使得用户可以快速地找到所需的教育资源。用户可以根据不同的搜索条件来寻找所需的资源，如主题、学科、年级、资源类型等。OER Commons 还提供了高级搜索和过滤选项，使得用户可以更加精确地定位所需的资源。这些搜索和筛选工具提高了用户的搜索效率，减少了他们寻找教育资源的时间。

(3)提供社区功能

OER Commons 提供了社区功能，使得用户可以与其他教育工作者和学生交流、分享经验和建立合作关系。OER Commons 的社区包括了来自全球各地的教育工作者和学生，他们分享了自己的经验和资源，并在社区中进行讨论和合作。OER Commons 的社区还提供了一些在线培训和研讨会，帮助用户更好地了解开放教育资源的使用和推广。

(4)提供质量评估和标准

OER Commons 提供了质量评估和标准，帮助用户评估和选择高质量的教育资源。OER Commons 采用了严格的质量评估标准，确保资源的准确性、可靠性和有效性。此外，OER Commons 还提供了用户评价和反馈功能，使得用户可以分享自己的使用体验和意见，促进教育资源的改进和更新。

(5)提供在线工具和应用

OER Commons 提供了在线工具和应用，帮助用户更好地利用和共享教育资源。这些工具和应用包括了创建和共享课程、教学材料和教学活动的平台，以及学习和评估。以下是一些常用的在线工具：

①Authoring Tool

这个工具可以帮助教育工作者创建和分享开放教育资源。通过这个工具，用户可以创建自己的课程、教学材料、实验指南、测验和练习等。

②Learning Object Repositor

这个工具是一个开放的教育资源库，用户可以在这个库中搜索、筛选、评价和分享各种类型的开放教育资源。

③Media Editor

这个工具可以帮助用户编辑和改进图像、视频、音频等媒体资源。通过这个工具，用户可以裁剪、调整和编辑多媒体资源，以适应不同的教学需求。

④Professional Development

这个工具提供了一系列专业发展课程和资源，帮助教育工作者不断提高自己的教学技能和知识。

⑤Analytics Dashboard

这个工具提供了一系列数据分析工具，帮助用户了解他们的资源使用情况和效果，从而更好地评估和改进自己的教学资源。

**3. 解决方案**

(1)开放的教育资源库

OER Commons 提供了一个开放的教育资源库，用户可以在这里分享和获取各种类型的开放教育资源，包括课程材料、教学视频、图片和图表、程序代码和软件、课程模块和在线课程等。这些资源可以免费使用和共享，从而促进教育资源的共享和合作。

(2)教学设计

OER Commons 提供了一系列在线工具，帮助教育工作者设计和开发教学资源。例如，Authoring Tool 可以帮助用户创建和分享开放教育资源，Media Editor 可以帮助用户编辑和改进多媒体资源，Professional Development 可以提供专业发展课程和资源，帮助教育工作者提高自己的教学技能和知识。

(3)教学评估

OER Commons 提供了一系列数据分析工具，帮助用户了解他们的资源使用情况和效果。例如，Analytics Dashboard 可以提供数据分析和可视化工具，帮助用户评估和改进自己的教学资源，以提高教学质量和效果。

下面介绍 OER Commons 提供的一些数据分析工具：

①Analytics Dashboard

OER Commons 的 Analytics Dashboard 可以让用户查看和分析自己的资源在 OER Commons 中的使用情况和效果。用户可以通过这个仪表板查看资源的下载量、浏览量、评论数量和评级等信息，以便更好地了解资源的影响力和受欢迎程度。

②Learning Impact Research Framework(LIRF)

OER Commons 支持 LIRF。这是一个教育评估框架，可以帮助教育机构评估和监测教育资源的效果和影响力。LIRF 基于学习目标和教育成果，可以帮助教育机构更好地了解和评估自身。

③Learning Resource Metadata Initiative(LRMI)

OER Commons 支持 LRMI。这是一个元数据标准，可以帮助教育机构更好地描述和组织开放教育资源。使用 LRMI，教育机构可以更好地分享和使用教育资源，同时也可以更好地评估和监测资源的使用情况和效果。

④Usage Statistics API

OER Commons 提供了一个 Usage Statistics API，可以帮助用户访问和下载资源的使用统计数据。用户可以使用这个 API 获取资源的下载量、浏览量、评论数量和评级等信息，并将这些信息用于自己的数据分析和报告中。

OER Commons 为教育研究提供了一个丰富的数据资源库。用户可以在这里搜索、筛选和获取各种类型的教育数据，从而进行教育研究和分析。

OER Commons 提供了一个跨学科合作的平台，用户可以在这里分享和获取各种类型的开放教育资源，促进教育资源的共享和合作。这种跨学科的合作可以促进创新和知识共享，从而提高教育的质量和效果。

## 案例2 TED-Ed

### 1.案例描述

TED-Ed 是源于 TED(Technology, Entertainment, Design)的一个分支项目。TED 成立于 1984 年，是一个非营利组织，致力于传播“值得传播的思想(Ideas worth spreading)”。TED 通过举办年度会议、发布 TED 演讲视频等方式，为全球范围内的思想家、创新者和领袖提供了一个交流、分享和合作的平台。TED-Ed 项目于 2011 年推出，旨在为全球范围内的教师、学生和教育工作者提供高质量的教育资源和教学工具。TED-Ed 的创始人之一是 TED 的创始人克里斯·安德森，他认为教育是一个非常重要的领域，需要创新和改革。TED-Ed 的目标是为人们提供一个更有趣、更易懂和更具启发性的学习体验，帮助人们更好地掌握知识和技能。

TED-Ed 的内容和资料来源非常丰富，包括来自全球各地的教师、科学家、艺术家和其他领域的专家。TED-Ed 还与许多教育机构、组织和公司合作，共同推进教育创新和改革。通过这些合作和资源整合，TED-Ed 为人们提供了一个全面、多元和富有创意的学习平台。

**2. 案例分析**

TED-Ed 的内容包括以下几个方面：

(1) TED-Ed 视频

TED-Ed 的视频内容非常丰富，涵盖了各种领域的知识和技能，包括自然科学、社会科学、艺术、文学等。TED-Ed 的视频大多采用动画、图像、音频和文字等多媒体手段，以生动、形象、易懂的方式呈现知识和概念，吸引了大量的观众和学习者。具体而言，TED-Ed 视频主题涵盖以下内容：

①自然科学

TED-Ed 的自然科学视频涵盖了物理、化学、生物、地理等多个学科，如《黑洞的奇妙之旅》《脑内奖励系统是如何工作的》《化学与颜色》等。

②社会科学

TED-Ed 的社会科学视频探讨了人类行为、社会现象、历史事件等诸多话题，如《什么是人权》《什么是民主》《什么是博弈论》等。

③艺术和文学

TED-Ed 的艺术和文学视频涉及诗歌、小说、电影、音乐等多个领域，如《为什么我们喜欢听悲伤的音乐》《文学的四个要素》《电影如何制造出惊悚感》等。

④教育和心理学

TED-Ed 的教育和心理学视频介绍了教育方法、学习技巧、认知心理学等方面的知识，如《如何做好时间规划》《如何在考试中发挥出自己的最佳状态》《如何记忆英语单词》等。

(2) TED-Ed 演讲

TED-Ed 演讲的内容丰富多彩，主要涉及以下几个方面：

①科技和创新

TED-Ed 演讲中常常涉及前沿的科技和创新领域，探讨各种新技术和创新思维的应用和影响，如《人工智能的未来》《机器人与人类的合作》《如何打造智慧城市》等。

②社会问题

TED-Ed 演讲也经常关注社会上存在的问题和挑战，探讨其根源和解决方案，如《如何解决气候变化问题》《如何消除种族主义》《如何建立更健康的社会》等。

③人文和文化

TED-Ed 演讲中涉及各种人文和文化方面的话题，包括文学、历史、艺术等，如《如何理解莎士比亚的作品》《古代人如何用技术治疗疾病》《西方和东方的文化差异》等。

④教育和个人发展

TED-Ed 演讲还关注教育和个人发展方面的问题，探讨学习技巧和成功的秘诀等话题，如《如何培养创造力》《如何更好地学习外语》《如何进行自我探索》等。

(3) TED-Ed 课程

TED-Ed 的课程由全球范围内的教师和教育工作者制作，涵盖了各个学科和领域。这些课程为学生提供了丰富的学习资源和教学工具，帮助他们更好地掌握知识。TED-Ed 课程的内容主要围绕着一个特定的话题展开，如艺术、科技、文化、历史、生态等。每个课程通常包含三个部分：观看、讨论和深入探究。学生首先会观看一个 TED-Ed 视频，视频一般为 5～10 分钟，由资深教育专家和艺术家、动画师等人精心制作，内容简明易懂，生动有趣，有助于引起学生的兴趣和思考。其次，教师会提出一些引导性问题，引导学生深入思考视频中的主题和问题，并与同学进行讨论和交流。最后，学生将进行更深入的探究和学习，如阅读相关的文章和书籍、参观相关的场所和活动、制作相关的艺术作品和科技产品等，以进一步加深对主题的理解和认识。图 15-3 为 TED-Ed 微课设计模型。

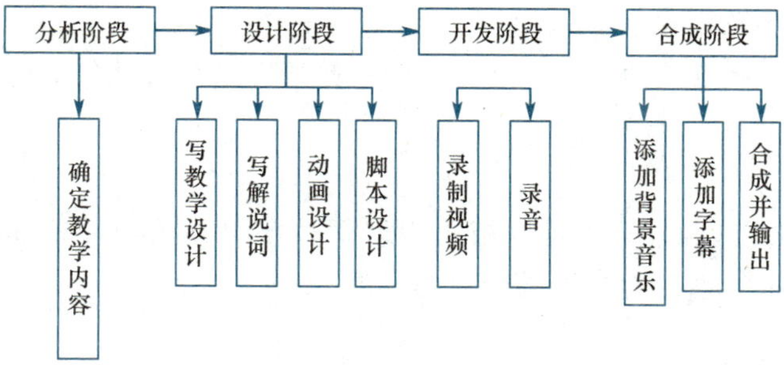


图 15-3 TED-Ed 微课设计模型

(4)TED-Ed 社区

TED-Ed 社区是一个在线教育社区，旨在鼓励教育者和学生共同创作、共享和探索知识。在 TED-Ed 社区中，用户可以访问各种学习资源，与其他教育者和学生交流，并参加各种教育项目和活动。

TED-Ed 社区的主要内容包括：

①TED-Ed 课程

社区用户可以访问各种由教育专家和 TED 演讲者制作的 TED-Ed 课程，探索各种话题和领域的知识和技能。

②创意工具

社区提供了各种创意工具，包括动画制作工具、演讲练习工具等，用户可以利用这些工具创作自己的教育资源和课程。

③学习计划

TED-Ed 社区提供了各种学习计划，帮助用户规划自己的学习目标和进度，并提供相应的学习资源和指导。

④教育项目

TED-Ed 社区不定期地推出各种教育项目，包括创意比赛、科技竞赛、学习活动等，旨在鼓励用户参与教育创新和实践。

⑤社区交流

TED-Ed 社区提供了各种交流平台，包括论坛、博客、社交媒体等，用户可以与其他教育者和学生分享自己的经验、想法和资源，互相学习和支持。

**3. 解决方案**

TED-Ed 的应用非常广泛，以下是一些常见的应用方式：

(1)学校教学

教师可以将 TED-Ed 的视频和课程作为课堂上的教学资源，激发学生的兴趣，提高学生的学习效果。

(2)在线学习

TED-Ed 的视频和课程可以作为在线学习平台的教学资源，为学习者提供更为丰富的学习体验。

(3)自主学习

TED-Ed 的视频和课程非常适合自主学习，学生可以根据自己的兴趣和需求选择相应的内容进行学习。

(4)社区学习

TED-Ed 社区是一个互动的学习平台，学生和教师可以在这里分享自己的想法和观点，互相学习和交流。

(5)创新教育

TED-Ed 的教学方法和理念也可以被用于创新教育的实践，如采用探究式学习和互动式学习等方法，促进学生的创造力和思维能力的发展。

## 案例 3 Coursera

### 1. 案例描述

Coursera 是一个全球领先的在线教育平台，成立于 2012 年，总部位于美国加利福尼亚州。其目标是通过网络课程来让全球任何人都可以免费或付费获得世界级的高质量教育资源。Coursera 的内容主要包括以下几个方面：

(1)在线课程

Coursera 是一个在线教育平台，提供大量的在线课程，涵盖各个领域，包括计算机科学、人文学科、商业、医学、自然科学等。这些课程由来自全球各地的顶尖大学和机构提供，其中包括斯坦福大学、哈佛大学、耶鲁大学、麻省理工学院等知名高校。

Coursera 的在线课程旨在让人们无论身在何处都能够获得高质量的教育。学生可以在自己的节奏下学习，可以随时随地在任何设备上访问课程内容。课程形式包括视频讲座、在线测验、作业和论坛讨论等。Coursera 的课程主要分为两种：自由课程和付费课程。自由课程通常是免费的，并且不提供证书。付费课程需要支付学费，并且在完成课程后可以获得证书。此外，Coursera 还提供了一些特定的课程系列，如专项课程和职业证书课程。这些课程系列通常需要支付一定的学费，并且在完成课程后可以获得相应的证书和认证。

(2)学位课程

Coursera 的学位课程是与全球知名大学合作推出的一系列在线学位课程，包括本科和研究生课程。学生可以在家中通过 Coursera 平台上的视频课程、互动论坛、在线测验等方式完成学业，并通过学校认证的考试获得相应学位证书。

目前，Coursera 合作的大学包括美国常青藤盟校、加州大学系统、澳大利亚国立大学、韩国延世大学等，提供了涵盖计算机科学、商学、医学、人文社会科学等多个领域的学位课程。学生可选择在线完成全部学业，或者通过混合式学习模式在校园和在线之间进行转换。

(3)企业培训

Coursera 还为企业提供了一些在线培训课程，帮助企业提高员工的技能和素质，增强竞争力。

(4)认证考试

Coursera 为一些课程提供了认证考试，考生通过这些考试可以获得与传统学位类似的认证证书，证明他们在该领域拥有相应的知识和技能。

(5)社交互动

Coursera 提供了各种社交功能，如讨论论坛、小组讨论、互动评估等，让学习者可以与来自世界各地的其他学生和教师互动交流。

(6)个性化学习

Coursera 的平台可以根据学生的兴趣和学习情况，为他们推荐适合的课程和学习资源，帮助学生更高效地学习。

**2. 案例分析**

Coursera 通过以下方法进行创新教育资源整合与共享：

(1)合作伙伴网络

Coursera 通过与全球知名大学、机构和企业建立合作伙伴关系，实现了教育资源的整合与共享。其合作伙伴包括 200 多所世界知名高校和机构，如耶鲁大学、普林斯顿大学、哥伦比亚大学、密歇根大学、斯坦福大学、莫斯科国立大学、香港科技大学等。通过与这些高校和机构的合作，Coursera 可以获取这些机构的顶尖教育资源，包括课程视频、学习材料和作业等。这些资源都是经过这些高校和机构精心策划和设计的，可以保证教育质量和水平。

同时，Coursera 也为这些高校和机构提供了一个全球化的教育平台，让它们的课程可以覆盖到全球范围内的学习者。这也为这些高校和机构提供了更多的教育传播渠道和机会，增加了其知名度和影响力。

除了高校和机构之外，Coursera 还与各大知名企业建立合作伙伴关系，如谷歌、IBM、微软、沃尔玛等。这些企业可以为 Coursera 提供实践性的课程内容和应用场景，让学习者更好地将理论知识应用到实践中。

通过这些合作伙伴的支持，Coursera 实现了教育资源的整合和共享，让全球范围内的学习者可以免费或低价地获取高质量的教育资源，实现教育公平和普及。

(2)全球社区

Coursera 拥有庞大的全球学习者社区，学习者可以通过 Coursera 社区与来自世界各地的其他学习者分享经验和知识，共同学习。

(3)数据分析

Coursera 通过对学生课程评估结果进行分析，了解学习者的学习进度、学习效果、兴趣爱好等信息，包括学习者的点击量、观看时间、课程评价、交互情况等，以了解学习者的学习习惯和需求，为学习者提供更优质的教育资源和服务，并为合作伙伴提供优化课程的数据支持。

(4)智能推荐

Coursera 利用人工智能和机器学习技术，根据学习者的兴趣和学习历史，智能推荐适合学习者的课程和内容，提高学习者的学习效率和满意度。

(5)社交互动

Coursera 鼓励学习者在课程学习中进行社交互动，如在课程论坛上讨论问题、分享学习心得等，从而增强学习者之间的交流和互动，提高学习效果。

(6)教学创新

Coursera 支持教师和教育机构通过在线课程进行教学创新，如采用互动式课程设计、个性化学习等方式，为学习者提供更加优质的教育服务。

**3. 解决方案**

Coursera 的应用非常广泛，主要包括以下几个方面：

(1)高等教育

Coursera 作为一个在线学习平台，为高等教育提供了很多有益的资源和工具。Coursera 与全球顶尖大学和教育机构合作，提供了超过 200 个在线学位课程。这些课程的主题覆盖了许多不同的领域，包括商学、计算机科学、医学、人文社会科学等。通过这些学位课程，学生可以在不同的领域获得高质量的教育，并获得认证的学位。

Coursera 为高等教育提供了许多有用的在线教育工具，如 Quizzes、Discussion Forums 和 Peer Assessments 等。这些工具可以帮助教师更好地管理在线课堂，促进学生之间的互动和交流。

对于需要实验室学习的科学、工程和医学课程，Coursera 提供了在线实验室环境，可以模拟实验室环境并提供实验数据。这使学生可以在家中完成实验，并在实验室中进行互动式学习。

(2)职业教育

Coursera 不仅用于高等教育，还广泛应用于职业教育领域。例如，谷歌 IT 支持专家证书课程就是由谷歌与 Coursera 合作，提供了一系列的 IT 支持培训课程，学生可以通过这些课程获得谷歌 IT 支持专家证书，以及应聘 IT 支持工作所需的技能。此外，还有 IBM 数据科学证书课程、美国医师协会(AMA)与 Coursera 合作提供医学教育课程、Adobe 与 Coursera 合作提供创意课程等职业教育优秀示例。

(3)公共教育

Coursera 也被广泛应用于公共教育领域。例如，Coursera 与全球的 K12 教育机构合作，为 K12 学生提供在线课程和教育资源，包括 STEM 科学、计算机科学、历史和文化等课程。此外，Coursera 还与全球各大教育机构和教师协会合作，提供在线教师培训课程，帮助教师提升教学能力和教育技能，包括课程设计、课程评估、教学策略等。Coursera 还与政府和非营利组织合作，为公众提供免费的公共政策课程和培训，帮助人们了解政治和社会问题，掌握公共政策制定和实施的技能。

(4)移民和难民支持

Coursera for Refugees 是 Coursera 为难民提供的课程。Coursera 为难民提供了一系列的免费课程，以帮助他们获取技能和知识，为他们的未来创造更好的机会。Coursera for Governments & Nonprofits 是 Coursera 为政府和非营利组织提供的课程。Coursera 为政府和非营利组织提供一系列的课程和培训，以帮助其更好地为难民和移民提供支持和服务。这些课程包括难民支持、移民政策、多元文化教育等。

Coursera for Business 是 Coursera 为企业提供的课程，许多企业为移民和难民提供工作机会，但是这些人可能没有必要的技能和知识来胜任这些工作。Coursera 为企业提供一系列的课程和培训，以帮助移民和难民获取所需的技能和知识，更好地胜任工作。

## 案例 4 Teachers Pay Teachers

**1. 案例描述**

Teachers Pay Teachers(TPT)成立于 2006 年，起源于一个简单而又重要的理念：教师之间的合作与共享。在教育领域,许多教师不仅是知识的传播者,还是资源的创造者。他们在日常教学中不断研发新的教学方法和学习材料,以提高学生的学习效果。然而,传统的教育系统往往限制了这些资源的流通,教师们很难将自己的创意和实践分享给更广泛的受众。创始人亚当·史密斯(Adam Freed)意识到这一问题,并决定创建一个平台,使教师能够分享和销售他们的教学资源。TPT 的理念是赋予教师权利,允许他们通过自己的创造力和专业知识获得经济收益,同时也为其他教师提供高质量的教学资源。

TPT 最初是一个相对简单的平台,用户界面友好,教师可以轻松上传自己的教学材料。这一阶段,TPT 主要吸引了少数几千名教师。尽管资源数量有限,但由于是一个全新的概念,平台逐渐获得了认可。在 2008 年和 2009 年,TPT 进行了一系列小规模的市场推广活动,吸引了更多的教师注册。这一时期,TPT 主要依赖口碑传播和教师社区的支持,逐步建立了一个初步的用户基础。

进入 2011 年后,TPT 开始迎来爆发式的增长。随着社交媒体的普及,越来越多的教师在 Facebook、Twitter 等平台上分享他们在 TPT 上的经验和资源。通过这些平台,TPT 的知名度迅速提升,用户数量开始飙升。在这一阶段,TPT 还推出了多种功能,比如搜索过滤器、资源分类和评级系统,使教师能够更方便地找到所需的材料。2014 年,TPT 的年销售额超过 5000 万美元,注册用户突破了 200 万。

从 2016 年起,TPT 不仅开始扩展其资源种类,还推出了"TPT for Schools"项目,旨在为学校和教育机构提供定制化的服务。这一项目使得教育机构可以批量购买资源,并为教师提供专业发展支持。与此同时,TPT 开始吸引来自全球的教师,资源的多样性和国际化程度不断提高。平台上的资源涵盖了不同文化和教育体系的需求,进一步增强了其在国际教育市场的竞争力。

**2. 案例分析**

TPT 的核心理念是赋权教师,使他们能够通过创造和分享教学资源获得经济收益。这种模式不仅激励了教师积极参与资源创作,也促使他们不断提高自己的教学水平。许多教师在平台上获得了可观的收入,从而能够更好地支持自己的教学工作。

TPT 上有数以万计的教学资源,包括教案、课件、练习题、评估工具等,涵盖了从幼儿园到高中的各个学科。教师可以根据自己的需求选择合适的材料,从而提高了教学效率。此外,教师可以通过评价系统对资源进行反馈,这种互动性促进了资源的不断改进。

TPT 不仅是一个交易平台,还是一个教育社区。教师可以在平台上互相交流,分享经验,讨论教学策略。这种社区支持增强了教师之间的联系,使他们在教学实践中能够相互借鉴和学习。许多教师在 TPT 上找到了志同道合的合作伙伴,共同开发新的教学资源。

TPT 的市场模式非常灵活,教师可以选择免费或收费的方式分享资源。这种灵活性使得新手教师和经验丰富的教师都能够找到适合自己的方式参与到平台中。此外,教师还可以设置自己的价格,并根据市场需求进行调整,从而实现收益最大化。

尽管 TPT 发展迅速,但也面临着一些挑战:

(1)资源质量参差不齐。任何教师都可以上传资源,导致 TPT 上的资源质量不一。一些资源经过精心设计,质量上乘,而另一些则可能缺乏专业性,难以满足教学需求。这种资源质量的不均衡可能会影响教师的使用体验,降低对平台的信任度。

(2)知识产权问题。教师上传的原创资源可能涉及知识产权问题。一些教育工作者担心自己的作品被盗用或未经授权使用,这使得他们在分享资源时犹豫不决。尽管 TPT 设有版权保护政策，但实施效果仍有待提高。

(3)平台竞争加剧。随着在线教育市场的不断发展，TPT 面临着来自其他平台的竞争。这些平台可能提供更低的佣金或更好的资源管理工具，从而吸引教师和购买者。此外，新兴的在线学习平台和 MOOC(大规模在线开放课程)也在不断崛起，这给 TPT 带来了压力。

(4)用户体验的挑战。尽管 TPT 在功能上不断进行优化，但仍然存在用户体验上的不足。例如，搜索引擎的准确性、资源分类的清晰度等方面仍需改进，以满足不同用户的需求。

TPT 的商业模式主要基于佣金收入。教师在平台上销售自己的资源时，TPT 会收取一定比例的佣金。此外，TPT 还通过广告和付费推广服务等方式获取收入。这种模式为教师提供了一个可持续的盈利机会，同时也为平台带来了稳定的收入来源。随着用户规模的扩大，TPT 的盈利能力不断增强，平台的商业价值也逐渐显现。

**3. 解决方案**

(1)提高资源审核标准。为了确保资源质量，TPT 可以考虑建立一个资源审核机制。引入专家团队对上传的资源进行审核和评分，帮助教师找到高质量的教学材料。此外，可以鼓励用户对资源进行评价和反馈，以形成良好的资源推荐机制。

(2)TPT 应加强对知识产权的保护，设立明确的版权政策，帮助教师了解如何保护自己的作品。可以考虑与法律机构合作，为教师提供法律咨询服务，以降低他们对知识产权的担忧。同时，建立举报机制，及时处理知识产权侵权问题。

(3)为了应对激烈的市场竞争，TPT 需要不断优化用户体验。这包括改善网站界面，提高搜索和筛选功能，使教师能够更轻松地找到所需资源。此外，可以开发移动应用程序，使教师能够随时随地访问平台。

(4)TPT 可以考虑进一步拓展国际市场，吸引更多非英语国家的教师。通过翻译和本地化服务，TPT 能够为全球教师提供更多的支持，同时也增加了资源的多样性。与国际教育机构合作，推广平台的同时，可以扩大品牌影响力。

(5)TPT 可以提供更多的用户教育与培训，帮助教师提高资源创建和使用的能力。这可以通过网络研讨会、在线课程和社区交流等方式实现，使教师更好地利用平台资源。

TPT 作为一个创新的在线教育资源平台，自成立以来取得了显著的成功。通过教师赋权、丰富的资源库和社区支持，TPT 在教育界扮演了重要角色。然而，随着竞争的加剧和资源质量问题的出现，TPT 需要不断调整和优化其战略，以保持在市场中的领先地位。通过实施提高资源审核标准、加强知识产权保护、提供更好的用户体验、拓展国际市场和加强用户教育与培训等解决方案，TPT 能够更好地满足教师的需求，促进教育资源的共享与发展，为全球教育事业做出更大的贡献。未来，TPT 在教育行业的影响力将继续扩大，为更多教师和学生提供优质的教育资源和支持。

## 案例 5　PBS Learning Media

**1. 案例描述**

PBS 全称为美国公共广播电视网(Public Broadcasting Service)，是一个接受社会捐款运行的非营利性机构，发布了很多孩子们爱看的节目和游戏。著名的《芝麻街》就是它发行的作品。PBS 旗下的媒体学习中心 Learning Media 充分发挥了 PBS 的特长，制作了非常丰富的学习资源，生动有趣。该平台整合了来自 PBS 和其他合作伙伴的广泛教育资源，包括视频、音频、互动游戏、课程计划、测验和其他学习材料。这些资源涵盖了各个学科和年级，从幼儿园到高中。

教育者可以通过 PBS Learning Media 访问这些资源，并根据自己的教学需求进行搜索、筛选和组织。他们可以使用平台上的搜索功能，根据学科、年级和主题找到适合自己教学需求的资源。他们还可以使用高级过滤器来缩小搜索范围，以便更准确地找到所需资源。

例如，一位教师可能需要为历史课程寻找与美国独立战争相关的文献、图片和音频。通过 PBS Learning Media，他可以在平台上搜索“美国独立战争”，并使用过滤器将结果缩小到适合他的年级和学科。他可以找到与美国独立战争相关的视频、音频和其他学习材料，并将它们添加到自己的资源库中。

此外，PBS Learning Media 还提供了一些工具和功能，帮助教育者更好地利用资源。教育者可以创建和共享自己的课程计划，将不同的资源组织在一起。他们还可以使用内置的测验工具创建测验，评估学生的学习成果。

教师可以使用 PBS Learning Media 的课程计划工具，将多个资源组合在一起，创建一个完整的课程。他们可以添加视频、音频、互动游戏和测验，以帮助学生更好地理解和应用知识。通过 PBS Learning Media，教育者可以更轻松地获取和利用资源，提升教学效果。他们可以节省时间和精力，不再需要在不同的平台上搜索和下载资源，并手动整合和组织这些资源。相反，他们可以在一个平台上找到并使用各种教育资源，提供更丰富和多样化的学习体验。对于学生来说，PBS Learning Media 提供了多样化的学习资源，帮助他们提高学习兴趣和参与度。他们可以通过观看视频、参与互动游戏和完成测验，加深对知识的理解和应用。此外，学生还可以通过平台上的分析工具跟踪自己的进展和理解程度，提高学习效果。

PBS Learning Media 的创新模式为教育领域带来了积极的变革。它通过集成和共享资源，解决了教育资源获取和共享的问题，提供了更好的教学和学习体验。教育者可以更轻松地获取和利用资源，提升教学效果；学生可以通过多样化的学习资源，提高学习兴趣和参与度。PBS Learning Media 为教育者和学生提供了更好的学习机会和体验。

**2. 案例分析**

PBS Learning Media 是一个开放的平台，任何人都可以免费访问其上的教学资源。此外，它还鼓励用户分享自己的教学资源，以丰富平台的资源库。为了方便用户分享资源，PBS Learning Media 提供了一些工具和服务。例如，用户可以创建自己的账户，并在账户中保存和管理他们的资源。用户还可以将他们的资源分享给其他用户或者公开发布在平台上。为了帮助用户更好地使用平台和资源，PBS Learning Media 提供了一系列的用户支持服务，它提供了详细的使用指南和教程，帮助用户了解如何搜索资源、如何管理他们的账户等。

PBS Learning Media 还设有客服团队，为用户解答问题和处理问题。如果用户在使用平台或者资源时遇到问题，他们可以通过电子邮件或者电话联系客服团队。随着在线教育的发展和普及，PBS Learning Media 也在不断地改进和扩展其服务，开发新的功能和工具，以满足用户日益变化的需求。PBS Learning Media 也在积极探索新的合作机会。它正在与更多的教育机构和内容提供商建立合作关系，以收集更多的优质教学资源。

**3. 解决方案**

PBS Learning Media 在改进搜索功能方面采用了一些先进的搜索技术。具体来说，对搜索算法进行了改进，可以根据用户输入的关键词快速地在大量的教学资源中找到相关的结果。此外，PBS Learning Media 还提供了一些筛选工具，用户可以根据学科、年级等多个维度来筛选搜索结果，这使得用户可以更快地找到他们需要的教学资源，从而提高了使用平台的效率和满意度。

为了提高用户参与度，PBS Learning Media 鼓励用户分享自己的教学资源。它提供了一系列工具和服务，使得用户可以轻松地上传和分享他们的资源。此外，它还设有一个评价系统，用户可以对他们使用过的资源进行评价和评论，这样其他用户就可以根据这些评价来选择资源。

## 案例 6　中国大学 MOOC(慕课)

**1. 案例描述**

“慕课”(MOOC)，是 Massive Online Open Course 的英文缩写形式，即大规模的网络开放课程。它是一种运用教育技术来支持大规模人群共同学习的教育形式，以视频授课、阶段练习、课外作业、线上互动、线下研讨、测验考试等环节构成的教学过程。事实上，“慕课”就是现代信息技术在教育领域掀起的一股革命性浪潮。这股浪潮席卷了世界各国并受到广泛追捧，主要是由于其蕴含的民主教育、终身教育的教育理念，以及自主学习与网络学习的学习方式契合了当前人们的学习心理需求。正因如此，“慕课”为整个高等教育所带来的“大学堂、大数据、大变革、大论辩”是前所未有的。

中国大学 MOOC(慕课)是由网易与高教社“爱课程网”合作推出的大型开放式在线课程学习平台。这个平台上线于 2014 年 5 月，它联合北京大学、复旦大学、浙江大学、新加坡国立大学、微软亚洲研究院等 211 所知名高校和机构推出上千门精品大学课程，让每一个有提升愿望的用户都能在此学习到中国最好的大学课程，并获得认证证书。

中国大学 MOOC 依托在线平台，拍摄课程可以循环利用，教师不再需要重复授课。慕课不同于传统课堂式学习，是碎片化学习，以知识点的形式呈现课程，学生可以充分利用业余时间进行学习，突破传统课程时间、空间的限制，足不出户即可学到众多高校的课程，丰富了学习资源。中国大学 MOOC 于 2013 年起步，经过十余年的探索与实践，建设数量和应用规模迅速跃居世界第一，成为我国高等教育的一张崭新名片。早在 2008 年，我国就已经有了一些关于慕课的研究。但彼时的慕课，并未真正作为一种有效的课程形式在我国的高等教育中真正发挥作用。直到 2013 年，慕课浪潮才开始真正席卷全国。

**2. 案例分析**

我国慕课的发展离不开高校的努力与探索。2013 年 5 月，清华大学、北京大学将部分课程上传至 edX 大规模开放在线课堂平台，标志着我国慕课建设正式起步。不久后，一批国内优秀大学纷纷投入了慕课的建设浪潮。据悉，仅 2013 年至 2014 年，我国慕课的课程数量就从不到 10 门发展到超过 200 门，慕课使用人次也从不到 1 000 人次上升到了超过 200 万人次。

国家政策的支持与保障同样推动了我国慕课的发展。2014 年 4 月，教育部成立了在线教育研究中心，致力于推进大规模在线开放课程的建设。2015 年 4 月，教育部发布了《教育部关于加强高等学校在线开放课程建设应用与管理的意见》，明确提出“立足自主建设”“注重应用共享”“加强规范管理”三大基本原则，为慕课的发展提供了强有力的政策保障。

然而，在不断发展的过程中，中国大学 MOOC 也暴露出许多问题，“结课率”低经常是慕课的反对者广为诟病的一点。尤其是人们发现“慕课”的结业率只有 5%，对学生的要求又很高，教学方法也没有多少新奇之处等问题之后，失望情绪自然难免。不难发现，慕课在赋予学生自由选择课程权利的时候，连同不选或中途退出的权利一并交给了学生。我们习惯性地从人数比例上判定“结课率低”，但从绝对人数来说，慕课可以在一学期之内教授成千上万名学生，这是课堂教学所无法比拟的，也是不敢想象的。

在当今市场经济快速发展的背景下，高等教育正面临着前所未有的挑战与危机。随着经济全球化的推进，高等教育逐渐被视为一种商品，教育机构的运营越来越受到市场需求的驱动。这种变化虽然在某种程度上促进了教育的多样化与灵活性，但也带来了诸多负面影响。市场经济的渗透使得高等教育机构不得不更加注重自身的经济效益。一些高校在追求经济利益的过程中，可能会忽视教育的根本使命，即培养全面发展的学生。这种趋利性导致教育内容的“市场化”，课程设置往往偏向于热门专业和职业技能，忽略了人文学科和基础科学的价值。这不仅降低了教育的深度与广度，也导致学生在知识结构上出现严重失衡，长远来看会影响社会的整体文化素养和创新能力。此外，随着市场需求的变化，许多高校面临着生源的压力。在竞争激烈的环境中，学校为吸引学生，可能会采取过度营销的手段，甚至降低招生标准。这种“降级招生”现象使得教育质量受到威胁，学生的学习动机和整体素质也可能随之下降。此外，过于追求短期经济利益的行为，容易导致教育内容的“快餐化”，使学生在知识的获取上缺乏深度思考与批判能力。同时，市场经济的影响也加剧了教育资源的不平等分配。优质教育资源往往集中在一些知名高校和大城市，导致经济条件较差的地区和家庭的学生面临更多的入学困难。教育公平性受到挑战，这不仅影响了社会的流动性，也加剧了社会分层和不平等的现象。

我们需要对慕课的结课率问题抱以宽容的态度，但是“大规模”与“市场经济”也不能成为我们无视该问题存在的借口。我们可以运用慕课天然的大数据优势来分析学生弃课的诸多原因，并据此作为改进课程设计的依据。也许这将是提高慕课结课率的积极策略。

慕课作为一个规模极大的公开网络授课平台，教师面对的是部分人，所以在这一过程中，教师面对的学生水平有可能超过自己。针对这样的现实情况，教师必须不断地提高自身的教育水平，尝试根据不同的听课对象展现出不同的授课方法，并且根据不同阶段的学生提供充足的资料来帮助其理解。为了做好课前知识准备，教师的工作量无疑是巨大的，其既要吸引学生选择这门课，也要保证课堂的可行性。而且在课后论坛的讨论中，教师还要根据学生所提出的问题及时准确回答，所以教师的首次课程开设工作困难较大。

课程版权在慕课平台上也引发了争议，面临着部分法律风险。虽然在《中华人民共和国著作权法》中表明网络课程可以合理使用，但是慕课不同于传统的授课方式，其面对的学习对象较多，所以在法律上的合理使用范围引起了人们的争论。

**3. 解决方案**

随着在线教育的迅猛发展，慕课（大规模在线开放课程）逐渐成为教育改革的重要一环。然而，尽管慕课在教育领域展现出巨大的潜力，许多课程建设者仍未能完全适应这一新兴的教学模式，导致部分慕课在设计和实施上依然沿袭传统的精品课程和视频公开课的思路，缺乏对在线教育教学的深入探索。为了提高慕课的有效性和学生的学习体验，我们必须深入分析并革新慕课的教学模式。

首先，慕课的教学模式需要从传统的知识传授转变为更具交互性的学习方式。翻转课堂作为一种新兴的教学模式，正逐渐被一些课程建设者所采纳。翻转课堂通过将课堂内外的活动颠倒，使学生在课外自学知识，而课堂上则进行更深层次的讨论和互动。这种模式在一定程度上提高了课程的交互性，但仍有许多不足之处。实践表明，尽管采用翻转课堂的课程相比传统课程在交互水平上有所提升，但其绝对水平依然较低。因此，进一步探索基于探究型学习的课程模式显得尤为重要。探究型学习不仅能够提高学生的主动性和参与感,还能促使学生在实际问题中应用所学知识,从而增强学习的深度和广度。

其次,慕课的使用权利问题同样值得关注。尽管慕课课程具有公开性,能够让更多的学习者自由选择,但目前的使用制度却限制了课程的复制和再利用。每个注册账号仅享有一次课程的使用权,这与其他网络课程形成了鲜明对比。为了更好地服务于学习者,慕课的运营需要对此进行适当的调整。在合理使用的范畴内,慕课可以适度收取费用,以保障课程质量和运营的可持续性。

在学习模式的设计上,线上学习平台与线下学习存在显著差异。线上学习中,学生与教师之间缺乏面对面的沟通,这可能导致学生在学习过程中遇到困难时无法及时得到帮助。虽然慕课网站设有专门的论坛供学生提问,但面对众多的学生,教师往往难以高效解答每一个问题。为了解决这一问题,各学校应当建立一支高素质的教师团队,以确保学生的问题能够得到及时反馈。此外,教师还应总结学生在学习中常遇到的难点,进行针对性的讲解和指导,帮助学生及时复习和巩固知识。

学员在选择慕课时,其动机各不相同。有些学员可能是出于试探的态度,另一些则是出于好奇心。然而,如果课程缺乏吸引力,学生很可能会在学习中途放弃。因此,教师需要思考如何在课程设计中更好地抓住学员的心。提高教师自身素质、采用趣味性讲授方式、增强课堂互动性,都是提升课程吸引力的重要手段。例如,在授课过程中加入互动环节,可以帮助学生保持专注;而在课后,鼓励学生积极参与论坛讨论,不仅能增加学习的深度,还能让学生感受到教师对他们的关注与重视。这些方法都能有效提高学员的学习动机和参与度。

## 本章小结

本章节详细介绍了教育资源协同发展的现状及存在的问题,数字化教育资源建设的重要性及其建设过程,以及创新教育资源整合与共享的若干案例。通过对这些内容的深入探讨,本章阐释了教育资源协同发展所面临的挑战和机遇。

首先,本章详细描述了教育资源协同发展的现状及存在的问题。在当前教育领域,教育资源的分散和重复利用不足,以及资源共享的不充分等问题严重制约了教育质量的提升。这些问题的存在迫使我们寻求解决方案,以实现教育资源的高效利用和共享。为此,我们需要深入理解这些问题的根源,并探索有效的解决策略。例如,研究如何通过技术手段来改进资源管理和共享机制,如何通过政策引导和激励来促进资源的开放和共享。其次,本章强调了数字化教育资源建设的重要性及其建设过程。数字化教育资源建设是解决教育资源分散和重复利用不足的有效途径,也是提高教育质量的关键手段。本章详细介绍了数字化教育资源建设的过程,强调了建设过程中值得注意的问题和具体步骤,以确保建设过程的顺利进行。在这个过程中,需要关注技术、内容、管理等多个方面。在技术方面要关注如何使用先进的信息技术来支持资源的存储、检索、传输等功能;在内容方面需要关注如何保证资源的质量和适用性;在管理方面需要关注如何制定合理的规则和机制来保证资源的有效管理和公平使用。最后,本章提供了六个创新教育资源整合与共享的案例。这些案例展示了在教育资源协同发展的过程中,如何通过创新的方式整合和共享教育资源,以提高教育质量并促进教育的公平和可持续发展。这些案例不仅丰富了教育资源协同发展的实践经验,更为教育领域的相关从业者提供了有益的借鉴和启示。

## 思考题

1. 什么是教育资源协同发展?
2. 数字化教育资源建设的意义是什么?
3. 教育资源整合与共享的作用是什么?
4. 如何推进教育资源共享?
5. 请举例说明创新教育资源整合与共享的案例。

## 参考文献

[1] 韩庆峰.基于京津冀协同发展的高等教育资源共享机制研究[J].图书馆学刊,2015,37(01):37-38,42.

[2] 陈燕秀.基于慕课资源的混合式教学——东西部高等教育协同发展的共赢之道[J].中国大学教学,2018(02):23-26.

[3] 钟秉林,王新凤.新发展格局下我国高等教育集群发展的态势与展望[J].高等教育研究,2021,42(03):1-6.

[4] 岳瑛.我国家校合作的现状及影响因素[J].天津市教科院学报,2002(03):50-53.

[5] 周璇,刘悦男.个性化、多元化教育理念与高校人才培养战略[J].学术交流,2008(12):303-306.

[6] 范颖,刘梦.基于云平台的在线教育课程资源共享设计与研究[J].现代电子技术,2020,43(01):175-178.

[7] 郭健,顾岩峰.我国区域高等教育协同发展:结构矛盾、肇因分析及策略选择[J].中国高教研究,2020(06):72-78.

[8] 党福奎.理想的区域教育[M].西安:陕西人民出版社,2019:190.

[9] 王运武.我国数字化教育资源现状及发展策略[J].中国教育信息化,2008(01):9-11.

[10] 陈本锋.教育公平视域下的数字化教学资源共建共享研究[J].广东技术师范大学学报,2020,41(02):17-23.

[11] 祝智庭,许哲,刘名卓.数字化教育资源建设新动向与动力机制分析[J].中国电化教育,2012(02):1-5.

[12] 阮滢.新技术手段给力学习方式的变革——华东师范大学祝智庭教授谈“电子书包”[J].中小学信息技术教育,2011(02):9-11.

[13] Wiley D, Iii J H. Defining OER-Enabled Pedagogy[J]. International Review of Research in Open & Distributed Learning, 2018, 19(4).

[14] Hammond A L, Atkins D E, Brown J S. A Review of the Open Educational Resources(OER)Movement: Achievements, Challenges, and New Opportunities [J]. Oerderves, 2007.

[15] 宫淑红,胡贝贝,盛欣.共享开放教育资源的门户——ISKME 组织的 OER Com-

mons 项目评析[J]. 现代教育技术，2011，21(6)：9-12.

[16] Iii J H , Wiley D , Stein J , et al. The four 'R's of openness and ALMS analysis：frameworks for open educational resources[J]. Open Learning：The Journal of Open，Distance and e-Learning，2010，25(1)：37-44.

[17] Lamb A. TED-ED[J]. Teacher Librarian，2015，43(2)：43-45.

[18] Anderson C , Publishing H . TED Talks : The Official TED Guide to Public Speaking[J]. 2016.

[19] 程诚，向丹丹，马晓双，等. 基于 TED-Ed 的微课设计与实现[J]. 信息与电脑(理论版)，2020，32(07)：208-211.

[20] Bates T . What's right and what's wrong about Coursera-style MOOCs[J]. Stephen's Web，the home page of Stephen Downes，with news and information on e-learning，new media，instructional technology，educational design，and related subjects，2012.

[21] Young J R . Inside the Coursera Contract：How an Upstart Company Might Profit From Free Courses[J]. Chronicle of Higher Education，2012.

[22] Knox J，Bayne S，Ross J，et al. MOOC Pedagogy：the challenges of developing for Coursera[J]. Association for Learning Technology(ALT)Online Newsletter，2012(28).

[23] 赵丹，周琴. Teachers pay Teachers：以教师为主体的数字教育资源共享平台[J]. 世界教育信息，2019，32(10)：52-58.

[24] 李秀丽. 我国高校慕课建设及课程利用情况调查分析——以中国大学 MOOC 等四大平台为例[J]. 图书馆学研究，2017，(10)：52-57.

[25] 李诏宇. 慕课十年：破大学围墙，助教育发展[N]. 科技日报，2023-02-08(006).

[26] 孙洪涛，郑勤华，陈丽. 中国 MOOCs 教学交互状况调查研究[J]. 开放教育研究，2016，22(01)：72-79.

# 第16章 卫生资源配置与服务优化

本章学习目标

通过学习本章内容，了解智能医疗领域的医疗卫生资源配置与服务优化问题，学会通过对指标的评估来优化卫生资源的配置和服务供给，掌握智能医疗优化策略与途径的建模，了解智能医疗技术在卫生资源配置和服务供给方面的应用和优势。

## 16.1 卫生资源配置和服务供给指标评估

### 1. 什么是卫生资源？

卫生资源是指在卫生保健活动中能够提供卫生服务的各种要素，包括人力资源、物质资源、信息资源和组织资源。卫生资源是保障人民健康的重要基础，也是衡量一个国家或地区卫生发展水平的重要指标。

人力资源是卫生资源的核心，提供医疗服务、协助病患、参与疾病预防和健康宣教等活动。医生、护士、药师、公共卫生工作者等专业人员的数量、质量和分布直接影响着卫生服务的质量和可及性。他们的专业知识和技能对于正确诊断疾病、制订治疗方案、提供护理、开展疫情监控等方面至关重要。因此，为了满足卫生系统的需求，必须投资于培养和发展专业人员。这包括医学院、护理学院、药学院和公共卫生学院等教育机构。培训课程应当包括临床技能、医疗伦理、传染病控制、卫生政策和管理等方面的内容。此外，终身学习和职业发展机会对于保持专业人员的知识和技能的更新至关重要。另外，合理配置专业人员是确保卫生服务可及性的关键。这包括将医生、护士和其他卫生专业人员分配到不同地区，特别是偏远地区，以满足健康需求。此外，跨专业协作也是重要的，可以提供全面的医疗护理。人力资源管理工作也是重中之重：卫生系统需要有效的人力资源管理来确保人员的激励、发展和绩效。这包括制定合理的薪酬政策、提供职业发展机会、建立正向的工作环境，以及提供员工的健康和福祉支持。此外，管理还包括人员的监督和评估，以确保他们提供高质量的护理。而且，卫生系统常常面临着人力资源挑战，包括医生和护士的短缺，人员流动、质量和负担等问题。解决这些挑战需要政府、卫生机构和国际组织的合作。这可能包括增加医学院和护理学院的招生、提供激励措施吸引医疗专业人员到偏远地区工作，改善工作条件，以及建立更有效的卫生政策和计划。总体来说，人力资源是卫生体系的核心，对于提供高质量、可及性和高效率的卫生服务至关重要。确保足够数量和高质量的专业人员，并合理配置和有效管理他们，是建设健康社会的必要条件。

物质资源是卫生资源的基础，指用于卫生保健活动的各种物质资产，如医疗机构、医疗设备、药品、消耗品等。医疗设备包括各种医疗仪器、诊断工具和治疗设备。这些设备对于正确诊断疾病、监测病情、进行手术和提供治疗至关重要。保持设备的更新、定期维护和培训，以及正确使用医疗专业人员是关键。药物和消耗品包括药物、疫苗、手术用品、卫生用品和其他医疗耗材。它们对于治疗疾病、控制传染病和提供急救服务至关重要。物质资源的规模、结构和利用决定着卫生服务的质量、安全和成本。物质资源的投入、更新和维护是卫生事业发展的重要保障。医疗设施是提供医疗服务的地点，包括医院、诊所、卫生中心和药房等。这些设施必须能够满足患者的需求，提供适当的医疗设备和人员，以确保患者得到适当的护理。设施的分布和规模需要根据地区的卫生需求进行合理规划。投入足够的物质资源是卫生事业发展的重要保障。这包括政府、卫生机构和国际组织的投资，以建设和维护医疗设施、采购医疗设备、药物和消耗品。物质资源的更新也至关重要，因为医疗技术和药物不断发展，需要跟随时代更新设备和疗法。物质资源的管理也涉及可持续性和环境影响的考虑。这包括资源的有效利用、废弃物的处理和环境友好型做法。在物质资源的使用和管理方面，可持续性和社会责任是越来越重要的考虑因素。综合而言，物质资源是卫生系统的基础，对于提供高质量、安全和患者可以承受的卫生服务至关重要。确保有足够数量、高质量和可及性的物质资源，以及合理配置和管理这些资源，是卫生体系成功运作的关键因素。这也需要卫生决策者、医疗专业人员和社会各界的合作，以确保物质资源的充分利用和维护。

信息资源是卫生资源的支撑。这些资源包括疾病监测、健康统计、医学研究、健康教育和患者记录等各种信息。信息资源的有效收集、分析和传播对于提高卫生服务的科学性、适应性和创新性至关重要。这些信息资源可以帮助卫生决策者制定政策，帮助医疗专业人员提供更好的护理，帮助患者更好地管理自己的健康。信息资源可以用于监测和跟踪疾病的传播和流行情况。这包括收集疾病报告、流行病学调查数据和实验室测试结果。这些信息对于及时采取控制措施、预防疫情和改善公共健康至关重要。信息资源用于维护健康统计数据，包括出生率、死亡率、患病率和医疗服务的使用情况。这些数据有助于了解人口的健康趋势、卫生需求和服务提供的效率。信息资源支持医学研究，包括临床试验、流行病学研究和基础科学研究。这些资源提供了医学专业人员和科学家进行创新研究的数据和素材，有助于改进医疗实践和开发新的治疗方法。信息资源用于健康教育和宣传活动。这包括制定健康教育材料、传播健康信息和提供培训。通过信息资源，公众可以更好地了解健康问题，采取健康行为和决策。患者记录是医疗信息资源的一部分，包括个体患者的医疗历史、诊断、处方和治疗计划。这些记录有助于医疗专业人员提供个性化的医疗护理，跟踪疾病进展和改善患者安全。信息资源的共享和应用对卫生事业的发展至关重要。这包括建设电子健康记录系统、促进卫生信息交换和卫生数据分析。通过信息资源的合理利用，可以提高卫生服务的效率、质量和安全性。在信息资源的收集和共享过程中，隐私和数据安全是重要的考虑因素。必须采取措施来保护患者和公众的个人信息，并确保数据的机密性和完整性。综合而言，信息资源是卫生事业发展的重要推动力，有助于卫生决策、医疗实践和公众健康。有效的信息资源管理和应用可以提高卫生体系的响应能力，推动医疗创新，并提升卫生服务的质量和效率。这也需要卫生决策者、医疗专业人员和信息技术专家的合作，以确保信息资源的合理使用和保护。

组织资源是卫生资源的纽带，组织资源包括政府部门、社会团体、医疗联合体、健康保险机构等，它们为卫生保健活动提供组织和管理结构。这些组织在卫生系统中起着协调和管理的作用，直接影响卫生服务的规范性、公平性和可持续性。政府在卫生领域中扮演着关键的角色，制定政策、法规和计划，确保卫生服务的提供和监管。政府还负责分配卫生资源，提供基本卫生服务，以及监督卫生机构的运营。社会团体包括非营利性组织、慈善机构和志愿者组织。它们在卫生教育、宣传、患者支持和筹款方面发挥作用，有助于弥补卫生系统的不足，提高卫生服务的可及性。医疗联合体是卫生专业人员和机构之间的合作组织，可以加强医疗团队的协作，提高医疗质量和效率，促进信息共享和最佳实践的传播。健康保险机构为个人提供医疗保险和健康保障，有助于分担医疗费用，提供财政支持，确保患者能够获得医疗护理，从而减轻医疗负担。组织资源的设置和职能对于卫生服务的规范性和协调性至关重要。政府需要制定明确的卫生政策，确保卫生服务的规范性和质量。社会团体需要明确定位和使命，以有效地履行其宣传、教育和支持患者的职能。医疗联合体需要制定明确的协作机制，以确保医疗团队的协作和信息共享。健康保险机构需要提供质量医疗保险，确保可持续的健康保障。协调是确保卫生服务公平性和可持续性的关键。各种卫生组织和机构需要协调其工作，避免重叠和浪费，并确保资源的最佳利用。组织资源需要不断改革和创新，以满足不断变化的卫生需求。政府和健康机构需要采取新方法和技术，以提高服务质量和效率。社会团体需要不断创新，以满足不同群体的需求。医疗联合体需要改进卫生协作和信息共享。健康保险机构需要适应不断变化的医疗环境。综合而言，组织资源是卫生系统的纽带，其协调和管理卫生保健活动，直接影响卫生服务的质量和可持续性。有效的组织资源管理和合理的协调对于建设健康社会至关重要。这也需要政府、卫生机构、社会团体和健康保险机构之间的合作，以确保资源的最佳利用和卫生服务的持续改进。

**2. 卫生资源配置概述**

卫生资源配置是指在一定的社会经济条件下，根据卫生需求和卫生目标，合理地安排和利用有限的卫生资源，以达到最大化的卫生效益和社会效益的过程。卫生资源配置涉及卫生资源的数量、质量、结构、分布、使用等多个方面，是卫生政策和卫生管理的重要内容。

卫生资源配置的目的是满足人民群众的基本卫生需求，提高人民群众的健康水平，促进社会经济的发展。

卫生资源配置的原则包括以下几点：

(1)以人为本，以需求为导向

这一原则强调卫生资源应该首先满足人民群众的健康需求。这意味着卫生决策应该始终以人的生命和健康为出发点，而不是仅仅关注资源的可用性和成本效益。为了实现这一目标，卫生决策者需要深入了解各个社区和群体的具体需求，以确保资源的定向分配，优先满足那些需要医疗帮助的人的需求。这包括关注儿童、老年人、残疾人和其他特殊群体的需求，以及考虑到不同地区的卫生差距，以便促进卫生公平。

(2)科学合理，效益优先

卫生资源配置需要建立在科学方法和标准的基础上。这涉及综合分析卫生资源的供给和需求，以确定资源总量、种类和分布的最佳组合。资源的分配必须基于可靠的数据和证据，而不是基于主观决策。效益优先的原则意味着要优化资源的利用，确保每个资源都产生最大的效果。这可能包括投资于预防保健和公共卫生措施，以降低疾病的发病率，降低医疗成本，提高整体健康水平。

(3)综合平衡，动态调整

卫生资源的分配需要考虑到多个因素，包括社会经济发展水平、地区发展差异、人口结构的变化和疾病谱的演变。综合平衡原则要求在城市和农村地区之间、不同地区之间，以及不同卫生部门和服务层次之间实现平衡。这可以通过建立国家卫生规划和政策来实现,以确保资源的公平分配。此外,卫生资源配置必须是动态的,能够根据社会变化和卫生需求的变化进行调整。这包括及时评估和调整卫生计划,以满足新兴的卫生挑战和需求。

(4)政府主导,多元参与

政府在卫生资源配置中扮演着关键的角色。政府应制定卫生政策、规划和法规,以确保资源配置的公平性和可持续性。政府还应该建立监督机制,以监督和评估资源的使用情况,引导和规范市场行为,以维护公共利益。同时,卫生资源配置也需要吸引多元参与,包括社会资本、民间组织、专业机构和私人部门。这种多元化的参与可以带来更多的资源和创新,为卫生服务提供更多的选择和机会,从而促进卫生服务的多样化和可持续发展。

综合而言,这些卫生资源配置原则共同构建了一个卫生体系,旨在满足人民的健康需求、提高卫生服务的效率和质量,以及促进社会的公平和可持续发展。这些原则为卫生政策制定者、卫生专业人员和社会各界提供了重要的指导,以确保卫生资源能够最大化地造福人类健康。

**3. 卫生资源服务供给概述**

卫生资源服务供给是指卫生资源的提供者在一定的时间内,一定价格水平下,愿意且能够提供的卫生资源的数量。卫生资源包括人力资源、物质资源和财政资源,它们是卫生保健服务的基础和保障。卫生资源服务供给的目的是满足社会和个人对卫生保健服务的需求,提高人民群众的健康水平和生活质量。

卫生资源服务供给受到多种因素的影响,主要有以下几个方面:

(1)社会经济发展水平

社会经济发展水平是卫生资源服务供给的一个决定性因素,对卫生保健领域产生了广泛的影响。社会经济发展水平直接决定了一个国家或地区能够用于卫生事业的总资源量。高收入国家通常有更多的财政资源可供分配,这意味着它们可以投入更多的资金用于卫生资源服务供给,包括医疗设备、医护人员培训、疫苗接种等。这些额外的资源可以提高卫生服务的数量和质量,满足更广泛的卫生需求。社会经济水平还影响人们对卫生保健服务的需求和支付能力。社会经济发展水平是卫生资源服务供给的一个关键决定因素,它影响了资源投入、卫生服务的数量和质量、卫生不平等情况,以及对紧急疫情的应对能力。政府和国际组织通常努力减少这些不平等,以确保所有人都能获得高质量、可及的卫生保健服务。这需要进行有计划的政策、资源分配和卫生体系建设,以实现健康公平和社会可持续发展。

(2)政府政策和管理

政府是卫生资源服务供给的主要主体和调节者,它通过制定相关的法律法规、标准规范、计划指标、财政预算等方式,对卫生资源服务供给进行规划、监督、评价和激励。政府政策和管理的科学性、合理性、有效性和公平性对卫生资源服务供给的数量和质量产生重要影响。政府需要确保卫生资源的合理分配,监督卫生服务的质量,鼓励高质量医疗服务的提供,同时积极与公众互动,以满足社会的卫生需求,减少卫生不平等,提高整体的卫生水平。政府政策和管理的有效性是建设健康社会的关键组成部分。

(3)市场机制和竞争环境

市场机制和竞争环境对卫生资源服务供给产生重大影响。它们的作用可从多个角度来看:市场机制和竞争环境可以激发卫生资源服务供给者提供更高效、成本更低的卫生服务。竞争迫使医疗机构降低成本,提高效率,提供更多质量卓越的医疗服务,以吸引患者。这有助于确保资源的最佳利用，提高卫生服务的可及性。市场机制通过价格信号影响患者对医疗服务的需求。价格上涨可能降低患者的需求，从而降低医疗资源的过度使用。然而，这也可能导致患者因费用过高而不寻求必要的医疗服务，因此需要平衡价格与可及性之间的关系。市场机制和竞争环境影响卫生资源的分配。医疗机构可能更愿意在有竞争的市场中设立医疗设施，以满足患者需求。这有助于提高卫生资源的覆盖范围，确保更多地区和人群获得卫生服务。竞争环境可以激发创新，推动医疗技术和医疗方法的发展。竞争市场鼓励医疗机构不断改进和创新，以提供更好的医疗服务。这有助于卫生领域的进步，为患者提供更多选择。市场机制也有助于防止医疗机构的垄断和寻租行为。竞争市场迫使医疗机构提供更好的价值，防止滥用市场地位，减少不合理的价格涨幅。然而，市场机制和竞争环境也可能导致一些问题，包括不平等、过度治疗、信息不对称和监管不足。因此，政府在卫生领域需要适当监管和监督，以确保市场运作的公平和有序，同时维护卫生服务的质量和可及性。

综上所述，卫生资源服务供给是一个复杂而又重要的问题，它涉及社会经济发展、政府政策、市场机制、技术进步等多个方面。只有充分认识并综合考虑这些因素，才能有效地提高我国卫生资源服务供给的水平，为建设健康中国奠定坚实基础。

**4. 卫生资源配置指标**

卫生资源配置和服务供给是卫生服务研究的重要内容，涉及卫生资源的数量、结构、分布、效率、效果等方面。卫生资源配置和服务供给指标是评价卫生资源配置和服务供给状况的量化工具，可以从不同的角度和层次反映卫生资源配置和服务供给的水平、质量、公平性、满意度等。以下是一些常用的卫生资源配置指标：

卫生资源配置指标是反映卫生资源在不同地区、不同类型、不同层次之间分配情况的指标，主要包括以下几类：

(1)卫生人力配置指标

卫生人力是提供卫生服务的主体，其配置情况直接影响到卫生服务的质量和效率。常用的卫生人力配置指标有：

①卫生人员总数或密度：反映一个国家或地区拥有的卫生人员的数量或每万人口拥有的卫生人员数，可以从总量上反映卫生人力的供给水平。

②卫生人员结构：反映不同类型、不同专业、不同层次的卫生人员在总量中所占的比例，可以从结构上反映卫生人力的合理性和优势。

③卫生人员分布：反映不同地区、不同单位、不同部门的卫生人员在总量中所占的比例，可以从空间上反映卫生人力的均衡性和公平性。

(2)卫生经费配置指标

卫生经费是提供卫生服务所需的资金，其配置情况直接影响到卫生服务的规模和质量。常用的卫生经费配置指标有：

①卫生总费用或比重：反映一个国家或地区在一定时期内投入到卫生事业的总金额或在国内生产总值(GDP)中所占的比例，可以从总量上反映卫生经费的投入水平。

②卫生经费结构：反映不同来源、不同用途、不同类型的卫生经费在总量中所占的比例，可以从结构上反映卫生经费的合理性和效率。

③卫生经费分布：反映不同地区、不同单位、不同部门的卫生经费在总量中所占的比例，可以从空间上反映卫生经费的均衡性和公平性。

(3)卫生设施配置指标

卫生设施是提供卫生服务所需的物质基础,其配置情况直接影响到卫生服务的范围和质量。常用的卫生设施配置指标有:

①卫生机构总数或密度:反映一个国家或地区拥有的各级各类卫生机构(如医院、诊所、保健站等)的数量或每万人口拥有的卫生机构数,可以从总量上反映卫生设施的供给水平。

②卫生机构床位数或密度:反映一个国家或地区拥有的各级各类卫生机构(如医院、诊所、保健站等)的床位数量或每万人口拥有的卫生机构床位数,可以从容量上反映卫生设施的供给水平。

③卫生机构技术设备水平:反映一个国家或地区拥有的各级各类卫生机构(如医院、诊所、保健站等)的技术设备种类、数量和质量,可以从技术上反映卫生设施的供给水平。

④卫生机构服务能力和效率:反映一个国家或地区拥有的各级各类卫生机构(如医院、诊所、保健站等)的服务项目、范围和质量,以及服务人数、次数和时间,可以从效果上反映卫生设施的供给水平。

以上指标可以综合评价一个国家或地区的卫生设施配置水平,也可以分别比较不同国家或地区在不同方面的差异和优劣。卫生设施配置水平不仅取决于经济发展水平,还受到政策制度、社会文化、地理环境等因素的影响。因此,在分析和评价卫生设施配置水平时,应该综合考虑这些因素,避免简单地以数量或密度为唯一标准。

**5. 卫生资源服务供给指标**

卫生资源服务供给指标是衡量一个国家或地区卫生系统能力和效率的重要指标,它反映了卫生资源的数量、质量、分布和利用情况。

卫生资源服务供给指标包括以下几个方面:

(1)卫生人力资源

卫生人力资源是指在卫生领域从事预防、治疗、康复、促进和管理等工作的人员,如医生、护士、药师等卫生专业人员。卫生人力资源的数量、素质、培训和配置是衡量卫生系统绩效和服务质量的重要指标。为了有效评估卫生人力资源的现状和发展趋势,需要建立一套科学、合理、可操作的评估指标体系。根据不同的评估目的和层次,卫生人力资源的评估指标可以分为以下几类:①基础指标:反映卫生人力资源的总体规模、结构和分布,如卫生专业人员总数、密度、性别比例、年龄分布、地区差异等。②能力指标:反映卫生人力资源的知识、技能和专业水平,如学历、资格、培训情况、继续教育参与度等。③行为指标:反映卫生人力资源的工作态度、职业道德和满意度,如工作时间、出勤率、流动率、离职率、工作倦怠程度、职业满意度等。④绩效指标:反映卫生人力资源对卫生服务质量和效果的贡献,如服务量、服务效率、服务质量、服务安全、服务满意度等。以上各类指标应根据不同的评估对象和范围,选择合适的数据来源和方法,进行定量或定性的分析,以形成客观、全面和系统的评估结果,为卫生人力资源的规划、管理和发展提供依据和参考。

(2)卫生物资资源

卫生物资资源是指用于预防、诊断、治疗和康复等卫生保健活动的物品,包括药品、医疗器械、消耗品等。卫生物资资源的评估指标是衡量卫生物资资源的种类、数量、质量和供应是否满足卫生保健需求的标准。卫生物资评价体系如图 16-1 所示。

卫生物资资源的评估指标可以分为以下几类:

①种类指标:反映卫生物资资源的品种是否齐全,是否符合国家和地区的规范和标准,是否适应卫生保健的发展和变化。

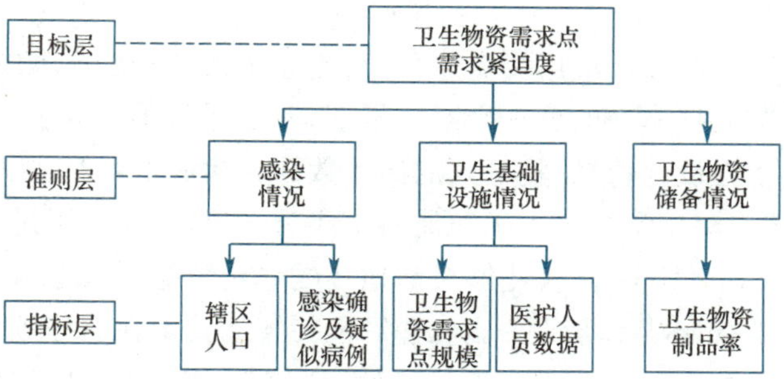


图 16-1 卫生物资评价体系

②数量指标：反映卫生物资资源的库存量、消耗量、需求量、缺口量等是否能够满足卫生保健的正常运行和应急响应。

③质量指标：反映卫生物资资源的安全性、有效性、稳定性等是否符合国家和地区的质量管理体系，是否能够保证卫生保健的质量和效果。

④供应指标：反映卫生物资资源的采购、储存、配送、使用等环节是否有规范和高效的供应链管理，是否能够保证卫生物资资源的及时供应和合理使用。

卫生资源服务供给指标可以用来评价卫生系统的绩效，比较不同国家或地区的卫生水平，分析卫生资源的需求和供给状况，制定卫生政策和规划，促进卫生资源的合理配置和有效利用。

## 16.2 智能医疗优化策略与途径的建模

随着科技的不断进步和人口老龄化现象日益显著，医疗健康领域面临着前所未有的挑战。传统的医疗模式在满足不断增长的健康需求方面已经显得捉襟见肘，医疗资源分配不均、医患信息不对称、高昂的医疗费用等问题也逐渐浮出水面。在这一崭新的背景下，智能医疗应运而生，旨在利用先进的科技手段应对这些挑战。

智能医疗又称智能健康医疗，是指基于物联网、云计算等高科技技术，通过建设完善的医疗信息管理和服务体系，从诊断、治疗、康复、支付、卫生管理等各个环节出发，构建一个跨部门、以患者为中心的医疗服务体系，实现医疗信息的互联、共享协作、临床创新和诊断科学等多功能运用。智能医疗的目标在于借助高科技手段，提高医疗服务的质量和效率，降低医疗成本，以及改善患者的整体体验。

这一新兴领域的涌现源于对传统医疗体系局限性的认识。传统医疗模式在处理大规模医疗需求和信息处理方面存在一系列挑战。首先，医疗资源的分配不均衡导致了医疗资源的浪费和滞留。有些地区医疗资源相对过剩，而其他地区却相对匮乏。其次，医患之间信息的不对称性常常导致患者难以获取准确的医疗信息，甚至在医疗选择上迷失方向。最后，传统医疗模式下高昂的医疗费用令许多人望而却步，医疗服务不够普惠。

因此，智能医疗的崭露头角为这些问题提供了创新性的解决方案。借助物联网技术，医疗设备和信息可以实现互联互通，医生能够更好地监测患者的健康情况。云计算的出现使得医疗信息能够高效存储和分享，为多部门协作提供了便捷的平台。人工智能技术，尤其是机器学习和数据分析，能够帮助医生进行更准确的诊断和治疗规划。这些技术共同构建了一个智能医疗生态系统，有望提供更全面、高效和平价的医疗服务。智能医疗的重要性在于它不仅能够提高医疗服务的质量，还能够降低整体医疗成本。通过智能医疗，医疗机构可以更好地管理和利用医疗资源，减少浪费。

人工智能技术在医疗领域的应用历史悠久，它能够从大量医疗样本中自动提取统计特征，并进行基于规则驱动和数据驱动的分析判断。早期，专家系统通过构建机器学习系统所需的领域专业知识和人类工程设计特征，将输入的原始数据转换成学习算法，实现针对特种疾病的模式识别。而现在，基于深度学习的人工智能技术成为主流，它能够通过"自学习"得到模式识别所需的多层次表征。深度学习算法能够灵活地接受异构数据形式输入，贴合医疗数据特性，因此成为当前医疗人工智能技术点的主流方法。人工智能技术在医疗领域的应用取得了巨大成功。2019 年 1 月，美国 FDNA 公司开发了一种深度学习算法，它能够通过训练 17 000 多张患者的面部图像，以较高的准确率识别罕见的遗传综合征。这项研究的基础是各种遗传综合征都会表现出独特的面部特征，这些特征可以帮助临床医生进行诊断。这项成果发表在《自然》杂志上。2019 年 5 月，谷歌公司发布了一种基于深度学习方法的模型，它能够利用病人当前和过去的 CT 影像来预测肺癌风险。在 6 716 个美国国家肺癌筛查试验病例中，该模型取得了目前最佳的效果，特别是在无法获取 CT 影像历史数据的情况下，该模型的效果优于人类放射科医生的诊断。该模型能够对肺癌恶性肿瘤进行整体预测，并能够识别出肺部不易被察觉的恶性组织。同时，由于肺部恶性组织增长速度的历史数据有助于预测恶性肿瘤，因此该模型有效地将历史扫描结果融入模型中，帮助预测肺癌风险。这项成果发表在《自然医学》杂志上，有效解决了肺癌"致死率高且大部分发现即晚期"的医学难题，展示了人工智能技术在提高肺癌筛查准确率和一致性方面的巨大潜力，有助于加速全球范围内的肺癌筛查推广。2019 年 8 月，美国 DeepMind 公司与美国退伍军人事务部合作，推出了一种基于循环神经网络的人工智能算法。该算法能够在急性肾损伤发生前 48 小时内预测病变，探索了算法与智能医疗助手的结合，有助于从反应型医养模式向预防型医养模式转变。这项成果发表在《自然》杂志上，证明了人工智能算法能够提高病人的医护水平并降低医疗成本。2019 年 9 月，麻省理工学院的研究人员开发了一套预测声带疾病特征的系统。该系统基于 100 多个医疗科目数据集构建。它使用从这些数据中自动提取到的特征，并通过高精度训练实现对具有和不具有声带结节患者的分类。该研究充分利用了可穿戴设备所带来的数据优势，数据集中每个科目都有约一周的语音监测数据和数十亿个样本。这些数据是从安装在受试者颈部的小型加速器和传感器中捕获到的相应信号，从而克服了传统依托特征工程方法挖掘致病特征的众多弊端。该研究旨在通过人工智能在医学方面的应用替代一些人工投入过高的步骤，从而实现改善医疗决策的目标。

智能医疗在医疗领域具有不可或缺的重要性，其影响涵盖多个方面。首先，引入了先进的人工智能和大数据分析技术，智能医疗有望极大提高医疗服务的质量和效率。这意味着医生能够更快速、更准确地诊断各种疾病，制订更加个性化的治疗方案，从而大幅提高了患者的治愈率。对于许多疾病来说，时间是至关重要的因素，而智能医疗可以缩短诊断和治疗的时间，帮助医生更快地采取行动，挽救更多的生命。其次，智能医疗还具有降低医疗成本的潜力。医疗领域一直面临巨大的工作压力，而智能医疗技术的引入可以减轻医护人员的工作负担。通过自动化和智能化的流程，医院可以提高运营效率，减少不必要的人力成本，从而降低整体医疗费用。这一进步不仅有益于医院和医疗机构，还使患者受益匪浅。医疗费用的下降意味着更加可负担的医疗服务，有助于提高全民健康水平，减轻了患者的经济负担。最后，智能医疗还对患者的整体医疗体验产生积极影响。现代生活中，人们越来越注重便捷性，医疗服务也不例外。智能医疗系统提供了在线问诊、预约挂号、电子病历管理、缴费等便捷功能。患者无须亲自前往医院，只需通过智能设备就能享受到医疗服务。这不仅减少了患者在医院等待的时间，还提供了更好的医疗体验。患者可以随时随地获取医疗建议，实时跟踪健康状况，这对于长期病患者和老年人尤其有益。通过智能医疗，患者获得了更多的自主权和便捷性，更容易管理自己的健康。

除了物联网、云计算、人工智能、大数据分析等技术，智能医疗还得益于移动互联网、区块链、5G、知识图谱等领域的重要支持。这些技术的融合为智能医疗领域带来了更多的机会和潜力。

移动互联网技术在智能医疗中发挥着至关重要的作用。它使患者能够随时随地获取医疗信息，享受便捷的医疗服务。通过移动互联网技术，患者可以轻松安装医疗应用程序（App）在手机或平板电脑上，从而实现在线问诊、预约挂号、缴费等一系列功能。这为患者提供了更灵活的医疗选择，让他们能够更加方便地管理自己的健康和医疗需求。

区块链技术是另一个对智能医疗具有重要影响的领域。它在确保医疗数据的安全性和隐私性方面发挥了关键作用。通过区块链技术，医疗机构能够建立起安全可靠的医疗数据共享平台，实现医疗信息的安全传输和存储。这种分布式账本技术保障了医疗数据的真实性和不可篡改性，同时保护了患者的隐私。患者和医生可以放心地共享和访问医疗数据，而无须担心数据泄露或篡改。

5G 技术为智能医疗提供了高速、低延迟的网络连接。它不仅对于医生的实时数据获取至关重要，还为远程医疗和医疗设备之间的互联互通提供了支持。通过 5G 技术，医生能够实时获取患者的健康数据，从而为患者提供更加精准的诊断和治疗方案。此外，5G 网络还为远程手术和远程医疗咨询提供了稳定的通信环境，使医疗服务能够跨越地理距离，为更多的患者提供关键的医疗支持。

知识图谱技术则为智能医疗增加了智能决策和知识管理的元素。知识图谱是一种语义网络，将不同实体之间的关系进行编码，以帮助计算机理解和推理。在医疗领域，知识图谱可以整合医学文献、疾病信息、药物知识等各种医疗数据，从而为医生和研究人员提供更多的参考和决策支持。知识图谱可以帮助医生更好地理解疾病的复杂性，提供治疗建议，并支持医学研究。这种综合性的知识管理对于提高医疗决策的质量和效率至关重要。

智能医疗中的人工智能技术广泛应用于多个领域，其中主要包括以下几类核心技术：图像分析、自然语言处理、生物信息学、脑机接口等。其中，深度学习技术在计算机视觉领域的巨大进展使得医疗图像分析成为人工智能技术在医疗领域最引人注目的领域之一。这些技术在处理医学图像、自然语言及医疗设备数据等方面具有广泛的应用场景，对提高医疗服务质量和效率起到了重要作用。

深度学习技术在计算机视觉领域的应用取得了巨大的成就，因此医疗图像分析技术成了人工智能技术在医疗领域最为显著的成功之一。特别是卷积神经网络（CNN）模型，它在处理具有空间不变性的数据方面表现出色。这种模型在医学影像领域已经取得了卓越的成就，能够有效地处理包括图像分类、目标检测和目标分割等任务。例如，在判断患者的 CT 成像中是否存在恶性肿瘤等疾病方面，基于计算机视觉的图像分类和目标检测应用在皮肤科、放射科、病理科的复杂诊断中表现出显著的效果。这些技术的成功应用使医生能够更准确地诊断和治疗疾病，从而提高了患者的生存率和生活质量。

在医疗图像分析领域，除了卷积神经网络（CNN），另一个经典的模型是 U-Net。U-Net 是一种深度学习架构，特别设计用于医疗图像分割任务。它在医疗影像分析中广泛应用，特别是在肺部医疗影像分割和其他器官的图像分割方面。U-Net 模型的特点是采用了编码器-解码器结构，使其在对医疗图像进行分割时表现出色。编码器用于捕获图像的上下文信息，而解码器则用于还原分割后的图像。这种结构使 U-Net 能够准确地识别和分割医疗图像中的器官或病变。

计算机视觉和深度学习技术的应用成为应对公共卫生事件的关键。中国达摩院新开发的人工智能算法技术能够在短短 20 秒内对疑似患者的 CT 影像进行高效的判读（图 16-2），其准确率高达 96%。这种技术的应用加速了病例的筛查和诊断，有助于提早隔离感染者，从而有效地控制疫情的蔓延。

综上所述，智能医疗中的人工智能技术，特别是深度学习技术，已经在医疗图像分析领域取得了显著的成就。这些技术不仅提高了医疗服务的质量和效率，还在重大公共卫生事件中发挥了关键作用。它们为医生提供了更准确的工具，也为患者提供了更早的干预和治疗，从而对医疗领域产生了深远的影响。

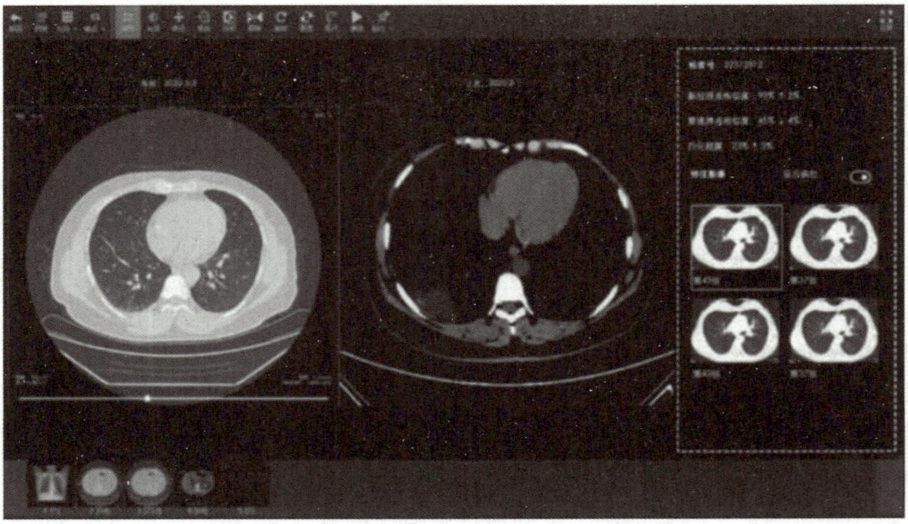

图 16-2　基于图像分析技术的 CT 影像分析

计算机视觉对应类人智能的“感知层面”，而自然语言处理对应类人智能的“认知层面”。它旨在通过分析文本和语音来推断和理解语义。相关技术以擅长处理序列数据的循环神经网络为核心。因此，自然语言处理技术受制于其本身的理论难度，在医疗领域落地时间较晚。但现在，它已经在卫生健康相关舆情分析与预警、电子健康档案数据关联分析、医疗知识图谱构建演进与推理分析、基于语音识别和信息抽取的临床语音助手等应用场景下展现出良好的辅助决策价值。例如，加拿大“蓝点”健康监测平台使用自然语言处理和机器学习等技术来筛选新闻报道、航空公司数据和动物疾病的报道。

生物信息学技术可以用于分析基因组数据，揭示基因与疾病之间的关联。通过全基因组测序和分析，医疗专家可以识别患者的遗传变异，预测患病风险，并制订个性化治疗方案。这种个性化医学为患者提供了更精准的治疗。它还支持虚拟筛选、药物相互作用研究和药物分子设计。这有助于加速新药的研发和推出。通过计算生物学方法，可以识别潜在的药物靶点和药物候选物，从而提高药物研发效率。此外，生物信息学能够帮助科研人员分析蛋白质相互作用、信号通路和生物标志物。这些信息可用于诊断和治疗疾病，如癌症。通过了解蛋白质组，医疗专家可以开发新的药物和治疗方法。生物信息学可以分析大规模生物数据，帮助识别疾病的早期迹象和患病风险。例如,基于遗传数据的疾病风险评估可用于制定个性化的预防策略。

当前热门的神经拟态计算不仅能够实现更高效的计算,如通过对大脑逆向工程来研发类脑人工智能芯片,还能帮助研究者理解大脑回路并构建脑机接口。例如,脑机接口领域的侵入性神经技术能够精确、高质量地连接到特定的神经元或神经元组,已用于治疗脑损伤等疾病。根据生物医学工程、神经科学、合成生物学和纳米技术等领域的最新进展,高分辨率的下一代非侵入性神经接口技术已成为研发趋势。2020 年 5 月,美国脑机接口公司 Neuralink 宣布将在一年内完成首次人类大脑植入,理论上可以修复任何大脑问题,包括提升视力、恢复肢体功能、治疗阿尔茨海默病等。

尽管智能医疗在医疗健康领域取得了巨大的成就,但它仍然面临着许多挑战。首先,智能医疗需要大量的医疗数据支撑,而医疗数据的收集、整理和共享都面临着巨大的挑战。医疗数据涉及患者的隐私,因此需要在保护患者隐私的前提下进行收集、整理和共享。此外,医疗数据涉及多个部门和机构,因此需要建立有效的协作机制,才能实现医疗数据的有效共享。其次,智能医疗需要高水平的技术支撑,而目前人工智能、大数据分析等技术仍然存在一定的局限性。例如,人工智能技术在诊断疾病时仍然存在误诊的风险,因此需要进一步提高人工智能技术的准确性和可靠性。此外,大数据分析技术在处理医疗数据时也面临着一些挑战,如数据质量问题、数据安全问题等。最后,智能医疗还面临着法律法规、伦理道德等方面的挑战。智能医疗涉及患者的生命健康,因此需要遵守严格的法律法规和伦理道德准则。例如,在使用人工智能技术进行诊断时,需要遵守相关的医疗法律法规,保障患者的合法权益。此外,在使用医疗数据进行研究时,也需要遵守相关的伦理道德准则,保护患者的隐私。

智能医疗面临着诸多挑战,但它仍然具有广阔的发展前景。未来,智能医疗将朝着以下几个方向发展:

①智能化诊断:随着人工智能技术和大数据技术的不断发展,智能医疗将能够实现更为智能化和精准化的诊断,提高医疗服务的效率和质量。

②个性化治疗:随着基因测序和生物信息学技术的不断进步,智能医疗将能够实现更为个性化的治疗方案,根据患者的个人信息和疾病情况,为患者提供最佳的治疗方案。

③远程医疗:随着移动互联网、物联网、5G 等技术的不断发展,智能医疗将能够实现更为便捷的远程医疗服务,让患者在家就能享受到优质的医疗服务。

# 16.3 应用案例

## 案例 1 医疗保健信息技术系统

### 1. 案例描述

医疗保健信息技术系统的一个应用是在一家大型综合医院中的部署。这家医院每天接待数百名患者,提供多种医疗服务,包括门诊、住院、手术、急救等。过去,医院使用传统的纸质病历和手工记录来管理患者信息,这导致了许多问题,如信息不一致、查找患者信息耗时、医生难以协同工作等。因此,该医院需要一个医疗保健信息技术系统来智能地对医院的患者信息进行管理。

该医院要求，此医疗保健系统至少可以实现以下功能：

(1)数字化记录患者健康信息

该医院要求医疗保健信息技术系统不仅可以记录患者的病历，还能记录患者的生活信息，比如饮食习惯、身高体重、是否有不良嗜好等。

(2)纸质病例电子化

医院一直使用传统的纸质版病历，不仅耗费了大量的人力成本和时间成本，还容易造成信息的不准确，进而给医院运营造成麻烦。因此，医院需要使用医疗保健信息技术系统实现电子病历的记录和管理。

(3)实现医疗保健数据分析

该医院希望医疗保健信息技术系统不拘泥于记录患者的信息，还可以对已记录的患者信息进行数据分析，进而分析患者目前的健康风险，从而使医院对患者进行更有针对性的治疗，以节省不必要的资源消耗。

(4)实现患者预约功能

该医院是一家大型综合医院，每天都有大量的患者来就诊或住院。医院开放的挂号窗口有限，就诊的患者经常要排起很长的队，很多时候患者到医院了才知道号满了，这不仅浪费患者的时间，也增加了医院的压力。因此，医院希望医疗保健信息技术系统可以实现患者线上预约挂号的功能。

**2. 案例分析**

医疗保健信息技术系统(Healthcare Information Technology，HIT)是一个广泛的概念，它涉及医疗保健领域中各种信息技术和信息管理工具的应用。医疗保健信息技术系统可以帮助医疗保健机构更好地管理其服务流程、提高服务效率和质量、提高患者满意度、减少医疗事故等。下面列出了医疗保健信息技术系统中的一些内容：

(1)电子健康记录系统

电子健康记录系统是一种更加综合和全面的数字化记录系统。与电子病历系统相比，电子健康记录系统更加注重患者整体健康状况的记录和管理。除了个人信息和病历记录，电子健康记录系统还可以包括患者生活习惯、健康计划、预防接种记录等。

(2)电子病历系统

电子病历系统是一种记录患者个人健康信息的数字化系统。患者的个人信息、病历记录、医嘱、诊断结果等可以通过电子病历系统进行记录和管理。医生可通过这个系统快速地查看患者的历史病历和诊断信息，并为患者提供个性化的医疗服务。图 16-3 为电子病历结构。

(3)医疗保健数据分析工具

医疗保健数据分析工具是一种用于分析和解释医疗保健数据的系统。医疗保健机构可以使用这种工具来分析患者的健康风险、监测医疗保健机构的绩效、评估医疗保健服务的效果等。

(4)电子处方系统

电子处方系统(Electronic Prescription)是一种数字化处方系统，使医生可以通过计算机或移动设备方便地开具处方。电子处方系统可以大大减少处方错误和药物滥用的风险，提高处方的准确性和及时性。

(5)在线预约和支付系统

在线预约和支付系统可以帮助患者更加方便地预约医疗保健服务，并在线完成支付。使

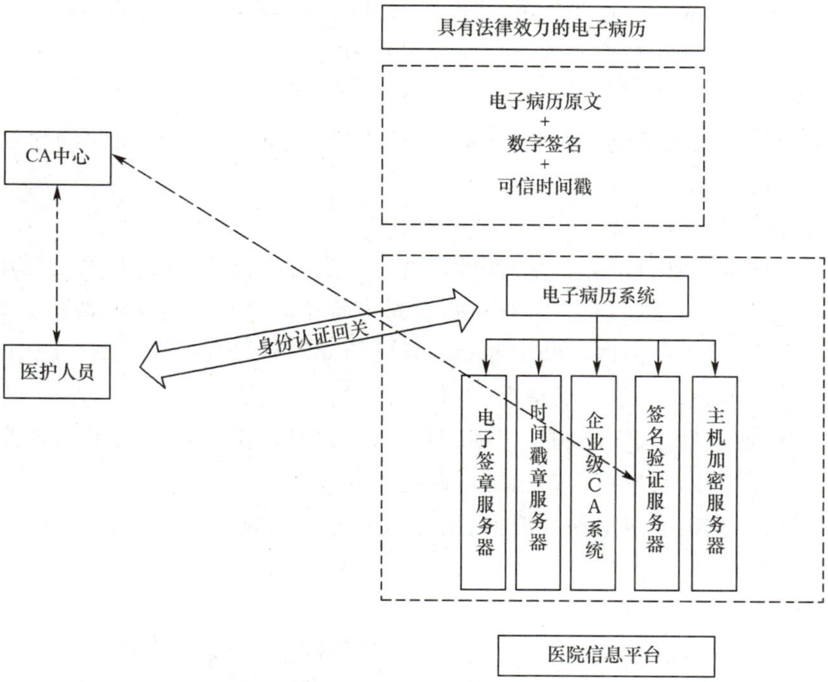


图16-3 电子病历结构图

用在线预约和支付系统可以提高医疗保健服务的效率和质量。

### 3. 解决方案

医疗保健信息技术系统的实现方法主要包括以下几个方面：

(1)数据采集

数据采集的方法如下：

①电子病历：将传统纸质病历转换为电子格式，包括个人信息、病史、诊断结果、医嘱等。

②医学影像：通过医学影像设备获取患者的影像数据，如X射线、CT、MRI等。

③远程监测设备：通过远程监测设备获取患者的生命体征数据，如血压、心率、血糖等。

④移动设备：通过移动设备采集患者的健康数据，如运动量、睡眠质量等。

⑤大数据：通过对医疗保健机构的数据进行整合和分析，获取有价值的医疗信息和统计数据。

(2)数据存储和管理

医疗保健机构采用高度先进的电子化手段对患者医疗数据进行安全、高效的存储和精细管理，以建立完整的患者档案。这一数字化的系统提供了多重优势，旨在优化医疗数据的整体管理和维护。

(3)数据分析和挖掘

医疗保健机构对患者医疗数据进行分析和挖掘，提取有价值的信息，如病历统计、临床路径管理、药物使用监控等。具体方法包括机器学习、统计分析、数据可视化、自然语言处理等方法。

(4)信息共享和交流

医疗保健机构之间通过互联网等方式共享患者医疗数据和信息，以提高医疗服务的质量和效率。信息共享和交流的方式可以打破传统医疗机构之间的信息孤岛，加强医患之间的沟通和联系，提高医疗服务的质量和效率。同时，这些信息共享和交流方式也需要保障患者的隐私权和信息安全，确保医疗数据不被非法获取和利用。

(5)临床决策支持

医疗保健机构通过电子化手段提供临床决策支持，帮助医生在诊断和治疗过程中做出更准确和科学的决策。

以下是几种临床决策支持方法的简要介绍：

①人工智能技术：利用机器学习和深度学习等人工智能技术，通过对大量医疗数据的分析和挖掘，建立出能够自主学习和优化的模型，提高诊断和治疗的准确性和效率。

②知识库系统：将丰富的医学知识和规范化的治疗流程整合进知识库系统中，使医生在诊疗过程中能够快速准确地获取所需信息，优化决策过程。

③临床指南：通过制定、实施和推广临床指南，将最新的医学研究成果和规范化治疗流程转化为实际的医疗实践，帮助医生做出更准确的诊断和治疗决策。

④计算机辅助诊断：通过对医疗图像、病理切片等医学数据的分析和处理，利用计算机技术辅助医生进行诊断和治疗。

(6)移动医疗

移动医疗是一种以移动设备为基础，利用互联网和无线通信技术，为患者提供医疗服务的方式，包括移动应用程序、远程医疗系统、可穿戴设备，以及云医疗等技术。移动医疗可以为患者提供更加便捷、高效的医疗服务，同时也能够提高医疗机构的效率和服务质量。但是在实现移动医疗时也需要注意保护患者隐私和数据安全，避免信息泄露等问题的出现。

## 案例2　以患者为中心的医疗保健模式

### 1. 案例描述

某社区医疗保健服务中心致力于为社区人民提供完善的医疗保健服务，社区医疗服务提供者决定合作，以共同实施以患者为中心的医疗保健模式。

以下是案例的一些关键元素：

(1)组织结构的变革

社区内的医疗机构共同决定建立一个中央协调机构，负责协调不同机构之间的医疗护理和信息流。这个机构还负责改进医疗服务的质量、监测患者的健康状况，并协助医疗机构采用信息技术来支持 PCMH 模式。

(2)首要医疗提供者

每位患者可以选择一个首要医疗提供者，通常是家庭医生，与之建立长期医疗关系。首要医疗提供者将负责协调患者的医疗护理，包括预防、诊断、治疗和卫生管理。

(3)全面医疗服务

社区内的医疗机构承诺提供全面的医疗服务，包括预防、健康管理、急救、诊断、专科护理等。患者将获得更全面的医疗照顾，以满足其不断变化的需求。

(4)团队卫生保健

患者的医疗团队将包括家庭医生、护士、医疗专家、社会工作者和其他医疗提供者。这个团队将共同协作，确保患者得到协调和高质量的医疗护理。

(5)智能信息技术

所有医疗机构将采用电子健康记录系统,以便医疗提供者能够更好地跟踪患者的医疗历史,实施协调护理,提供实时信息和提醒。这将有助于医疗提供者更好地了解患者的需要,协调护理并提供个性化服务。

(6)患者参与

患者将被鼓励积极参与医疗决策。他们可以与医疗团队共同制订治疗计划、管理慢性疾病、进行自我监测,以及提供反馈。

(7)培训和教育

社区医疗机构将为医疗提供者提供 PCMH 培训,以确保其能够适应新的医疗模式,并有效地与患者合作。

**2. 案例分析**

以患者为中心的医疗保健模式是一种基于患者需求的医疗保健模式,它强调医疗服务应该围绕患者的需求和健康状况进行设计、交付和评估,从而提高患者的参与度和满意度,实现医疗保健服务的个性化和贴心化。图 16-4 为以患者为中心的医疗保健模式的服务流程。

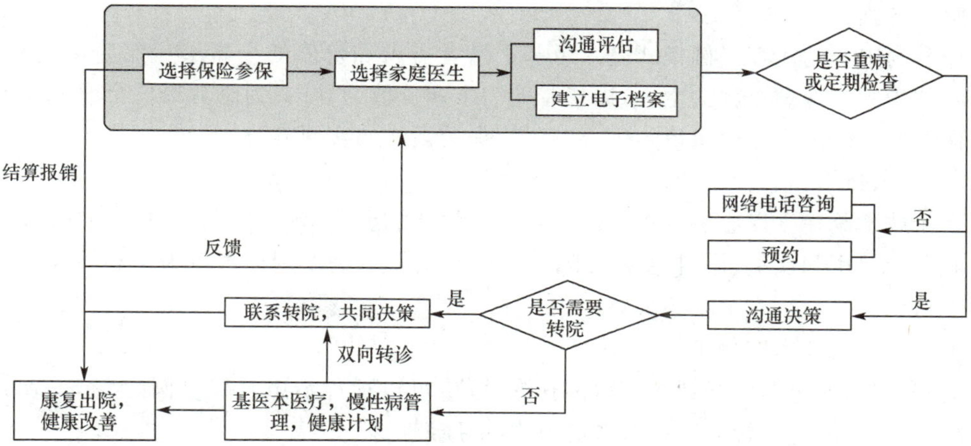


图 16-4 以患者为中心的医疗保健模式的服务流程

以下是以患者为中心的医疗保健模式的具体内容:

(1)个性化的医疗保健计划

以患者为中心的医疗保健模式强调每个患者都是独特的,应该根据其具体情况制订个性化的医疗保健计划,包括预防措施、治疗方案和康复计划等。实现个性化的医疗保健计划需要医疗保健信息技术系统的支持,其主要方法如下:

①数据采集和分析:通过收集患者的个人信息、病史、生理指标等数据,利用数据分析和挖掘技术,对患者的健康状况进行综合评估和预测。

②移动医疗:利用移动医疗技术,将患者的健康信息和医疗保健计划同步到移动设备上,为患者提供个性化的健康管理和医疗服务。

③信息共享和交流:建立医患信息共享和交流平台,促进医患间的沟通和互动,提高医生和患者的医疗体验和满意度。

④多学科协作:医疗保健信息技术系统可以实现多学科间的协作,建立患者健康档案,为患者提供全方位、多维度的医疗保健服务。

(2)以患者为中心的医疗团队

以患者为中心的医疗保健模式强调医生、护士、物理治疗师、社工等多种医疗保健专业人员应该协同工作,共同为患者提供全面的医疗保健服务。

(3)有效的沟通和协调

以患者为中心的医疗保健模式强调医疗保健专业人员应该与患者进行有效的沟通和协调,包括听取患者的意见和建议,共同制订治疗方案和康复计划。有效的沟通和协调可以提高患者满意度和信任感,进而减少医疗错误和不良事件,也可以提高医疗效率和资源利用率,促进团队协作和跨学科合作,加强医疗保健知识和技能的传递。

(4)可借助的医疗保健信息技术

以患者为中心的医疗保健模式可以借助医疗保健信息技术,包括电子病历、远程医疗服务等,实现医疗保健服务的数字化和智能化,提高医疗保健服务的效率和质量。

(5)全过程的关注

以患者为中心的医疗保健模式强调医疗保健服务应该关注患者的全过程,包括预防、诊断、治疗和康复等不同阶段,从而帮助患者全面管理和掌控自己的健康状况。

**3. 解决方案**

以患者为中心的医疗保健模式是一个基于患者需求和价值的全新医疗保健模式,其核心是将患者作为医疗保健过程的中心,以患者的需求和价值为导向,为患者提供全面、协调、连续的医疗保健服务。以下是以患者为中心的医疗保健模式的实现方法:

(1)引入新技术

引入新技术是建立以患者为中心的医疗保健模式的重要措施之一。新技术的引入可以提高医疗服务的效率和质量,同时也更好地满足患者的需求,为实现以患者为中心的医疗保健模式提供支持。

以下是一些新技术的例子:

①远程医疗:通过视频通话和互联网技术,医生可以远程为患者提供医疗服务,减少患者前往医院的次数和时间,提高医疗服务的效率和便捷性。

②电子病历:电子病历取代了传统的纸质病历,可以更好地记录患者的健康信息、治疗记录和医疗历史,方便医生进行诊断和治疗决策,同时也方便医患之间的信息共享。

③移动医疗:移动医疗通过移动设备和互联网技术,提供个性化的医疗保健服务,如健康监测、医疗咨询、在线诊疗和远程监护等。

④数据分析和挖掘技术:医疗保健信息技术系统可以利用数据分析和挖掘技术,分析患者的健康数据和医疗历史,从而制订更为个性化和有效的医疗保健计划。

(2)建立多学科协作机制

建立多学科协作机制是实现以患者为中心的医疗保健模式的重要手段之一。以下是一些建立多学科协作机制的具体方法:

①设立多学科诊疗团队:医疗机构可以设立多学科诊疗团队,由不同专业的医生组成,共同参与患者的诊疗和治疗决策。多学科诊疗团队可以整合不同领域的专业知识和技能,为患者提供更为全面和有效的医疗服务。

②开展跨学科培训和交流:医疗机构可以组织跨学科的培训和交流活动,让不同专业的医生了解彼此的工作和需求,促进跨学科合作和沟通。

③引入协同工作平台:医疗机构可以引入协同工作平台,用于多学科医疗团队之间的协作

和信息共享。协同工作平台可以整合不同的信息系统和数据源，方便医生之间的信息共享和协作。

④实施绩效评估和奖励机制：医疗机构可以实施绩效评估和奖励机制，鼓励医生之间的协作和团队合作，提高医疗服务的质量和效率。

(3)建立反馈机制

医疗机构应该建立反馈机制，定期与患者进行沟通和交流，了解他们对医疗服务的反馈和建议，以不断优化医疗保健服务的质量。具体来说，建立反馈机制可以包括以下方面：

①定期沟通：医疗机构应该设立定期的时间，以便医疗提供者可以与患者交流，了解他们的医疗体验和需求。这些可以是面对面的会议、电话访谈、在线调查或电子邮件反馈。

②匿名反馈选项：为了鼓励患者更加坦诚地分享他们的意见，医疗机构可以提供匿名反馈选项。这使得患者可以更自由地表达他们的看法，而不用担心影响他们的医疗护理。

③多渠道反馈：医疗机构可以通过多种渠道收集反馈，包括口头反馈、书面反馈、在线调查、社交媒体平台等，以确保患者可以选择最方便的方式来分享他们的观点。

④分析和改进：收集到的反馈信息应该进行分析和整理，以识别关键问题和趋势。医疗机构应该采取积极的行动，对问题进行改进，并向患者沟通改进措施，以展示对患者反馈的重视。

⑤教育和意识提高：医疗机构可以通过教育活动和宣传来提高患者的意识，让他们了解反馈的重要性及如何分享他们的观点，从而共同改进医疗服务。

(4)提供信息和培训

医疗机构应该向患者提供关于疾病预防和治疗的信息，并提供健康教育和培训，使患者了解如何自我管理和控制疾病。

(5)提供全面的医疗保健服务

以患者为中心的医疗保健模式要求提供全面的医疗保健服务，包括预防、治疗、康复和照护等多方面，以满足患者的不同需求。

## 案例3 医疗卫生资源智能调配平台

### 1. 案例描述

医疗卫生资源智能调配平台是一种基于信息技术和数据分析的智能系统，旨在优化医疗卫生资源的配置和利用，以提高医疗卫生服务的质量和效率。该平台主要包括以下内容：

(1)数据采集和处理

通过各种信息技术手段，收集、整理和处理各种医疗卫生数据，包括医院的诊断、治疗、康复等数据，医疗卫生人员的个人信息、技能、经验等数据，以及社会保障、医疗保险等相关数据，从而建立医疗卫生资源数据库。

(2)智能分析和挖掘

通过数据挖掘和机器学习等技术，对医疗卫生资源数据进行分析和挖掘，发现资源利用的潜在问题和瓶颈，提出优化建议和方案，从而实现医疗卫生资源的智能配置。

(3)资源调配和服务优化

根据分析结果和优化方案，对医疗卫生资源进行调配和优化，如对医疗卫生人员进行合理分配、优化诊疗流程和康复方案、改进医疗卫生服务模式等。

(4)信息共享和交流：建立医疗卫生资源共享平台，实现各医疗机构和医疗卫生人员之间的信息共享和交流，包括病历数据、诊疗经验、康复方案等，从而提高医疗卫生服务的整体水平。

**2. 案例分析**

(1)数据收集和整合

平台需要采集和整合各种医疗卫生资源的信息，包括医院、医生、药品、设备、病历等，形成全面的医疗卫生资源数据库。建立全面的医疗卫生资源数据库是一个复杂而重要的任务，可以为医疗卫生领域提供宝贵的信息和支持。数据库建设的首要任务是收集各种医疗卫生资源的信息。这包括医院、医生、药品、医疗设备、病历等数据。数据来源可以包括医疗机构、政府卫生部门、药品公司、医疗设备制造商，以及其他相关组织。数据采集可以采用自动化的方法，如网络爬虫，也可以利用人工审核来确保数据的准确性。不同数据源可能使用不同的格式和标准，因此需要对数据进行标准化，以便在数据库中进行统一管理和查询。这包括标准化数据字段、编码体系和数据结构，以确保数据的一致性和可比性。另外，确保数据的质量和准确性至关重要。采用数据验证和清洗方法，检测和纠正数据中的错误和不一致性。这可以包括验证医生的资质、确保药品和设备信息的准确性，以及核实病历数据的完整性。

(2)数据分析和挖掘

平台需要通过数据分析和挖掘技术，分析医疗卫生资源的分布、利用情况、需求和供应的差距等问题，为资源调配提供科学依据。该类数据挖掘任务有如下几点注意事项：首先，在数据挖掘任务开始前，需要将不同来源的医疗卫生资源数据整合到一个统一的数据库中，确保数据的准确性和一致性，进行标准化和清洗。其次，正式的数据挖掘任务需要对医疗卫生资源的地理分布、利用情况、不同患者群体的需求、各类医疗卫生资源的供应情况等展开分析。这就需要平台能够提供聚类分析、回归分析、时间序列分析等手段，来发现资源分布和利用的潜在模式。最后，平台也要允许使用数据可视化工具创建图表、地图和仪表板，以便决策者更容易地理解和利用数据。可视化有助于快速识别问题和趋势。

(3)资源调配算法

平台需要开发一套资源调配算法，根据分析结果和实际需求，智能化地调配医疗卫生资源，实现最优化的资源配置和服务安排。对于算法开发而言，第一步是需要明确定义资源调配的优化目标。这可以包括降低服务不均等、提高资源利用率、降低成本等目标。不同情境可能需要不同的优化目标。根据优化目标，相关人员需要选择算法模型。这可以是线性规划、遗传算法、模拟退火等优化技术的组合，也可以采用深度学习等更为复杂的算法，以寻找最优的资源配置方案。不仅如此，算法还需要考虑各种实际应用场景下的约束条件，如预算限制、医疗设施容量、医生的工作时间等。这些约束条件将影响最终的资源分配方案。还有，为了保证医疗资源的准确配置，需要确保算法能够实时接收更新的数据，以及时调整资源配置。这需要建立数据更新和反馈机制，以保持算法的准确性和效率。此外，需要确保资源调配算法遵守相关法规和伦理准则，特别是在处理患者敏感数据时，数据隐私和安全问题需要得到充分关注。

(4)平台应用和管理

平台需要建立完善的应用和管理体系，包括用户注册、资源发布、服务预约、数据安全等方面的管理，为用户提供方便、快捷的服务体验。这一系统的第一个工作是建立用户注册系统，确保每个用户都有唯一身份，并且可以使用手机验证、电子邮件确认等方式来验证用户身份。还需要允许医疗卫生资源的提供者发布信息，包括医院、医生、药品、设备等。确保发布的信息准确、完整和更新。该平台也需要提供用户预约医疗卫生资源的功能，包括在线挂号、药品预订、检查预约等。确保用户能够方便地安排所需的服务。不仅如此，平台运营人员还需要采取必要的措施来保护用户的个人数据和医疗信息。数据加密、权限控制和访问控制是关键措施。此外，需要建立切实有效的用户反馈渠道，以帮助用户解决问题和提供反馈，可提供在线聊天、热线电话、电子邮件等支持方式。

(5)技术支持和维护

平台需要不断进行技术支持和维护，包括数据更新、算法优化、系统升级等方面的工作，确保平台的可靠性和稳定性。首先，确保医疗卫生资源数据的实时性和准确性。建立定期的数据更新和维护流程，以便及时反映最新的资源信息。另外，开发人员应当建立一套系统性能监测和报警机制，以监视平台的运行状况。这可以帮助识别潜在的性能问题并迅速采取行动。其次，持续改进平台的数据安全和隐私保护措施，定期进行安全审计，以识别潜在的漏洞和风险。至于系统性能方面，平台应当不断改进资源调配算法，以提高算法的效率和准确性，这可能需要根据反馈和实际应用情况对算法进行调整。还有，定期进行系统升级，以确保平台的功能和性能不断提升。最后，提供用户支持和培训也是一项重要工作。培训可以帮助用户解决问题和利用平台的各项功能，也可以提升操作人员和数据管理员的技能水平。

**3. 解决方案**

作为一个虚拟的平台，医疗卫生资源智能调配平台可以在许多医院实现部署。具体来说，这需要根据每个医院的需求和资源情况进行定制化的配置和集成。目前，在全国各地已经有许多医院采用了类似的智能调配平台，如北京大学人民医院、上海交通大学医学院附属瑞金医院、广州市番禺区人民医院等。这些医院在实践中逐步优化了资源配置和服务流程，提高了医疗服务的效率和质量，为患者提供了更好的医疗体验和健康管理服务。

以上海市医疗卫生资源智能调配平台(图 16-5)为例，该平台利用大数据技术对上海市各级医疗卫生资源进行实时监测和调配，通过智能预测和优化算法，实现了医疗卫生资源的科学配置。该平台还提供了在线咨询、预约挂号、专家问诊等服务，提高了医疗卫生服务的便捷性和覆盖面。目前，上海市医疗卫生资源智能调配平台已经在上海市内的多家医院得到了部署和应用。

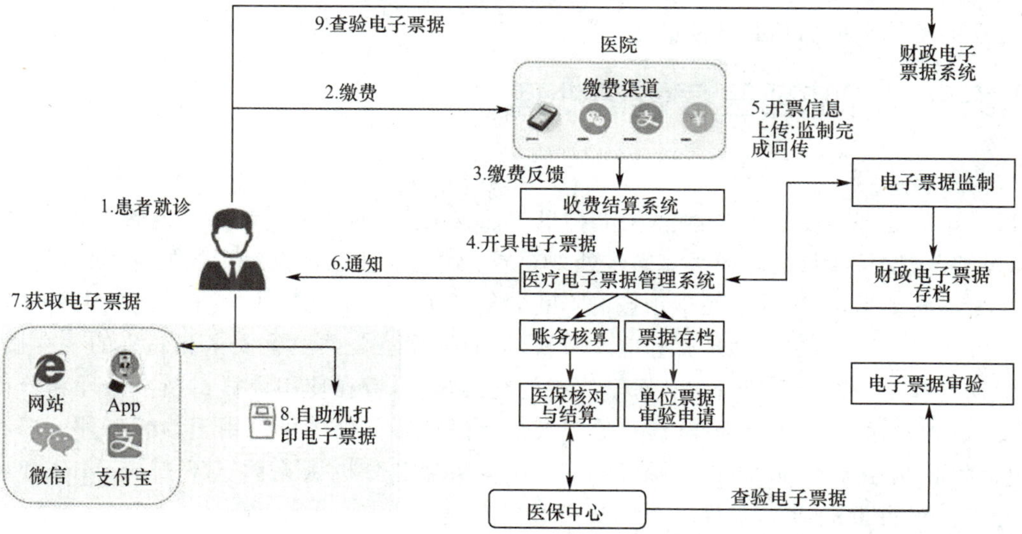


图 16-5　上海市医疗卫生资源智能调配平台

此平台以患者为中心的医疗数字化转型非常重要。它将医疗服务从传统的方式转向更为智能和便捷的方式，为患者和医疗服务提供者带来了许多好处。利用这一平台，患者可以根据实际需求和医疗资源的供给情况进行精确的预约，减少了等待时间和不必要的医疗资源浪费。而通过智能预问诊系统，患者可以提前填写病历和症状信息，为医生提供更全面的病情资料，提高了诊断的准确性。不仅如此，电子病历卡使患者的医疗历史数据易于访问和管理；医保电子记录册提供了方便的医疗费用记录和报销。通过平台提供的智慧急救系统，医护人员可以迅速定位患者，提供紧急医疗服务，减少了急救时间，有助于挽救生命。对于不同单位的工作人员而言，平台医疗信息的互联互通促进了医疗资源的共享和合作，有助于提高医疗服务的质量和效率。

总而言之，这一平台不仅提供了更为便捷和高效的医疗服务，还促进了医疗资源的合理配置和协同合作，有望提高医疗服务的质量、及时性和可持续性。同时，将患者放在中心，强调智能化和数字化，有望提升患者体验，提高医疗行业的整体效率和水平。

由中国电信上海公司与人工智能软件公司商汤科技共同发布的5G+AI智能医疗云服务解决方案也是这一平台的重要组成部分。智慧医疗云解决方案的发布推动了上海地区AI医疗云化服务进程再次向前迈进，将在整合区域医疗资源、优化医院工作流程、提高临床诊断效率和质量、降低建设与运维成本等方面发挥重要作用。

上海电信与商汤科技的合作计划将5G和AI技术应用于医疗领域，能够提高临床诊疗的效率和精确性。AI辅助诊断将帮助医生更快速、更准确地诊断患者，特别是在三甲医院等高级医疗机构中。上海电信也可以发挥5G和云网融合的优势，提供专网入云的解决方案。这将为医疗机构提供稳定的网络连接和云端资源，有助于实现医疗数据的标准统一和云端诊疗服务的普及。另外，智慧医疗云平台也能够为医疗机构提供多种云端AI医疗应用。这些应用将提高临床诊疗流程的智能化，帮助医生更好地处理患者的数据和信息，而且有助于实现医疗数据的标准统一，促进诊疗方式的标准化。这将提高医疗服务的质量和精准度。同时，将AI技术和5G网络应用于医疗领域，有助于提高诊断准确性和治疗效果。

总体而言，医疗卫生资源智能调配平台的应用，提高了医疗服务的质量和可及性，促进了医疗领域的创新和发展。这对于提高患者的医疗体验，加速临床诊疗过程的数字化，以及提高医疗行业的整体水平都具有积极意义。

## 案例4　肺部医疗影像处理

**1. 案例描述**

医疗影像处理涉及分析X射线、CT扫描等图像，以帮助医生了解病情的程度、病灶的位置，以及肺部状况。因此，肺部医疗影像处理领域变得尤为重要。医疗影像处理不仅提供了临床医生所需的工具，还推动了医学领域的不断创新。医疗影像处理为突发公共卫生事件提供了解决方案，帮助医生更好地理解和应对威胁，从而提高了公共卫生安全和病患的生存概率。医疗影像处理是一种计算机科学和医学领域的交叉学科，旨在使用计算机技术处理和分析医疗图像，以帮助医生进行诊断、监测和治疗疾病。医疗影像处理可以用于诊断各种疾病和异常，包括肿瘤、心血管疾病、神经系统疾病等。医生可通过分析X射线、CT扫描、MRI和超声图像等来检测病变和异常，提供早期诊断和筛查。

**2. 案例分析**

计算机扫描CT影像采用核磁共振技术，对人体器官内部结构进行详尽的扫描，并通过高级的三维重构技术还原了器官的形态和生理结构。随后，这些影像会被分割成多个断面图像，医生会仔细观察这些切片以寻找和识别病变组织结构，从而进行临床诊断。CT 扫描由于获取速度快而得到了广泛的应用，而包含数百个切片的胸部 CT，则需要医生花费很长时间完成诊断工作。因此，在医疗 CT 影像处理中，人工智能技术被广泛使用。

人工智能神经网络的研究主要集中在两个方面。一方面，人工智能被用于对 CT 影像进行分类和鉴别。这意味着它可以通过分析 CT 影像来辅助医生进行医学诊断，确保准确的诊断结果。另一方面，人工智能还通过复杂的计算机算法对 CT 影像进行处理，从中提取关键信息和进行分割。这有助于精确定位和标记医疗影像中的器官和病变区域，实现像素级别的分类。因此，当前的主要研究重点包括如何有效地利用人工智能神经网络做出准确的医学诊断，以及如何通过这些网络精确地定位和分割病变区域。这些研究的成果将对医疗影像处理领域产生深远影响，提高了医学诊断的精确性和效率。

基于深度学习的医学图像分割主要可以分为以下三种方法：

(1)卷积神经网络的图像分割

将原始图像输入卷积神经网络(Convolutional Neural Network，CNN)，通过多个卷积运算提取图像特征，最后通过交叉熵函数输出多个像素区域的判别概率，使用设定好的阈值将像素区域概率转换成设定好的类别，合并相同类别的像素区域作为最后的分割结果。

(2)全卷积神经网络的图像分割

全卷积神经网络(Fully Convolutional Neural Network，FCN)通过将卷积神经网络中的全连接层替换为全卷积层实现图像的特征提取，图像的卷积操作不限制输入图像的尺度。因此，其优点是能够输出任意大小的图像，且卷积操作的计算速度更快，而缺点是分割结果容易出现前景的目标区域边界模糊和边缘细节丢失的问题，以及上采样操作时较大的扩张倍数导致上下文特征信息丢失，使得图像分割的准确率降低。采用全卷积神经网络模型对图像语义分割的过程，首先是利用卷积操作对图像特征提取，其次利用上采样操作逐渐恢复特征图尺寸，最后输出特征图的大小和输入图像大小相同。特征图即为分割结果。

(3)U-Net 模型

U-Net 模型是一种改进的 FCN 结构，应用于医学图像的语义分割。它由左半边的压缩通道(Contracting Path)和右半边扩展通道(Expansive Path)组成。压缩通道是典型的卷积神经网络结构，它重复采用 2 个卷积层和 1 个最大池化层的结构，每进行 1 次池化操作后特征图的维数就增加 1 倍。在扩展通道，先进行 1 次反卷积操作，使特征图的维数减半，然后拼接对应压缩通道裁剪得到的特征图，重新组成一个 2 倍大小的特征图，再采用 2 个卷积层进行特征提取，并重复这一结构。在最后的输出层，用 2 个卷积层将 64 维的特征图映射成二维的输出图。

然而，这些经典方法都存在一定的缺陷。CNN 对数据需求较高，通常需要大量标注数据来训练，如果训练数据不足或不平衡，就容易产生过拟合现象。并且 CNN 模型可解释不高。FCN 模型在高分辨率图像上的运行速度较慢，并且在不同类型的医学图像上泛化能力有限。U-Net 模型强于 CNN 和 FCN，但是在处理复杂的图像细节上能力较差，并且模型训练的时候会出现信息的损失。

因此，需要一种更好的解决方案来对病例进行医学影像分割。

**3. 解决方案**

(1)改进的 U-Net 模型

目前，天津大学的研究团队提出了一种改进型 U-Net 医学影像分割方法，如图 16-6

所示。该方法采用基于混合损失函数的策略，为医学影像分割领域带来了显著的创新。在这一改进型 U-Net 中，研究团队实施了一系列关键的技术优化，以提高分割精度和减少信息丢失。

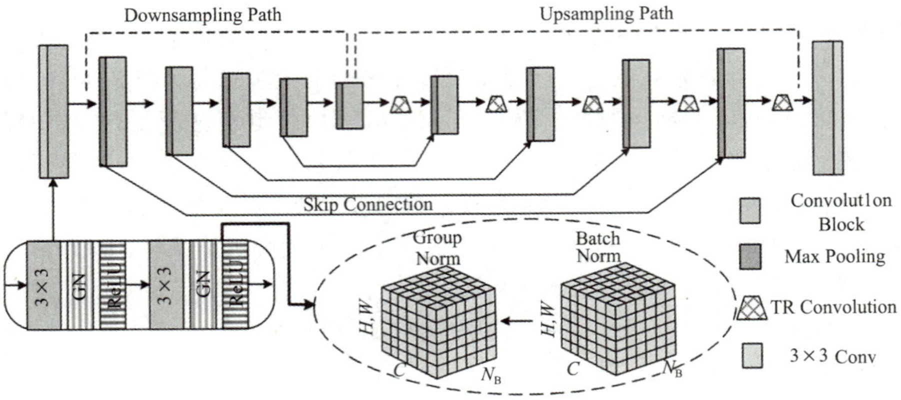


图 16-6 改进的 U-Net 模型

首先，在上采样的过程中，传统 U-Net 通常会简单地复制池化层特征，这容易导致信息的不必要损失。然而，改进型 U-Net 采取了一种更智能的方法，仅复制池化层特征，从而减少了信息丢失的情况。这个改进有助于保留更多关键的语义信息，从而提高了分割的准确性。

其次，研究团队引入了残差网络的思想，对初步分割图像进行循环提炼。这一过程实现了高层特征与低层特征的有机融合，有助于改进分割的细节和边界，从而获得更为精确的分割结果。这个提炼过程在提高分割精度方面发挥了关键作用。

最后，为了更好地处理图像分割的挑战，改进型 U-Net 采用了一种创新的混合损失函数。这个损失函数对分割图像的边界非常敏感，有助于细化图像分割，确保结果更为精确和准确。

传统的 U-Net 虽然在医学影像分割中表现出色，但其网络结构层数有限，可学习参数众多，上采样过程中信息损失较多。在应对越来越复杂的诊断需求时，这种结构面临限制。因此，改进型 U-Net 应运而生，通过增加网络深度、引入池化和卷积连接，以及采用组归一化等方法，显著提高了网络性能。改进的 U-Net 在保持分割精度的同时，大大减少了可学习参数的数量，这有助于在计算资源有限的环境中进行网络训练。这一方法为肝部医学图像分割提供了一种更为高效和准确的解决方案，有望在医疗影像领域取得重要突破。

(2)弱监督学习

弱监督学习(Weakly Supervised Learning)在医学影像分割中发挥了重要作用，它有助于解决以下问题：

①缺乏准确的标注。医学专业人员有时没有足够的时间来手动标记大量的肺部影像。此时，弱监督学习可以利用较为容易获取的弱标签或者无标签的数据，从中学习并生成分割模型。

②标签不完全准确。医学影像的标注通常需要专业知识和经验，标签的准确性不一定高。弱监督学习可以在标签不完全准确的情况下进行学习，提高模型的鲁棒性。

③大规模数据处理。处理大规模医学影像数据集的标签生成是一项耗时且昂贵的任务。弱监督学习可以降低数据标注的难度，通过从现有标签中学习来自动生成更多的标签。

# 案例5 大语言模型助力医疗服务

**1. 案例描述**

现阶段的医疗服务面临着诸多问题。首先,信息获取和分析困难。一方面,医学领域有大量的医学文献和研究成果,医生和研究人员难免有所疏漏,从而可能错过重要的医学知识。另一方面,临床决策具有不确定性。缺乏经验医生在诊断和治疗决策时可能需要很多时间,面临更大的不确定性,因为他们无法轻松地访问和比对大量的医学案例和病例数据。在教育和培训方面也同样存在困难。不仅如此,病历记录管理同样复杂,对于医疗机构而言,处理和管理大量的患者病历和医疗数据是一件费时费力的工作,这可能导致数据质量下降并且工作效率降低。对于患者来说,准确的健康教育和及时的医疗咨询对于恢复健康是必不可少的,然而受限于医疗人员的数量和质量,患者可能难以获得所需的服务,导致他们对疾病和治疗的理解不足。其次,对于已经出院的患者而言,缺乏有效的监测体系来确保后续的健康状况。

就现阶段而言,利用大语言模型,可以解决医疗服务面临的诸多问题。这些技术可以帮助医疗专业人员更好地获取、分析和应用医学信息,提高医疗决策的质量,加强医学教育和培训,改善病历记录管理,提供更好的健康教育和患者咨询,以及实现更有效的健康监测。然而,在应用这些技术时,必须谨慎处理隐私和伦理问题,确保信息的准确性和可信度,同时保持医疗专业人员在医疗决策中的核心作用。

**2. 案例分析**

上述存在于医疗服务领域的不足之处,对于患者、医疗从业者和整个医疗系统都具有重要性。

当我们深入探讨医疗服务面临的问题时,涉及了一系列重要挑战,这些挑战对于现代医疗体系的有效运行和病患的综合照顾至关重要。以下是对这些问题的更详细分析:

(1)信息获取和分析困难。医学领域的信息数量庞大,涵盖了各种疾病、治疗方法、新技术和临床实践。医生和研究人员需要不断更新自己的医学知识,以提供最佳的护理。然而,这变得非常困难,因为信息数量庞大,医学文献和研究结果不断增加。大语言模型和自然语言处理技术可以用来快速搜索、筛选和汇总医学文献,为医疗专业人员提供有关最新研究和治疗方案的信息,从而帮助他们更好地为患者提供服务。

(2)临床决策具有不确定性。在临床环境中,医生经常需要在有限的时间内做出决策。对于新手医生或面对罕见病例的医生来说,这种情况尤其具有挑战性。大语言模型和决策支持系统可以帮助医生通过分析患者病例数据、最新研究结果和临床指南,做出更明智的决策。这些工具可以提供个性化建议,有助于改善患者的护理,并减少决策不确定性。

(3)医疗知识普及。医学领域的专业知识通常非常复杂,对于非医学专业人员而言难以理解。然而,患者和护理人员也需要了解一些基本的医学知识,以更好地参与护理决策和健康管理。大语言模型可以用于创建易于理解的医学信息和教育材料,帮助医疗专业人员、患者和护理人员更好地了解疾病、治疗方法和健康维护方法。

(4)健康咨询和患者教育。患者通常需要关于疾病、药物和治疗的信息,以更好地理解自己的健康状况。然而,医疗专业人员的数量有限,难以提供每位患者所需的个性化咨询。大语言模型和虚拟健康助手可以用于回答患者的问题,提供定制的健康建议,并帮助患者更好地管理自己的健康。这有助于提高患者的健康素养和自我管理能力。

(5)自然语言处理和医疗记录管理。医疗记录管理是医疗机构的重要工作之一,但它通常非常复杂。医生和医护人员必须记录和管理大量的病例数据,这可能会导致错误和数据质量问题。自然语言处理技术可以自动处理医疗记录,识别关键信息,标准化记录,从而提高数据质量和访问性。这有助于医疗机构更好地管理和利用患者数据,以提供更好的护理。

(6)后续健康监测。出院后的患者通常需要定期的健康监测,以确保他们的康复进程。远程监测技术、健康应用和传感器可以帮助患者和医生实时跟踪健康数据。这有助于早期发现问题、提供及时的干预和改善患者的健康管理。好的健康监测能降低再入院率,因为它可以及早检测到患者健康状况的变化,并采取相应的干预措施。这对于医疗机构和患者来说都是有益的,因为它可以减少医疗资源的浪费和患者的不便。患者的自我管理同样必不可少。同时,健康监测也需要注意数据隐私和安全,患者的健康数据包含敏感信息,必须受到适当的保护,以防止未经授权的访问或泄露。

**3. 解决方案**

大语言模型在医疗领域有着不可忽视的巨大潜力和重要性。这些先进的自然语言处理工具已经开始改变医学的面貌,为医生、研究人员、患者和医疗机构提供了各种有力的工具。从医学文献分析到临床决策支持,再到教育、患者咨询和医疗记录管理,这一切都有助于改进医疗质量、加速科学研究进展,以及提高患者的健康水平。上述一系列问题都可以在大语言模型的帮助下得到一定的缓解和改善。

(1)医学文献分析。医学领域每年都会产生大量的研究论文、临床试验结果,以及其他医学文献。大语言模型可以用于自动文本摘要、关键信息提取和主题建模,帮助医生和研究人员更快速地获得医学知识。这有助于他们及时了解最新的医学研究成果,推动科学进步和改进医疗实践。

(2)临床决策支持。大语言模型可以分析病例数据、病人病史,以及最新的临床指南,提供医生决策支持。通过自然语言处理和机器学习技术,能够为医生推荐最佳的治疗方法,协助在复杂病例中进行诊断,还能预测疾病的进展风险。这些模型可以减轻医生的工作负担,提高诊疗的准确性和效率。

(3)医疗知识普及。医学领域的知识通常较为复杂,大语言模型可以用于创建教育材料、在线教程和知识库,向医学生、护士和其他医疗专业人员传授基础医学知识。这有助于提高医疗从业者的教育水平,使他们更好地理解疾病生理学、药物治疗和临床实践。

(4)健康咨询和患者教育。患者和一般公众常常需要关于健康、疾病和药物的信息。大语言模型可以用于创建医疗信息网站、健康应用和虚拟健康助手,向患者提供易懂的健康咨询。这有助于提高患者对自己健康的认识,促进预防和自我管理。

(5)自然语言处理和医疗记录管理。大语言模型可以用于处理医疗记录,自动识别病人的病史、症状、诊断和治疗信息。这可以提高医疗记录管理的效率,减少错误,帮助医疗机构更好地利用医疗数据,从而改进医疗质量。

(6)助力基础研究和药物开发。科学家可以使用大语言模型来分析生物医学数据,如基因组学数据、蛋白质结构和临床试验结果,以推动疾病机制的研究和药物研发。这有助于加速新药物的发现和开发,从而改善疾病治疗选项。

(7)健康管理和监测。大语言模型可以用于开发健康管理应用,帮助个体监测其健康状况、制订个性化的健康计划和回答有关健康的问题。这有助于提高个人的生活质量,鼓励健康的生活方式。

总之，大语言模型在医疗领域的应用是一个前沿领域，为医疗专业人员、研究人员和患者提供了强大的工具，以改进医学实践、加速研究进展和提高患者的健康水平。

需要注意的是，虽然大语言模型在医疗领域有很多潜在应用，但在实际应用中需要谨慎处理隐私和安全问题，确保准确性和可信度，并遵守相关法规和伦理准则。此外，它们通常是辅助工具，而不是替代医疗专业人员的工具。

## 案例6　面向急诊药房的智能药学服务

### 1. 案例描述

急诊药学服务是指在医院急诊部门提供的药学服务，旨在确保急诊患者获得合适的药物治疗和药物管理，是医院药学体系中至关重要的一部分。该服务不仅需要保证向医院内急需用药的患者提供药品，尤其要保证重症患者及发热患者的药品供应。此外，它还需要为部分住院患者提供夜间药学服务，并且需要实时检测和及时处理药物不良反应与其他紧急情况。需要强调的是，药品配发过程中的错误会直接危害患者的用药安全，影响治疗效果。

尽管多数医院都采取了多项措施来防范药品配发过程中的错误，但在高强度、快节奏的工作环境中，高差错率问题依然存在。例如，急诊药师在夜间工作时，在面临沉重工作压力的同时，也背负着重大责任。不仅如此，轮班制度也常常导致他们对药房内药品不够熟悉，从而增加了药品配发错误的风险。因此，急诊用药的安全性及急诊药师的工作质量应受到足够的重视。虽然全自动摆药机在全国范围内得到了广泛的应用，但由于其体积庞大、难以适应各种药品剂型、夜间运行产生噪声、机器故障无法及时修复等问题，以及急诊药房的处方量较少、空间有限、工作人员经验不足等原因，该类机器在急诊药房中的推广面临很大的困难。

因此，智能药物分配管理系统就应运而生。该类系统旨在通过智能化手段帮助药师规避错误，提高药品配发的准确性，减轻工作压力，提高劳动效率，并节省医院的人力成本。这一系统的引入将进一步提升急诊药学服务的质量和效率，从而更好地满足患者的需求，确保他们获得安全、有效的药物治疗。

### 2. 案例分析

如上文所述，急诊药学服务在医院药学体系中占据着至关重要的地位，它的使命是为急诊患者提供高质量的药学支持和药物管理。这一领域目前依旧面临一系列问题和挑战，大致有如下几个方面：

(1)工作压力

急诊部门的工作人员往往需要面对医院内氛围最紧张、压力大的工作环境。这种高工作压力源于多方面因素，包括大量患者的涌入、紧急情况的不可预测性，以及医护人员需要在有限时间内做出关键决策。这种高度压力可能导致以下结果：药师和医护人员的疲劳，可能会降低工作绩效和警觉性；增加药物调配错误的风险，因为在忙碌和紧急的环境中，出现错误的可能性较大；增加员工的焦虑和心理压力，可能导致员工满意度下降和员工流失率上升。

(2)药品供应的紧迫性

急诊患者通常需要以最快的速度获得必要的药物治疗，因为他们往往面临生命危险或者本身就有严重的健康问题。因此，药学服务必须满足患者的紧急需求，但这种紧迫性也带来了若干问题。首先，压力导致药师和工作人员可能不足以满足患者需求，导致等待时间延长。其次，如果供应链中出现问题，如库存不足或药物短缺，患者可能无法获得必要的治疗。最后，患者的健康状况可能在等待药物时恶化，增加治疗难度。

(3)药物调配风险

高压和紧急情况下，存在药物调配错误的风险，包括选择错误的药物、配置错误的剂量、配送给错误的患者等。这种风险会对患者的治疗效果产生负面影响。更有甚者，不当的药物配置可能导致不良事件或并发症，导致患者可能需要额外的医疗干预来纠正错误，增加了医疗成本，损害患者和家属对于医疗方案的信心。

(4)夜间服务的质量难以保证

夜间急诊药学服务通常存在人员减少的问题，因为医院通常会采用较少的员工值夜班。夜间人员紧缺会导致夜间患者可能经历较长的等待时间，因为工作人员不足以应对患者涌入。同时，由于夜班工作人员身体精神上的疲劳，药学服务的质量可能下降。对于患者而言，因为夜间服务的水平不如白天那么高，可能会对后续的治疗产生不利影响。

(5)药品不良反应监测亟须完善

监测患者对药物的不良反应需要专业知识和精力，但在忙碌的急诊部门可能无法充分关注这一重要任务。由于不良反应未被及时发现和处理，患者有被延误治疗的风险，会导致不良后果。不仅如此，不完善的监测体系会导致患者可能需要额外的医疗护理来处理不良反应，增加了医疗成本和患者的痛苦。

(6)药品储存和管理较为复杂

急诊部门需要妥善管理各种类型的药物，这包括药物的储存、管控和监测，以确保各类药品的安全和可用性。现阶段的急诊药品管控有着下列问题：不当的储存和管理可能导致药品浪费、过期和丢失。如果库存不足或管理混乱，可能导致药物短缺，影响急诊治疗的连贯性。不恰当的储存和管理可能导致药物变质，从而降低其有效性。

### 3. 解决方案

为解决上述问题，智能药学服务系统应运而生。以某医院的实际应用为例，如图 16-7 所示，该类系统由下列硬件设备和软件应用共同组成。

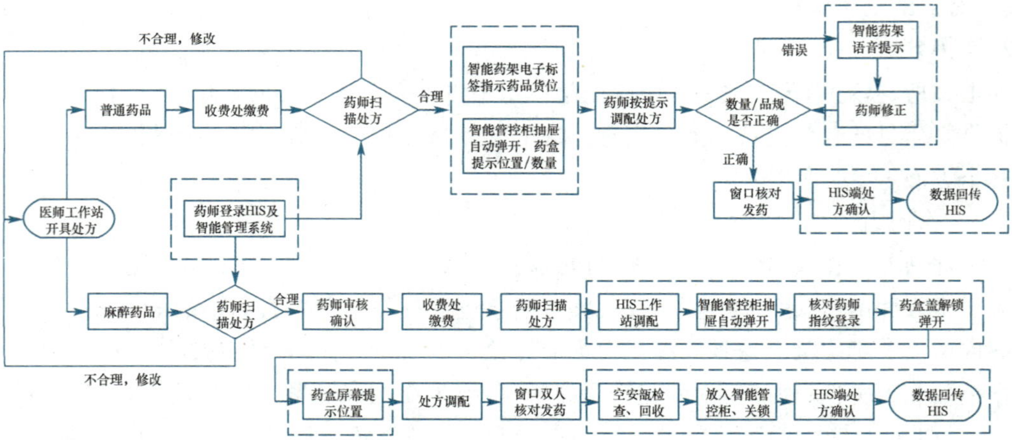


图 16-7　某医院智能急诊药学服务系统

智能硬件配置包括智能管控柜、智能药架、办公电脑、冰箱等。该医院系统配置有智能管控柜和智能药架。智能管控柜由主控电脑、麻醉药品管理抽屉、普通药品抽屉等设备组成。每层根据药品用量按要求制作了不同大小的货位，小抽屉货位多（可放置 12 个品种），大抽屉货位少（可放置 6 个品种），均可实现自动精确计数；普通药品抽屉每层设置独立的电子锁和电子标签，麻醉药品管理抽屉每个货位均设置独立的电子锁和电子标签；智能管控柜使用时通过指纹识别器和刷卡器进行人员识别。智能药架与智能管控柜类似，但不带锁，每个货位均有独立的传感器，可自动计数。智能管控柜和智能药架的管理软件均与医院信息系统（HIS）对接。药房配置专业药师严格按药品管理制度负责药品的出入库管理和日常养护。

基于上述硬件配置，软件系统不仅可以得到各类药品的信息，而且能帮助医生综合考量患者的身体情况，对症下药。而得益于数据挖掘相关技术，急诊部门的药学服务可以得到较大改善。

（1）患者风险评估

利用数据挖掘技术，可以分析患者的医疗记录、生命体征数据和实验室结果，以评估患者的风险水平。这有助于医院识别高风险患者，提前采取干预措施，降低不良事件的风险。

（2）药物相互作用分析

数据挖掘可以用于分析不同药物之间的相互作用。通过比较患者的用药历史和实验室数据，可以识别潜在的不良相互作用，并提供医生有关合适药物选择的建议。

（3）用药模式分析

数据挖掘可用于分析患者的用药模式。通过研究大量患者的数据，医院可以发现哪些药物组合或剂量对特定病症的治疗效果最佳。这有助于个性化治疗计划的制订。

（4）药物库存和管理优化

数据挖掘可以用于优化药品库存和管理。通过分析需求和用药趋势，医院可以更准确地预测所需的药物库存，减少浪费和降低成本。

（5）不良事件检测

利用数据挖掘，医院可以实时监测不良事件和错误。通过分析医疗记录和药物配发数据，可以及早发现潜在问题，并采取纠正措施，以提高药物配发的安全性。

（6）药物治疗效果评估

数据挖掘可以用于评估药物治疗的效果。通过跟踪患者的疾病进展和治疗结果，医院可以确定哪些治疗方案对特定病症最有效，从而改进临床决策。

（7）实时监测和预测

数据挖掘可用于实时监测患者的生命体征和临床数据，以及预测患者的病情进展。这有助于医院更早地采取行动，提供及时的治疗，从而改善患者的结果。

（8）患者分群和个性化治疗

数据挖掘可以用于根据其病症、生活方式和治疗反应将患者分成不同的群体。这有助于医院为每个患者制订个性化的治疗计划，提供更精确的医疗护理。

（9）虚拟助手和自助服务

数据挖掘可以用于创建智能虚拟助手和自助服务系统，以提供患者和医护人员所需的信息和支持。这些系统可以根据患者的需求提供定制建议。

## 本章小结

本章主要讨论了智能医疗领域的医疗卫生资源配置与服务优化问题。首先，通过对指标的评估来优化卫生资源的配置和服务供给，以满足患者的需求。其次，讨论了智能医疗优化策略与途径的建模，以提高卫生资源的使用效率和服务质量。最后，给出了智能配置与服务优化案例，展示了智能医疗技术在卫生资源配置和服务供给方面的应用和优势。这些内容为智能医疗领域的研究和实践提供了重要的参考和借鉴。

## 思考题

1. 医疗卫生资源配置和服务供给指标评估的目的是什么？
2. 智能医疗优化策略与途径的建模包括哪些方面？
3. 智能配置与服务优化案例中的智能配置是指什么？
4. 如何优化医疗服务供给？
5. 请举例说明智能医疗优化的案例。

## 参考文献


[1] 葛万龙，王国华，李翠，等. 我国卫生人力资源现状研究[J]. 中国医院管理，2009，29(12)：52-54.

[2] 王芳，朱晓丽，丁雪. 我国基层卫生人力资源配置现状及公平性分析[J]. 中国卫生事业管理，2012，29(02)：108-110.

[3] 苗俊峰. 我国公共卫生支出规模与效应的分析[J]. 山东工商学院学报，2005(02)：31-35.

[4] 林伟鹏，闫整. 医疗卫生体系改革与城市医疗卫生设施规划[J]. 城市规划，2006(04)：47-50.

[5] 杨林，李思赟. 城乡医疗资源非均衡配置的影响因素与改进[J]. 经济学动态，2016(09)：57-68.

[6] 胡晓伟，宋浪，杨滨毓，等. 重大突发公共卫生事件下城市应急医疗物资优化调度研究[J]. 中国公路学报，2020，33(11)：55-64.

[7] Gurovich Y，Hanani Y，Bar O，et al. Identifying facial phenotypes of genetic disorders using deep learning[J]. Nature medicine，2019，25(1)：60-64.

[8] Ardila，Diego，Kiraly，et al. End-to-end lung cancer screening with three-dimensional deep learning on low-dose chest computed tomography(vol 25，pg 954，2019)[J]. Nature medicine，2019(25-8).

[9] Tomaev N，Glorot X，Rae J W，et al. A clinically applicable approach to continuous prediction of future acute kidney injury[J]. Nature.

[10] Chan Y K，Chen Y F，Pham T，et al. editorial artificial intelligence in medical applications[J]. 2019.

[11] Schalk G，Mcfarland D J，Hinterberger T，et al. BCI2000：a general-purpose brain-computer interface（BCI）system[J]. IEEE Transactions on Bio-medical Engineering，2004，51(6)：1 034-1 043.

[12] 吴伟斌，肖强，陈联忠，等. 电子病历系统的研究与开发[J]. 中华医院管理杂志，2004，20(4)：204-206.

[13] 冯海燕，吴佩珊. 基于电子病历的医疗质量管理系统设计与应用[J]. 中国数字医学，2009(10)：40-43.

[14] Lee J D，Yoon T S，Chung S H，et al. Service-oriented security framework for remote medical services in the Internet of Things environment[J]. Healthcare informatics research，2015，21(4)：271-282.

[15] 雷健波. 电子病历的核心价值与临床决策支持[J]. 中国数字医学，2008，3(3)：26-30.

[16] 高飞，闫东玲. 美国"以患者为中心的医疗之家"创新模式及其启示[J]. 沈阳工业大学学报社会科学版，2015，8(3)：225-230.

[17] 华红伟，姜峰，叶品，等. 以患者为中心的癌痛全程管理模式探索[J]. 医学与哲学，2015(12)：86-87.

[18] 赵杰，蔡艳岭，孙东旭，等. 远程医疗的发展现状与未来趋势[J]. 中国卫生事业管理，2014，31(10)：739-740.

[19] Copeland A R . Enzymes：A Practical Introduction to Structure，Mechanism，and Data Analysis[J]. Soviet Applied Mechanics，2000，26(6)：515-523.

[20] 李乃权，宋波. 医疗知识图谱在社区医疗的可应用研究[J]. 电脑知识与技术，2022，18(09)：91-93.

[21] 黄泳嘉，史再峰，王仲琦，等. 基于混合损失函数的改进型 U-Net 肝部医学影像分割方法[J]. Laser & Optoelectronics Progress，2020，57(22)：221003.

[22] 郑宇静，金鹏飞，张亚同等. 智能药物管理系统在医院急诊药房中的应用实践[J]. 中国药业，2023，32(07)：15-19.

[23] 朱小伶. 人工智能技术在智能医疗领域的应用综述[J]. 无人系统技术，2020，3(03)：25-31.

[24] 沈曙红，黄瑾. 智能健康服务视域下卫生职业教育数字化转型的研究与实践[J]. 中国职业技术教育，2024，(20)：88-95.

# 第17章 人工智能与隐私保护

本章学习目标

通过学习本章内容，思考如何检测异常黑客攻击、发展智能反迷雾技术、保护隐私、实现公平的量化；思考如何加强基于安全审计的、结合密码体系的、强制访问控制的云计算安全、大数据安全、政务应用系统安全。

## 17.1 社会公平感知与隐私保护

在数字化社会的蓬勃发展中，随着大数据技术的迅速崛起，社会公平感知与隐私保护已然成为备受关注的焦点。在这个信息爆炸的时代，社会经历着前所未有的数据涌入和共享，同时也面临着个人隐私保护的严峻挑战。为了实现社会的公平与稳定，我们不仅需要推动科技的不断创新，更需要在隐私保护方面找到一种平衡，以确保每个个体在数字社会中都能享有公平权益。

隐私保护问题的复杂性不仅来自不断涌现的新技术，更根植于社会对于隐私权益的日益敏感。历史上的一些引人关注的隐私泄露事件更是生动地展示了隐私安全面临的潜在威胁。1997 年，麻省理工学院博士生拉坦娅·斯威尼成功破解了马萨诸塞州政府雇员的医疗数据，揭示了即便在那个相对较早的时期，隐私安全也并非铁板一块。这一事件引起了社会的高度关注，同时也提示即便在数字化社会初期，对于敏感信息的保护也并非易事。2006 年 8 月 4 日，美国在线公司的研究部门发布了超过 65 万用户三个月内的搜索关键字，旨在促进搜索技术的研究。尽管发布的数据经过匿名化处理，但《纽约时报》随后成功将部分数据去匿名化，揭露了一位搜索用户的真实身份。这一事件的影响不仅仅在于具体的隐私泄露，更在于揭露了即便采取了匿名化处理，仍有可能面临数据还原的挑战。这也导致了美国在线公司首席技术官的辞职，彰显了隐私泄露对企业领导层的潜在影响。Netflix 公司同样深陷数据隐私泄露的丑闻。尽管该公司在发布数据前移除了所有用户的个人信息，仅保留了电影评分和评分时间戳，但两位得克萨斯大学奥斯汀分校的研究人员通过分析 Netflix 用户影评数据与公开的互联网电影数据库(IMDB)用户影评数据之间的相关性，成功将部分匿名用户与 IMDB 用户进行了对应，获取了这些用户在 Netflix 网站上的全部电影浏览信息。这个案例生动地展示了即便采取了一定的匿名化处理，多源数据融合仍然增加了隐私泄露的风险。这引起了对于个体在数字娱乐平台上的隐私安全的更深层次担忧，促使公司重新审视其隐私保护措施。这些事件的发生表明，隐私保护不仅是一场技术较量，更是一场社会伦理和法规制度的挑战。在大数据时代，必须认真对待隐私保护的复杂性，深刻理解技术创新与隐私权益之间的平衡问题，以确保个体在数字社会中的隐私得到充分的尊重和保护。社会公平感知与隐私保护之间的平衡不仅仅是技术和法规问题，更是关乎社会伦理、文化观念和个体权益的复合议题。在大数据时代，面临的不仅是数据的多样性和融合性增加，更是信息流动的不可逆转性和隐私保护的挑战。因此，在扩充对这一问题的讨论时，必须从多个维度入手，既考虑到技术层面的创新，又考虑到法规的完善、公众意识的提高，以及文化观念的演变。

随着大数据的多样性和融合性增加，隐私泄露事件层出不穷。数据集之间的关联性使得即使一个数据集经过良好的隐私保护处理，但与其他数据集结合后仍可能导致信息泄露。在这个背景下，社会需要制定更加严格的法规和规范，以确保个人隐私得到充分的保护，同时科技公司需要加强保护隐私安全的技术手段，以防范潜在的风险。这需要政府、企业和学术界共同努力，推动隐私保护技术的创新，维护数字社会中个体的权益。为了解决社会公平感知与隐私保护技术，从以下几个关键方面进行思考：

(1)可以进一步思考差分隐私技术的应用。差分隐私作为一种注入噪声以保护隐私的方法，可以在数据发布过程中起到关键作用。通过向数据添加可控制的噪声，能够在保持数据可用性的同时有效地降低敏感信息泄露的风险。该技术在医疗、金融、社交网络等领域的应用可以进一步拓展，为不同行业提供更可靠的隐私保护解决方案。

(2)制定更为严格和明确的法规和政策也是至关重要的。强调数据收集、处理和存储的合法性和透明性，建立相应的制度监督机构，对违规行为进行严格处罚，这些措施能够加强对数据处理主体的监管，从而减少潜在的隐私泄露风险。法规和政策的健全性对于维护数字社会中的隐私权益至关重要。

(3)教育和意识提升也是关键的一环。加强公众对隐私保护的意识和理解，通过教育活动向用户传达在使用互联网和大数据时可能面临的隐私风险，可以有效提高个人保护意识。此外，提供友好的隐私设置和控制工具，使用户更容易管理和保护个人信息，也是保护隐私的一项重要措施。

(4)在技术层面，去中心化和区块链技术的应用能够构建更加安全和保护隐私的数据存储和传输系统。区块链的不可篡改性和去中心化特性可以有效防止数据的滥用和篡改，提高整体数据安全性。此外，多方安全计算作为一种在不暴露原始数据的情况下进行计算的方法，有助于促进数据合作与共享，同时保护隐私。

(5)提高大数据处理系统的透明度也是不可忽视的方面。确保用户了解其数据的收集、存储和使用方式，为机器学习算法和模型提供可解释性，使用户能够理解其对个人隐私的影响，都有助于建立更加透明和可信的数据处理体系。

综上所述，社会公平感知与隐私保护技术之间的平衡需要从多个方面进行思考和改进。通过技术创新、法规制定、教育提升等多方面的努力，可以更好地保护个体隐私，维护数字社会的公正与稳定。

## 17.2 公平与隐私的计算建模

在数字化时代，随着大数据的广泛应用和信息技术的快速发展，公平与隐私的保护成为保障个体权益和社会公正的重要议题。为了更好地理解、评估和维护公平性与隐私，计算建模成为一种强大的方法。本节将深入探讨公平与隐私的计算建模，介绍使用概率、异常检测和反事实推断等技术手段构建安全与隐私保护模型的方法。

针对隐私的计算建模，从概率描述隐私程度、异常检测与隐私保护、反事实推断与隐私评估三个维度展开。隐私泄露的复杂性和不确定性使得采用概率模型成为一种有效的方式。通过引入概率理论，可以量化不同情境下隐私泄露的可能性，为制定合理的隐私保护策略提供支持。本节将深入讨论如何使用概率来描述隐私的程度，以及如何在计算模型中集成概率的概念。利用异常检测技术，可以在数据集中快速识别和定位异常行为，从而及时采取隐私保护措施。本节将介绍常见的异常检测算法，并探讨如何将这些算法应用于隐私保护场景，以捕获潜在的隐私泄露风险。反事实推断是一种评估在不同条件下隐私泄露程度的方法。通过构建虚拟场景和假设，可以模拟隐私保护措施的效果，了解在不同情境下隐私的泄露风险。这一方法有助于细化隐私保护策略，提高系统的适应性。

针对公平的计算建模：从公平感知下的人群分布变化和技术与法规结合的公平计算两个维度展开：公平计算既包括技术手段，也需要与法规相结合，以确保在数字社会中实现公正。本节将讨论如何制定严格的法规和规范，同时借助计算模型，推动社会对公平的关注和实践。

公平感知与隐私保护量化对满足人类的信任感至关重要。公平与隐私呈现不确定性、难以量化的特点，因此可用概率来描述公平与隐私的程度，通过异常检测及反事实推断等手段建立安全与隐私保护的模型，实现公平与隐私保护的目标。具体的建模过程如图 17-1 所示。

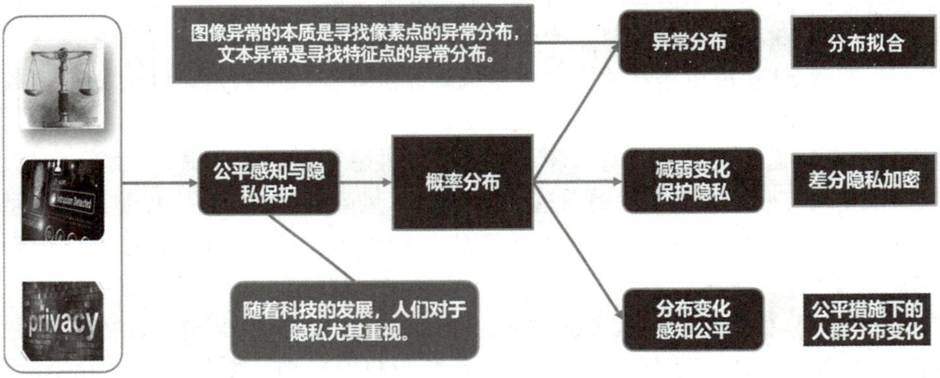


图 17-1 社会公平感知与隐私保护模型

网络入侵、黑客攻击等安全与隐私行为作为识别异常来处理，公平感知主要通过公平措施下人群分布变化来体现。为有效进行公平感知与隐私保护，主要应用的技术是：

①智能反迷雾技术。

②差分隐私：本地化差分隐私和中心化差分隐私。

③公平感知模型。

### 1. 智能反迷雾技术

在当前信息社会中，基于迷雾技术的网络信息战攻击已经成为一种成本低廉但影响深远的威胁。这种形式的网络攻击带有高度隐蔽性，使得攻击者可以在不被察觉的情况下发动攻击。

迷雾技术的高度隐蔽性使得攻击者能够在网络上隐藏自己的真实身份和行踪，并难以被传统的网络安全防御手段探测到。这种隐蔽性导致攻击者更容易发起未被察觉的攻击，造成的影响和后果因此变得更为严重。深度造假信息借助互联网覆盖全球的特性，能够在极短的时间内传播到全球范围内。一条虚假信息可以在瞬间引发全球性的危机，影响社会稳定、政治局势稳定、经济环境安全等多个方面。这种广泛而迅速的传播性质使得信息战攻击的影响难以控制。深度造假技术的提升使得虚假信息能够以高度逼真、可信的方式呈现,很难被普通用户辨别。这种虚假信息可能操纵人们的情绪反应,引发广泛的不信任危机。社会群体在面对大规模的虚假信息时可能会产生恐慌、焦虑,进而影响社会的正常运行。

**2. 差分隐私**

差分隐私是一种隐私保护技术,旨在分享数据时最大限度地降低个体隐私的泄露风险。这项技术通过在数据处理过程中引入可控制的噪声,使得输出的结果在统计上仍然准确,但对于单个个体而言,其隐私得到了有效的保护。

随着大数据时代的到来,个体的敏感信息在数据处理中面临着潜在的泄露风险。为了平衡数据共享和隐私保护之间的矛盾,差分隐私应运而生。其目标是通过最小化对个体隐私的影响,在统计分析中获取有关群体行为的信息。差分隐私的核心机制之一是在数据处理过程中引入噪声。这种噪声注入的方式可以是加性噪声或多轮的交互式噪声,使得在不暴露个体敏感信息的前提下,依然能够得到足够准确的统计结果。在医疗研究中,个体的健康数据往往包含大量敏感信息。差分隐私可以应用于医疗数据的分享,以促进疾病研究和公共卫生决策,同时保护患者的隐私。社交网络中的用户数据涉及个人联系方式、兴趣爱好等敏感信息。通过差分隐私,社交网络平台可以进行用户行为分析,提供个性化服务,而不暴露具体用户的隐私。在智能城市中,大量的传感器和设备收集着居民的行为数据。差分隐私可用于对这些数据进行分析,从而改善城市规划和服务,同时保护个体的隐私。

差分隐私技术需要在隐私保护和数据效用之间找到平衡。增加噪声可以提高隐私保护,但可能损害结果的准确性。因此,如何在这两者之间取得平衡是一个关键问题。差分隐私并非绝对安全,可能仍然受到一些高级隐私攻击的威胁。未来的发展需要更多关注对隐私攻击的研究,并提出更强大的防御机制。随着差分隐私的广泛应用,相关的标准和法规也逐渐成为研究的热点。制定明确的标准和法规有助于推动差分隐私技术的规范化和合法应用。差分隐私作为一项前沿的隐私保护技术,为数据共享和隐私保护之间的平衡提供了新的思路。其在医疗、社交网络、智能城市等领域的应用,为构建更安全、更可信的数字社会奠定了基础。然而,随着技术的不断发展,差分隐私仍然需要在隐私保护效果、应用范围和法规标准等方面迎接更多的挑战。

**3. 公平感知模型**

在数字社会中,构建公平感知模型并推动信息透明成为确保社会公正和个体隐私的关键一环。以下是关于如何构建公平感知模型及推动信息透明的一些建议:

构建公平感知模型的首要步骤是确保数据的收集和处理过程遵循公平的原则。这包括避免对特定群体的歧视性数据采集,以及在数据处理中考虑到不同群体之间的平等性。在公平感知模型中,算法的设计应当具备公正性。即使在处理不平衡的数据集时,模型也应当在各个子群体中表现出相似的性能,避免因为某一特定群体而导致不公平的结果。公平感知模型的透明度和可解释性是确保公正的重要手段。用户和相关利益方需要能够理解模型的决策过程,以确保模型不会因为隐含的偏见而导致不公平。

在数字社会中,建立信息透明的平台是推动公平感知的关键。这包括创建一个透明的数据收集与处理平台,使用户可以清晰了解其个人数据是如何被使用的。为了推动信息透明,各类数字服务提供商应提供用户友好的隐私设置。用户应当能够方便地管理和控制其个人信息的使用,包括选择性地分享信息以参与公平感知模型的构建。推动信息透明还需要通过开展隐私教育活动，提高公众对数字社会中信息使用和隐私保护的认知水平。这可以通过学校、社区和在线平台等多种途径进行。借助区块链和去中心化技术，可以建立更加安全和透明的信息存储和传输系统。这些技术的特性使得信息无法被篡改，增加了数据的可信度。多方安全计算是一种在不暴露原始数据的情况下进行计算的方法。在公平感知模型的构建中，多方安全计算可以在多个数据所有者之间执行联合分析，同时保护隐私。为了推动信息透明和构建公平感知模型，社会需要制定更加严格和明确的隐私保护法规。这些法规应强调数据处理的合法性和透明性，并对违规行为进行严格处罚。为了保障法规的执行，需要建立相应的监管机构，对数据处理主体进行监督。这有助于加强对数据处理行为的监管，确保信息的透明和公平。构建公平感知模型和推动信息透明需要社会各方的共同努力。政府、企业、学术界及个体用户都应参与其中，形成共识，推动数字社会走向更加公平和透明的方向。

总体而言，公平与隐私的计算建模不仅为信任建设提供了关键的工具和方法，而且在制定有效的保护策略和法规方面具有重要作用。通过合理运用概率、异常检测、反事实推断等先进技术，可以更全面、准确地理解和评估公平与隐私的现状，为保障个体和社会权益提供有力支持。随着数字环境的快速变化，新的隐私和公平性问题不断涌现，需要不断更新和优化计算模型，以适应这一动态变化。同时，我们还需要注重跨学科的合作，将计算建模与社会科学、法学等领域相结合，以更全面、多维度地考虑公平与隐私的问题，为个体和社会提供更可信赖的保护，持续创新与合作，以更好地构建数字社会中的信任基础，实现公平与隐私的良性互动。

## 17.3 应用案例

在大数据应用和推广过程中，隐私保护成为了一个至关重要但充满挑战的环节。随着大数据技术在各个领域的广泛应用，数据挖掘帮助我们从海量数据中提取有价值的信息，支持决策和创新，提升了大数据的应用价值。然而，在这一过程中，数据隐私保护面临着巨大的压力和困难，因为数据挖掘和隐私保护之间很难实现完全的平衡。大数据应用越深入，对隐私保护的要求也就越高，但数据挖掘的深入分析通常需要访问和处理大量的个人信息，增加了隐私泄露的风险。因此，如何在保障数据价值的同时有效保护用户隐私，成为当前大数据应用中亟待解决的难题之一。

目前，为了确保数据挖掘的过程中能够满足隐私保护的要求，国内外相关机构已经展开了深入的研究和探索，开发了各种隐私保护技术。这些技术包括差分隐私、数据加密、匿名化处理和访问控制等，初步在提升数据安全性方面取得了一定成效。然而，这些技术仍处于起步阶段，存在许多需要完善的地方，例如数据加密的计算负担、匿名化处理对数据质量的影响，以及访问控制在大规模数据环境下的复杂性。这些问题都表明，隐私保护技术还有许多提升空间，需要进一步改进和优化，以应对日益复杂的大数据应用场景。在实施隐私保护措施的过程中，确保大数据的安全性不仅需要技术手段的支持，还要求专业技术人员具备足够的管理和操作能力。因此，加强对隐私保护技术的专业培训和管理能力的提升尤为重要。只有技术人员具备足够的隐私保护意识和技术能力，才能在实际操作中合理应用各类隐私保护技术，避免因技术或管理漏洞导致的隐私泄露风险。此外，针对隐私保护的管理制度也需要不断更新和完善，以适应大数据技术的发展，确保在应用大数据时不忽视对用户隐私的尊重和保护。

综上所述，在大数据技术的广泛应用过程中，隐私保护的必要性极为突出。为此，各方需要从多个层面采取措施，从技术上加强隐私保护，从管理上提升操作能力和风险意识，并制定完善的隐私保护策略。这不仅能避免数据泄露和隐私风险，还能进一步提升大数据应用的安全性和价值，为各领域提供更安全可靠的数据支持。在未来，随着隐私保护技术的进一步完善和管理能力的提升，隐私保护与数据挖掘之间的平衡将更加稳固，从而更好地满足大数据技术在实际应用中的安全性和合规性要求。

## 案例 1　正则化细粒度元脸反欺骗

### 1. 案例描述

人脸识别作为计算机视觉技术之一已经被成功应用于现实生活中的各种应用，如自动柜员机(ATM)、移动支付和门禁系统。人脸识别技术在给人们带来诸多便利的同时，也出现了各种各样的人脸呈现攻击。互联网或社交媒体上人脸可以被滥用来制造打印攻击(基于打印的照片)或视频重播攻击(基于数字图像/视频)。这些攻击可以成功入侵部署在移动电话或笔记本电脑上的人脸识别系统，因为这些欺骗在视觉上与真实面孔非常接近。因此，如何保护我们的人脸识别系统免受这些表示攻击已成为人脸识别界日益关注的问题。

人们提出了许多抗欺骗的方法：基于外观的方法选择提取各种外观线索来区分真假；基于时间的方法根据各种时间线索进行区分。尽管这些方法在训练和测试数据来自同一数据集的数据集内实验中获得了良好的性能，但在跨数据集实验中，模型在一个数据集上训练并在相关但移位的数据集上测试，性能会显著下降。这是因为现有的人脸防欺骗方法捕获了数据集偏差的分化线索，因此无法很好地推广到与训练数据相比具有不同特征分布的未见过的测试数据(主要是由于攻击材料或记录环境的不同造成的)。

为了克服这一限制，本研究将人脸反欺骗作为一个域泛化(DG)问题。与传统的无监督域自适应(UDA)假设可以访问已标记的源领域数据和未标记的目标领域数据相比，DG 假设无法访问目标领域信息。DG 利用多个源域来学习模型，该模型可以很好地泛化到目标域中未见过的测试数据。对于人脸反欺骗的任务，由于不知道人脸识别系统会受到什么样的攻击，所以在训练模型时对测试数据集(目标域数据)没有任何线索，因此 DG 更适合这一任务。

### 2. 案例分析

(1)人脸防欺骗方法

目前人脸防欺骗的方法大致可以分为基于外观的方法和基于时间的方法：提出了基于外观的方法来提取不同的外观线索用于攻击检测；提出了多尺度 LBP 和彩色纹理方法，在不同的颜色空间中提取不同的 LBP 描述符，用于真假区分。图像失真分析检测由于图像或视频的外观质量低于真实面部皮肤而导致的表面失真。Yang 等人训练 CNN 提取判别深度特征，用于真假人脸分类。基于时间的方法旨在通过多帧提取不同的时间线索来区分真假人脸。动态纹理方法试图提取不同的面部运动。Liu 等人提出了从真实/假人脸中捕获判别性 rPPG 信号的方法：学习一种 CNN-RNN 模型来估计真实/假人脸之间不同的人脸深度和 rPPG 信号。然而，在遇到不可见攻击的跨数据集测试中，基于外观和基于时间的方法的性能都会下降。这是因为上述所有方法都可能提取出一些区别线索，这些线索偏向于训练数据集中特定的攻击材料或记录环境。相比之下，本研究提出的方法在模拟域移位场景下对 DG 进行元学习，旨在使我们的模型泛化良好，并为人脸反欺骗任务捕获更多的广义微分线索。最近的一项工作提出了用于人脸防欺骗的多对抗判别深度域泛化。它假设可以通过对抗性学习搜索共享和判别特征空间来发现广义微分线索。但是不能保证在多个源域之间存在这样的特征空间。此外,它需要为所有源域训练多个额外的鉴别器。相比之下,本研究不需要这么强的假设,元学习不需要训练额外的判别器网络进行对抗性学习,效率更高。

(2)领域泛化方法的元学习

与针对少量学习的元学习不同,针对 DG 的元学习研究相对较少。MLDG 为 DG 设计了一个与模型无关的元学习。Reptile 是一种通用的一阶元学习方法,可以很容易地适应 DG 任务。MetaReg 在元学习框架中学习 DG 的正则化器。但是,在人脸反欺骗任务中直接应用上述方法可能会遇到之前提到的两个问题。相比之下,我们的方法在细粒度学习策略中通过辅助监督领域知识来正则化的特征空间中进行元学习。这为 DG 在人脸反欺骗任务中的元学习提供了更可行的方法。

**3. 解决方案**

随着人工智能的猛然发展,隐私保护受到研究者及群众的广泛关注。Rui Shao、Xiangyuan Lan、Pong C. Yuen 等相关研究者提出正则化细粒度元脸反欺骗(Regularized Fine-Grained Meta FaceAnti-Spoofifing)。随着人脸识别技术的广泛应用,人脸呈现攻击问题日益受到人们的关注。目前已有许多人脸抗欺骗的方法,但大多忽略了对未知攻击的泛化能力。解决这一问题主要运用到的思想:引入领域知识边缘正则化,在由领域知识监督正则化的特征空间中进行元学习。因此,在人脸抗欺骗任务中更容易找到广义学习方向。此外,该框架采用了一种细粒度的学习策略,在不同的领域转移场景下同时进行元学习,从而可以利用更丰富的域漂移信息来实现人脸抗欺骗任务。正则化细粒度元脸反欺骗思想如图 17-2 所示。

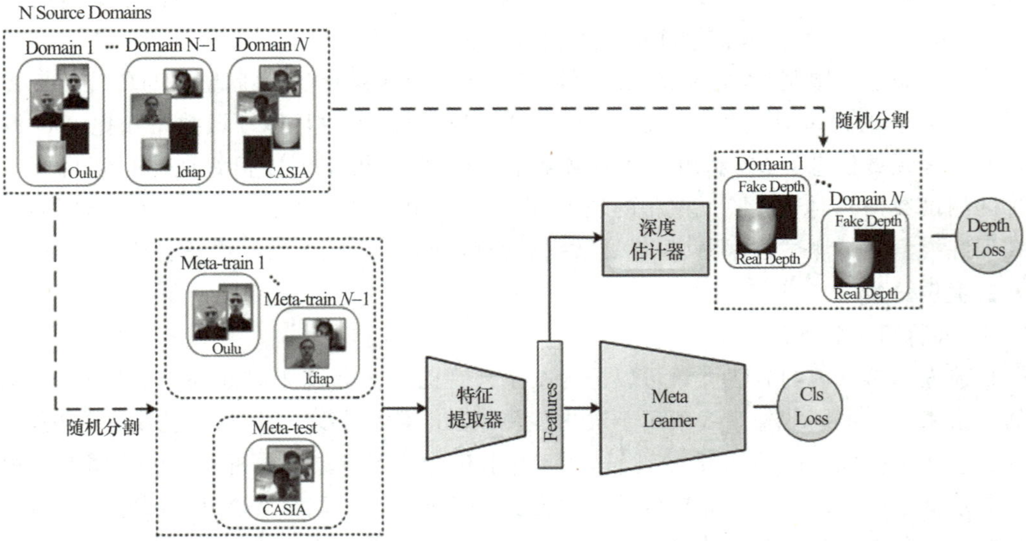


图 17-2　正则化细粒度元脸反欺骗思想

在每次迭代中,通过随机划分原始 $N$ 个源域来模拟域移位。利用深度估计器对领域知识进行监督,使特征提取器的学习过程规范化。元学习者在域知识的辅助监督下,在规整的特征空间中进行元学习。

研究者将人脸反搜索问题归结为一个领域泛化(DG)问题。与传统的无监督域适配(UDA)假设访问标记的源域数据和未标记的目标域数据相比,DG 假设无法访问目标域信息。

对于 DG，利用多个源域学习模型，该模型可以很好地推广到目标域中看不见的测试数据。对于人脸反欺骗任务，由于不知道人脸识别系统将受到何种攻击，因此在训练模型时，对测试数据集（目标域数据）没有任何线索，因此 DG 更适合此项任务，旨在在元学习框架中解决 DG 用于人脸反欺骗的问题。然而，如果直接将现有的 DG 算法的元学习应用于人脸反欺骗任务，性能将因以下两个问题而降低：

（1）发现只有二元类监督的人脸反欺骗模型发现任意微分线索，泛化能力差，若仅在二进制类标签的监督下将普通元学习算法应用于面部反欺骗，则元训练和元测试步骤中的学习方向将是任意和有偏差的，这使得元优化步骤很难总结并最终找到一个广义的学习方向。

（2）DG 方法的元学习将多个源域粗略地划分为两组，在元学习的每次迭代中形成一个聚合元序列和一个聚合元测试域。因此，在每次迭代中只模拟一个域转移场景，这对于人脸反欺骗任务来说是次优的。为了使模型具有对各种场景的不可见攻击的泛化能力，各种域转移场景（而不是为 MetalLearning 模拟的单个域转移场景）更适合于人脸反欺骗任务。

为了解决上述两个问题，提出了一种新的正则化细粒度 Metal Learning 框架。对于第一个问题，与二进制类标签相比，特定于人脸反欺骗任务的领域知识可以提供更广义的区分信息。提出的框架将 FaceAnti-Spoofin Gas Regulationization 的领域知识纳入特征学习过程，从而在领域知识的辅助监督下，在规则化的特征空间中进行元学习。通过这种方式，这种规则化元学习可以专注于在人脸反扫任务的元训练和元测试中更协调和更好地扩展学习方向。因此，元优化中总结的学习方向可以指导人脸反欺骗模型开发更广义的差异化线索。此外，对于第二个问题，所提出的框架采用了细粒度学习策略。该策略将源域划分为多个元训练域和元测试域，并在每次迭代中在每对元训练域和元测试域之间联合进行元学习。因此，可以同时模拟各种域转移场景，从而在元学习中利用更丰富的域转移信息来训练广义人脸反欺骗模型。

## 案例 2　OBI：用于向前和向后安全可搜索加密的多路径无关 RAM

### 1. 案例描述

如今，许多企业和用户将其敏感数据外包给云服务器，以获得低成本和全球服务。为了高效地搜索文档，用户通常将数据放入传统的数据库中，如 Lucene 和 Cassandra。为了保护隐私，用户应该在外包之前加密他们的私人数据，因为黑客和诚实但好奇的网络管理员可以破坏云系统。用户通常采用两种类型的加密技术：遗忘 RAM（ORAM）和动态可搜索加密（DSE）。ORAM 支持遗忘读写，而不会泄漏访问模式，代价是不断变换和重新加密所访问的数据。DSE 是一种用户云协议，提供对加密数据的高效搜索和更新服务。DSE 通常以泄漏一些搜索/访问/大小模式为代价来实现出色的效率，这些模式分别是与查询关键字的频率、访问相同位置的频率及结果大小有关的信息。

从逻辑上讲，ORAM 被认为是一种键值存储结构，旨在隐藏访问模式。有两种类型的 ORAM，基于树的 ORAM 和基于层的 ORAM。基于树的 ORAM 与基于层的 ORAM 相比，在数据 Shuffle 操作中具有更小的通信和计算开销。PATH-ORAM 是一种典型的基于树的 ORAM，因为它结构紧凑，成本低，并且已经部署在资源受限的设备上。许多 DSE 方案采用基于树的 ORAM 来实现前向隐私或后向隐私，这是一个涉及数据搜索和数据更新隐私泄露的概念。然而，众所周知，采用 ORAM 意味着效率低下。原因之一是这些方案依赖于采用单路径访问算法的 ORAM 来读取/重新加密/写入树路径。这种类型的 ORAM 不妨命名为单路径 ORAM。

单路径 ORAM 存在的一个问题是获取/插入大量数据块的效率很低。读取 ORAM 树中存在的一组数据块有两种方法：读取单个路径或读取多个路径。由于加密，数据块集通常随机分布在 ORAM 树的多条路径上。为了获取数据块，我们需要访问所有的路径。如果我们使用单路径 ORAM 算法重复读取包含数据块的路径，这将导致较高的轮复杂度。在云环境中，一次读取意味着用户-云交互。使用这种方法检索大型结果集意味着高交互性。另一种方法是一次(或多次)读取包含所有所需数据块的多条路径。据我们所知，这种方法目前还没有被研究人员很好地研究过，因为这种操作可能会导致效率低下。如果一个 ORAM 每次查询访问多个路径，我们把这种基于树的 ORAM 称为多路径 ORAM。它有一个多路径驱逐算法来读取/重新加密/写入访问的路径集。我们的动机是研究多路径 ORAM，以提高基于 ORAM 的 DSE 效率。

**2. 案例分析**

可搜索加密方案可以分为动态加密方案和静态加密方案，其中动态加密方案支持更新操作，静态加密方案不支持更新操作。早期 SE 的大部分作品都是静态的。与静态 SE 相比，动态 SE(Dynamic SE, DSE)面临着更多的挑战，因为其存在新的隐私泄露。新插入的数据可能会显示先前发出的查询，而稍后发出的查询可能会访问已删除的数据。

Naveed 发起了使用 ORAM 来减少 SE 访问模式泄漏的正式研究。Naveed 声称在 SE 中消除泄漏是不可能的，并且实现更弱的泄漏类型，要么需要比下载整个数据库更多的通信，要么不能提供有意义的泄漏减少。对于 DSE，虽然有许多新的 ORAM 选择，但是仍有许多重大挑战阻碍 DSE 使用 ORAM。如果单纯使用 ORAM 来隐藏搜索/访问模式，就会遇到新的问题，如大型用户端位置图、高轮复杂度或沉重的计算开销。将 DSE 升级到遗忘 DSE 仍然具有挑战性，因为 DSE 不仅提供单关键字查询，还提供布尔查询、范围查询、模糊查询等。Chang 等人研究了遗忘范围和 kNN 查询。他们使用无关的批处理和缓存技术来提高吞吐量，但该方案仍然具有高度交互性。TaoStore 建立在基于树的 ORAM 方案之上，该方案以非阻塞的方式并发地、异步地处理客户端请求。ConcurORAM 是第一个实现无状态 ORAM 客户端并行性而不需要直接客户端间通信的 ORAM。有一些 ORAM 部分保护数据写隐私或数据读隐私。

保护访问模式的另一个方向是采用安全的硬件包围。OBDB 是一个基于 Enclave 的遗忘数据库引擎，它在多种访问方法上运行一般的关系读工作负载。ObliDB 使用非递归路径 ORAM 作为黑盒，其客户端存储在可信的硬件 Enclave 中，而其服务器端驻留在不可信的内存中。然而，随后的研究表明，简单地将 ORAM 客户端放在 Enclave 内是不安全的。为了解决这个问题，Oblix 使用双遗忘 ORAM，它保证对 ORAM 服务器的访问是遗忘的，但对 ORAM 客户端内部内存的访问也是遗忘的。Krastnikov 等人在中提出了一种利用排序网络进行数据库等价连接的遗忘算法。

**3. 解决方案**

动态可搜索加密(DSE)是一种用于搜索外包加密数据的用户云协议。目前许多 DSE 方案都采用了 ORAM 来实现前向隐私和后向隐私，这是一个描述协议安全级别的概念。然而，大多数先前基于 ORAM 的 DSE 都存在一个新问题：获取/插入大量数据块的效率很低，称其为“大窝点驱逐问题”。为了解决这个问题，提出了 OBI，一种多路径无关内存，每次查询访问多个树路径来处理大量数据块。如果传统的基于树的 ORAM 每次查询访问单个路径，将其分类为单路径 ORAM。OBI 有两种新的高吞吐量多路径驱逐算法，当存储量很大时，比众所周知的 PATH-ORAM 驱逐算法效率高几个数量级。所提出的多路径 ORAM 在本地存储大小和插入效率方面优于传统的单路径 ORAM。安全性分析表明，在强前向和后向安全模型下，OBI 是安全的。OBI 可以保护众所周知的 DSE 泄漏，如搜索模式和大小模式。OBI 可以应用于无关文件系统和无关连接查询 DSE 方案。在 Enron 数据集上进行实验，实验结果表明，OBI 的效率远远高于目前最先进的基于 ORAM 的 DSE 方案。

OBI(图 17-3)是一种支持遗忘批量操作的多路径 ORAM，用于保护 DSE 的搜索/访问/大小/类型模式。OBI 依赖于两种新的多路径驱逐算法来提供显著的特性，包括最佳索引速度、单次往返访问、小存储库和高插入效率。本研究进行了大量的实验评估，以显示与 PATH-ORAM 和 Orion 相比，多路径驱逐算法的优点。尽管有这些优点，但使用 ORAM 意味着数据经常被打乱和重新加密，这对数据库系统非常有害。对于未来的工作，一个方向将是设计多用户多路径无关 RAM。

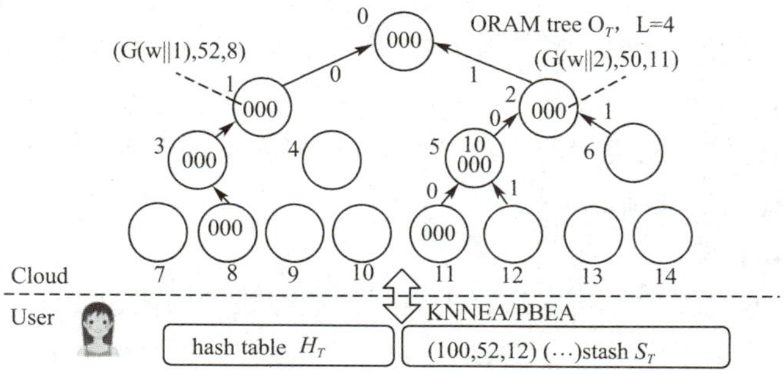


图 17-3　OBI

## 案例 3　基于时空注意的神经网络在信用卡欺诈检测中的应用

### 1. 案例描述

信用卡欺诈是指在交易中未经授权使用资金(通常通过信用卡或借记卡)的通称。实体卡和移动支付行业出版物《尼尔森报告(Nilson Report)》的最新数据显示：2018 年全球支付卡欺诈损失已达 278.5 亿美元，预计将继续增加。如此巨大的损失凸显了打击欺诈的重要性。信用卡联盟或银行，如 VISA、万事达卡或花旗银行，在通过信用卡检查后，使用在线预测模型对每笔交易进行评估。与简单的卡片检查系统不同，预测模型侧重于卡片黑名单、预算检查等，旨在自动检测欺诈模式并生成欺诈风险分数。因此，调查人员可以有效地关注高风险交易并将分析结果反馈给预测模型进行模型更新。

随着潜在欺诈者攻击策略的变化，行为良好的系统能够适应不断变化的策略是至关重要的。现实世界中欺诈交易的两个主要观察结果：

(1)时间聚合：欺诈者的活动时间有限。由于一旦发现可疑交易，持卡人将尽快冻结该卡，欺诈者必须在短时间内达到信用额度，这意味着欺诈交易的行为将在有限的时间内曝光。

(2)空间聚集：欺诈者要承担交易设备和商户的成本。也就是说，由于经济限制，欺诈者将经常在少数商户使用信用卡，这在空间上与正常交易不同。

现有的欺诈交易处理模型已经得到了广泛的研究，主要分为两个方向：①基于规则的方法，由领域专家直接生成复杂的规则进行识别。例如，提出了一种挖掘频繁欺诈规则的关联规则方法。②基于机器学习的方法，通过探索大量历史数据来学习静态模型。例如，基于神经网络提取特征，并建立监督分类器来检测欺诈交易。这推进了自动特征工程在卷积神经网络(CNN)中的应用。对欺诈记录应用 AdaBoost 和多数投票，利用序列 LSTM 模型进行了研究。然而，所有这些方法都需要在输入到分类模型之前手动构建特征，该模型无法自动学习对空间和时间模式的联合影响，因为时空模式已被观察到是欺诈者的主要弱点。

因此，我们提出了一种基于深度学习的信用卡欺诈检测 STAN 模型。该模型联合考虑了注意力网络中的"时间聚合"和"空间聚合"。我们提出的方法首先将原始事务编码构建成基于时空的特征切片，然后使用注意机制自适应学习不同切片的重要性。为了揭示隐藏的欺诈模式，我们引入了一个三维卷积层来捕捉时空模式之间的内在关系。在实验中，我们表明所提出的方法的结果明显优于其他最先进的基线的结果。

**2. 案例分析**

(1)注意卷积神经网络

最近的许多研究表明，将卷积神经网络中的注意机制结合起来，可以用于广泛的预测任务、默认预测或语言理解。例如，普遍注意被用于二维卷积神经网络进行序列到序列的预测。注意门控网络被用来集成多尺度信息。在注意模型中，将多尺度特征结合到语义分割和目标轮廓检测中。我们的方法从类似的直觉发展而来，但在空间和时间方面进一步集成了注意模型，这大大提高了检测的准确性。

(2)信用卡欺诈检测

当前研究用一些机器学习技术来解决信用卡欺诈检测问题。在 Europay International 提供的真实数据集上尝试了贝叶斯信念网络(BBN)和人工神经网络(ANN)。在基于神经网络的模型和决策树模型的比较中，发现神经网络优于决策树模型。与神经网络、支持向量机和决策树相比，使用卷积模型提取空间模式可以达到更高的精度。对欺诈记录应用 AdaBoost 和多数投票，利用改进的 LSTM 模型从序列分类的角度对该任务进行了研究。然而，这些方法直接将人工生成的特征输入到分类模型中，忽略了对空间和时间模式的联合特征学习。因此，它们可能不适合现实世界中具有复杂和不可预测的欺诈模式的大规模欺诈检测系统。我们提出的方法是完全不同的，因为我们采用了一个结构化的注意力模型，该模型是在 3D CNN 框架内共同学习的。

**3. 解决方案**

Dawei Cheng、Sheng Xiang 研究基于时空注意的神经网络在信用卡欺诈检测中的应用，提出的基于时空注意的神经网络(STAN)模型，如图 17-4 所示。原始事务记录通过特征工程、时空注意和多个 3D ConvNet 进行处理，以学习高级表示。然后，将学习到的表示形式重塑为向量，并输入检测网络进行欺诈估计。注意权重通过 3D 卷积和检测网络在端到端机制中联合优化。模型架构如图 17-5 所示，显示了 STAN 的通用网络架构该模型以用户的交易记录为输入，按空间、时间和特征顺序将其转换为高阶张量空间。然后，应用时空注意和三维卷积层来获得事务表示向量。时空注意有助于通过不同的权重从张量特征中提取信息，三维卷积层有助于模拟交易的隐藏模式。通过检测网络将学习到的特征表示从基调重塑为欺诈检测任务的向量。时空注意网络的目的是根据空间和时间切片在当前交易中的重要性对其进行适当的信用分配。它包含两个分别针对时间和空间切片的自我注意层。

研究提出了一种新的注意三维卷积神经网络用于信用卡欺诈检测，发现了欺诈者的弱点，称为"时间聚集"和"空间聚集"，并提出了一种基于时空注意机制的三维卷积神经网络方法。

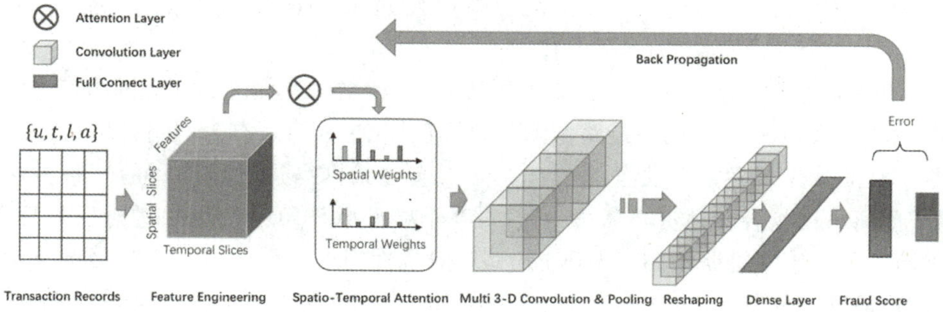


图 17-4 基于时空注意的神经网络(STAN)模型

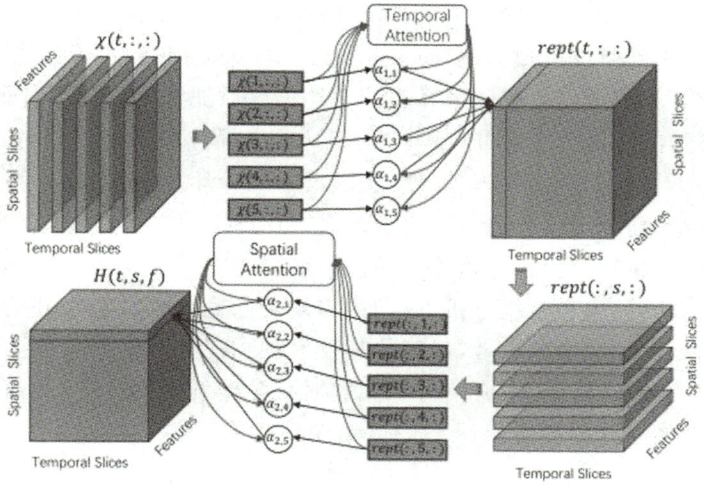


图 17-5 时空注意神经网络模型

这是首次将 Attential 3D ConNet 应用于信用卡欺诈检测问题。与其他先进的基线方法相比，此方法获得了有希望的 AUC 和精确召回曲线。此外，还探索通过观察案例研究中学习到的注意权重来发现欺诈模式。该方法在在线交易后分析系统中得到了广泛的评价，结果表明可以有效地检测欺诈交易。在未来，应进一步深入研究，建立一个基于在线学习机制而不是离线培训方法的实时过程中欺诈检测系统。

## 案例 4 破除过滤气泡：公平感知网络链路预测

### 1. 案例描述

在线社交网站已经改变了人们相互交流和分享信息的方式。丰富的社交网络数据也为各种商业应用程序提供了挖掘这些数据的机会。例如，企业可以通过分析社交网络数据来了解用户的兴趣、情感和在线行为。从这种分析中获得的见解将有助于企业增加与现有客户的接触或与新客户建立联系。然而，近期研究引起人们对这种自动化分析可能产生潜在偏见和不良后果的担忧。

研究团队从算法公平性角度出发，探究了网络链路预测中的滤泡问题。具体来说，团队认为链接预测算法是非公平的，如果其偏向于促进某些类型的链接。例如，某些专业往往会受到性别因素的影响，由此，网站可能会加强这种推荐的倾向性，形成网络域隔离，可能会对部分用户造成不利影响。这些问题使得机器学习算法的公平性问题受到越来越多的关注，但现有工作大都主要集中在独立同分布数据上，缺乏对链接问题的分析，而团队重点关注了公平性问题。

首先，团队通过测量真实网络数据集的同质效应，评估了受保护属性对网络链路结构的影响。其次，引入 Modred 作为网络链路预测的公平性标准，灵感来自为网络社区检测开发的模块化度量。其的减少是确定算法预测的链路是否会导致网络进一步隔离的一种方法。再其次，说明了如何将度量合并到贪心算法中，以对当前链路预测算法的结果进行后处理。最后，提出一种新的公平感知链路预测框架（FLIP），将对抗性网络表征学习与有监督链路预测相结合，以缓解过滤气泡问题。

**2. 案例分析**

链路预测是在线社交网络中的一项重要任务，因为其可以用来推断网络中新的或以前未知的关系。然而，由于同质性原则，目前的算法很容易促进链路，这可能导致网络隔离的增加，即一种被称为过滤气泡的效应。团队从算法公平性角度对滤泡问题进行了研究，提出了一种基于网络模块化度量的双级公平性准则，并展示了如何利用该准则作为后处理步骤来生成更多的异构链接，以克服过滤气泡问题。此外，还提出了一种新的框架，将对抗网络表征学习和有监督链路预测相结合，来缓解过滤气泡问题。通过在真实数据集上进行实验，团队证明了所提出的方法的有效性，相较于传统链路预测和公平感知方法等基线方法，表现更加出色。这个案例突出了在面对新兴技术和数据分析方法时，需要考虑到公平性和潜在的偏见问题。算法和模型的开发者需要更加谨慎地思考，以确保其技术对所有用户和群体都公平，不会加剧社会不平等或产生不良后果。同时，这也表明了在数据科学领域中，不断深入研究和创新的重要性，以应对日益复杂的问题和挑战。

**3. 解决方案**

法尔赞・马斯鲁（Farzan Masrour）、泰勒・威尔逊（Tyler Wilson）等研究提出打破过滤气泡，实现公平性感知的网络链路预测。在线社交网站改变了个人之间互动和共享信息的方式。丰富的社交网络数据也为各种商业应用提供了挖掘这些数据的机会。例如，企业可以通过分析社交网络数据了解用户的兴趣、情绪和在线行为。从此类分析中获得的见解将有助于企业增加与现有客户的接触或与新客户的联系。尽管它很重要，但最近的研究对这种自动化分析可能产生的潜在偏差和意外后果提出了担忧。例如，链路预测方法，社交网站通常使用这些工具来鼓励用户扩大社交圈。Instagram 上的“推荐给你”和 LinkedIn 上的“你可能认识的人”是这类方法的两个示例应用。然而，链路预测系统的兴起导致了一种被称为过滤泡沫的效应，即强化隔离和缩小信息多样性。2020 年，人工智能促进协会组织版权向所有在线用户公开。如果不选中，过滤器可能会在网络数据及其后续分析中引入系统偏差。例如，霍夫斯特拉塔尔（Hofstraetal）研究了 Facebook 上社交关系的种族和性别多样性，发现那些有充分机会与其他类似用户交朋友的人往往会发现自己身处高度隔离的网络中。这是由于嗜同性原则，即个人倾向于与网络中的其他类似个人建立社会关系。由于当前的算法旨在促进相似用户之间的链接，其建议的链接可能会加剧用户隔离问题。除了在线社交网络之外，过滤气泡问题在推荐系统中也很普遍，可以将其视为应用于用户和项目的二部网络的链接预测任务。最近的一项研究得出结论，推荐系统（图 17-6）倾向于让用户“随着时间的推移，项目集略微缩小”。例如，在电影推荐中，特定类型的电影可能只推荐给特定性别的用户。通过解决网络链路预测中的过滤气泡问题，该方法可用于缓解其他类型推荐系统中的过滤气泡问题。团队从算法公平性的角度研究了网络链路预测中的过滤气泡问题。作为一个激励的例子，考虑链接预测任务在专业的网络站点。某些专业，如软件工程，往往由男性主导，这一事实很可能反映在专业网络的链接结构中。因此，该网站推荐的链接可能会加强这种基于性别的隔离，主要推荐来自同一性别的个人之间的链接，同时推荐相对较少的性别间链接。尽管这样的系统可能能够实现高链路预测精度，但它可能不公平地对某些用户不利。例如，女性软件工程师可能会受到不公平的对待，因为她们很少被推荐给其他男性软件工程师。本研究基于社交网络中用户之间的成对交互，在二元水平上考察了公平的概念。此外，以前的方法考虑了针对特定代表性不足(受保护)群体成员的不公正决定的公平性。相反，本研究考虑在促进网络中的组间连接方面的公平性，以减轻过滤气泡问题。

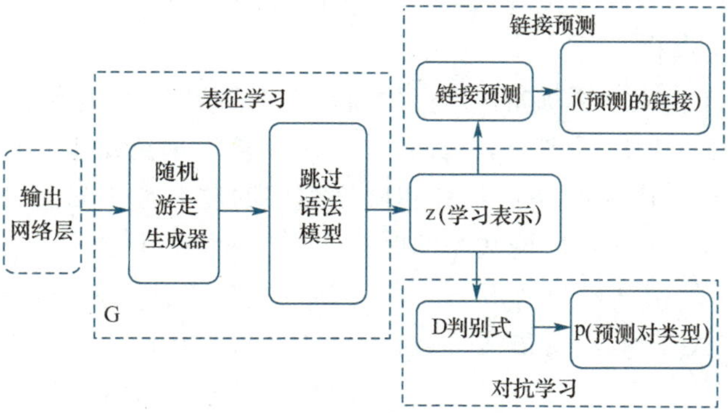


图 17-6 推荐系统流程

团队从算法公平性的角度研究了过滤气泡问题，基于参与链接的个人的受保护组成员身份来定义二元克利夫公平标准。下面，考虑这样的两个准则：

(1)子群二进级保护，其中根据每个保护子群在链路的形成中的代表性来评估公平性。例如，在基于链接的推荐系统等应用中，公平性标准可以是在确保推荐的链接不会有利于人群中的某些子群而牺牲其他子群。

(2)混合并矢级保护，其中公平性基于每个链路中涉及的节点的同质性来确定。具体而言，若链接将一对具有相同受保护属性值的节点关联起来，则该链接被视为组内链接。否则，它被称为组间链接。为了防止过滤气泡等影响，应该支持组间或混合链接，以防止用户隔离。原则上，可以使用现有组级公平性标准来实现子组二元保护。通过将它们应用于链路而不是网络中的单个节点来获取数据。网络模块性同质化，是个体与他人建立相似关系的趋势，是许多社交网络的一个重要特征。这种关系可以使用著名的网络模块化(或分类混合)度量。该度量最初是为网络中的社区检测而开发的，它基于这样一种思想，即随机图不应包含任何聚类结构。因此，若给定网络的链路结构是完全随机的，则可以通过将其链路密度与其预期密度进行比较来验证该网络中的任何社区结构。

## 案例 5 工业物联网中隐私保护

### 1. 案件描述

物联网(IoT)技术与传统工业自动化和控制系统(IACS)的集成，为工业环境和技术架构带来了重大改善，建立了一个新的网络——工业物联网(IIoT)。IIoT 利用物联网设备和计算节点，降低资源消耗和生产成本。此外，它还能提高生产率和获利能力，最终使制造和工业过程更加智能化。

在典型的工业物联网环境中，智能设备和传感器依赖互联网来交换大量数据并控制其组件之间的信号。然而，将这些设备与互联网或公共频道连接会带来许多安全和隐私问题。由于黑客技术的快速发展，各种基于网络的攻击都带来了安全挑战。物理和网络攻击是工业物联网网络中最常见的威胁形式。物理攻击是对物理设备的实际篡改，包括恶意代码注入和假节点注入。而网络攻击通常是通过恶意软件进行的，或者是通过访问网络系统组件进行的。此类攻击包括拒绝服务攻击(DoS)、勒索软件攻击、中间人攻击(MitM)和分布式拒绝服务攻击(DDoS)。还有一些与隐私和数据完整性相关的挑战，攻击者试图通过执行主动和被动攻击来窃取/获取敏感的私有数据。攻击者试图在主动攻击(如数据中毒和推理攻击)中嗅探设备的(私有)数据。被动攻击的目标是收集、访问、推断或操纵个人信息。这将导致异常的资源消耗，并进一步停止合法通信。

一些关于数据隐私和安全措施的研究，特别是基于访问控制、身份验证、加密、防火墙和入侵检测或防御系统(IDS/IPS)的研究，已经被引入来保护数据免受未经授权的更改，并识别新的攻击家族。然而，由于 IIoT 环境的物理和网络组件的复杂性不断上升，上述方法显示出各种缺陷。因此，为了确保工业物联网数据的隐私性和工业物联网网络的安全性，可以将基于深度学习(DL)技术的区块链和威胁情报(TI)两种新范式集成到工业物联网环境中。区块链是一个去中心化的分布式账本，有可能减轻数据中毒攻击，并且由于其加密生成的数据块，可以使整个工业物联网环境安全、健壮且具有成本效益。支持区块链的工业物联网系统可以支持不变性，具有透明度和出色的安全性，以抵御各种上述威胁。本案例设计了一个私有区块链，因为 IIoT 数据高度敏感和机密。在私人领域，对矿工的激励措施越来越少。此外，考虑到每个区块链节点的存储空间有限，利用基于星际文件系统(IPFS)的分布式文件系统使整个 IIoT 环境具有可扩展性。此外，将 IDS/IPS 等实用新型应用于区块链的合法数据进行准确预测，有利于确保数据的完整性。

威胁情报(TI)是一种新兴的主动防御技术，它可以学习和构建有关动态威胁的知识。基于 TI 的安全机制旨在增强基于证据的传统攻击检测流程，这些证据可用于发现恶意观察。然而，由于以下两个主要限制，其有效性仍然不确定。第一，由于网络威胁源的标签有限，即建模 TI 很复杂，手动分析这些源以提取重要的威胁信息是一项耗时且容易出错的操作，需要大量的资源投入。第二，大多数先前的研究使用统计和传统的机器学习(ML)技术来开发智能 TI 方案。其模型复杂，检测精度低，虚警率高，缺乏泛化能，难以应用于动态威胁。深度学习(DL)是一种新兴技术，可以学习非结构化、多样化和大量的工业物联网数据，并可用于创建自适应 TI 模型。它自动从大规模数据中提取隐藏的漏洞模式，而无须人工干预。构建支持 dl 的 TI 模型的研究，特别是在工业物联网环境中，仍处于早期阶段。此外，深度学习技术是作为多层神经网络开发的，可以用作保护机密数据(可以保护数据免受推理攻击)免遭泄露的隐私保护方法。深度学习技术可以通过训练多个神经网络，将实际的高维工业物联网数据转换为新的低维编码数据。

**2. 案件分析**

工业物联网(IIoT)是一个由互联网连接的传感和驱动设备组成的快速增长的网络，旨在增强制造业和工业运营。这种互联在工业物联网网络上产生了大量数据，并引发了严重的安全性(例如，黑客技术的快速发展)、隐私(例如，对手执行数据中毒和推理攻击)和可扩展性问题。为了缓解上述挑战，本案例提出了一种新的隐私保护威胁情报框架(P2TIF)，以保护机密信息并识别工业物联网环境中的网络威胁。在提议的 P2TIF 框架中有两个主要元素。第一，一个可扩展的区块链模块，可实现工业物联网数据的安全通信并防止数据中毒攻击。第二，深度学习模块，将实际数据转换为新格式，并使用深度变分自编码器(DVAE)技术保护数据免受推理攻击。然后，使用基于注意力的深度门控递归神经网络(A-DGRNN)的威胁检测系统使用编码数据来识别工业物联网环境中的恶意模式。提出的框架使用两个不同的网络数据源进行验证，即 ToN-IoT 和 IoTBotnet。安全性分析和实验结果表明，提出的 P2TIF 框架具有较高的效率和可扩展性。

在这项工作中，使用区块链和 DL 设计并实现了一个名为 P2TIF 的新框架。该框架保护工业数据并有效识别工业物联网网络中的恶意事件。首先，区块链模块被设计为使用启用智能合约的 ePoW 来注册、验证和验证事务。此外，采用 IPFS 分布式存储系统，使 P2TIF 框架具有可扩展性，并存储加密的工业事务。其次，设计了一个包含两个组件的 DL 模块，该模块使用区块链模块的认证数据进行威胁识别。在第一个深度学习组件中，采用 DVAE 技术以无监督的方式自动提取新的智能。它还通过将工业数据转换为新的格式来解决隐私问题(即从推理攻击中拯救数据)。最后，设计了一个基于 A-DGRNN 的 TIDD，并在应用隐私保护技术之前和之后两种不同的场景下进行了评估。结果表明，使用原始数据和转换后的数据的方法优于其他同行隐私保护 TI 技术和一些新的研究成果。

**3. 解决方案**

针对工业物联网中的隐私和网络威胁问题，P2TIF 框架(图 17-7)利用使用智能合约和 ePoW 技术，确保数据的安全性和可靠性。同时，使用 IPFS 分布式存储系统，使得 P2TIF 框架具有可扩展性和高效性。这些技术可以防止数据污染攻击和数据泄露，使用深度变分自编码器，自动提取工业数据中的新信息，并将数据转换为新的格式，以保护数据的隐私性。这种技术可以防止数据被推断出来，从而保护数据的隐私性。使用基于注意力机制的深度门控循环神经网络，识别工业物联网中的网络威胁。该技术使用了区块链模块中的数据，并在两种不同的情况下进行了评估:应用隐私保护技术前和后。结果表明，P2TIF 框架在原始数据和转换后的数据上都能优于其他隐私保护技术和一些新的技术。研究团队的这项工作可以帮助保护工业物联网中的隐私和识别网络威胁。该框架使用了区块链和深度学习技术，具有高效性、可扩展性和隐私保护性。

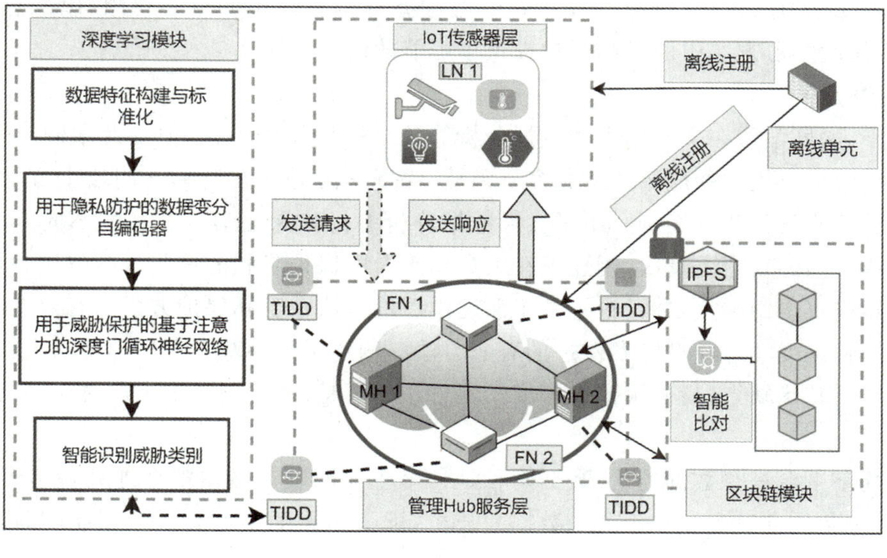


图 17-7 用于工业物联网的 P2TIF

# 案例6 基于深度学习的大数据时代隐私保护

## 1. 案例描述

在数字技术时代，社交媒体、银行、终端来源和医院等多个组织产生了数量惊人的数据。社交媒体每天产生大量的数据，导致数据量巨大。大数据是指从机器、人、物等各种来源收集的数据。人类衍生的数据可以是个人、文本生成和上传到互联网的视频。机器生成各种文件、多媒体和审。大数据特征为体积大、速度快、品种多、价值高、准确性低。量表示收集数据的速度，而收集数据的类型称为多样性。医疗保健领域的技术进步使得以电子方式收集患者数据变得更加容易，这些数据以大数据的形式呈现在现代医疗体系中。因此，有必要确认安全的数据交换，以方便患者在多家医院接受治疗。社交媒体也是大数据生成的重要平台，全球有超过100万人在使用社交媒体，在短时间内产生大量数据。教育部门目前正在通过在线课程、学习和教学活动产生大量数据。借助教育领域的大数据，教师可以看到学生的学习表现和能力。大数据分析在金融领域发挥着不可避免的作用，涵盖了各种资产和交易管理。虽然大数据技术在不同领域提供了一些优势，但也存在一些障碍。数据损坏导致指定文件的严重并发症。因此，大数据管理是每个应用中最重要的因素。传统方法只能保证授权用户之间的数据共享，不适合实际需求。因此，最近开发了许多算法来提高隐私性和实用性。为了保护个人数据不被未经授权的用户使用，大数据平台采用了匿名化的方式。匿名化是修改数据以防止关键信息被识别。匿名化方法隐藏了姓名、身份证号和敏感信息等属性。除了这些基于匿名的方法外，还使用了几种算法来确保大数据的隐私。原则上，大数据的安全性可以通过匿名、多样性、基于密码学的过程等多种方式来保证。

为了应对大数据时代的新型攻击，提出了几种基于深度学习的方法。因此，团队重点研究了通过应用差分隐私保护机制来增强深度学习模型的安全性。该方法的主要目的是检查深度学习中用于大数据分析的差异隐私保护。深度学习中出现了各种攻击，并讨论了大数据分析。之后，对大数据中的隐私保护方法进行了回顾。此外，还研究了深度学习在大数据隐私保护中的作用，并对深度学习中隐私保护的方法进行了综述。具体来说，研究团队深入解析了大数据时代的几种隐私泄露攻击；研究了分布式学习中差分隐私保护的核心思想，以及它们的优缺点；为探索深度学习方法中的隐私保护提供了可能的研究方向。

## 2. 案例分析

近年来，深度学习在文本识别和数据分析等几个领域无处不在，但受此限制，深度学习在安全和数据保护应用中的应用越来越多。因此，深度学习方法在避免不同攻击方面取得了显著的大数据分析增长。本案例介绍了在大数据分析中保护深度学习隐私的不同方法。首先，阐述了一些可能的攻击。其次，阐述了在大数据平台中保护隐私的一些基本方法。再其次，详细阐述了相应攻击的缺点，并讨论了基于深度学习的方法在隐私保护方面的有效性。最后，给出了一种增强深度学习模型隐私保护的有效方法。阐述了几种基于深度学习的大数据分析隐私保护方法及其优缺点，指出了基于深度学习方法的不足，并指出了未来解决这些问题的研究方向。

使用数字平台进行数据通信，数据隐私是一个主要问题。必须安全地处理与多个字段关联的数据，避免信息泄漏。对于大量数据的分析，可采用深度学习方法。与此同时，与这些方法相关的几种攻击破坏了数据通信，特别是在大数据平台的情况下。因此，由于大量私人数据的隐私问题，深度学习隐私保护已成为一个重要的研究领域。如果攻击者访问到用户的个人信息，将会造成用户数据的丢失。此外，深度学习中的信息泄露是由内部和外部因素共同造成的。因此，一个有效的隐私保护方案对深度学习中隐私保护的增强有很大的影响。本案例综述了几种隐私保护方法及其优缺点，分为匿名化、基于优化的方法和加密方法。此外，还回忆了与深度学习相关的几种可能的攻击。从这些研究中我们可以得出结论，基于深度学习的方法比其他经典方法更有效。

**3. 解决方案**

数据保护和安全是大数据平台最重要的方面，如果不采取安全措施保护数据，数据很容易被泄露。为了能够处理海量的数据，人们开发了深度学习方法。数据保护方法对显示的数据提供了一些控制措施。此外，深度学习方法的优势不仅限于数据分析，还包括图像分类、语音和文本分析。因此，深度学习中对差异数据保护的需求呈指数级增长，同时要保证数据保护而不丢失信息。为了在深度学习中提供数据保护，已经进行了许多尝试。隐私保护方法阻止未知来源的信息可用。研究团队提出了云计算中深度学习的多密钥隐私保护机制。该方法采用了多密钥全同态加密（MK-FHE）和一种改进的全同态加密（FHE）方法。FHE 通过密文计算两个明文而不需要解密。此外，FHE 包括四种算法：密钥生成、加密、解密和评估算法。DO 在初始化过程中将数据转发到云服务器之前对其进行加密。之后，DO 获得用于在数据上传阶段生成私钥和公钥的公共参数。在训练阶段，云服务器处理从 DO 接收到的数据，然后获得学习结果。考虑到当前的必要性和现有的方法，差分隐私保护方法的未来范围可能集中在系统鲁棒性上，在数据隐私和实用性之间实现有效的平衡。未来的深度学习差分隐私保护工作必须处理高维数据的多次迭代。此外，必须采用精确的隐私预算方案，以方便各种应用。为了实现这一点，集中的差分隐私保护方法是首选的。大数据集增强了差分隐私保护方法的安全性，从而减少了过拟合，如图 17-8 所示。因此，未来的工作将是建立高级混合模型，对机密数据进行加密，以降低计算成本。噪声水平对系统精度影响很大，因此，未来的工作将集中在建模噪声添加的混合方法上。

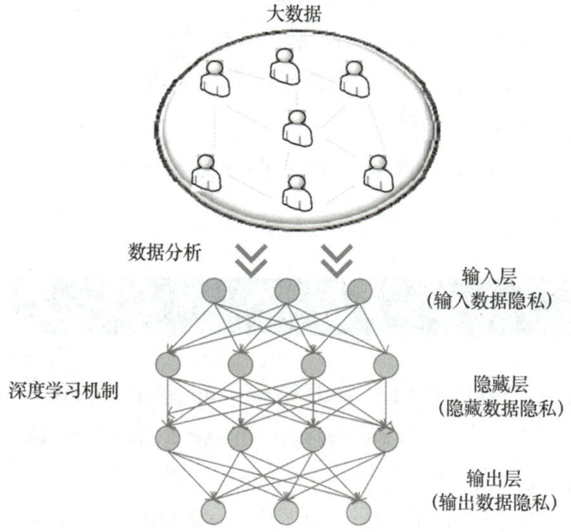


图 17-8　大数据下深度学习的隐私保护

## 本章小结

本章深度剖析了人工智能与信息保护领域的两大关键议题:社会公平感知与隐私保护,以及公平与隐私的计算建模。这为我们深刻理解人工智能与信息安全的交叉点提供了重要洞察。在社会公平感知与隐私保护方面,我们不仅关注了人工智能系统在社会中引起的公平感知问题,还审视了隐私保护在信息技术应用中的挑战。这种关注不仅仅是技术问题,更是社会伦理和法规的交融,企业和研究机构在推动人工智能发展的同时,必须重视和尊重用户隐私,并确保算法的公正性和透明度。

在公平与隐私的计算建模方面,本章详细探讨了如何通过计算方法来实现公平性与隐私保护。这包括利用先进的算法和模型,确保在人工智能决策中考虑到各种因素,避免不公平的结果。同时,强调了隐私保护技术的不断创新,以应对日益复杂的隐私威胁。通过计算建模,我们能够更好地平衡数据利用和隐私保护之间的关系,为用户提供更安全可靠的人工智能服务。

综合来看,人工智能与信息保护的发展必须兼顾社会公平感知和隐私保护。只有在技术创新与伦理法规的共同推动下,人工智能系统才能真正实现社会公平与隐私的双重保障。本章重点强调了计算建模在实现这一目标中的关键作用,希望为相关领域的研究者和从业者提供指导,推动人工智能与信息保护领域的健康、可持续发展。

## 思考题

1. 我们的个人信息时时刻刻都存在泄露的风险,结合自己的理解,谈谈解决此问题的关键所在。

2. 隐私差分算法是目前应用到数据隐私保护的关键技术,拉普拉斯机制是目前应用最广的机制,查阅文献,说明其如何利用随机噪声实现隐私保护。

3. 结合你的生活或者科研,举一个关于达到公平实施的措施,并思考其是否有利于弱势群体,进而实现真正的公平。

4. 查阅资料,列举机器学习平衡准确度和隐私的度量准则,以及如何将实际问题的先验知识融入算法的设计。

## 参考文献

[1] Shao R, Lan X, Yuen P C. Regularized fine-grained meta face anti-spoofing[C]//Proceedings of the AAAI Conference on Artificial Intelligence. 2020, 34(07): 11 974-11 981.

[2] Wu Z, Li R. OBI: a multi-path oblivious RAM for forward-and-backward-secure searchable encryption[C]//NDSS. 2023.

[3] Cheng D, Xiang S, Shang C, et al. Spatio-temporal attention-based neural network for credit card fraud detection[C]//Proceedings of the AAAI conference on

artificial intelligence. 2020, 34(01): 362-369.

[4] Masrour F, Wilson T, Yan H, et al. Bursting the filter bubble: Fairness-aware network link prediction[C]//Proceedings of the AAAI Conference on ArtificialIn-telligence. 2020, 34(01): 841-848.

[5] Kumar P, Kumar R, Gupta G P, et al. P2tif: A blockchain and deep learning framework for privacy-preserved threat intelligence in industrial iot[J]. IEEE transactions on industrial informatics, 2022, 18(9): 6 358-6 367.

[6] Vasa J, Thakkar A. Deep learning: Differential privacy preservation in the era of big data[J]. Journal of Computer Information Systems, 2023, 63(3): 608-631. 373

[7] 傅常顺. 大数据隐私保护技术的应用[J]. 电子技术与软件工程, 2016, (18): 239-240.

# 第18章 社会生产与运作优化

## 本章学习目标

通过学习本章内容，深入学习推进“互联网＋公共服务”与人工智能的深度融合，理解如何实现经济态势、产业态势、企业运行态势的系统性感知，打造地方金融风险监测预警和协同处置的精准智能工作闭环，模拟生产过程及预测相关需求，如化学实验、配电运输等实际需求。

## 18.1 社会生产与运作优化评估

2019 年 9 月 20 日，在国务院新闻办公室举行的新闻发布会上，工业和信息化部部长在介绍工业通信业发展情况时表示：“我国成为全世界唯一拥有联合国产业分类中所列全部工业门类的国家。”我国第二产业已经超越美国成为全球第一大国，但仍存在一些不足，主要体现在以产品国际竞争力为代表的技术研发创新，以及以先进工业制造体系为代表的技术转化创新方面。

制造业经历了机械化、电气化和信息化三个阶段，如今正迈向智能化发展的第四个阶段，即工业 4.0。工业 1.0 到工业 2.0 实现了从依赖工人技艺的作坊式机械化生产到产品和生产标准化及简单的刚性自动化。工业 2.0 到工业 3.0 实现了更复杂的自动化，通过先进的数控机床、机器人技术、PLC 和工业控制系统实现敏捷的自动化，从而实现变批量柔性化制造。工业 3.0 到工业 4.0 实现了从单一的制造场景到多种混合型制造场景的转变，从基于经验的决策到基于证据的决策，从解决可见的问题到避免不可见的问题，从基于控制的机器学习到基于丰富数据的深度学习。

运筹优化是指应用科学的方法来优化系统决策过程。许多工程的核心问题最终都可以归结为优化问题。系统优化综合利用机理、知识、优化实现对客观事物的描述，并在此基础上综合应用多种优化方法进行控制与决策，从而提升系统的整体性能。而人工智能技术能够赋予复杂系统智能分析（如推理、发现、学习）的能力。国际前沿的系统优化与人工智能技术中的数据解析与优化相融合是一条新型的工业运作优化方法，通过二者的融合进一步提升传统工业的智慧能力，一方面将数据解析融入系统优化，在深度认知的基础上提高优化的效率；另一方面将系统优化融入数据解析，通过机理、知识、优化的加入，进一步提高解析的精度。该思路的具体方法如图 18-1 和图 18-2 所示，其基本思想是用工业运作的方式和市场监控大数据协同约束传统的工业优化与决策过程。

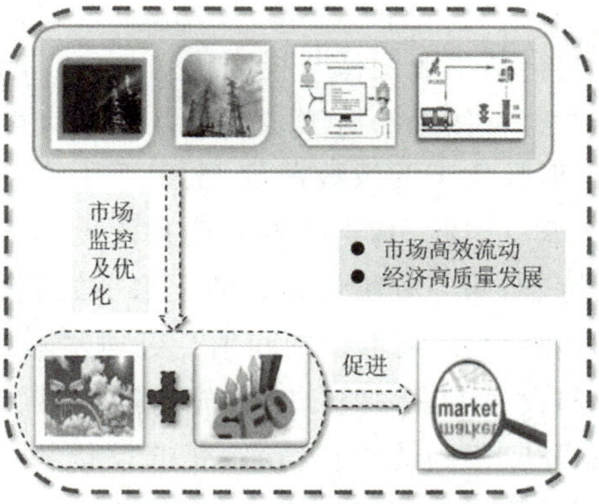


图 18-1　社会生产与运作优化思路

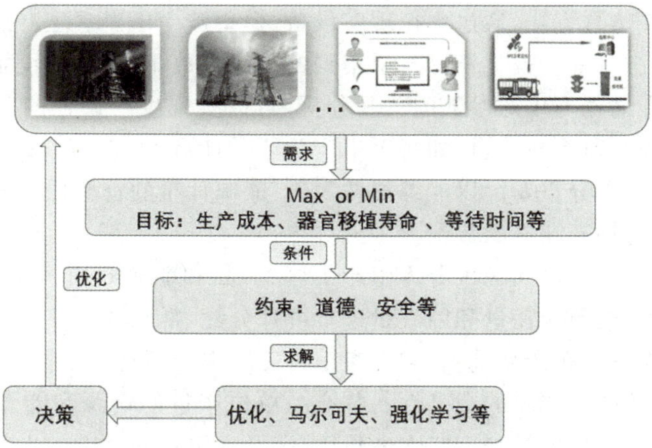


图 18-2　社会生产与运作建模

## 18.2　社会生产与运作的演化建模

### 1. 数据解析与系统优化的融合建模方法

传统整数优化方法的优点是可以保证解的最优性，但是由于其求解过程是个黑盒，优化过程没有充分利用问题特征和优化规律，导致计算复杂度高、求解时长和求解规模受限，无法在实际工业问题中应用。针对上述问题，将数据解析引入整数优化方法，对算法迭代过程产生的数据进行特征提取和动态解析，通过挖掘问题结构、优化性质和最优解分布规律，为后续寻优过程提供方向指导，实现算法寻优能力的大幅提升，从而实现对工业实际问题的高效求解。

数据解析与系统优化的深度融合能够有效提高对客观工业系统的还原度，提高数据解析方法的预测精度，提高工业系统中大规模优化问题的求解效率。传统的机器学习、物理学习、信息学习、强化学习等数据解析方法通常基于固定的建模架构，没有充分利用问题自身特征、机理和优化技术，在实际应用中容易出现过拟合及泛化能力不足等问题。因此，需要从问题特征出发，充分利用系统优化方法，对传统机器学习的理论和方法进行改进，以提升数据模型的精度和泛化能力。优化方法可以作为重要的计算工具来解决数据特征提取、孤点检测、多参数调优等问题，提升学习模型的精度，更好地满足实际工业的需求。

**2. 工业过程感知与理解**

工业过程感知与理解主要包括工业图像与视频认知、声音与语言理解和工业过程可视化。图像与视频是工业生产过程中经常使用的检测、监测手段，当前实际生产中通常是由经验丰富的操作人员对图像进行分析，但是由于图像数据量大、工业生产环境复杂，图像分析工作的劳动强度大、人工识别的正确率低。因此，基于图像处理和深度学习技术，研究工业图像识别是提升工业生产过程中质量检测、监测与故障诊断智能化水平的关键。

声音与语言的理解技术包括语音-文本识别和生产机理建模。分析生产过程的声音信号，可以帮助发掘和识别生产线和设备的实时特征。首先，将数字数据转换为声音数据，进行多维度监控。其次，分析声音数据和收集到的声音信号，获取设备和生产线的状态。最后，基于获取的状态生成调整方案，以语音数据的形式反馈给设备和生产线，实现生产过程的可听。

工业过程的可视化能够最大程度还原动态生产过程。依托虚拟现实技术，建立全流程的生产过程模型与三维仿真方法，通过虚拟现实设备，模型被用于黑盒生产过程（如炼铁过程）的可视化。此外，将生产过程可视化模型与采集到的生产参数相结合（如设备状态、操作人员、生产工况等），通过生产过程与生产参数的关联分析，可以实现生产过程的实时监测。过程监控与计量复杂生产过程的监控与计量（如每个生产阶段的能源和资源消耗）对确保安全生产、节约能源消耗、减少排放十分重要。以能源消耗为例，能源计量的首要任务是分析并过滤出异常数据，采用科学的方法补充缺失的数据。

根据计量对象不同，计量问题可分为生产工序、产品和能源介质三个维度。在工序维度，对各生产工序的资源、能源消耗量和回收量进行统计分配，得到各工序单位产量的资源和能源介质的消耗量和回收量。在产品维度，需要考虑各工序中产品种类不同，产品经过的工序和产线存在的差异性，以及产品之间的交叉性。各产品单位产量的资源和能源介质消耗量和回收量对提高产品质量、优化配置等起到巨大的作用，因此确定不同维度的生产指标可以有效监控能源消耗。除了工序和产品维度的能源和资源计量，在能源介质维度预估能源和资源的消耗、生成每种能源介质的消耗数据也很重要。

工业制造过程具有复杂多变的特性，其工况诊断所遇到的问题越来越突出，且直接影响生产效率与产品质量。因此，对复杂的工况进行解析，可以提高生产过程的安全性、可靠性，同时具有重要的实际意义。针对生产过程因高温、高压等环境而无法采用机理对其准确建模的难题，通过采集大量的生产过程数据，并采用统计学方法对数据进行清洗、特征聚类和相关性分析等，建立基于机器学习与统计学习的工况诊断模型，实现对当前及未来工况的诊断与预测，从而现场操作，达到最优化生产。

**3. 智能工业的感知、发现、决策、执行递阶体系结构**

感知层是智能工业的基础，其关键解析问题包括工业数据理解、过程监测和描述。理解是指识别工业数据（图像、语音和文本），以及通过虚拟现实技术实现生产过程黑盒的可视化。描述是指获取并解析生产过程、资源和能源消耗数据，处理异常和缺失数据，并使用数据解析来推断各生产阶段的资源、能源消耗和回收。

发现层与生产技术、设备、控制系统和管理紧密相关。生产过程诊断、产品质量预报，以及技术知识挖掘等关键解析问题在此层面解决。诊断指的是根据实际历史生产过程数据，分析每个产品在每个工序中的数据；确定生产、资源和能源的瓶颈；分析每个工序中错误的根本原因。通过对生产过程的深入分析，可以挖掘数据背后的知识，从而为执行层和决策层提供支撑。

在执行层，关键的系统优化技术包括生产过程的操作优化和最优控制。操作优化是根据机理模型或数据解析模型控制生产过程，描述操作参数与相关经济指数的定量关系；在不改变工艺流程、不增加生产设备的情况下，对系统的操作进行监控，并设定合理的工艺参数，从而提高产品质量和经济效益，并优化生产流程；根据操作优化得到的生产参数优化控制策略，以保证动态生产过程符合预期要求。

在决策层，关键的优化问题包括全流程生产和库存计划、生产/物流批调度。从原料到半成品，再到成品，全流程生产库存计划问题涉及最优确定每个生产单元的产量，两个连续操作之间的物质流量，以及库存量。最优计划可以确保产能均衡，库存结构合理，以及生产过程顺畅。生产/物流批调度包括基于全流程生产和库存计划，对客户需求进行组批，并将批分配给设备，确定各工序上批的顺序及加工时间，以实现资源、能源和设备的高效利用和优化配置。

在上述智能工业的递阶体系结构中，数据解析与系统优化相互支撑，系统优化过程可以根据数据解析得到的反馈不断进行调整。感知、发现、执行和决策四个层面构成了一个闭环反馈结构。

## 18.3 应用案例

### 案例1 面向化工领域构建时空预测模型

**1. 案例描述**

在化工行业中，生产线上任何异常的出现甚至恶化的主要特征是工艺参数逐渐偏离合理范围。但是，如果作业者等到超限警报出现后才进行调整，必然会导致可操作窗口期缩短，增加不必要的生产波动。因此，工艺参数的实时感知和准确预测在跟踪运行状态和确保过程安全方面发挥着不可或缺的作用，也是先进控制或在线优化的基石。特别是在具有大时滞的化学反应中，通过提前捕获变量趋势，构建良好的预测模型，不仅可以帮助操作人员及时采取行动，保持设备的稳定性，实现安全预警，还可以降低异常状态发展为意外停机，甚至安全事故的风险。

**2. 案例分析**

随着工业自动化的广泛应用，生产线上的监控传感器都通过通信总线部署到了自动化控制系统上，因此，大量的历史数据被存储到数据库当中，驱动着化工行业进入大数据挖掘时代。基于数据驱动的时序预测方法越来越多地被应用到化工行业中。基于数据驱动的方法优势在于它可以忽略化工生产过程复杂的化学反应机理，从数据的角度建立预测模型。

尽管目前基于数据驱动的预测模型及方法越来越多，并在具体场景下的预测效果都达到了非常好的效果，但是目前一些应用在化工领域场景下的预测模型大部分仍属于传统的时序预测方法，这些方法充分利用了时序特征，很好地捕捉了时序信息，如 RNN、LSTM 等时序网络，却忽略了多维时序所存在的空间关联性。在化工生产线上，其空间关联性指的是多种传感器所反映的工艺参数在生产运行期间的相互关联性及影响程度。如何充分利用融合时序信息和空间信息是值得研究的一个课题方向。为了对空间关联特征进行建模，先后出现了许多时空方法来解决该问题，比如采用 LSTM 和 CNN 融合的网络实现时空特征捕捉及融合。LSTM 模块对时序信息建模，CNN 模块对空间信息建模。但是 CNN 的特点使它只能处理欧几里得数据，也就是说它的空间特征捕捉只能捕捉邻接节点间的关联信息，而无法处理非欧几里得的空间信息。在交通预测任务当中，越来越多的学者引入图卷积神经网络来解决上述问题，将交通中真实空间道路网络结构以图结构形式进行描述，作为图网络的初始图结构数据，进而通过网络对不同道路的流量信息进行关联学习及捕捉。

面向化工生产领域构建时空预测模型，主要存在以下两个问题：

(1)由于在生产线上传感器的物理空间分布既很难对其描述及刻画，又不能真正反映内部机理所造成的相互关联性。因此，如何定义图卷积网络当中初始的图结构信息是一个难点工作。

(2)时空预测模型从两个角度去提取多维时序信息：一个是时间角度，时序信息最大的特征就是时间依赖性；一个是空间角度，多维变量间的空间依赖性特征。因此，如何融合两种特征是需要解决的一个问题。

**3. 解决方案**

针对化工生产过程中所产生的大规模多维时序数据，从时间和空间两个角度，深层次挖掘潜在的时序特性，以及多个变量间的非线性关联性，提高预测的准确性，同时提供时空模型的可解释性，为实现安全生产监控及智能决策提供分析来源和基础保障。创新性地设计了一个基于 Transformer 和 GCN(图卷积网络)融合的时空预测模型，从时间和空间两个维度，对多维时序数据挖掘潜在的时序性和非线性关联性。首先，采用“先局部-后全局”的策略，先利用一维卷积操作实现对局部时间特征依赖性和趋势性的捕捉，然后引入 Transformer 中的 Self-attention 机制，挖掘时序信息的全局特征，以确保对时序建模的完整性，生成高阶时序特征；其次，对多维变量间的关联性进行量化计算，进而实现图的构造和生成；最后，将高阶时序特征和图输入 GCN 网络，对多变量间所形成的图拓扑结构形式的空间特征进行图卷积操作，实现对邻接节点信息的融合、聚集，实现对多维变量间的非线性关联性建模。预测的结果如图 18-3 所示。

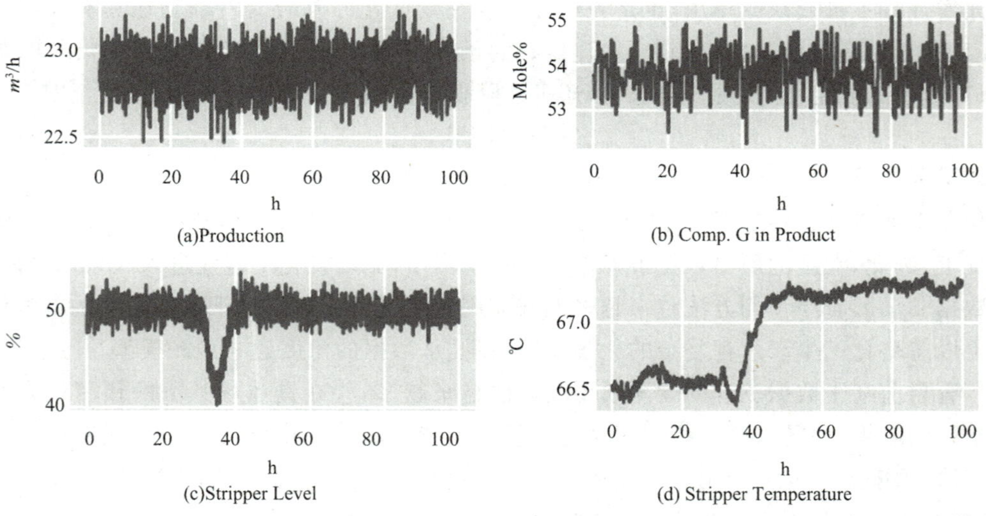


图 18-3　工艺参数预测可视化图

## 案例2　基于生产资料的非饱和煤层气储层气水有效渗透率动态预测模型

### 1. 案例描述

煤层是由基质块组成的天然裂缝性储层，大部分气体吸附在煤层内表面，煤层内的割理网络为瓦斯和水在煤层中的流动提供了主要通道，割理网络在原位状态下通常处于饱和状态。根据基质中相对含气量（实测含气量与 Langmuir 方程计算的理论含气量之比，$S_r$，），将煤层气储层分为饱和型（$S_r \geqslant 100\%$）和不饱和型（$S_r < 100\%$）。根据统计数据，中国煤层气储层典型不饱和。不饱和煤层气储层，只有当储层压力低于临界解吸压力时才会生产出商业量的天然气，生产井必须经历长时间的排水和不稳定的产气阶段。因此，煤层气生产过程中的流态变化主要取决于临界解吸压力与储层压力之间的关系。此外，由采水量决定的储层压力的动态变化对饱和储层中煤层气的解吸有直接影响。在储层评价体系中，渗透率（主要受有效应力、基质收缩和气体 Klinkenberg 效应控制）是表征流体运移和生产能力的关键参数。产气量很大程度上取决于气水相对渗透率，这是煤层气生产模拟中不可缺少的一部分。

### 2. 案例分析

在常规油气理论和实验数据、测井数据、毛管压力数据或生产数据的基础上，建立了各种相对渗透率模型。然而，与常规油气藏相比，上述模型直接应用于具有许多特殊特征的煤储层可能会产生较大的误差。有效渗透率是与油井生产最直接相关的渗透率参数，但很少有学者对非饱和煤层气油藏生产过程中有效渗透率的变化进行分析。利用煤层气生产数据建立了首个平均气水有效渗透率动态预测模型（PM-Corey 模型）。然而，该模型缺乏单相排水阶段的表示，上述相对渗透率模型也是如此。因此，这些模型不能完全反映非饱和煤层气储层的实际开发过程。了解煤层气储层的非饱和特征对于建立有效的渗透率动态预测模型至关重要。根据临界脱附压力和相应含水饱和度对所有理论模型进行了改进和分割，以临界脱附压力将有效渗透率分为两个阶段。

### 3. 解决方案

基于此，需要建立基于分段理论模型的非饱和煤层气储层气水有效渗透率预测改进模型。并且，以韩城市为例，应用新模型分析了气水有效渗透率的动态变化规律。

实验室和现场实验：煤样直接采集自韩城市地下矿山工作面。通过一系列实验得到模型参数，包括初始含水饱和度、气体终点相对渗透率、水终点相对渗透率、剪理尺寸分布指数、弯曲度系数、初始孔隙度、克林肯-伯格系数、初始渗透率、煤的密度、朗缪尔体积、朗缪尔压力、泊松比、杨氏模量、最大朗缪尔体积应变、不可还原水饱和度。

模拟结果：利用物质平衡方程计算了不同相对含气量下的一系列压力和相应的饱和度。随着储层压力的降低，不同相对含气量下含水饱和度的降低幅度相似。而相对含气量越高，临界解吸压力越高，储集层压力越低，含水饱和度越低。此外，还讨论了不同绝对渗透率和不可减含水饱和度下的有效渗透率曲线。从图 18-4 和图 18-5 可以看出，在低含水饱和度下，绝对渗透率的动态变化对气体有效渗透率有明显影响，而水有效渗透率不受影响。在这种情况下，当含水饱和度降低到 85%以下时，在相同含水饱和度下，动态渗透率下的气体有效渗透率逐渐高于不变渗透率情况和不存在克林肯伯格效应的渗透率变化情况，这验证了正效应（基质收缩效应）导致的绝对渗透率的增加。

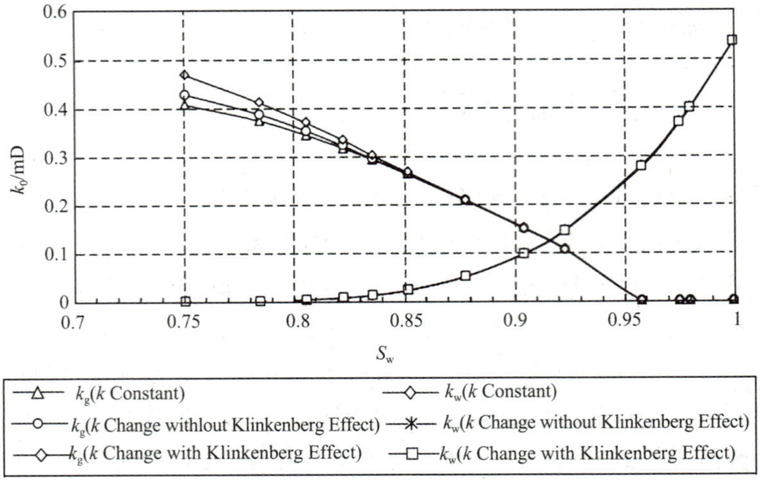


图 18-4 不同绝对渗透率下有效渗透率曲线的比较

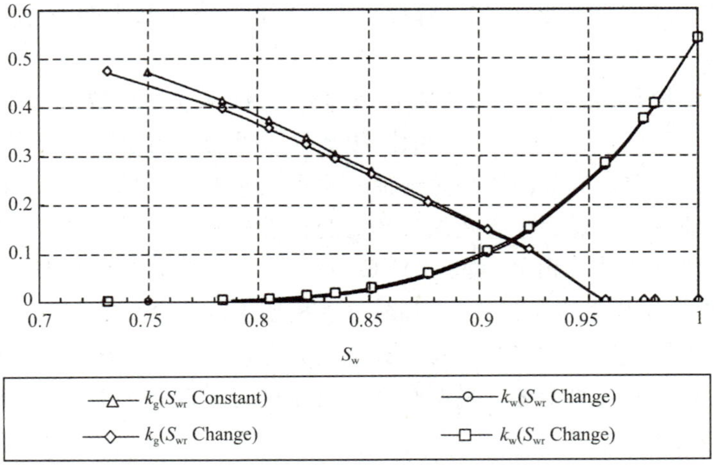


图 18-5 不同不可还原含水饱和度下有效渗透率曲线的比较

由图 18-6 可知，随着含水饱和度的降低，水有效渗透率继续降低，而气体有效渗透率直到含水饱和度接近 0.913 时才开始增加，随后迅速增加(用椭圆表示)至 0.279 mD。最终，气体有效渗透率最大值高于饱和情况，水有效渗透率最小值低于饱和情况。反映了煤储层正、负效应(储层压力降低时对渗透率影响相反的基质收缩效应和有效应力效应)和瓦斯克林肯伯格效应的综合影响。总体而言，饱和模型和不饱和模型对两相流阶段(B 阶段)气水有效渗透率的预测趋势近似。A 井也出现了同样的现象，如图 18-7 所示。

根据煤层气储层不饱和特征，在相同含水饱和度、相同储层压力条件下，结合绝对渗透率模型和相对渗透率模型，建立了改进的气水有效渗透率动态预测模型。与饱和有效渗透率曲线相比，改进后的模型不仅能模拟两相渗流阶段，而且能模拟单相排水阶段，比以往的模型更加真实实用。此外，新模型能准确反映煤储层正、负效应和瓦斯克林肯伯格效应的综合效应，特别是对基质收缩效应和瓦斯克林肯伯格效应的综合效应，能提高采气有效渗透率，使采气过程更加经济。

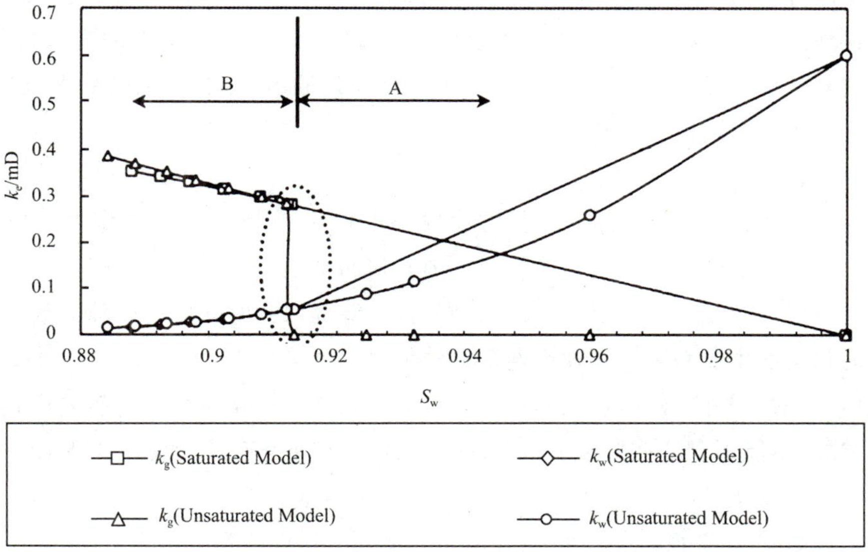


图 18-6　B 井不同模型有效渗透率曲线比较

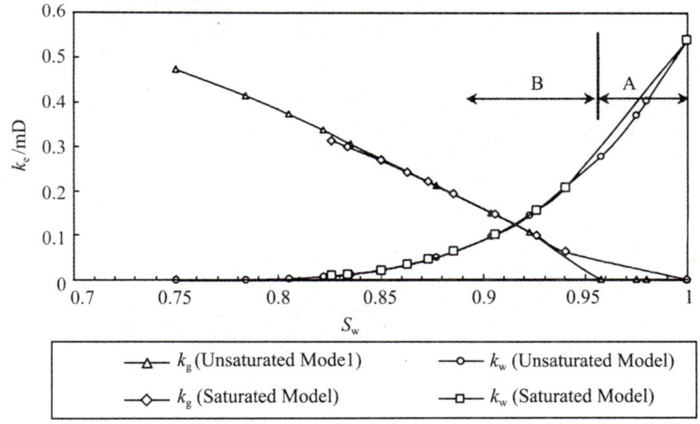


图 18-7　A 井不同模型下有效渗透率曲线比较

## 案例 3　面向化工生产过程的多监测点异常检测方法

### 1. 案例描述

化工安全生产过程的多监测点监控分析是指根据测量值与参考值之间的偏差，以确定是否为异常。从历史上看，此任务是由系统监视专家完成的，他们为每个测量事件/输出建立正常行为阈值。若测量值超过了相关的专家定义的阈值，则认为系统没有按照预期运行。随着网络物理系统(CPS)中互联设备和传感器在化工系统的成熟应用，专家设定阈值方式不再满足实际需求，更多的是需要智能化判断，对不合理的事件进行提前分析预判，推断潜在的异常事件，从而大大降低可能发生的事故，促进社会和企业数字化转型发展。

### 2. 案例分析

在异常检测的应用中，传统算法存在人为设定阈值以及无法明确衡量多变量时间序列内部的上下文依赖关系，忽略了局部与局部之间的联系，这在一定程度削弱了算法的检测能力，导致算法不能有效部署到生产线，这不利于智能化检测异常的发展。化工生产过程的多变量之间具有强烈的时空关联性，神经网络方法无法捕捉时间序列之间潜在的隐私关系，割裂多维度时间序列异常检测任务的统一性，导致检测结果误判较多，存在大规模的无效报警情况，不能满足实际场景的应用需求。

**3. 解决方案**

为了弥补上述方法在多变量时序异常检测任务的不足，图神经网络作为一种成功的图结构数据的复杂模式建模方法被引入此任务。图卷积网络是一个专门针对图数据进行处理的算法，在生成图网络中节点的有用特征表示的同时，也能提取到时间序列内部的依赖关系。时间序列之间的相关性主要来源于图神经网络的输入邻接矩阵。然而，化工生产属于复杂、动态、混沌的过程，目前，图神经网络输入的邻接矩阵是参数之间的相关性且更多关注时间序列重构值之间的差异，不能可靠地捕捉多变量时序数据样本之间的延迟、动态、复杂的关系来学习有效的嵌入与趋势变化。

模型结构如图 18-8 所示。

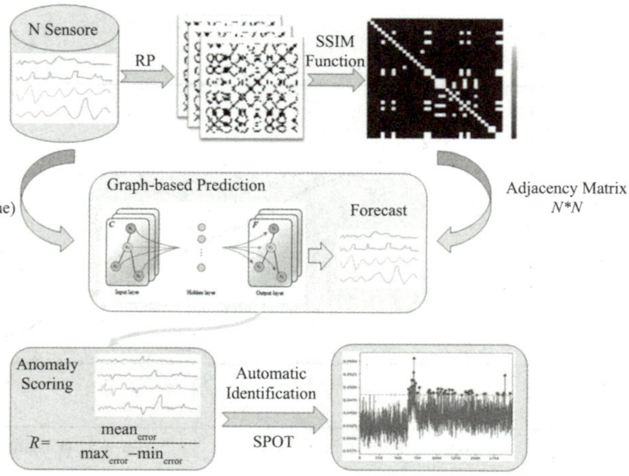


图 18-8　模型结构

（1）提出一个新的用于化工生产过程的多变量时间序列的图神经网络训练方式。据我们所知，MADTC 是第一个能有效捕捉多变量时间序列趋势变化及多变量之间的隐式时间依赖性、延迟性的图卷积神经网络，学习到传感器数据特征的鲁棒表示，有效缓解了神经网络过度拟合的问题。

（2）根据时间序列内部的上下波动方式，我们定义新的趋势变化损失函数来训练图神经网络，在收敛速度和性能上都展示出明显的效果。

（3）我们第一次提出了重构误差的极差统计量放大异常与正常误差之间的差距，不仅凸显异常且计算复杂度低。

该算法适用于多种类型的多变量时序异常检测任务，在以下几种类型的数据上的性能优势明显：

（1）波动较明显的数据。例如，在化工生产过程系统和水厂供水系统中，表现在会出现突然的刹车或者冷启动方式，导致数据急剧下降或者上升，识别此类异常成为棘手的任务。

(2)数据维度较高的时间序列。

(3)过程多变量时序之间存在复杂的延迟、非线性关联的场景。

(4)异常数据与正常数据不容易区分的情况。

这在一定程度上,充分说明证本发明在不同数据模式下的泛化性和实用性。

自动识别异常的结果如图 18-9 所示。

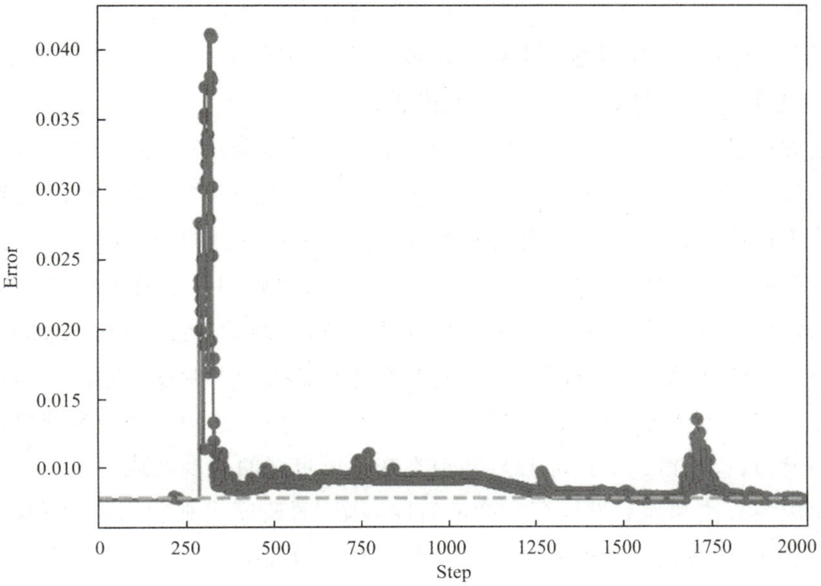


图 18-9　自动识别异常的结果

## 案例 4　基于强化学习的批量生产调度优化

### 1.案例描述

工业革新意义重大,智能制造是国际上公认的下一代工业革新的突破点,中、德、美分别提出了"中国制造 2025""工业 4.0""智能制造",开始了以智能制造为核心的产业升级和技术创新。智能制造有极其丰富的内涵,但可简要概括为制造企业信息化、实体资源虚拟化、生产过程智能化。其中,生产过程智能化是指由人工智能参与到生产过程的各个环节,以达到提升生产效率,优化生产调度,完善生产计划的目的。人工智能相比于人类的优势在于其能够实现极其复杂的策略,完成极其复杂的任务;但它的劣势也很明显,人工智能不如人类灵活,泛化能力较差,做事死板,而实际生产环境复杂多变,不可预测因素众多,经常会有各种实时动态事件发生,若将生产交由其全权负责,可能会发生难以预料的事故。针对人工智能算法灵活性不足的问题,目前研究的热点是提升人工智能算法的泛化能力、灵活性等性能使人工智能在不熟悉的环境中也能有良好的表现,因此越来越多的研究将关注点集中在具有不确定因素的动态生产调度问题上。经济批量调度问题是动态生产调度问题中的一个经典问题,是指在一条产能有限的生产线上生产多种产品,由于无法同时生产多种产品,需要将有限的产能分配给不同的产品,以最大限度地满足企业的订单需求,进而获取最大化利润。在该问题中,提前生产与库存水平的平衡问题是实现利润最大化的难题。一方面,不提前生产会导致订单积压,进而导致延迟交货甚至订单取消，最终导致利润下降。另一方面，库存成本的不必要增加，生产过剩也会损失利润，因此企业必须对多款产品的生产进行调度，使提前生产与库存成本达到最佳平衡。对经济批量调度问题的研究可分为确定性和不确定性两类，在实际生产中确定性的很少见，大多数都是不确定性的。这种不确定性体现在变化无常的订单数量、波动的生产率 、设备故障，以及产品生产顺序的生产准备时间和生产准备成本等。

**2. 案例分析**

当前，关于经济批量调度问题的研究复杂多样，按照求解方法可分为数学规划、调度规则、元启发式算法、超启发式算法，以及强化学习算法。

数学规划方法具备高度的逻辑性和可靠性，但在应对复杂动态调度问题时，灵活性不足。调度规则虽易于理解和应用，但其设计过程复杂且受限于人类经验，因此难以达到最佳性能。元启发式算法不依赖专家经验，通常能够在整体解空间中找到近似最优解，但在处理复杂动态调度问题时同样缺乏灵活性。超启发式算法结合了调度规则和元启发式算法的优点，具有较好的灵活性和近优性，但依然依赖于专家设计的规则，这限制了其性能和适用性。强化学习算法通过与动态环境的互动不断优化策略，因此非常适合解决动态调度问题。然而，目前关于强化学习算法在经济批量调度问题上的研究，所使用的神经网络结构往往较为简单，未能充分发挥强化学习的潜力，也难以应对产品数量和种类变化所带来的调度挑战。

因为数学规划方法和元启发式算法的灵活性有限，而调度规则和超启发式算法面临实际生产中的突发状况时，方法表现的好坏取决于事先制定的规则是否考虑到了突发状况，而强化学习算法与经济批量调度问题的特性最为符合，所以综合考虑五个研究方向的特点和智能制造对智能算法的泛化能力和灵活性方面的高需求，采用深度强化学习算法是一个很好的方法。

**3. 解决方案**

以生物制药生产过程作为具体研究对象。生物制药生产过程的调度优化面临多重挑战，主要包括以下关键词：延迟交货、保质期、随机设备故障、细胞培养、生产成本、非线性关系、维修成本。在实际生产中，延迟交货可能影响交货时间，而产品的保质期则决定了可用性和市场价值。例如细胞培养工艺使得生产初期可能出现投资而无产出的情况，进一步复杂化了调度。生产成本与生产时间之间并非简单成正比，特别是在上游生产和细胞培养准备阶段。设备故障的随机性也是一个关键因素，故障率随着生产时间的增加而上升，这意味着在生产过程中可能会发生突发的生产停滞。

每次生产开始前，故障点的维护导致故障率重置，因此在特定时间点的故障会造成停产，影响已生产的产品，这可能导致经济损失。设备维修的成本会根据在制品的数量而变化，增加了生产管理的复杂性。

强化学习的模型原理图如 18-10 所示。强化学习主要由智能体和环境组成。由于智能体与环境的交互方式与生物跟环境的交互方式类似，因此可以认为强化学习是一套通用的学习框架，是通用人工智能算法的未来。强化学习的智能体通过状态、动作、奖励与环境进行交互。

它的组成元素有以下几个部分：

(1)智能体：强化学习的本体，作为学习者或者决策者。

(2)环境：强化学习智能体以外的一切，主要由状态集合组成。

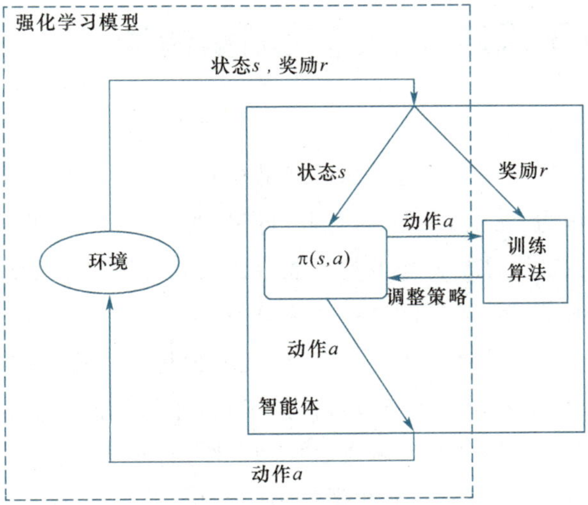


图 18-10 强化学习的模型原理

(3)状态：一个表示环境的数据。状态集则是环境中所有可能的状态。

(4)动作：智能体可以做出的动作。动作集则是智能体可以做出的所有动作。

(5)奖励：智能体在执行一个动作后，获得的正/负反馈信号。奖励集则是智能体可以获得的所有反馈信息。

(6)策略：强化学习是从环境状态到动作的映射学习，称该映射关系为策略。通俗地理解，即智能体如何选择动作的思考过程被称为策略。

(7)目标：智能体自动寻找在连续时间序列里的最优策略，而最优策略通常指最大化长期累积奖励。

因此，强化学习实际上是智能体在与环境进行交互的过程中，学会最佳决策序列。

为解决经济批量调度问题中的提前生产与库存水平的平衡问题、需求偏差问题，面向此种场景，可以选择先进并且与问题最契合的 ACTOR-CRITC 框架和 PPO 算法。采用这种框架和算法使得经济批量调度的强化学习算法有较强的优化性能和泛化能力，有望提升解决提前生产与库存水平的平衡问题和需求偏差问题的程度。为解决经济批量调度中的产品数量变化问题，可以利用基于自注意力机制的一种针对经济批量调度的特征提取网络。它可以在产品数量变化后仍然能够工作，并且可以克服了并行 MLP 网络有效信息丢失的问题，有望解决经济批量调度中的产品数量变化问题。

基于工业生产的实际过程，可以将以上方法设计成一个智能生产调度软件，或者集成到厂区现有的调度软件中形成一个全新的控制模块。该软件可以使用 TCP/IP 协议通过工业互联网与企业的生产线和库存数据库等信息化系统进行交互，获取企业的生产信息和库存信息，然后使用内置的算法进行生产操作决策，并且可以通过工业互联网将决策指令发送给生产线或排产人员，实现强化学习在经济批量调度问题上的应用落地，有助于提升企业的智能制造能力。

## 案例5 基于深度学习的软测量模型

### 1. 案例描述

在过程工业中，实时监测关键变量是保障产品质量和提升过程效率的核心环节。这些关键变量通常包括温度、压力、流量、成分等，它们对产品的最终质量及生产效率有着直接且显著的影响。以化工反应为例，温度的微小波动可能导致反应速率的显著变化，从而影响到产物的纯度和产量。因此，及时而准确地监测这些变量至关重要。

然而，过程工业的生产环境往往极为复杂，涉及多种物理和化学反应，交织着复杂的反应机制和物质流动。每个变量不仅受到自身特性的影响，还与其他变量之间存在复杂的相互作用。例如，温度和压力的变化可能会影响流量的稳定性，而流量的变化又反过来影响反应温度和压力的状态。这种复杂性常常导致非线性行为的产生，使得单一变量的变化难以准确预测整体过程的状态。结果，传统的监测方法显得力不从心，无法全面捕捉到过程的动态特性。

许多关键变量需要依赖专用的物理传感器进行测量，而这些传感器通常设计用于在高温、高压或腐蚀性环境中工作。这种极端的工作条件不仅对传感器的材料和设计提出了高要求，也大大增加了设备故障的风险。频繁的设备故障和维护需求不仅造成了生产中断，还带来了高昂的维护成本，进而影响整体的生产效率。例如，在炼油行业，任何传感器的故障都可能导致大量原料的浪费，甚至造成安全事故。

此外，物理传感器的安装、校准和维护过程通常复杂而耗时。需要技术人员进行精确的操作，还需要对系统有深刻的理解和丰富的经验。这一技术门槛导致在实施监测时的额外困难，许多企业在配置和维护传感器时面临人力资源不足的挑战。

### 2. 案例分析

软传感器技术作为一种新兴的解决方案越来越受到关注。软传感器利用已知的辅助变量（如流量、温度等）通过数据建模来预测关键的目标变量，能够在不需要昂贵物理设备的情况下，利用现有数据进行实时监测。例如，在化工行业，利用已有的温度、流量和压力数据，软传感器可以实时预测反应物的浓度，从而为调整生产过程提供依据。

传统物理传感器面临的一个主要挑战是其对环境条件的敏感性。许多传感器需要在极端的温度、压力或腐蚀性环境中工作，这不仅增加了设备故障的概率，还导致了高昂的维护和更换成本。通过软传感器，企业可以减少对高成本物理传感器的依赖，从而降低维护成本，提高监测的经济性。

数据的准确性和实时性也是影响决策的关键因素。即使是高质量的传感器，受到外部干扰和噪声的影响，也可能导致数据失真。传感器的失误会对生产过程造成直接影响，而在快速变化的工业环境中，及时获取真实的数据是制定快速决策的基础。软传感器利用历史数据和辅助变量，可以过滤噪声和异常值，确保数据的准确性。

然而，软传感器的开发也面临一些挑战。例如，数据驱动模型的效果依赖于大量高质量的数据，如果数据不完整或存在偏差，模型的预测能力将大打折扣。此外，如何选择合适的辅助变量和设计合理的模型结构也是软传感器开发中的难题。因此，在开发软传感器时，需要进行充分的数据分析和实验验证，以确保模型的可靠性和有效性。

当前的研究也在探索将软传感器与传统传感器相结合，形成混合监测系统。这种系统能够充分发挥两者的优势，利用物理传感器的实时性和软传感器的灵活性，提高整体监测能力。例如，在某些关键工序中，可以使用物理传感器实时监测关键参数，同时利用软传感器进行趋势预测和异常检测，从而提高生产过程的安全性和稳定性。

在深度学习模型的实际应用中，研究其可解释性显得尤为重要。可解释性研究不仅使用户能够更好地理解模型的内部逻辑和推理过程，还能帮助发现模型中的潜在缺陷和不足。例如，通过可解释性分析，工程师可以识别出模型对某些输入变量的过度依赖，从而进行针对性改进。此外，深入了解模型运作机制有助于优化模型，如特征选择和参数调整。在某些领域，确保模型的公正性和无歧视性也至关重要。通过可解释性研究，可以识别并修正模型中可能存在的偏见，提升模型的可靠性和社会接受度。

**3. 解决方案**

软测量技术就是为了解决关键变量难测量和难控制问题而发展起来的。图 18-11 解释了。软测量技术产生的背景。以往的过程控制往往是基于少量变量进行建模和控制，而这些变量。并不总是能够完全反映出过程状态和特性的变化，可能存在精度不高、测量周期长等问题。软测量技术基于大量过程变量进行信息获取和处理，可以获取更丰富、更准确的过程信息，实现实时监测和预测，从而提高过程控制的精度和效率。软测量技术的基本思想是，通过采集生产过程中的在线数据，建立数学模型和算法，对过程状态、参数和品质等指标进行实时监控和预测，以便及时发现和解决问题，提高生产效率和质量。

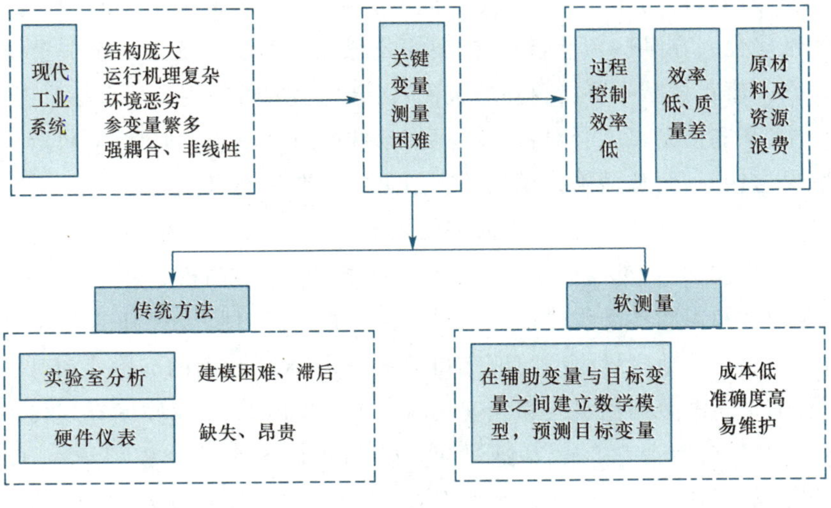


图 18-11 现代工业系统的软测量方法

近年来，软测量技术在我国的工业领域得到了广泛的应用，尤其是在催化裂化、火电厂等关键行业。随着数据采集技术的迅猛发展，监测所需的数据类型也经历了显著的变革，从传统的一维变量扩展到高维数据，包括图像和视频等新型输入变量。这一变化不仅扩大了软测量技术的应用范围，也显著提升了对生产过程状态和质量的监测与控制能力。通过分析图像等高维数据，软测量技术能够更加有效地提取关键信息，实现对工业生产过程的实时预测和调节。

在现代工业中，深度学习技术的应用日益显著。尤其是卷积神经网络(CNN)、自编码器等模型在软测量领域表现出了卓越的性能。这些模型依托其强大的特征提取能力，能够从大量的高维数据中自动学习和提取重要特征，从而实现高准确度的预测。例如，在催化裂化过程中，CNN 可以有效处理图像数据，以便实时监测复杂工艺，如催化剂的状态变化、反应温度的分布等。通过这些技术，工程师可以更加准确地掌握生产状态，从而采取相应的调整措施，提高产品质量和生产效率。

然而，尽管深度学习模型在软测量技术中展现了巨大的潜力，但在实际应用中也面临着不少挑战。首先，这些模型通常需要大量的数据和高计算资源，这使得在小规模系统中的实施变得困难。例如，某些小型企业可能没有足够的资源来收集和处理大规模的数据集，从而限制了他们应用深度学习的可能性。其次，深度学习模型的“黑箱”特性导致其决策过程不透明，用户难以理解模型是如何做出预测的。这种缺乏可解释性的问题在某些关键工业应用中尤为突出，可能导致用户对模型的信任缺失，进而影响其决策。

因此，克服这些挑战是推动深度学习技术在软测量领域广泛应用的关键。在深度学习模型的实际应用中，研究其可解释性显得尤为重要。可解释性不仅使用户能够更好地理解模型的内部逻辑和推理过程，还能够帮助发现模型中的潜在缺陷和不足。通过可解释性分析，工程师可以识别出模型对某些输入变量的过度依赖，进而进行针对性改进。例如，在催化裂化的应用中，如果模型过于依赖于某一特定的输入变量，工程师可以通过调节模型的结构或特征选择，确保模型对多种变量的适应性和稳定性。

此外，深入了解模型的运作机制有助于优化模型的表现，例如在特征选择和参数调整方面。通过分析模型的输出与实际生产结果之间的关系，工程师能够更精准地调整模型的参数，以提高其预测准确性。在某些领域，确保模型的公正性和无歧视性也是至关重要的。可解释性研究可以识别并修正模型中可能存在的偏见，提升模型的可靠性和社会接受度。例如，在生产过程的监控中，某些模型可能会对特定的生产条件或原材料产生偏见，而可解释性分析能够帮助发现并解决这些问题，从而确保模型的应用更加公平和透明。

为了应对深度学习在软测量技术中面临的挑战，行业内的研究者和工程师们也在不断探索新方法。例如，集成学习方法、迁移学习等技术被提出，以提高模型在小规模数据集上的表现。此外，结合领域知识的模型构建也越来越受到重视。通过将工程师的专业知识与深度学习模型相结合，可以更好地指导模型的训练和优化，从而提高预测的准确性和可靠性。

总的来说，随着高维数据的引入和深度学习技术的发展，软测量技术在现代工业中展现出强大的应用潜力。尽管面临着挑战，但通过深入研究可解释性、优化模型结构，以及结合领域知识，工程师们能够不断推动软测量技术的发展，使其在各个工业领域发挥更为重要的作用。未来，随着数据处理技术和算法的不断进步，软测量技术有望在更多的应用场景中实现突破，为智能制造和工业 4.0 的实现提供强有力的支持。

## 案例 6　基于区块链的工业互联网数据溯源方案

### 1. 案例描述

工业互联网将互联网技术引入工业领域，通过智能技术提升网络性能，助力企业实现自动化和智能化。这一转型已广泛应用于数字化管理、智能制造和网络协同，有效提高了生产效率。然而，随着工业互联网产品的增加，数据溯源过程中出现了信息泄露、篡改和仿冒等安全问题，严重影响企业声誉和消费者安全。

数据溯源是对产品从原材料采购到最终销售整个周期的跟踪与追溯，涉及生产、加工、运输和销售的统一管理。这一过程不仅增强了信息的透明度，还能提升企业对供应链管理的控制力，从而改善工业互联网中的信息安全问题。有效的数据溯源能够增强消费者对产品质量的信任，保护企业及其客户的权益。

**2. 案例分析**

当前的大数据背景下，利用数据溯源技术分析非法数据的特性，有助于提高数据的可靠性。然而，尽管数据溯源提升了信息的可靠性，其安全性依然不足，需进一步加强保护措施。基于属性加密的数据溯源方案能够提升信息安全，但其运算资源消耗较大，可能导致效率下降。在此基础上，区块链技术的引入为数据溯源提供了新的机遇。区块链的去中心化和不可篡改性显著增强了数据安全性，但其云存储需求较大，对企业基础设施提出了更高要求。此外，基于区块链的数据溯源可信查询方法通过建立 Merkle 树动态数据结构，实现了溯源数据的可信存储，但也延长了数据查询时间，可能影响生产调度。双区块链的防伪溯源系统在提升传统系统安全性方面有所改进，但数据传输速率依然较低，限制了其广泛应用。

基于区块链技术的 RFID 大数据溯源安全模型能有效管理 RFID 数据的溯源，但信息安全性仍显不足。而结合区块链与 RFID 的数据采集溯源系统虽提高了数据安全性，但数据传输速率仍然不理想，影响了实时数据处理能力。为了解决工业互联网数据溯源中的安全性不足和传输速度慢的问题，建议实施一种基于区块链的综合数据溯源方案。该方案通过建立产品信息的存储与共享模型，涵盖信息的上传、查询、防伪和溯源功能。对每个产品贴上 RFID 标签，并在生产、加工、仓储、运输和销售等环节建立区块链账本，使得“账本-环节”相互对应。这一方法不仅将产品供应链中的各个环节数据分别存储在不同的账本上，降低了信息存储结构的复杂性，还显著提升了数据传输速率。

通过构建这样的区块链数据溯源系统，可以有效确保产品信息在上传前的真实、透明、不可篡改，并验证二维码的真实性。此外，利用星际文件系统存储产品信息，能够减少存储成本，为企业提供更稳固的信息安全和效率保障。这种方案不仅充分发挥了工业互联网的应用潜力，还为未来工业发展提供了更安全、高效的解决方案。

**3. 解决方案**

区块链是数字货币最底层的技术，具有去中心化、不可篡改、公开透明和可追溯等特点。区块链中的每个区块由区块头和区块体构成。区块头包含前一个区块的 Hash 值、版本号、随机数、时间戳、Merkle 根和难度目标等。区块体包含此区块的交易信息，包括交易数量和数据。具体结构如图 18-12 所示。

RFID 技术是自动识别技术的一种，通过无线射频方式进行非接触双向数据通信，并对电子标签或射频卡等记录媒体进行读写，从而达到识别目标和数据交换的目的。RFID 主要由电子标签、读写器、天线和应用系统软件等构成。电子标签由耦合元件及芯片组成，每个标签

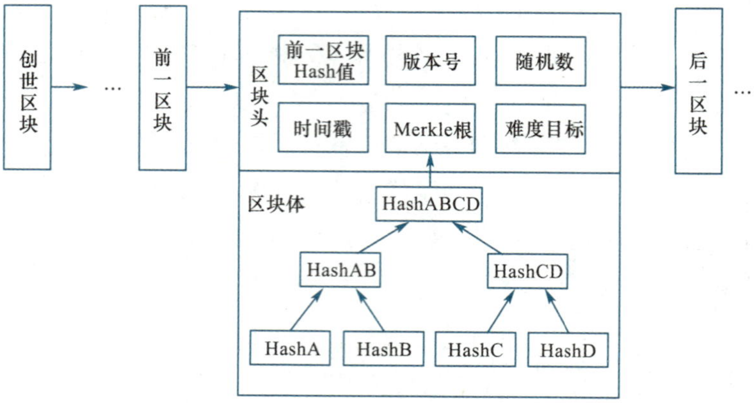


图 18-12　区块链结构

具有唯一的电子编码，附着在物体上标识目标对象。阅读器是读取标签信息的设备，可设计为手持式 RFID 读写器或固定式读写器。天线是在标签和读取器间传递射频信号的途径。RFID 系统结构如图 18-13 所示。

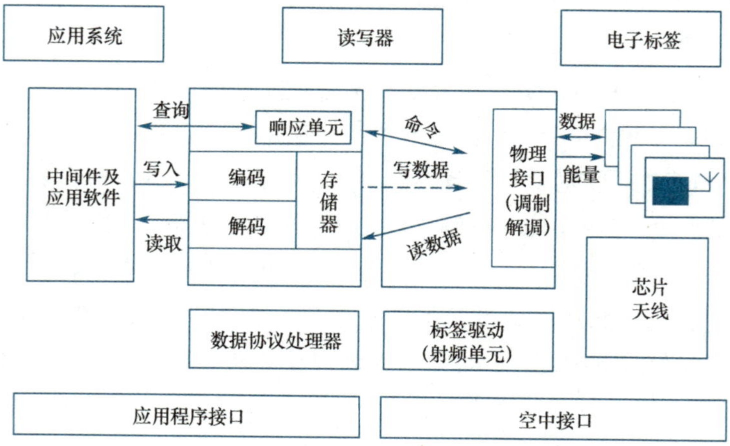


图 18-13　RFID 系统结构

二维码即二维条形码，是在一维条形码的基础上发展起来的一种二维条码。在功能方面，二维码比一维条形码安全性更好、存储信息量更大。QR 码是目前应用最广泛的二维码之一。二维码识别信息的方法是通过图像读码，通过专门的扫码器和扫码软件，自动辨别读取信息，从而实现信息处理自动化。

智能合约是一种无须中介、自我验证和自动执行合约条款的计算机交易协议。一个智能合约是一套以数字形式定义的承诺，合约参与方可以在上面执行这些承诺的协议。用户在区块链上可通过交易执行智能合约。智能合约的运用减少了用户在区块链上交易的成本，同时，区块链又为智能合约的发展提供了机会。智能合约运行机制如图 18-14 所示。

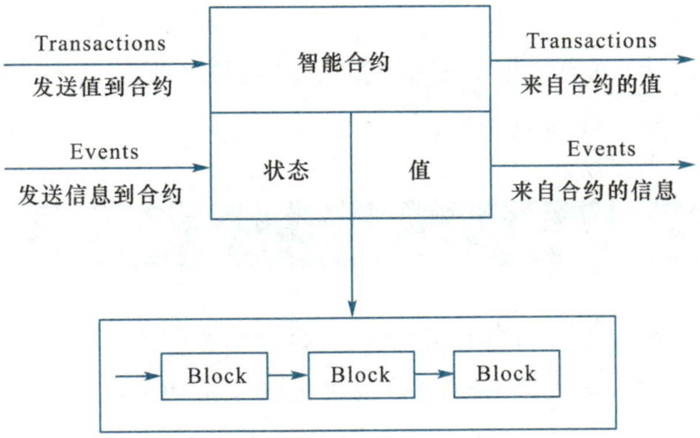


图 18-14 智能合约运行机制

结合传统工业互联网模型，基于区块链的工业互联网数据溯源方案，在其基础上加入区块链及 IPFS，采用数据采集层、数据存储层、数据传输层和数据应用层等四层进行数据溯源，模型架构如图 18-15 所示。

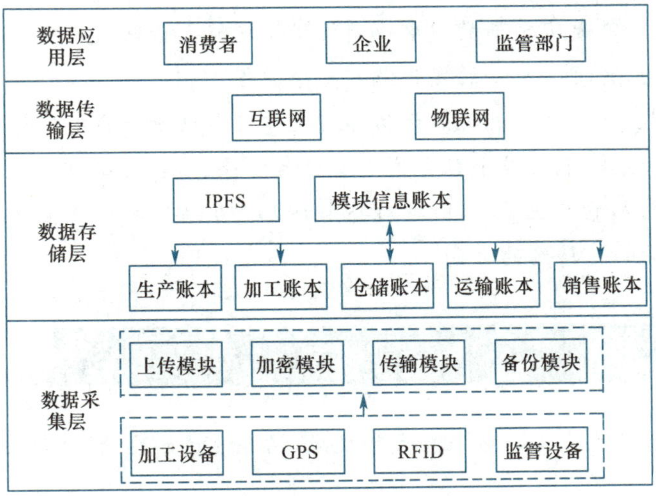


图 18-15 模型架构

数据采集层涉及多个环节的参与者，包括生产商、加工商、仓储商、运输商和销售商，借助监控设备、RFID 标签和物联网中间件，对产品供应链的信息进行全面收集，以确保数据的真实有效性。

数据存储层由超级账本构成，主要保存工业产品信息（IPI）的哈希值（HIPI）和哈希地址（AIPI），同时通过 IPFS 存储实际数据。每个供应链参与者都有独特的身份标识，确保数据的不可抵赖性，从源头提升数据的可信度。

在数据传输层，工业产品信息通过网络传输到计算机系统和 IPFS，确保数据及时更新和高效访问。

数据应用层包括消费者、企业和监管机构，主要负责对工业产品信息进行监管和追溯，确保供应链的透明性和合规性。

通过这样的分层设计，整个数据管理系统能够高效地实现信息的采集、存储、传输和应用，保障了工业产品信息的安全性与可靠性。

## 本章小结

本章深入研究了社会生产与运作优化评估和社会生产与运作的演化建模两个关键议题，为我们更好地理解和引导工业生产与运作的演进提供了有力支持。在社会生产与运作优化评估方面，我们从经济、环境、社会和技术等多个角度全面考察了工业生产在整个社会生产网络中的地位。这有助于企业全面认知其在社会结构中的作用，发现并优化潜在的瓶颈，制订更具长远战略性的优化方案。社会评估不仅使企业更关注可持续性和社会责任，还促使其更灵活地适应社会变革，实现经济效益与社会效益的协同增长。

同时，在社会生产与运作的演化建模方面，我们通过建立演化模型揭示了工业生产与运作系统在科技发展和社会需求变迁的推动下所经历的变革。这包括对新技术的集成、智能化水平的提升，以及社会因素对生产与运作的复杂影响。这些演化建模不仅为企业提供了对未来发展趋势的理解，也为其制定灵活的战略规划提供了支持。借助演化模型，企业能够更好地预测未来的挑战和机遇，为迎接未知的变化做好充分准备。

综合来看，社会生产与运作优化的评估和演化建模不仅使企业更加智能地应对变化，实现高效、可持续的生产运作，也为整个社会构建了更为智能、可持续的工业生产与运作系统。这一发展势头不仅深刻影响工业界，同时也对整个社会产业结构和经济生态产生深远的影响，推动社会走向更为繁荣与可持续的方向。

## 思考题

1. 新型社会问题给生态保护带来巨大的挑战，结合自己的生活实际，谈谈保护环境的难点及解决方案。

2. 数字孪生技术为环境保护创造新契机，请阐述数字孪生的原理，并举两个数字孪生应用到其他领域的例子。

3. 如今，元宇宙概念逐渐进入人们的认知视野，而数字孪生城市是离元宇宙最近的行业。结合自己的看法，谈谈数字孪生应用于环境保护应该具备的基本能力有哪些。

4. 查阅资料，列举数字孪生的应用成果，并谈谈你对数字孪生应用于环境保护的技术难点的看法。

## 参考文献

[1] Zhao J, Tang D, Xu H, et al. A dynamic prediction model for gas-water effective permeability in unsaturated coalbed methane reservoirs based on production data

[J]. Journal of Natural Gas Science and Engineering, 2014, 21: 496-506.

[2] Chen, D., Shi, J. Q., Durucan, S., Korre, A., 2014. Gas and water relative permeability in different coals: model match and new insights. Int. J. Coal Geol. 122, 37-49.

[3] 刘强.智能制造理论体系架构研究[J].中国机械工程,2020,31(01):24-36.

[4] 祝剑,杨珍娜,庞龙,等.基于区块链的工业互联网数据溯源方案[J].西安邮电大学学报,2022,27(02):102-110.

# 第19章 总结与展望

本章学习目标

通过学习本章内容，理解计算社会科学不仅是纯技术手段的引入，其实质是以计算科学、数据科学为代表的高新科技与人文社会科学的相互渗透和融合创新，是现有分支学科回归人本基点和轨道的重组整合。

## 19.1 总 结

“计算社会科学”(图 19-1)兴起的独特优势和行为科学、复杂性科学、社会网络分析等相关学科和技术方法的辅助，能够使原来触及不到、揭示不了、解释不清、无法实现的研究探索局面大为改观，使不可能变为可能，艰难混乱变为有序可循，经验规范的总结概括变为更有深度、更加精细的可证伪的科学检验。

图 19-1 计算社会科学

计算科学工具给社会科学的发展带来机遇。例如，计算科学工具为医疗保健服务提供方和患者开发快速准确的交互接口，特别是在紧急流行病危机中为患者和公众提供快速诊断/筛查(例如，胸部 X 射线图像的自动分析)，以及自动问答(例如，症状检查和护理、疾病预防)，对于减少疾病传播和为危重患者分配医疗资源、挽救更多生命至关重要(图 19-2)。从家庭法庭到刑事司法，从环境政策到公司交易，法律的影响是巨大的。根据美国律师协会全国律师人口调查，在美国，有超 130 万名律师，法律服务的年收入超过 3 000 亿美元。然而对大多数人来说，“获得正义”仍然遥不可及，法律服务的费用高得惊人，计算科学工具可以规整法律服务流程和消除财务障碍来改善获得司法和政府服务的机会。随着数字时代的到来和数字学习的快速增长，教育的计算方法在提高学习者和教师的效率方面已经显示出前景。人工智能在教育领域的潜在影响应用。已经出现了几个核心方向。例如，可以向学生提供有意义的反馈的系统，帮助教师改进，甚至创造个性化和自适应的学习体验，使学习过程符合个别学生的需求和倾向(图 19-3)。

在计算科学为社会科学发展提供契机的同时，也带来了潜在的挑战。例如隐私泄露(图 19-4)、科技伦理问题，不公平、算法落地难等问题。机器学习以其特有的优势逐渐在科学研究中得到大量应用，然而，其内在的“黑箱”特点也带来了一系列问题。有研究者认为正是机器学习的这种不可解释性导致了当下科学研究的“可重复性危机”，这对于算法的落地造成致命的打击。随着计算机的日益发展，公众大多数生活数据都被很多企业保留，如果隐私泄露，会造成极大的困扰。比较著名的是 AOL 公司的信息泄露事件，给社会带来了一场大混乱，虽然该网页几个小时之后就被撤下，但数据却被网友在互联网上广泛传播，这也为私人公司擅自分享私人数据敲了警钟。

图 19-2　智能医疗

图 19-3　智能教学

设想现在，如果谷歌、百度、天猫、腾讯、京东等互联网巨头突然公布了所有人的搜索记录、聊天记录、购物记录等，更不幸的是，如果浏览器的登录昵称是你的真实名字，根据搜索记录，你将被贴上各种各样的标签，“房奴”“彩妆迷”，以及“二次元”等。更可怕的是电话可能会被各

图 19-4　数据隐私

种销售公司打爆，生活将变得一塌糊涂。AI 系统必须安全可靠，一旦启动 AI，算法就能按预期执行。确保 AI 算法性能良好是提高其采用度和信任度的必由之路。此外，在欧盟委员会发布的《可信赖 AI 的伦理准则》中明确规定要了解算法的泛化能力。然而，模型泛化性(泛化理论)研究领域依然投资不足。要实现计算科学更好地与社会科学深度融合，促使计算科学技术真正解决社会切实关注的问题，服务于社会，就不得不考虑这些计算科学应用到社会科学附带的问题。基于上述问题，计算科学在应用到社会科学时，可以从以下几方面考虑：

➢泛化能力

泛化能力是指一个机器学习算法对于没有见过的样本的识别能力，也叫作举一反三的能力，或者叫作学以致用的能力。泛化能力首先需要量化，然后需要结合实际问题的先验知识来设定规则，最后结合多领域的知识，寻找知识网络中的共同原理提高算法的泛化能力。算法泛化能力的好坏与事物特征提取的优劣有紧密的联系。提取社会科学问题的关键因素，单独从数据中得出是不靠谱的，需要结合人类的认知理解复杂行为背后存在的关键特征。图 19-5 显示了计算认知框架。计算认知神经科学的目标是通过生物学上可信的计算模型来解释动物和人类神经元活动和行为。从历史上看，每个学科(圆圈)都解决了这些挑战的一个子集(白色标签)，计算认知神经科学力求同时应对所有挑战。通过认知，能很大程度抓住社会问题的关键点。

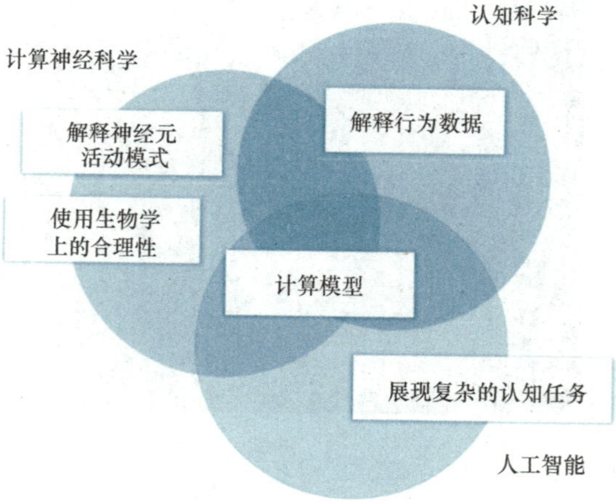


图 19-5　计算认知框架

## ➢解释性

计算科学人员应和社会科学人员联合开展行之有效的消融研究，即将参数或者模型的部分（神经网络的全连接层、卷积层等）依次移除，以评估其对算法的影响或者对实际问题的偏置影响（算法对弱势群体造成的不公平）。从算法落地的成本考虑，对算法进行切片分析，即分析一个算法的性能，以了解对该算法在某些方面的改进会使其消耗其他方面的成本。建议运行设置了具有各种不同超参数的算法，并应汇报这些算法的所有性能，这为决策者或者算法使用者提供了一个分析基础。除上述的解释性研究外，很多研究者致力于使用因果推断工具来解决算法不可解释的问题，如 DARPA 提出的 AI 解释框架（图 19-6）。

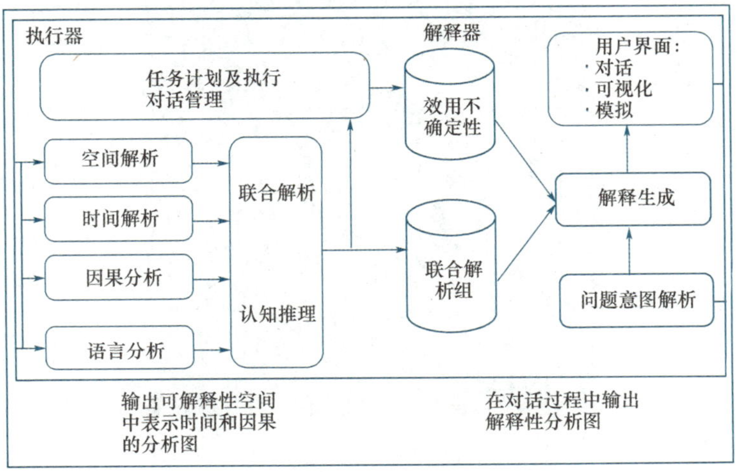


图 19-6 AI 解释

## ➢数据的整合

大数据是人工智能的基础。从大数据到数据分析再到 AI 应用的转变，这是一个很自然的发展过程。但是只有在数据、算法、社会的场景应用三者紧密配合的前提下，才可以有效地提升整个 AI 解决问题的能力。数据是 AI 的基础。有效的数据整合对于后续算法的成功至关重要。数据整合（图 19-7）需要充分利用大数据平台丰富的存储和计算资源，才能充分发挥 AI 的威力。因此，整合的核心问题是把 AI 相关的数据接入大数据平台，并利用大数据平台的计算资源运行分布式的模型训练，将特征生产、样本生产、模型训练、模型管理打通。

图 19-7 数据整合系统

# 19.2 展 望

### ➢重组大学组织结构

从天文学到人类学，计算科学与越来越多的领域紧密相连(图 19-8)。为了反映上述学科特征，需要在典型的“孤岛式”大学中进行机制创新，建立连接不同领域研究人员的组织结构，奖励跨学科的专业合作。

图 19-8 多学科交叉

### ➢完善新型数据基础设施

共享数据基础设施建设可以贡献其数据与时间来支持公共利益，也可以建立明确的补偿或奖励来驱动。新型数据基础设施(图 19-9)应使用最先进的安全技术，并需根据数据的敏感度制定不同等级的安全措施清单。基于此，解决实际问题(图 19-10)。

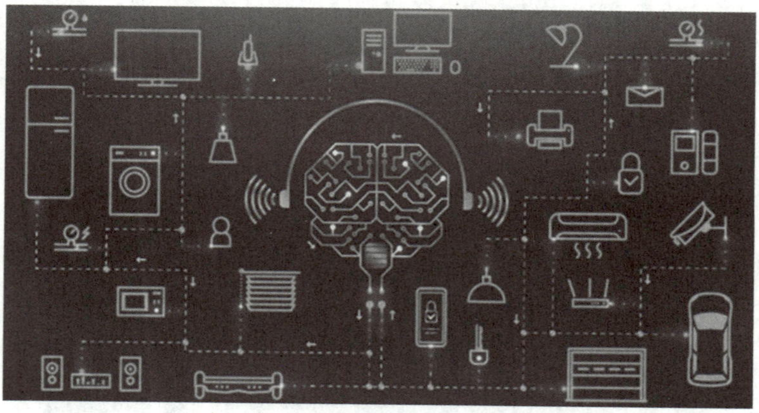

图 19-9 新型数据基础设施

### ➢注重“科技伦理”框架的落地

科技的应用会不会带来偏见，会不会侵犯人类的隐私、危及人类的安全，这是科技伦理有效的重要评估。“科技伦理”框架的具体落实是需要重点考虑的问题。未来各科技领域如何确保科技活动相关方的充分知情，是落实的重点和难点。“科技伦理”(图 19-11)强调不得侵犯科技活动参与者的知情权和选择权。以人工智能为例，特别是涉及个人数据的相关应用，在真

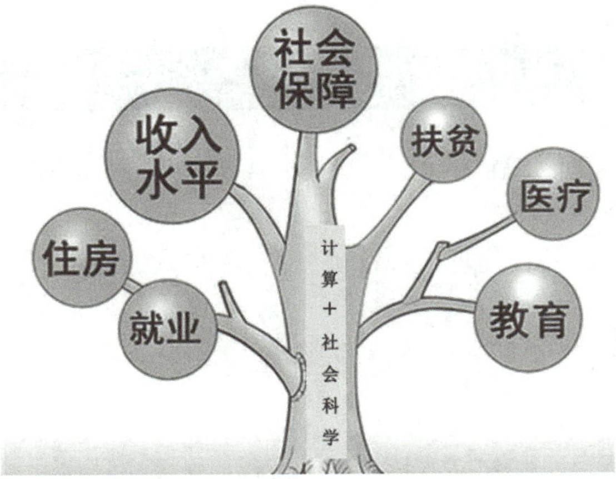


图 19-10　解决实际问题

正意义的用户知情权、用户选择权方面还存在较大的改善空间。针对目前人工智能相关的研发活动还没有明确的伦理审查制度的问题，生命科学和医学伦理制度发展和实践相对较早，可以为人工智能等科技领域的科技伦理建设提供有意义的参考。在借鉴的同时，需要充分认识不同领域之间的伦理问题及治理方式的差异，发展适用于各个关键科技领域的伦理与治理框架。落实科技伦理规范需加紧制定和完善科技伦理的规范和标准，建立科技伦理风险监测预警系统，设立国家级科技伦理研究基地，加强科技伦理理论研究。

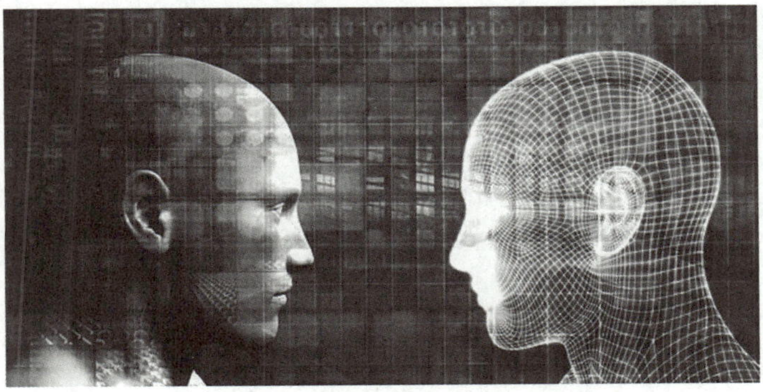

图 19-11　科技伦理

## 思考题

1. 如何理解本章节提到的算法的泛化能力，列举几种目前提到泛化能力的技巧及优缺点。

2. 对于本章提到的算法解释性，请结合实际问题，谈谈算法解释性的重要性及对于人工智能的推动力。

3. 算法计算科学在应用到社会科学时，本章考虑了算法泛化能力、解释性、数据整合，除此之外，请谈谈你认为应该还需要从哪些方面考虑。

4. 计算科学应用到社会科学，不可避免地，会出现与伦理法律相互矛盾的地方或者影响社会伦理法律，你认为应该从哪些方面入手，建立约束规则，降低其产生的影响？

5. 通过前面章节的学习，我们总结了几点关于未来计算社会科学发展的展望，除此之外，你认为要做到计算社会科学的有机融合，还需要科研或者政府部门做哪些工作？

# 参考文献

[1] 王国成.计算+社会科学:融合创新与引领未来[J].河北经贸大学学报(综合版),2020,20(03):5-9.

[2] 倪思洁,韩扬眉.科技伦理治理需破壁垒、明权责、共参与[N].中国科学报,2022-03-22(001).